Photoshop
逆引きデザイン事典

［CC/CS6/CS5/CS4/CS3］増補改訂版

上原ゼンジ、加藤才智 、高橋としゆき 、吉田浩章、浅野桜

本書内容に関するお問い合わせについて

このたびは翔泳社の書籍をお買い上げいただき、誠にありがとうございます。弊社では、読者の皆様からのお問い合わせに適切に対応させていただくため、以下のガイドラインへのご協力をお願い致しております。下記項目をお読みいただき、手順に従ってお問い合わせください。

◎ご質問される前に

弊社 Web サイトの「正誤表」をご参照ください。これまでに判明した正誤や追加情報を掲載しています。

正誤表　https://www.shoeisha.co.jp/book/errata/

◎ご質問方法

弊社 Web サイトの「刊行物 Q&A」をご利用ください。

刊行物 Q&A　https://www.shoeisha.co.jp/book/qa/

インターネットをご利用でない場合は、FAX または郵便にて、右記 "翔泳社 愛読者サービスセンター" までお問い合わせください。

電話でのご質問は、お受けしておりません。

◎回答について

回答は、ご質問いただいた手段によってご返事申し上げます。ご質問の内容によっては、回答に数日ないしはそれ以上の期間を要する場合があります。

◎ご質問に際してのご注意

本書の対象を越えるもの、記述個所を特定されないもの、また読者固有の環境に起因するご質問等にはお答えできませんので、予めご了承ください。

◎郵便物送付先および FAX 番号

送付先住所　〒 160-0006　東京都新宿区舟町 5

FAX 番号　03-5362-3818

宛先　（株）翔泳社 愛読者サービスセンター

本書の対象について

本書は、Adobe Photoshop CC ／ CS6 ／ CS5 ／ CS4 ／ CS3 に対応しています。紙面では CC を使って解説していますが、バージョンによって手順が異なる場合は別途記載しています。

対応 OS は Mac と Windows です。紙面では Mac を使って解説していますが、Windows でも同じ操作が可能です。

はじめに

Creative Cloud として生まれ変わってから、4 年近くが経過した Photoshop。オンラインを通じたソフトウェアの提供も定番となり、以前よりも細かいサイクルで新機能の実装や、既存機能の拡充が図られています。さらに、モバイルアプリやオンラインサービスとの連携など、これまでになかった新しい試みも積極的に導入されました。

長きにわたり、画像編集分野においてのデファクトスタンダードとなっている Photoshop ですが、ここ数年は多様化する需要に対応するため、Web デザイン、3D、動画など、これまで得意としていた分野の枠を超えた機能を搭載しています。今後は、使用する目的もユーザーによってますます細分化されてくることでしょう。

本書は、Photoshop の全ユーザーにとって役立つことを目標につくられたリファレンスブックです。「正しい写真の補正方法が知りたい」、「グラフィックをつくるためのテクニックがほしい」、「魅力的な Web サイトをデザインしたい」、「たくさんの写真を効率的に処理したい」など、目的から手順を逆引き形式で調べられるように構成されています。基本的な操作はもちろん、レタッチ、合成、アートワーク作成、Web デザイン、作業効率化など、用途に合ったジャンルを幅広く網羅しました。

この『逆引きデザイン事典』シリーズが始まってからほぼ 10 年が経過し、リファレンスの定番として多くの方にご愛読いただいています。最新版となる本書では、不変の手法をベースとしながらも、新しい機能の登場によって変化したワークフローなどにも対応しました。きっとクリエイティブワークのお役に立てることでしょう。
本書を通じて、ひとりでも多くの方が Photoshop の奥深さを体感し、写真そのものや、画像を使ったデザインの楽しさに気づいていただければ幸いです。本書がボロボロになるまで使い込まれることを、著者一同心より願っております。

高橋としゆき（Graphic Arts Unit）

CONTENTS

目次

第3章 レタッチ・マスク ……………………… 089

第4章 描画モード・合成 ……………………… 117

第6章 作画・アートワーク

●サンプルファイルのダウンロードについて

本書の解説で使用しているデータの一部は、サンプルとしてダウンロードできます。以下のサイトよりファイルを保存してご利用ください。
https://www.shoeisha.co.jp/book/download/9784798149929

●紙面の見方

018　ピクセル数を変えずに寸法や解像度だけを変更する
019　ピクセル数を変更して画像を拡大、縮小する

関連項目：類似機能を扱う項目や、併せて読むと便利な項目を紹介しています。

VER.
CC / CS6 / CS5 / CS4 / CS3

黒い文字は対応しているバージョン、薄い文字は対応していないバージョンを表します。
なお、CCとは2016年11月にリリースされたPhotoshop CC 2017のことを指します。

TOOL REFERENCE

ツールリファレンス

Photoshop CC ツールパネル

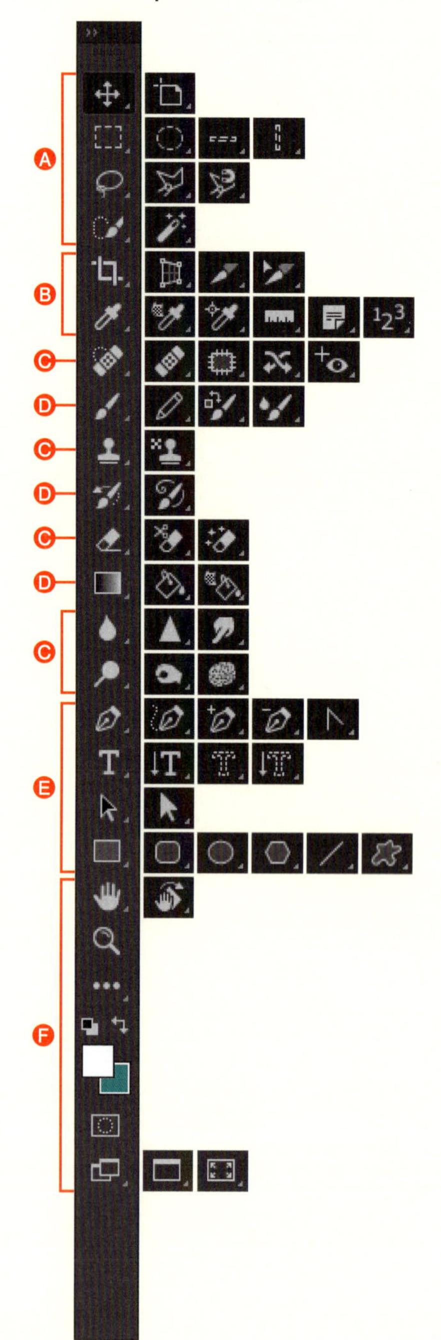

A	選択ツール
	［移動］ツール
	［アートボード］ツール
	［長方形選択］ツール
	［楕円形選択］ツール
	［一行選択］ツール
	［一列選択］ツール
	［なげなわ］ツール
	［多角形選択］ツール
	［マグネット選択］ツール
	［クイック選択］ツール
	［自動選択］ツール
B	切り抜き・測定ツール
	［切り抜き］ツール
	［遠近法の切り抜き］ツール
	［スライス］ツール
	［スライス選択］ツール
	［スポイト］ツール
	［3D マテリアルスポイト］ツール
	［カラーサンプラーツール］ツール
	［ものさし］ツール
	［注釈］ツール
	［カウント］ツール
C	レタッチツール
	［スポット修復ブラシ］ツール
	［修復ブラシ］ツール
	［パッチ］ツール
	［コンテンツに応じた移動］ツール
	［赤目修正］ツール
	［コピースタンプ］ツール
	［パターンスタンプ］ツール
	［消しゴム］ツール
	［背景消しゴム］ツール
	［マジック消しゴム］ツール

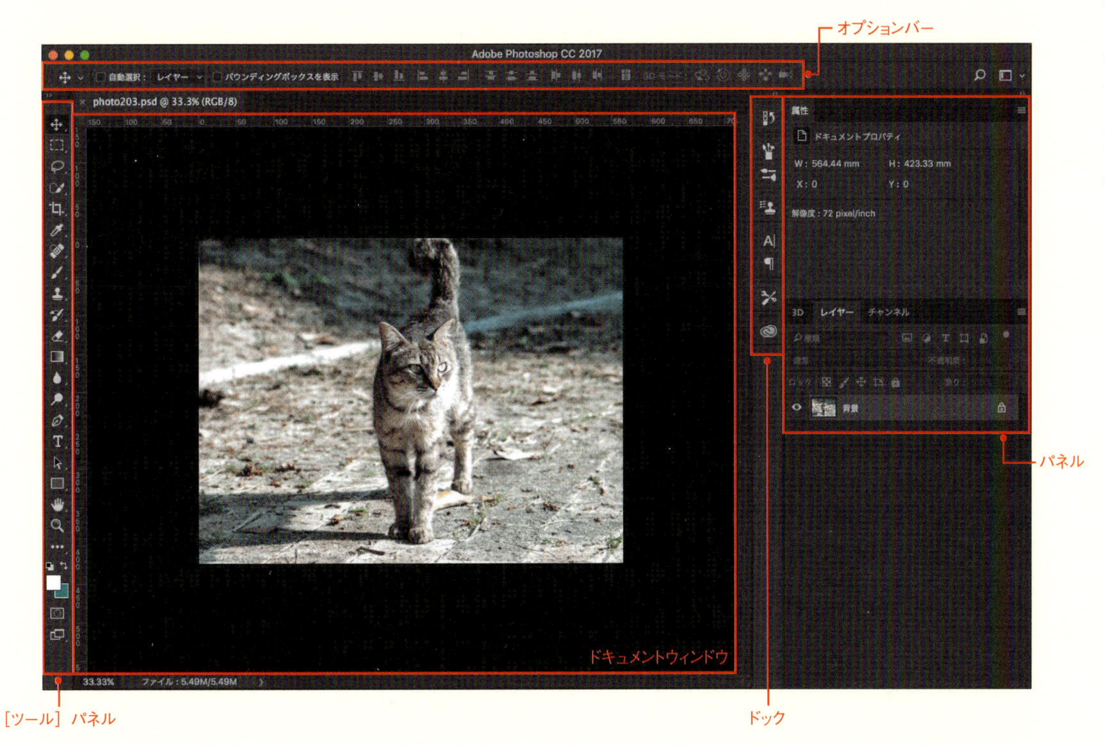

	[ぼかし] ツール
	[シャープ] ツール
	[指先] ツール
	[覆い焼き] ツール
	[焼き込み] ツール
	[スポンジ] ツール
D	**ペイントツール**
	[ブラシ] ツール
	[鉛筆] ツール
	[色の置き換え] ツール
	[混合ブラシ] ツール
	[ヒストリーブラシ] ツール
	[アートヒストリーブラシ] ツール
	[グラデーション] ツール
	[塗りつぶし] ツール
	[3D マテリアルドロップ] ツール
E	**描画・文字ツール**
	[ペン] ツール
	[フリーフォームペン] ツール
	[アンカーポイントの追加] ツール
	[アンカーポイントの削除] ツール

	[アンカーポイントの切り替え] ツール
	[横書き文字] ツール
	[縦書き文字] ツール
	[横書き文字マスク] ツール
	[縦書き文字マスク] ツール
	[パスコンポーネント選択] ツール
	[パス選択] ツール
	[長方形] ツール
	[角丸長方形] ツール
	[楕円形] ツール
	[多角形] ツール
	[ライン] ツール
	[カスタムシェイプ] ツール
F	**ナビゲーションツール**
	[手のひら] ツール
	[回転ビュー] ツール
	[ズーム] ツール
	標準スクリーンモード
	メニュー付きフルスクリーンモード
	メニューなしフルスクリーンモード

PANEL REFERENCE

パネルリファレンス

●オブジェクトを編集・変形するパネル

［パス］パネル：保存されたパスごとの名前とサムネール、現在の作業用パスおよび、現在のベクトルマスクが一覧表示されます。

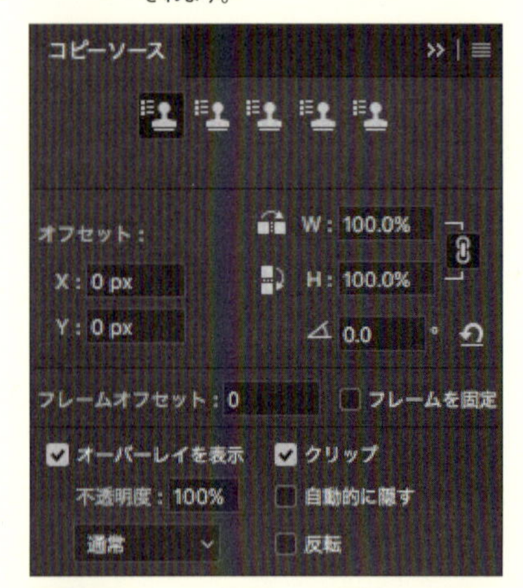

［コピーソース］パネル：［コピースタンプ］ツールまたは［修復ブラシ］ツール使用時、サンプルソースを設定できます。

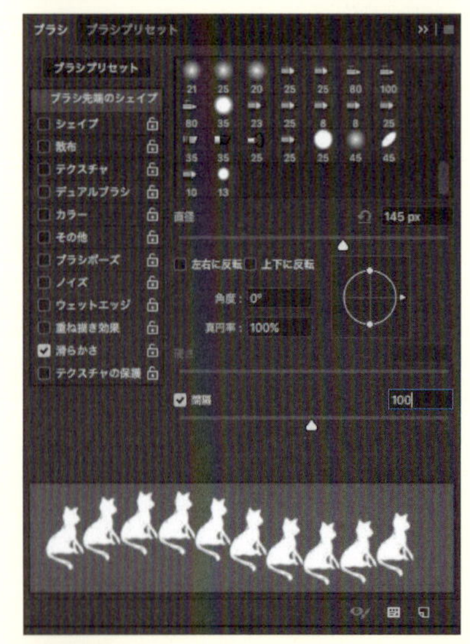

［ブラシ］パネル：画像にペイントを適用するブラシを表示、適用できます。

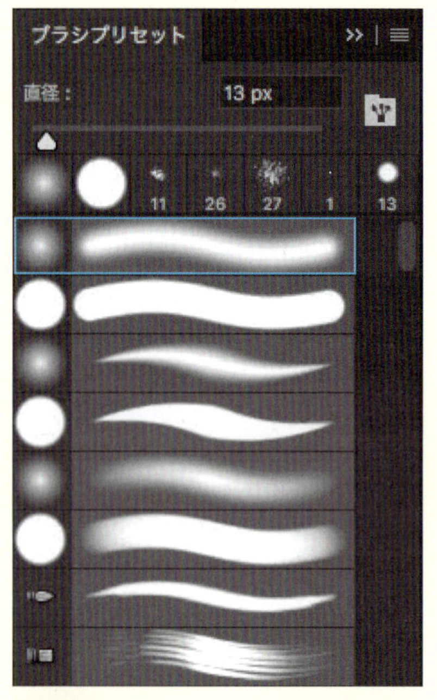

［ブラシプリセット］パネル：ライブラリを管理し、ブラシを整理して、必要なブラシのみを表示、使用できます。

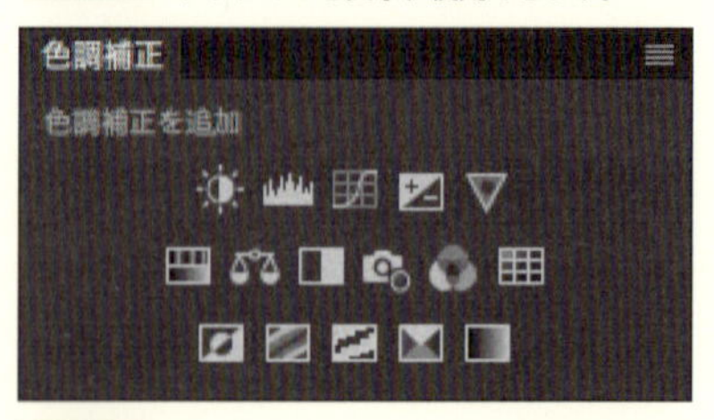

［色調補正］パネル：元の画像を壊すことのない、さまざまな画像補正を選択できます。

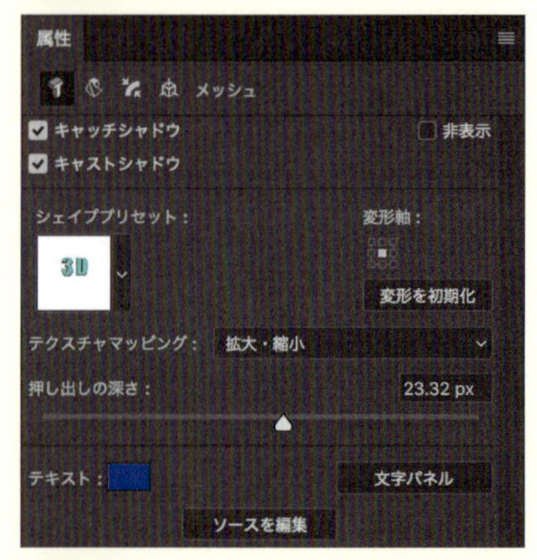

［属性］パネル：［色調補正］パネルで選択した補正メニューを実行できます。

●オブジェクトを編集・変形するパネル

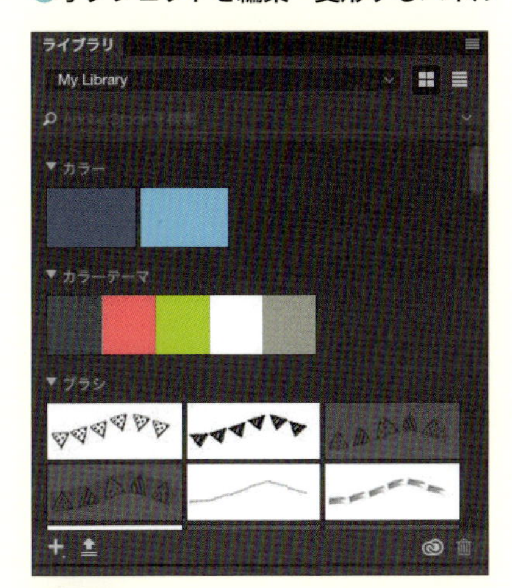

[ライブラリ] パネル：登録したカラーや書式、オブジェクトを CC の他のドキュメントやアプリで使えます。

●オブジェクトの状態を確認するパネル

[ナビゲーター] パネル：サムネール表示でアートワークの表示をすばやく変更します。

[レイヤー] パネル：表示と非表示を切り替えたり、新しいレイヤーを作成したり、レイヤーを検索したりできます。

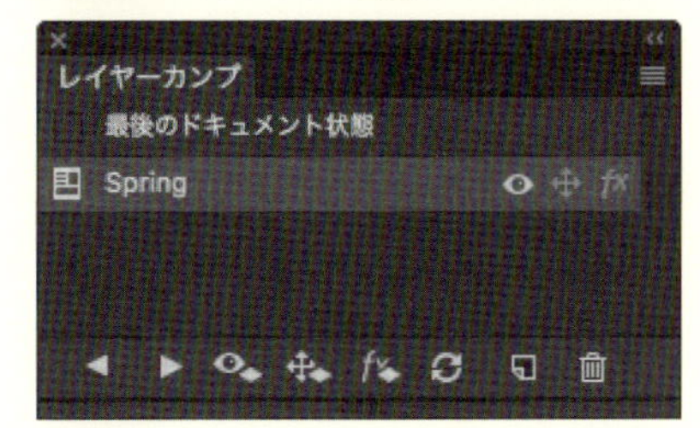

[レイヤーカンプ] パネル：ひとつのファイルで複数のレイアウトバリエーションを作成、管理できます。

● Web に関するパネル

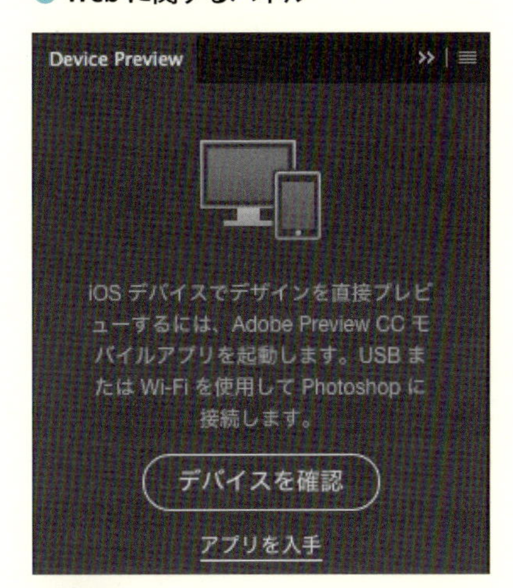

[Device Preview] パネル：iOS アプリとの連携に使います。

[注釈] パネル：画像に添付した注釈の内容を確認できます。

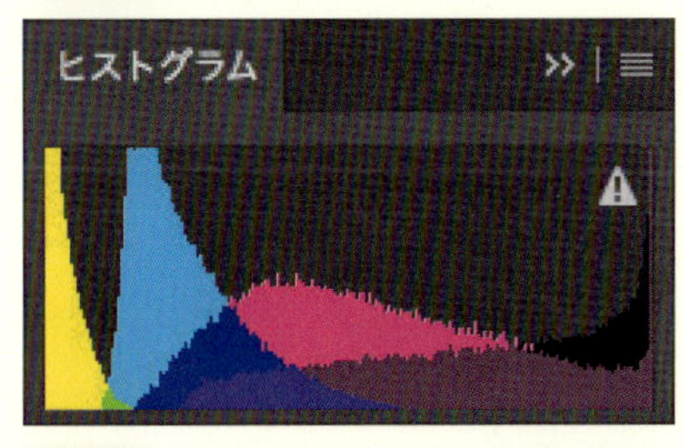

[ヒストグラム] パネル：画像の色調とカラー情報を表示します。

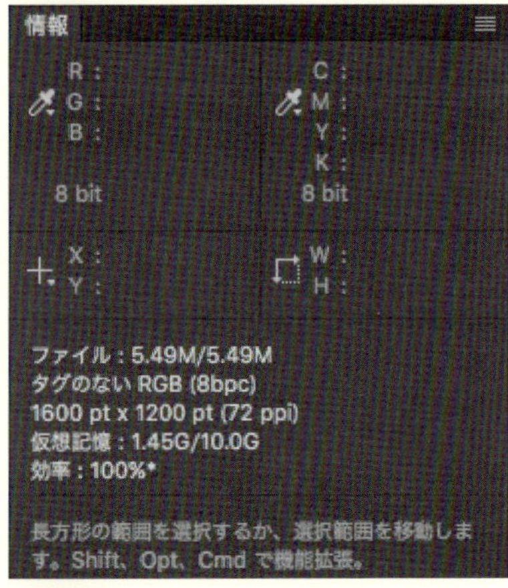

[情報] パネル：ポインタがある位置のカラー値が表示されます。

●書式に関するパネル

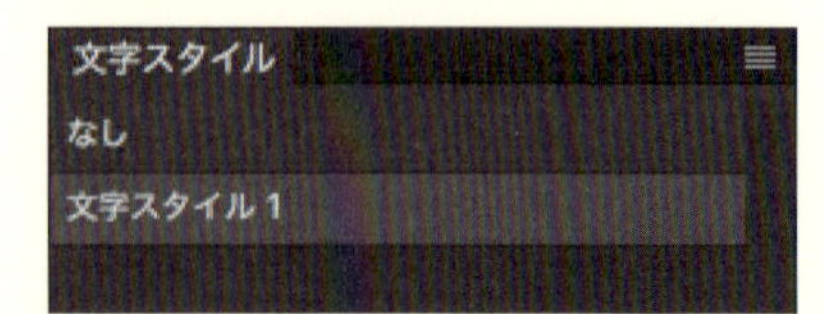

［文字スタイル］パネル：あらかじめ作成した書式設定のスタイルを引き継いで使えます。

［段落スタイル］パネル：あらかじめ作成した段落の書式設定を引き継いで使えます。

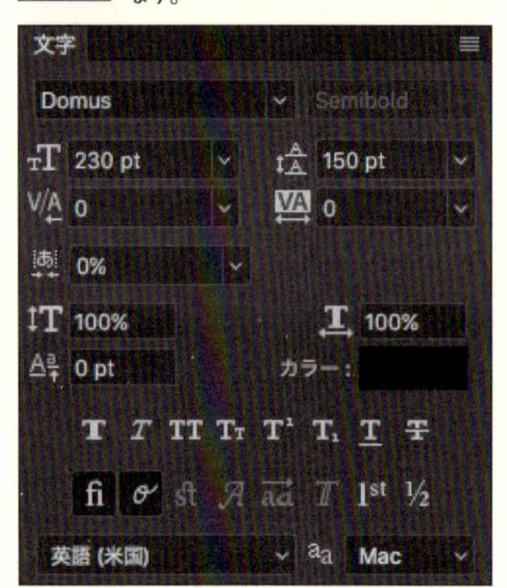

［文字］パネル：テキストの書体・サイズ・行送りなどを設定できます。

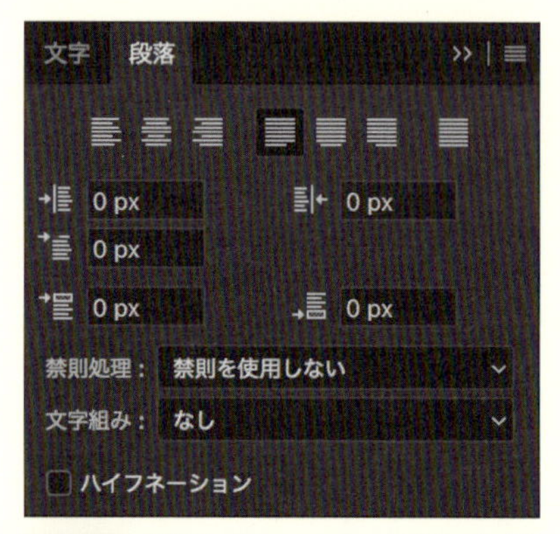

［段落］パネル：コラムや段落の書式設定を変更できます。

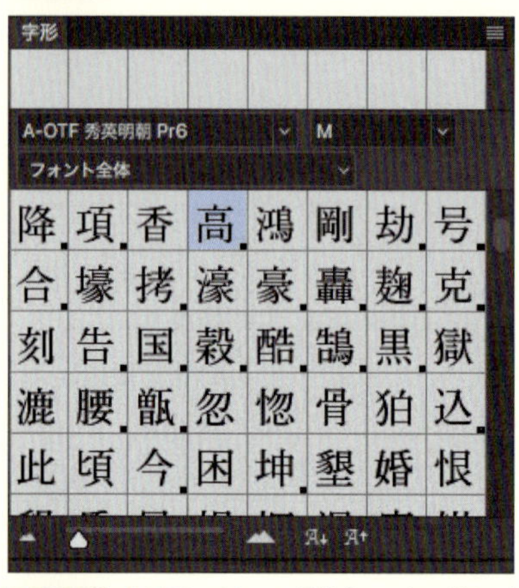

［字形］パネル：異体字への切り替えができます。

●カラーに関するパネル

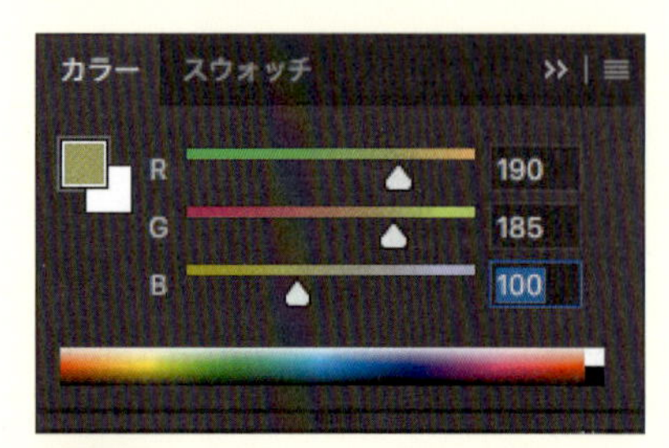

［カラー］パネル：現在の描画色および背景色の値が表示されます。

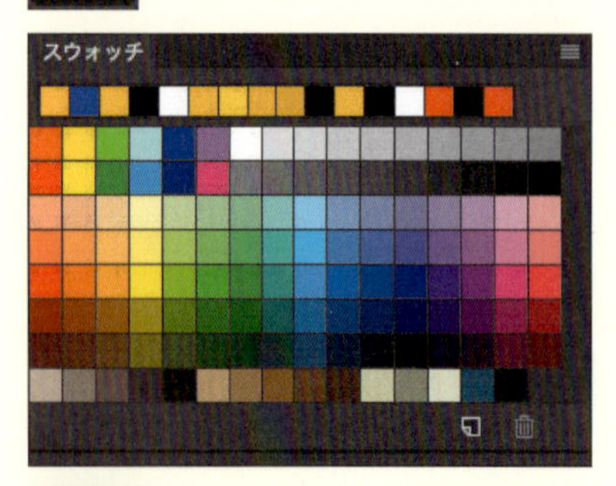

［スウォッチ］パネル：画像で頻繁に使うカラーを格納できます。

［スタイル］パネル：カスタムスタイルを作成し、プリセットとして保存して使用することができます。

［チャンネル］パネル：画像内のすべてのチャンネルが表示されます。

●そのほかのパネル

［ヒストリー］パネル：直近のヒストリー画像を一覧表示できます。

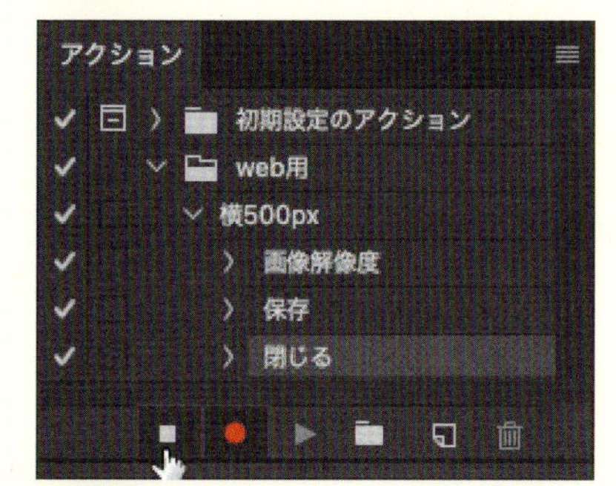

［アクション］パネル：アクションを記録、実行および削除できます。

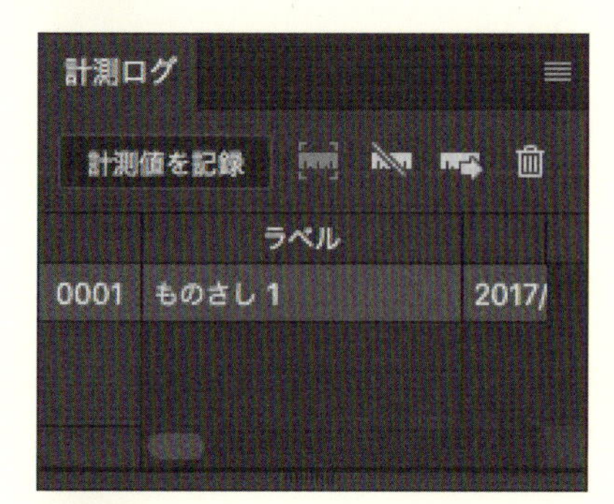

［計測ログ］パネル：オブジェクトを計測すると、計測データが記録されます。

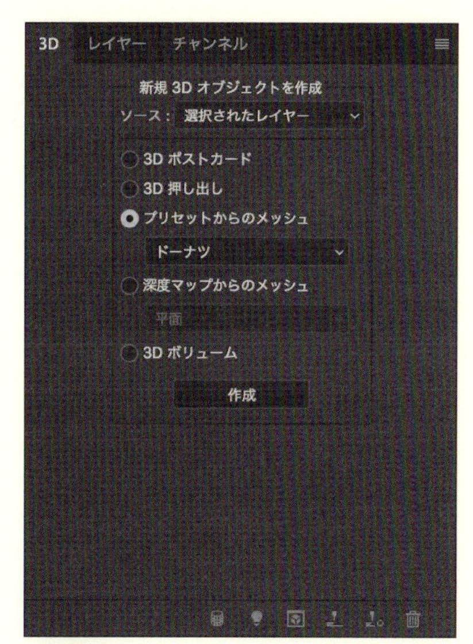

［3D］パネル：関連づけられている 3D ファイルのコンポーネントが表示されます。

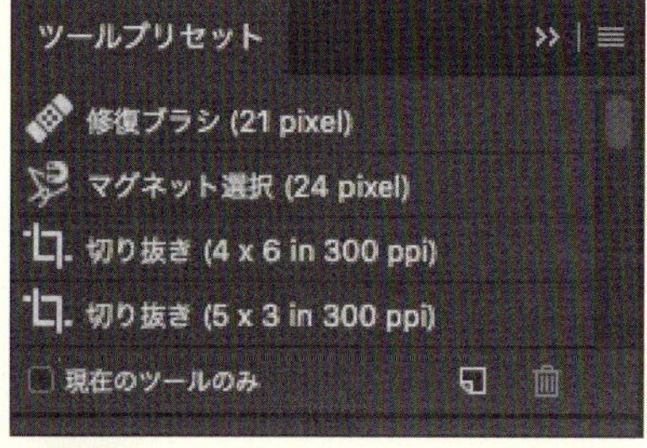

［ツールプリセット］パネル：ツール設定を保存して再利用できます。

CC NEW FEATURES REFERENCE

CC新機能リファレンス

Photoshop CC 2017.0.1 [2016.12.12]

- MacBook ProのTouch Barサポート

Photoshop CC 2017 [2016.11.2]

- 新規ドキュメントダイアログ …………… P021
- SVG OpenTypeフォントのサポート

Photoshop CC 2015.5 [2016.6.20]

- [選択とマスク]のワークスペース ……… P096
- [マッチフォント] ………………………… P066
- [ゆがみ]フィルターの顔認証 …………… P184
- コンテンツに応じた切り抜き

Photoshop CC 2015.1 [2015.11.30]

- [ツールバー]の内容をカスタマイズする …… P031
- フォントを「お気に入り」に入れる ………… P062

Photoshop CC 2015 [2015.6.15]

- 効率的なデザインを実現するアートボード P058,059,294
- [書き出し形式]ダイアログ ……………… P312
- iOSデバイスでのプレビュー …………… P316
- [字形]パネル ……………………………… P064
- 画像から3D用法線マップを作成 ……… P250
- 「Adobe Stock」サービスが開始
- Adobe Camera Raw 9のコントロール強化
- より簡単になった3Dプリント

Photoshop CC 2014.2 [2015.4.21]

CameraRaw 9.0付き

- HDRマージ
- パノラママージ

Photoshop CC 2014.2 [2014.10.6]

- Creative Cloudライブラリ …………… P061
- Windowsタッチデバイスのサポート
- SVGの書き出し

Photoshop CC 2014.1 [2014.8.5]

- 3D機能の強化

Photoshop CC 2014 [2014.6.18]

- フォントの検索 ……………………………… P062
- Adobe Typekit ……………………………… P065
- [ぼかしギャラリー]のモーション効果 P174,175
- オーバースクロール ………………… P034,345
- 「焦点領域」を使った選択

Photoshop CC 14.2 [2014.1.15]

- [リンクを配置] ……………………………… P302
- 遠近法ワープ

Photoshop CC 14.1 [2013.9.8]

- RetinaディスプレイでのHiDPIプレビューのサポート

Photoshop CC 14 [2013.6.17]

- [スマートシャープ]フィルター …………… P115
- [ぶれの軽減]フィルター ………………… P116
- [Camera Raw]フィルター ……………… P087
- 編集可能なシェイプ …………………… P224
- 複数のシェイプとパスを選択 …………… P225
- シェイプをCSSとして書き出す ………… P314
- アクションに条件をつける ……………… P292
- Photoshop Extendedの機能を搭載
- 複数のPCの設定を同期

Ps Creative Cloudスタート

第1章 基本操作

NO.
001 既存の画像を開いて情報を確認する

VER.
CC / CS6 / CS5 / CS4 / CS3

［ファイル］メニューから［開く］を選択してファイルを開き、ウィンドウの左下や［情報］パネルなどでファイル情報を確認できます。

STEP 1

［ファイル］メニューから［開く］を選択し❶［開く］ダイアログを表示します。［選択対象］❷を指定することで特定のファイル形式だけの表示にできますが、通常は［すべての読み込み可能なドキュメント］にしておくといいでしょう。［形式］❸はファイルを選択すると拡張子に基づいて自動的に選択されるので、特に意識しなくても大丈夫です。希望のファイルを選択したら［開く］をクリックします。

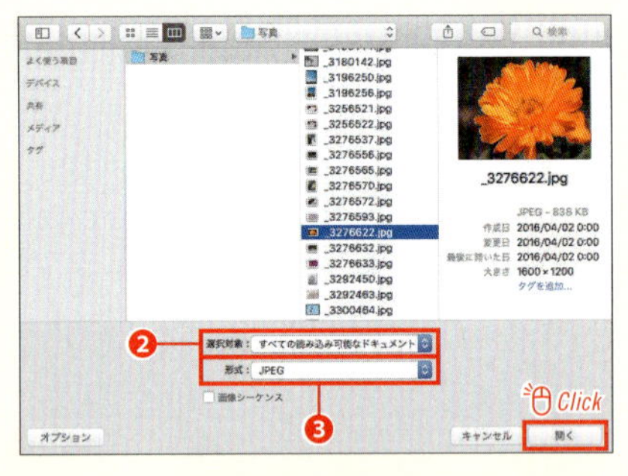

S 開く▶ ⌘(Ctrl)+O
情報パネル▶ F8

MEMO

CC 2015以降では、ダイアログ左下にある［オプション］ボタンをクリックして、オプション項目の表示・非表示を切り替えられます。

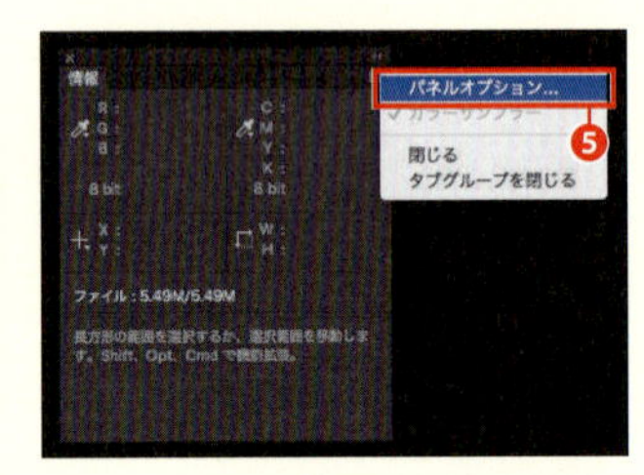

STEP 2

開いたファイルの情報を確認するときは、ドキュメントウィンドウの左下にあるステータスバーをプレスします❹。画像のサイズや解像度、チャンネルなどの情報が表示されます。また、［情報］パネルのパネルメニューから［パネルオプション］を選択し❺、［ステータス情報］の項目で表示したい情報にチェックを入れる❻ことでも確認できます❼。

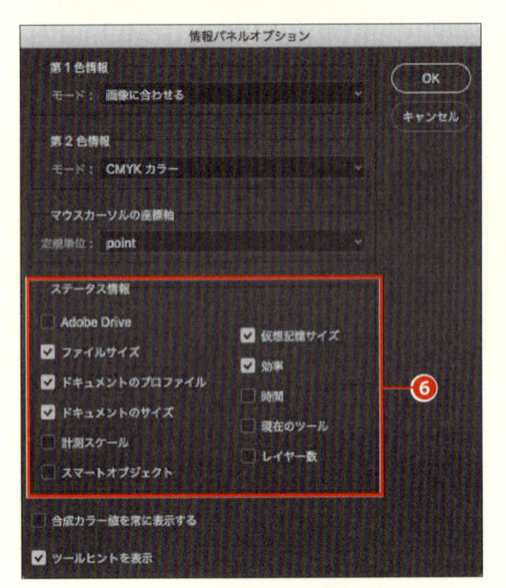

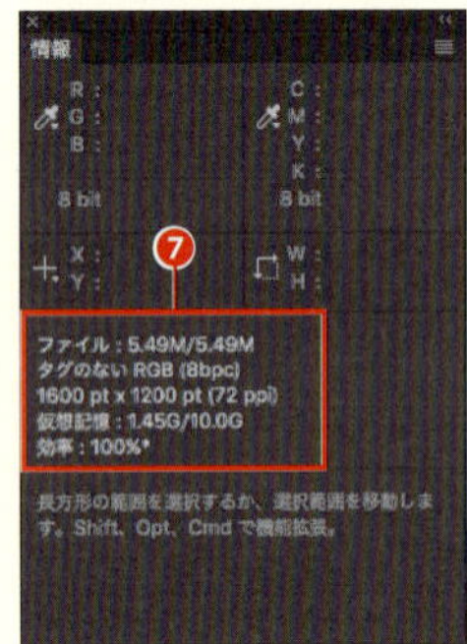

STEP 3

画像ファイルに含まれるメタデータ（ファイルの情報を記載した付加データ）などの詳細情報を確認したいときは、［ファイル］メニューから［ファイル情報］を選択します。ファイルに情報データが存在すれば、撮影時のカメラや設定などの情報が表示されます。

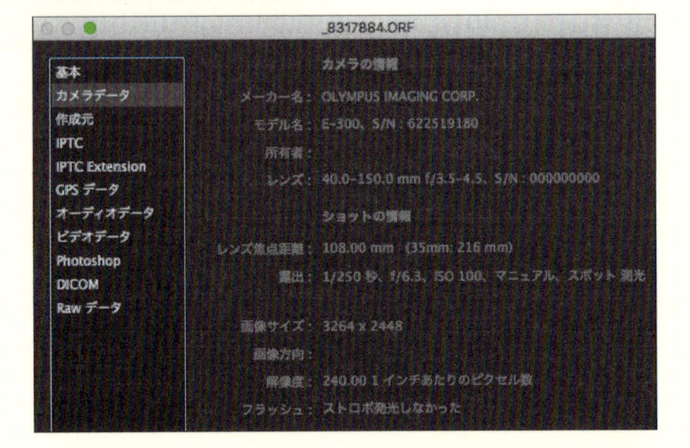

018 ピクセル数を変えずに寸法や解像度だけを変更する
019 ピクセル数を変更して画像を拡大、縮小する

NO.
002 新規ドキュメントを作成する

VER.
CC / CS6 / CS5 / CS4 / CS3

CC 2017から新規ドキュメントダイアログが刷新され、Adobe Stock から無料のテンプレートを利用できるようになりました。［環境設定］で旧来の仕様にも変更可能です。

STEP 1

CC 2015 以降では、インストール直後にアプリケーションを開くと「スタート」と呼ばれるワークスペースが開きます❶。この画面では、最近使用したファイルの履歴を表示したり、Adobe Stock やラーニングページへ直接ジャンプできます。これを利用したくないときは、［Photoshop］メニュー（Windows では［編集］メニュー）から［環境設定］→［一般］で［ドキュメントが開いてない時に「スタート」ワークスペースを表示する］のチェックをオフ❷にします。

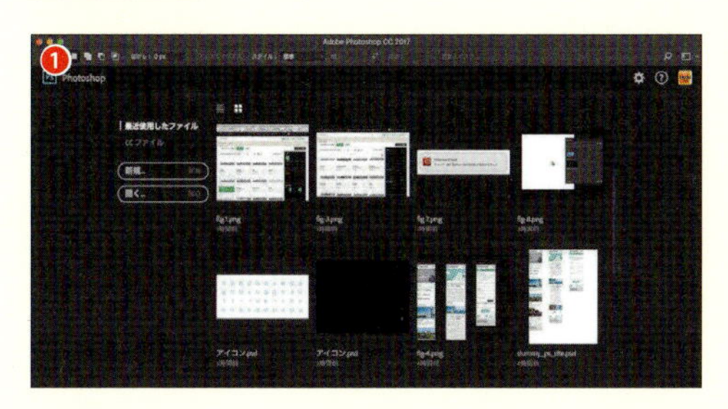

STEP 2

「スタート」ワークスペースで［新規］をクリックするか、［ファイル］メニューから［新規］を選択すると、［新規ドキュメント］ダイアログが表示されます。CC 2017 以降では画面が大きく刷新されています。上部のタブ❸で新規ドキュメントの目的を選ぶと、それに応じたプリセット❹が表示されます。右側の設定画面❺でプリセットをカスタマイズできます。

STEP 3

プリセットの下段には、Adobe Stock から利用できる無料のテンプレート❻が表示されます。これらをダウンロードして利用することも可能です❼。［環境設定］→［一般］で［従来の「新規ドキュメント」インターフェイスを使用］にチェックを入れる❽と、これまでの［新規ドキュメント］ダイアログを利用できます。

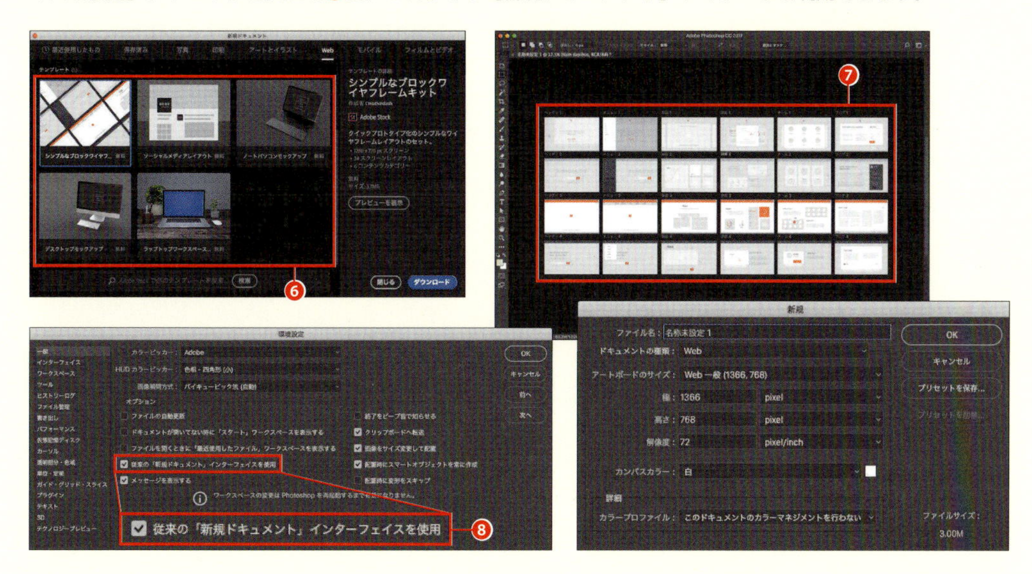

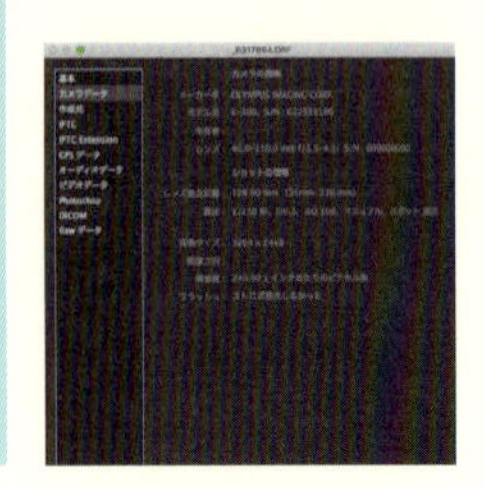

NO.

003 パネルの位置を保存する

VER.

CC / CS6 / CS5 / CS4 / CS3

［ウィンドウ］メニューから［ワークスペース］→［新規ワークスペース］で、パネルの配置を自由に記憶させることができます。

STEP 1

各パネルを希望の位置に配置し、［ウィンドウ］メニューから［ワークスペース］→［新規ワークスペース］❶を選択します。

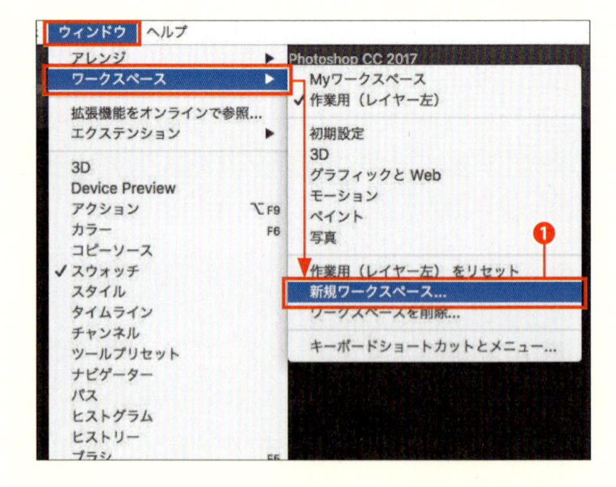

STEP 2

［新規ワークスペース］ダイアログで、［名前］にワークスペースの名称を入力して❷［保存］をクリックします。オプションとして、キーボードショートカット、メニュー、ツールバー（CC 2015.1 以降）も保存できます。

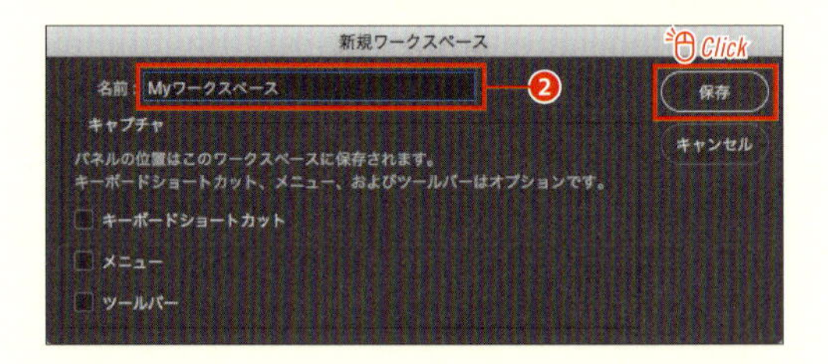

STEP 3

［ウィンドウ］メニューから［ワークスペース］を選択すると、保存したワークスペースが追加されています❸。オプションバーの右端からワークスペースを切り替えることも可能です。不要なワークスペースを削除するには、［ウィンドウ］メニューから［ワークスペース］→［ワークスペースを削除］を選択し❹、［ワークスペースを削除］で削除するワークスペースを選択して［削除］をクリックします。

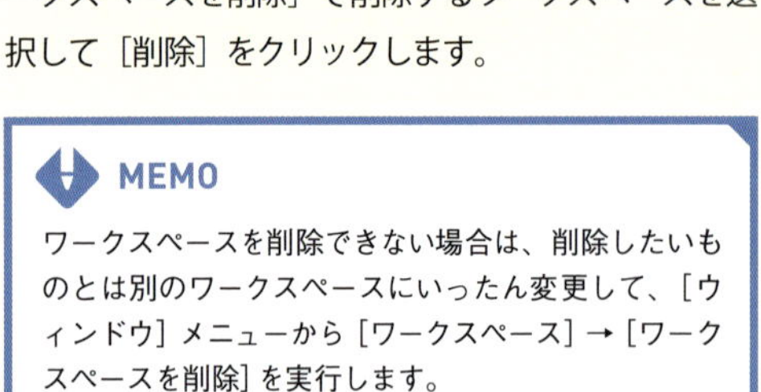

MEMO

ワークスペースを削除できない場合は、削除したいものとは別のワークスペースにいったん変更して、［ウィンドウ］メニューから［ワークスペース］→［ワークスペースを削除］を実行します。

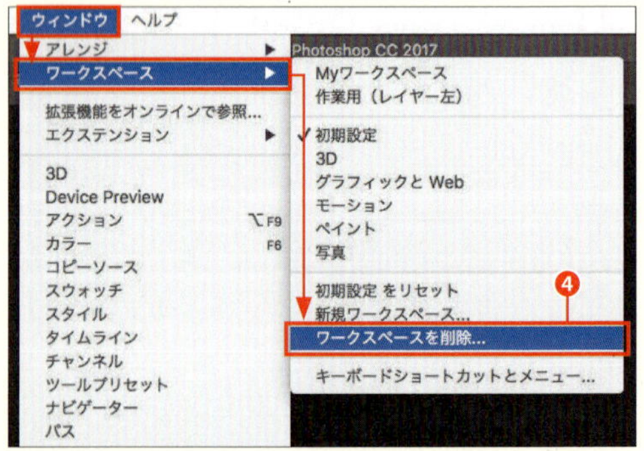

NO.

004 アプリケーションフレームを変更する

VER.
CC / CS6 / CS5 / CS4 / CS3

Mac では、［ウィンドウ］メニューから［アプリケーションフレーム］でアプリケーションフレームの有効、無効を切り替えられます。

STEP 1

アプリケーションフレームは、画面全体を覆うようにPhotoshop を表示します。CS6 以降ではデフォルトで有効になっています。これを無効にするには［ウィンドウ］メニューから［アプリケーションフレーム］を選択してチェックを外します❶。有効にする場合は、もう一度同じ手順で選択してチェックを入れます。

アプリケーションフレームが有効の状態

MEMO

Windows では、アプリケーションフレームの有無を切り替えられません。

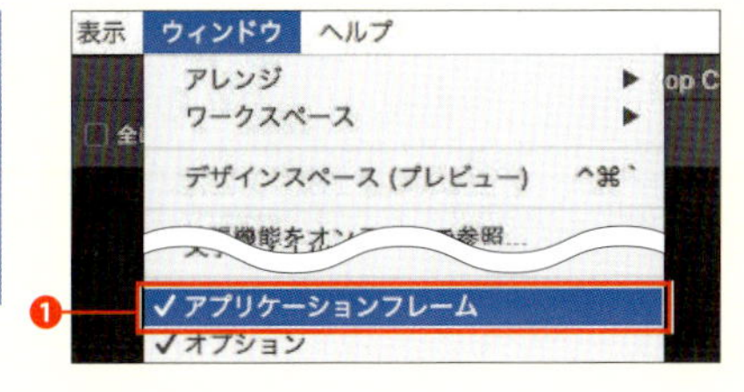

アプリケーションフレームが無効の状態

STEP 2

アプリケーションフレームが有効のときは、上部のタイトルバー付近にフローティングドキュメントウィンドウを移動させることで、アプリケーションフレームにタブとして結合できます❷。複数のドキュメントをタブとして結合しているときは、［ウィンドウ］メニューから［アレンジ］で表示方法を選択することで、さまざまなレイアウトで表示できます❸。

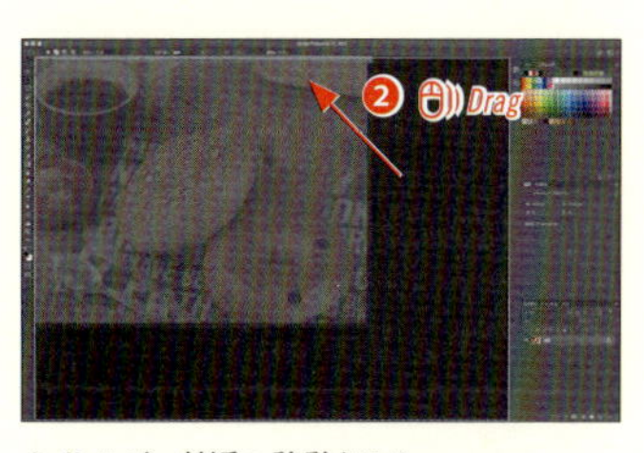

タイトルバー付近へ移動させる

MEMO

［Photoshop］メニューから［環境設定］→［ワークスペース］（CC 2014以前は［インターフェイス］）で［オプション］内にある［フローティングドキュメントウィンドウの結合を有効にする］にチェックが入っていないと、結合はできません。また、フローティングウィンドウのドラッグ中に ⌘（Ctrl）キーを押すことで、結合の有無を一時的に逆転できます。

4 枚の画像をタイル状に並べて表示

STEP 3

結合されたドキュメントを通常のフローティング状態に戻すには、タブを下方向へドラッグ&ドロップします。

タブをつかんで下方向へドラッグ

フローティング状態になる

NO.
005 インターフェイスのアピアランスを変える

VER.
CC / CS6 / CS5 / CS4 / CS3

［環境設定］の［インターフェイス］でインターフェイスの外観を好みに応じて変更できます。CS6以降ではアプリケーション全体の外観色も変更可能です。

STEP 1

CS6以降のバージョンではインターフェイスの外観色を変更できます。選択できるカラーテーマは4色で、それぞれにグレーの濃度が異なります。

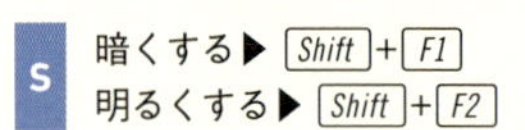

S 暗くする▶ Shift + F1
明るくする▶ Shift + F2

STEP 2

インターフェイスの外観色を変更するには、［Photoshop］メニュー（Windowsは［編集］メニュー）から［環境設定］→［インターフェイス］で［アピアランス］の［カラーテーマ］から色を選択します❶。

S 環境設定▶ ⌘（Ctrl）+ K

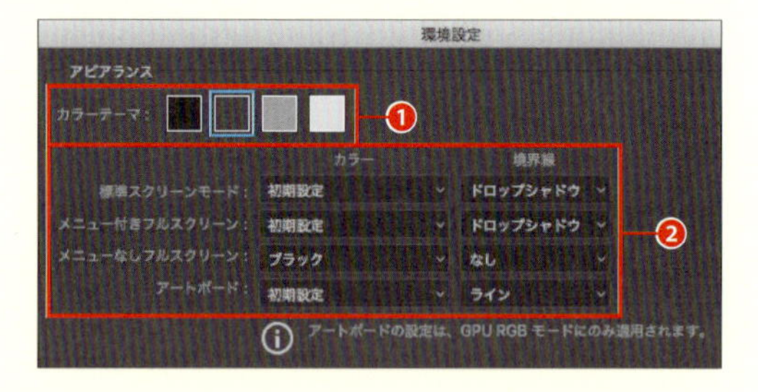

MEMO

CS6、CC でのデフォルトは濃いほうから2番目のグレーです。

STEP 3

［カラーテーマ］の下にある4つのメニュー❷では、画面表示モードごとにカンバスエリア外の背景色や、境界線の種類を指定できます。アートボードの項目があるのはCC 2015以降のみです。

［カラー：ライトグレー］［境界線：ライン］

［カラー：ミディアムグレー］［境界線：シャドウ］

［カラー：カスタム］［境界線：なし］

MEMO

画面表示モードは、［表示］メニューから［スクリーンモード］で選択して変更します。CS6以降では［ツール］パネルの一番下のボタン、CS5やCS4はアプリケーションメニューのボタンからも変更できます。

NO.
006 プレビューアイコン、拡張子の設定をする

VER.
CC / CS6 / CS5 / CS4 / CS3

［環境設定］ダイアログの［ファイル管理］では、ファイル保存の際のプレビューアイコン、拡張子などの設定ができます。

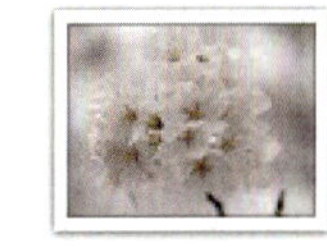

桜.psd

STEP 1

［Photoshop］メニュー（Windowsは［編集］メニュー）から［環境設定］→［ファイル管理］を選択し❶、［環境設定］ダイアログを表示します。

S 環境設定▶ ⌘（Ctrl）+K

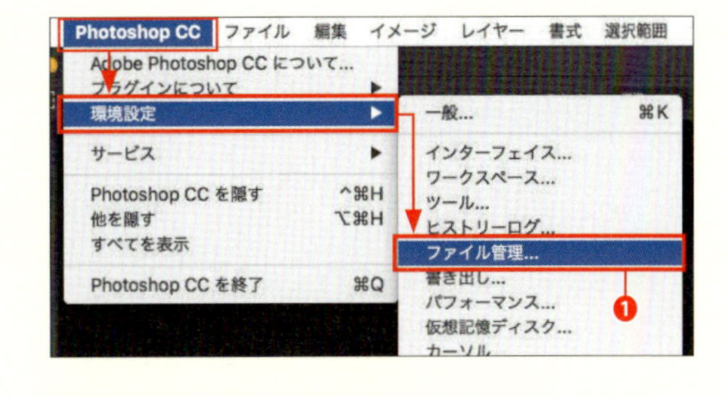

STEP 2

［ファイルの保存オプション］を希望の状態に設定します❷。［プレビュー画像］では、プレビュー用の画像を一緒に保存するかどうか、［ファイル拡張子］では、ファイル名に拡張子をつけて保存するかどうかを選択できます❸。拡張子はファイルの種類を判断するために用いますが、Windowsでは拡張子がないとファイルが開けないこともあるので、Windowsでファイルのやりとりをする際は、拡張子を必ず追加します。

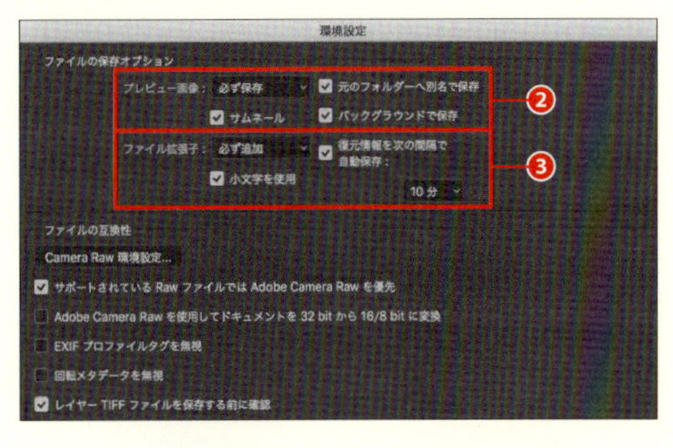

OSの種類やバージョンによっては、［プレビュー画像］をオフにしてもアイコンにプレビューが表示されることもあります。

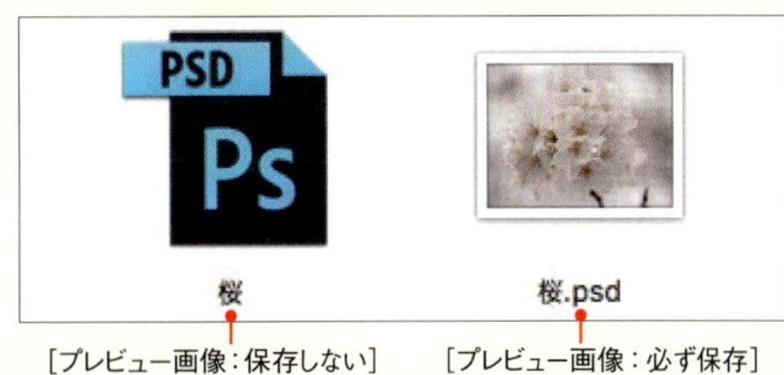

［プレビュー画像：保存しない］
［ファイル拡張子：追加しない］

［プレビュー画像：必ず保存］
［ファイル拡張子：必ず追加］

STEP 3

［ファイルの互換性］の項目では❹、Rawファイルを現像する際の処理や、EXIFプロファイルやレイヤーTIFFの扱い、PSDとPSBファイルの互換性についての処理を設定でき、CS6以降ではPSDとPSBの圧縮を無効にすることもできます。また［Adobe Drive］の項目では❺、Adobe Driveが使用可能な場合に有効にするかどうかを選択できます。

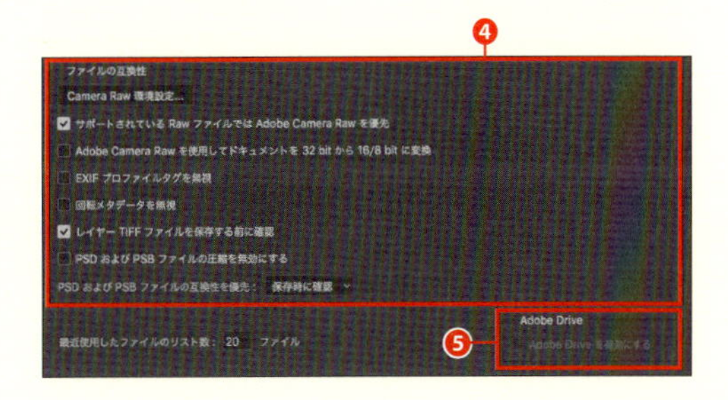

MEMO

Adobe Driveとは、Version Cueサーバへの接続を補助するためのツールです。Adobe DriveはCS4以降に付属しています。

209 Photoshop形式で保存する

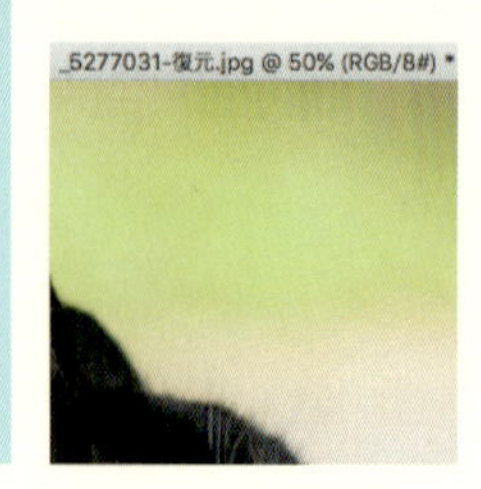

NO.

007 ファイルの復元情報を自動保存する

VER.
CC / CS6 / CS5 / CS4 / CS3

強制終了などに備えて復元情報を一定間隔で自動保存するには、[環境設定] の [ファイル管理] で設定します。

STEP 1

復元情報の自動保存を有効にするには、[Photoshop] メニュー (Windows は [編集] メニュー) から [環境設定] → [ファイル管理] で [ファイルの保存オプション] の [復元情報を次の間隔で自動保存] にチェックを入れます❶。さらに、メニューから保存する間隔を選択します❷。自動保存を使いたくない場合はチェックを外します。

S 環境設定▶ ⌘(Ctrl)+K

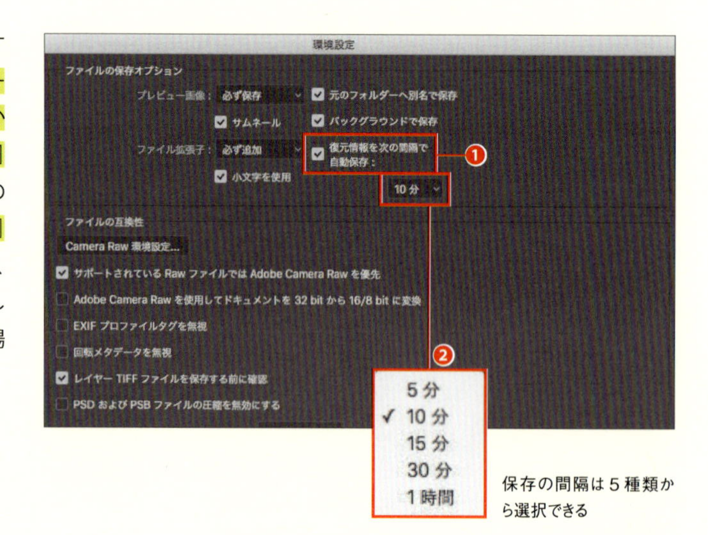

保存の間隔は 5 種類から選択できる

STEP 2

Photoshop が何らかの理由で強制終了して作業途中のファイルが消えてしまった場合でも、次回起動したときに自動保存された状態でファイルが復元されます。復元されたデータのファイル名には「復元」という文字が追加されています。

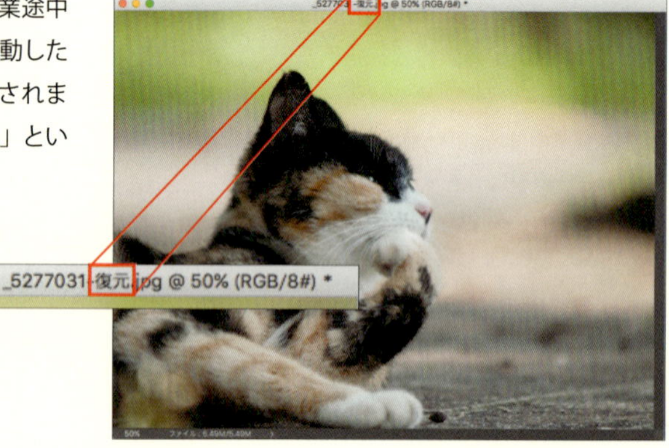

MEMO

自動保存のファイルは下記の場所に Temp ファイルとして保存されます。ファイルを正常に保存した場合や、Photoshop を正常に終了した場合は Temp ファイルは削除されます。何らかの理由で復元ファイルが削除されない場合は、このフォルダーを確認してみましょう。

・仮想記憶ディスクが OS 起動ディスクの場合
[Mac] 起動ディスク / ユーザ / 自分のユーザー名 / ライブラリ /Application Support/Adobe/Adobe Photoshop (バージョン)/AutoRecover/
[Win] ¥Users¥ 自分のユーザー名 ¥AppData¥Roaming¥Adobe¥Adobe Photoshop (バージョン)¥AutoRecover¥

・仮想記憶ディスクが OS 起動ディスク以外の場合
仮想記憶ディスクの第一階層に「PSAutoRecover/ 自分のユーザー名」フォルダーが自動的に作成され、その中に保存されます。

NO.
008 ファイルの保存中に別の作業をする

VER.
CC / CS6 / CS5 / CS4 / CS3

ファイルの保存中も作業をするには、［環境設定］の［ファイル管理］でバックグラウンド保存を有効にします。

STEP 1

バックグラウンド保存の機能を有効にするには、［Photoshop］メニュー（Windowsは［編集］メニュー）から［環境設定］→［ファイル管理］で［ファイルの保存オプション］の［バックグラウンドで保存］❶にチェックを入れます。

S 環境設定▶ ⌘(Ctrl)+K

環境設定
ファイルの保存オプション
プレビュー画像： 必ず保存
元のフォルダーへ別名で保存
サムネール
バックグラウンドで保存 ❶
ファイル拡張子： 必ず追加
復元情報を次の間隔で自動保存：
小文字を使用
10 分
ファイルの互換性
Camera Raw 環境設定...
サポートされている Raw ファイルでは Adobe Camera Raw を優先
Adobe Camera Raw を使用してドキュメントを 32 bit から 16/8 bit に変換
EXIF プロファイルタグを無視
回転メタデータを無視
レイヤー TIFF ファイルを保存する前に確認
PSD および PSB ファイルの圧縮を無効にする

STEP 2

バックグラウンドで保存の機能が有効になっている場合、保存をしている最中でも作業を続行することが可能です。バックグラウンドで保存中のファイルは、ウィンドウのタイトルバー❷と左下❸に保存の進行状況が表示されます。

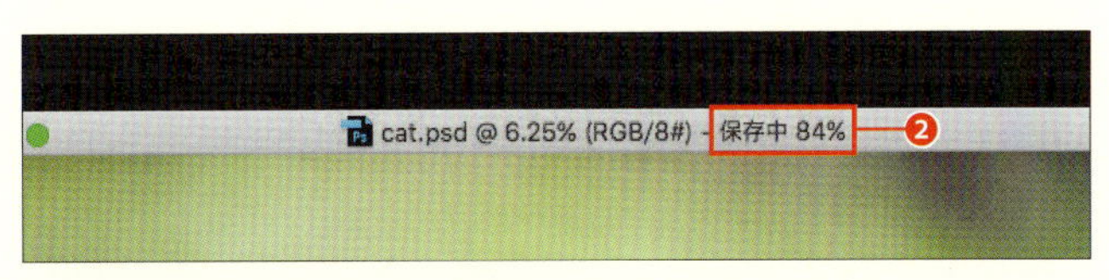

タイトルバーに保存の完了度合いが表示される

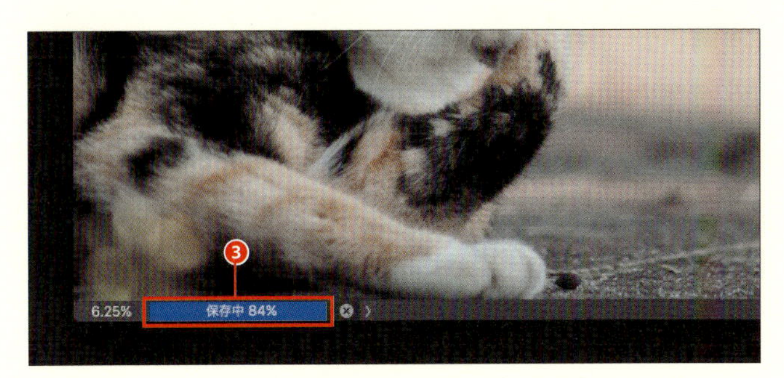

ウィンドウ左下にはプログレスバーが表示される

STEP 3

ウィンドウはファイルの保存が完了するまで閉じることはできません。完了前にウィンドウを閉じようとした場合は、保存が終わるまで待ってから自動的に閉じます。

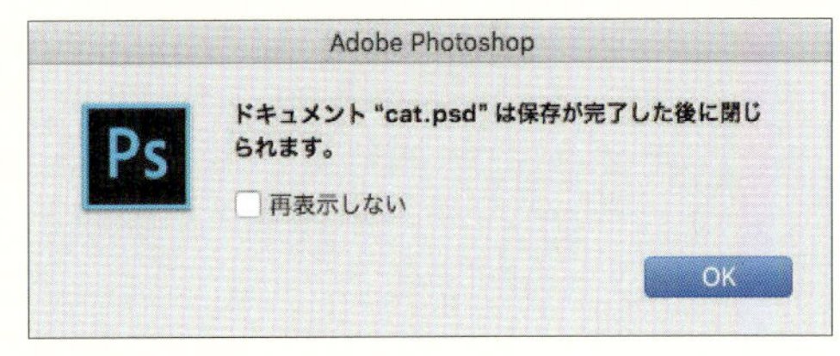

初期設定では警告ダイアログが表示される

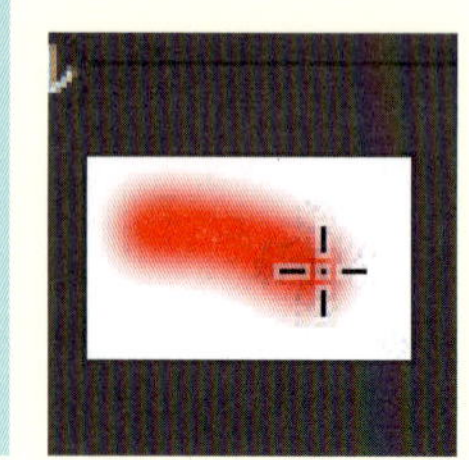

NO.

009 カーソルの形状を設定する

VER.
CC / CS6 / CS5 / CS4 / CS3

［環境設定］ダイアログの［カーソル］でカーソルの形状が設定できます。

STEP 1

［Photoshop］メニュー（Windowsは［編集］メニュー）から［環境設定］→［カーソル］を選択します❶。

S 環境設定▶ ⌘（Ctrl）+K

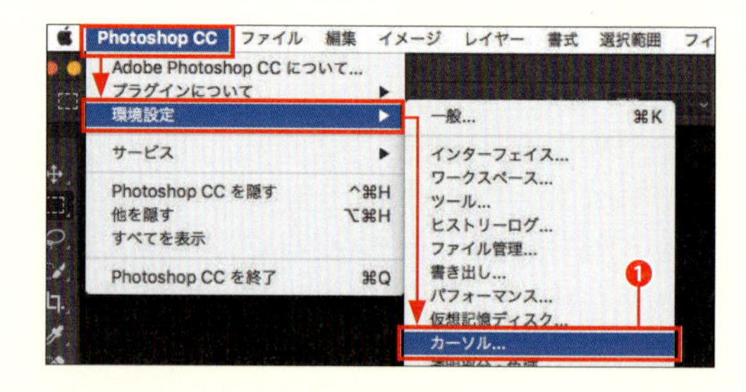

STEP 2

［ペイントカーソル］❷では、［消しゴム］ツールや［ブラシ］ツールなどの形状を、［その他のカーソル］❸では、［スポイト］ツールや［塗りつぶし］ツールなどの形状を設定することができます。

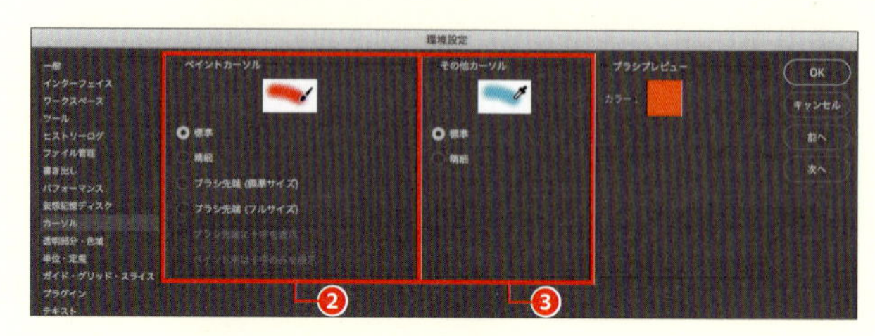

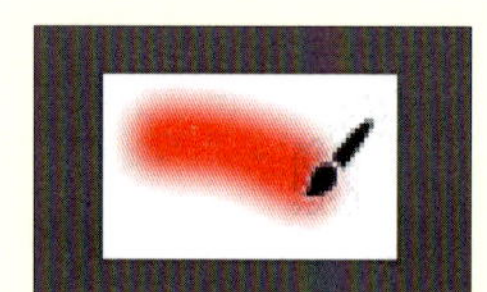

［ペイントカーソル：標準］

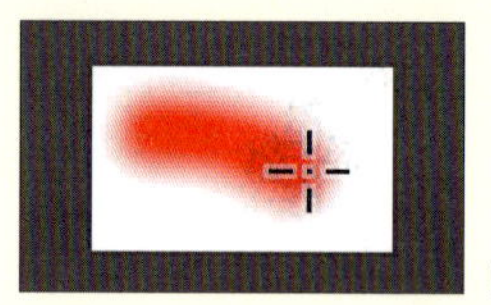

［ペイントカーソル：精細］

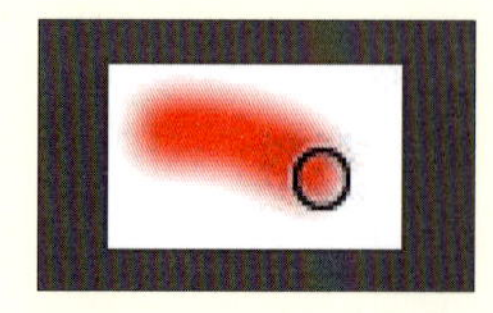

［ペイントカーソル：ブラシ先端（標準サイズ）］

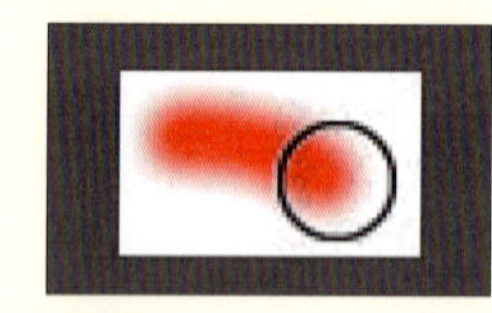

［ペイントカーソル：ブラシ先端（フルサイズ）］

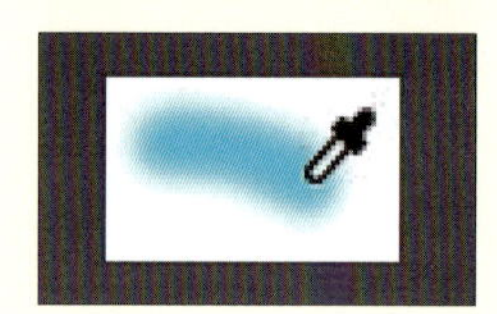

［その他カーソル：標準］

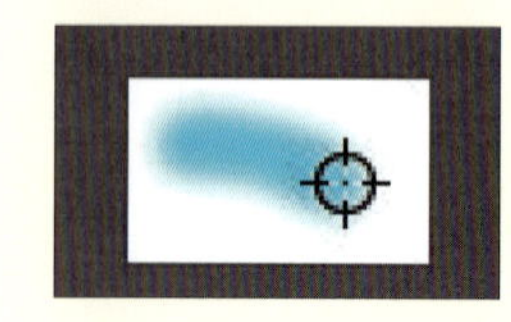

［その他カーソル：精細］

STEP 3

［ペイントカーソル］の［ブラシ先端に十字を表示］にチェックを入れると❹、ブラシカーソルの中央に常に十字線が表示されます❺。ブラシのカーソルは［ブラシ］パネルで設定した先端の形状で表示されますが、このオプションにチェックを入れておけば中心点が表示されるので、ペイント作業がしやすくなります。また、CS6以降では［ペイント中は十字のみを表示］にチェックを入れておくと❻、ブラシでペイントしている最中はブラシ先端の形状が消え、十字線のみの表示になります。

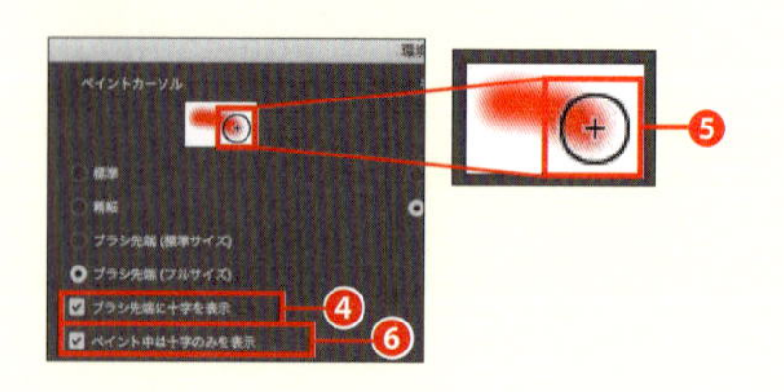

MEMO

ワークスペース上で Caps Lock キーを押すと［ペイントカーソル］［その他のカーソル］は［精密］、クロスヘアカーソルの形状に切り替わります。

NO.
010 単位を変更する

VER.
CC / CS6 / CS5 / CS4 / CS3

［環境設定］ダイアログの［単位・定規］で定規や文字の単位を変更できます。

STEP 1

定規の目盛りの単位を変更します❶。［Photoshop］メニュー（Windowsは［編集］メニュー）から［環境設定］→［単位・定規］を選択します❷（定規の表示方法は、「025 定規を使用する」を参照）。

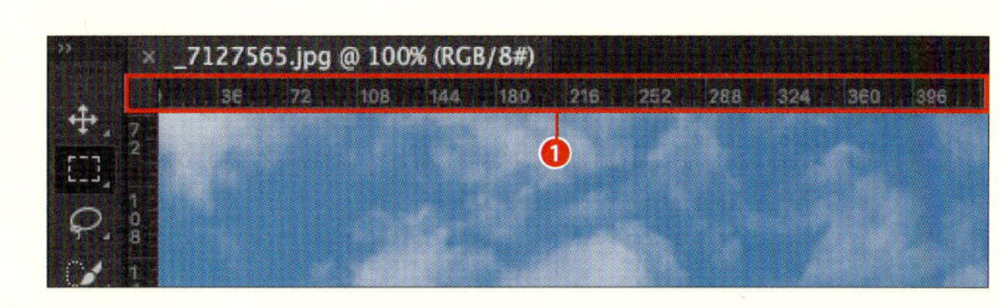

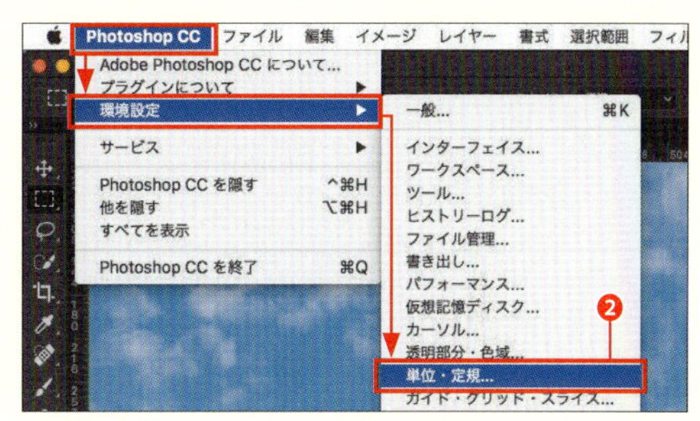

MEMO

定規を表示している場合は、定規をダブルクリックして［環境設定］→［単位・定規］を開くこともできます。

環境設定▶ ⌘(Ctrl)+K
定規表示▶ ⌘(Ctrl)+R

STEP 2

［環境設定］ダイアログが表示されたら、［単位］の［定規］を希望の単位に変更し❸、［OK］をクリックします。

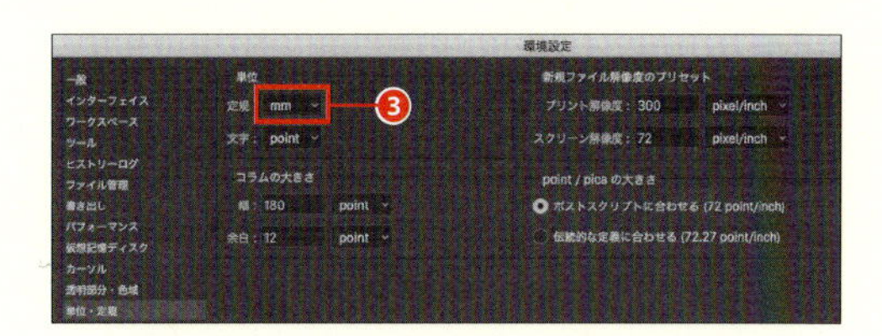

MEMO

定規の単位は、［pixel］［inch］［cm］［mm］［point］［pica］［%］に切り替えることができます。印刷用のデータをつくるときは［mm］や［cm］、Web用のデータをつくるときは［pixel］にしておくのが一般的です。

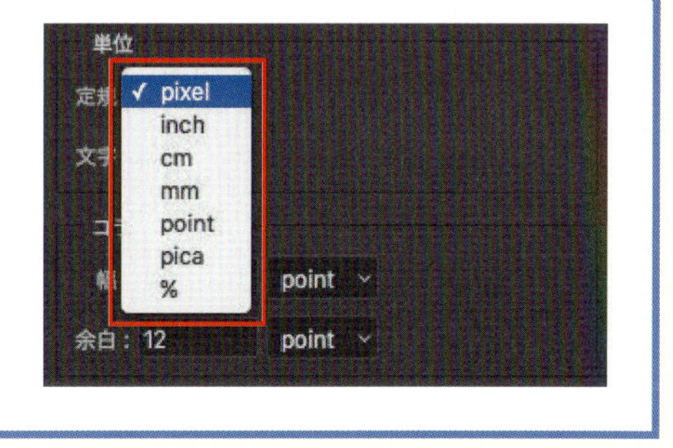

STEP 3

定規の目盛りの単位が変更されます❹。また、定規を右クリックして単位を変更することもできます❺。

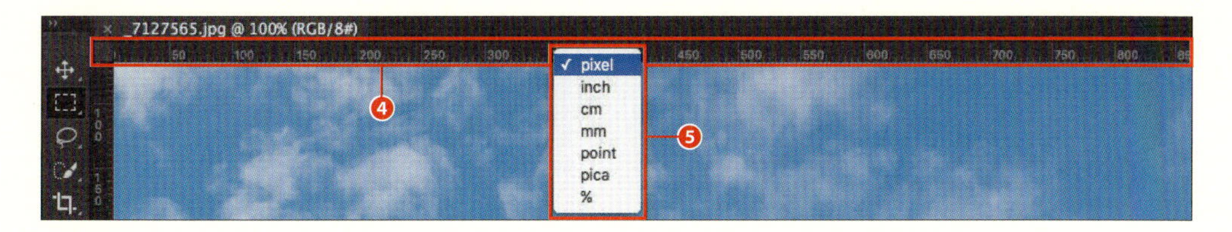

022 角度や距離を計測する
025 定規を使用する

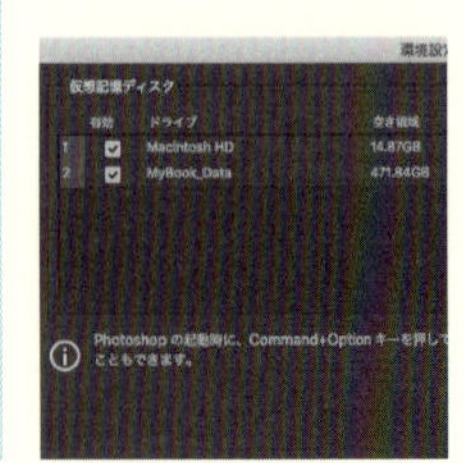

NO.
011 仮想記憶ディスクを設定する

VER.
CC / CS6 / CS5 / CS4 / CS3

［環境設定］ダイアログの［仮想記憶ディスク］で仮想記憶ディスクを設定します。

STEP 1

［Photoshop］メニュー（Windowsは［編集］メニュー）から［環境設定］→［仮想記憶ディスク］を選択し❶、［環境設定］ダイアログを表示します。

S 環境設定▶ ⌘(Ctrl)+K

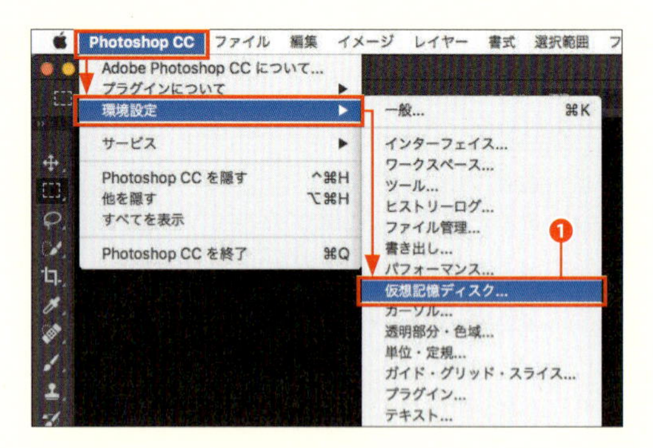

MEMO

CCより前のバージョンでは、［仮想記憶ディスク］ではなく［パフォーマンス］の項目で設定します。

STEP 2

［仮想記憶ディスク］では、メモリ容量が十分でないときに使用する仮想記憶のディスクを指定できます❷。大きな画像をたくさん扱う場合は、一次仮想記憶ディスク（仮想記憶ディスクの1番目）に、空き容量が多く、転送速度の速いドライブを割り当てるとよいでしょう（初期設定では起動ディスクが設定）。仮想記憶ディスクの順序を変更するには、右側の矢印ボタンをクリックします❸。［OK］をクリックして再起動すると、設定が反映されます。

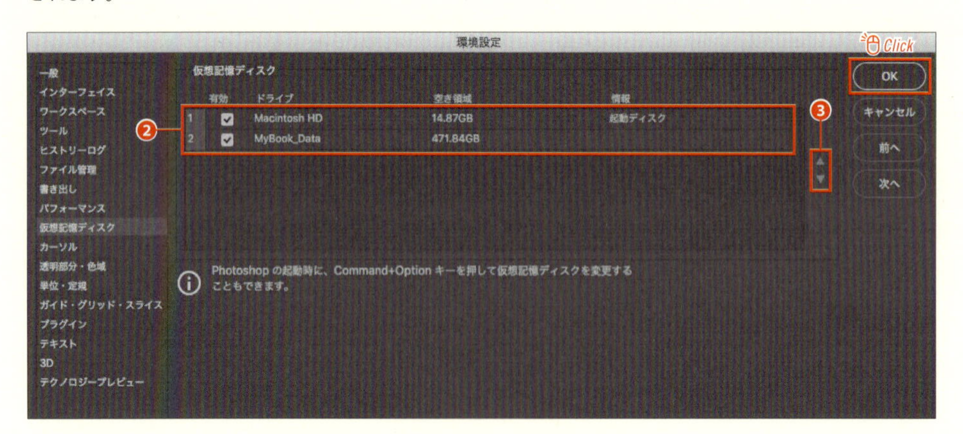

MEMO

［ヒストリー］パネルのデータや［クリップボード］のデータが蓄積されていくと、メモリの使用量が多くなってしまいます。Photoshopの動作が低下している場合は、［編集］メニューから［メモリをクリア］でクリアしたい項目を選択します。なお、取り消しやヒストリーをクリアすると記録されている操作などが完全に消去されるので、元の画像に戻すことはできなくなります。

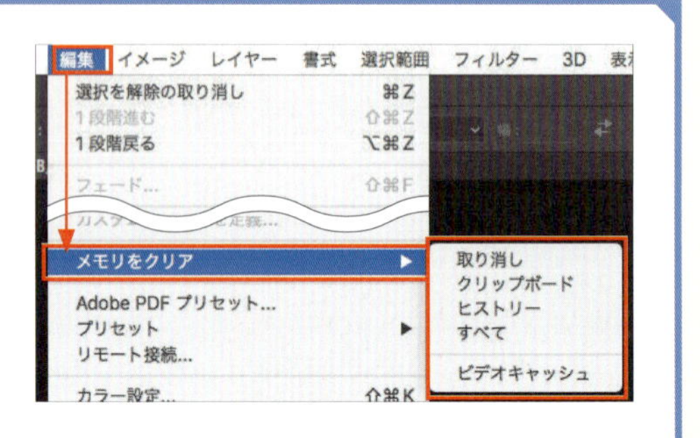

NO.
012 ツールバーの内容をカスタマイズする

VER.
CC / CS6 / CS5 / CS4 / CS3

CC 2015.1以降のバージョンでは、[ツールバー] の内容を自分の好みにカスタマイズ可能です。普段使うものだけを残しておくことで、効率的なツールの切り替えができます。

STEP 1

[ツールバー] をカスタマイズするには、[ツールバー] にある3つの点のアイコン❶を長押しして [ツールバーを編集] を選択するか、[編集] メニューから [ツールバー] を選択します❷。これで、[ツールバーをカスタマイズ] のダイアログが表示されます。

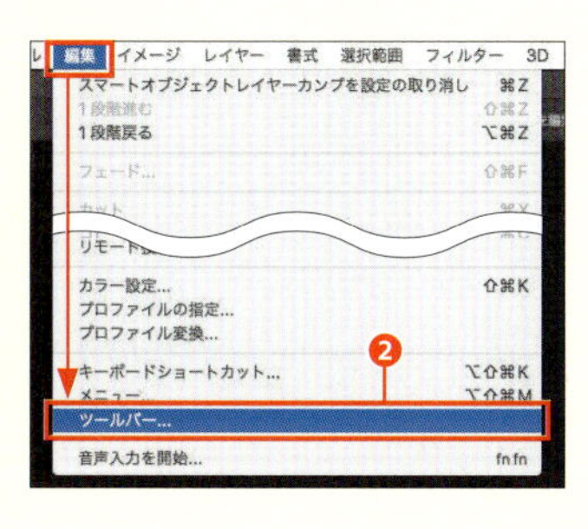

STEP 2

❸が現在の [ツールバー] の内容です。ツールのグループに分かれていますが、ドラッグ&ドロップで自由に順番を変更したり、別のグループへ移動させたりできます。グループの枠のエッジ付近をドラッグすると、グループの移動も可能です。使いやすいように順番や所属グループを変更しましょう。

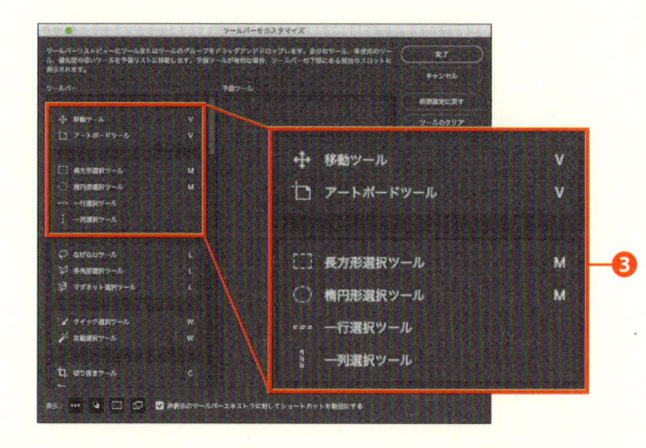

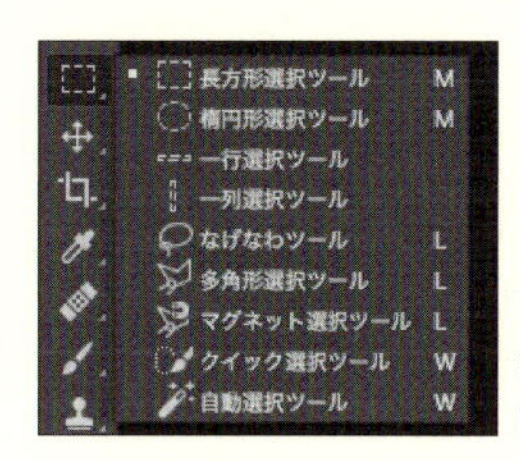

選択系ツールをひとつのグループにまとめて先頭に移動

MEMO

初期設定の [ツールバー] に戻すときは、カスタマイズダイアログの [初期設定に戻す] をクリックします。

STEP 3

❹は [予備] のツールです。普段使わないものはここへ入れておくことで、3つの点のアイコンのグループ内に格納しておけます❺。セットを保存したいときは、[プリセットを保存] をクリックして❻外部ファイルとして保存します❼。保存したプリセットは、[プリセットの読み込み] ❽でいつでも呼び出せます。

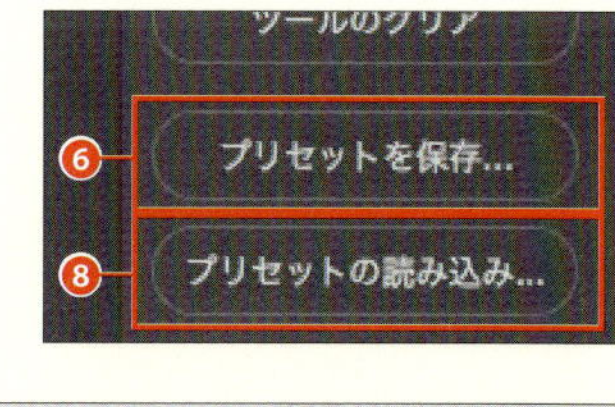

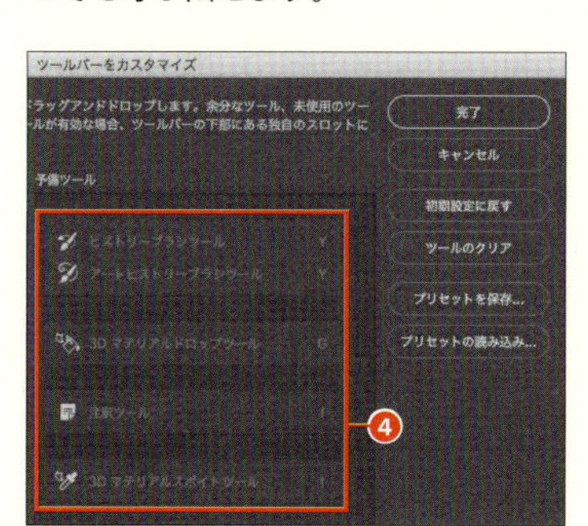

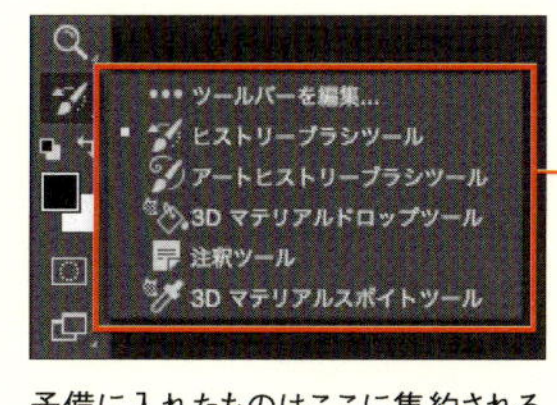

予備に入れたものはここに集約される

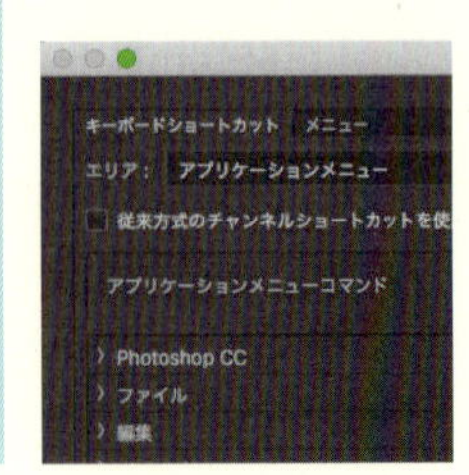

NO.

013 キーボードのショートカットキーをカスタマイズする

VER.
CC / CS6 / CS5 / CS4 / CS3

［キーボードショートカットとメニュー］ダイアログで、好みのショートカットキーを割り当てることができます。

STEP 1

［編集］メニューから［キーボードショートカット］を選択して、［キーボードショートカットとメニュー］ダイアログを表示します。

MEMO

［ウィンドウ］メニューから［ワークスペース］→［キーボードショートカットとメニュー］を選択してダイアログを表示することもできます。

S キーボードショートカット▶
⌘(Ctrl)+Option(Alt)+Shift+K

STEP 2

［キーボードショートカット］のタブをクリックし❶、［エリア］から［アプリケーションメニュー］を選択します❷。ショートカットキーを設定したいメニューの［ショートカット］のスペースをクリックして❸、ショートカットキーを入力します❹。すでに設定されている組み合わせや、設定できないキーを入力するとエラーが表示され❺、処理を選択することになります。

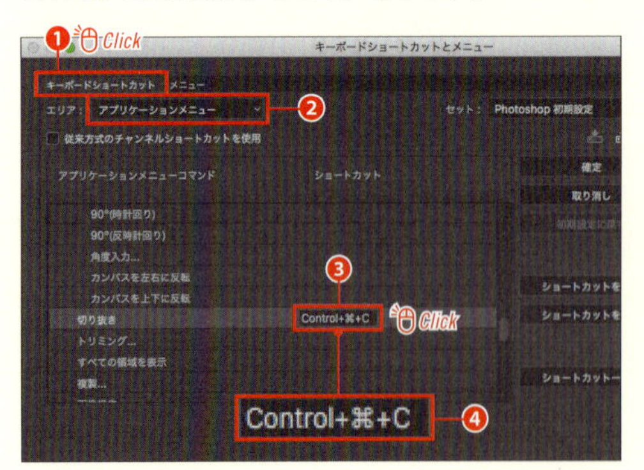

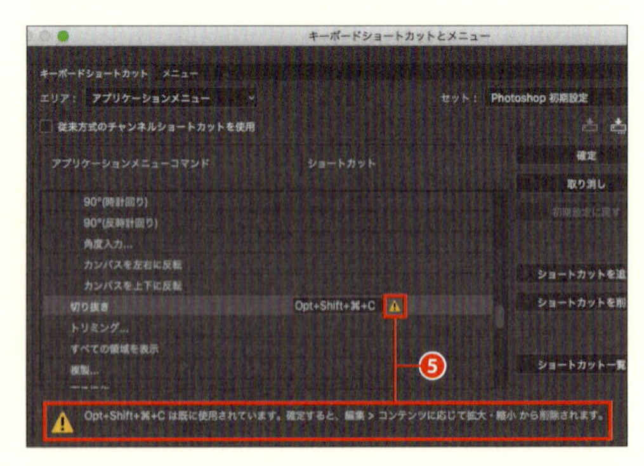

STEP 3

入力を終えたら、［確定］ボタンをクリックします❻。ショートカットキーが確定表示されるので、［OK］をクリックします。ショートカットキーは⌘（Ctrl）キーやファンクションキー（キーボードの最上段に配置されている［F－番号］）を含ませて入力する必要があります。

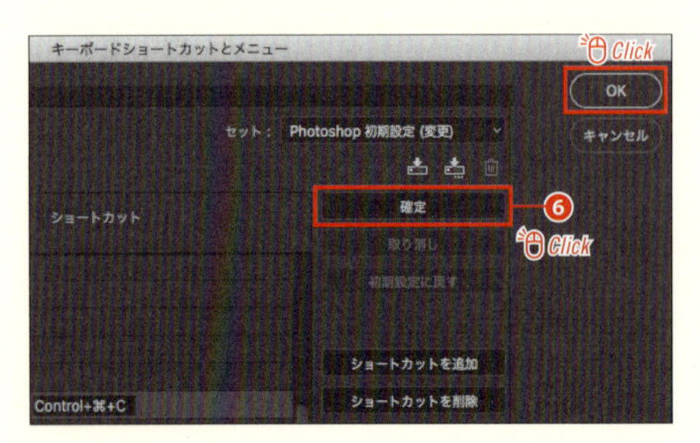

MEMO

チャンネルの切り替えにCS4までと同じショートカットを使いたいときは、［従来方式のチャンネルショートカットを使用］にチェックを入れます。

NO.
014 カンバスの向きを変えながら作業する

VER.
CC / CS6 / CS5 / CS4 / CS3

［回転ビュー］ツールを使うと、元の画像に影響を与えずに向きを自由に変えながら作業できます。ペイント作業などで大変重宝する機能です。

［ツール］パネルから［回転ビュー］ツールを選択します。

S 回転ビューツール▶ R

画像をドラッグして回転させます。ドラッグ中は画像上にコンパスが表示され、元画像の上方向がわかるようになっています。また、オプションバーの［回転角度］に数値を入力すると正確な回転ができます。

MEMO

オプションバーの［すべてのウィンドウを回転］にチェックを入れておくと、現在開いているファイルすべてをリンクして回転できます。

STEP 3

元の角度に戻すには、［回転ビュー］ツール❶をダブルクリックするか、オプションバーにある［ビューの初期化］ボタン❷をクリックします。元の画像にはいっさい影響を与えていません。

MEMO

表示したグリッドやガイドもカンバスと連動して回転されます。

NO.
015 オーバースクロールで画像を自由にスクロールする

VER.
CC / CS6 / CS5 / CS4 / CS3

アプリケーションフレーム+タブ表示にしているとき、オーバースクロールの機能を使うことで、カンバスの外へも自由にスクロールが可能となります。

STEP 1

オーバースクロールがオフの状態だと、画像を縮小表示してカンバス外が表示されているときは、カンバスが画面中央に固定されてスクロールができません。このままだと、ダイアログなどがじゃまでプレビューが見づらいことがあります。

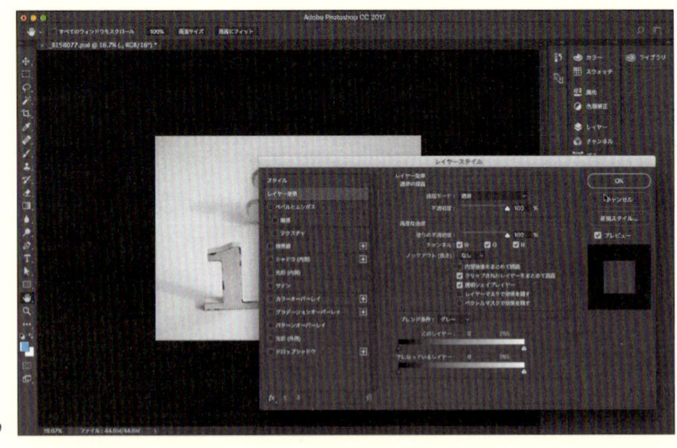

ダイアログで画像が隠れてしまう

STEP 2

[環境設定]→[ツール]で[環境設定]を開きます。[オプション]内にある[オーバースクロール]❶にチェックを入れて[OK]をクリックします。これで、オーバースクロールが有効になります。

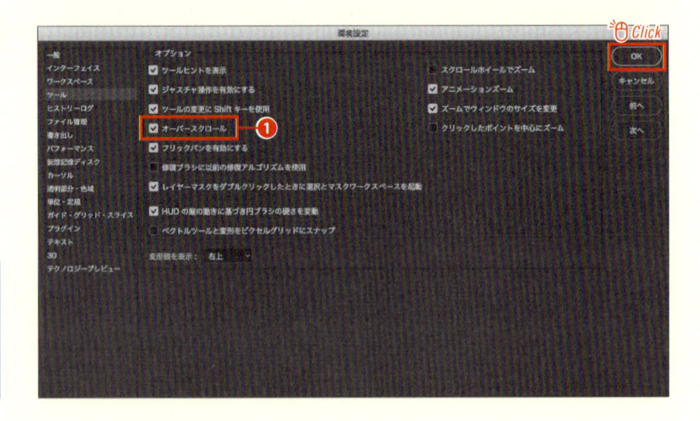

MEMO

CC 2014では[環境設定]→[インターフェイス]を選択します。

STEP 3

[手のひら]ツールでカンバスをドラッグすると❷、画面外へも自由にスクロールできるようになります。これで、大きめのダイアログを開いている場合でも画像の確認がしやすくなります。

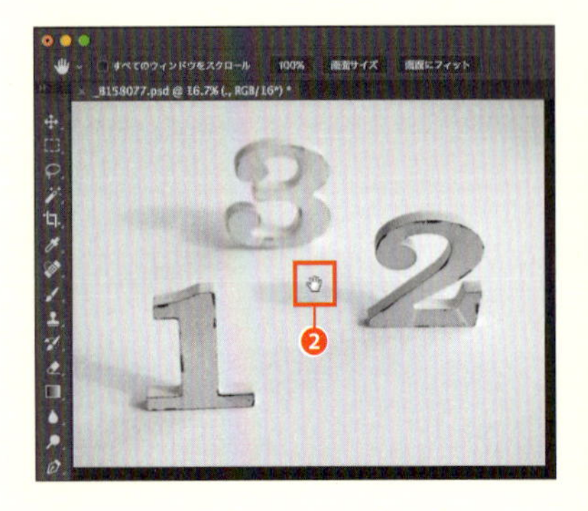

画像の位置を左上へずらしてダイアログとの重なりを避ける

NO.

016 画像全体の向きを変える

VER.
CC / CS6 / CS5 / CS4 / CS3

画像全体の向きを変えるには［イメージ］メニューから［画像の回転］で、希望の回転方法を選択します。上下左右に反転させることも可能です。

STEP 1

［イメージ］メニューから［画像の回転］で、回転方法を選択すると❶、選択項目に応じて画像全体の向きが変わります。画像の上下、または左右を逆に配置したいときは［180°］を選択します。

MEMO

［編集］メニューから［変形］の回転はレイヤーや選択範囲単位で回転するのに対し、［イメージ］メニューから［画像の回転］は画像全体を回転します。

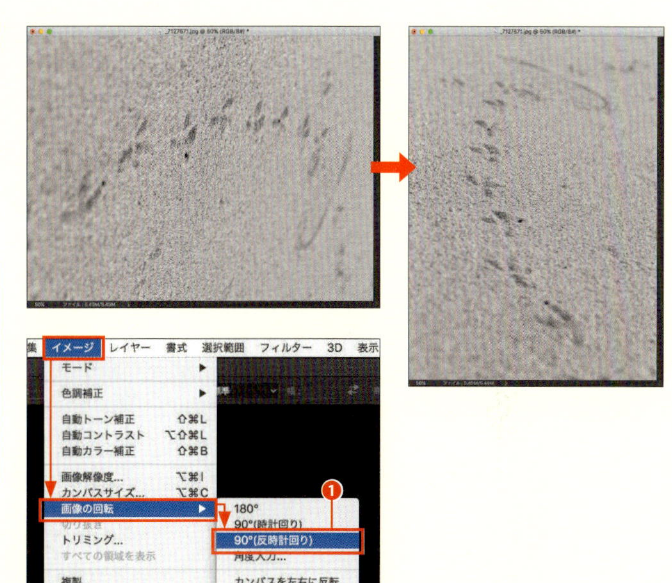

STEP 2

任意の角度で回転したいときは［イメージ］メニューから［画像の回転］で［角度入力］を選択し、［角度］に数値を入力し、回転方向を設定して実行します❷。回転によってできた余白は、レイヤーの場合は透明になり、背景の場合は現在の背景色によって塗りつぶされます。

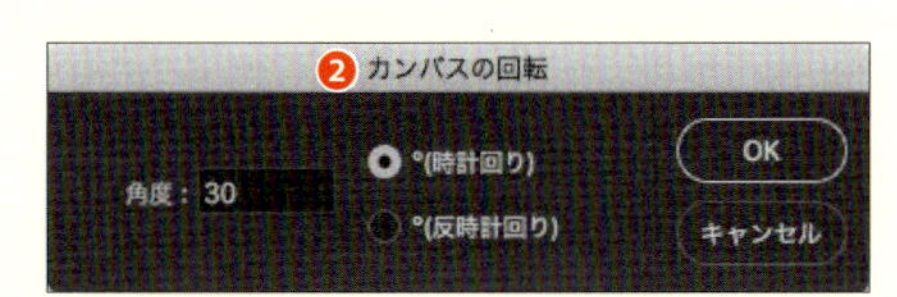

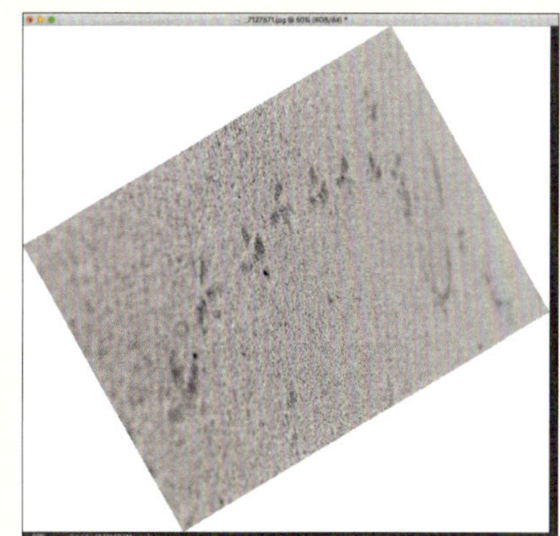

STEP 3

画像を左右、または上下に反転させたいときは［イメージ］メニューから［画像の回転］で［カンバスを左右に反転］❸、［カンバスを上下に反転］を選択します。

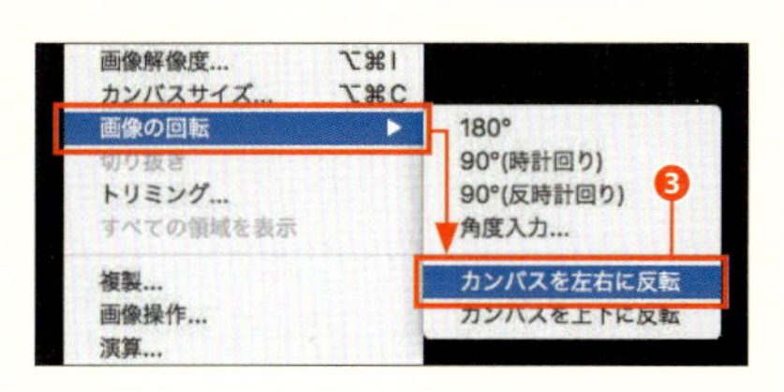

079 傾いた写真を水平・垂直にする

インデックスカラー...
✓ RGB カラー
CMYK カラー
Lab カラー
マルチチャンネル
✓ 8 bit/チャンネル
16 bit/チャンネル

NO.
017 画像のカラーモードや色深度を変更する

VER.
CC / CS6 / CS5 / CS4 / CS3

カラーモードや色深度（ビット数）は［イメージ］メニューから［モード］で選択して変更します。

STEP 1

画像を印刷に使う場合は［CMYK カラー］、Web サイトなどのデジタルメディアに使う場合は［RGB カラー］といったように、画像には用途に適したカラーモードが存在します。Photoshop では、8 種類のカラーモードから任意のモードを自由に選択できます。また、画像で使用できる色の最大数を表す色深度（ビット数）を変更することも可能です。

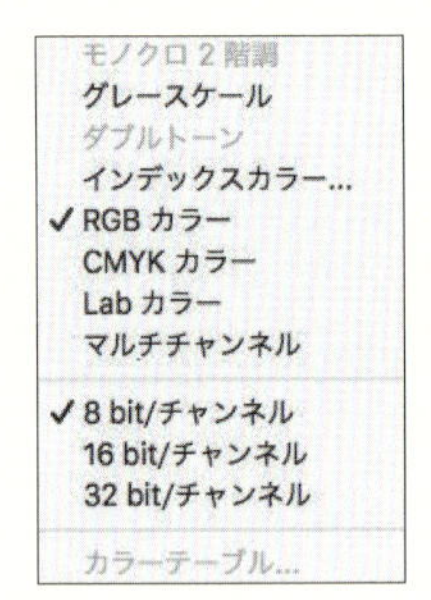

STEP 2

画像のカラーモードを変更するには［イメージ］メニューから［モード］で希望のモードを選択します❶。［モノクロ 2 階調］と［ダブルトーン］は、現在のモードが［グレースケール］のときのみ選択できます。また、［インデックスカラー］は、現在のモードが［グレースケール］か［RGB カラー］のときのみ選択可能です。現在のモードは、ドキュメントウィンドウタイトルの（）内に表示されています❷。また、［チャンネル］パネルでも確認できます。

> **MEMO**
> 各カラーモードは、使える色の範囲が異なるため、一度モードを変更すると色が置き換わることがあります。Photoshop 上で色を最大限に使う場合は［RGB カラー］、もしくは［Lab カラー］を使います。

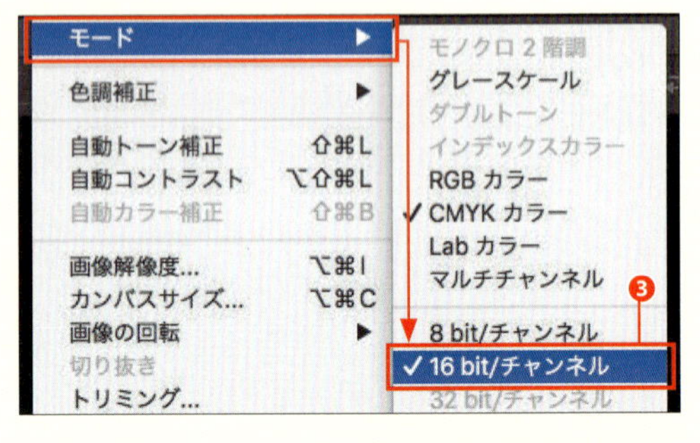

STEP 3

画像の色深度（ビット数）を変更するには［イメージ］メニューから［モード］で希望のビット数を選択します❸。現在のビット数は、モードと同様にドキュメントウィンドウタイトルの（）内に表示されています❹。

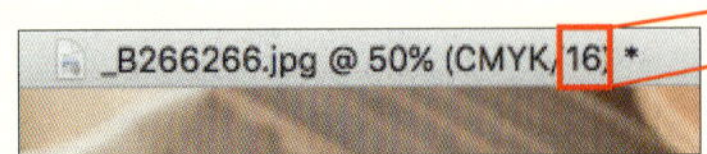

> **MEMO**
> ビット数によっては、フィルターや色調補正などの一部で使えない機能があります。すべての機能を使うには［8 bit/ チャンネル］にしておく必要があります。

NO.
018 ピクセル数を変えずに寸法や解像度だけを変更する

VER.
CC / CS6 / CS5 / CS4 / CS3

［イメージ］メニューから［画像解像度］を選択し、［再サンプル］のチェックを外してサイズを変更します。

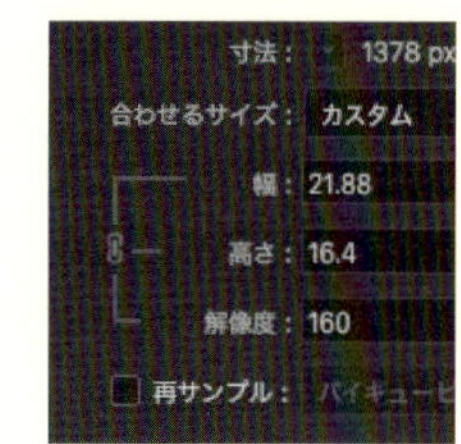

STEP 1

［イメージ］メニューから［画像解像度］を選択して［画像解像度］ダイアログを表示します。［縦横比の固定］を有効にして❶、［再サンプル］のチェックを外し❷、［幅］、［高さ］、［解像度］のいずれかの値を変更します❸。どれかひとつを変更すれば、他も自動で更新されます。すべての設定ができたら［OK］をクリックします。

S 画像解像度▶ ⌘(Ctrl)+Option(Alt)+I

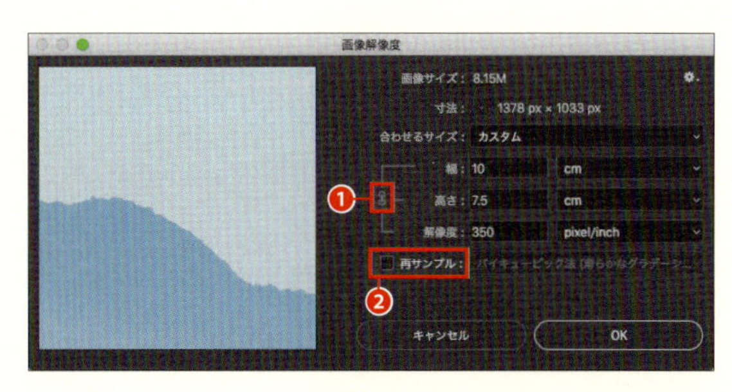

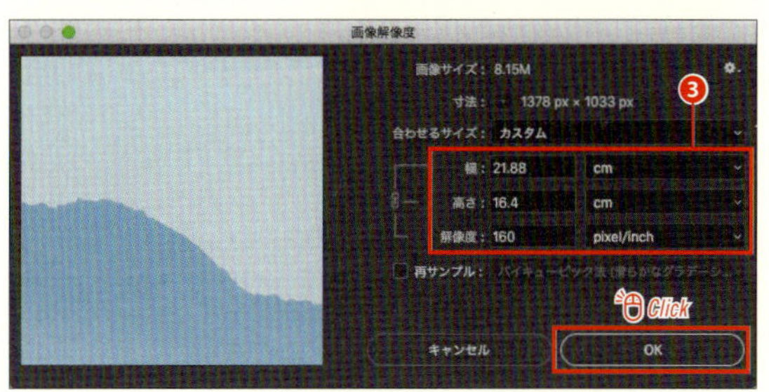

MEMO

CS6以前のバージョンでは［縦横比を固定］にチェックを入れ、［画像の再サンプル］のチェックを外した状態で、［ドキュメントサイズ］の［幅］または［高さ］の値を変更します。

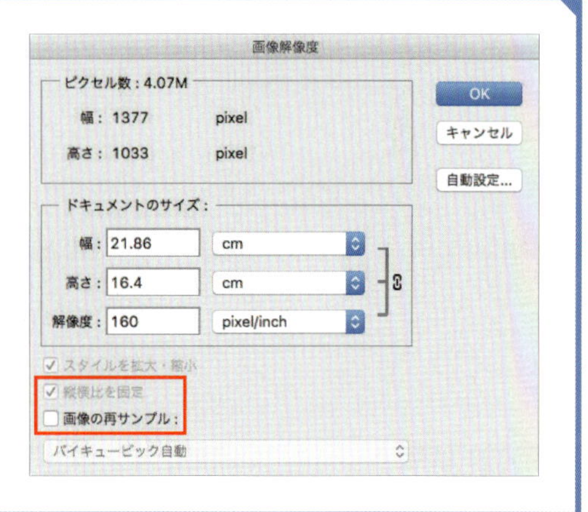

MEMO

Photoshop で扱う画像は、ピクセルと呼ばれる点の集合で構成されています。このピクセルの１インチあたりの密度を示したものが「解像度」です。解像度の単位は「dpi」(dots per inch)、または「ppi」(pixel per inch) で表します。解像度が高いほど高精細になりますが、ピクセルの量が多くなるためファイル容量が大きくなります。オフセット印刷用は300～350dpi、新聞広告用は120～160dpi、Web 用は72dpi が目安です。目的に応じて使い分けましょう。

019 ピクセル数を変更して画像を拡大、縮小する

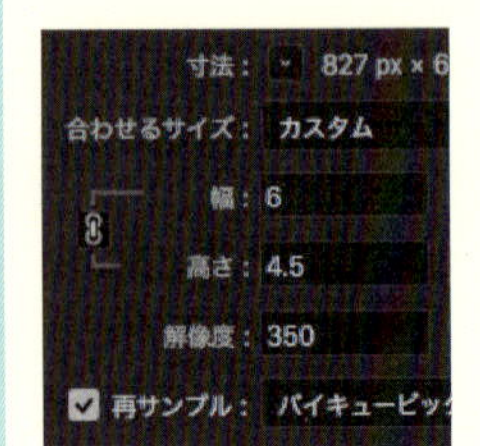

NO.
019 ピクセル数を変更して画像を拡大、縮小する

VER.
CC / CS6 / CS5 / CS4 / CS3

[イメージ] メニューから [画像解像度] を選択し、[再サンプル] にチェックを入れてサイズを変更します。

[イメージ] メニューから [画像解像度] を選択して [画像解像度] ダイアログを表示します。[再サンプル] にチェックを入れ❶、その右のメニューからピクセル補間方式を指定します❷。基本的には [自動] にしておけば、そのときに応じた補間法式を自動選択してくれます。結果が気になるときは、方式を変更して再実行してもいいでしょう。[縦横比の固定] を有効にして❸ [幅]、[高さ]、[解像度] を希望の値に変更します❹。すべての設定ができたら [OK] をクリックします。

S 画像解像度▶ ⌘(Ctrl)+Option(Alt)+I

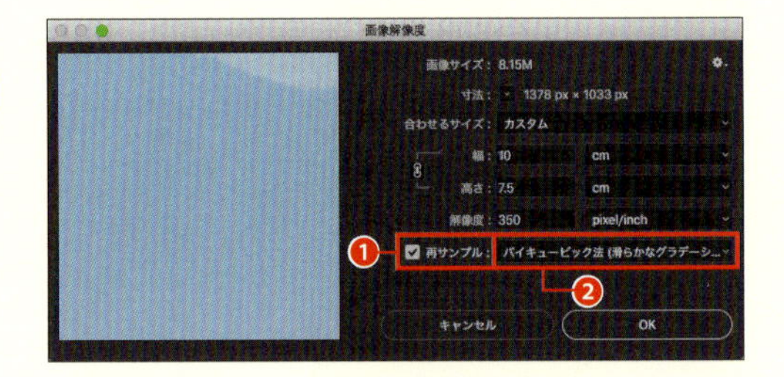

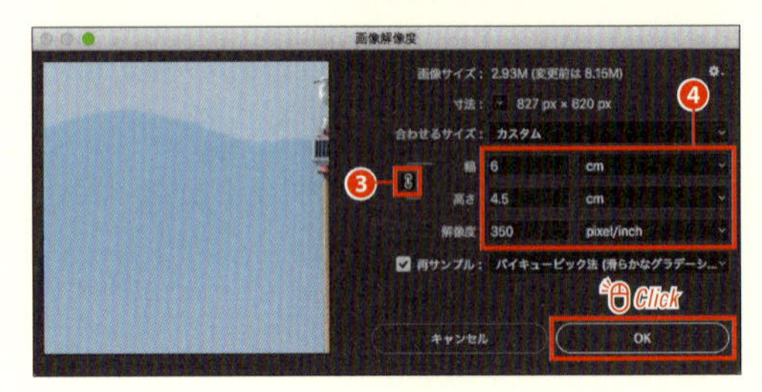

MEMO

CS6以前のバージョンでは [縦横比の固定] と [画像の再サンプル] にチェックを入れ、[ドキュメントサイズ] の [幅]、[高さ]、[解像度] を希望の値に変更します。最適なピクセル補間方式がわからない場合は [バイキュービック自動] にしておくのがいいでしょう。

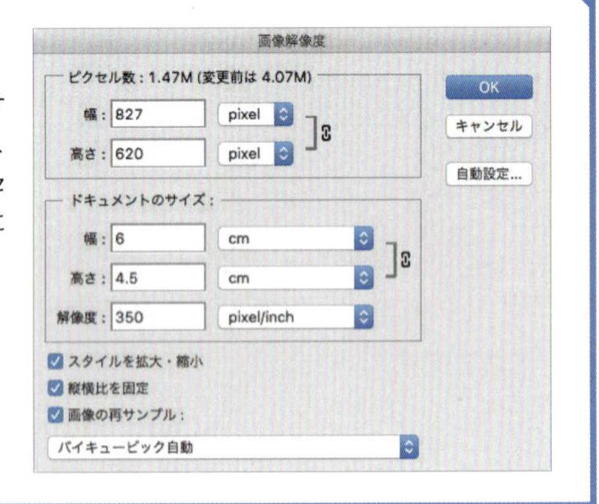

MEMO

ピクセル数を変更する場合は、ピクセル補間方式 (隣り合うピクセル同士の隙間をどのように補間していくか) を、[再サンプル] 右のメニューから選択できます。[ニアレストネイバー法] は、隣接するピクセルをコピーして補間する、もっとも粗く高速な補間方式です。アンチエイリアス処理されないので、ジャギーが目立ちます。[バイキュービック法] は、色調などのすべての要素を緻密に計算するため、精度は高いが低速な補間方式です。処理に応じて3種類から選択できます。[バイリニア法] は、ニアレストネイバー法とバイキュービック法の中間的な精度で、ピクセルの色調を平均して追加する補間方式です。さらに、CC 以降ではアップサンプリング (画像の拡大) 時の画質劣化を抑える [ディテールを保持 (拡大)] が追加されました。

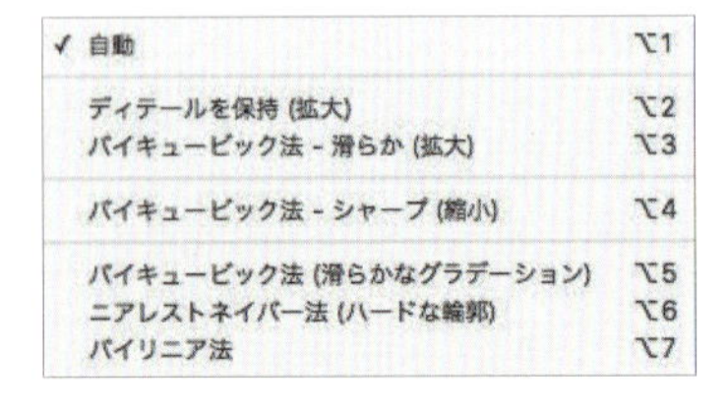

018 ピクセル数を変えずに寸法や解像度だけを変更する

NO.
020 画像のサイズを拡張して余白をつくる

VER.
CC / CS6 / CS5 / CS4 / CS3

[イメージ] メニューから [カンバスサイズ] を選択してカンバスのサイズを指定します。

STEP 1

[イメージ] メニューから [カンバスサイズ] を選択して [カンバスサイズ] ダイアログを表示し、[幅] と [高さ] に拡張後のサイズを入力します❶。さらに、カンバスを拡張する方向を [基準位置] で選択します❷。[基準位置] はカンバスサイズを変更する際に基準となる位置です。たとえば、右下に設定した場合は、左上方向へカンバスが拡張されます。中央だと上下左右均等です。

S カンバスサイズ▶ ⌘(Ctrl)+Option(Alt)+C

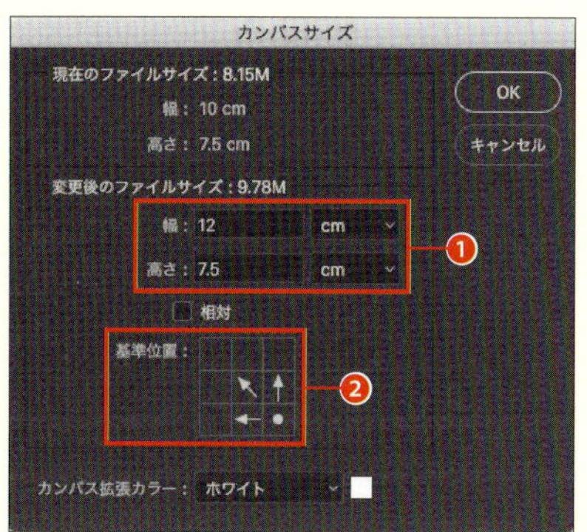

MEMO

「元画像に対してプラス2cm」というように相対的な指定でカンバスを拡張したいときは、[相対] にチェックを入れた上で、元画像から拡張したいサイズを [幅] と [高さ] に入力します。

STEP 2

変更後の幅、高さのいずれかが元画像より大きくなる場合は、拡張するエリアの色を [カンバス拡張カラー] で指定できます。今回は [グレー] にしました❸。[OK] をクリックすれば、設定に基づいてカンバスが拡張されます❹。なお、[幅] と [高さ] に元画像より小さい値を指定すると画像はトリミングされます。

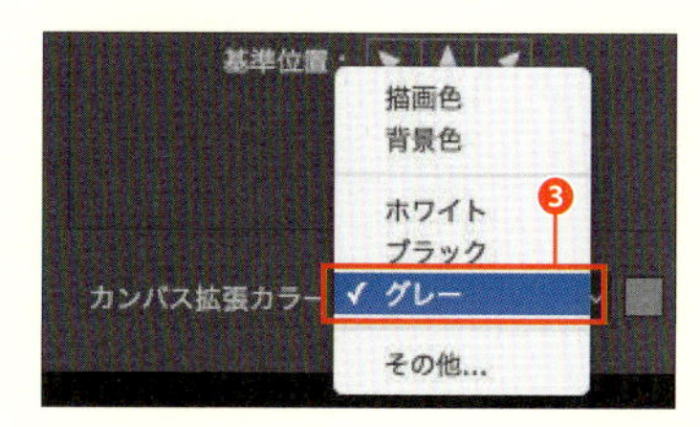

021 画像の一部を切り抜いて小さくする

NO.
021 画像の一部を切り抜いて小さくする

VER.
CC / CS6 / CS5 / CS4 / CS3

目的に応じて［切り抜き］ツール、［イメージ］メニューから［カンバスサイズ］、［イメージ］メニューから［トリミング］を使い分けます。

STEP 1

まずは手動でトリミングする方法です。［ツール］パネルから**［切り抜き］ツール**を選択し❶、**トリミングしたい範囲をドラッグして囲みます**❷。範囲を指定したあとでも、画像をドラッグして位置を調整したり、境界のハンドルをドラッグして切り抜き範囲の大きさが調整できます。範囲が決まったら、オプションバーの**［○］ボタンをクリック**して実行します❸。

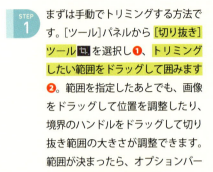

S 切り抜きツール▶ C

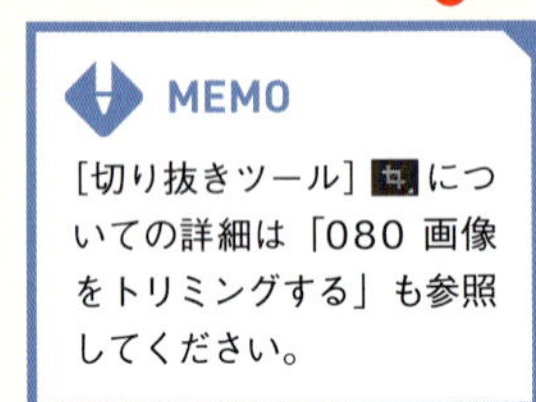

MEMO

［切り抜きツール］については詳細は「080 画像をトリミングする」も参照してください。

STEP 2

続いて、数値で指定したサイズに画像をトリミングする方法です。**［イメージ］メニューから［カンバスサイズ］**を選択し、**［幅］と［高さ］を設定**します❹。さらに、切り抜きの基準となる位置を指定して❺**［OK］をクリック**します。

S カンバスサイズ▶ ⌘（Ctrl）+Option（Alt）+C

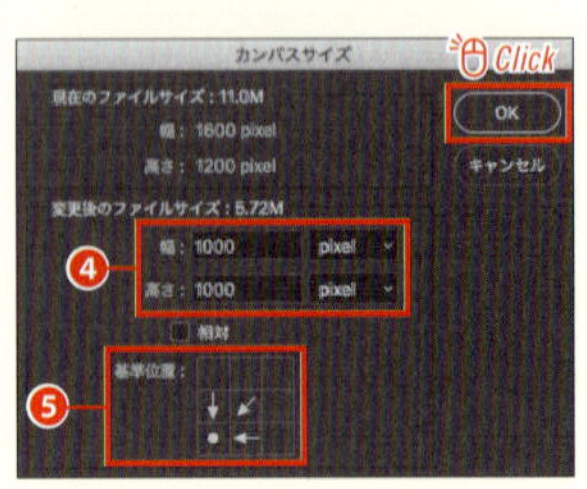

STEP 3

最後に、余白を自動的にトリミングする方法です。周辺に余白のある画像を開き、**［イメージ］メニューから［トリミング］**を選択します。**［トリミング対象カラー］と［トリミングする部分］を設定して**❻**［OK］をクリック**します。設定された内容に従って、余白が自動的にトリミングされます。

020 画像のサイズを拡張して余白をつくる
080 画像をトリミングする

NO.
022 角度や距離を計測する

VER.
CC / CS6 / CS5 / CS4 / CS3

［ものさし］ツールや［計測スケール］を使って画像内の距離や角度などを計測できます。

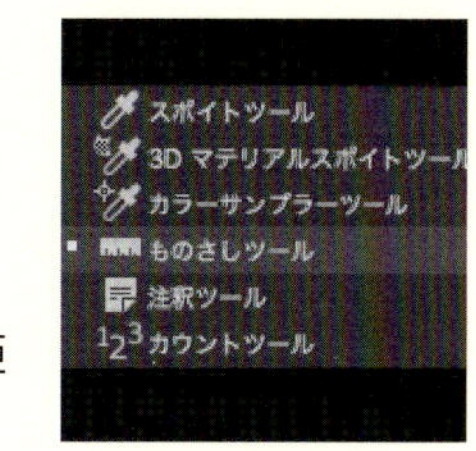

STEP 1

［ツール］パネルから**［ものさし］ツール**を選択します❶。計測したいラインに沿って**ドラッグ**し、計測線を配置します。計測線は、端点をドラッグすることで角度や長さを自由に変更できます。計測結果はオプションバー、または、［情報］パネルに表示されます。

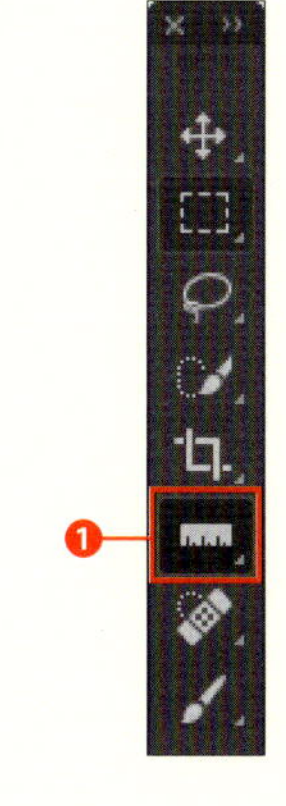

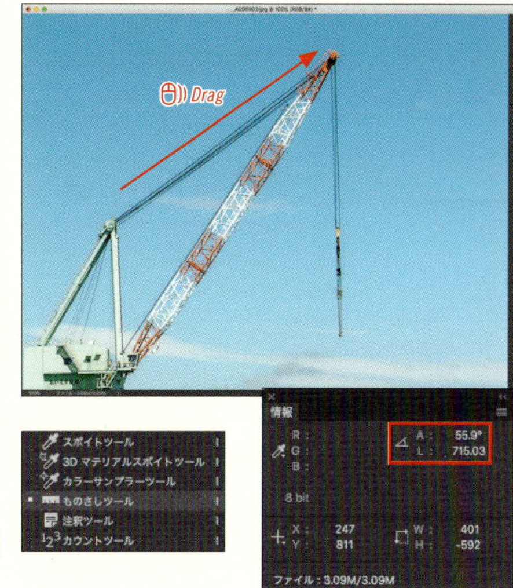

S ものさしツール▶ I

> **MEMO**
> 計測線を削除するには、オプションバーの［消去］（または［クリア］）ボタンをクリックします。

STEP 2

計測線は2本まで配置できます。ふたつの計測線を配置するには、1本目の計測線を配置したあと、端点を Option（Alt）キーを押しながらドラッグします。「L1」が1本目、「L2」が2本目の計測線の長さです。また、2本の計測線を配置した場合、角度は2線間の分度器として機能します❷。

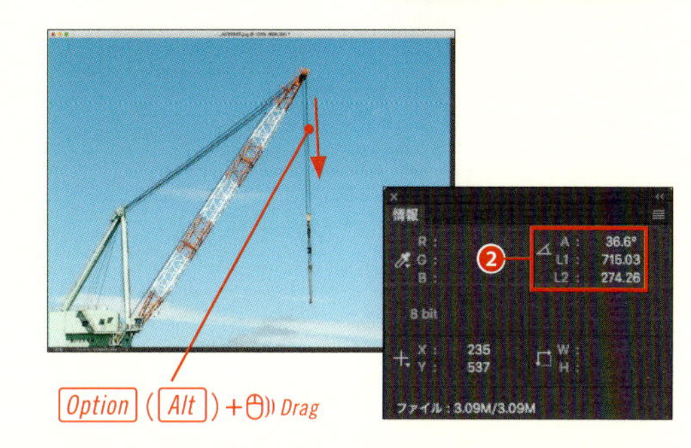

STEP 3

さらに、［計測スケール］を使うと、被写体の実際の長さを計測できます。［計測ログ］パネルを表示し、パネルメニューから［計測スケールを設定］→［カスタム］を選択してピクセル長あたりの論理長を設定します❸。例えば、実際の1000mmのものがデータ上で15ピクセルとして写っている場合、［ピクセル長：15］［論理長：1000］［論理単位：mm］に設定します。この状態で［ものさし］ツールを使うと、設定した論理値に計測結果を変換してオプションバーに表示します。

計測結果が論理値に置き換えられて表示される

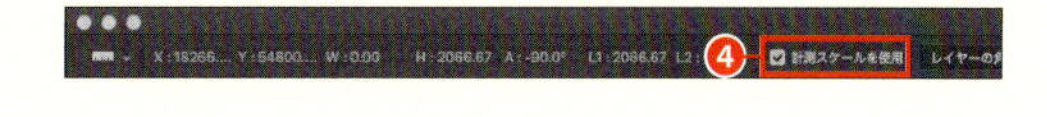

> **MEMO**
> ［計測スケール］を使うときは、オプションバーの［計測スケールを使用］にチェックを入れておきます❹。

> **MEMO**
> 計測結果は、［計測ログ］パネルの［計測値を記録］ボタンで保存しておくことができます。

NO.

023 画像の色情報を確認する

VER.
CC / CS6 / CS5 / CS4 / CS3

画像の中の色情報を数値として調べたいときは、[カラーサンプラー] ツールを使います。ひとつの画像につき10点までの色情報を同時に調べることができます。

STEP 1

[ツール] パネルから [カラーサンプラー] ツールを選択します❶。色情報を調べたいピクセルをクリックして、カラーサンプラーを配置します。複数の色情報を調べるには、続けて他のピクセルをクリックしてカラーサンプラーを追加しましょう。ひとつの画像につき、カラーサンプラーを 10 点 (CS6 以前は 4 点) まで追加することができます。

S カラーサンプラーツール▶ I

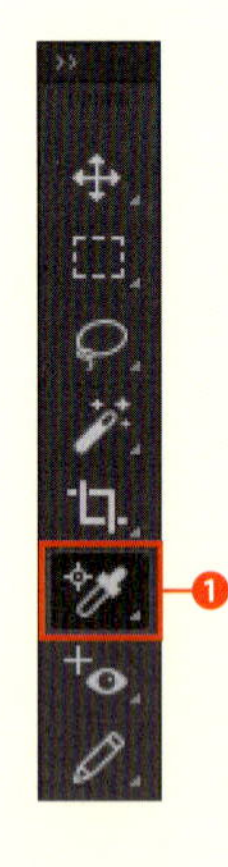

STEP 2

[情報] パネルを開いて、各カラーサンプラーの色情報を確認します。画像上に配置したカラーサンプラーには番号がついており、これが情報パネルでの番号に対応しています❷。色情報のスポイトのアイコンをクリックしてメニューからカラーモードを切り替えることで❸、別のカラーモードでの色情報を確認することもできます❹。

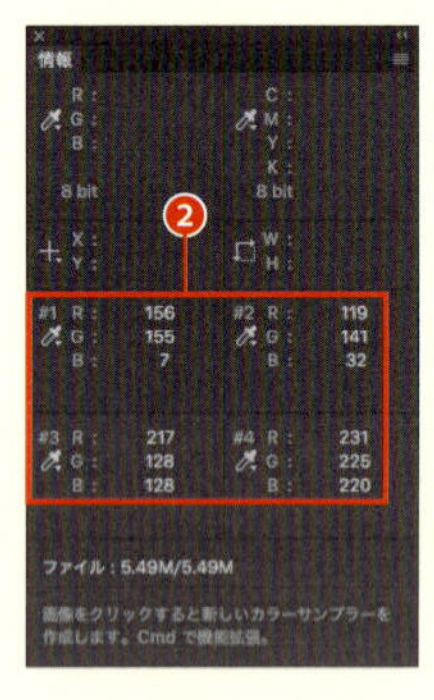

✓画像に合わせる
校正カラー
グレースケール
RGB カラー
Web カラー
HSB カラー
CMYK カラー
Lab カラー
インキの総使用量

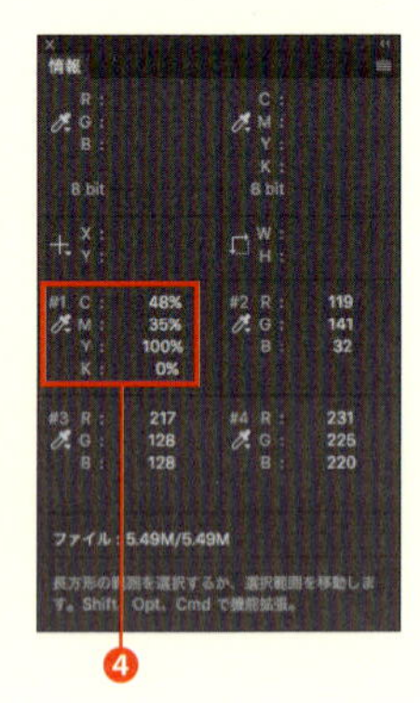

S 情報パネル▶ F8

MEMO

調べるピクセルの位置を変えたいときは、画像上のカラーサンプラーをドラッグします。また、カラーサンプラーを削除するには、オプションバーの [消去] (または [クリア]) ボタンをクリックします。

STEP 3

サンプル範囲を指定して、平均した色情報を調べることも可能です。サンプル範囲は、オプションバーにある [サンプル範囲] のメニューで変更します。

指定したピクセル
3 ピクセル四方の平均
5 ピクセル四方の平均
11 ピクセル四方の平均
✓ 31 ピクセル四方の平均
51 ピクセル四方の平均
101 ピクセル四方の平均

サンプル範囲 : 31 ピクセル四方の平均 すべてを消去

NO.
024 画像のピクセルから色をサンプリングする

VER.
CC / CS6 / CS5 / CS4 / CS3

写真の中のピクセルから色をサンプリングするには［スポイト］ツールを使います。サンプル範囲を設定して平均色をサンプリングすることも可能です。

STEP 1

［ツール］パネルから［スポイト］ツールを選択します❶。特定の1ピクセルから色をサンプリングする場合、オプションバーで［サンプル範囲：指定したピクセル］を選択し❷、画像内で希望の場所をクリックすると、指定したピクセルの色情報が描画色としてサンプリングされます。Option（Alt）キーを押しながらクリックすることで、背景色としてサンプリングすることもできます。オプションバーの［サンプルリングを表示］をオンにしていると❸、サンプル中の色を比較できるリングが表示されます❹。下半分が現在の色、上半分が新しくサンプリングされる色です。

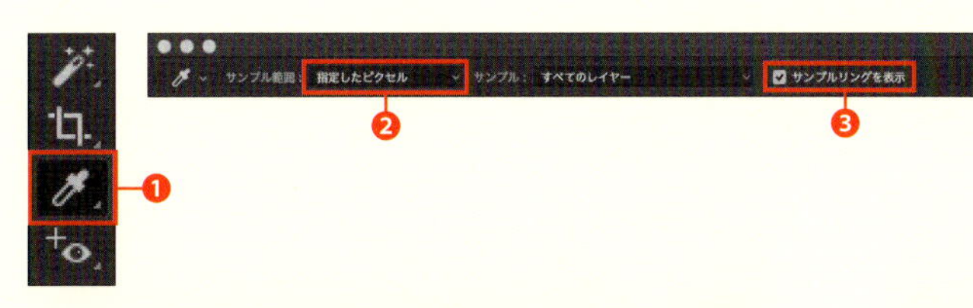

S スポイトツール▶ I

STEP 2

ノイズの多い写真 のようにピクセル単位での色の変化が激しい場合、希望の色をサンプリングしづらいことがあります。このようなときは、サンプル範囲を広げて平均色をサンプリングします。［スポイト］ツールを選択した状態で、オプションバーの［サンプル範囲］から希望の範囲を選択します。今回は［11ピクセル四方の平均］に設定しました❺。

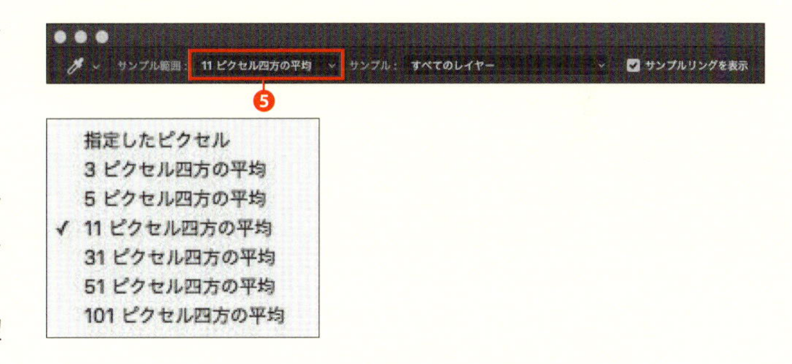

STEP 3

指定したピクセルではなく、クリックしたポイントを中心とする11ピクセル四方の範囲の色情報を平均化した色がサンプリングされます。

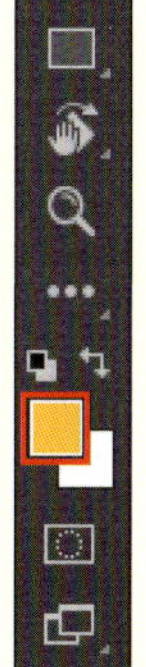

NO.
025 定規を使用する

VER.
CC / CS6 / CS5 / CS4 / CS3

画像内でのサイズや位置を確認したり、正確な配置をするときに定規はかかせません。定規は［表示］メニューから［定規］で表示します。

STEP 1

［表示］メニューから［定規］❶を選択すると、ウィンドウの上端と左端に定規が表示されます。定規の単位には、［Photoshop］メニュー（Windowsは［編集］メニュー）から［環境設定］→［単位・定規］で設定された単位が使用されます❷。

S
定規表示▶ ⌘(Ctrl)+R
環境設定▶ ⌘(Ctrl)+K

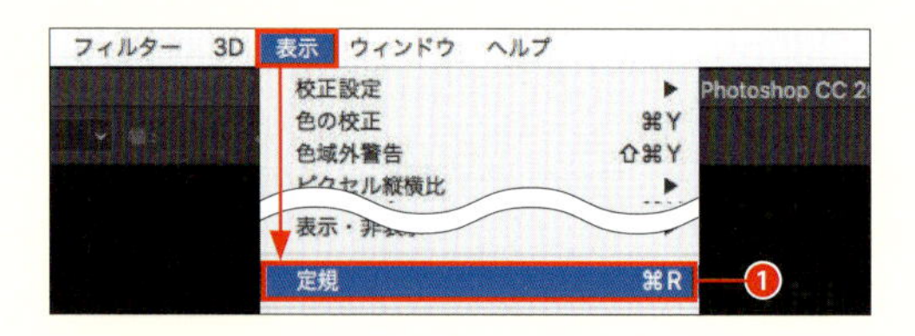

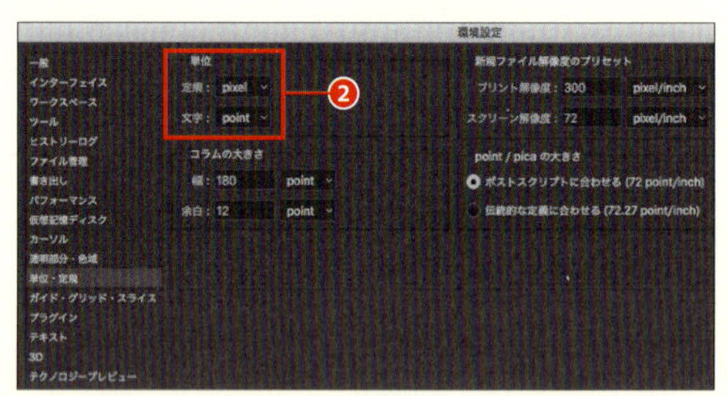

STEP 2

定規の原点を変更するには、垂直、水平の定規の交点からドラッグして原点を引き出し、希望の位置に配置します。原点を配置した場所が定規の起点となります。原点を元に戻すときは、同じ位置をダブルクリックします。

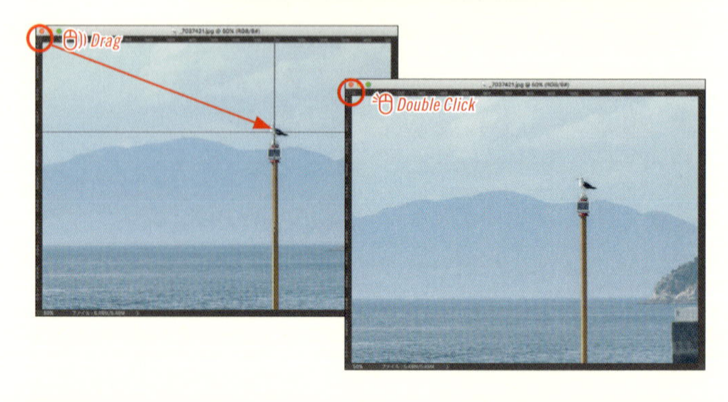

STEP 3

定規の単位を素早く変更するときは、垂直か水平いずれかの定規を右クリックしてメニューを表示し、希望の単位を選択します。また、定規をダブルクリックすることで、［環境設定］→［単位・定規］を開くこともできます。

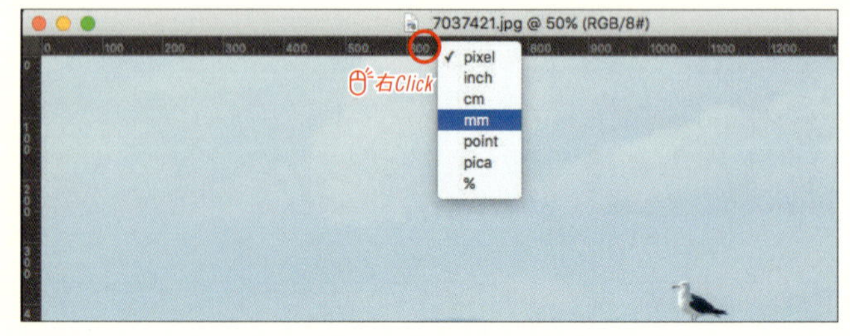

010 単位を変更する
026 手動でガイドを配置する

NO.
026 手動でガイドを配置する

VER.
CC / CS6 / CS5 / CS4 / CS3

手動でガイドを配置するには定規からガイドを引き出します。ガイドを使うと画像やオブジェクトを正確に揃えることができます。

STEP 1

手動でガイドを配置するには、あらかじめ定規を表示しておく必要があります。[表示]メニューから[定規]❶を選択すると、ウィンドウの上端と左端に定規が表示されます。

S 定規表示▶ ⌘(Ctrl)+R

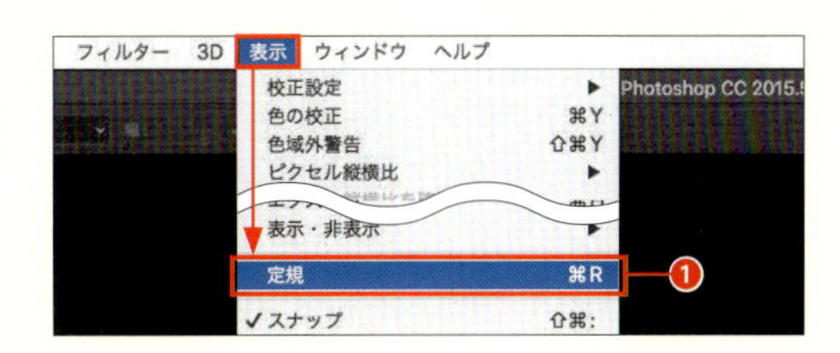

STEP 2

定規からカンバス内へドラッグしてガイドを引き出し、希望の位置で離して配置します。水平のガイドは上端から、垂直のガイドは左端から引き出します。一度配置したガイドを動かすには、[移動] ツールでガイドをドラッグします。ガイドが動かないように固定するには [表示] メニューから [ガイドをロック] を選択してチェックを入れます。ロックを解除するには、同じ手順で [ガイドをロック] のチェックを外します。

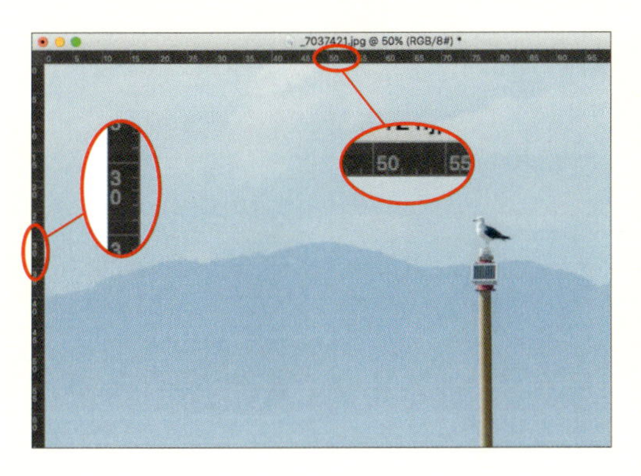

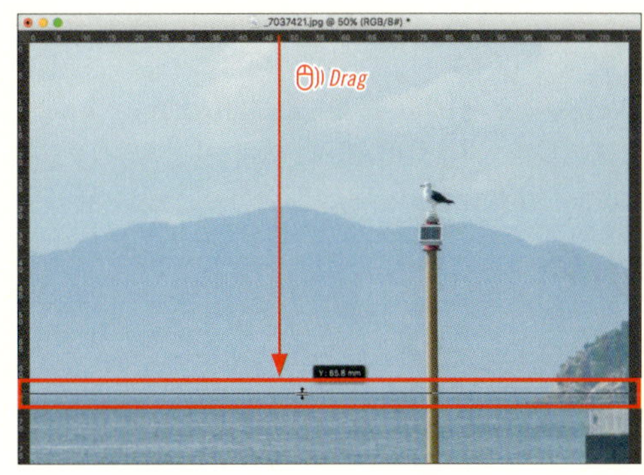

MEMO

ガイドをドラッグ中に Option (Alt) キーを押すと、ガイドの垂直水平が入れ替わります。

STEP 3

ガイドを削除するには、[移動] ツールでガイドをウィンドウの外までドラッグします。すべてのガイドを一度に消去する場合は、[表示] メニューから [ガイドを消去] ❷を実行します。

MEMO

ガイドを一時的に隠すには、[表示] メニューから [表示・非表示] → [ガイド] を選択してチェックを外します。同じ手順で [ガイド] を選択してチェックを入れると、再びガイドが表示されます。

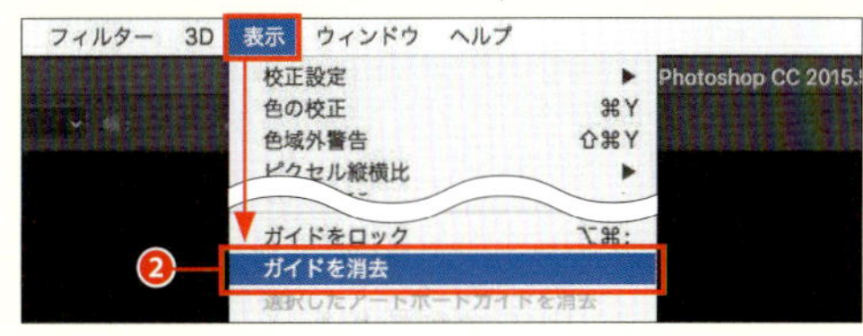

025 定規を使用する

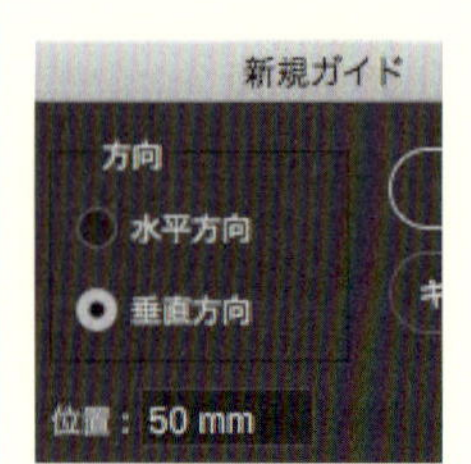

NO.

027 数値指定で作成したガイドを使って正確な配置をする

VER.
CC / CS6 / CS5 / CS4 / CS3

［表示］メニューから［新規ガイド］で、数値を指定してガイドを正確に作成できます。スナップ機能を有効にするとオブジェクトを吸着させることができます。

STEP 1

［表示］メニューから［新規ガイド］を選択します❶。［新規ガイド］ダイアログが表示されたら、［方向］でガイドの向きを選択し、［位置］にガイドの位置を入力して［OK］をクリックします。ここでは手順を2回実行して、［方向：垂直方向］［位置：50mm］❷と［方向：水平方向］［位置：90mm］❸にガイドを1本ずつ作成しました。

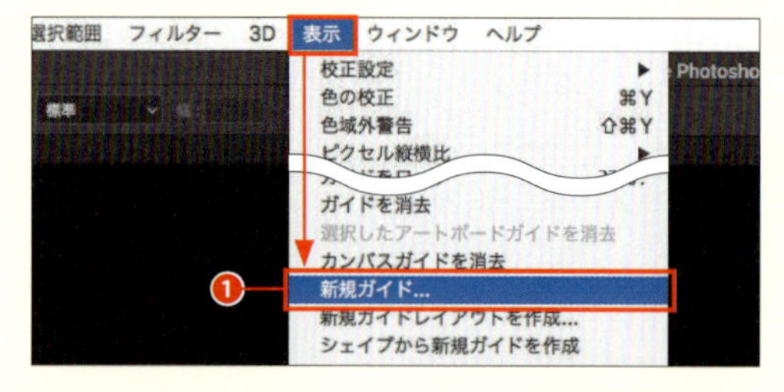

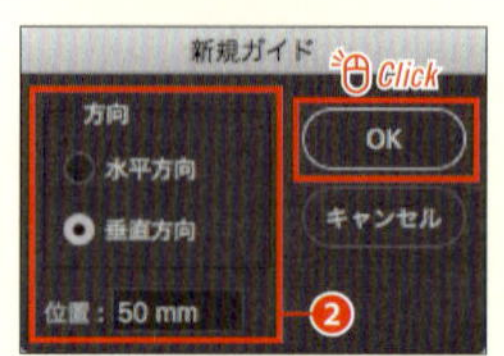

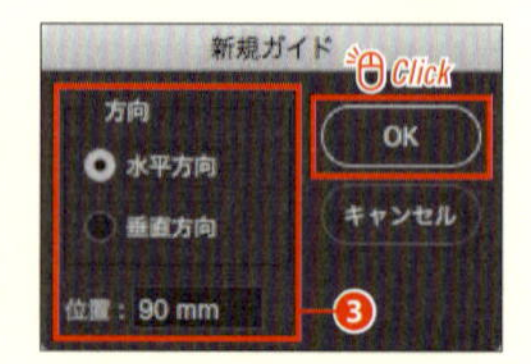

STEP 2

ガイドの位置が正確になっているか確認してみましょう。定規が表示されていない場合は［表示］メニューから［定規］を選択して定規を表示します。ガイドと定規の目盛りを確認すると、2本とも指定の位置へ正確に配置されていることがわかります。

S 定規表示▶ ⌘（Ctrl）+R

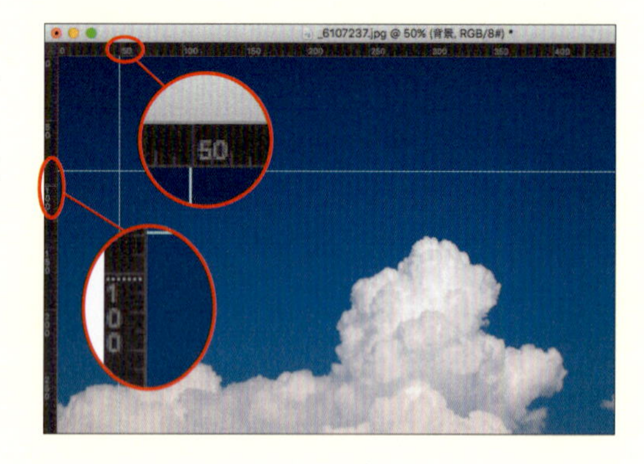

STEP 3

［表示］メニューから［スナップ］を選択してチェックを入れ、［表示］メニューから［スナップ先］→［ガイド］にチェックが入っていることを確認します❹。揃えたいオブジェクトを［移動］ツールでガイドに揃えます。スナップ機能の働きで、オブジェクトをガイドの側に近づけると自動的に吸着して正確に配置できます。

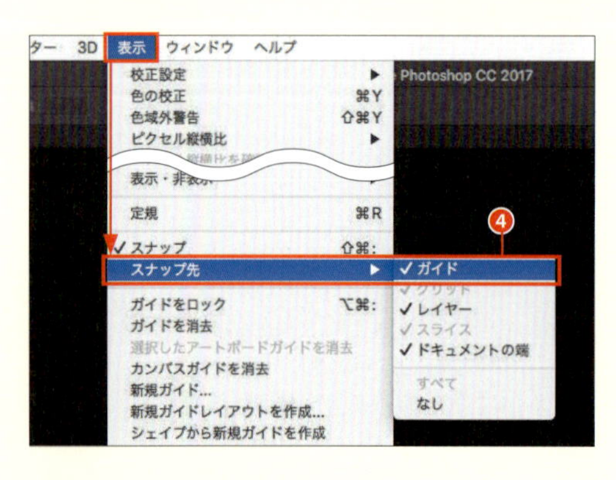

025 定規を使用する

NO. 028 グリッドを使用する

VER.
CC / CS6 / CS5 / CS4 / CS3

グリッドを使うと等間隔のグリッド線を表示できます。グリッドは［表示］メニューから［表示・非表示］→［グリッド］で表示します。

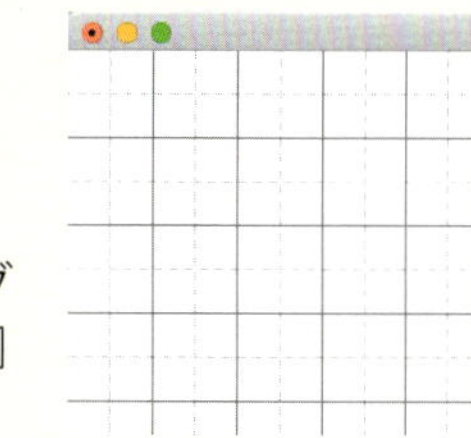

STEP 1

まず、［Photoshop］メニュー（Windowsは［編集］メニュー）から［環境設定］→［ガイド・グリッド・スライス］を選択し❶、［グリッド］の項目でグリッドに関する設定を行います❷。［グリッド線］はグリッド線同士の間隔、［カラー］はグリッド線の色と線の種類です。［分割数］はグリッド線同士の間をさらに分割する数を設定します。ここに2以上の数を設定した場合、グリッド線同士の間に指定された本数の点線を等間隔で配置します。設定が完了したら［OK］をクリックします。

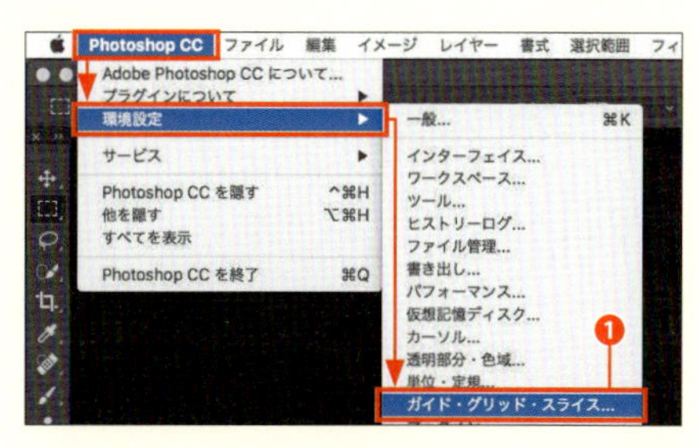

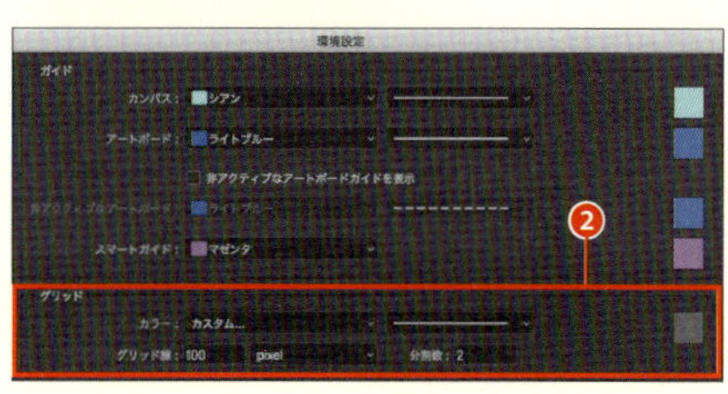

STEP 2

［表示］メニューから［表示・非表示］→［グリッド］を選択すると❸、グリッドが表示されます。グリッドを隠すには、［表示］メニューから［エクストラ］を選択するか、再び［グリッド］を選択してチェックを外します。

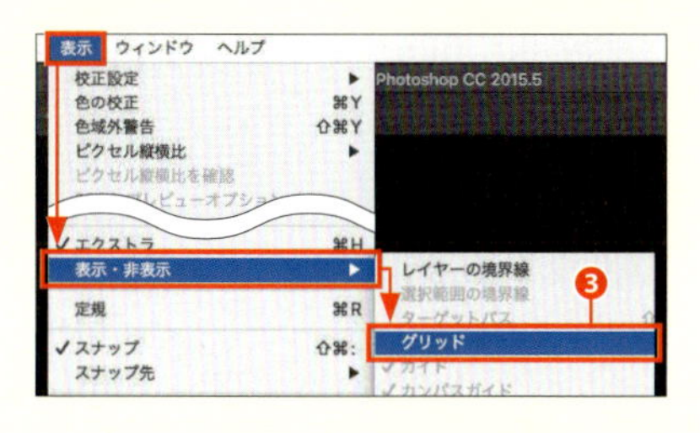

 グリッド表示▶ ⌘(Ctrl)+@

STEP 3

［表示］メニューから［スナップ］と［表示］メニューから［スナップ先］→［グリッド］両方がチェックされた状態にしておくと❹、オブジェクトや画像などがグリッドに吸着して正確な配置が可能となります。

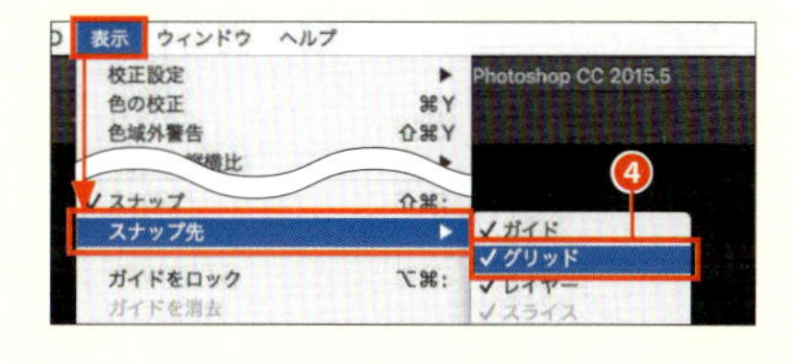

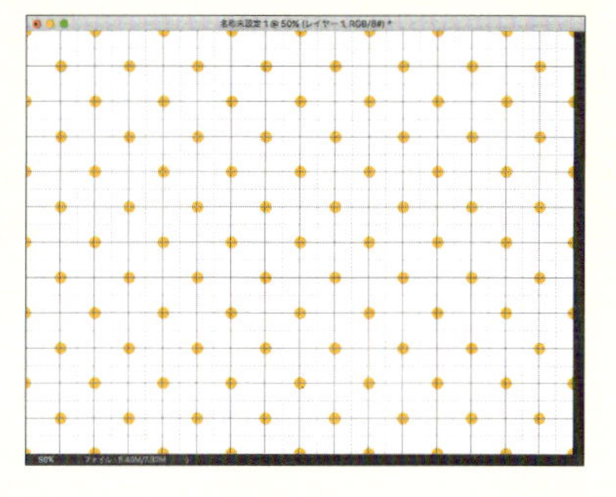

MEMO

グリッドは定規の原点を起点に配置されるため、グリッドの位置を調節したいときは定規の原点を変更します。定規の原点を変更する方法は「025 定規を使用する」の項目を参照してください。

025 定規を使用する

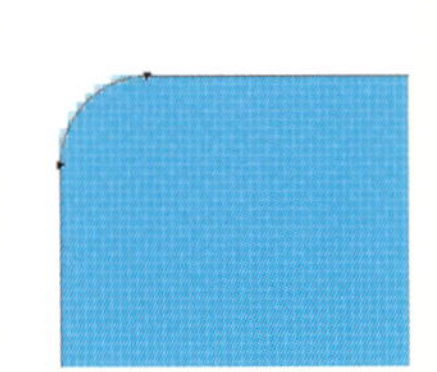

NO.
029 シェイプを ピクセルグリッドに揃える

VER.
CC / CS6 / CS5 / CS4 / CS3

CS6以降は［環境設定］の［一般］、CS5以前は［長方形］ツールか［角丸長方形］ツールの幾何学オプションで設定します。

STEP 1

長方形や角丸長方形のように、垂直水平の直線を含むシェイプを描画するとき、エッジにアンチエイリアスが適用され、表示がぼやけることがあります❶。これをシャープにするには、ピクセルグリッドに沿った配置をする必要があります❷。

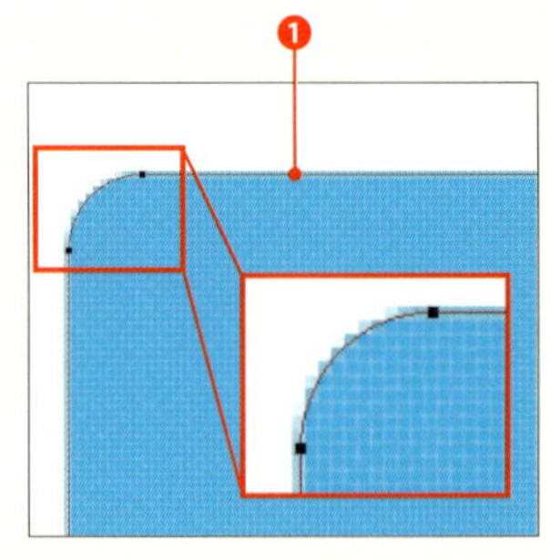

ピクセルに沿っていないのでエッジがぼやけている

❷

ピクセルに沿っているのでエッジがシャープ

STEP 2

常にピクセルグリッドに揃えるには、［Photoshop］メニュー（Windowsは［編集］メニュー）から［環境設定］→［ツール］で［オプション］の［ベクトルツールと変形をピクセルグリッドにスナップ］にチェックを入れます❸。これで、ドラッグでシェイプを作成してもエッジがぼやけることはありません。なお、この設定ができるのはCS6以降です。

S 環境設定▶ ⌘(Ctrl)+K

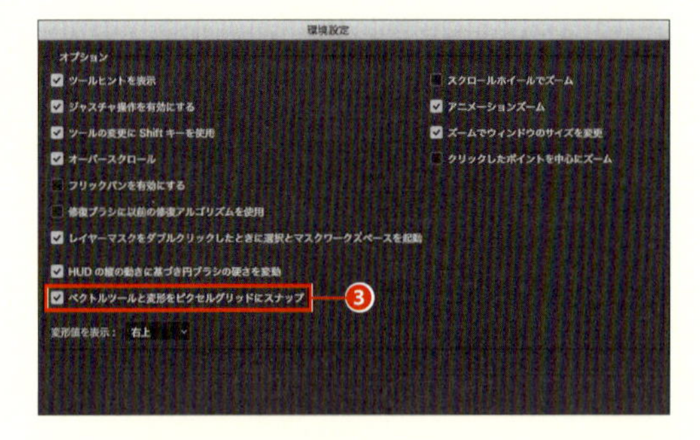

MEMO

ピクセルに沿った配置をしていない場合でも、オプションバーの［エッジを整列］にチェックを入れることで、エッジをピクセルに沿わせた表示にできます。

STEP 3

CS4、CS5でシェイプをピクセルグリッドに揃えるには、［長方形］ツールまたは［角丸長方形］ツールを選択し、オプションバーで［幾何学オプション］を開いて［ピクセルにスナップ］にチェックを入れます❹。このチェックがオンになっていると、表示のみをピクセルに沿ったシャープな表示にできます。チェックはツールごとに切り替え可能です。

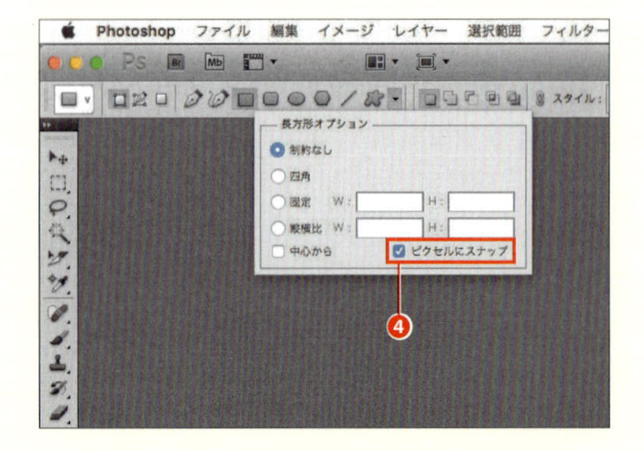

NO.

030 新規レイヤーを作成する

VER.
CC / CS6 / CS5 / CS4 / CS3

新しいレイヤーは［レイヤー］パネルの［新規レイヤーを作成］ボタンをクリックして作成します。メニューからの作成も可能です。

STEP 1

［ウィンドウ］メニューから［レイヤー］で［レイヤー］パネルを表示します。レイヤーを使っていない画像は［レイヤー］パネルに［背景］のみが表示されます❶。

S　レイヤーパネル▶ F7

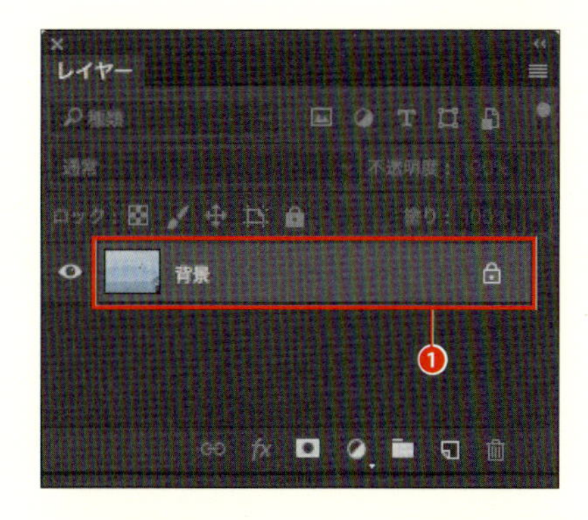

STEP 2

［背景］の画像を直接編集すると元に戻すのが困難になってしまうので、通常はレイヤーを重ねながら作業をしていきます。新規レイヤーを作成するには、［レイヤー］パネルの［新規レイヤーを作成］ボタンをクリックします❷。［レイヤー］パネルに作成した新規レイヤーが表示されます❸。

S　新規レイヤー▶ ⌘(Ctrl)+Option(Alt)+N

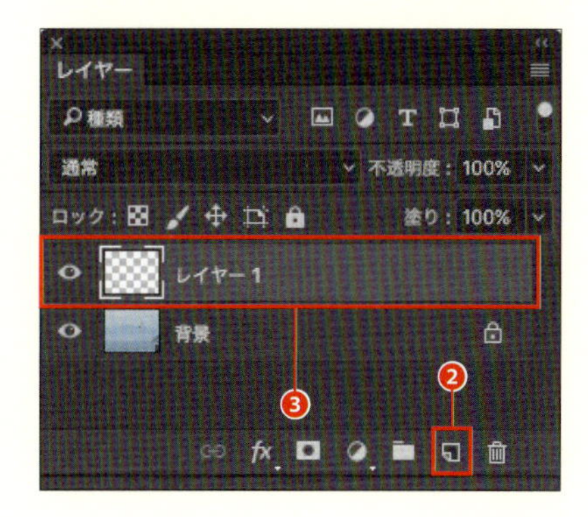

MEMO

レイヤー名を変更するには、［レイヤー］パネルでレイヤー名をダブルクリックするか、［レイヤー］メニューから［レイヤー名の変更］を選択します。また、Option（Alt）キーを押しながら［新規レイヤーを作成］ボタンをクリックすると、［新規レイヤー］ダイアログを表示して作成できます。

STEP 3

この他にも、［レイヤー］メニューから［新規］→［レイヤー］を選択するか、［レイヤー］パネルのパネルメニューを開いて［新規レイヤー］を選択しても作成可能です❹。この場合は［新規レイヤー］ダイアログが表示されます。必要に応じて［レイヤー名］を入力し❺、［OK］ボタンをクリックします。

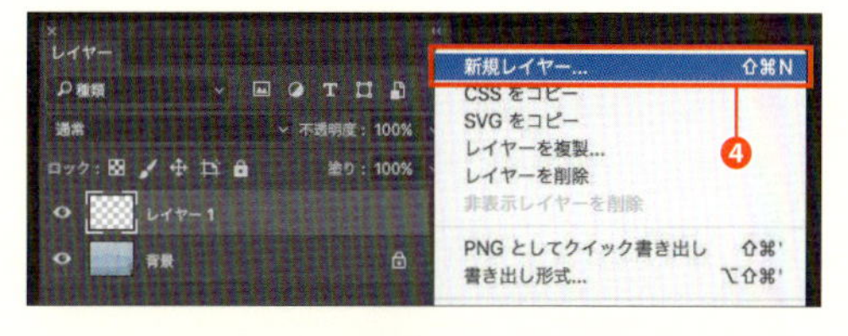

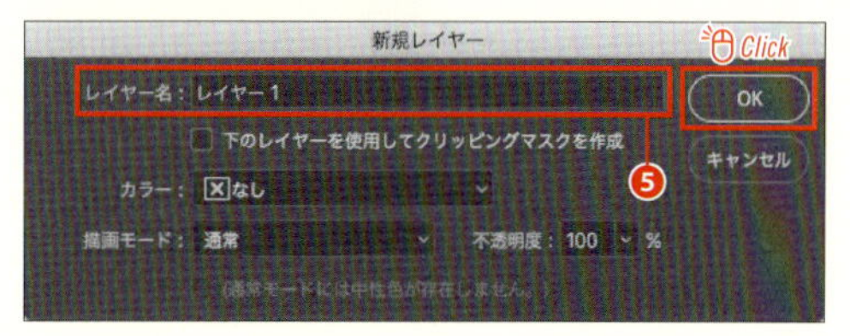

Option（Alt）キーを押しながらメニューを選択すると、［新規レイヤー］ダイアログを省略できます。

031 不要なレイヤーを削除する

NO.
031 不要なレイヤーを削除する

VER.
CC / CS6 / CS5 / CS4 / CS3

不要なレイヤーは［レイヤー］パネルの［レイヤーを削除］ボタンをクリックして削除します。メニューからの削除も可能です。

STEP 1

レイヤーを削除するには、［レイヤー］パネルを表示し、削除したいレイヤーを選択して［レイヤーを削除］ボタンをクリックします❶。確認のダイアログが表示されたら［はい］をクリックします。

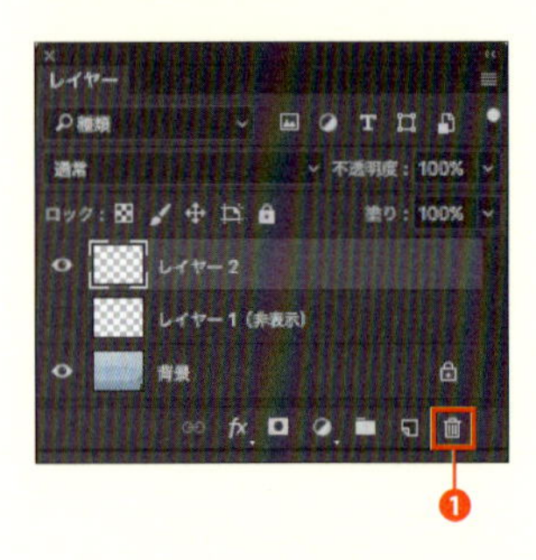

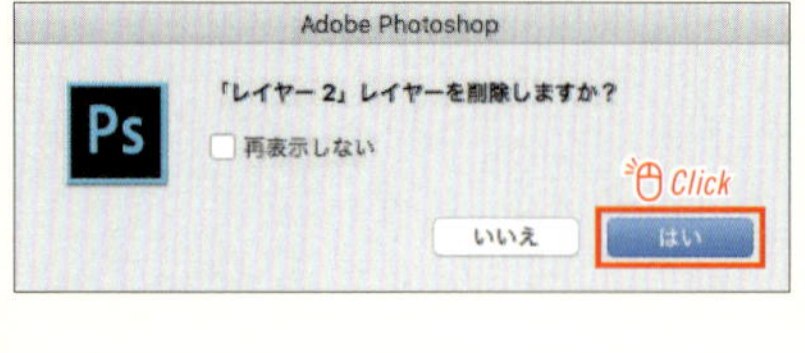

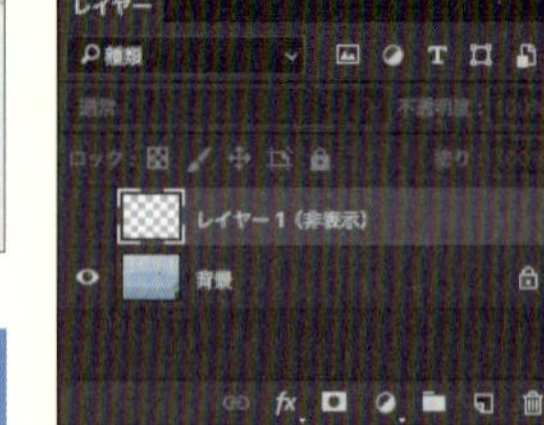

S レイヤーパネル▶ F7

MEMO

Option（Alt）キーを押しながら［レイヤーを削除］ボタンをクリックするか、［レイヤーを削除］ボタンにドラッグ＆ドロップすると、確認ダイアログを省略できます。

STEP 2

この他にも、［レイヤー］メニューから［削除］→［レイヤー］を選択するか、［レイヤー］パネルのパネルメニューを開いて［レイヤーを削除］を選択しても削除できます❷。

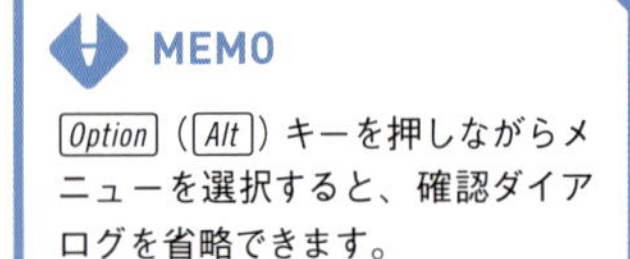

MEMO

Option（Alt）キーを押しながらメニューを選択すると、確認ダイアログを省略できます。

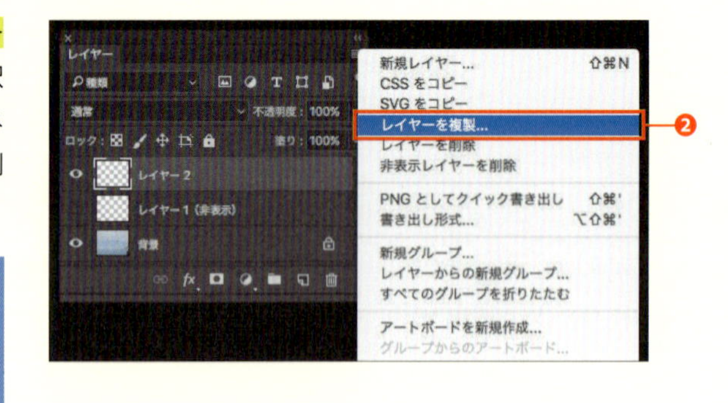

STEP 3

非表示にしているレイヤーのみの削除も可能です。［レイヤー］メニューから［削除］→［非表示レイヤー］を選択するか、［レイヤー］パネルのパネルメニューを開いて［非表示レイヤーを削除］を選択します❸。

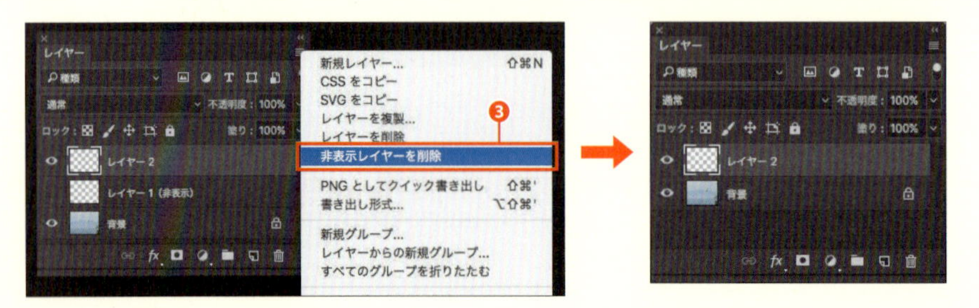

030 新規レイヤーを作成する
033 レイヤーの表示と非表示を切り替える

NO.

032 レイヤーの順序を変更する

VER.
CC / CS6 / CS5 / CS4 / CS3

レイヤーの順序は［レイヤー］パネルでレイヤーをドラッグして入れ替えます。メニューからの入れ替えも可能です。

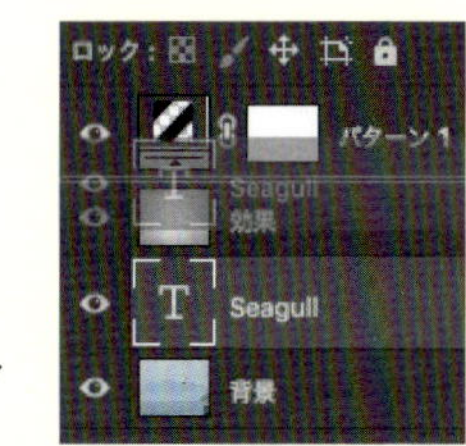

STEP 1

［レイヤー］パネルで、階層の順番を変更したいレイヤーを選択します❶。

S レイヤーパネル▶ F7

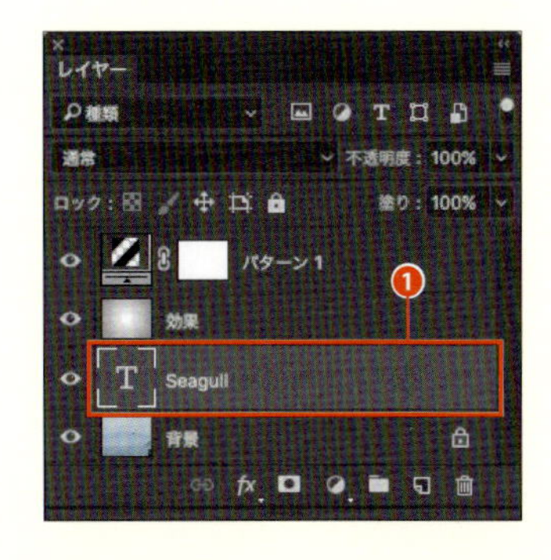

STEP 2

そのまま**レイヤーをドラッグして希望の階層に移動させる**❷と、レイヤーの順序を変更できます。また、**［レイヤー］メニューから［重ね順］**で動作を選ぶことで、順序を変更することも可能です。

S
レイヤーの順番を変更▶
最上層へ：⌘(Ctrl)+Shift+]
最下層へ：⌘(Ctrl)+Shift+[
1つ上へ ：⌘(Ctrl)+]
1つ下へ ：⌘(Ctrl)+[

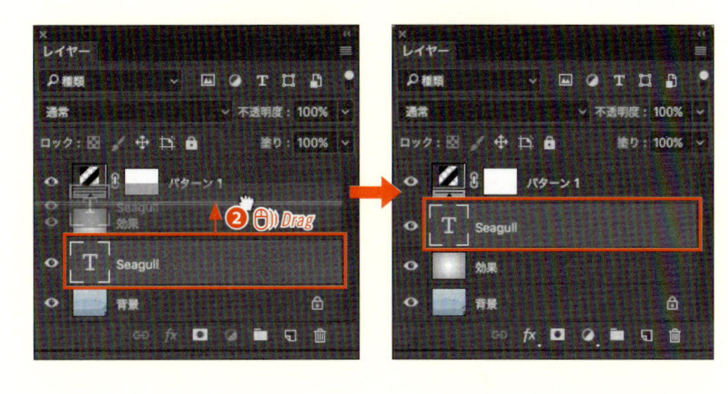

STEP 3

［背景］は必ず最下層に位置しているため、順序を変更することはできません。［背景］を上層へ移動させたい場合は、レイヤーに変換する必要があります。［背景］をレイヤーに変換するには、［レイヤー］パネルで［背景］をダブルクリックして［新規レイヤー］ダイアログを開き、［OK］をクリックします。

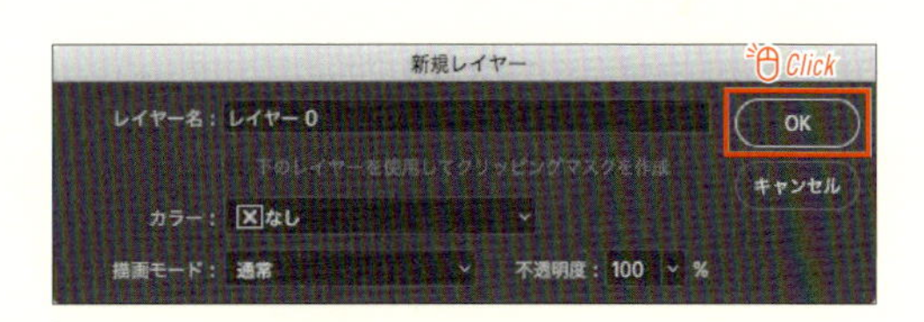

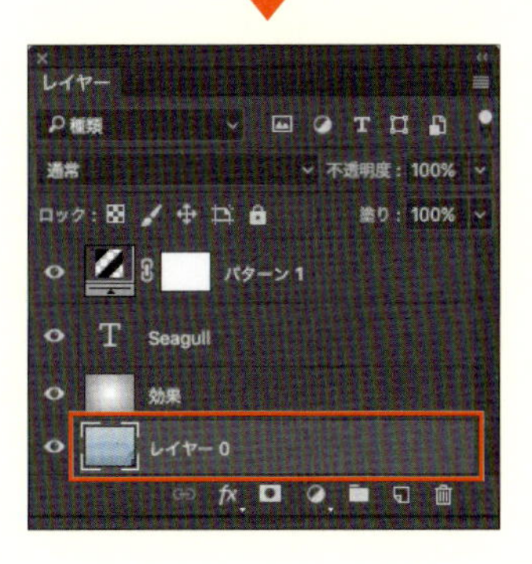

MEMO

Option（Alt）＋ダブルクリックで、ダイアログを開かずに変換することもできます。さらに、CC 以降は背景の右にある南京錠のアイコンをクリックしてもレイヤーへ変換可能です。

MEMO

レイヤーを背景に戻すには、［レイヤー］メニューから［新規］→［レイヤーから背景へ］を選択します。

033 レイヤーの表示と非表示を切り替える

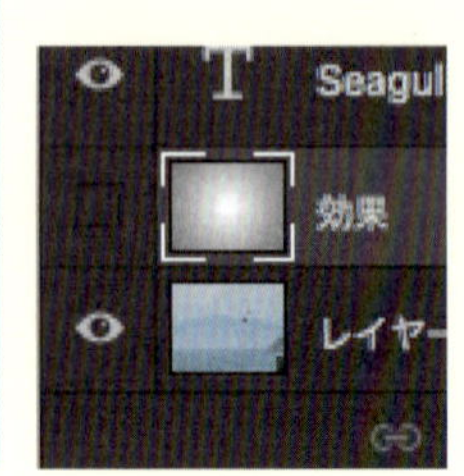

NO.

033 レイヤーの表示と非表示を切り替える

VER.
CC / CS6 / CS5 / CS4 / CS3

レイヤーの表示と非表示を切り替えるには、[レイヤー] パネルの [レイヤーの表示／非表示] ボタンを使います。

STEP 1

[レイヤー] パネルで、非表示にしたいレイヤーの [レイヤーの表示／非表示] ボタンをクリックすると❶、レイヤーは非表示になります❷。再び、[レイヤーの表示／非表示] ボタンをクリックすると、レイヤーは表示されます。

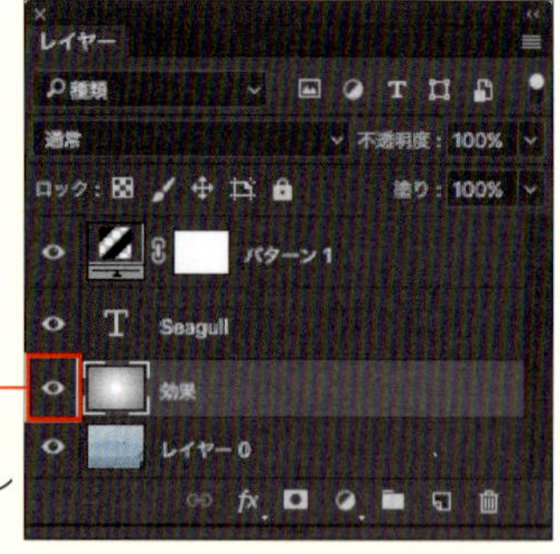

STEP 2

連続する複数のレイヤーを一気に非表示にするには、非表示にするレイヤーの [レイヤーの表示／非表示] ボタンをドラッグします。

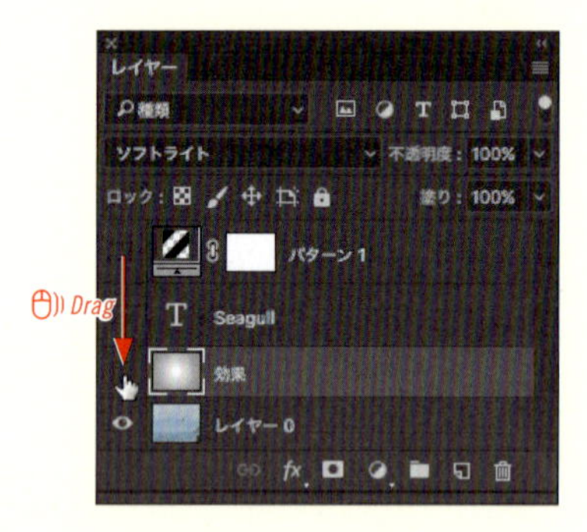

STEP 3

ひとつのレイヤーのみを表示して、他のレイヤーをすべて非表示にするには、表示したいレイヤーの [レイヤーの表示／非表示] ボタンを、Option (Alt) キーを押しながらクリックします。再度 [レイヤーの表示／非表示] ボタンを、Option (Alt) キーを押しながらクリックすると、表示を元に戻すことができます。

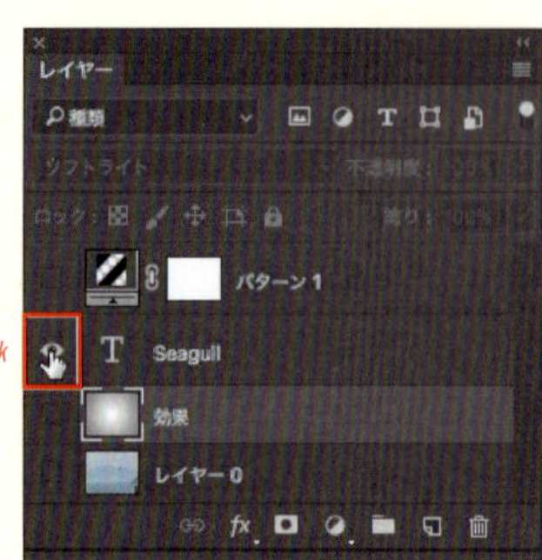

MEMO

レイヤーマスクを非表示にするには、[レイヤーマスクサムネール] を Shift キーを押しながらクリックします。再び、[レイヤーマスクサムネール] を Shift キーを押しながらクリックすると、表示されます。

NO.
034 レイヤーをロックする

VER.
CC / CS6 / CS5 / CS4 / CS3

レイヤーの移動や書き込みをロックするには、[レイヤー] パネルにある4種類の [ロック] のボタンを目的に応じて選択します。

STEP 1

すべての書き込みや位置移動をロックするには、**ロックしたいレイヤーを選択し、[すべてをロック] ボタンをクリック**します❶。再び、[すべてをロック] ボタンをクリックすると、ロックが解除されます。

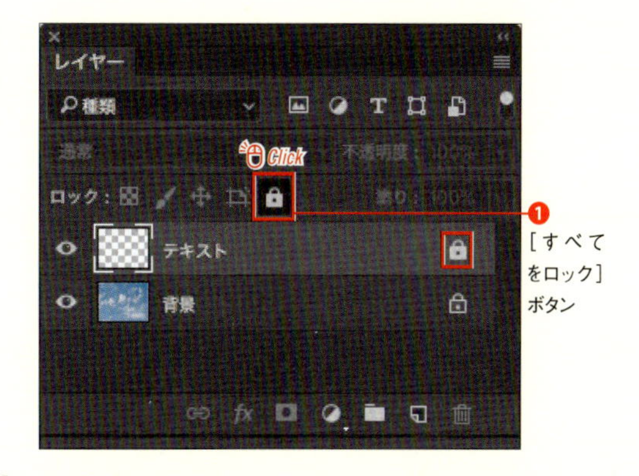

MEMO
[背景] のロックを解除すると、強制的にレイヤーに変換されます。

S レイヤーパネル▶ F7

STEP 2

[透明ピクセルをロック] ボタンをクリックすると❷、レイヤー内の透明部分だけ書き込みができなくなります。[画像ピクセルをロック] ボタンをクリックすると❸、透明、不透明にかかわらずレイヤーへの書き込みや編集ができなくなります。なお、どちらもレイヤー全体の移動は可能です。それぞれ、ボタンを再度クリックするとロックが解除されます。

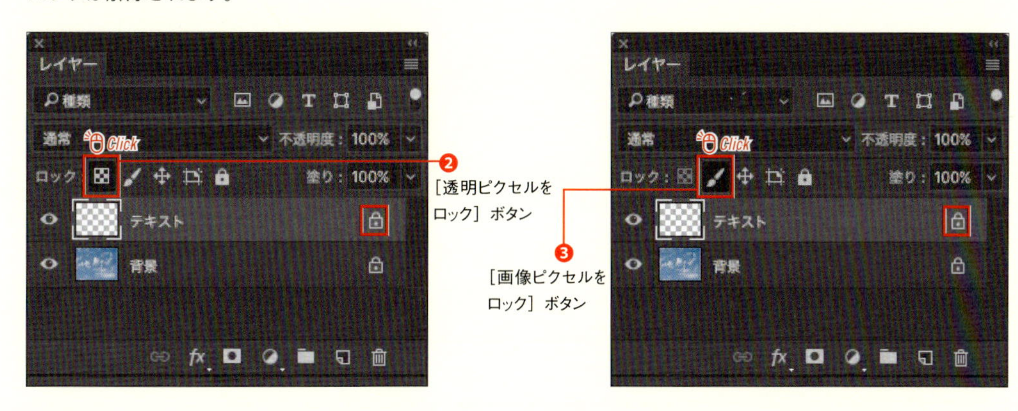

STEP 3

[位置をロック] ボタンをクリックすると❹、レイヤーの移動ができなくなります。書き込みや編集は可能です。再度クリックすると解除されます。さらに、一部のロックは組み合わせて使うこともできます❺。

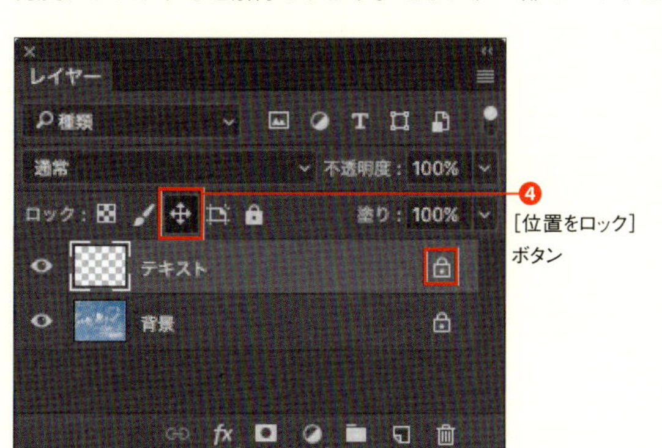

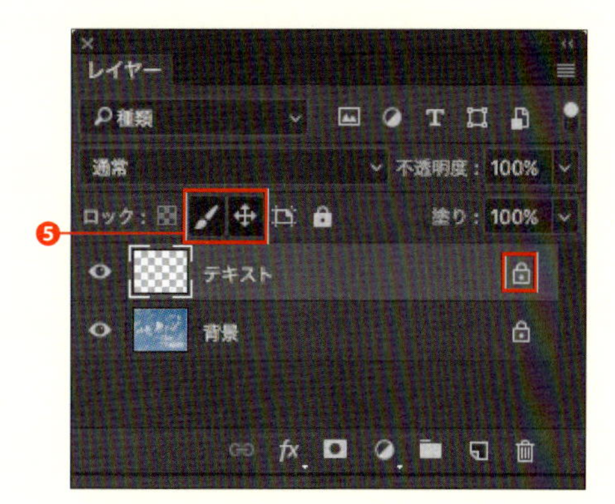

032 レイヤーの順序を変更する

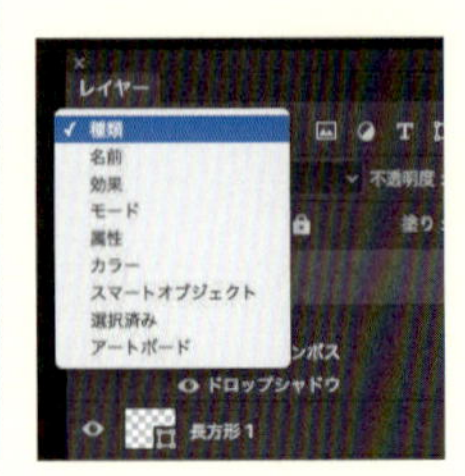

NO.
035 特定の種類のレイヤーのみを表示する

VER.
CC / CS6 / CS5 / CS4 / CS3

CS6以降では、［レイヤー］パネルでレイヤーの種類やキーワードによる絞り込み表示ができます。

STEP 1

［レイヤー］パネルを開き、**レイヤーフィルタリングのメニューからフィルターの種類を選択**します❶。選択した種類に応じてメニュー右側に条件を指定するボタンやメニューなどが表示されます❷。フィルターの種類は、［種類］［名前］［効果］［モード］［属性］［カラー］［スマートオブジェクト］［選択済み］［アートボード］の9種ですが、バージョンにより多少異なります。

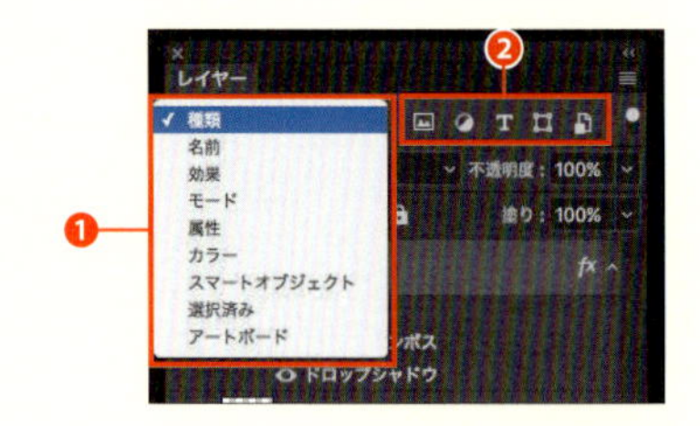

STEP 2

レイヤーの種類によってフィルタリングしたいときは、フィルターを［種類］に設定し❸、表示されたボタンから抽出したいものを選択します❹。［種類］で抽出できるのは［ピクセルレイヤー］［調整レイヤー］［テキストレイヤー］［シェイプレイヤー］［スマートオブジェクト］の5つです。指定されたレイヤーのみが抽出され、その他は［レイヤー］パネルから隠されます。複数のボタンを組み合わせて使うことも可能です❺。すべてのボタンをオフにすると全レイヤーが表示されます。

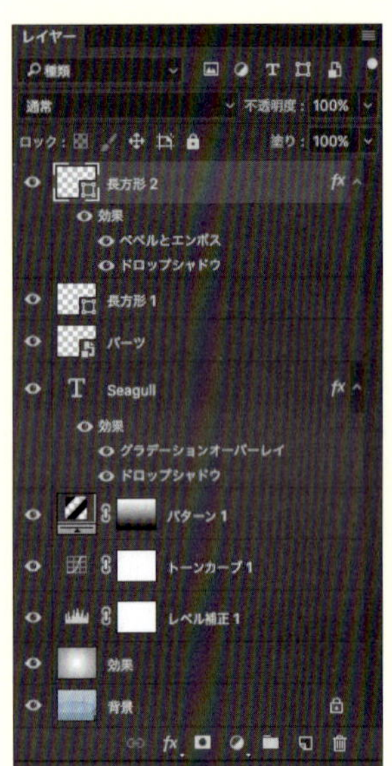

フィルタリング前のレイヤーの状態

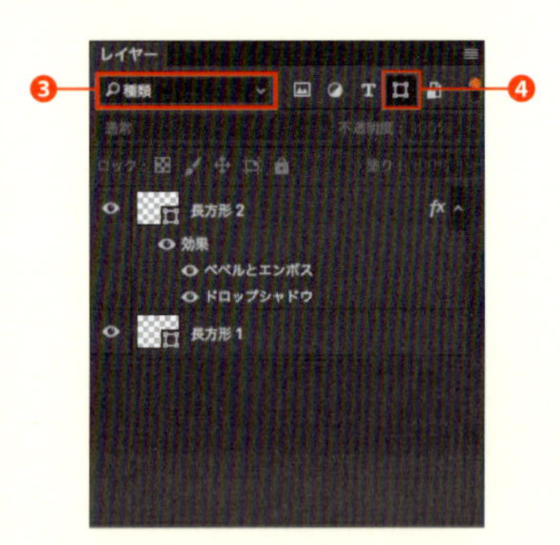

シェイプレイヤーのみを抽出

調整レイヤーと文字レイヤーを抽出

STEP 3

特定の効果があるレイヤーだけに絞り込みたいときは、フィルターを［効果］に設定し❻、表示されたメニュー❼から効果を選択します。このように、さまざまな条件でのフィルタリングができるので、レイヤー数が多いときにはとても便利な機能です。

MEMO

フィルタリングを一時的に無効にしたい場合は、右側にある［レイヤーフィルタリングのオンとオフを切り替え］ボタンをオフに切り替えます。

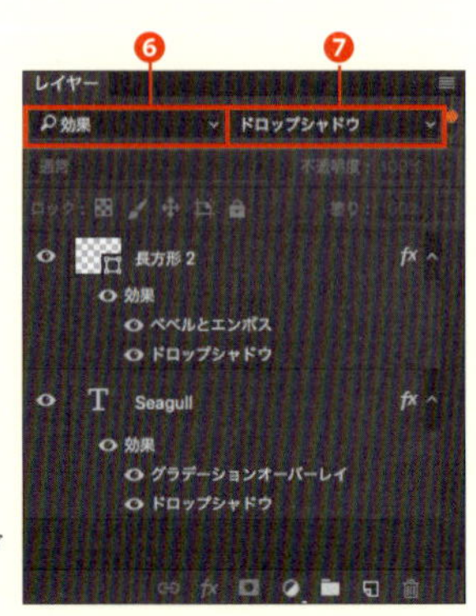

レイヤー効果に［ドロップシャドウ］が追加されているレイヤーのみを抽出

033 レイヤーの表示と非表示を切り替える
034 レイヤーをロックする

NO.
036 レイヤーカンプでレイヤーの状態を切り替える

VER.
CC / CS6 / CS5 / CS4 / CS3

レイヤーカンプを使うと、レイヤーの表示状態、位置、レイヤースタイルの状態を記憶することができます。デザインの素早い切り替えに役立ちます。

STEP 1
今回は4つの季節で使うバナーデザインを切り替えてみます。それぞれ文字と写真が異なり、背景とロゴだけは共通です。レイヤーは、各季節で使うものごとにひとつのグループにまとめており、Spring、Summer、Autumn、Winterの4つに分かれています❶。

各季節で使える要素をグループ分け

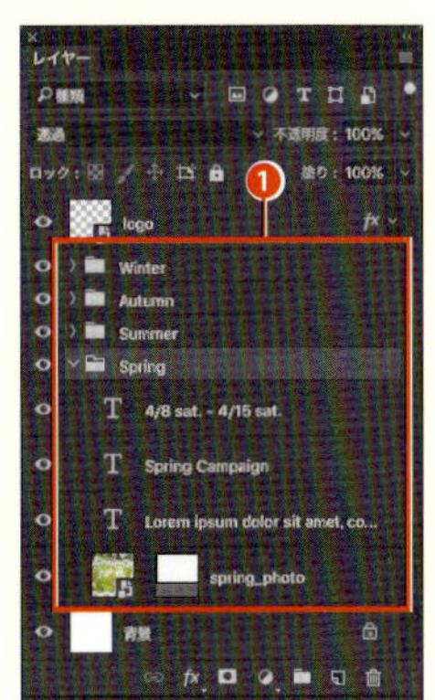

STEP 2
まずは、Spring用のレイヤーカンプを作成してみましょう。Spring以外のグループを非表示にしておきます❷。[レイヤーカンプ] パネルを開き、[新規レイヤーカンプを作成] ボタン❸をクリックします。今回は表示状態だけを記憶したいので、[表示／非表示] のチェックのみオン❹、他はオフにしておきます❺。[レイヤーカンプ名：Spring] として❻ [OK] をクリックします。同じ要領で、「Summer」、「Autumn」、「Winter」のレイヤーカンプも作成しておきましょう❼。

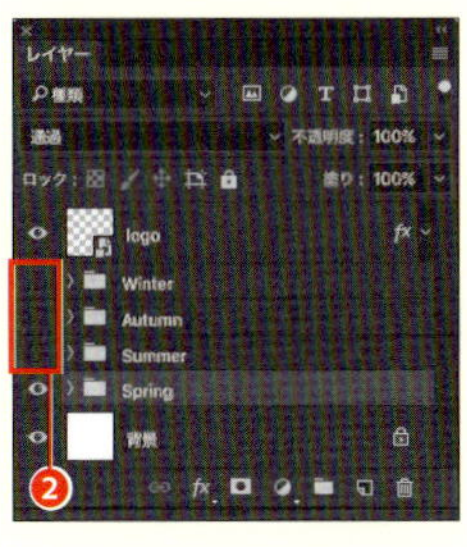

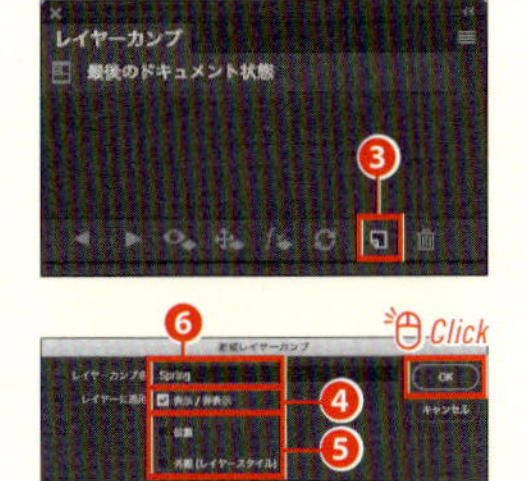

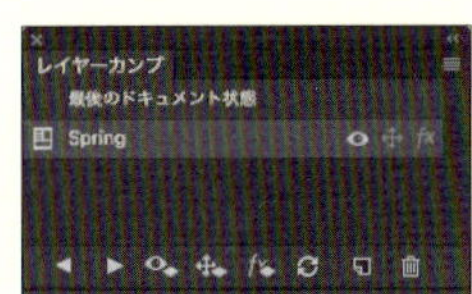

STEP 3
記憶したレイヤーカンプを呼び出すときは、[レイヤーカンプ] パネルでレイヤーカンプの左にあるドキュメントのアイコンをクリックします❽。これで、各デザインを素早く切り替えられるようになりました。

MEMO

CC 2014以降では、スマートオブジェクトの中でレイヤーカンプを作成しておくと [属性] パネルからレイヤーカンプを切り替えることができます。

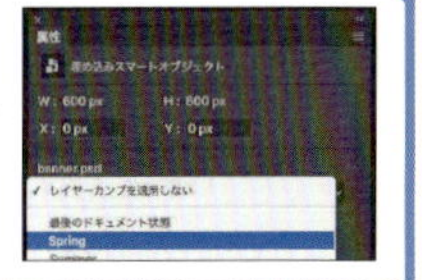

033 レイヤーの表示と非表示を切り替える

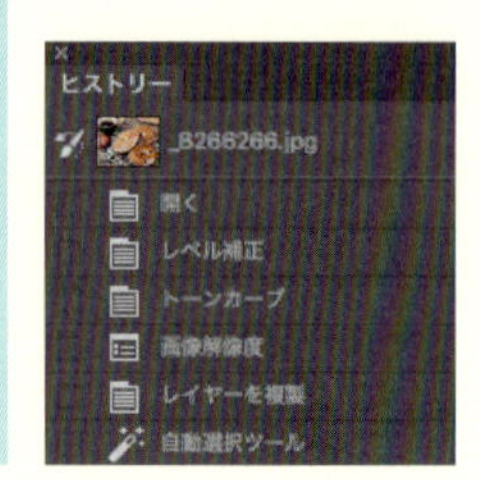

NO.

037 操作の履歴をさかのぼってやり直す

VER.
CC / CS6 / CS5 / CS4 / CS3

操作の履歴は［ヒストリー］パネルに記録されていきます。履歴を選択することで作業をさかのぼることが可能です。

STEP 1

作業している途中で、前の作業段階に戻って操作をやり直すには、［ヒストリー］パネルを使います。［ウィンドウ］メニューから［ヒストリー］で［ヒストリー］パネルを表示します。［ヒストリー］パネルには、作業履歴が表示されます。

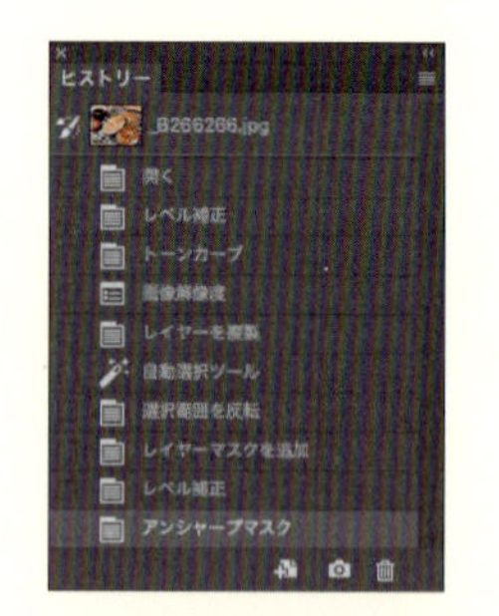

STEP 2

履歴をクリックすることでどの段階へもすぐに戻れます❶。現在の履歴以降は淡色表示になります。新たな作業が発生すると淡色表示の履歴はすべて削除されて、新しい履歴が記録されていきます。なお、ファイルを閉じた時点ですべての履歴は破棄されます。

S
1段階戻る▶ ⌘(Ctrl)+Option(Alt)+Z
1段階進む▶ ⌘(Ctrl)+Shift+Z

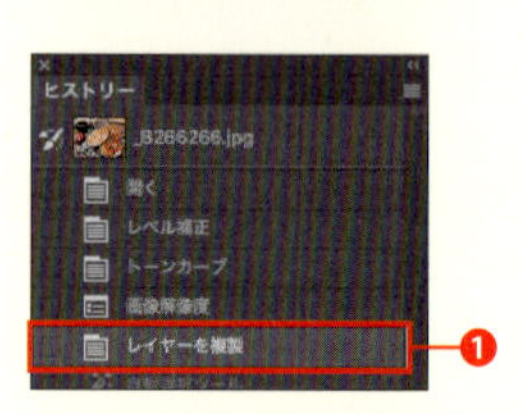

STEP 3

履歴を削除するには、削除する履歴を選択し［現在のヒストリーを削除］ボタンをクリックします❷。確認用のダイアログで［はい］をクリックすると❸、選択した履歴以降はすべて削除されます。

❷［現在のヒストリーを削除］ボタン

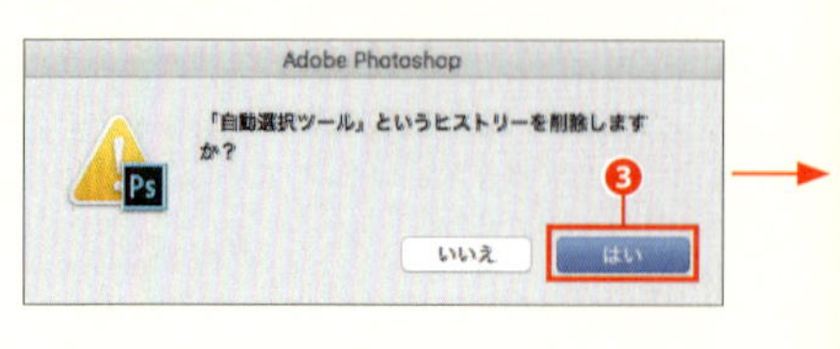

STEP 4

選択した履歴のみを削除するには、パネルメニューの［ヒストリーオプション］❹で表示される［ヒストリーオプション］ダイアログの［ノンリニアヒストリーを許可］にチェックを入れて❺、［OK］をクリックします。そして、削除する履歴を選択し、［現在のヒストリーを削除］ボタンをクリックします。

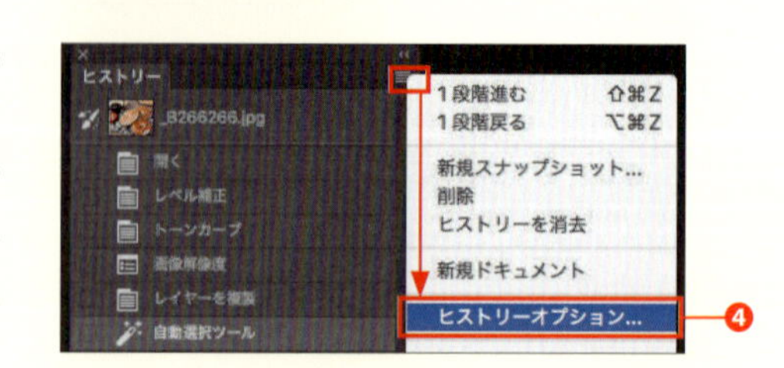

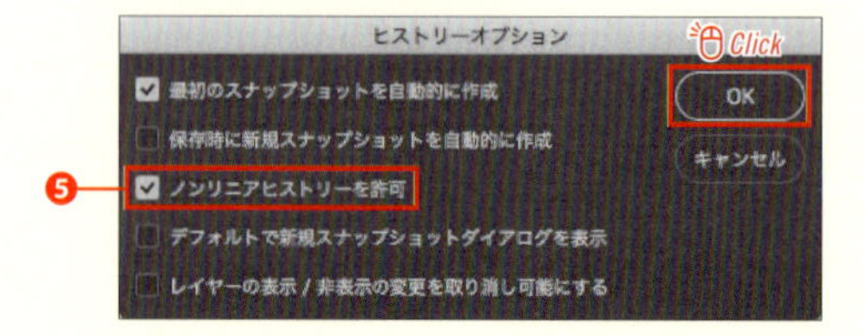

038 作業途中の状態を保存する

NO.
038 作業途中の状態を保存する

VER.
CC / CS6 / CS5 / CS4 / CS3

[ヒストリー] パネルの [新規スナップショットを作成] ボタンをクリックすると、作業途中の状態をパネル内に保存できます。

STEP 1

[ウィンドウ] メニューから [ヒストリー] で [ヒストリー] パネルを表示します。履歴をクリックして、保存しておきたい状態までさかのぼり、[新規スナップショットを作成] ボタンをクリックします❶。

❶ [新規スナップショットを作成] ボタン

STEP 2

スナップショットが作成されます❷。これをクリックすることで、いつでもスナップショットを保存したときの状態に戻せます。環境設定で設定したヒストリー数を超える操作は、履歴の古いものから削除されるため、残しておきたい履歴はスナップショットを作成して保存しておくとよいでしょう。なお、ヒストリー同様に、ファイルを閉じて再度開いたときにはすべてのスナップショットは破棄されます。

MEMO

ヒストリーの回数は、[Photoshop] メニュー（Windows では [編集] メニュー）から [環境設定] → [パフォーマンス] を選択して表示される [環境設定] ダイアログの [ヒストリー数] で変更することができます。ただし、回数を増やすとそれだけメモリの使用量は多くなります。

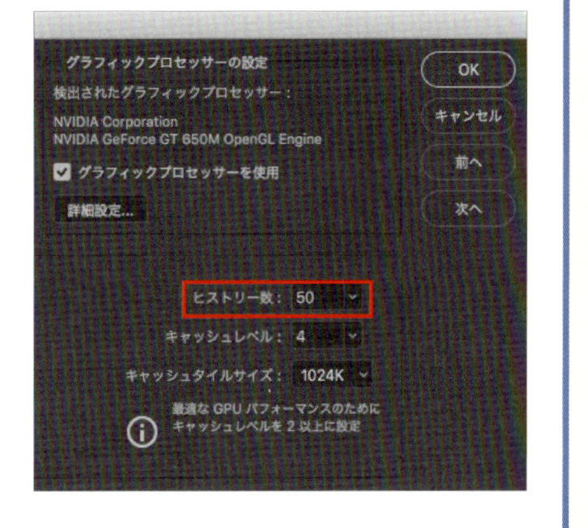

037 操作の履歴をさかのぼってやり直す

NO.

039 アートボードを作成する

VER.
CC / CS6 / CS5 / CS4 / CS3

Web サイトやアプリのモックアップなどで利用するアートボードは、［アートボード］ツールを使って作成します。

STEP 1

［アートボード］ツール❶を選択し、カンバス上の任意の位置でドラッグすると❷、新しいアートボードを追加できます。さらにアートボードを増やすときは、［アートボード］ツールでアートボード外のスペースをドラッグするか、アートボードの上下左右に表示されたプラスマークをクリックします❸。

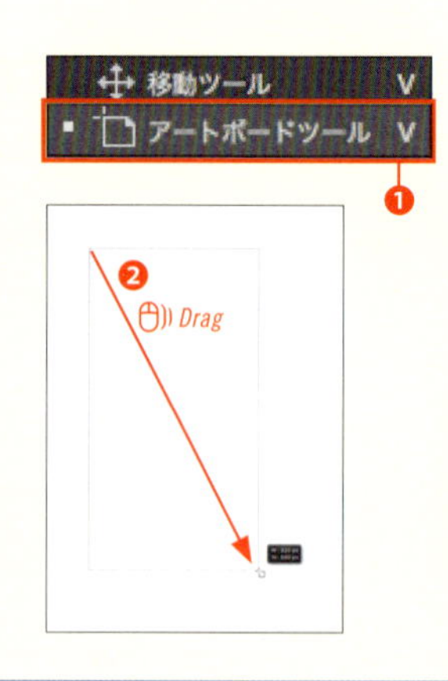

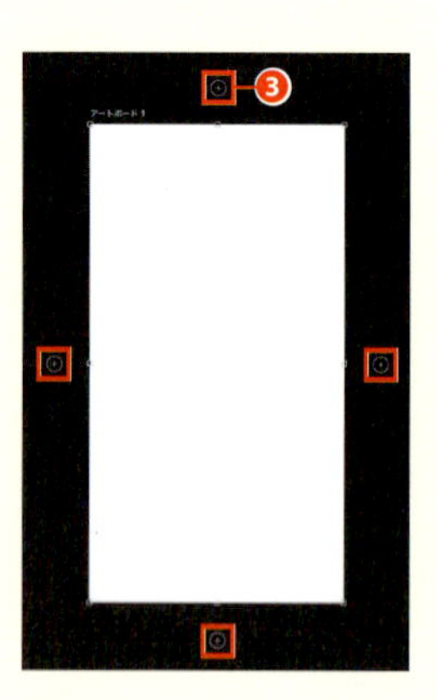

MEMO

アートボードがひとつでも追加されると、［背景］はレイヤーに変換され、カンバスの概念はなくなります。あとから［背景］を追加することもできますが、動作が不安定になるため、アートボードがあるドキュメントでは、なるべく［背景］はない状態にしておくほうがいいでしょう。

STEP 2

数値指定で正確にアートボードを追加することも可能です。まず、［アートボード］ツールを選択し、［オプションバー］の［新しいアートボードを追加］❹をクリックしてから、サイズを設定します❺。カンバス上のどこかをクリックすると、指定サイズのアートボードが新しく追加されます❻。

MEMO

サイズを設定する前に［新しいアートボードを追加］❹をクリックしていないと、現在選択中のアートボードサイズが変更されます。

STEP 3

アートボードを選択するときは、［移動］ツールか［アートボード］ツールでドキュメント上のアートボード名をクリック❼します。または、通常のレイヤーと同様に［レイヤー］パネルから選択することも可能です。

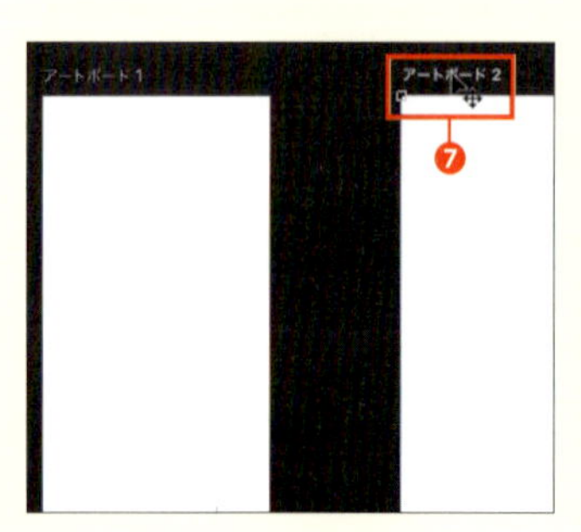

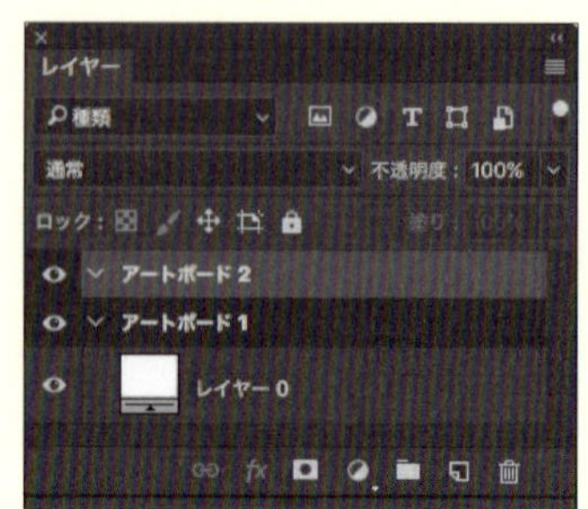

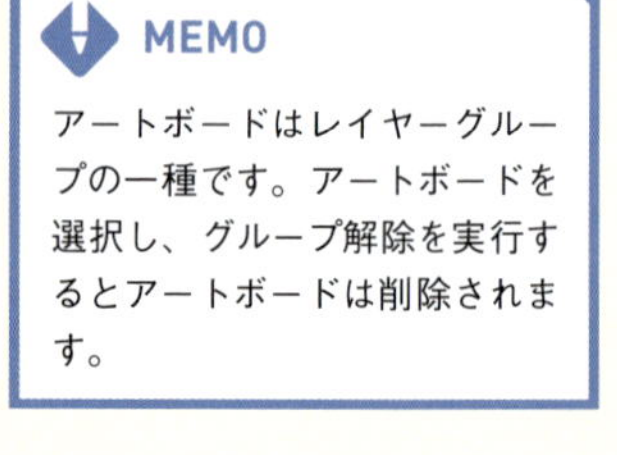

MEMO

アートボードはレイヤーグループの一種です。アートボードを選択し、グループ解除を実行するとアートボードは削除されます。

NO.
040 アートボードを操作する

VER.
CC / CS6 / CS5 / CS4 / CS3

アートボードの操作は［アートボード］ツールや［レイヤー］パネルを使って行います。

STEP 1
アートボードの名前を変えるときは、対象のアートボードを選択して［レイヤー］パネルから［アートボード名の変更］を選択します。通常のレイヤーと同様に、［レイヤー］パネルでアートボード名❶をダブルクリックしても変更可能です。

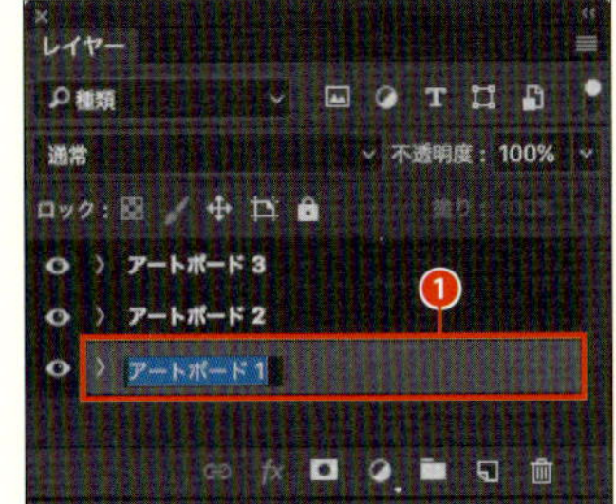

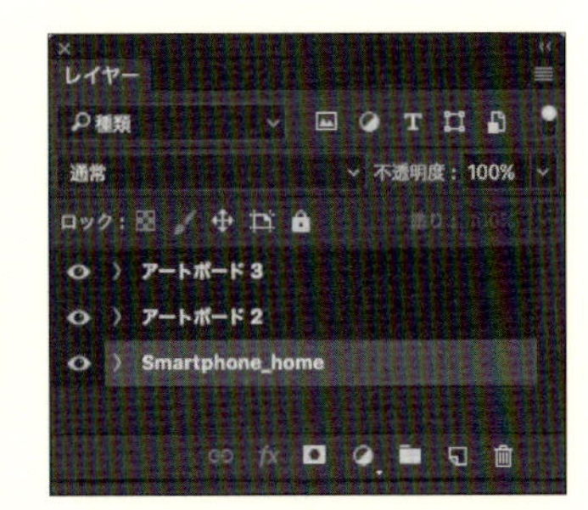

STEP 2
アートボードの大きさを変更するときは、［アートボード］ツールで任意のアートボードを選択し、周辺のハンドルをドラッグ❷します。オプションバーでサイズを数値入力するか❸、ドロップダウンリスト❹から選択して変更も可能です。

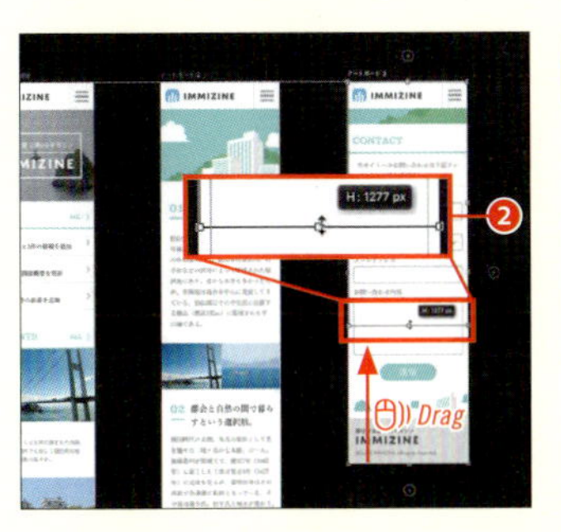

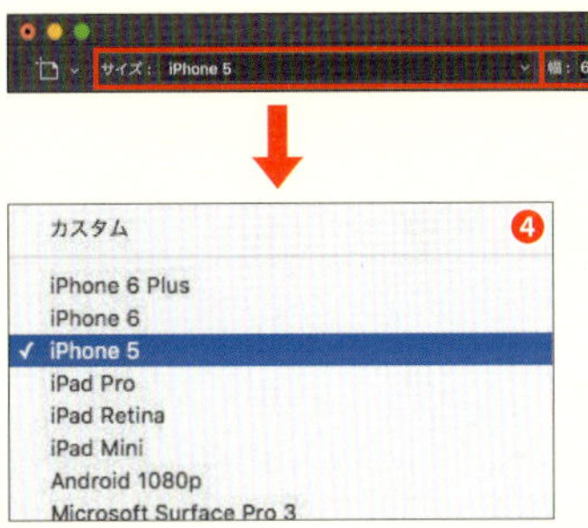

MEMO
オプションバーで縦（ポートレイト）と横（ランドスケープ）のサイズを入れ替えることもできます。

STEP 3
アートボードを移動するときは、［移動］ツールか［アートボード］ツールでアートボードをドラッグ❺します。削除するときは、対象となるアートボードを選択してから Delete キーを押すか、［レイヤー］パネルで［レイヤーを削除］❻をクリックします。

MEMO
［属性］パネルを使うと、サイズと同時に座標も数値で変更できます。

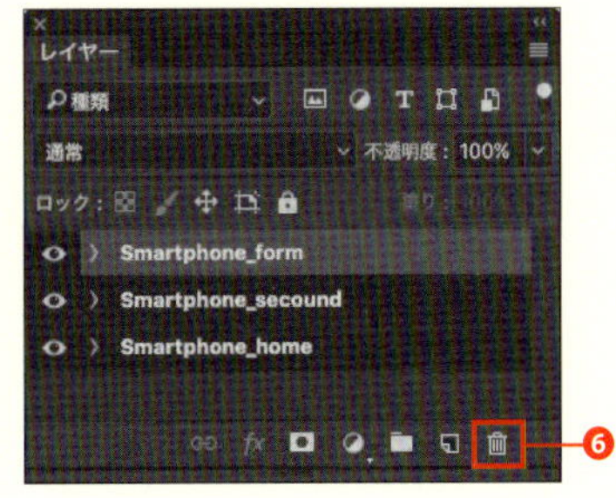

039 アートボードを作成する

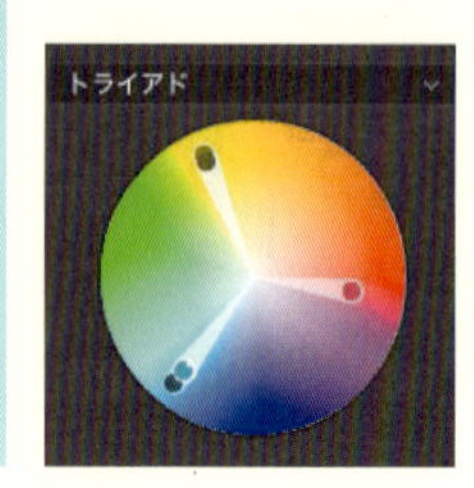

NO.
041 効率よくカラーテーマをつくる

VER.
CC / CS6 / CS5 / CS4 / CS3

［Adobe Color テーマ］エクステンションを使用して、効率的に配色をつくったり、カラーテーマをオンラインから取得できます。

［Adobe Color テーマ］エクステンションでは、配色ルールに沿った色の組み合わせをつくったり、Adobe Color CC のコミュニティで公開されているカラーテーマをダウンロードして使うことができます。まずは自分で配色をつくってみましょう。［ウィンドウ］メニューから［エクステンション］→［Adobe Color テーマ］を選択しエクステンションのパネルを開き、［作成］をクリックします❶。

MEMO

CS6以前は、エクステンションの名前が［Kuler］となっており、パネルの内容も若干異なります。

ホイールの下にある5つのカラーが配色、その中央が基本カラー❷となります。変更したいカラーを選択してカラーホイール内のマーカー❸、またはカラースライダー❹を動かすことで配色を変更できます。カラーホイールの上部にあるメニュー❺からは、配色ルールを選択できます。仮に［トライアド］にして基本カラーを変更すると、他のカラーも連動して動いているのがわかります。ルールを変えると、基本色をベースとした別の配色に変更できます。完成した配色は、パネル最下部で名前を設定❻して［保存］をクリックすると、カラーテーマとしてライブラリに保存できます。

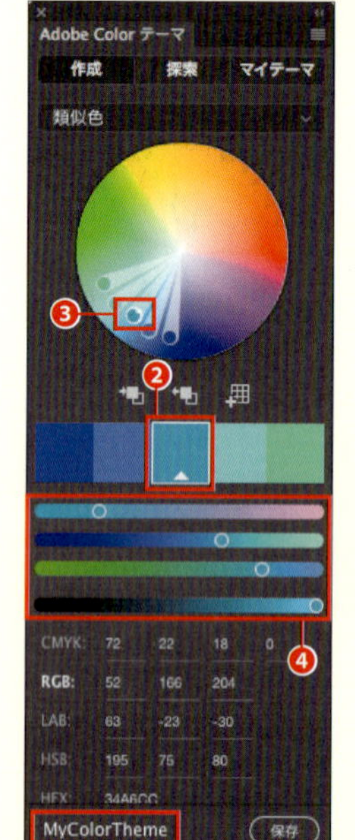

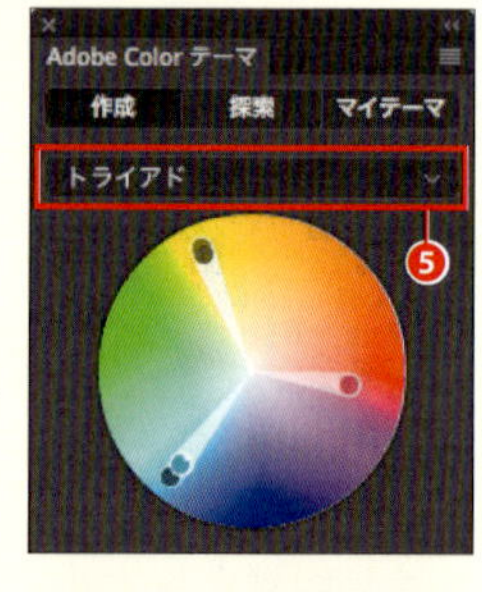

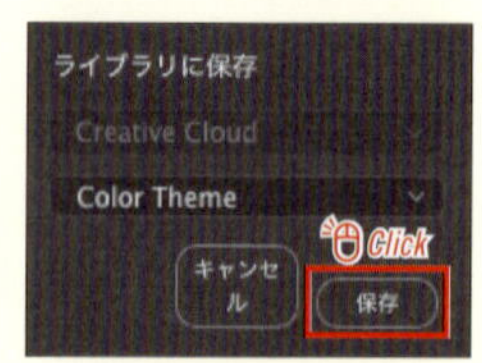

MEMO

保存したカラーテーマは、［マイテーマ］をクリックすると表示されます。ここには、ライブラリに存在するカラーテーマがすべて集約されています。［ライブラリ］パネルから保存先のライブラリを選択しても利用可能です。

続いて、Adobe Color CC のコミュニティに公開されているカラーテーマを利用してみましょう。なお、ダウンロードにはインターネットへの接続が必要です。［探索］をクリックし❼、表示するカラーテーマを選択します。ここでは［人気の高い順］にしました❽。希望のカラーテーマの右下にある「…」アイコンをクリック❾して、［スウォッチに追加］をクリックします❿。［スウォッチ］パネルを開くと、先ほどの色が追加されています⓫。

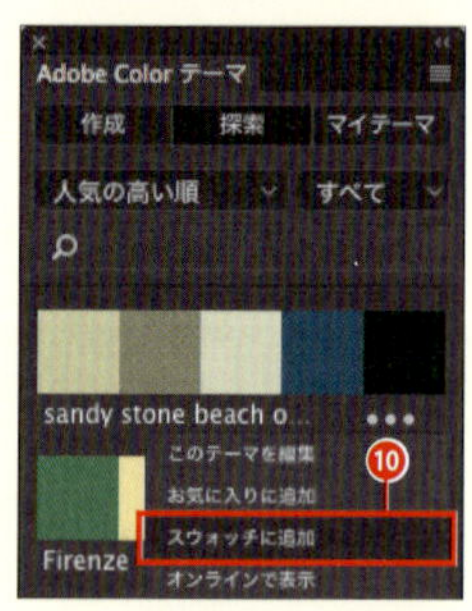

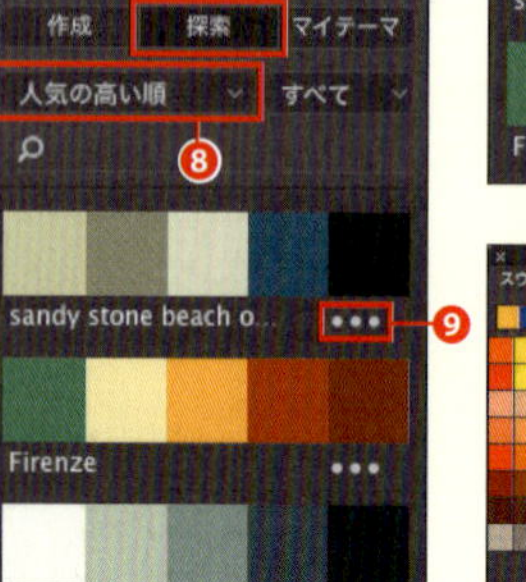

NO.
042 CCライブラリを使う

VER.
CC / CS6 / CS5 / CS4 / CS3

CC ライブラリは、Creative Cloud ファミリーを横断して利用できる共有ライブラリです。［ライブラリ］パネルを使ってアイテムを追加したり、利用したりできます。

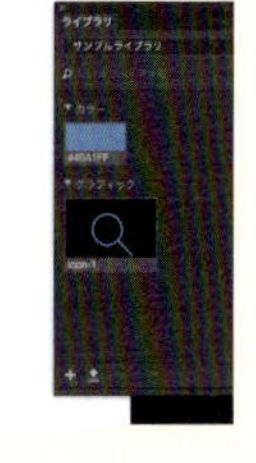

STEP 1

まずは、アイテムを格納するためのライブラリを追加してみましょう。［ライブラリ］パネルを開き、パネルメニューから［新規ライブラリ］❶を選択、ライブラリ名❷を設定して［作成］❸をクリックします。空っぽの新しいライブラリが追加されました。

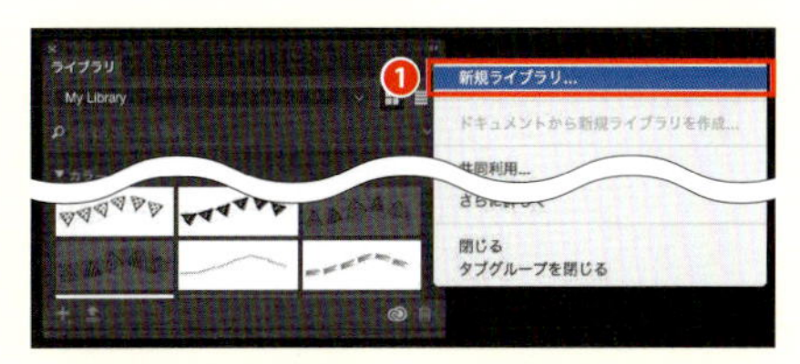

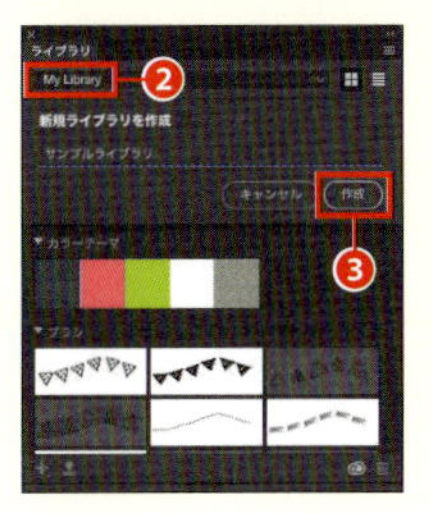

MEMO

CC ライブラリすべての機能を利用するには、インターネットに接続している必要があります。

STEP 2

ライブラリにアイテムを追加するときは、［レイヤー］パネルで追加したいアイテムのレイヤーを選択し❹、パネル左下にある［+］❺をクリックします。追加する要素❻にチェックを入れて［追加］❼をクリックすると、ライブラリにアイテムが追加されます❽。

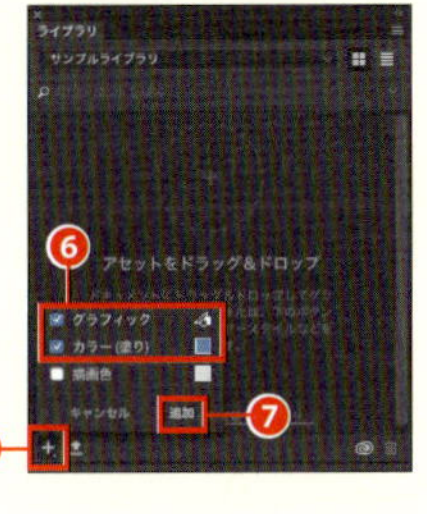

MEMO

ライブラリに直接ドラッグ&ドロップしても追加できます。

MEMO

CC 2015より前のバージョンでは、［+］マークではなく種類ごと（グラフィック・テキストスタイル・レイヤースタイル・描画色）のアイコンがあるので、追加したいものをクリックします。

STEP 3

追加したグラフィックを使用するときは、［ライブラリ］パネルからドキュメントへドラッグ&ドロップします❾。グラフィックの場合は、基本的にスマートオブジェクトとして配置され、ライブラリのアイテムであることがわかるように［レイヤー］パネルに雲マークのアイコン❿が表示されます。なお、ライブラリ上のアイテムが更新されると、自動的にスマートオブジェクトのグラフィックも更新されます。

MEMO

普通にドラッグ&ドロップすると、グラフィックはスマートオブジェクトとして配置されますが、Option（Alt）キーを押しながらだと、そのままの状態で配置できます。カラーの場合は、クリックすると描画色にその色がセットされます⓫。

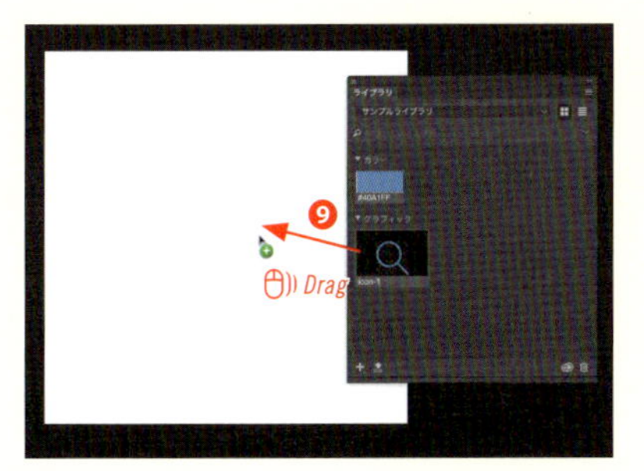

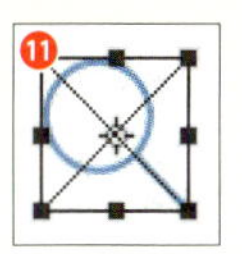

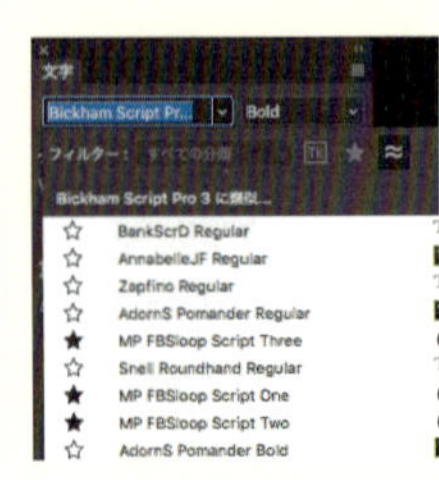

NO.
043 効率よくフォントを選ぶ

VER.
CC / CS6 / CS5 / CS4 / CS3

フォントの絞り込み、お気に入り、類似フォントの機能を使うことで、フォントを効率的に選択できます。

STEP 1

フォント名がわかっているときは、[文字] パネルのフォントファミリーのフィールドにフォント名の一部を入力❶します。該当する文字があるフォントの一覧が表示されます。文字数が増えるごとに、フォントが絞り込まれていくので、素早く選択ができます。

MEMO

CS6以前では前方一致のみに対応しているため、入力した文字から始まるフォント名のうち、最初のものが選択されます。リストは表示されません。

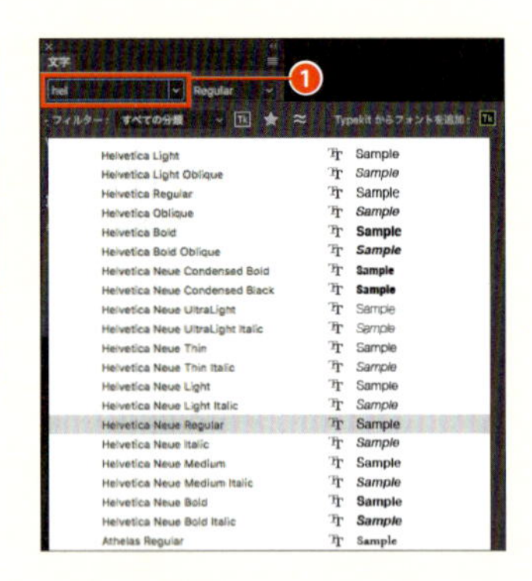

STEP 2

CC 2015 以降は、フォント名の左に表示されている星マーク❷をクリックすることで、そのフォントをお気に入りとして登録できます。フォントリストの上部にある星マーク❸をクリックすれば、お気に入りのフォントのみに絞り込むことが可能です。よく使うフォントは登録しておくといいでしょう。

STEP 3

CC 2015 以降は、テキストレイヤーを選択した状態で❹、フォントリストの上部にある波線のマーク❺をクリックすると、現在のフォントに類似したものに絞り込まれます。近いフォントを比較しながら検討するときに便利な機能です。

Lorem ipsum dolor sit amet,
consectetur adipisicing elit, sed do
eiusmod tempor incididunt ut labore et
dolore magna aliqua. Ut enim ad
minim veniam, quis nostrud
exercitation ullamco laboris nisi ut

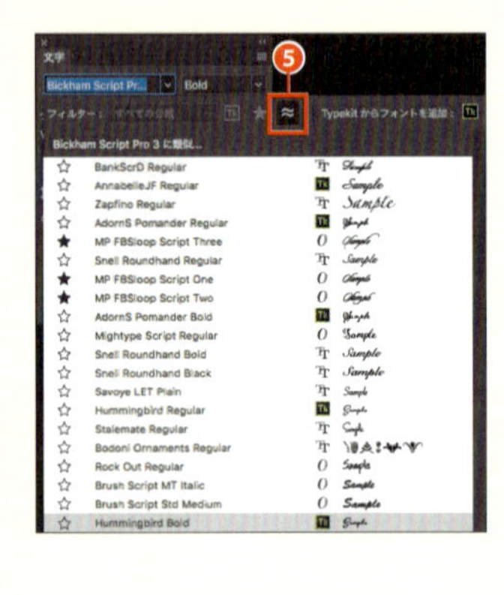

MEMO

フォントリスト上部の Tk (T) のアイコンは、Typekit を通じて同期中のフォントのみに絞り込む機能です。

NO.
044 複数の文字のスタイルを一度に変更する

VER.
CC / CS6 / CS5 / CS4 / CS3

［文字スタイル］パネルや［段落スタイル］パネルを使うことで、複数の文字のスタイルを一度に変更することができます。

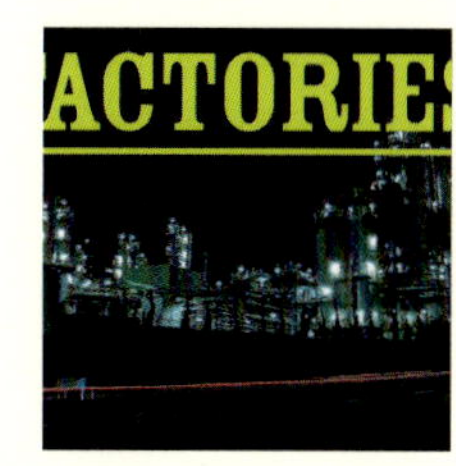

STEP 1

［文字スタイル］パネルの［新規文字スタイルを作成］ボタン❶をクリックし、追加された文字スタイルをダブルクリックして❷、［文字スタイルオプション］ダイアログを開きます。［基本文字形式］ではフォントや大きさ、色、詰め、装飾などを設定できます❸。［詳細文字形式］では長体や平体、ベースラインシフトなどを設定します❹。［OpenType 機能］では、OpenType の機能を利用した設定が可能です❺。各種設定が完了したら、［スタイル名］を入力して［OK］をクリックします。

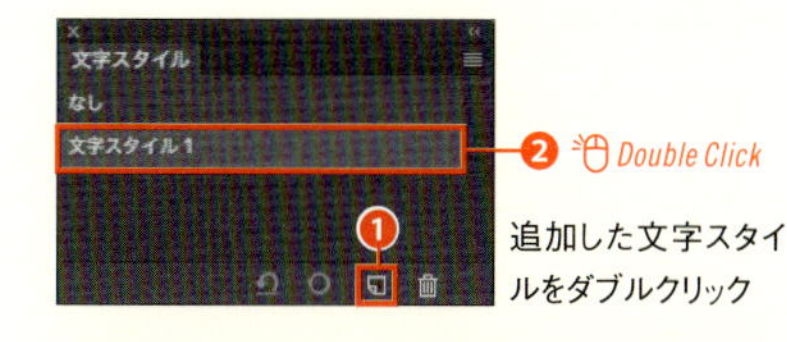

追加した文字スタイルをダブルクリック

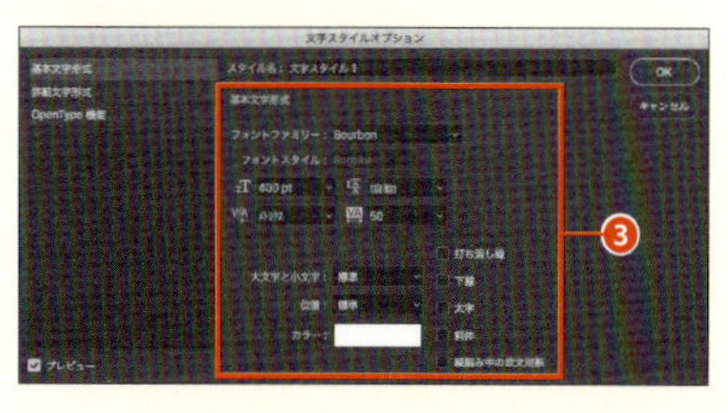

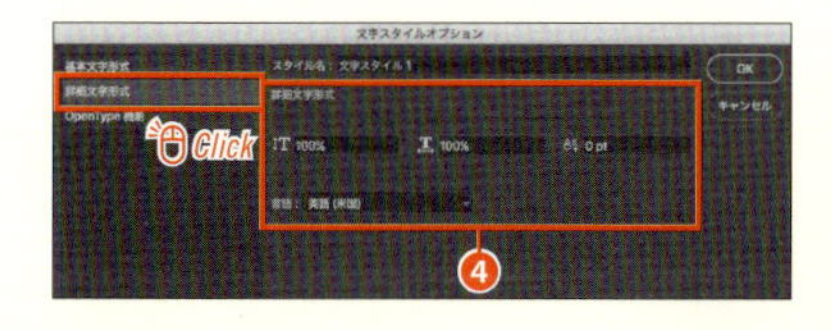

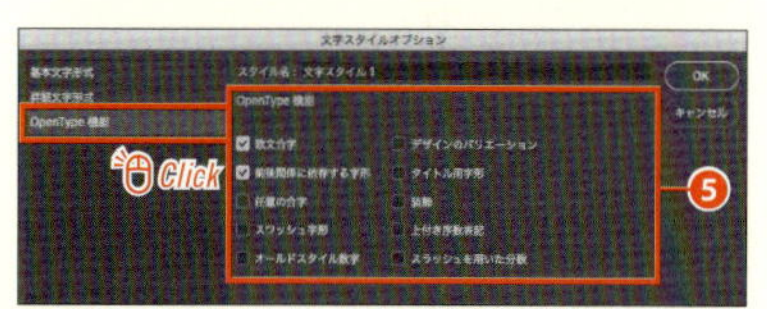

STEP 2

登録した文字スタイルを利用するには、テキストレイヤーを選択し❻、［文字スタイル］パネルから登録したスタイルをクリックします❼。この際、事前に文字スタイルを使わず、手動で文字の設定をしていた場合はスタイル名に［+］がつきます。これを完全に文字スタイルに一致させるには、［文字スタイル］パネルの［変更を消去］ボタンをクリックします❽。

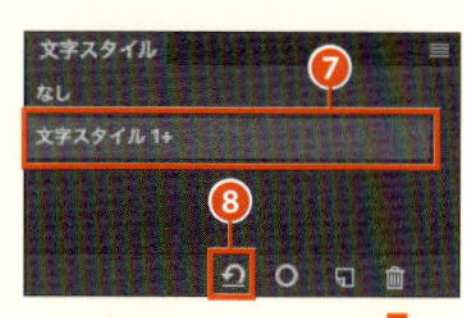

［変更を消去］をクリック

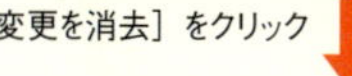

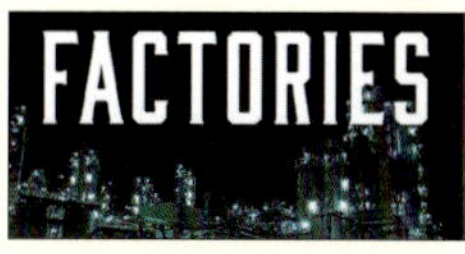

文字スタイルが適用された

STEP 3

文字のスタイルを変更するには、［文字スタイル］パネルで文字スタイル名をダブルクリックし、ダイアログで設定を変更します。これで、文字スタイルが適用されているテキストすべてに変更が反映されます。

ダイアログで文字スタイルを変更

文字スタイルが変更された

MEMO

類似の機能として段落スタイルというものがあります。これを使うと、文字に加えて段落設定も登録することができます。ただし、文字スタイルのように1文字単位で適用することはできません。段落スタイルで段落全体の書式を設定し、その中で部分的に変更したい箇所のみに対して、限定的に文字スタイルを使うのが効率的でしょう。

173 文字を入力する
174 段落形式で文字を入力する

NO.
045 字形パネルで異体字に切り替える

VER.
CC / CS6 / CS5 / CS4 / CS3

字形の切り替え機能や［字形］パネルを使うことで、簡単に異体字を入力できます。

STEP 1

［横書き文字］ツール、［縦書き文字］ツールで文字を入力し、異体字に切り替えたい文字をドラッグして選択します❶。CC 2015.1 以降では、［Photoshop］メニュー（Windows は［編集］メニュー）から［環境設定］→［テキスト］→［テキストレイヤーの字形切り替えを有効にする］がオンになっていれば、選択テキスト下部の網掛けをマウスオーバーすれば右下に候補が表示されるので❷、そこからダイレクトに切り替えできます。

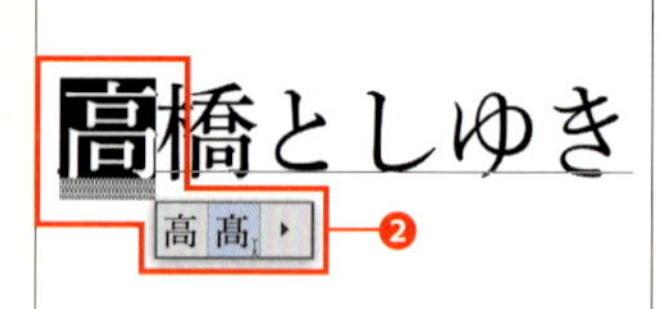

STEP 2

テキストレイヤーの字形切り替えをオフにしているか、または CC 2015 より前の場合は、［書式］メニューから［パネル］→［字形パネル］❸を選択します。

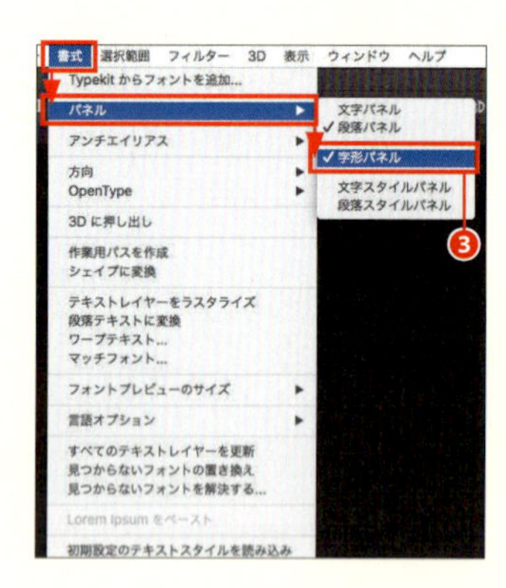

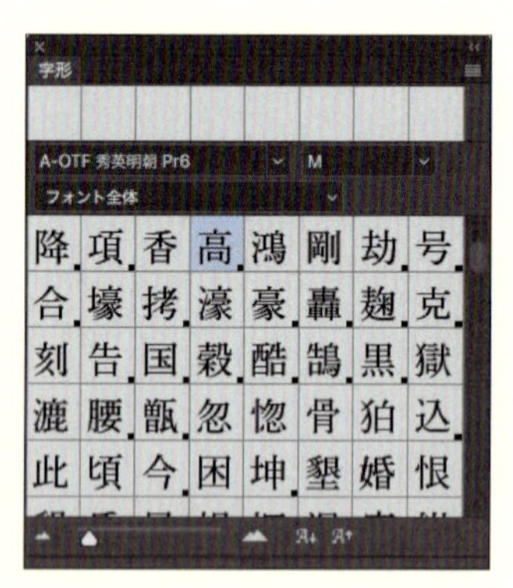

STEP 3

［字形］パネルでは、現在選択中の文字がアクティブになっているので❹、この文字を長押しして字形の候補を表示し、そのままスライドさせて該当文字を選択します。文字が異体字に切り換わりました❺。

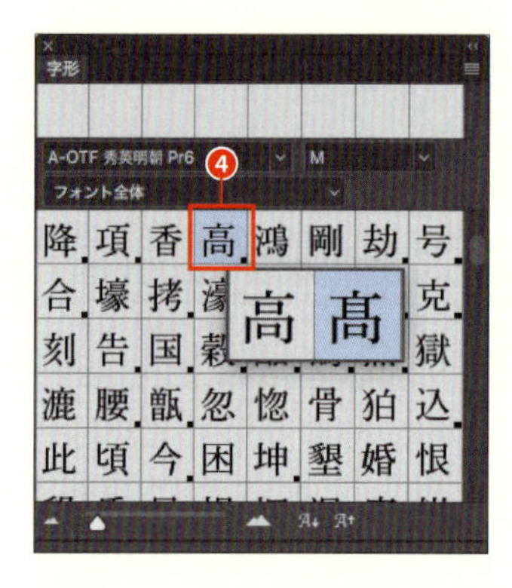

NO.

046 Typekitのフォントを使う

VER.
CC / CS6 / CS5 / CS4 / CS3

Adobe のフォントサービス「Typekit」で提供されているフォントを、ネットワークを通じて利用できます。

STEP 1

[書式] メニューから [Typekit からフォントを追加] ❶を選択します。自動的に Web ブラウザが起動し、Typekit のサイトが開きます。Creative Cloud にログインしていないときは、ログイン画面が表示されるので、自身のアカウントでログインしましょう。

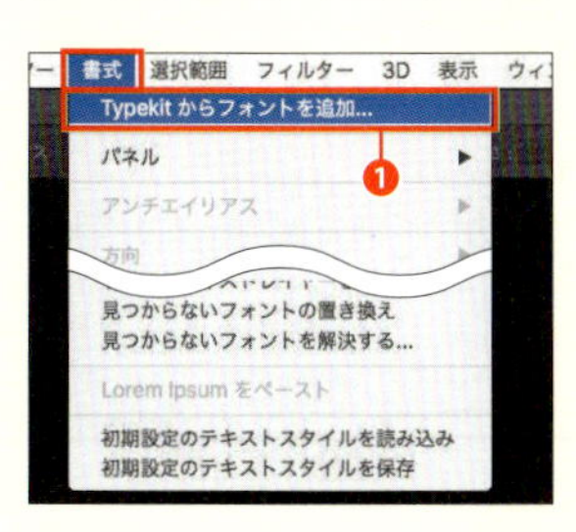

> **MEMO**
> [文字] パネルの [フォントの検索と選択] メニューを開いた上部の [Typekit からフォントを追加] からも、同様に Typekit のサイトにアクセスできます。

STEP 2

ページ右カラムの絞り込み機能❷やキーワード検索❸を使って、追加したいフォントを検索します。追加したいフォントをクリックし❹、サンプルの右にある [同期] ❺をクリックすると、ネットワークを通じて自動的にフォントが PC にインストールされます❻。

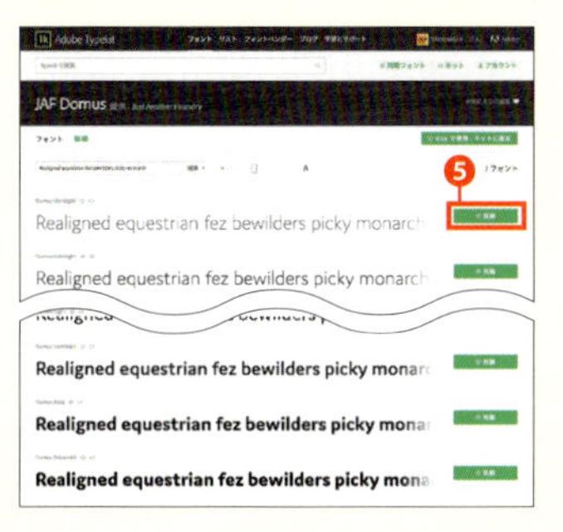

> **MEMO**
> Typekit には、Web フォントとしてのみ利用可能なフォントもあります。これらについては、PC にインストールして利用することはできません。

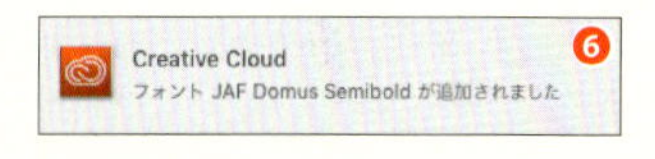

STEP 3

[文字] パネルの [フォントの検索と選択] メニューを開くと、先ほどインストールされたフォントが表示されていることがわかります❼。フォント名の右に Tk のアイコンが表示されているものが、Typekit を通じて同期されたフォントです。

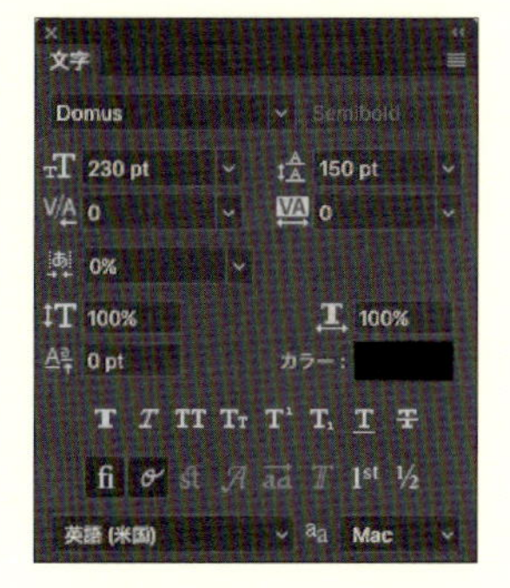

> **MEMO**
> 同期したフォントを PC から削除するときは、Typekit のウェブサイトで設定します。

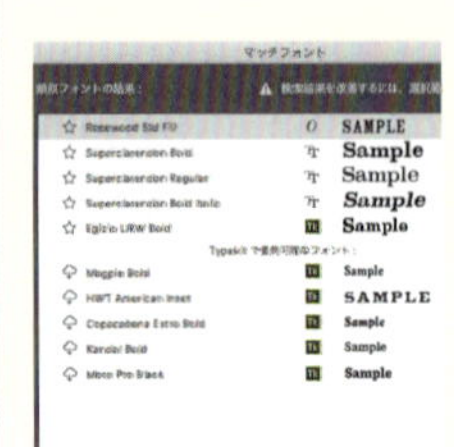

NO.

047 マッチフォントで画像のフォント名を調べる

VER.
CC / CS6 / CS5 / CS4 / CS3

マッチフォントの機能を使うことで、画像内の文字を解析して、PC にインストールされているものや Typekit の中から、形状の近いフォントをリストアップできます。

STEP 1 今回使うデザイン画像は、レイヤーが統合されていて元のフォント名がわからない状態になっています❶。この画像から、タイトル文字（RED EYE）のフォント名を調べてみましょう。検証用に［横書き文字］ツール で、調べたい文字と同じテキストを入力します❷。大きさなどは、元画像とだいたい近い形にしておきましょう。

STEP 2 ［長方形選択］ツール で調べたい文字を囲み❸、選択範囲を作成します。今回の対象文字は 2 行ですが、2 行を一度に選択すると正確な解析ができないことがあるので、なるべく 1 行だけを選択するようにします。ここでは文字の種類が多い 1 行目の「RED」を選択しました。

STEP 3 検証用のテキストレイヤーを選択し❹、［書式］メニューから［マッチフォント］を選択します。PC にインストールされたものに近いデザインのフォントがリストアップされます。Typekit のフォントを対象とするときは、［Typekit から同期できるフォントを表示する］❺をクリックします。リストのフォント名をクリックすると❻、テキストが該当フォントに切り替わります❼。希望のものがあったら［OK］をクリックします。

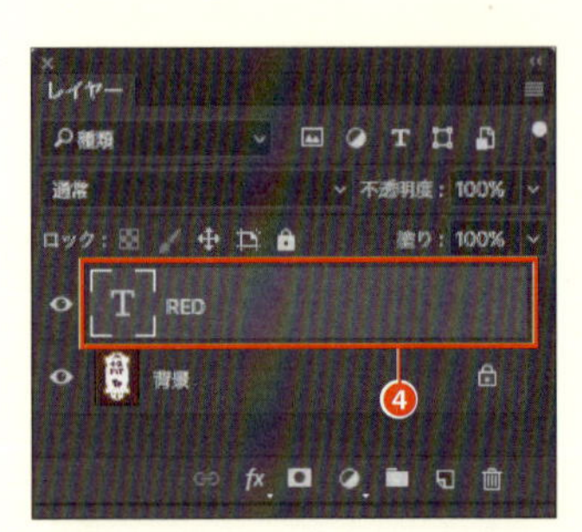

テキストと元画像を重ねて検証したところ

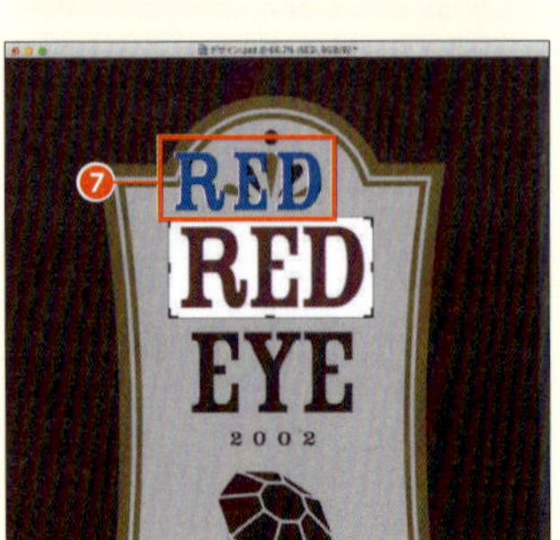

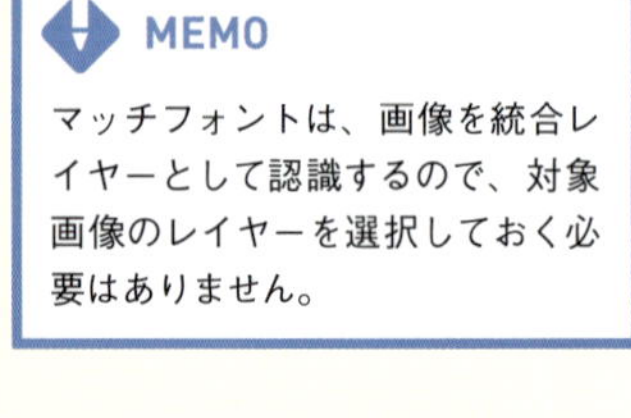

MEMO

マッチフォントは、画像を統合レイヤーとして認識するので、対象画像のレイヤーを選択しておく必要はありません。

MEMO

Typekit から検索されたフォント名をダブルクリックすると、直接フォントを PC に同期できます。

NO.
048 画像のチャンネルを扱う

VER.
CC / CS6 / CS5 / CS4 / CS3

チャンネルとは、画像を構成する色情報や選択範囲などを保存するグレースケール画像です。チャンネルを扱うには［チャンネル］パネルを使います。

STEP 1

［ウィンドウ］メニューから［チャンネル］で［チャンネル］パネルを表示します。表示している画像のカラーモードによって、チャンネル数が決まります。ここでは、CMYKモードなので4枚のカラー情報チャンネルが表示されます❶。

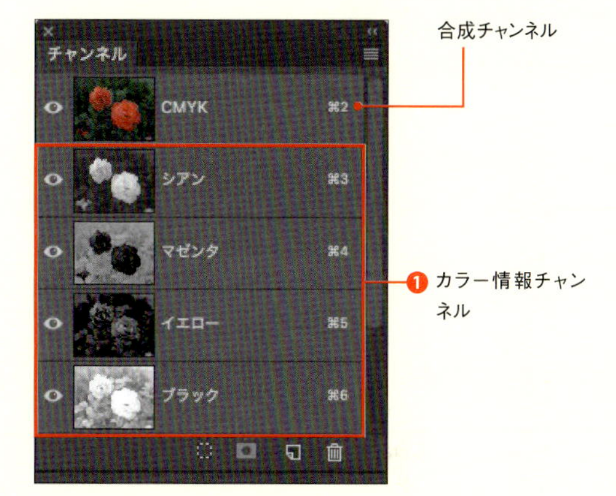

MEMO

カラー情報チャンネルは、画像のカラー情報をグレースケールの階調で表示したものです。カラー情報チャンネルの合成結果が、合成チャンネルとして最終的な画像になります。

STEP 2

［イメージ］メニューから［色調補正］で表示される［レベル補正］ダイアログや❷、［トーンカーブ］ダイアログなどでは❸、チャンネル別に色調の補正ができます。

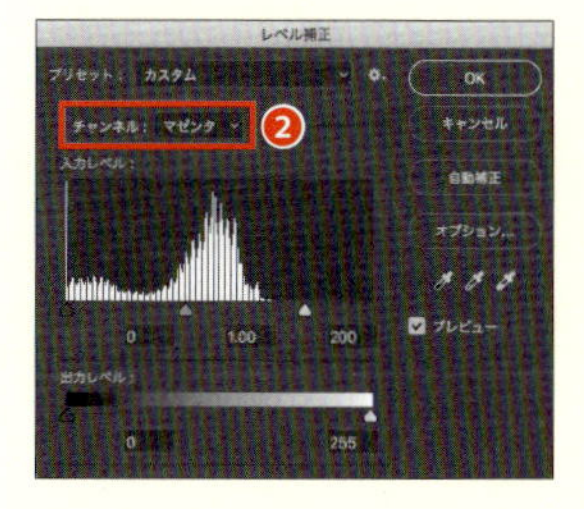

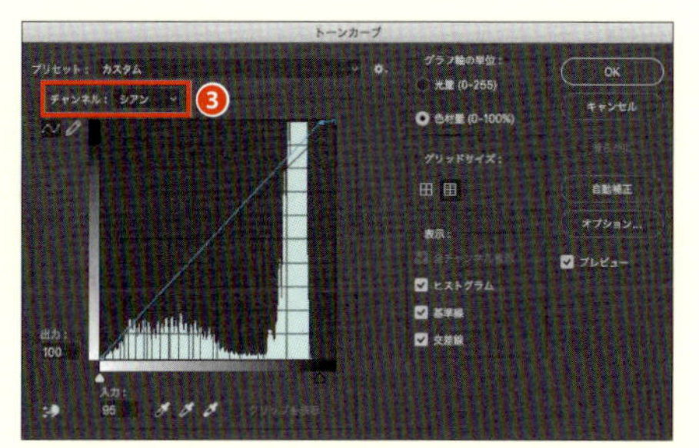

STEP 3

［チャンネル］パネルでは、「合成チャンネル」「カラー情報チャンネル」の他に、選択範囲を保存して作成する「アルファチャンネル」❹（アルファチャンネルを追加する方法は、「069 選択範囲の保存と呼び出し」を参照）や、印刷の特色などに利用する「スポットカラーチャンネル」があります❺。

069 選択範囲の保存と呼び出し

NO.

049 デジタルカメラのRAW画像を調整する

VER.

CC / CS6 / CS5 / CS4 / CS3

RAW 画像は、Photoshop の Camera Raw プラグインを利用することで、明るさや色味、シャープネスなどを調整できます。

STEP 1

Photoshop で RAW 画像を開くと、Camera Raw プラグインが起動します。RAW データは、デジタルカメラで撮影した未加工の画像で、いわば「生」の状態として記録された画像というイメージです。Camera Raw プラグインを使えば、撮影後に露出やカラーバランス、シャープネスなどを調整できます。

MEMO

RAW データを調整して希望の画像に仕上げることを、アナログでのフィルム現像になぞらえ、一般的に「RAW 現像」と呼びます。

STEP 2

Camera Raw ダイアログの下部中央に表示されている文字❶をクリックすると、［ワークフローオプション］が開きます。ここでは、出力の画像の解像度やカラースペース（カラープロファイル）、色深度などを設定できます。特別な目的がなければ、デフォルトのままで大丈夫でしょう。

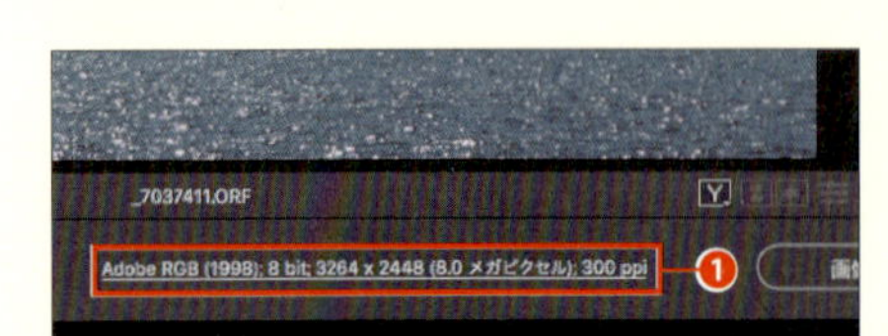

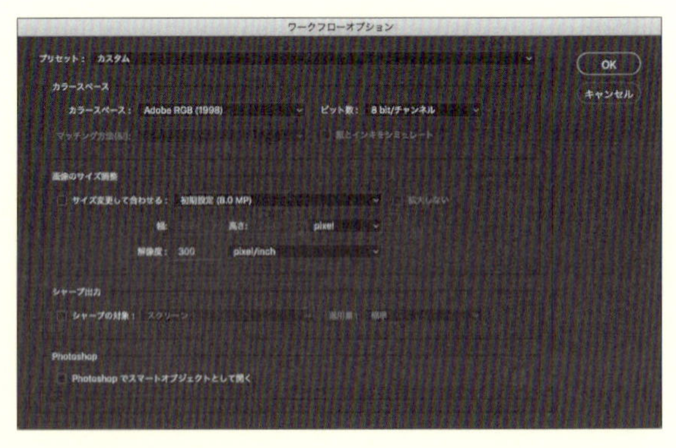

STEP 3

プレビュー画面右下のアイコン❷で、補正前と補正後の画像を並べて表示できます。上下、左右など、さまざまな分割方法が選択可能です。プレビュー画面の左上は、画像を直感的に補正するツール❸などが集約されています。トリミングや角度補正のほか、部分的な補正に役立つ［ターゲット調整］ツール、［スポット修正］、［補正ブラシ］、［段階フィルター］など、便利なツールが利用可能です。

STEP 4

画像全体に対する主な補正は、画面右のヒストグラム下にある［画像調整タブ］❹を切り替えながら行います。この中でベースとなるのは［基本補正］パネル❺です。ここで、露出やホワイトバランス、全体のトーンを調整していきます。

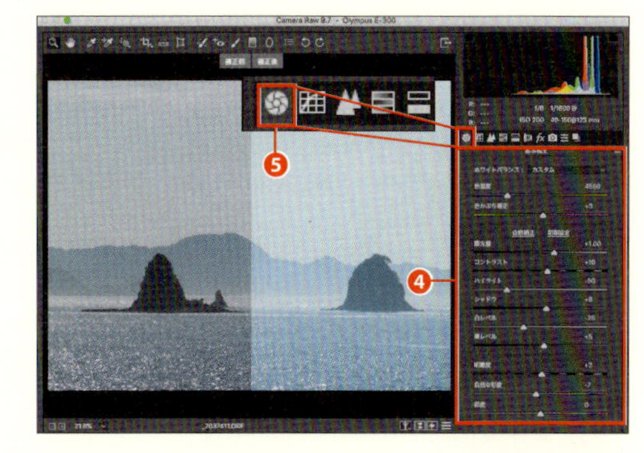

STEP 5

［ディテール］パネルでは、シャープの強度やノイズ軽減などが可能です。高感度ノイズなどが目立つときは、［ノイズ軽減］の［輝度］❻と［カラー］❼のスライダーを調整しながら、ノイズを解消していきましょう。この際、プレビューの拡大率を100%以上❽にして作業するのがポイントです。

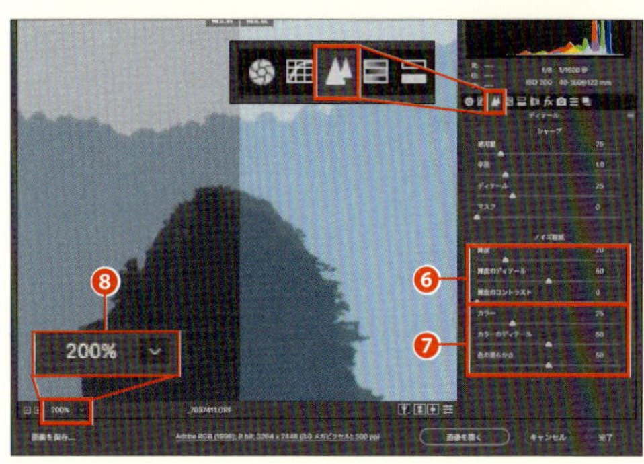

STEP 6

［レンズ補正］パネルでは、レンズによる全体の歪みやフリンジ（色収差）、周辺光量の補正が可能です。なお、歪みをさらに細かく補正したいときは、プレビュー画面左上にある［変形］ツール❾❿を使うといいでしょう。ここまで、主な補正のみを紹介しましたが、他のタブでもさまざまな補正が可能です。

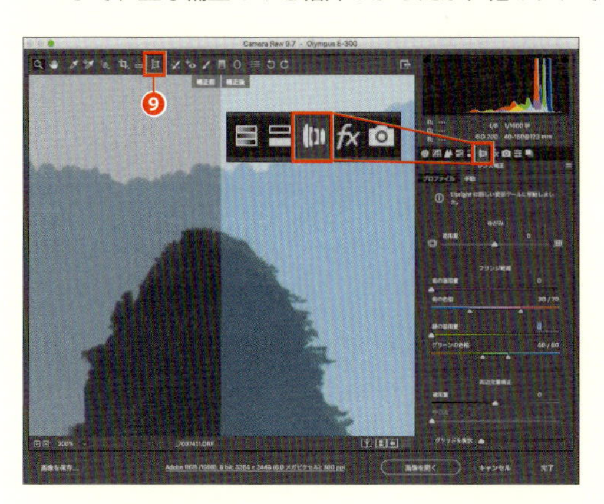

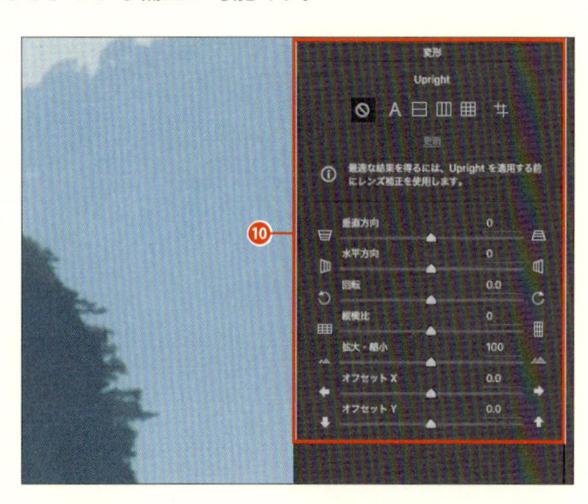

STEP 7

すべての補正が完了したら、ウィンドウ右下の［画像を開く］をクリック⓫し、現像した画像をPhotoshopで開きます。［完了］ボタン⓬は、補正の情報だけを記憶して画像を閉じます。再度同じRAWデータを開くと、今回のすべての設定が残っています。

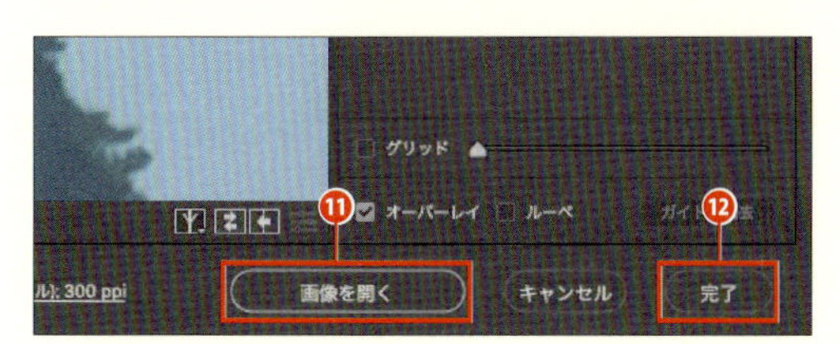

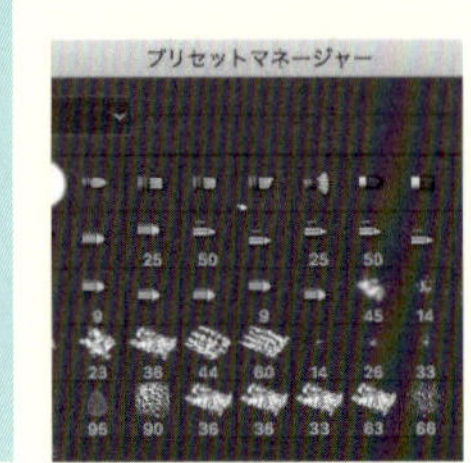

NO.

050 各種プリセットを管理する

VER.
CC / CS6 / CS5 / CS4 / CS3

Photoshop で使用中のプリセットを管理するには、［プリセットマネージャー］を使います。

STEP 1

ブラシやスウォッチ、グラデーションなどのプリセットを管理するには、［編集］メニューから［プリセット］→［プリセットマネージャー］を選択❶してプリセットマネージャーを開きます❷。

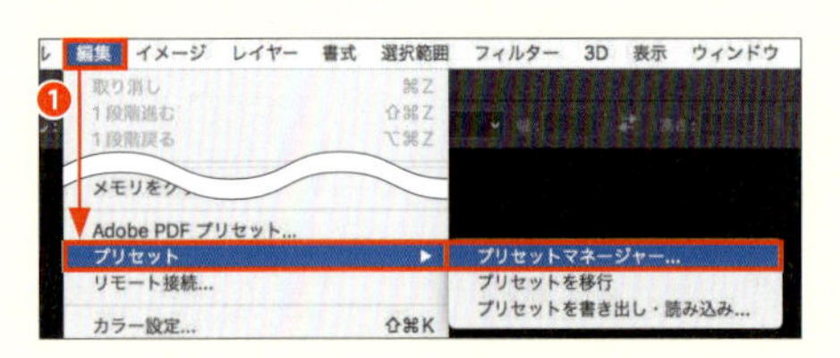

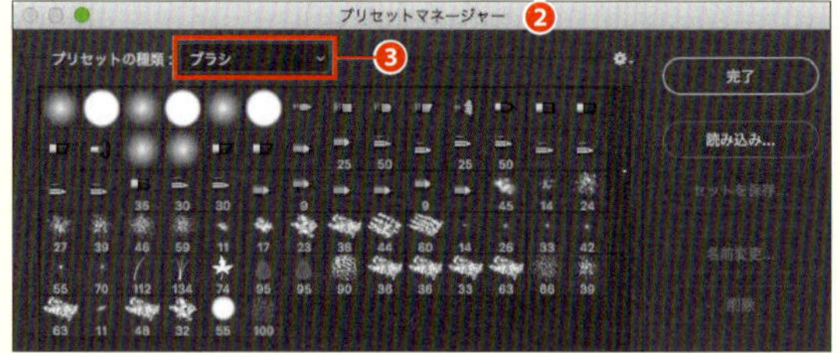

プリセットマネージャー

MEMO

CS5 以前は［編集］メニューから［プリセットマネージャー］を選択します。

STEP 2

［プリセット］の種類から、管理したいプリセットを選択します❸。選択できるプリセットは「ブラシ」「スウォッチ」「グラデーション」「スタイル」「パターン」「輪郭」「カスタムシェイプ」「ツール」の 8 種類です❹。今回はグラデーションのプリセットを管理してみましょう。

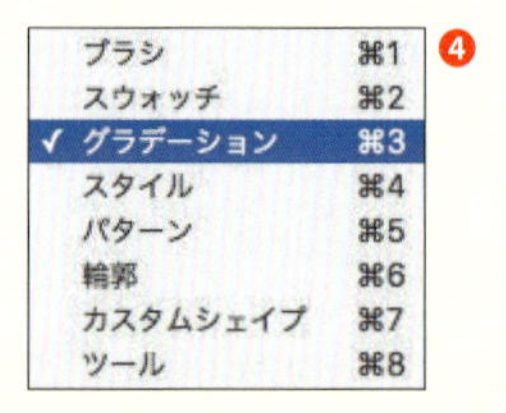

STEP 3

順番を変えるにはプリセットをドラッグして移動します❺。削除するには、Option（Alt）キーを押しながら削除したいプリセットをクリックします❻。名前を変えるには、プリセットをダブルクリックします❼。プリセットの編集が終わったら［完了］ボタンをクリックします。

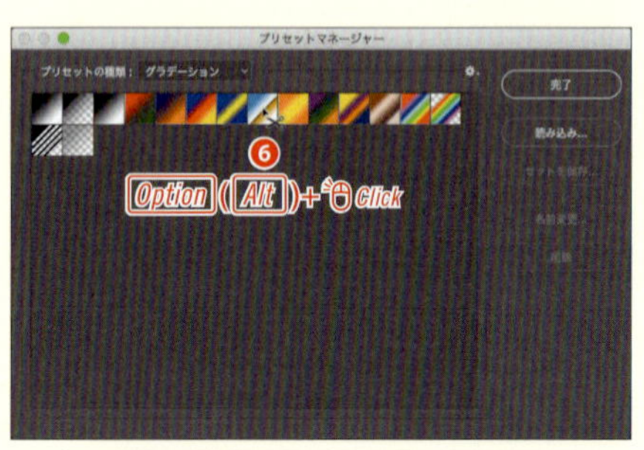

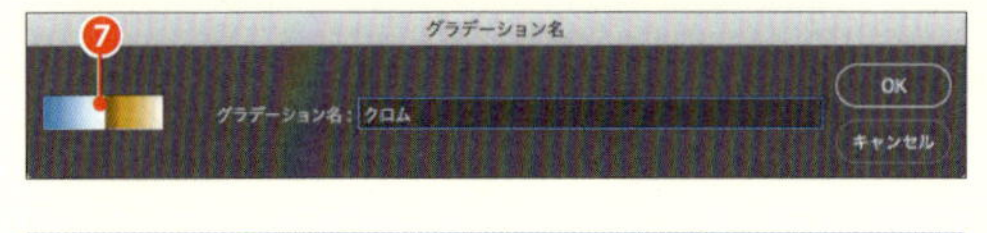

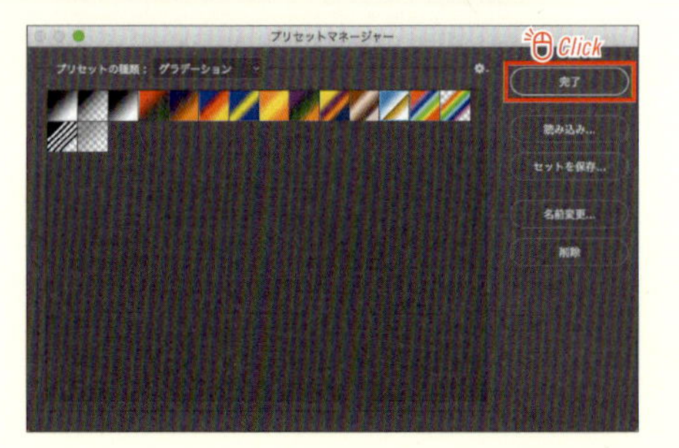

MEMO

プリセットの右上にある歯車のアイコンをクリックすると、現在のプリセットで利用できるメニューを開いて利用することができます。

第2章 色補正

NO.

051 画像を補正する際にチェックすること

VER.
CC / CS6 / CS5 / CS4 / CS3

画像が DTP や Web での利用を前提として適切なものかどうかの基本的なチェック項目です。必要に応じて、補正するなどして画像を適切な状態に整えましょう。

解像度が足りているか

STEP 1 まずは、解像度が十分かどうかをチェックします。特に印刷用途では、使用サイズに応じた十分な解像度（300 ～ 350ppi）が必要です。多少拡大することもできますが、その際も拡大率は 125%を目安にしましょう。特に Web 用に処理した画像は、高品質な印刷には向きません。

解像度が十分であれば、細部までハッキリ見えます

解像度が不十分だと、細部がハッキリしないぼんやりした画像になります

ピントが合っているか

STEP 2 画像にぶれやボケがないことも重要です。CC 以降では多少のぶれを修正できる機能（［ぶれの軽減］）が搭載されましたが、それでも完璧に修正できるわけではありません。特に画像を大きくレイアウトするほどぶれやボケは目立ってきます。気になる場合は、ピントの合った別カットを用意する必要があります。

蝶にきちんとピントが合った写真。見ていて気持ちのいいものです

蝶にピントが合っていないボケ写真。何を伝えたいのかが不明瞭です

画質は大丈夫か

STEP 3 デジタルカメラの普及で誰もが素材写真を撮ることができるようになりましたが、注意したいのはその画質。特に夜景に代表される暗がりでの撮影では、ISO 感度が高くなってノイズが多くなり画質が低下しがちです。最良の方策は低感度で撮り直すことですが、できない場合は［ノイズを軽減］フィルターなどを使うことで処理をしましょう。

高感度で撮ると、このようにノイズが多くディテールがつぶれた画像になりやすいです

［ノイズを軽減］フィルターで処理した画像。コントラストは甘くはなりますが、ある程度ノイズ感を抑えることができます

019 ピクセル数を変更して画像を拡大、縮小する／086 ぶれた画像を補正してハッキリとさせる
049 デジタルカメラの RAW 画像を調整する

明るさは適正か

STEP 4

画像が極端に明るすぎる、あるいは暗すぎて何が写っているのかわからないというのは論外ですが、**写真の内容やデザインのイメージに合った明るさ**かどうかも大事です。白飛びや黒つぶれした画像は補正できませんが、多少の明るさ調整ならPhotoshopで十分に可能です。［トーンカーブ］［明るさ・コントラスト］［シャドウ・ハイライト］などを使って補正します。

写真として適正の範囲内と言える明るさですが、少し暗めの印象です

［トーンカーブ］で明るく処理した画像。より気持ちのいい写真になります

ホワイトバランスの確認

STEP 5

発色（ホワイトバランス）が不自然だったり、色乗りが悪い場合も、Photoshopで補正することで、気持ちのよい見やすい写真になります。ホワイトバランスの補正は［Camera Rawフィルター］（CC）や、［カラーバランス］で補正できます。色乗りをよくするには［色相・彩度］や［自然な彩度］で彩度を強調します。

ホワイトバランスがおかしく、青かぶりしてしまった画像

ホワイトバランスを補正し、自然な発色となるように調整すると見やすくなります

水平・垂直がとれているか

STEP 6

特に風景写真の場合、**画像の傾き**は気になるので角度補正を行いましょう。角度補正はCC～CS6なら［切り抜き］ツールの［角度補正］オプションで行います。そのような機能がない以前のバージョンでは［イメージ］メニューの［画像の回転］→［角度入力］を用います。なお、角度補正によって被写体の一部が切り抜かれることがあります。それが気になるのであれば別カットを用意する必要があります。

左に傾いた風景写真。風景写真の傾きは見る人に不安を感じさせます

角度補正して水平・垂直を出したもの。ただし、切り抜きによって画像の周辺部がトリミングされることがあるので注意しましょう

055 トーンカーブを使いこなす／053 明るさを調整する
056 色かぶりを補正する／079 傾いた写真を水平・垂直にする

NO.
052 画像を補正する際に気をつけること

VER.
CC / CS6 / CS5 / CS4 / CS3

画像処理は、一見して見栄えがよくなる一方で、画質の低下も招きます。画質低下を抑えるには、画像補正や処理をしすぎないこと、最低限の処理に止めることが重要です。

リサイズは繰り返さない

特に印刷用画像の場合ですが、解像度を維持するため、不用意にリサイズを繰り返すのは避けましょう。特に小さくした画像を大きくすると、解像度が低下してぼんやりとなり、画質が低下します。基本的に小さな画像を大きくリサイズするのは避け、十分な解像度（ピクセル数）を持った画像を用意することが大事です。使用サイズが決まらず、あとでサイズ変更があるような場合は、「スマートオブジェクト」に変換して処理することで、元の解像度を維持したまま編集（非破壊編集）することができます。

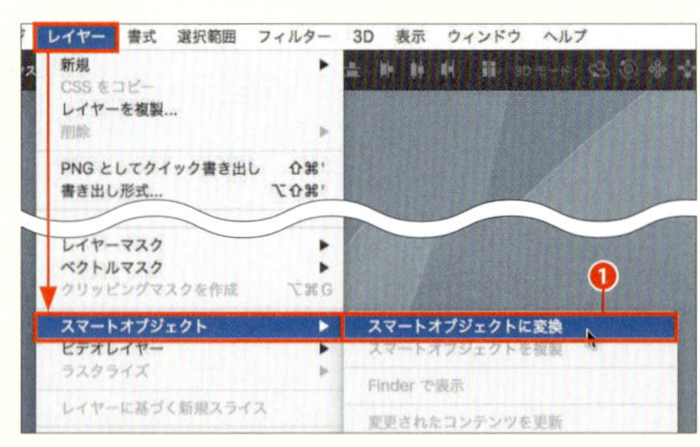

スマートオブジェクトに変換するには、［レイヤー］メニューの［スマートオブジェクト］→［スマートオブジェクトに変換］を選びます❶。スマートオブジェクトから通常の画像に戻すには同メニューの［ラスタライズ］を実行します

シャープ処理は適切に

シャープ処理をするとディテールが際立ち、画像が引き締まって見えます。シャープ処理とは、ピクセル間のコントラストを強調することです。しかし、シャープ処理をするほど、ディテールが荒れ、ザラザラとした画質になるため、画質が荒れない程度にシャープにするそのバランスが大事です。また、掲載サイズや被写体の内容によっても、シャープの適用度合いを調整する必要があります。なお、シャープは、明るさや色などを整えてリサイズしたあと（さらにCMYK変換する場合はその後）に処理するのがセオリーです。

適度なシャープ処理を行ったもの。ほどよく画像が引き締まっています

過度にシャープ処理を行ったもの。ザラザラとした画質になっています

ノイズ軽減にはリスクもある

STEP 3

画像のノイズが目立つ場合、Photoshop では、［ノイズを軽減］フィルターなどでノイズを目立たなくすることができます。ノイズを軽減するとざらつきは抑えられる一方、精細感が低下し、ぼんやりした印象になる性質もあります。精細感をとるか、ノイズの少なさをとるか、トレードオフの関係にあるのです。
ただ、リサイズして小さくするとノイズは目立たなくなります。元のサイズではノイズが気になっても、実際の使用サイズにすると目立たない場合もあります。また、印刷する場合も、(B5 や A4 サイズで掲載するのでなければ)画面で見るよりノイズは目立ちません。それを見越し、精細感を残しながら、目立たない程度にノイズを軽減するようにします。

［ノイズを軽減］を適用した画像の100%モニタ表示をキャプチャしたもの。まだノイズ感がありますが、印刷を見越して［ノイズを軽減］の効果は弱めに設定

左の画像を実際に印刷したもの。モニタで見るよりノイズ感は薄らいで見えます

123 元画像に変化を加えずにフィルターを適用する
130 画像のノイズを除去する

白飛びについて

STEP 4

画像の「白飛び」とはRGB画像の場合、RGBの値がすべて255となった状態のことで、「黒つぶれ」とはRGBの値がすべて0となった状態のことです。どちらの場合も、Photoshopで補正しても階調を出すことができません。無理に補正しても単一階調のグレーになるだけです。写真は色以外に情報を伝える「階調」が重要です。そのため、極端な白飛びや黒つぶれがない画像を選ぶことや、補正する際には、白飛びや黒つぶれを広範囲に生じさせないことが重要です。わずかに階調が残っている場合は[明るさ・コントラスト]や[Camera Raw]の[ハイライト]や[シャドウ]などで階調を出すことができる場合があります。

窓の外の景色が白く飛んでしまっていますが、上部分にはわずかに階調が残っています

[Camera Raw]の[ハイライト]をマイナス調整したもの。きれいな階調にはなりませんが、背景のビルの形がハッキリしました

彩度は強調しすぎない

STEP 5

カラー画像は色が濃く鮮やかだと、その印象も強くなります。この色の濃さは「彩度」という指標で表されます。Photoshopでは[色相・彩度]や[自然な彩度]で調整可能です。しかし、写真の印象をより強くしようと彩度を上げすぎると、極端に色が濃くなる色飽和という状態になり、色の階調がなくなります。色飽和した画像は写真というより絵の具を塗った絵画のように見えます。そのような写真は被写体の立体感や奥行き感、質感が感じられず、下品なイメージになりがちです。彩度の強調のしすぎには注意しましょう。

下品にならない程度に彩度を強めたもの。花のディテールや質感が伝わってきます

極端に彩度を強調したもの。色がべったりとして花の質感が伝わってきません

JPEG保存を繰り返さない

STEP 6

画像ファイルをやりとりするのにJPEG形式でやりとりすることは多々あることでしょう。JPEGは保存する際に、ファイル容量は大きめでも画質を優先するか、画質を犠牲にしてもファイル容量を小さくするか、その程度を選ぶことができます。DTPやWebデザインでは、一般的には画質優先で保存します。

しかし、画質を優先したとしても、JPEGは保存し直すたびに画質が多少なりとも劣化します。JPEGを用いる場合は、JPEGでの保存は最低限度の回数に止めるのが理想です。もし何度も保存を繰り返す必要がある場合は、JPEGではなくPSDやTIFFなど、画質劣化を伴わないファイル形式を選ぶようにしてください。

JPEG保存を高画質設定で1回だけ行ったもの。目に見えるような画質劣化はほとんどありません

JPEG保存を何回も繰り返したもの。精細感が低下し、JPEG特有のブロック状のノイズが現れています

209 Photoshop形式で保存する
058 飛びかけたハイライトの階調を出す

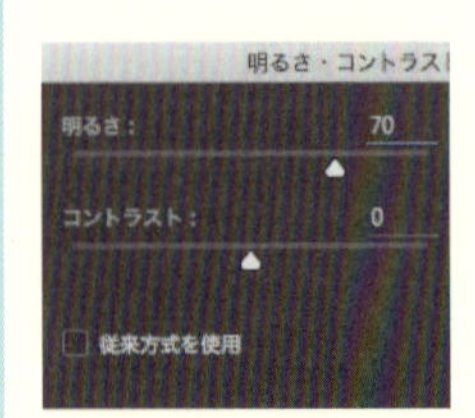

NO.

053 明るさを調整する

VER.
CC / CS6 / CS5 / CS4 / CS3

明るい画像や暗い画像は、［明るさ・コントラスト］で簡単に補正可能です。ここでは、暗い画像を適度な明るさに補正してみます。

STEP 1

［イメージ］メニューから［色調補正］→［明るさ・コントラスト］を選びます❶。

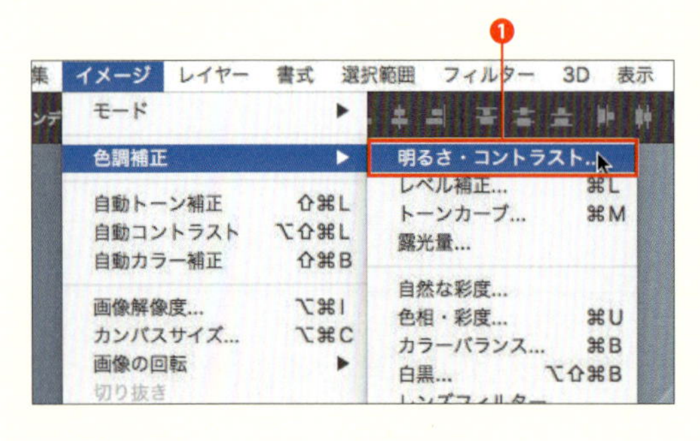

元画像

STEP 2

［明るさ］のスライダーで明るさを調整します。この場合、スライダーを右にずらすと（数値をプラスにすると）、明るくなります❷。［OK］をクリックして確定します。

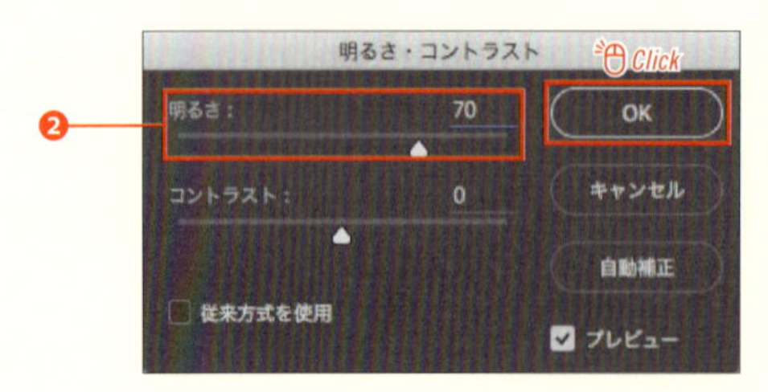

MEMO

初期設定では、［明るさ］の調整によって、白飛びや黒つぶれが出にくいアルゴリズムとなっています。そのため、画像によっては、効果が弱いと感じることがあります。その場合は、［従来方式を使用］にチェックを入れて操作すると、効果を強めることができます。

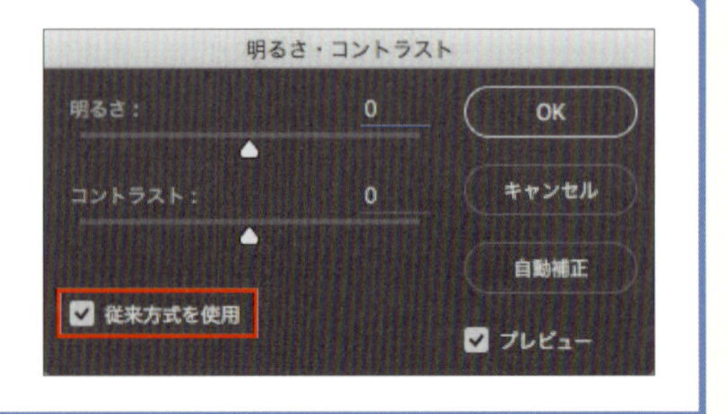

055 トーンカーブを使いこなす

NO.
054 コントラストを調整する

VER.
CC / CS6 / CS5 / CS4 / CS3

画像にメリハリをつけるにはコントラストを調整します。これは［明るさ・コントラスト］を使うと、簡単・便利に調整できます。

STEP 1
［イメージ］メニューから［色調補正］→［明るさ・コントラスト］を選びます❶。

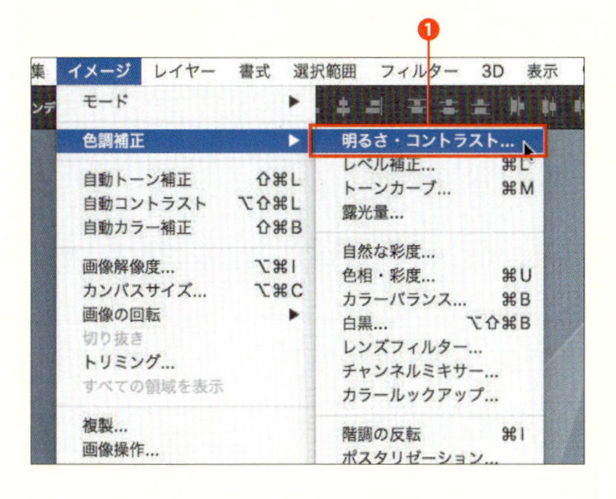

元画像

STEP 2
［コントラスト］のスライダーでコントラストを調整します❷。この場合、スライダーを右にずらすと（数値をプラスにすると）コントラストが強まり、メリハリ感が強調されます。［OK］をクリックして確定します。

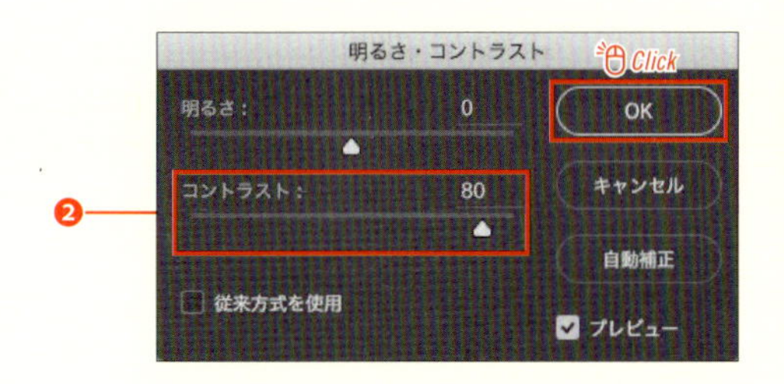

MEMO
［明るさ・コントラスト］の［明るさ］と同じく［コントラスト］も、画質が破綻しないように効果はやや控えめです。効果が弱いと感じるなら［従来方式を使用］にチェックを入れると、より強い効果を得ることができます。

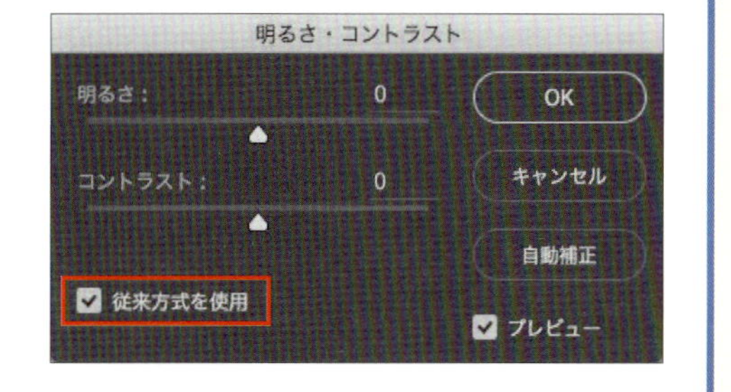

055 トーンカーブを使いこなす

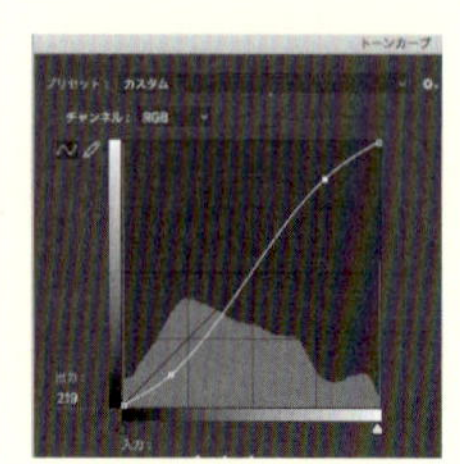

NO.

055 トーンカーブを使いこなす

VER.
CC / CS6 / CS5 / CS4 / CS3

明るさやコントラストを自由に調整したい場合、［トーンカーブ］を使いこなすことで可能になります。

STEP 1

［イメージ］メニューから［色調補正］→［トーンカーブ］を選びます❶。

S トーンカーブ▶ ⌘(Ctrl)+M

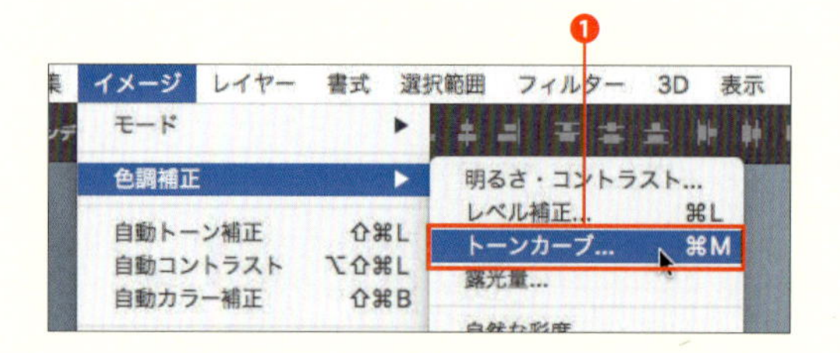

元画像

STEP 2

［トーンカーブ］が開いたら［ポイントを編集してトーンカーブを変更］ボタンをクリックします❷。カーブをドラッグして持ち上げると、画像が明るくなります❸。

MEMO

指先のアイコンをクリックして選択すると、画像上で上下にドラッグして、トーンカーブを調整することができます。

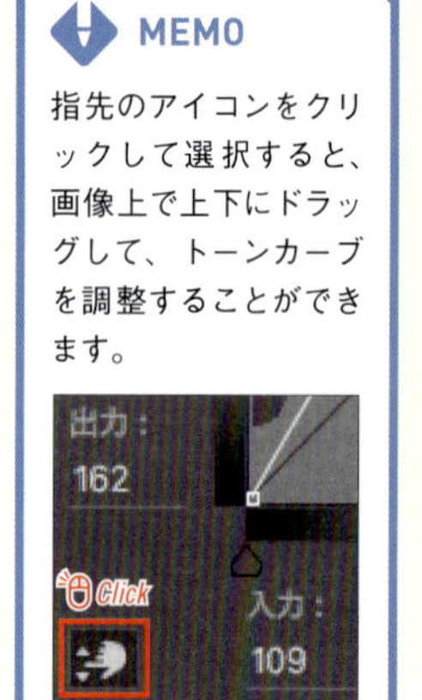

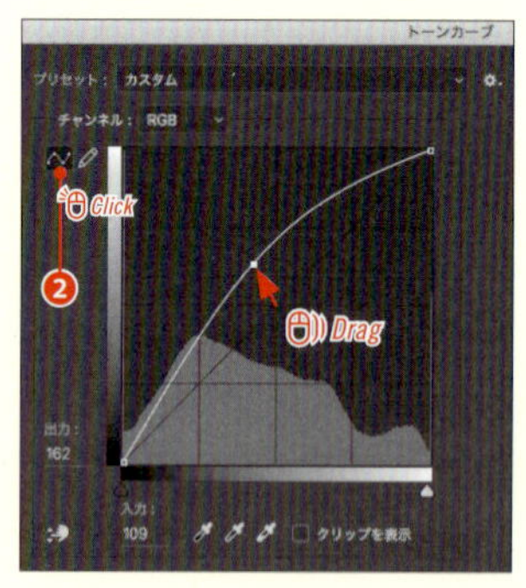

STEP 3

画像を暗くするには、カーブを引き下げます❹。複数のポイントを操作することで、より微妙な明るさやトーンの調整が可能です。

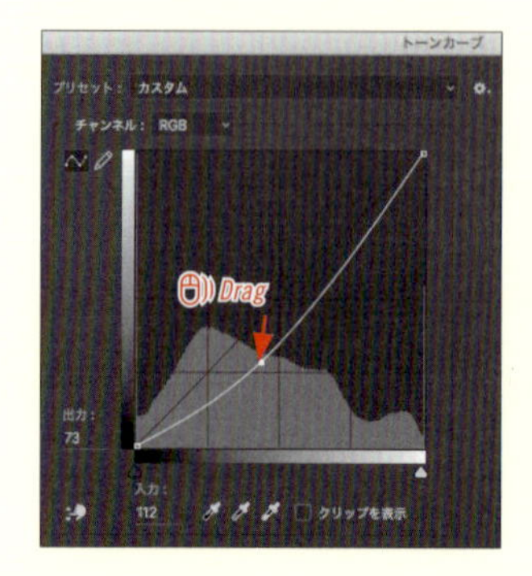

053 明るさを調整する

STEP 4 コントラストを強調し、画像の印象を強めるには、ハイライト側を持ち上げ❺、シャドウ側を引き下げます❻。コントラストが強調されたカーブは「S字」状になります。

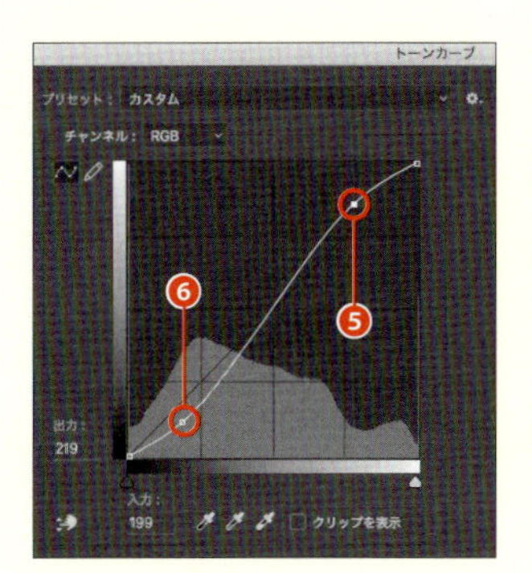

STEP 5 コントラストを弱めるには、ハイライト側を引き下げ❼、シャドウ側を持ち上げます❽。このときカーブは「逆S字」状になります。

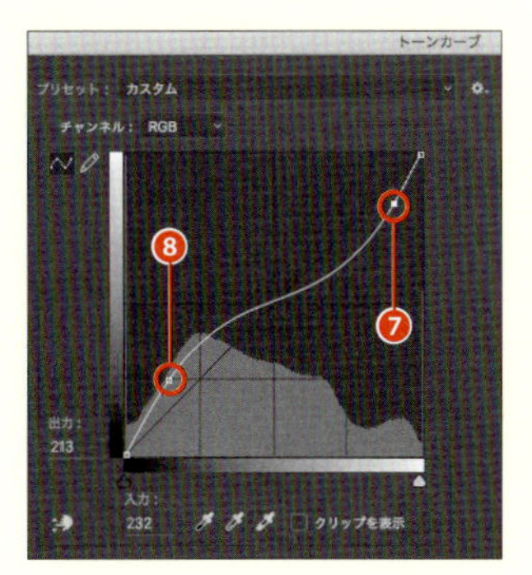

MEMO

トーンカーブはチャンネルを変えることで、色補正も可能になります。STEP2～5では［チャンネル］に［RGB］を選んでいますが、［レッド］［グリーン］［ブルー］（画像モードによっては、［シアン］［マゼンタ］［イエロー］［ブラック］など）に切り替えれば、色補正が可能です。下図は［グリーン］に切り替えて色補正を行っている様子です。

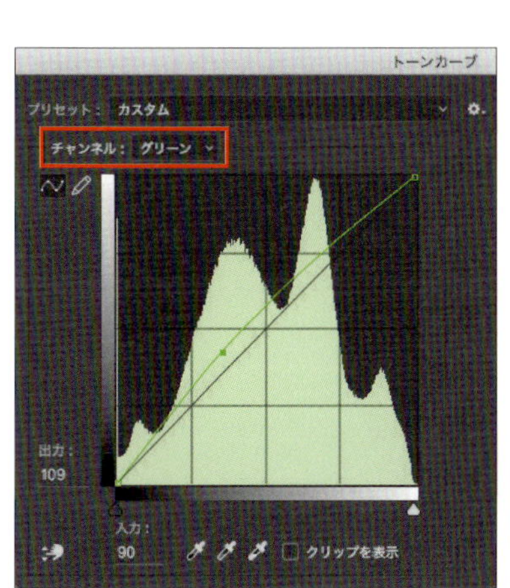

NO.

056 色かぶりを補正する

VER.

CC / CS6 / CS5 / CS4 / CS3

色かぶりの補正方法はいくつかありますが、ここでは［カラーバランス］による補正を取り上げます。

STEP 1

［イメージ］メニューから［色調補正］→［カラーバランス］を選びます❶。

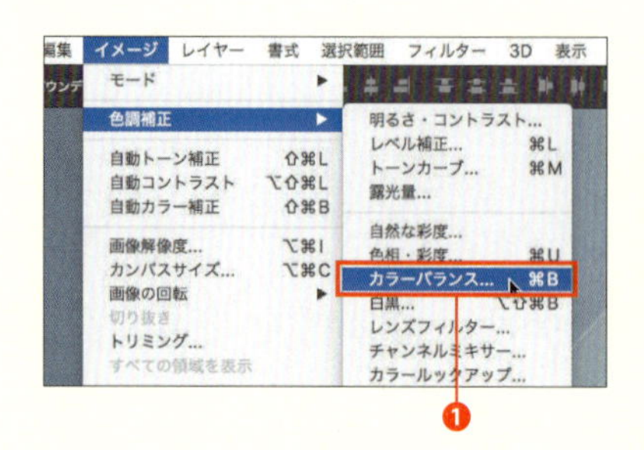

元画像

STEP 2

元画像の色かぶりの状態を判断し、［中間調］❷で、［シアン－レッド］［マゼンタ－グリーン］［イエロー－ブルー］のスライダーを調整し、色かぶりを補正します❸。色かぶりの状態によって［輝度を保持］をするかどうかを選びます❹。［ハイライト］❺［シャドウ］❻でも同様に調整します。作例では、赤と黄色の色かぶりが強いので、その反対の色（補色）となる［ブルー］と［シアン］を主に強めています。また、作例はほどよい結果にならないので［輝度を保持］のチェックは外して調整しました。［OK］で確定します。

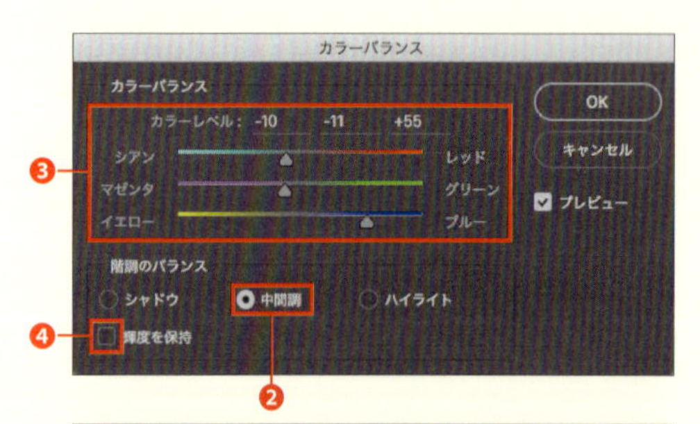

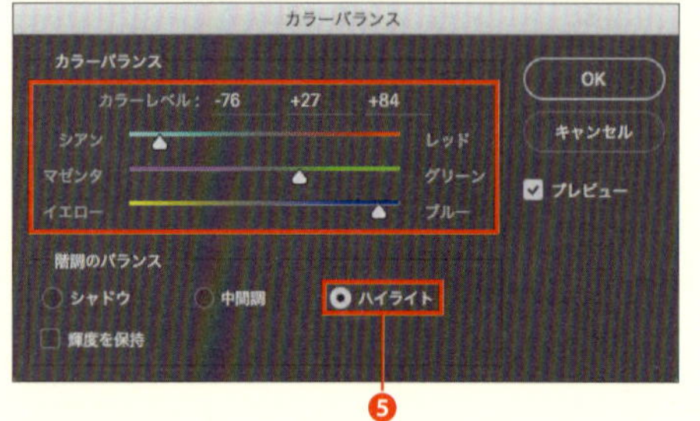

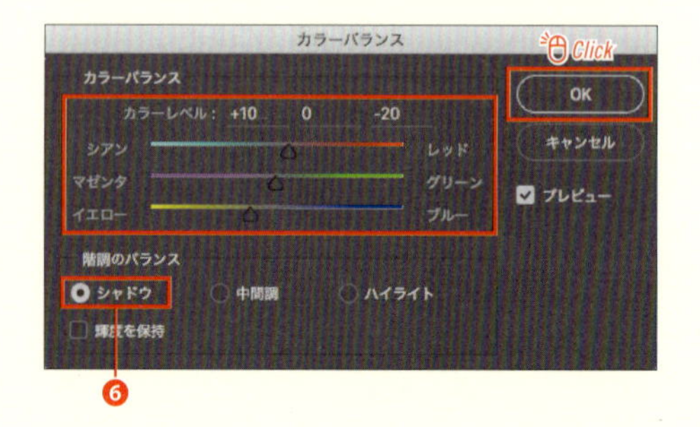

NO.

057 つぶれかけたシャドウの階調を出す

VER.
CC / CS6 / CS5 / CS4 / CS3

逆光気味のシーンなどで、シャドウ側の階調が見にくい場合、シャドウ側だけを明るくすることで見やすい画像にすることができます。

STEP 1

[イメージ] メニューから [色調補正] → [シャドウ・ハイライト] を選びます❶。

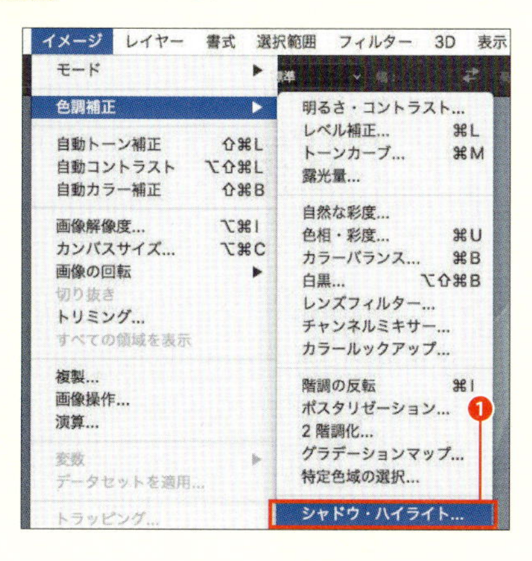

元画像

STEP 2

[詳細オプションを表示]にチェックを入れます❷。[シャドウ] 欄の [量] で補正する強さ、[階調の幅] で補正する階調範囲を指定します。輪郭部にハロ (にじみ) が目立つような場合は [半径] を調整してみましょう❸。また、明るくしたシャドウ階調は、彩度が不足気味に感じることがあります。必要に応じて[調整] 欄の [カラー] で彩度を強調しておくといいでしょう❹。[OK] をクリックして確定します。

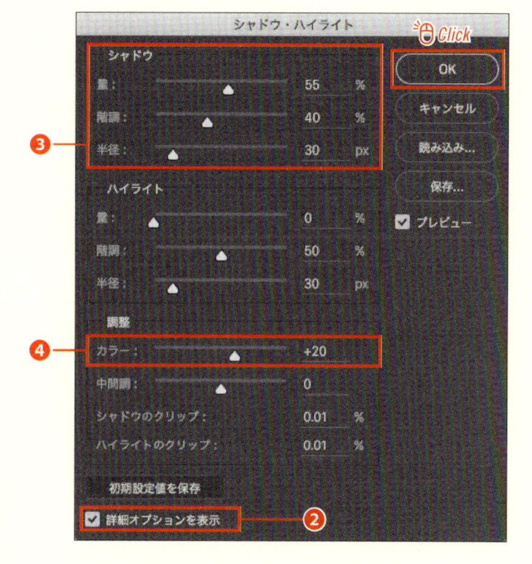

MEMO

CC 以降では [Camera Raw フィルター] の [シャドウ] や [黒レベル] を使ってもシャドウ階調を明るくすることができます。

MEMO

完全につぶれている (RGB 値が 0) シャドウ階調を復元することはできません。

058 飛びかけたハイライトの階調を出す

NO.
058 飛びかけたハイライトの階調を出す

VER.
CC / CS6 / CS5 / CS4 / CS3

ハイライト側の階調が飛び気味だと、画像が白っぽく単調に見えます。ある程度階調を出すことで、情報量の多い写真にすることができます。

STEP 1

［イメージ］メニューから［色調補正］→［シャドウ・ハイライト］を選びます❶。

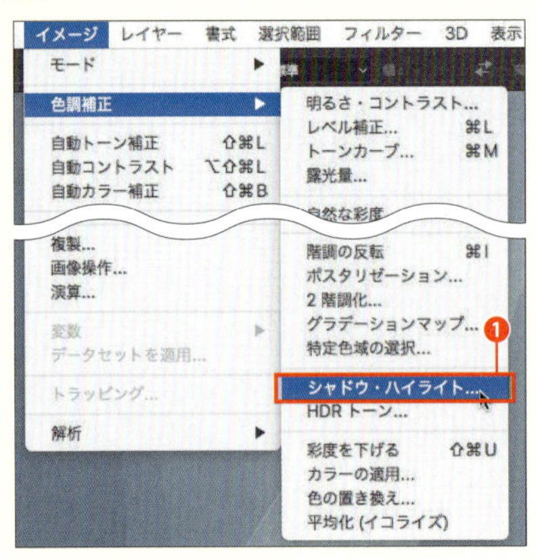

STEP 2

［詳細オプションを表示］にチェックを入れ❷、［シャドウ］欄の［量］を［0］にします❸。

［ハイライト］欄の［量］で補正する強さ、［階調の幅］で補正する階調範囲を指定します。以上を調整して輪郭部にハロ（にじみ）が目立つような場合は［半径］を操作して様子を見ましょう❹。彩度が不足気味に感じる場合は、必要に応じて［調整］欄の［カラー］で彩度を強調します❺。階調が出ると写真の存在感も強まります。

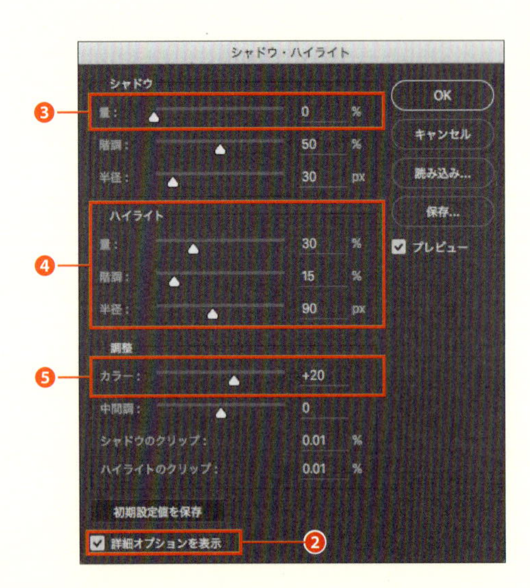

MEMO

完全に飛んでいる（RGB 値がすべて255）「白飛び」の場合、階調を出すことはできません。作例では特に窓の外の景色のハイライト部分の階調が復元されます。

MEMO

シャドウ階調の補正と同様、CC 以降では［Camera Raw フィルター］の［ハイライト］や［白レベル］を使ってもシャドウ階調を明るくすることができます。

057 つぶれかけたシャドウの階調を出す

NO.

059 色の浅い写真の色みを強める

VER.
CC / CS6 / CS5 / CS4 / CS3

色が浅い、色乗りが悪いというのは、彩度が低い状態です。彩度を上げることで、色のハッキリした印象の強い画像になります。

STEP 1

［イメージ］メニューから［色調補正］→［自然な彩度］を選びます❶。

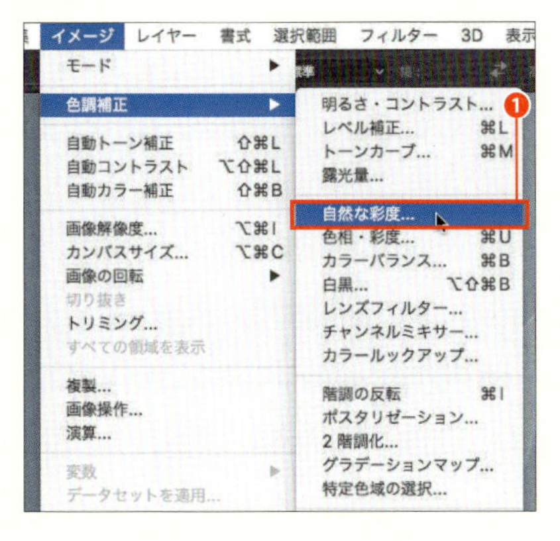

STEP 2

バランスよく彩度を調整する［自然な彩度］や、画一的に調整する［彩度］のスライダーを右に移動すると❷、彩度が強調されます。ここでは主に［彩度］を使って調整しました。［OK］で確定します。

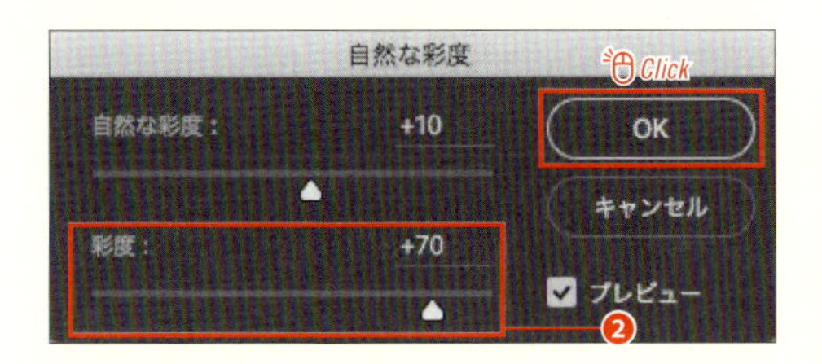

MEMO

［自然な彩度］にある［彩度］は、値が最大の［100］になるまで調整しても、それほど強い効果が得られないことがあります。効果が不足気味と感じる場合は、［イメージ］メニューから［色調補正］→［色相・彩度］の［彩度］を使って調整してください。また、［自然な彩度］がないCS3では［色相・彩度］を利用してください。

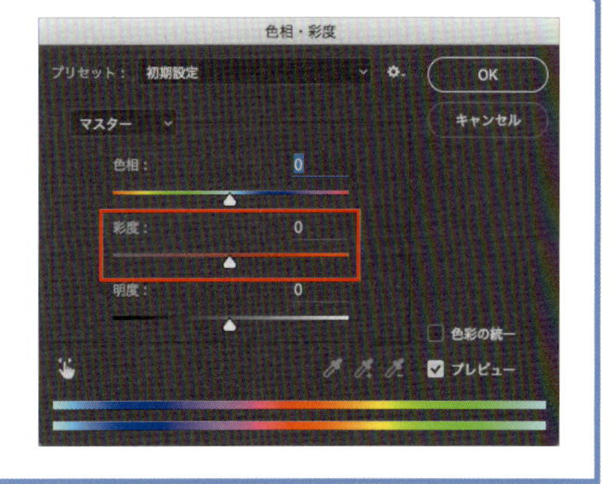

055 トーンカーブを使いこなす

NO.

060 風景写真の青空の印象を強める

VER.

CC / CS6 / CS5 / CS4 / CS3

「空は青い」というイメージが先行することもあって、風景写真の青空は、思ったほど青く感じられないことがあります。[自然な彩度] で青を重点的に強調できます。

STEP 1

[イメージ] メニューから [色調補正] → [自然な彩度] を選びます❶。

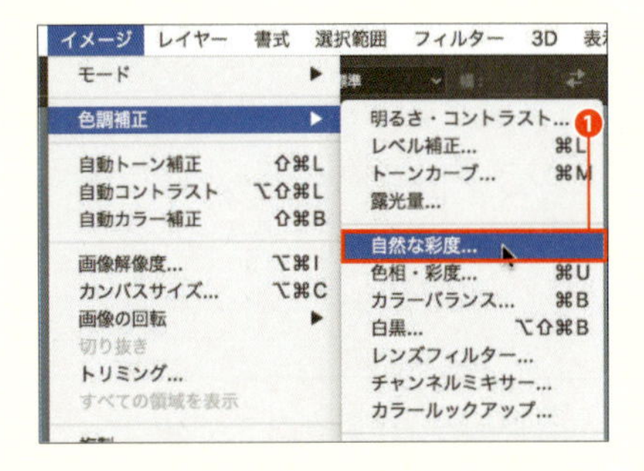

STEP 2

[自然な彩度] は、相対的に彩度の異なる色を重点的に補正しますが、特に寒色系の補正に有効です。青も寒色なので、彩度が不足気味の青空をより青くするのに適しています。[自然な彩度] のスライダーを右側（プラス側）にずらして彩度を強調します❷。[OK] をクリックして確定します。

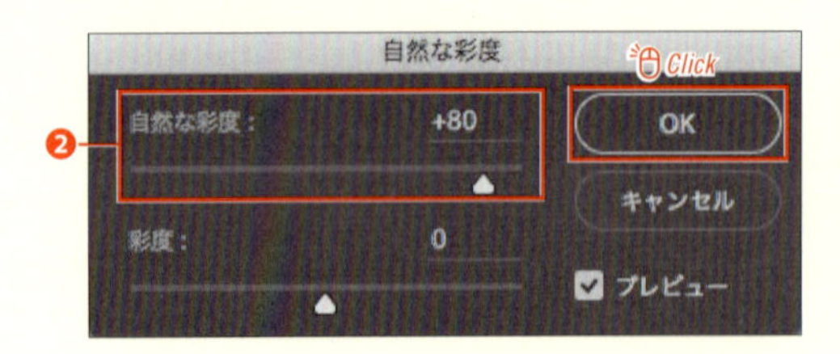

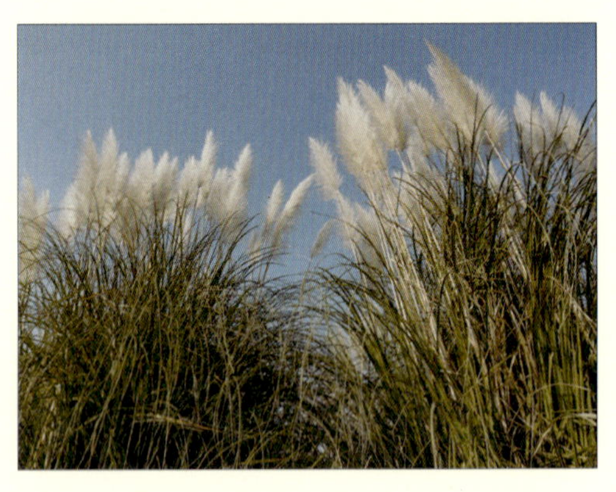

MEMO

これは [彩度] を使って強調した例です。[彩度] では全色に対して画一的に彩度が調整されます。その場合、必要以上に彩度が強調された色になることがあります。作例では、ススキの穂や茎の色が強すぎます。写真の内容によって [自然な彩度] と [彩度] を上手に使い分けてください。

061 特定の色を補正する

NO.
061 特定の色を補正する

VER.
CC / CS6 / CS5 / CS4 / CS3

ある特定の色だけを補正したい場合は、［色相・彩度］を使えば可能です。ここでは黄色の彩度を調整してみます。

STEP 1

［イメージ］メニューから［色調補正］→［色相･彩度］を選びます。［色相・彩度］ダイアログが表示されました❶。

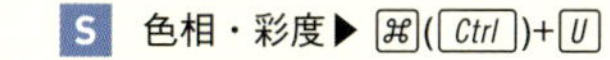

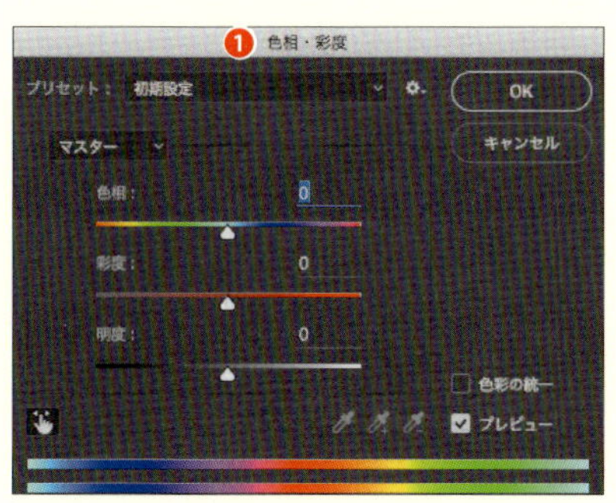

STEP 2

［色相・彩度］で特定色を補正する方法はいくつかありますが、簡単なのは人差し指のボタン（画面セレクターの表示切り替え）を利用すること❷です。それをクリックして選択したら、彩度を強調したい部分❸をクリックし、そのまま右にドラッグするとその色の彩度が強調されます（逆に左にドラッグするとその色の彩度は低下します）。対応するカラー（ここでは［イエロー系］）が選ばれ、画像上でのドラッグに合わせ、［彩度］の値が調整されます❹。調整が済んだら［OK］をクリックしてダイアログを閉じます。ここでは、黄色の彩度を強調しました。

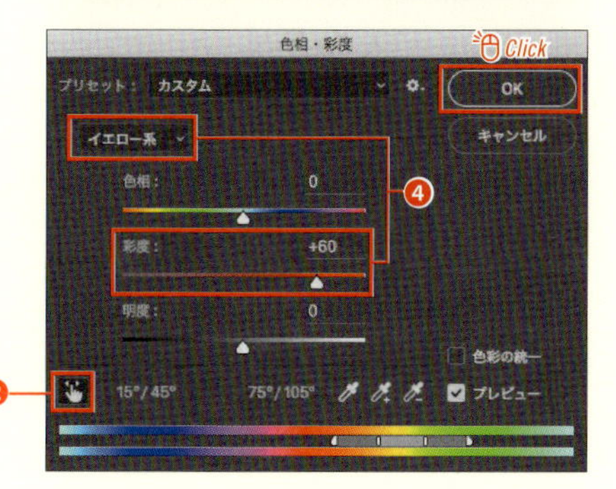

MEMO

上記の操作の際に ⌘（Ctrl）キーを押しながらドラッグすると、［色相］を調整することができます。

MEMO

CS3では「人差し指」のオプション機能がありません。特定色を調整するには、［マスター］のプルダウンメニューを開き、対応するカラーを選んでから、［彩度］のスライダーで調整してください。

060 風景写真の青空の印象を強める

NO.

062 カラー画像を印象的なモノクロ画像にする

VER.

CC / CS6 / CS5 / CS4 / CS3

階調表現の豊かなモノクロ画像にするには、元の色の違いを濃度の違いとして表現することが大事です。[白黒] を使うことで色の違いを濃度の違いとして表現できます。

STEP 1

[イメージ]メニューから[色調補正]→[白黒]を選びます❶。

S 白黒▶ ⌘(Ctrl)+Option(Alt)+Shift+B

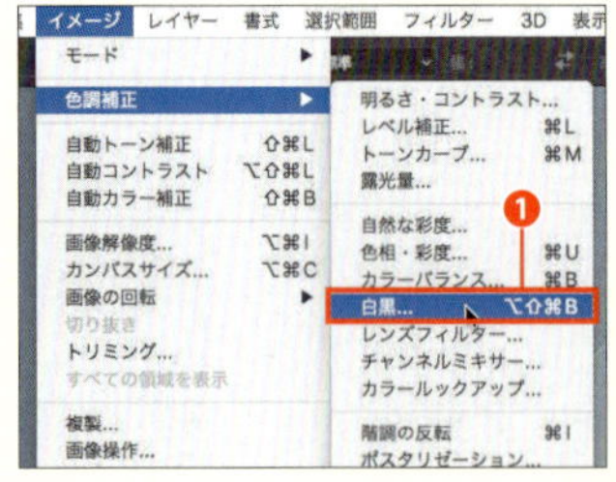

STEP 2

[白黒] が開き❷画像がモノクロになります。[白黒] が開いた状態で、画像上の濃度を調整したい部分にマウスを合わせ、左右にドラッグします。右にドラッグするとその部分が明るく、左にドラッグすると暗くなります。作例では空の部分（元は青系）を左にドラッグしてより暗く仕上げています❸。この要領で、各色に対してドラッグし、階調豊かなモノクロ画像にします。

なお、ドラッグに合わせて [白黒] ダイアログでは、元の色に対応するパラメーターが調整されます❹。このパラメーター値は、数値が大きいと明るく、小さいと暗いことを意味します。最後に[OK]で確定します。

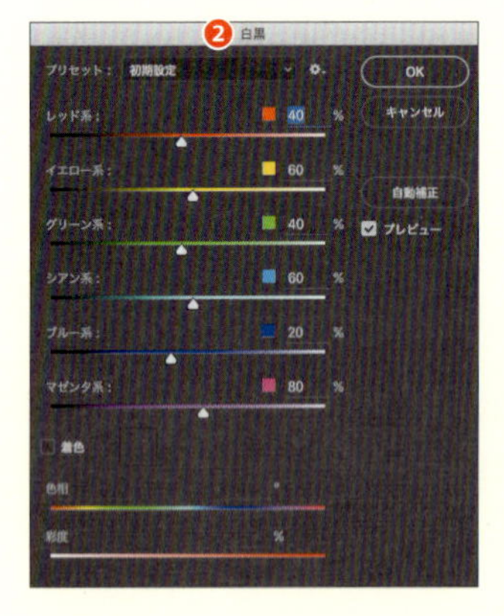

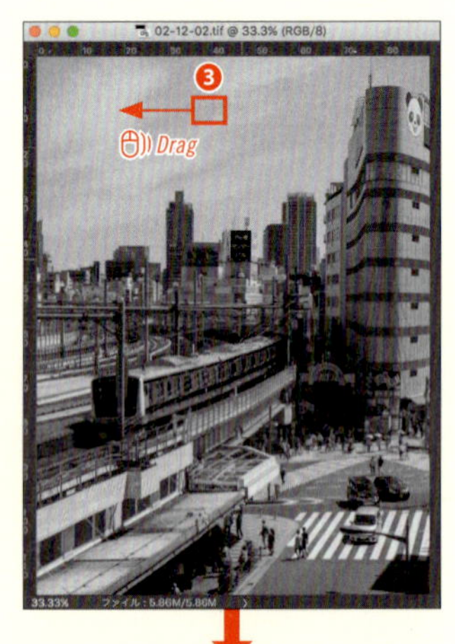

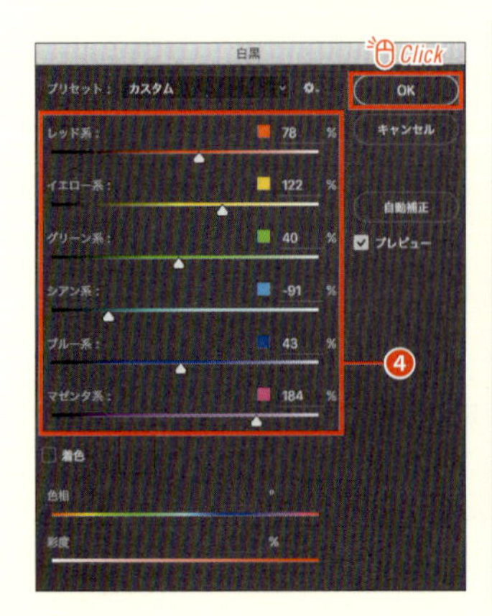

090 写真に色を重ねてセピア調にする

NO.
063 Camera Rawフィルターを使った色補正例

VER.
CC / CS6 / CS5 / CS4 / CS3

CC 以降では［Camera Raw］をフィルターとして利用できるようになりました。［Camera Raw フィルター］による一般的な色補正を紹介します。

STEP 1

［フィルター］メニューから［Camera Raw フィルター］を選びます❶。［Camera Raw フィルター］が開きます。

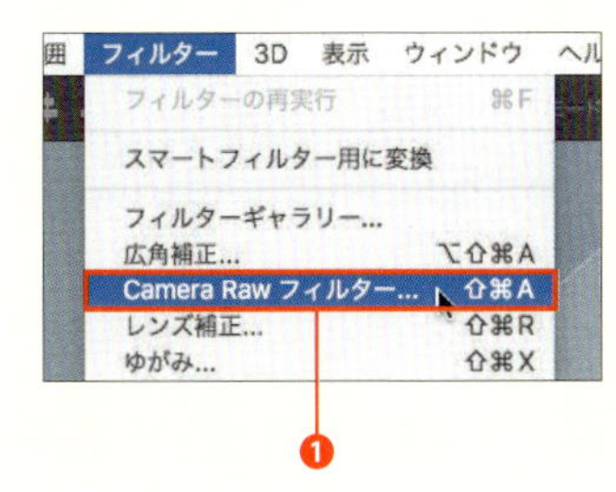

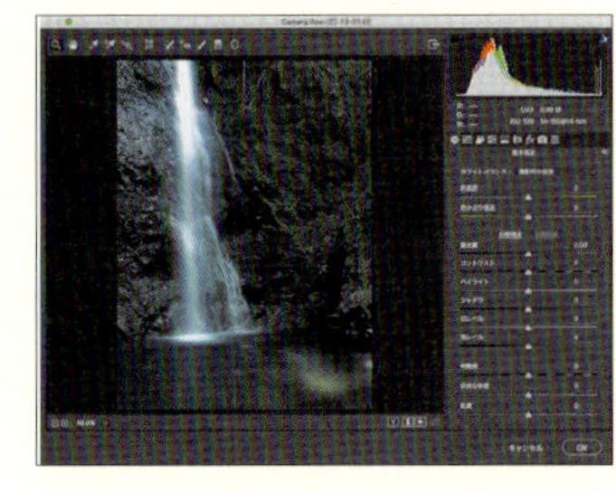

元画像

STEP 2

［Camera Raw フィルター］には多彩な補正機能が備わっていますが、ここでは［基本補正］タブ❷にある基本的な機能を使って色補正を行ってみましょう。まずは、色かぶりを補正します。青みが強いので［色温度］を右にずらし、黄赤を強めます❸。

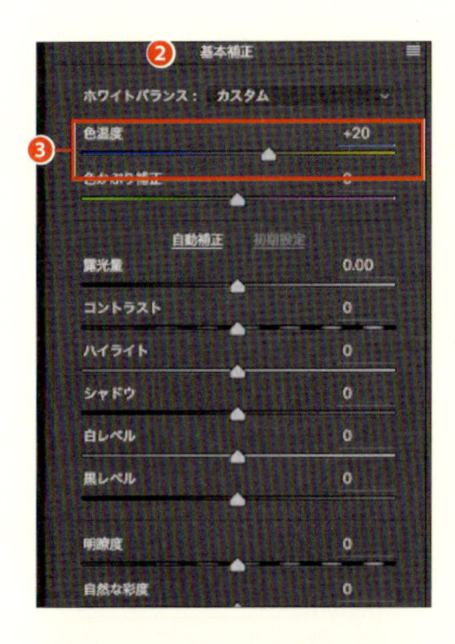

STEP 3

次に明るさやコントラストを調整します。［露光量］のスライダーをわずかに右にずらして明るくし❹、［コントラスト］も右にずらして❺メリハリを付けます。

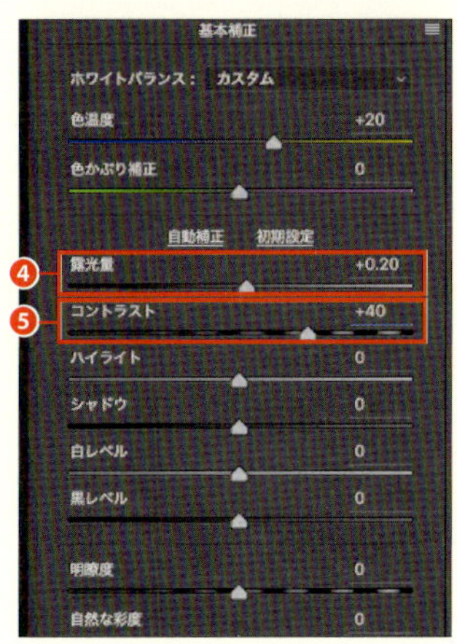

STEP 4

シャドウ階調が暗く感じられるので、明るくします。［シャドウ］のスライダーを右にずらし❻、シャドウ階調を明るくします（逆にハイライトが飛び気味の場合は、［ハイライト］を左にずらして補正します）。

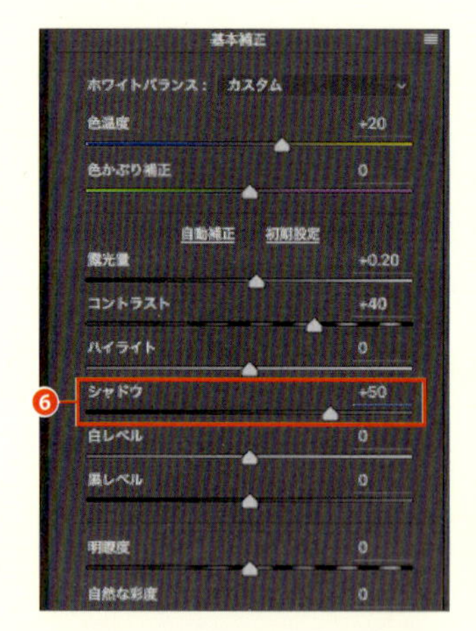

STEP 5

色の乗りが悪いので、鮮やかにしましょう。［彩度］のスライダーを右にずらし❼、色を強調します。写真によって［自然な彩度］と［彩度］を使い分け（あるいは併用し）てください。

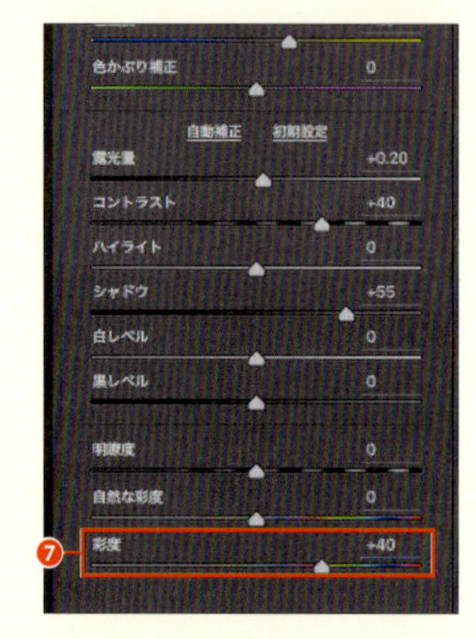

STEP 6

最後に、写真の精細感を上げます。［明瞭度］のスライダーを右にずらすと、ディテールがハッキリしてきます（逆に、左にずらすと、ふわっとしてきます）。調整しすぎると不自然な印象になるので、バランスよく仕上げてください。ここでは右にずらして❽精細感を出しました。最後に［OK］をクリックして確定します。

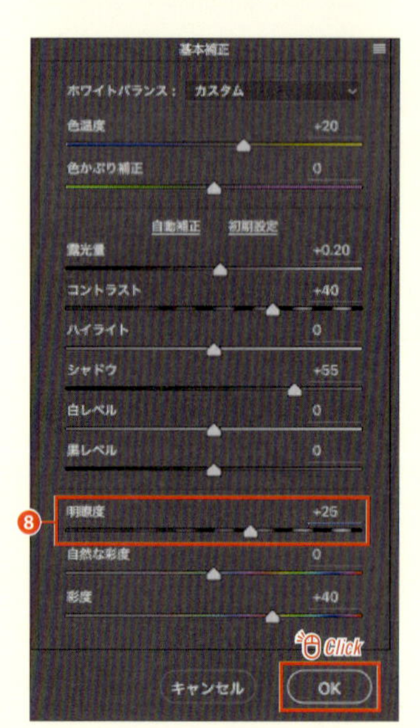

第3章 レタッチ・マスク

NO.

064 選択範囲を作成する

VER.
CC / CS6 / CS5 / CS4 / CS3

画像を部分補正したり、また画像を合成したりする際に利用するのが選択範囲です。ここでは選択範囲の作成方法を説明します。

STEP 1

選択範囲を作成するには、[ツール] パネルにある [長方形選択] ツール❶や、フリーハンドで使える [なげなわ] ツール❷などを使います。

S
長方形選択ツール▶ M
なげなわツール▶ L

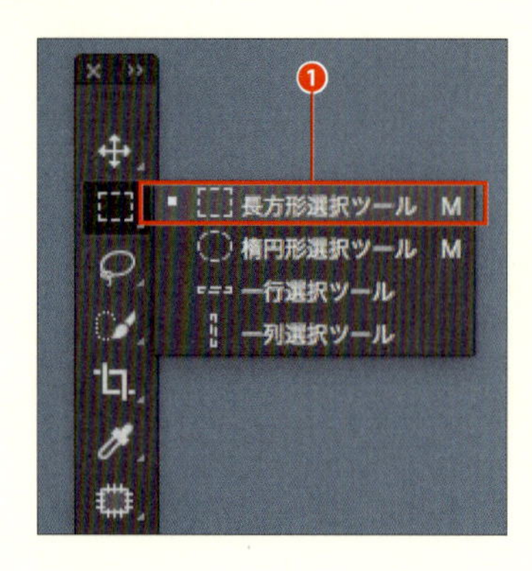

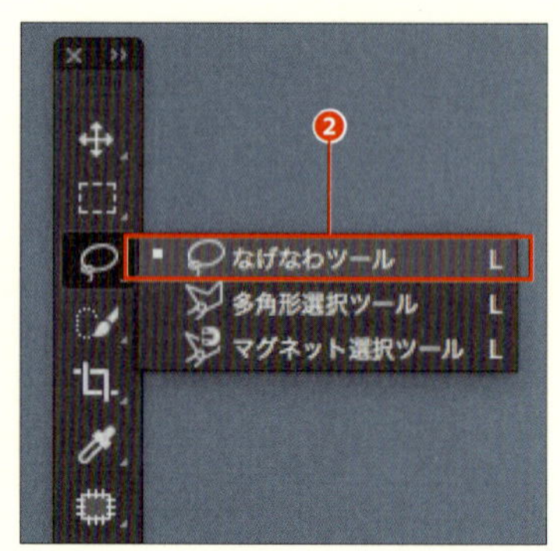

STEP 2

選択範囲を新規に作成する際は、オプションバーの [新規作成] を選びます（選ばれていることを確認します）❸。

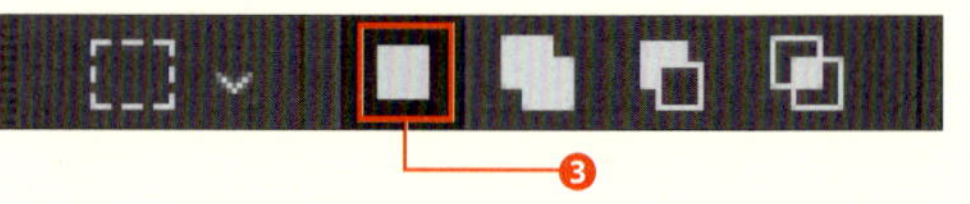

STEP 3

選択ツールには、斜めにドラッグして選択範囲を作成するもの、自由にドラッグして選択範囲を作成するもの、クリックして選択範囲を作成するものなどがあります。ツールに合わせて選択範囲を作成してください。図は各ツールの選択範囲作成方法です。それぞれ❹は [長方形選択] ツール、❺は [楕円形選択] ツール、❻は [なげなわ] ツール、❼は [多角形選択] ツールによるものです。

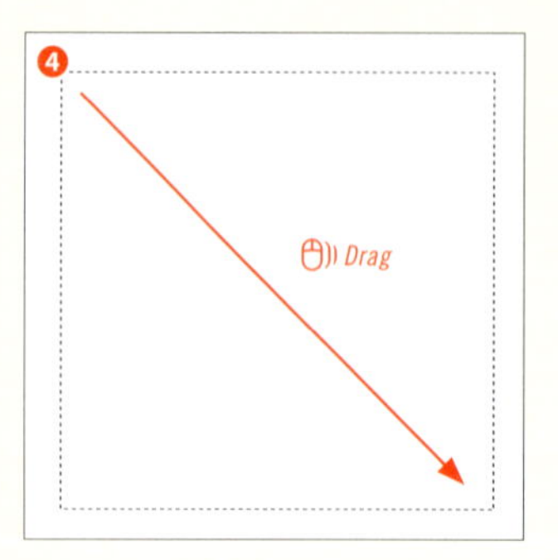

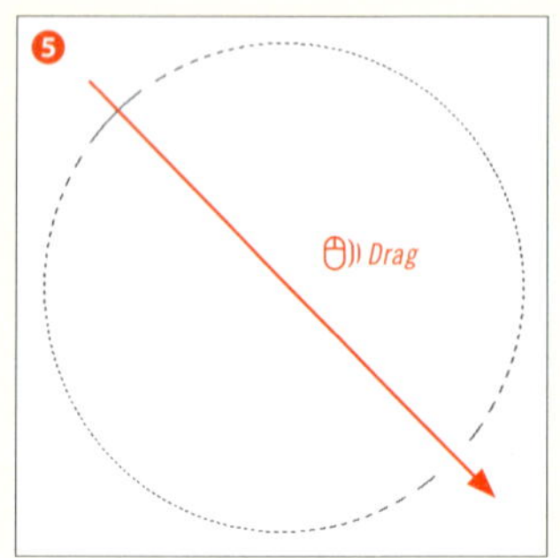

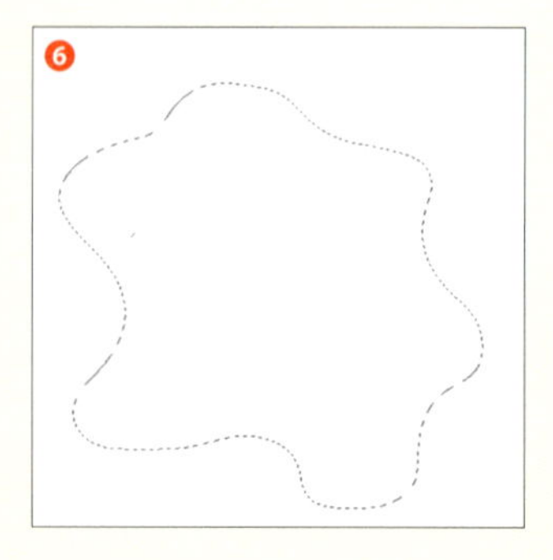

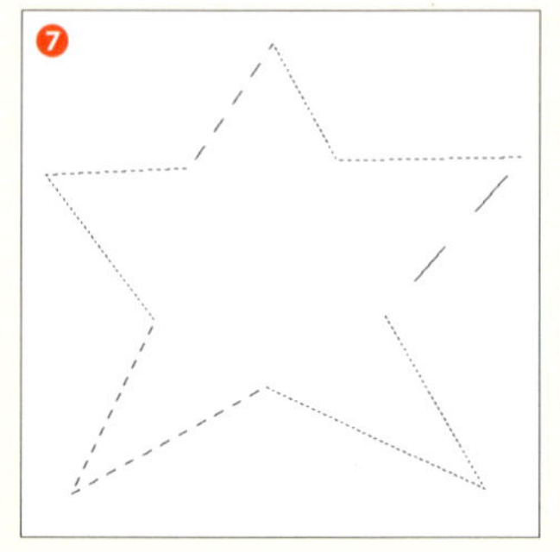

MEMO

[長方形選択] ツールや [楕円形選択] ツールでは Shift キーを押しながらドラッグすると、正方形、正円の選択範囲を作成できます。

065 選択範囲を追加・削除する
066 選択範囲の画像を移動する

NO.

065 選択範囲を追加・削除する

VER.

CC / CS6 / CS5 / CS4 / CS3

一度作成した選択範囲に必要に応じて範囲を追加したり、一部を削除したりすることで選択範囲の形を変えることができます。

STEP 1

選択範囲を追加するには、すでに作成されている選択範囲に対し①、任意の選択ツールを選んだら、**オプションバーで［選択範囲に追加］**を選び②、追加したい選択範囲をドラッグすると③、選択範囲が追加されます④。

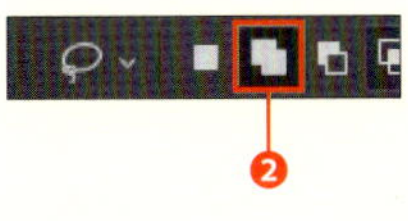
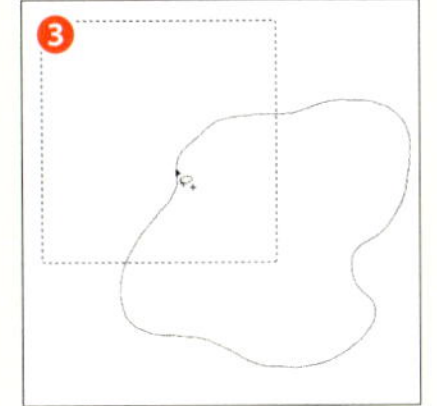
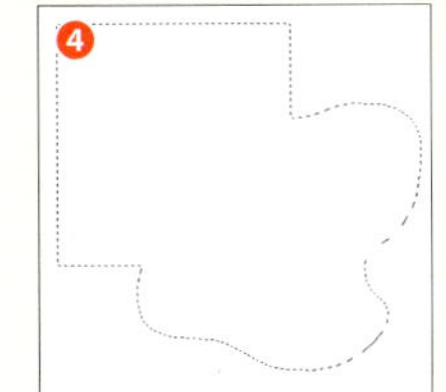

MEMO

オプションバーの状態にかかわらず、Shift キーを押しながらドラッグすると選択範囲を追加できます。

STEP 2

作成済みの選択範囲⑤の一部を削除するには、任意の選択ツールを選んだら、**オプションバーの［現在の選択範囲から一部削除］**を選び⑥、削除したい部分をドラッグすると⑦、選択範囲が削除されます⑧。

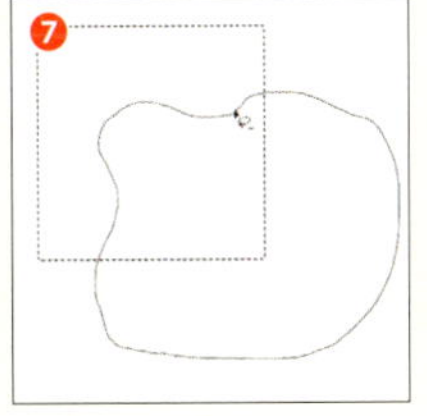
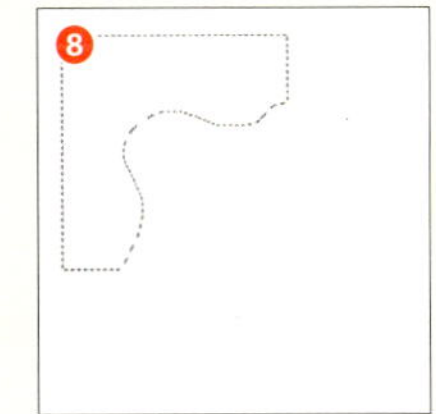

MEMO

オプションバーの状態にかかわらず、Option（Alt）キーを押しながらドラッグすると選択範囲を追加できます。

STEP 3

複数の選択範囲から、共通の選択範囲を作成する方法です。最初に作成した選択範囲に対し⑨、任意の選択ツールを選んだら**オプションバーで［現在の選択範囲との共通範囲］**を選びます⑩。これでドラッグすると⑪、重なった部分が選択範囲になります⑫。

 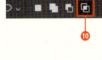
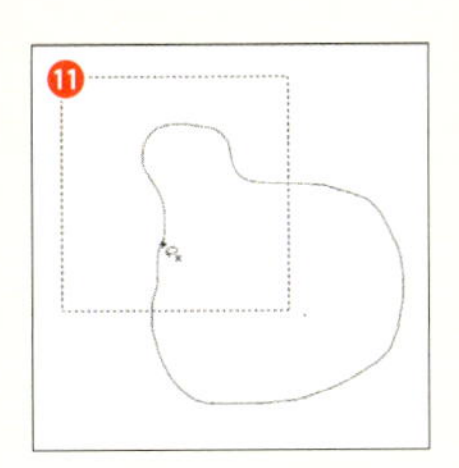
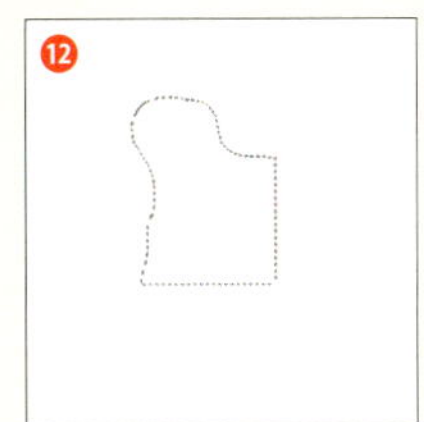

MEMO

オプションバーの状態にかかわらず、Shift ＋ Option（Alt）キーを押しながらドラッグすると重なった範囲の選択範囲を作成できます。

064 選択範囲を作成する
066 選択範囲の画像を移動する

NO.

066 選択範囲の画像を移動する

VER.
CC / CS6 / CS5 / CS4 / CS3

作成した選択範囲を移動する方法です。選択範囲そのものを移動する方法と、選択範囲の画像を移動する方法があります。

STEP 1 作成した選択範囲にマウスを合わせるとマウスポインタが❶のようになります（オプションバーで［新規選択］が選ばれている場合）。そのままドラッグすると選択範囲が移動します❷。

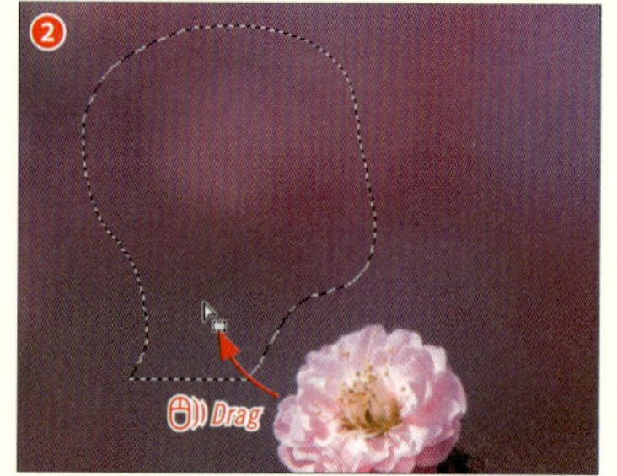

STEP 2 選択範囲が作成された状態で［移動］ツール を選び❸、選択範囲内にマウスを合わせるとハサミの形のマウスポインタになります❹。その状態でドラッグすると、選択範囲内の画像が移動します❺。

MEMO

［移動］ツール を選ばなくても ⌘（Ctrl）キーを押しながらドラッグすると、同様の操作になります。

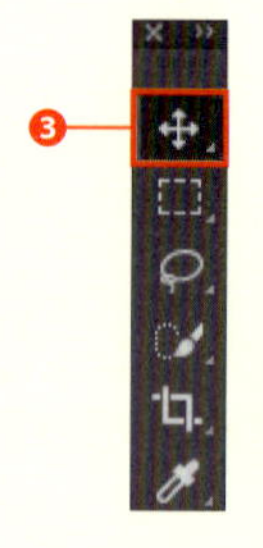

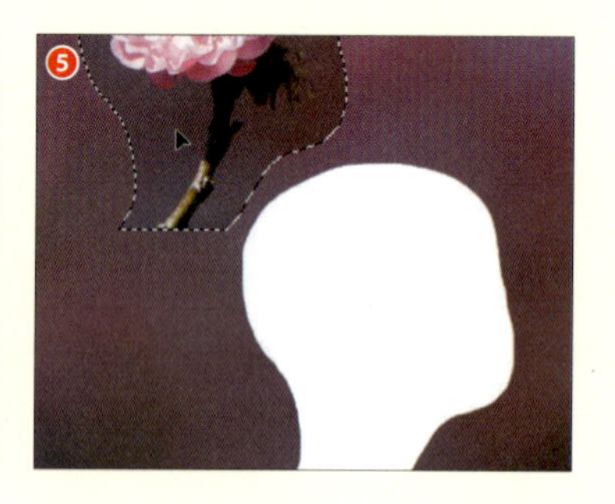

STEP 3 選択範囲が作成された状態で［移動］ツール を選択し❻、選択範囲内で Option （Alt）キーを押しながらマウスを合わせると❼の形のマウスポインタになります。そのままドラッグすると、選択範囲内の画像を複製することができます❽。

MEMO

［移動］ツール を選択しなくても、⌘（Ctrl）＋ Option （Alt）キーを押しながらドラッグすると、同様の操作ができます。

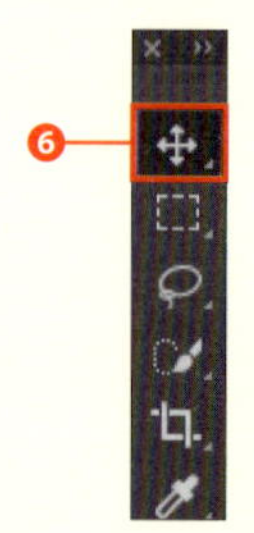

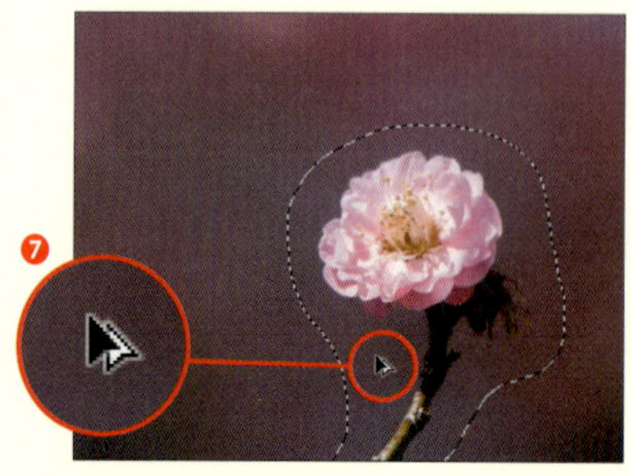

064 選択範囲を作成する
065 選択範囲を追加・削除する

NO.
067 同じ色を選択範囲にする

VER.
CC / CS6 / CS5 / CS4 / CS3

画像中の似た色だけを選択範囲にすることができます。どれだけ似た色を選択範囲にするかを指定することもできます。

STEP 1

［ツール］パネルから［自動選択］ツールを選びます❶。オプションバーで［許容値］を指定します❷。この値が大きいほど厳密に近似しない色も選択範囲になります。［サンプル範囲］では指定したピクセルか、その周辺の平均を選びます❸。またここでは［隣接］のチェックを外しています❹。

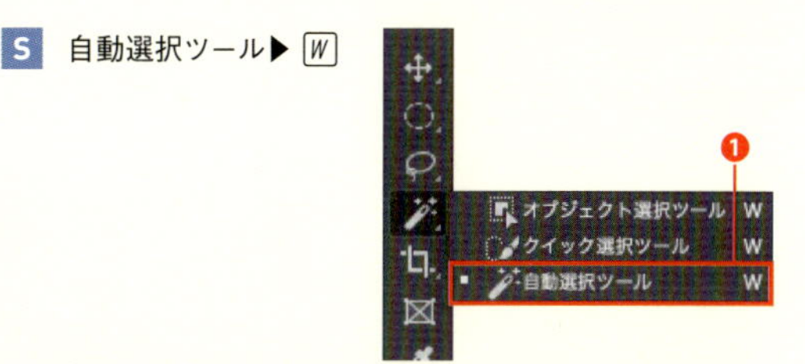

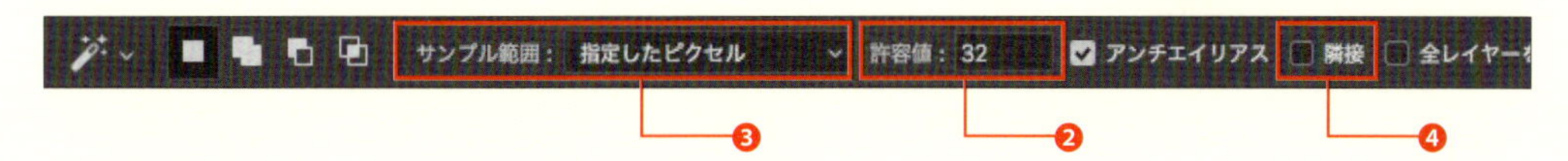

STEP 2

選択範囲にしたい色の上でクリックします。ここでは赤の葉を選択範囲にします❺。［隣接］のチェックを外しているのでクリックしたピクセルに隣接していなくても近似色が選ばれます。続けてオプションバーで［選択範囲に追加］を選び❻、選択範囲にしたい色の上でクリックを続けると、赤の選択範囲が広がります❼。

MEMO

選択範囲 の追加は、Shift キーを押しながらでも可能です。はみ出した選択範囲の削除は Option（Alt）キーを押しながらクリックしてください。

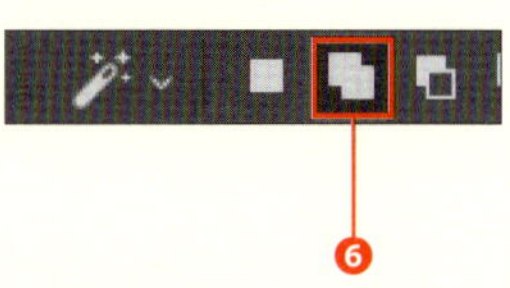

STEP 3

なお、オプションバーの［隣接］にチェックを入れて❽クリックすると、クリックしたピクセルに隣接する近似色のみが選択範囲になります❾。

065 選択範囲を追加・削除する

NO.

068 被写体の形で選択範囲にする

VER.
CC / CS6 / CS5 / CS4 / CS3

被写体の形に注目して選択範囲を作成したい場合は、[クイック選択ツール] や [オブジェクト選択ツール] を使うのが効率的です。

STEP 1

[ツール] パネルから [クイック選択ツール] を選びます❶。オプションバーで [直径] を指定❷、[選択範囲に追加] を選んでおきます❸。

MEMO

[直径] は被写体の輪郭の細かさに応じて調整してください。

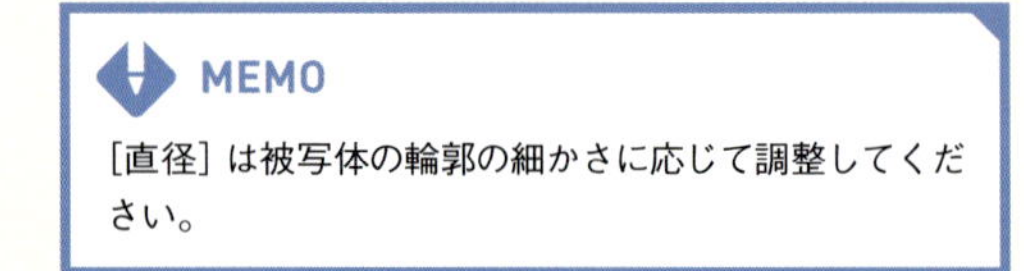

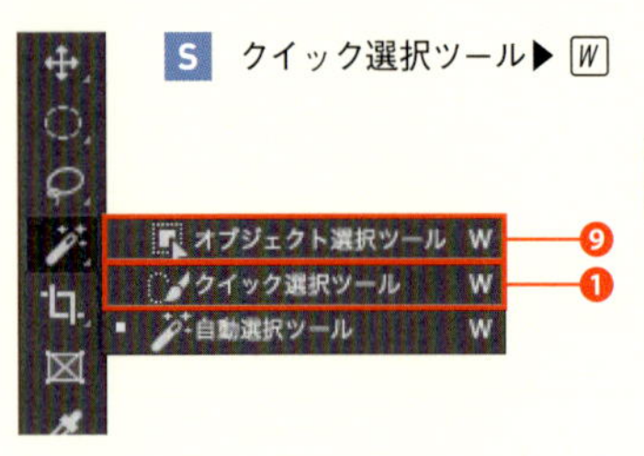

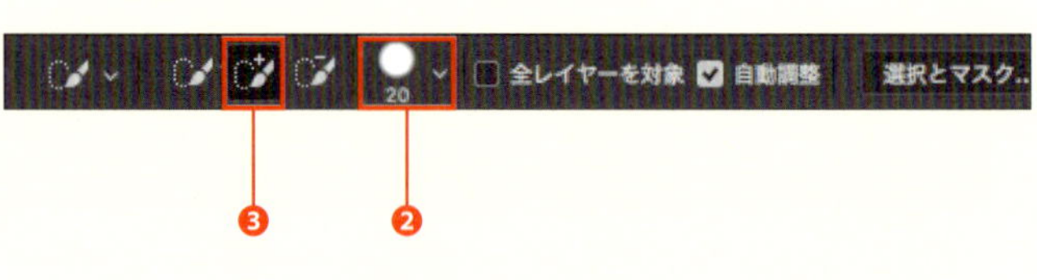

STEP 2

飛行機の内側をドラッグする❹と、およそ飛行機の輪郭に沿った選択範囲が作成されます。細かな部分は画像を拡大し、オプションバーで直径の値を小さくして❺作業します。❻は選択範囲を追加しているところです。

選択範囲が必要以上にはみ出してしまった場合は、オプションバーで[現在の選択範囲から一部削除] を選び❼、はみ出した部分をドラッグして選択範囲を整えます❽。

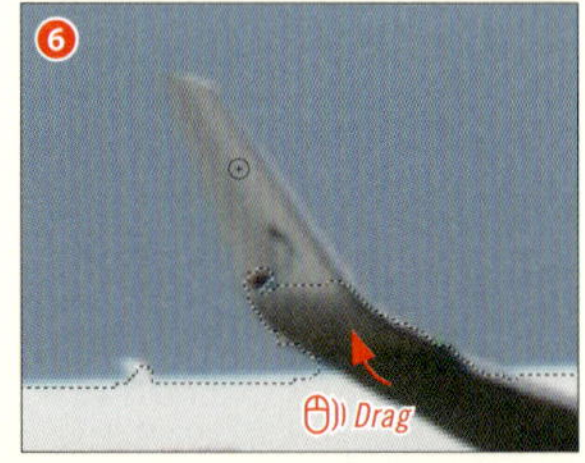

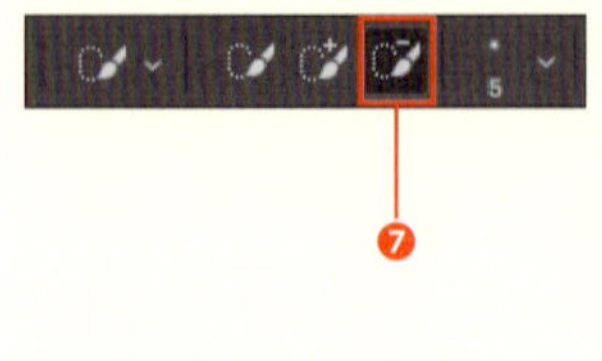

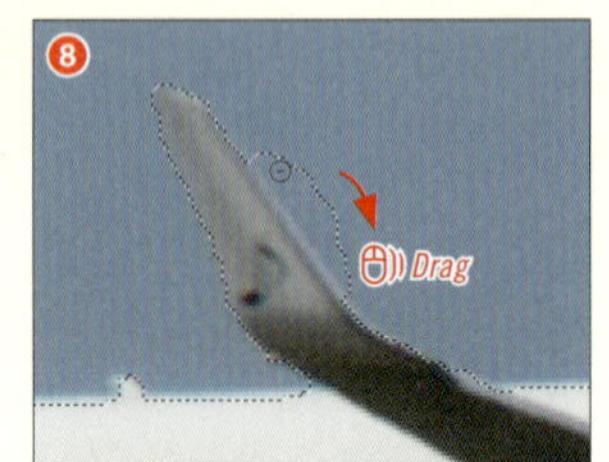

STEP 3

被写体の輪郭がハッキリしている場合は [オブジェクト選択ツール] ❾を選び、被写体を覆うようにドラッグする❿だけで被写体の選択範囲を作成できます⓫。

070 [選択とマスク] で精密な切り抜きを行う

NO.
069 選択範囲の保存と呼び出し

VER.
CC / CS6 / CS5 / CS4 / CS3

作成した選択範囲は「アルファチャンネル」という形で保存できます。保存した選択範囲を呼び出して再利用することもできます。

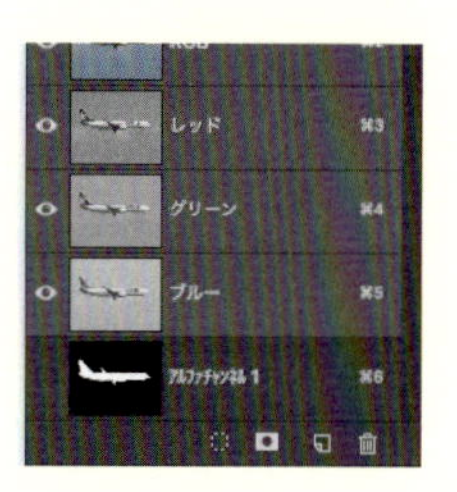

STEP 1 作成した選択範囲❶を保存するには、［選択範囲］メニューから［選択範囲を保存］を選びます❷。［選択範囲を保存］ダイアログが開いたら❸、そのまま［OK］をクリックします。このときわかりやすい［名前］を入力してもかまいません。この操作によって、選択範囲が「アルファチャンネル」として保存されます❹。「アルファチャンネル 1」というのは自動的につけられたアルファチャンネルの名前です。

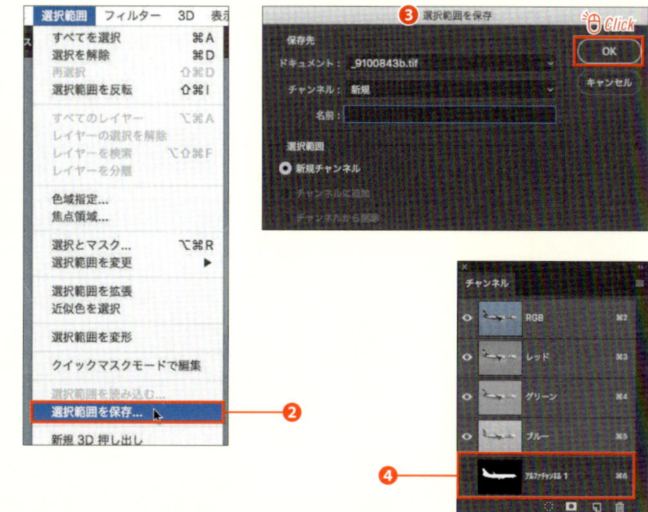

STEP 2 保存した選択範囲を呼び出すには、［選択範囲］メニューから［選択範囲を読み込む］を選びます❺。［選択範囲を読み込む］ダイアログで［チャンネル］に保存された「アルファチャンネル 1」を選び❻、［選択範囲］で［新しい選択範囲］を選んで❼、［OK］をクリックします。画像に選択範囲が読み込まれます❽。

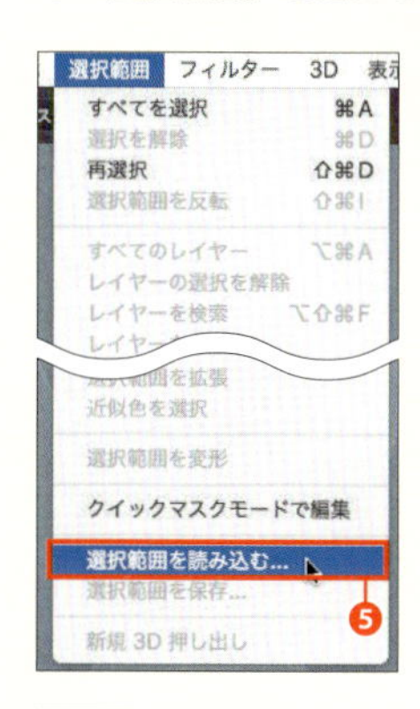

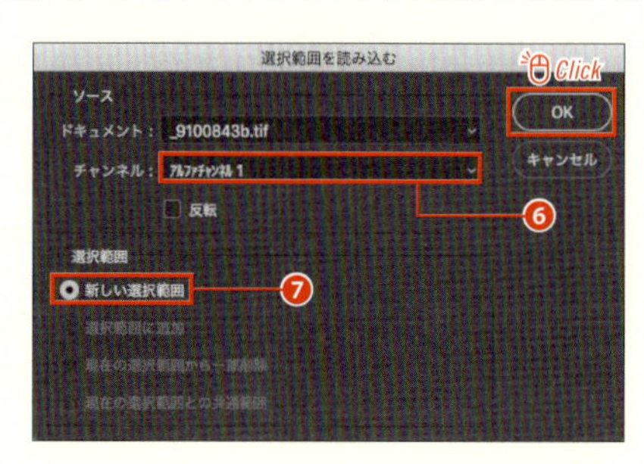

 MEMO

アルファチャンネルは「マスク」とも呼ばれます。アルファチャンネルを持つ画像は、PSD、TIFF 形式で保存できますが、JPEG や EPS では保存できません。

選択範囲を簡単に呼び出すには、［チャンネル］パネルで「アルファチャンネル」にマウスをポイントし、⌘（Ctrl）キーをを押しながらクリックします。

065 選択範囲を追加・削除する

NO.

070 [選択とマスク]で精密な切り抜きを行う

VER.
CC / CS6 / CS5 / CS4 / CS3

動物や人物の毛並みなどを高精度に切り抜けるのが［選択とマスク］です。CC 2015.5から、それまでの［境界線を調整］が［選択とマスク］として刷新されました。

STEP 1

［選択とマスク］は選択系のツールで選択範囲を作成したあとに利用します。ここでは❶のような選択範囲を作成したのち、**オプションバーで［選択とマスク］をクリック**します❷。

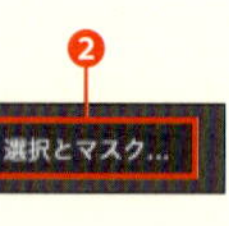

STEP 2

［選択とマスク］ワークスペースに変わり、専用のツールパネル❸、オプションバー❹、［属性］パネル❺が表示されます。ツールパネルは手動での選択範囲の微調整、オプションバーはツールのオプション設定を行います。［属性］パネルでは、［表示モード］❻の変更、［エッジの検出］❼、境界線の微調整をする［グローバル調整］や、最終的にどのような形で出力するかの［出力設定］❽などがあります。

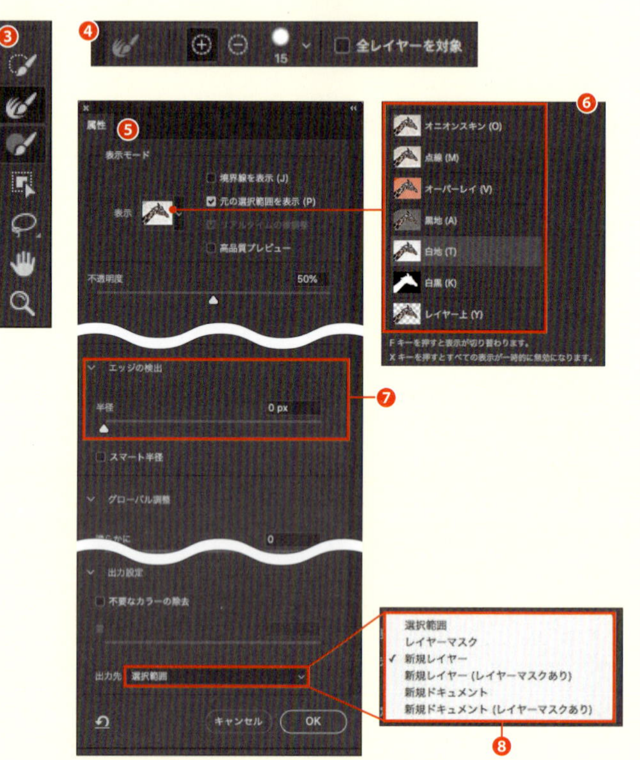

STEP 3

ここでは表示を拡大し、［白地］で作業をします。［エッジの検出］の［半径］❾のスライダーを調整すると境界の様子が変わります❿。この場合、なるべく毛並みがきれいに切り抜かれるよう調整します。［スマート半径］⓫にチェックを入れると効果的な場合もあります。

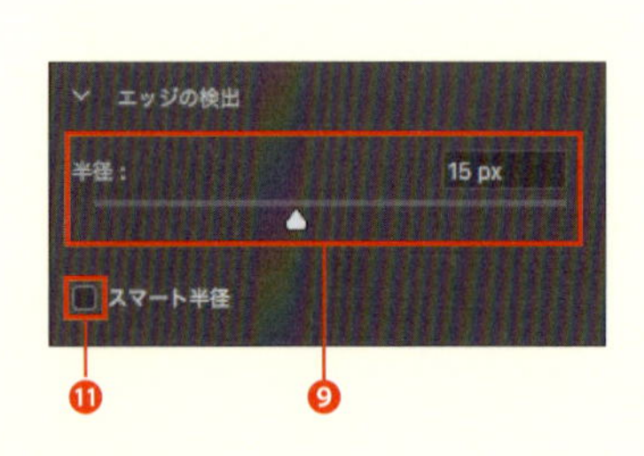

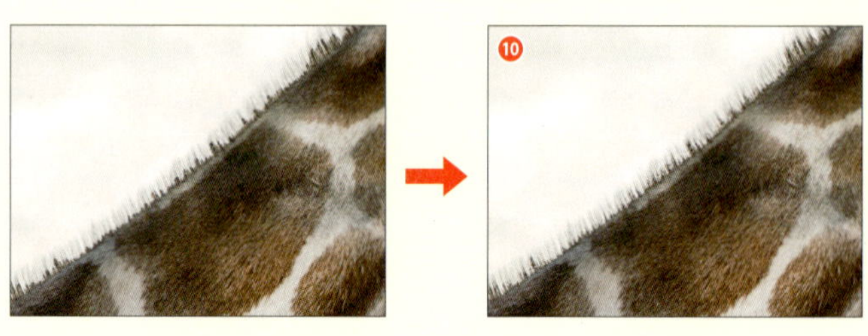

STEP 4

毛並みをさらにきれいに仕上げていきます。ツールパネルから［境界線調整ブラシ］ツール を選び⑫、オプションバーで［+］マークの［検出領域を拡大］を選び⑬、直径を指定します⑭。このツールで毛並みの部分をドラッグする⑮と、隠れていた毛並みが現れてきます。この要領で境界線全体をドラッグします。境界の外側が現れた場合はオプションバーで［−］の［元のエッジに戻す］を選んでその部分をドラッグします。

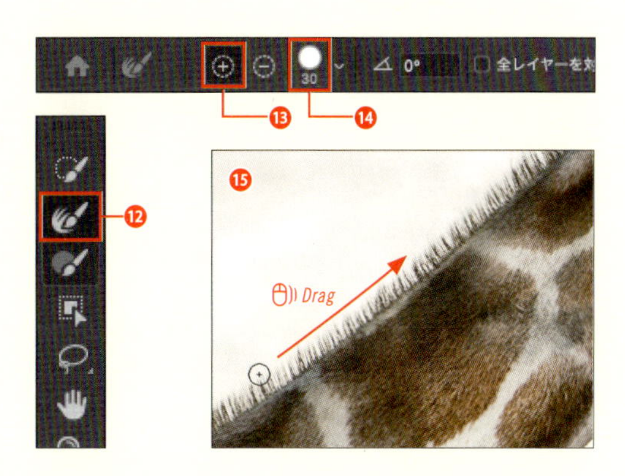

STEP 5

必要に応じて［グローバル調整］⑯も行います。境界が直線的か、細かく入り組んでいるかなどに応じて、［滑らかに］［ぼかし］［コントラスト］を調整します。また［エッジをシフト］の値をマイナスにすると境界部分のゴミが残りにくくなります。毛並みが高精度で切り抜かれました⑰。

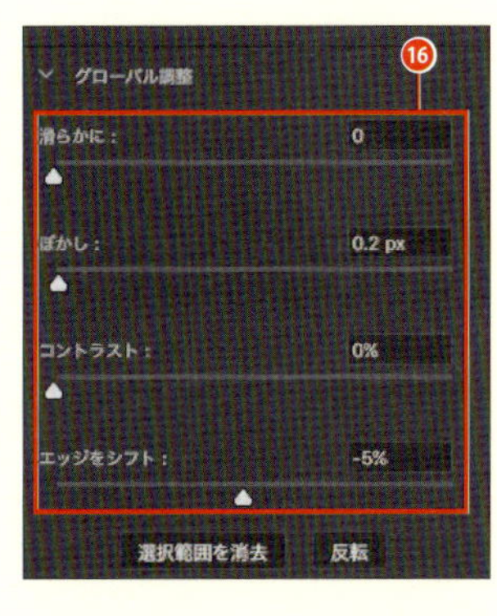

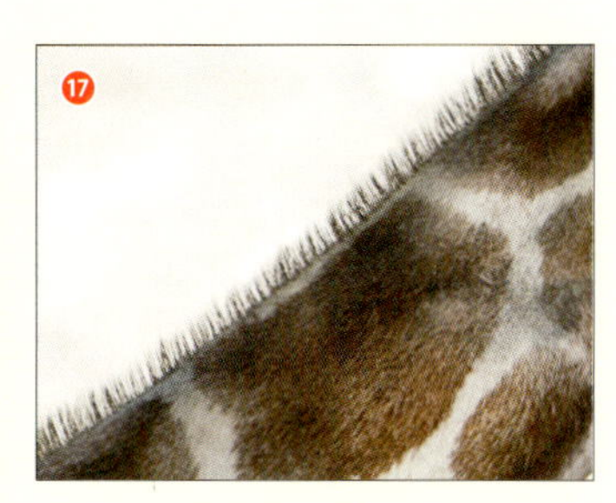

STEP 6

最後に［出力設定］をします。ここでは［不要なカラーの除去］⑱にチェックを入れ、［新規レイヤー（レイヤーマスクあり）］⑲を選んで［OK］をクリックしました。これにより、境界の調整が行われた選択範囲がレイヤーマスク付きの新規レイヤーとして作成されます⑳。最終的には㉑のようになります。

NO.
071 クイックマスクを使って選択範囲を作成する

VER.
CC / CS6 / CS5 / CS4 / CS3

［クイックマスク］は、主に［ブラシ］ツールを使って描画した範囲を選択範囲にする機能です。その選択範囲を利用して部分補正ができます。

STEP 1

［クイックマスク］は、Photoshopの編集モードのひとつです。［ツール］パネル下部にある［クイックマスクモードで編集］ボタン❶をクリックしてモードを切り替えます。通常の編集モードに切り替えるには、同じ場所の［画像描画モードで編集］ボタン❷をクリックします。なお、クイックマスクモードになっていると、画像のタイトルバーには「クイックマスク」（バージョンによっては「アルファチャンネル」）❸と表示されます。

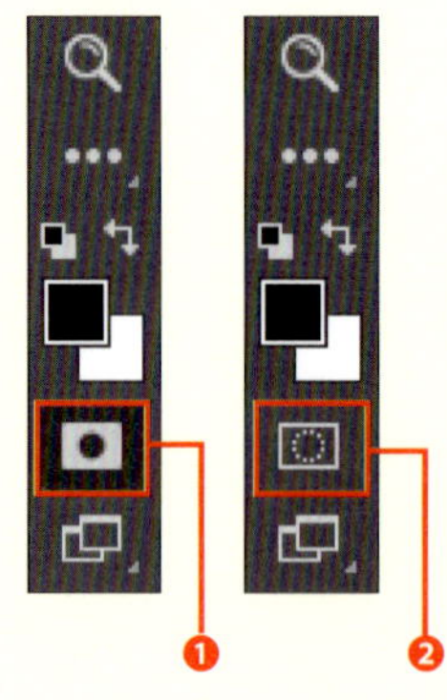

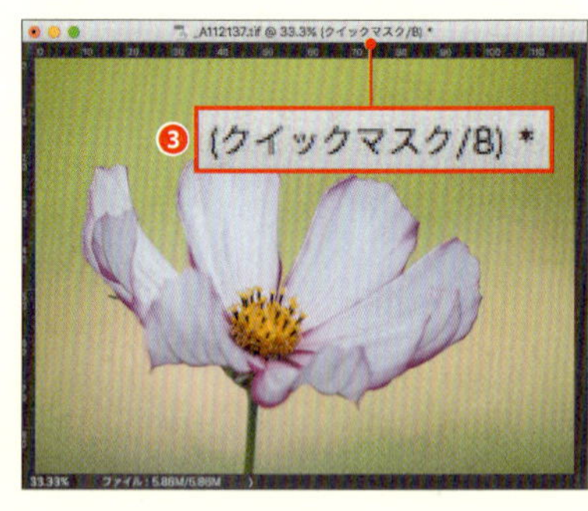

STEP 2

［クイックマスク］では、選択範囲にしたい部分を描画しますが、その描画色を変更することができます。［クイックマスクモードで編集］ボタンをダブルクリック❹すると、色の変更が可能❺ですが、ここでは初期設定の赤のままとしておきます。

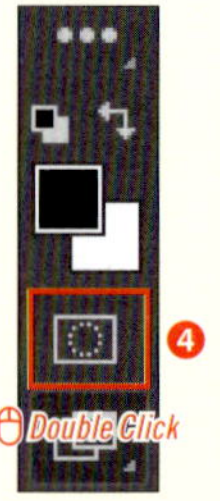

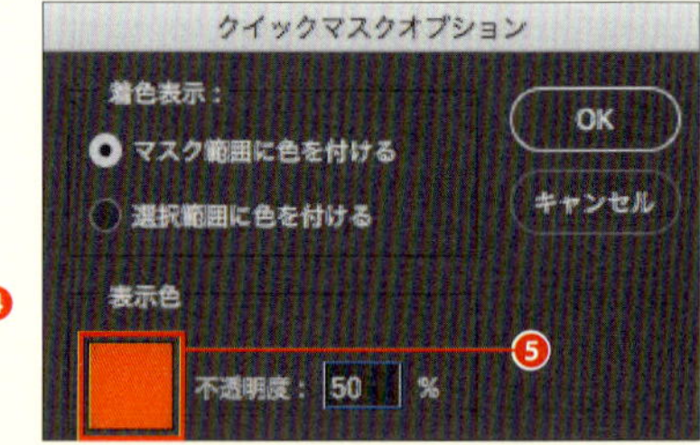

STEP 3

❻の画像に対して［クイックマスク］の編集をします。［ツール］パネルで［ブラシ］ツールを選び❼、描画色を黒❽とします。
［ブラシ］ツールで選択範囲にしたい部分をドラッグして描画します。ここでは花全体をドラッグします。［ブラシ］ツールの設定ですが、被写体の輪郭がハッキリしている場合はあまりぼかさず、輪郭が曖昧な場合はぼかした状態で描画するといいでしょう。ここでは❾のように描画しました。

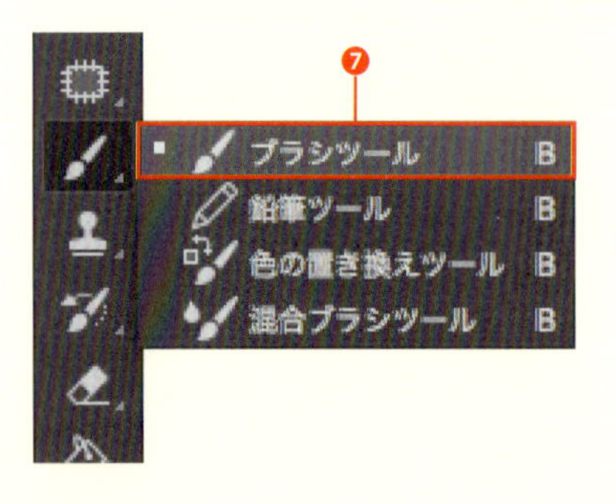

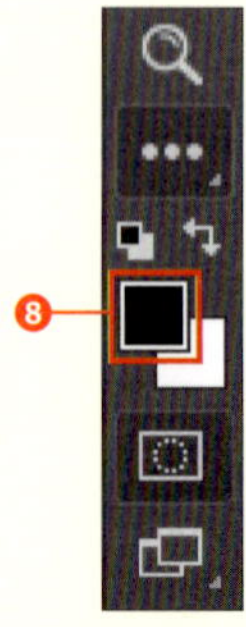

STEP 4

被写体の輪郭から描画がはみ出した場合⑩は、描画色を白に変え⑪、はみ出し部分を描画して、描画範囲を整えます⑫。

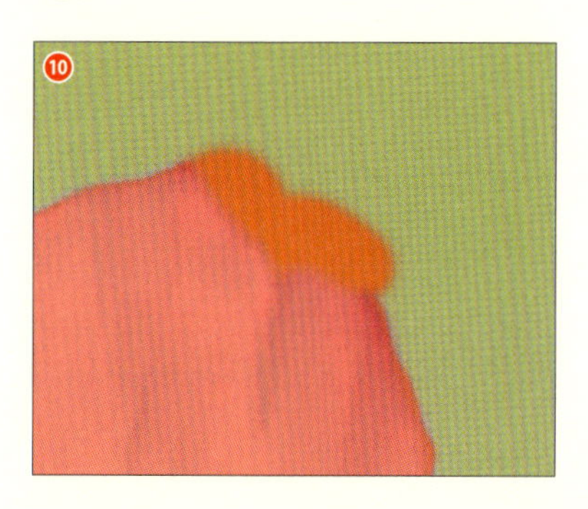

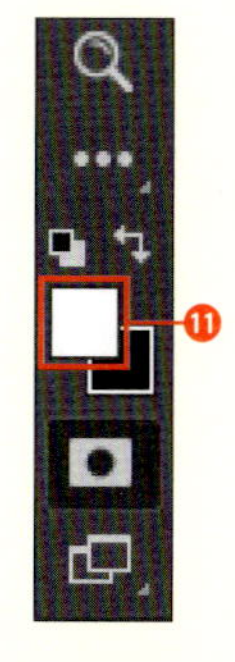

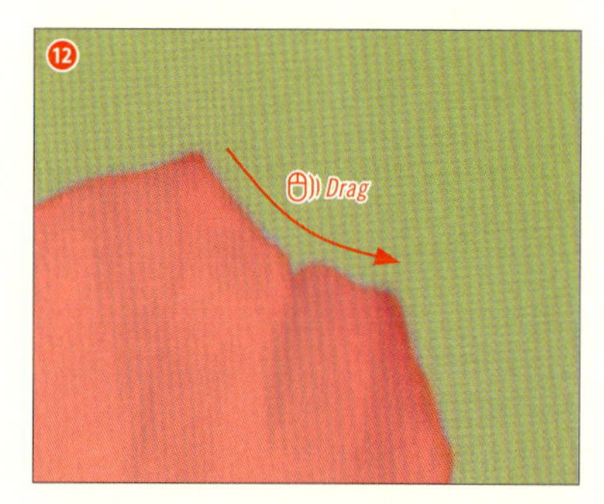

STEP 5

描画を終えたら、[ツール] パネルの [画像描画モードで編集] ボタン⑬をクリックします。描画した以外の範囲が選択範囲になります⑭。これを [選択範囲] メニューから [選択範囲を反転] ⑮で選択範囲を反転します⑯。

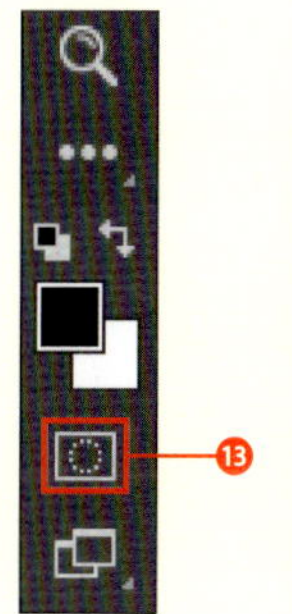

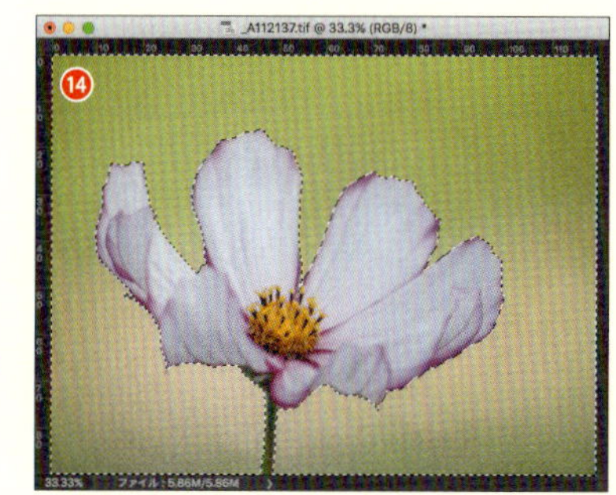

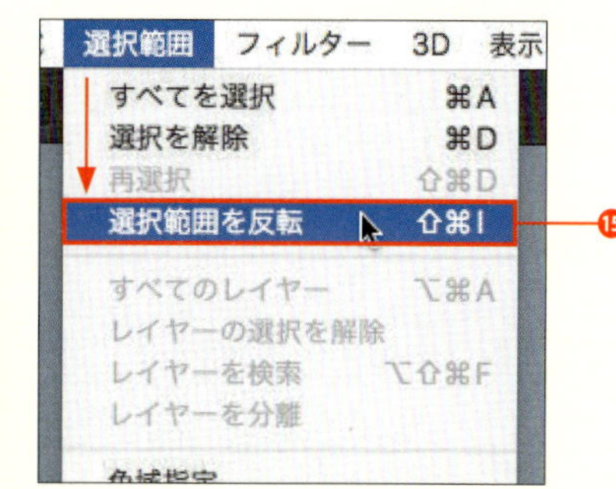

STEP 6

選択範囲に対して、色や明るさなどの補正を行ってみましょう。ここでは [トーンカーブ] の調整レイヤーを作成し⑰、選択範囲内の花を明るくして、華やかな印象にしました⑱。このように、選択範囲を利用して部分的な補正をすることが可能です。

NO.

072 レイヤーマスクを作成・編集して画像を合成する

VER.
CC / CS6 / CS5 / CS4 / CS3

レイヤーマスクは、画像レイヤーの一部をマスクし（隠し）、画像を合成するためのものです。レイヤーマスクは再編集可能なので、合成処理をていねいに仕上げることができます。

STEP 1

レイヤーマスクを使って合成をするため、❶❷の画像を用意し、❸のようにレイヤーにしました。

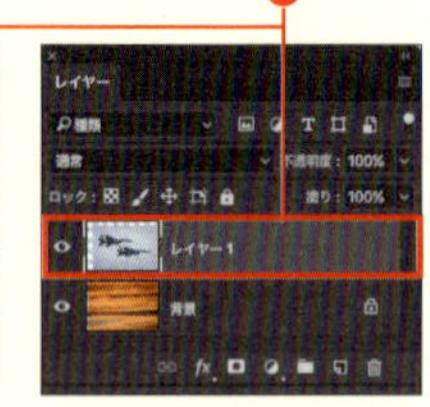

STEP 2

レイヤーマスクはいくつかの方法で編集できますが、ここでは選択範囲をレイヤーマスクにします。まずレイヤー１に対し、飛行機の選択範囲を作成します❹。次に［レイヤー］パネルの［レイヤーマスクを追加］ボタン❺をクリックします。すると、飛行機の周囲が透明になり、背景の画像が透けて見えるようになります❻。このとき、レイヤーの状態は❼のようになります。この白黒の部分がレイヤーマスクを示しており、白い部分はそのレイヤーの画像が表示され、黒い部分はそのレイヤーの画像がマスク（非表示）されて背景の画像が透けて見えます。

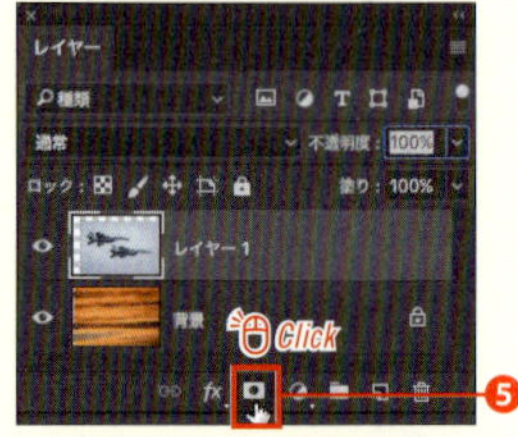

STEP 3

レイヤーマスクの編集を行ってみましょう。まず編集したいレイヤーマスクをクリックして選択します❽。レイヤーマスクに対しては描画機能や選択範囲などを使って編集可能です。ここでは描画機能のひとつである［ブラシ］ツール を選択し❾、描画色を黒❿とします。この状態で飛行機上で描画すると、見えていた飛行機が消えます⓫。これは、飛行機のレイヤーをマスクするという操作になります。

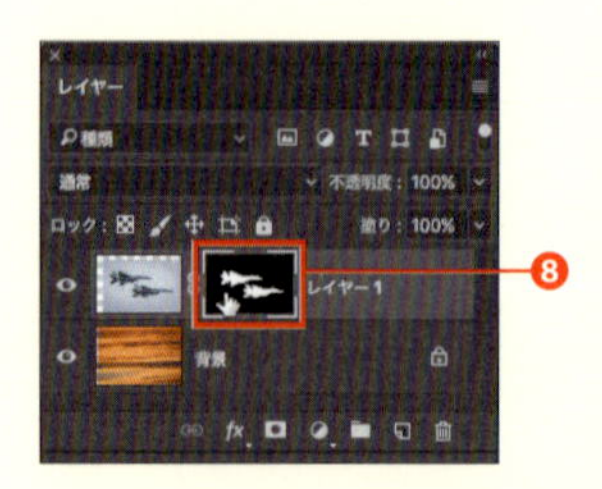

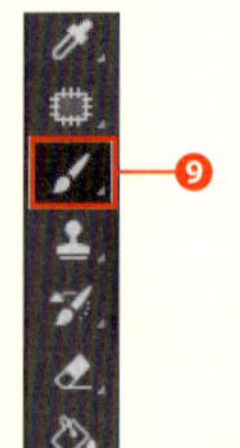

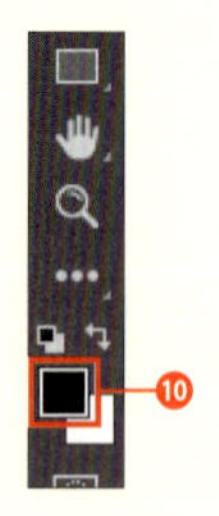

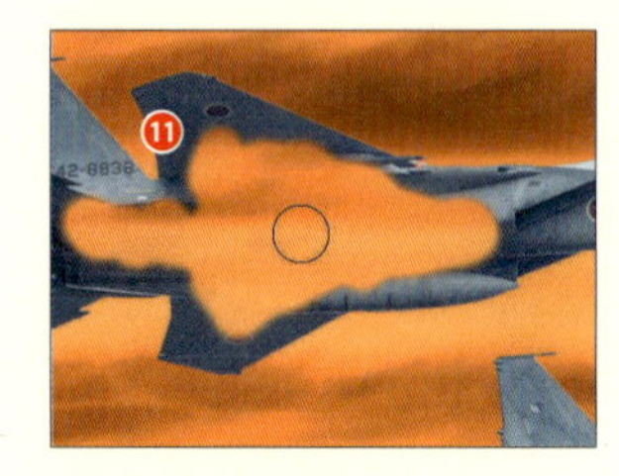

STEP 4

今度はマスクされて見えない画像を見えるようにします。レイヤーマスクをクリックして選択しておき⑫、［ブラシ］ツールで、描画色を白⑬にします。この状態でSTEP3で消した部分をドラッグすると、見えなくなっていた飛行機の画像が見えるようになります⑭。レイヤーパネルの状態も併せて変化します⑮。レイヤーマスクは何度でも編集可能ですので、このようにして合成画像の質や精度を上げることができます。⑯は最終的な状態です。

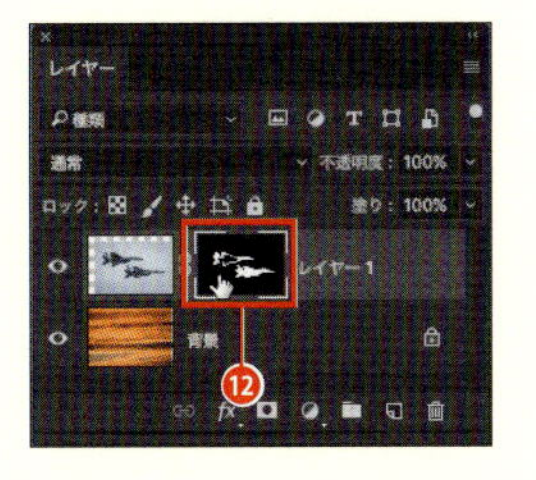

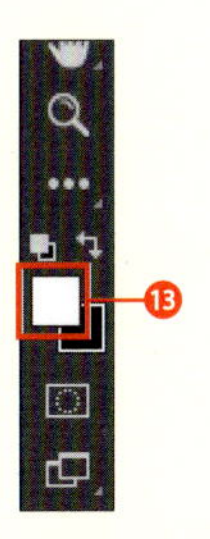

STEP 5

レイヤーマスクを一時的に無効にして、そのレイヤー全体を表示し、マスク操作前の状態を確認できます。そのためには、レイヤーマスクのサムネール部分にマウスを合わせ、Shift キー＋クリックします⑰⑱。もう一度、Shift キー＋クリックすると、レイヤーマスクが有効になります。

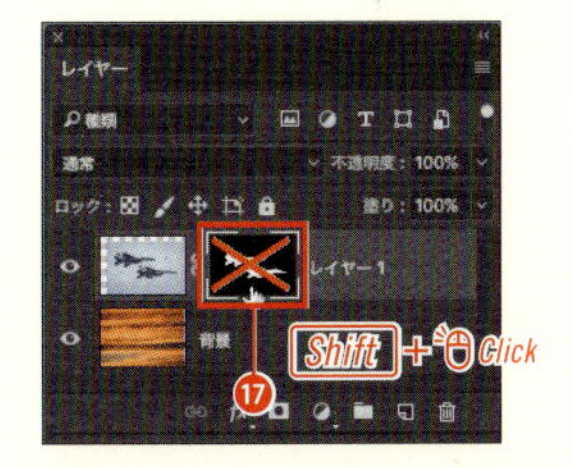

MEMO

レイヤーマスクは不透明度にも対応しています。STEP3～4では描画色に黒と白を使いましたが、グレーを指定すれば、半透明の合成を行うことができます。図はグレーで飛行機の部分を［ブラシ］ツールで描画したものです。飛行機と背景の両方が見えています。

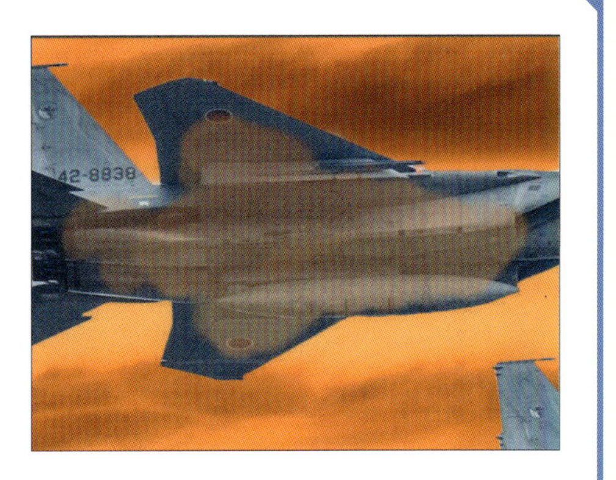

NO.

073 画像の一部を色補正する

VER.
CC / CS6 / CS5 / CS4 / CS3

調整レイヤーに対してレイヤーマスクを利用することで、画像の一部の色や明るさを補正できます。部分補正する際にはかかせない使い方です。

STEP 1

まず［クイック選択］ツール で選択範囲を作成しました❶。今回、補正したいのはこの周囲なので、［選択範囲］メニューから［選択範囲を反転］❷で、周囲を選択範囲にしておきます❸。

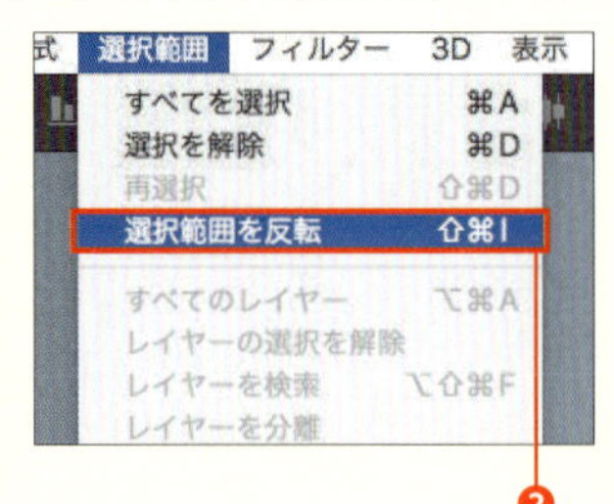

STEP 2

選択範囲が作成されたまま［レイヤー］パネルの［塗りつぶしまたは調整レイヤーを新規作成］ボタンをクリックして［トーンカーブ］を選びます❹。トーンカーブでは❺のように調整し、暗くします。このとき、背景だけが暗くなります❻。また［レイヤー］パネルにはレイヤーマスクの状態を示した調整レイヤーが確認できます❼。

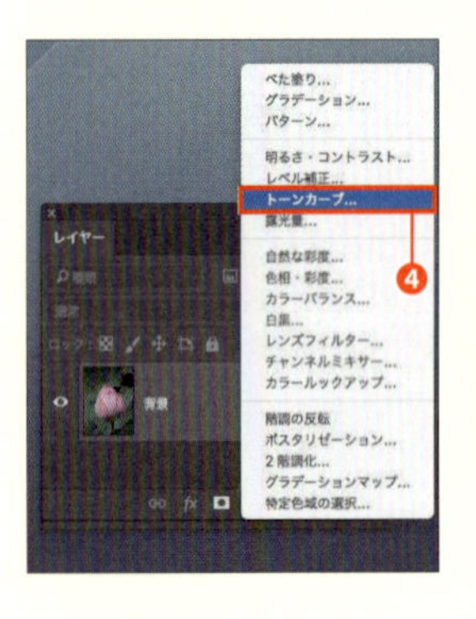

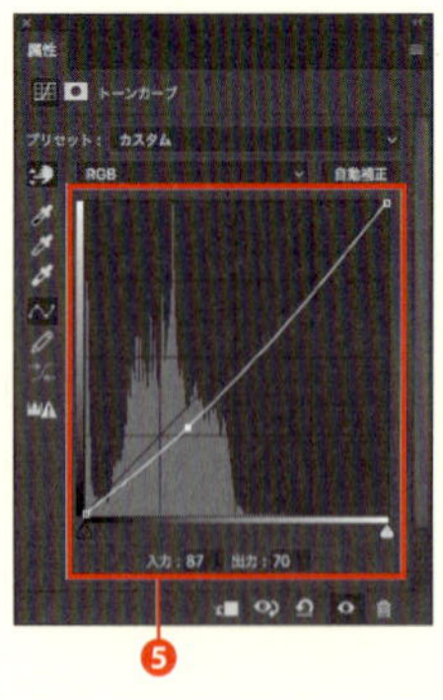

STEP 3

STEP2 の操作で選択範囲はいったん消えますが、レイヤーマスクが残っているので、これを呼び出して選択範囲にすることができます。［レイヤー］パネルのレイヤーマスクにマウスを合わせ、⌘（Ctrl）キー＋クリックする❽と、レイヤーマスクの状態に応じた選択範囲が呼び出されます❾。

⌘（Ctrl）＋ Click

MEMO

CC 以降では、［レイヤー］パネルで［トーンカーブ］を作成する代わりに［色調補正］パネルを利用してもかまいません。

STEP 4

選択範囲が作成されたまま、STEP2と同様の操作を行うことで、追加の色補正ができます。ここでは背景をモノクロにしてみましょう。

選択範囲が作成されたまま［レイヤー］パネルの［塗りつぶしまたは調整レイヤーを新規作成］ボタンをクリックして［白黒］を選びます⑩。［白黒］ダイアログでモノクロの調子を整えます⑪。すると背景がモノクロになります⑫。このときの［レイヤー］パネルの状態は⑬のようになります。

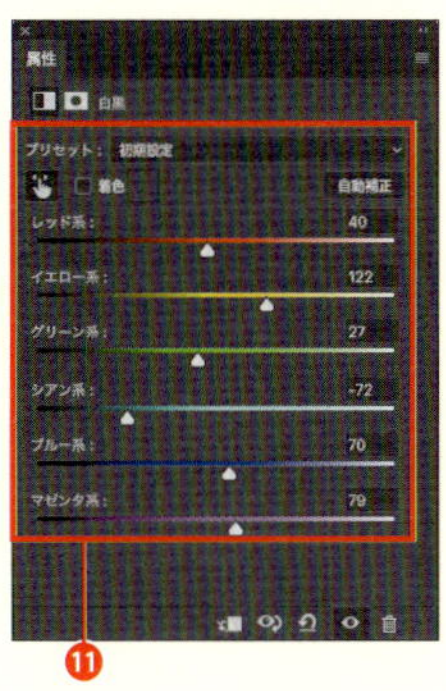

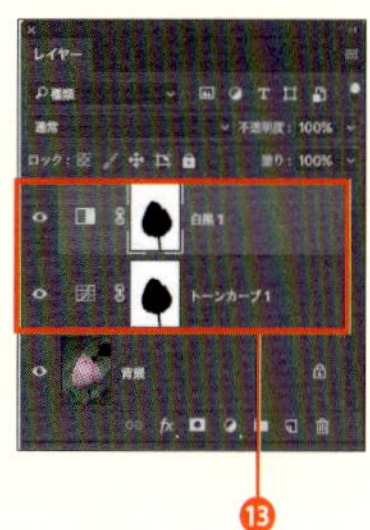

STEP 5

レイヤーマスクを再編集すれば、部分補正の範囲を変更できます。まず編集したいレイヤーマスクをクリックして選択します⑭。これは［白黒］の調整レイヤーです。［ブラシ］ツールを選択し、描画色を［黒］⑮としてドラッグすると、［白黒］の効果がマスクされ、カラーの範囲が広がります⑯⑰。逆に描画色を白⑱としてドラッグすると、モノクロの範囲が広がります⑲⑳。このようにして、部分補正の範囲を調整することが可能です。

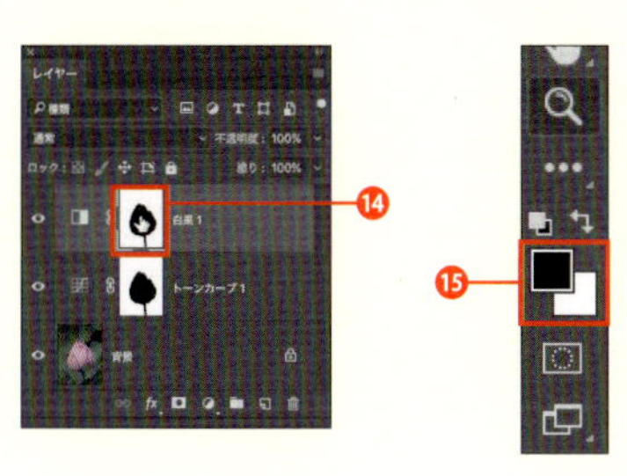

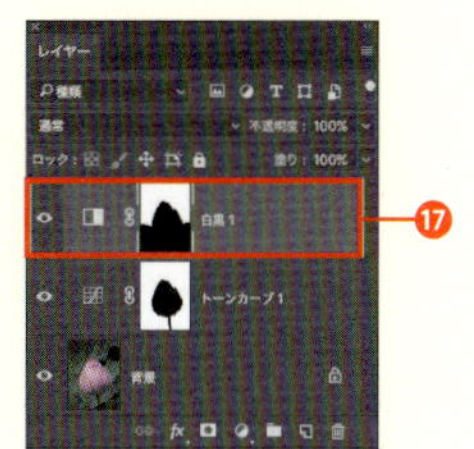

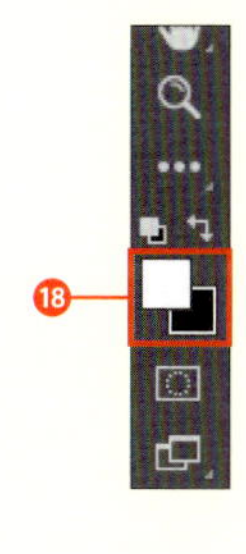

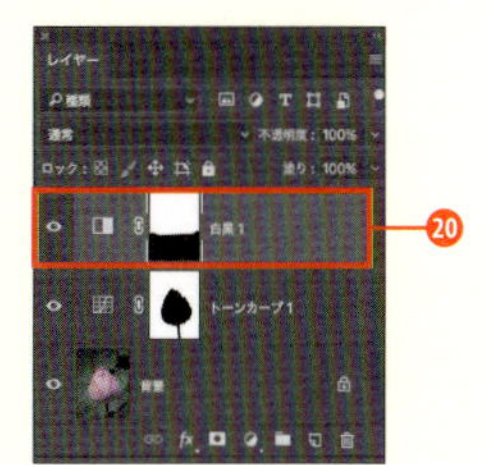

NO.

074 クリッピングマスクを使って部分補正をする

VER.
CC / CS6 / CS5 / CS4 / CS3

レイヤーマスクが利用されているレイヤーに対しては、クリッピングマスクという機能を使うと、選択範囲の呼び出しなどを行わずとも、簡単に部分補正ができます。

STEP 1

❶❷のような合成画像があります。このうち飛行機部分だけ、色補正をしてみましょう。

STEP 2

［トーンカーブ］の調整レイヤーを作成し❸、［レッド］チャンネル❹、［ブルー］チャンネル❺を操作し、アンバー色を強めます。このときトーンカーブの効果は画像全面に及びます❻。

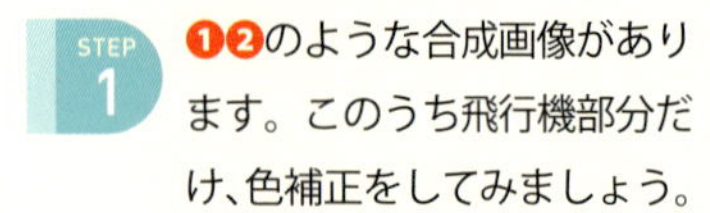

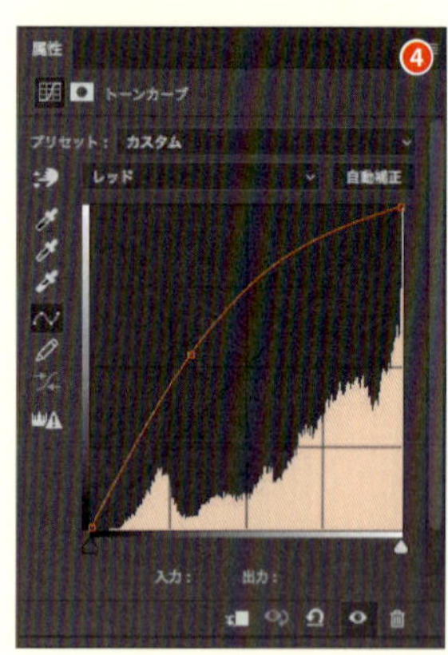

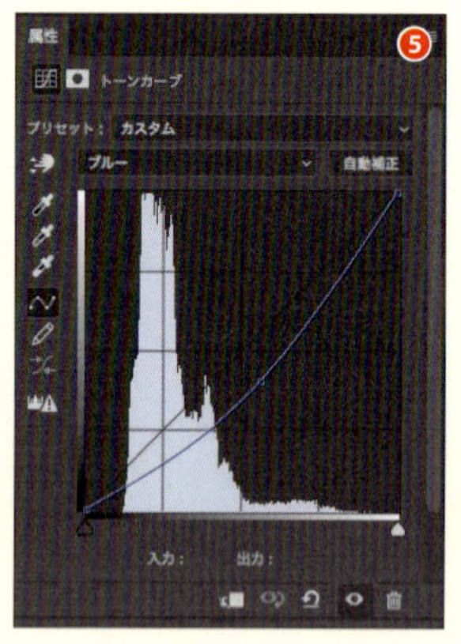

STEP 3

トーンカーブの調整レイヤーが選ばれた状態で❼、［レイヤー］パネルのメニューから［クリッピングマスクを作成］を選びます❽。すると、調整レイヤーは一段下がった状態になり❾、その効果は、下層レイヤー（レイヤー1）のマスクされていない範囲（つまり飛行機部分）だけにかかります❿。レイヤーマスクがあればこのような部分補正が可能です。［クリッピングマスク］を解除するには［レイヤー］パネルのメニューから［クリッピングマスクを解除］を選びます。

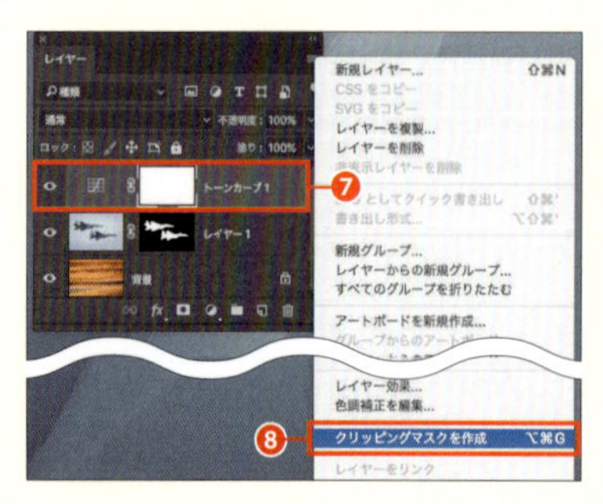

MEMO

［レイヤー］パネルでレイヤーとレイヤーの間にマウスを置き、Option（Alt）キー＋クリックでもクリッピングマスクを作成できます。

NO.
075 パスから選択範囲を作成する

VER.
CC / CS6 / CS5 / CS4 / CS3

曲線や直線、角からなる幾何学的な人工物の被写体は、パスを使うことで、精度の高い選択範囲を作成することができます。

STEP 1

［ツール］パネルから［ペン］ツールを選びます❶。また、オプションバーで［パス］を選びます❷

S ペンツール▶ P

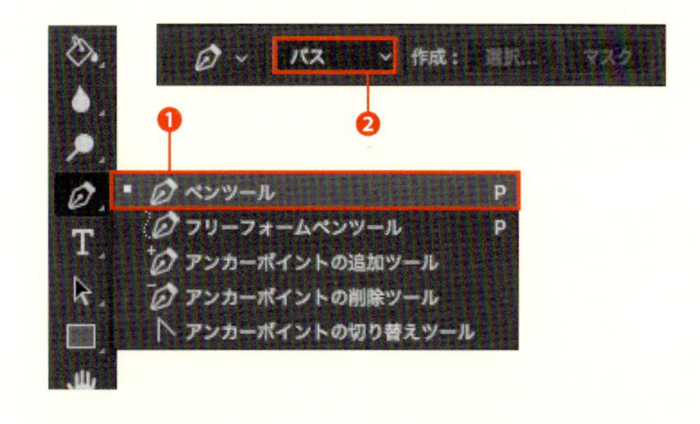

STEP 2

選択範囲を作成したい被写体の輪郭に沿って［ペン］ツールでパスを作成します❸。

STEP 3

パスを作成したら、オプションバーの［選択］ボタンをクリックします❹。［選択範囲を作成］ダイアログ❺になるので、必要な設定を行い［OK］をクリックすると、パスが選択範囲になります❻。

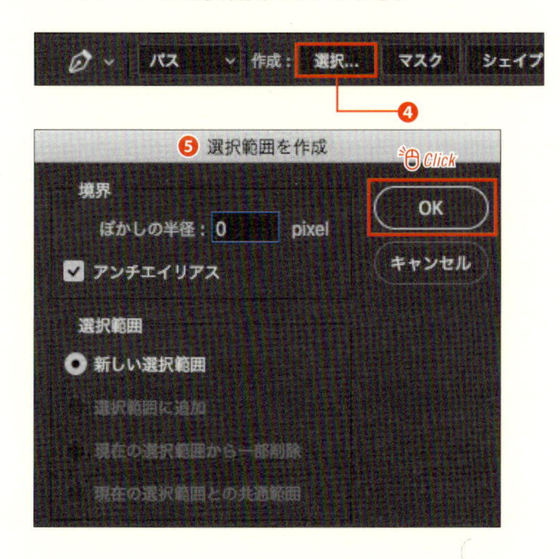

MEMO

CS5以前のバージョンでは、オプションバーの［選択］ボタンの代わりに、［パス］パネルで Option （Alt）キーを押しながら［パスを選択範囲として読み込む］ボタンをクリックしてください。

NO.

076 じゃまなものを自動で消す

VER.
CC / CS6 / CS5 / CS4 / CS3

［スポット修復ブラシ］ツールと［コンテンツに応じる］を使うと、その背景を考慮しながら、自然な形で不要物を消すことができます。

STEP 1

写真の左下に見えるつぼみを消してみましょう。［ツール］パネルから［スポット修復ブラシ］ツール❶を選び、オプションバーで適当な大きさに［直径］を調整し❷、［種類］に［コンテンツに応じる］を選びます❸。

S スポット修復ブラシツール▶ J

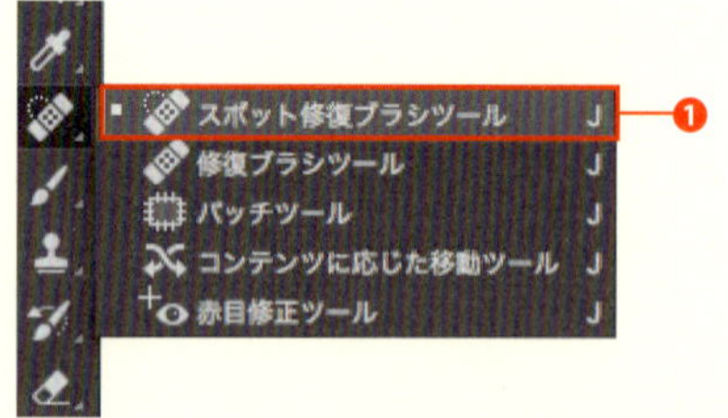

STEP 2

消したい部分に［スポット修復ブラシ］ツールを合わせ❹、クリックやドラッグをすると❺、その直後にその部分が消されます。もしうまく消えない場合は、いったん作業を取り消し、やり直してみましょう。作業をくり返すと、対象物を消すことができます❻。

MEMO

多少使い方は異なりますが、［修復ブラシ］ツールや［パッチ］ツールなどでも不要なものを自動で消すことができます。

NO.
077 じゃまなものを手動で消す

VER.
CC / CS6 / CS5 / CS4 / CS3

［修復ブラシ］ツールなどの自動系ツールでうまく消えない不要なものは、［コピースタンプ］ツールを使って手動で消します。

STEP 1

ここでは人影を消してみます❶。あとで一からやり直しができるように新規レイヤーを作成し、選んでおきます❷。

S　コピースタンプツール▶ S

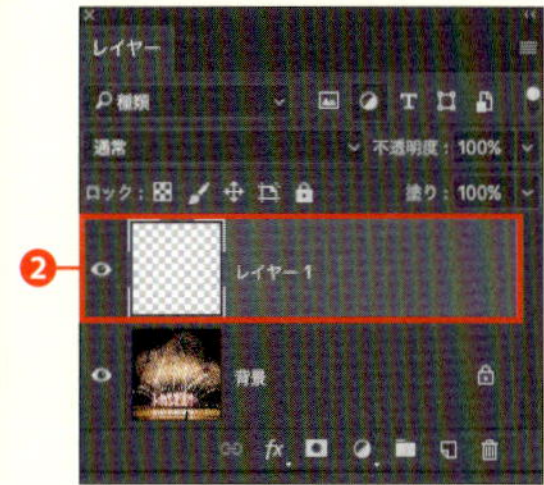

STEP 2

［ツール］パネルから［コピースタンプ］ツールを選びます❸。オプションバーで［直径］❹や［硬さ］❺を指定します。特に［硬さ］は修正する部分のテクスチャに合わせて調整します。必要に応じて［不透明度］❻なども適宜調整し、自然な感じに仕上げます。また、［現在のレイヤー以下］❼を選んでおくと、修正画像が新規レイヤーに作成されるので、最初からやり直したい場合はこのレイヤーを削除することでやり直すことができます。

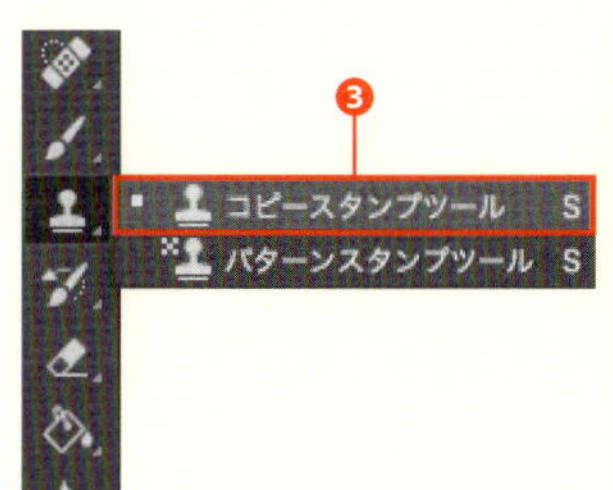

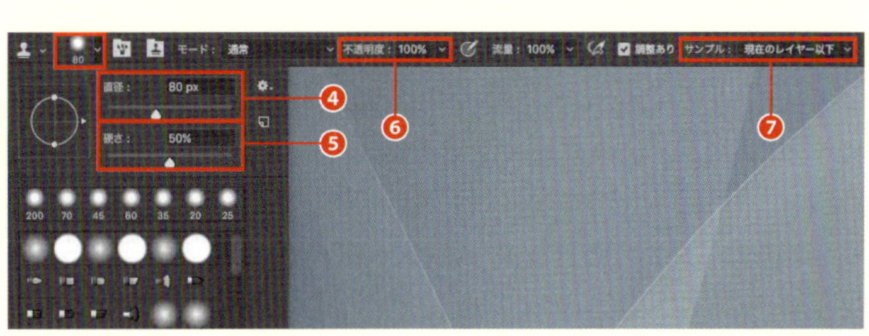

STEP 3

［コピースタンプ］ツールは、画像の一部を別の場所にコピーするためのものです。まず、Option（Alt）キーを押しながらクリックしてコピー元を指定し、次にコピー先でクリックまたはドラッグすると画像がコピーされます。ここでは、人影の左右の水面をコピー元にし、波の様子が途切れないようにして消しています（実際には不自然になる箇所も生じます。そのような箇所は［直径］や［硬さ］を適宜変更しながら、木や地面を「描く」つもりで画像をコピーしています）。

 076 じゃまなものを自動で消す

NO.

078 画像の一部を自然な状態で移動する

VER.
CC / CS6 / CS5 / CS4 / CS3

画像中に写り込んでいるものを、自然な形で移動することができます。移動したあとも自動的に修復してくれます。

STEP 1

［ツール］パネルから［コンテンツに応じた移動］ツールを選びます❶。オプションバーでは［モード］に［移動］❷を選び、元画像をどの程度維持するかを決める［構造］は［4］❸、移動後の色のバランスを調整する［カラー］は［5］❹としました。

S コンテンツに応じた移動ツール▶ J

MEMO

Photoshopのバージョンによっては、［構造］と［カラー］ではなく［適応］という項目になります。

STEP 2

［コンテンツに応じた移動］ツールで移動したい画像の周囲をドラッグして選択範囲にします❺。ここでは花を選択範囲にしています。ひとまわりからふたまわりほど大きめにドラッグするといいです。選択範囲を作成したらそれをドラッグして移動します❻。

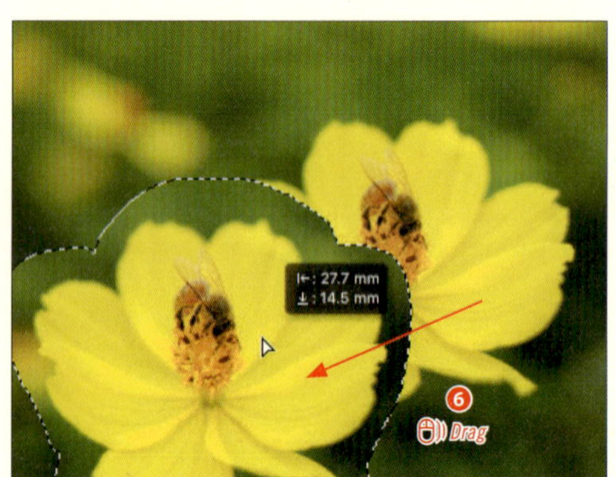

STEP 3

移動すると、元の部分は緑で埋められます。きれいに仕上がらない場合もありますが、その場合は操作を取り消してやり直してみましょう❼。

MEMO

この機能は、移動前後の周囲のテクスチャが似ている場合に効果的です。

NO.
079 傾いた写真を水平・垂直にする

VER.
CC / CS6 / CS5 / CS4 / CS3

特に風景写真や建築写真では、写真の傾きが気になります。正確な水平線や垂直線を出すことで、安定した写真になります。

STEP 1

右が下がった写真❶を水平にします。［ツール］パネルから［切り抜き］ツールを選びます❷。オプションバーで［比率］の値が空欄であることを確認し（空欄にし）❸、［角度補正］ボタン❹を選びます。また［切り抜いたピクセルを削除］にもチェックを入れます❺。

S 切り抜きツール▶ C

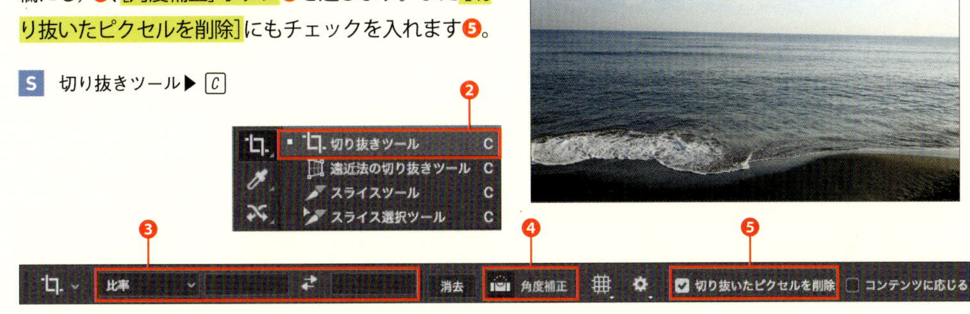

STEP 2

画像中の水平または垂直にしたい線に沿ってドラッグします❻。線上ではなく少し離した位置で平行にドラッグしたほうが、見やすく操作しやすいです。ドラッグをやめると❼のように、角度補正がなされます。

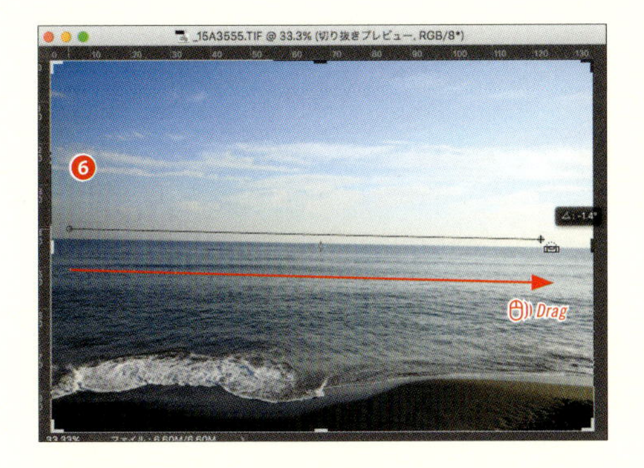

STEP 3

角度補正がよければオプションバーの［○］❽か、切り抜きの範囲内でダブルクリックします。すると角度補正が完了します❾。

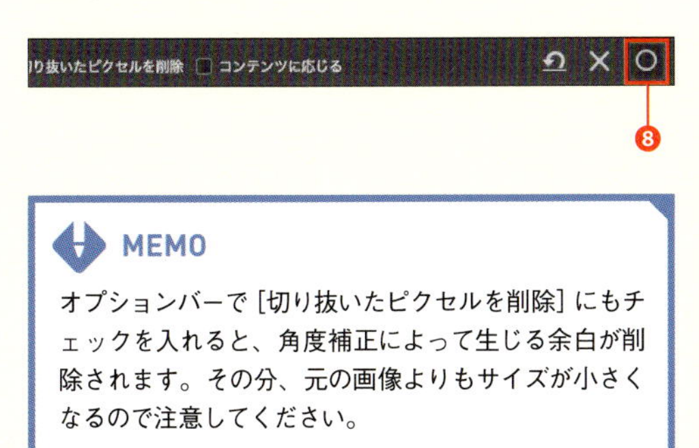

MEMO

オプションバーで［切り抜いたピクセルを削除］にもチェックを入れると、角度補正によって生じる余白が削除されます。その分、元の画像よりもサイズが小さくなるので注意してください。

第3章 レタッチ・マスク

080 画像をトリミングする

NO.

080 画像をトリミングする

VER.
CC / CS6 / CS5 / CS4 / CS3

画像に余分な部分があり、メインの被写体が目立たない場合や、被写体の位置がずれているような場合などは、トリミングを行うといいでしょう。

STEP 1

❶の画像をトリミングします。ここでは指定したサイズと解像度で切り抜く方法を使います。[ツール] パネルから [切り抜き] ツール を選びます。オプションバーで [幅×高さ×解像度] を選び❷、それぞれ数値を指定します❸。[解像度] に ppi を指定するなら [px/in] を選びます❹。

S 切り抜きツール▶ C

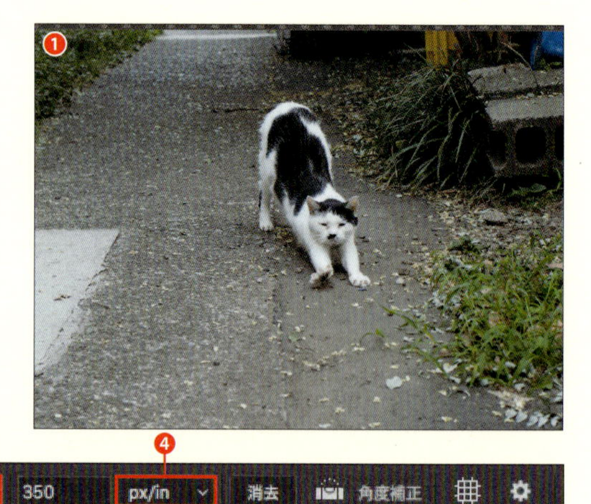

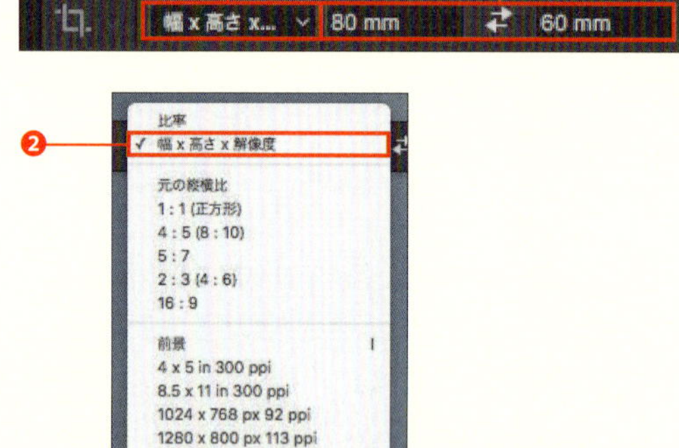

MEMO

ここではオプションバーの [切り抜きの追加オプションを設定] で、[クラシックモード] をオフにして操作しています。古いバージョンと同様の操作をする場合は、これにチェックを入れてください。

STEP 2

切り抜き範囲を示す枠が表示されるので、四隅のハンドルをドラッグしたり、画像をスクロールしたりして切り抜き範囲を調整します❺。切り抜く範囲が決まったら、オプションバーの [○] をクリック❻するか、切り抜き範囲内でダブルクリックすると、切り抜きが行われます❼。

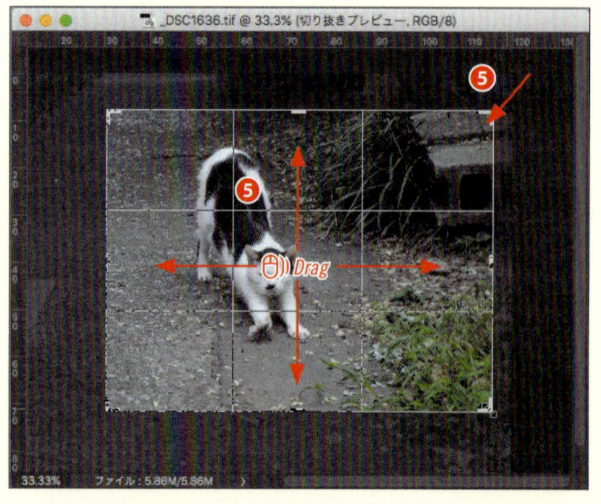

021 画像の一部を切り抜いて小さくする

NO.
081 パース（遠近感）を手動で調整する

VER.
CC / CS6 / CS5 / CS4 / CS3

上すぼみになっている画像では、遠近感を修正することで補正が可能です。

STEP 1

❶の画像のパースを修正します。[ツール] パネルから [遠近法の切り抜き] ツール ❷を選びます。オプションバーはすべて空欄でいいでしょう。ただガイド線を表示する [グリッドを表示] にはチェックを入れます❸。

 遠近法の切り抜きツール▶ C

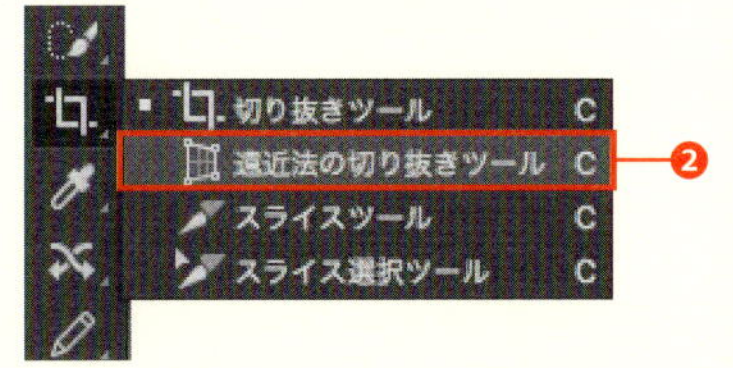

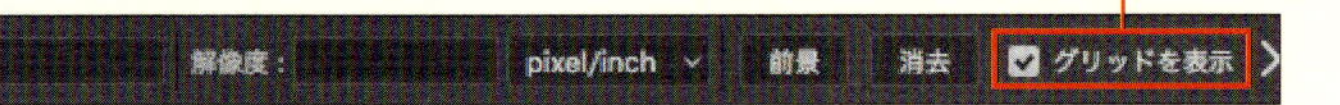

MEMO

CS5以前のバージョンでは、[切り抜き] ツールを選び、オプションバーの [遠近法] にチェックを入れると同様のパース補正が可能です。

STEP 2

元画像を最大限に利用するため、切り抜きの4つのポインタを画像の4隅に合わせてクリックします❹。次にガイド線が建物の垂直の線に沿うようにポインタをドラッグして調整します。ここでは上の左右のポインタを内側に移動しています❺。オプションバーの [○] をクリック❻するか、切り抜きエリア内でダブルクリックして補正を確定します❼。

MEMO

[フィルター] メニューから [レンズ補正] フィルターの [変形] パラメーターや、[Camera Raw フィルター] の [変形ツール] を使ってもパースの補正をすることができます。

NO. 082

パース（遠近感）を自動で調整する

VER.
CC / CS6 / CS5 / CS4 / CS3

CC 以降では、ワンタッチで処理できる非常に強力なパースの補正機能が搭載されています。

STEP 1

❶の画像のパースを修正します。［フィルター］メニューから［Camera Raw フィルター］❷を選びます。

S Camera Raw フィルター ▶ ⌘（Ctrl）+Shift+A

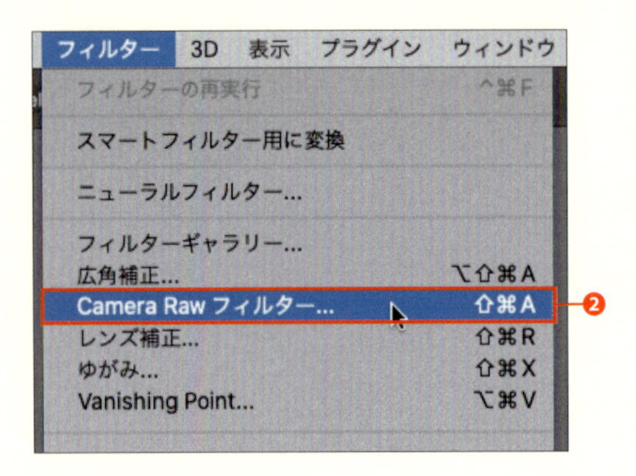

MEMO
CC でも2017より前のバージョンでは、［変形］ツールではなく［レンズ補正］タブを選んで操作します。

STEP 2

［Camera Raw フィルター］が開いたら、［ジオメトリ］パネル❸を開きます。Upright には、［水平］［垂直］［フル］などの調整項目がありますが、ここでは［垂直］❹を選びます。必要に応じて［垂直方向］や［水平方向］などのスライダーで微調整を行い、［OK］で確定します。❺は調整後の画像です。

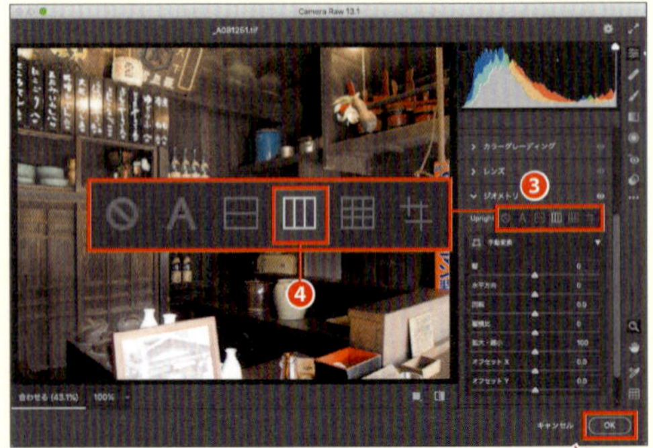

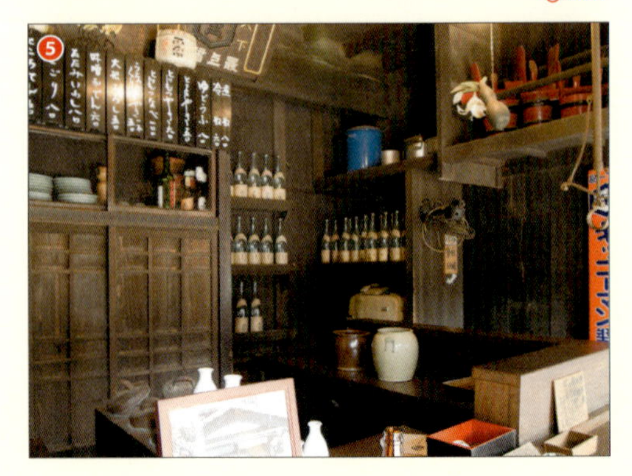

MEMO
［Upright］は非常に強力です。［フル］を選ぶと、不自然になることもありますが、このようにすべてのパースを補正することもできます。

081 パース（遠近感）を手動で調整する

NO.
083 ボケで遠近感を強調する

VER.
CC / CS6 / CS5 / CS4 / CS3

ピントを一部に合わせることによって、写真に遠近感や奥行きを出すことができます。ここで紹介する方法は、ピントの位置を自由に指定できる便利な方法です。

STEP 1

元画像❶にぼかしを加えてみましょう。まず、レイヤーマスクを作成し、そのレイヤーマスクを選択しておきます❷。

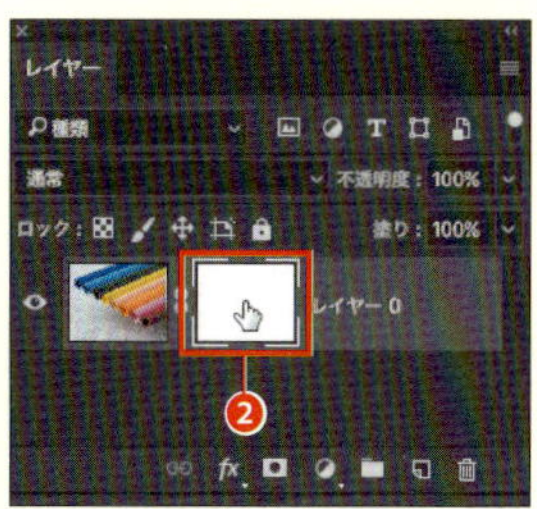

STEP 2

ツールパネルから［グラデーション］ツール❸を選び、描画色と背景色を黒白に❹、オプションバーで［線形グラデーション］❺を選びます。図のようにドラッグすると、いったん画像の一部が透明になります❻。レイヤーパネルで Shift キーを押しながらレイヤーマスクのサムネールをクリック❼して、レイヤーマスクを無効にし、画像のサムネールをクリックします❽。

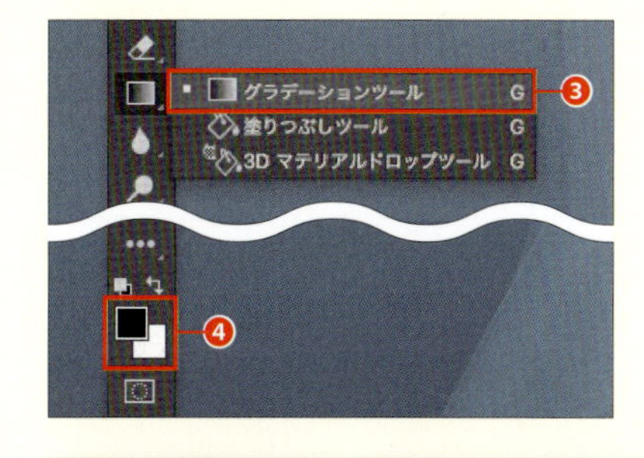

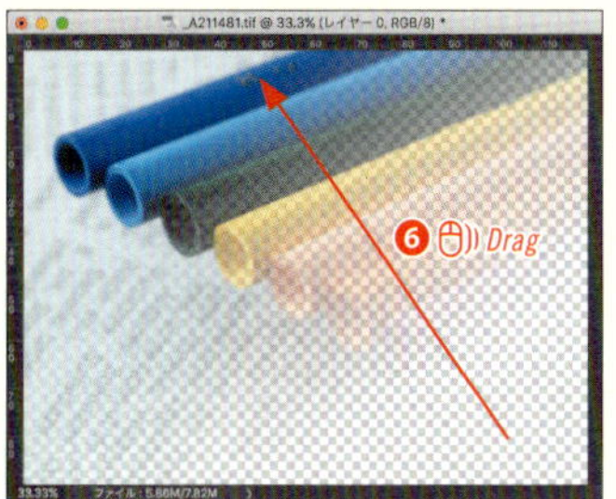

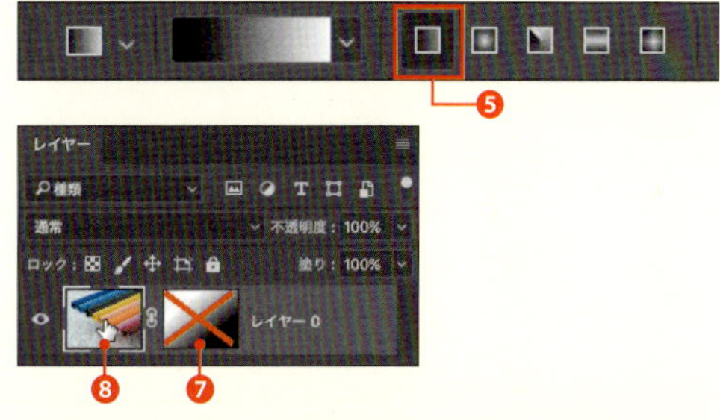

STEP 3

［フィルター］メニューから［ぼかし］→［ぼかし（レンズ）］を選びます。［ソース］に［レイヤーマスク］❾を選んだ上で、［ぼかしの焦点距離］❿をずらすとピント位置がSTEP2のグラデーションに応じて変化します。ぼかしの大きさを［半径］⓫で調整します。［OK］で確定するとぼかしが強調された画像が得られます⓬。

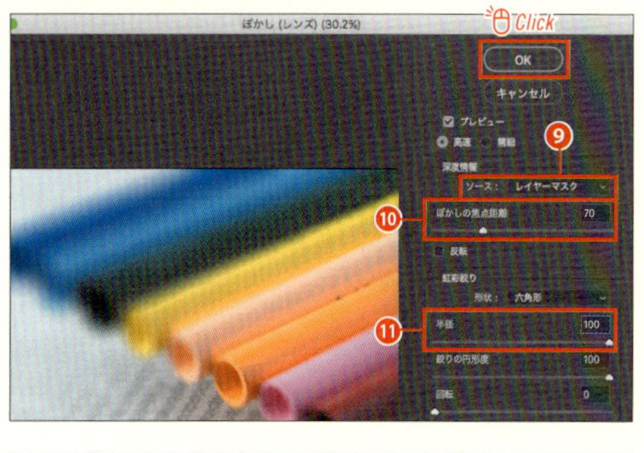

MEMO

［ぼかしの焦点距離］を操作する代わりに、プレビュー画像を直接クリックしてピント位置を指定することもできます。

第3章 レタッチ・マスク

072 レイヤーマスクを作成・編集して画像を合成する

NO.
084 パペットワープで被写体を変形する

VER.
CC / CS6 / CS5 / CS4 / CS3

「パペット」とは人形のことですが、［パペットワープ］を使うと、まさに人形を動かすように自由に変形できます。

STEP 1

あらかじめ、変形したい被写体を切り抜いておき、そのレイヤーを選択しておきます❶。

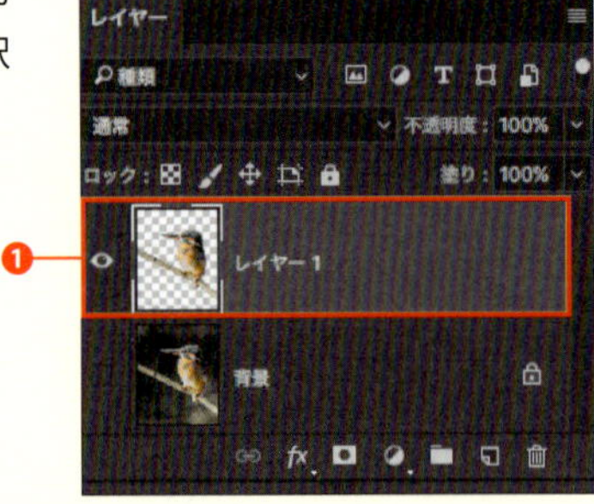

STEP 2

［編集］メニューから［パペットワープ］❷を選択します。オプションバーはここでは初期設定のまま❸としました。

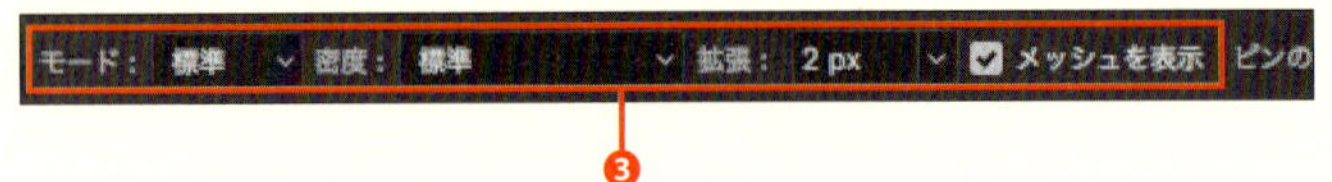

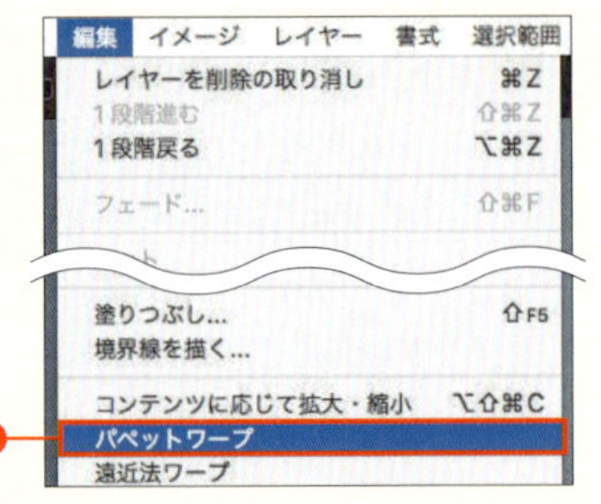

STEP 3

クリックしてピンを置きます。このピンは固定と変形の両方の役割があります。支点となる（固定したい）ピンを置いていきます❹。置いたピンをドラッグすると変形させることができます❺。枝を曲げ、くちばしを上に向けてみました。

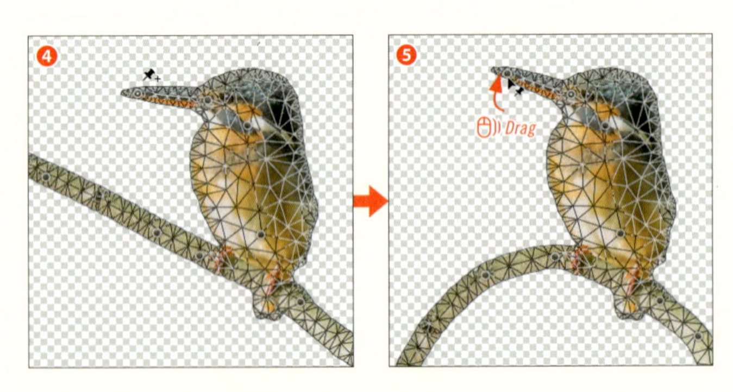

STEP 4

オプションバーの［○］❻をクリックして変形を確定します。［コピースタンプ］ツールなどで背景を処理すれば❼のように仕上げることができます。

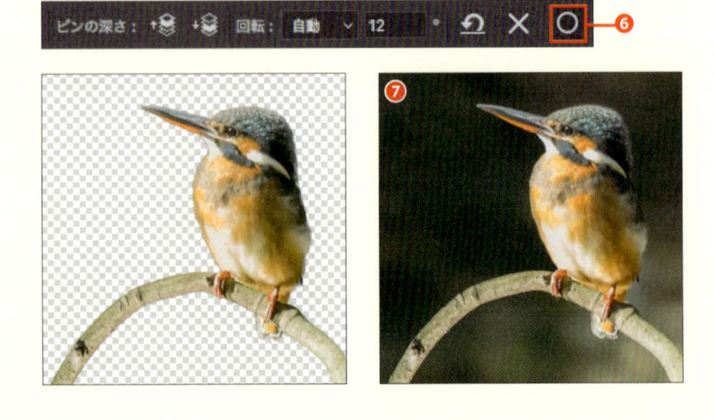

NO.
085 画像をシャープにしてクッキリ見せる

VER.
CC / CS6 / CS5 / CS4 / CS3

シャープ処理をすることで画像の印象を強めることができます。また印刷する場合は［アンシャープマスク］処理は必須です。

STEP 1

シャープ処理には複数の方法がありますが、主にモニタ表示に適しているのが［フィルター］メニューから［シャープ］→［スマートシャープ］です。基本的には［量］❶と［半径］❷でシャープを調整します。［除去］❸は［ぼかし（レンズ）］を選ぶと高画質処理となります。
なお、CCでは［スマートシャープ］が強化され、シャープ処理によって生じる［ノイズを軽減］❹できたり、［シャドウ］❺や［ハイライト］❻の階調に対してシャープの強さを調整したりすることが可能です。

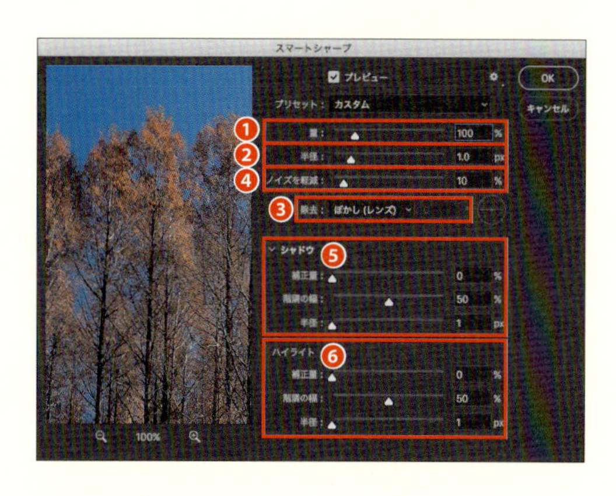

STEP 2

印刷用のシャープ処理に適しているのが［フィルター］メニューから［シャープ］→［アンシャープマスク］です。シャープの強さを決める［量］❼、シャープのかかるピクセル範囲を調整する［半径］❽、輪郭部と滑らかな部分とでシャープのかかり具合を調整する［しきい値］❾を設定できます。一般的には、［量］は［100］〜［200］%程度、［半径］は［1］〜［2］ピクセル程度、［しきい値］は［1］〜［10］程度に調整します。なお、印刷用の画像に対しては、実サイズにリサイズし、CMYKに変換したあとに［アンシャープマスク］を適用します。下の図はアンシャープマスクの適用前と適用後です。

適用前

適用後

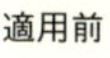
086 ぶれた画像を補正してハッキリとさせる

NO.

086 ぶれた画像を補正してハッキリとさせる

VER.

CC / CS6 / CS5 / CS4 / CS3

撮影時の手ぶれなどでぶれた画像を補正する機能が CC に搭載されています。多少のぶれであれば、きれいに補正できます。

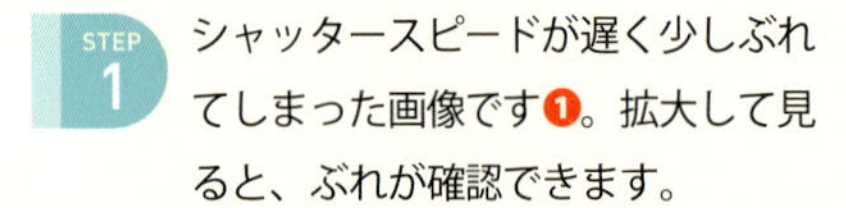

STEP 1

シャッタースピードが遅く少しぶれてしまった画像です❶。拡大して見ると、ぶれが確認できます。

STEP 2

[フィルター] メニューから [シャープ] → [ぶれの軽減] ❷を選びます。[ぶれの軽減] を開くと同時に Photoshop が自動的にぶれを解析します。プレビュー画面に現れる四角い枠は [ぼかし予測領域] ❸で当初は自動的にひとつ作成されます。この領域内を解析しぶれ補正を行います。[ぼかし予測領域] はドラッグして位置を変更できる他、[ぼかしトレーシングの境界] ❹で大きさの変更が可能です。また、[ぼかし予測] ツール ❺で複数の [ぼかし予測領域] を作成することも可能です。[ソースノイズ] ❻は補正の強さを調整しますが [自動] でいいようです。その他、必要に応じて [滑らかさ] ❼、[斑点の抑制] ❽を調整し直します。

なお、特定方向にぶれている場合は、[ぼかし方向] ツール ❾でぶれた方向にドラッグすると効果的にぶれを補正できます。

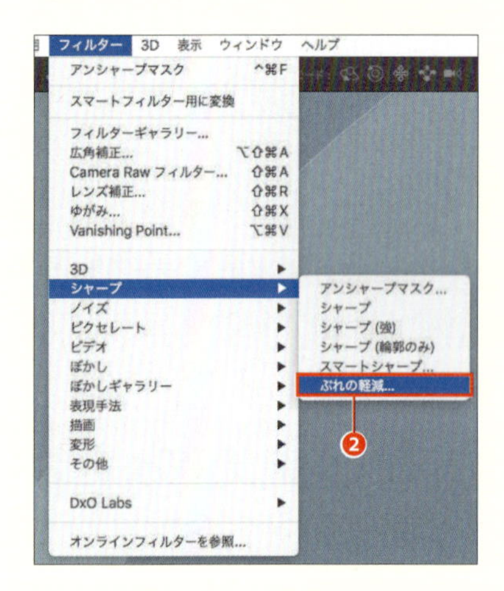

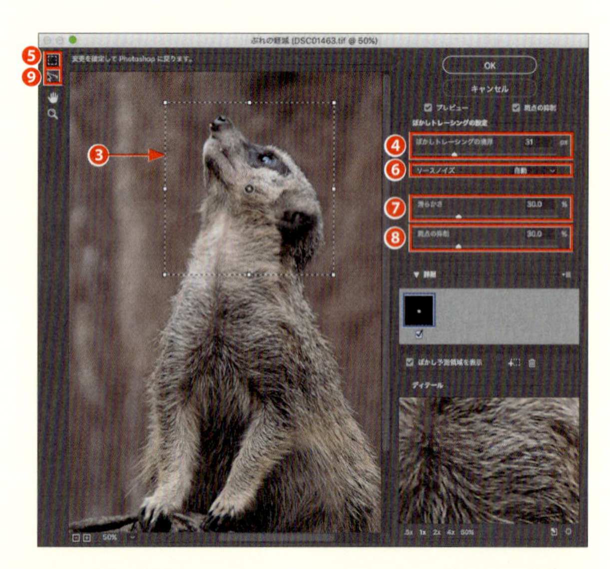

STEP 3

[ぶれの軽減] 処理を行ったあとの画像です。ミーアキャットの目や毛並みなどが、処理前よりハッキリしていることが確認できます。

085 画像をシャープにしてクッキリ見せる

第4章 描画モード・合成

NO.

087 描画モードを変更する

VER.
CC / CS6 / CS5 / CS4 / CS3

描画モードはレイヤーの合成方法を指定するものです。同じ画像でも、描画モードを変えるだけでさまざまなバリエーションが生まれます。

STEP 1

[レイヤー] パネルで、描画モードを変更したいレイヤーをクリックして選択します❶。

背景

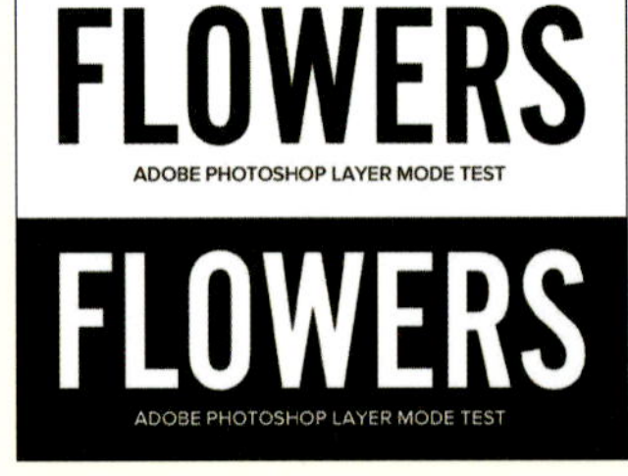

レイヤー

[レイヤー] パネルの状態

STEP 2

[レイヤー] パネルの左上にあるドロップダウンリスト❷から目的の描画モードを選択します。

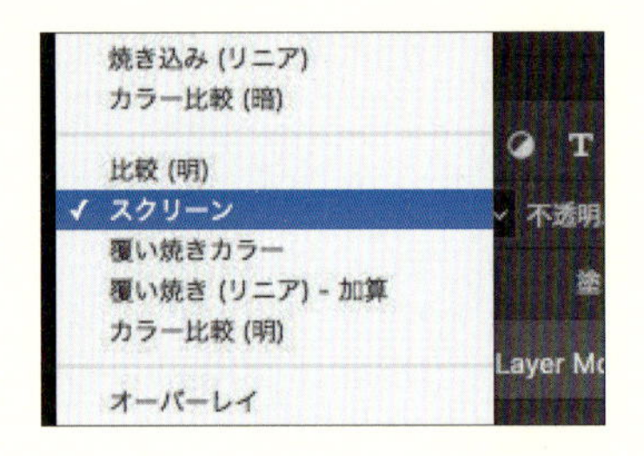

STEP 3

選択した描画モードに従って、レイヤーの画像と下の画像が合成されます。必要に応じて [不透明度] や [塗り] も変更できます。

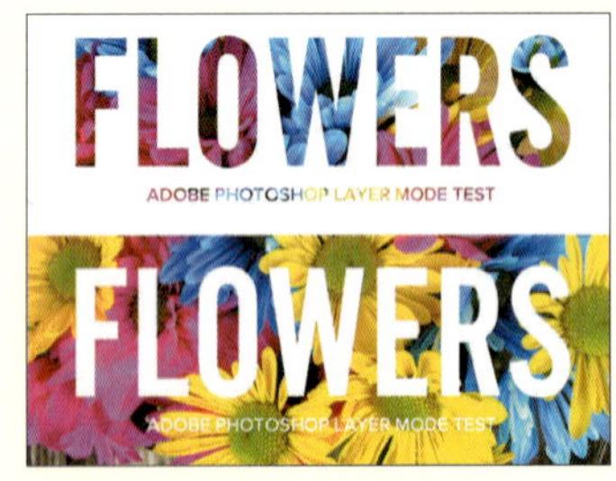

描画モード変更後の表示結果（スクリーン）

STEP 4

以下の背景とレイヤーの画像を、さまざまな描画モードで合成した作例を紹介しましょう。本サンプルはRGBカラーを前提としていますが、カラーモードによって合成結果は異なります。また、バージョンによって使用できる描画モードに違いがあります。

背景の画像（下）

レイヤーの画像（上）

通常

ディザ合成

比較（暗）

乗算

焼き込みカラー

比較（明）

スクリーン

覆い焼きカラー

オーバーレイ

ハードライト

ハードミックス

差の絶対値

カラー

MEMO

中性色について

一部の描画モードには「中性色」と呼ばれる色が存在します。これは、合成結果に影響を与えない色のことで、描画モードの基本となるものです。中性色のピクセルでは合成結果はいっさい変化しません。中性色は「黒」「白」「50％グレー」のいずれかです。

オーバーレイでの合成結果。オーバーレイの中性色である50%グレーは変化がない

NO.

088 画像の黒い部分に別画像を合成する

VER.
CC / CS6 / CS5 / CS4 / CS3

背景にする写真にグレースケール画像を［スクリーン］で重ねます。

STEP 1

ベースの画像を開きます。今回は市松模様の画像を用意しました。カラーモードはグレースケールです。［選択範囲］メニューから［すべてを選択］を実行したあと、［編集］メニューから［コピー］でグレースケール画像をコピーします。

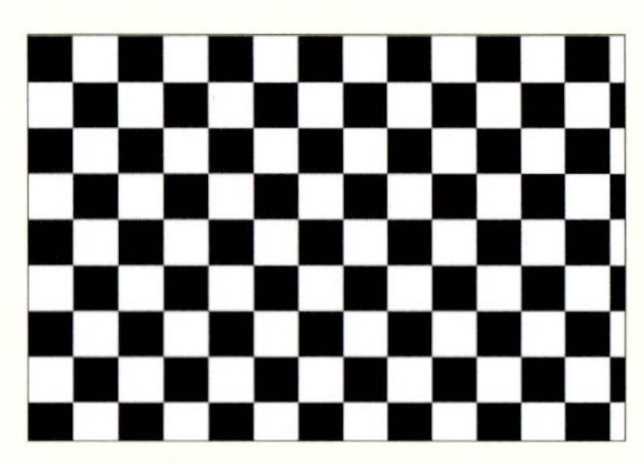

ベースになる画像

STEP 2

合成したい画像を開いて［編集］メニューから［ペースト］で先ほどコピーしたグレースケール画像をペーストします。画像がレイヤーとしてペーストされました❶。

ベース画像の黒い部分に合成する画像

レイヤーパネルの状態

STEP 3

［レイヤー］パネルでペーストしたレイヤーの［描画モード］を［スクリーン］に変更します❷。

MEMO

［描画モード］を［乗算］にすると、逆に画像の白い部分に別画像を合成できます。

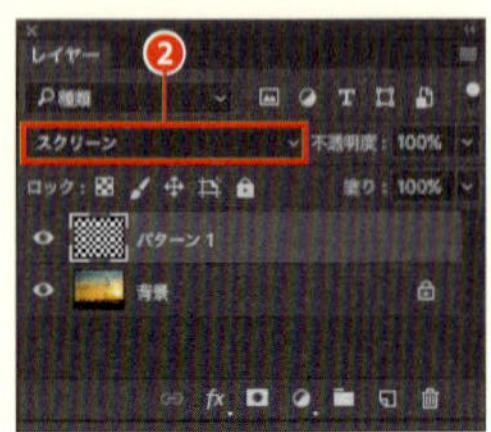

NO.

089 ソフトフォーカス風にする

VER.
CC / CS6 / CS5 / CS4 / CS3

複製したレイヤーをぼかして、元の画像に［比較（明）］で重ねます。

STEP 1

［レイヤー］メニューから［レイヤーを複製］を選択し、［新規名称］に「ぼかし」という名前を入力して❶［OK］をクリックします。

元画像

STEP 2

［フィルター］メニューから［ぼかし］→［ぼかし（ガウス）］を選択し、［半径］を［8.0pixel］程度に設定して❷［OK］をクリックします。これで［ぼかし］レイヤーの写真がぼけた状態になります。

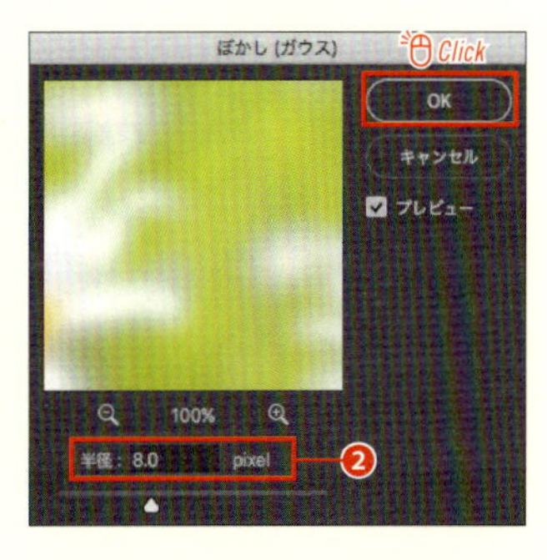

STEP 3

［レイヤー］パネルで［描画モード］を［比較（明）］❸、［不透明度］を［80%］❹に変更すれば完成です。

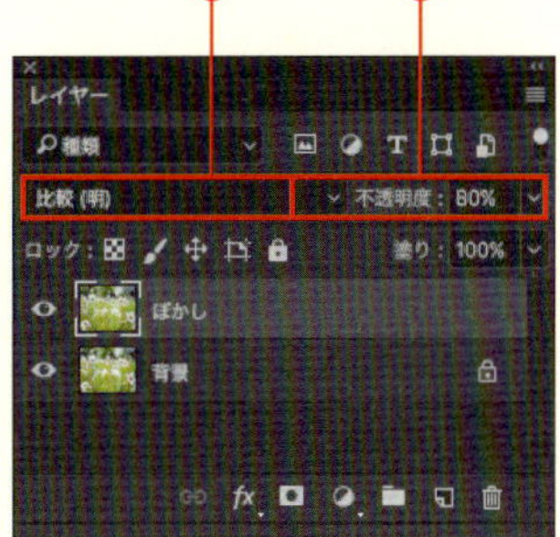

MEMO

［ぼかし］レイヤーの不透明度を変更することでソフトフォーカスのかかり具合を調節できます。また、思った仕上がりが得られない場合は、描画モードを［スクリーン］や［ソフトライト］などに変更してみましょう。

087 描画モードを変更する

NO.
090 写真に色を重ねてセピア調にする

VER.
CC / CS6 / CS5 / CS4 / CS3

写真の上に［カラー］で色を重ねると、手軽にセピア調の写真がつくれます。また、色や不透明度を変更して色調を簡単に調節できます。

STEP 1

セピア調にしたい写真を開きます。［レイヤー］メニューから［新規塗りつぶしレイヤー］→［べた塗り］を選択し、［レイヤー名］を［セピア］❶、［描画モード］を［カラー］に設定して❷、［OK］をクリックします。

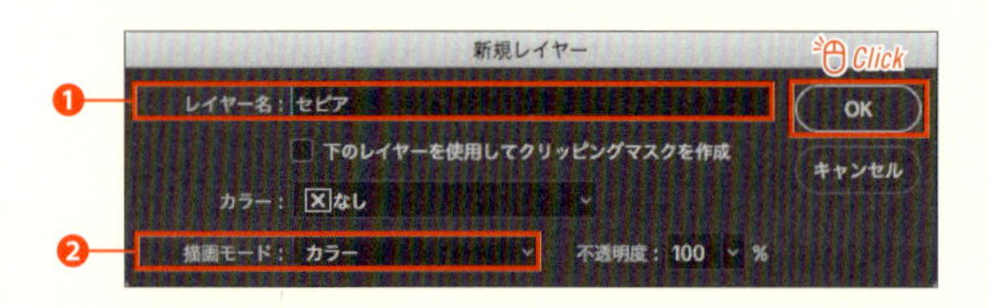

STEP 2

［カラーピッカー］ダイアログが開いたら、任意の色を選択します❸。今回は［R：70／G：40／B：10］の色を選択しました。色が決定したら［OK］をクリックします。写真に色が重なり、セピア調になりました。重ねる色を変更したい場合は、［セピア］レイヤーのレイヤーサムネールをダブルクリック❹して色を変更します。

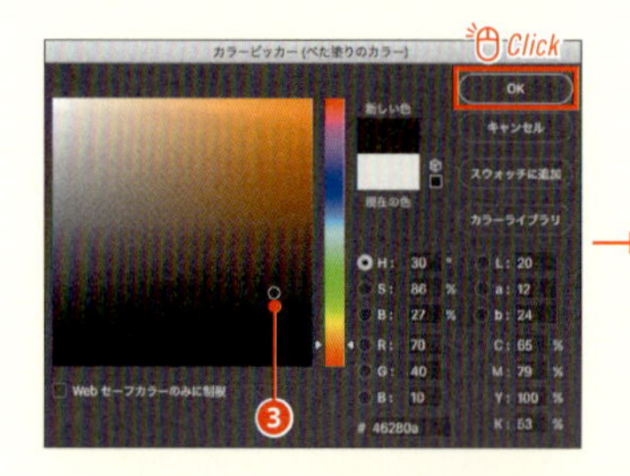

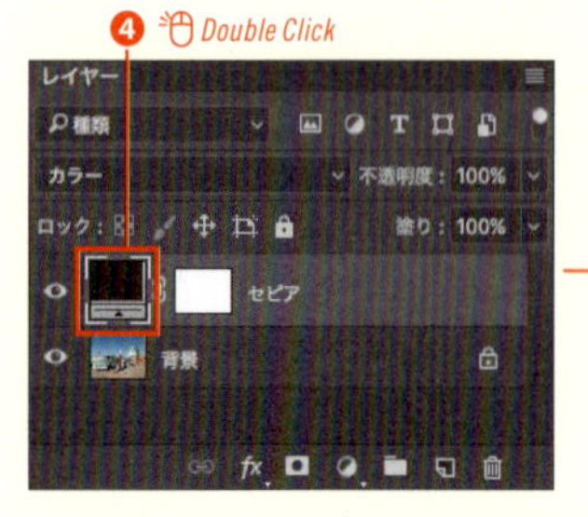

レイヤーサムネールをダブルクリックして色を変更

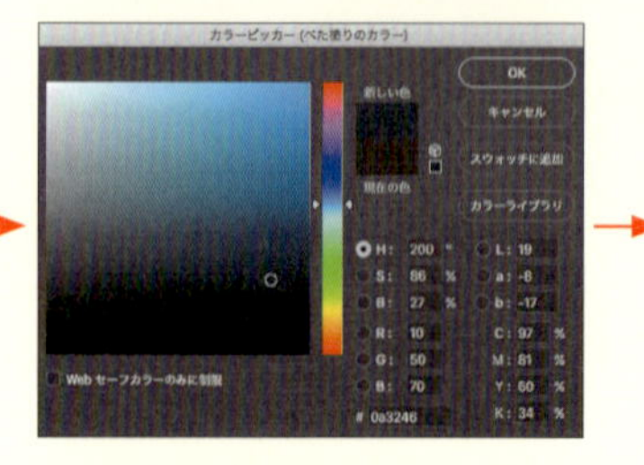

ブルーに変更したところ

STEP 3

［レイヤー］パネルで［セピア］レイヤーの不透明度を調節すれば❺、写真オリジナルの色を出すこともできます。オリジナルの色を残しつつ、全体をほんのりセピア調にしたいときに効果的です。

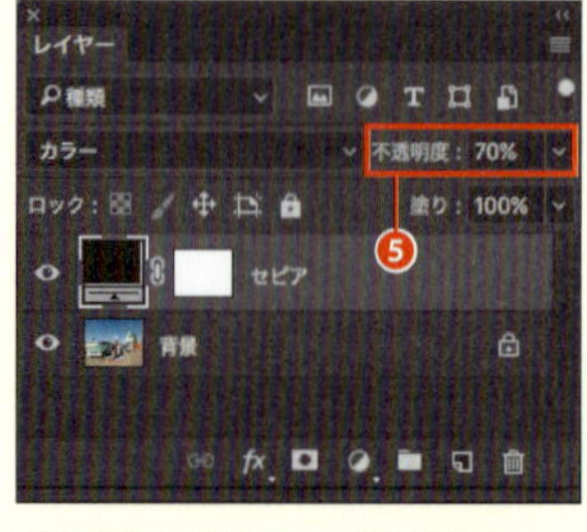

不透明度を変更して色の濃度を調節

087 描画モードを変更する

NO.

091 ノートに文字を合成する

VER.
CC / CS6 / CS5 / CS4 / CS3

別に撮影した文字の画像をレベル補正して、ノートの写真に［乗算］で重ねます。

STEP 1

マーカーなどを使って紙に文字を書いてスキャンします。スキャナーがない場合はデジカメで撮影しても問題ありません。この写真を Photoshop で開きます。

手書き文字をスキャンする

STEP 2

［イメージ］メニューから［色調補正］→［レベル補正］を選択します。［入力レベル］のハイライトスライダーを左方向へスライドさせ❶、文字以外の範囲がほぼ白くなるように濃度を調節します。必要に応じてシャドウスライダー❷、中間色スライダー❸を移動し、文字の濃度を調節したら［OK］をクリックします。その後、［選択範囲］メニューから［すべてを選択］、［編集］メニューから［コピー］を実行して画像をコピーしておきます。

レベル補正で白を飛ばす

STEP 3

合成する写真を開き、［編集］メニューから［ペースト］で文字の画像をペーストします。［レイヤー］パネルで、ペーストしたレイヤーの［描画モード］を［乗算］に変更します❹。［移動］ツールで文字の位置を変更します。ペンに重なった部分は、［消しゴム］ツールなどを使って画像を削除しましょう。

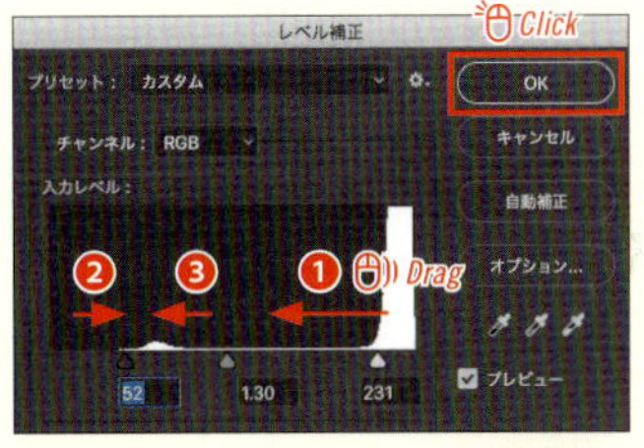

文字を合成する写真

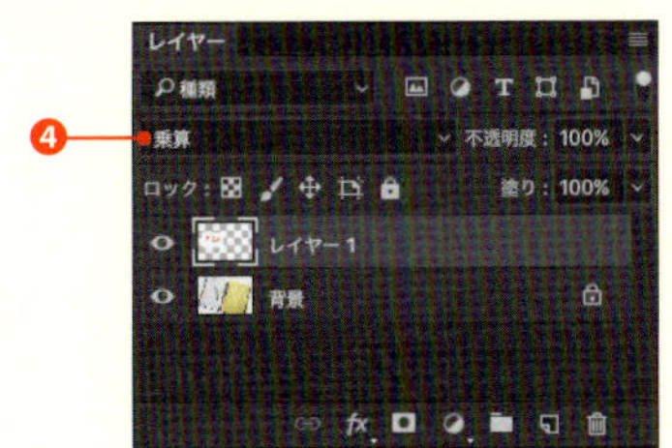

第4章 描画モード・合成

053 明るさを調整する
087 描画モードを変更する

NO.
092 手書き文字を白抜きで合成する

VER.
CC / CS6 / CS5 / CS4 / CS3

手書き文字画像の階調を反転し、画像に［スクリーン］で重ねます。

STEP 1

手書きした文字をスキャナーで読み込み、Photoshopで開きます。［イメージ］メニューから［モード］→［グレースケール］で、グレースケール画像に変換したあと、［イメージ］メニューから［色調補正］→［レベル補正］を選択します。入力レベルの各スライダー❶を調節して白と黒がハッキリするように濃度を補正し、［OK］をクリックします。その後、［選択範囲］メニューから［すべてを選択］、［編集］メニューから［コピー］で画像をコピーします。

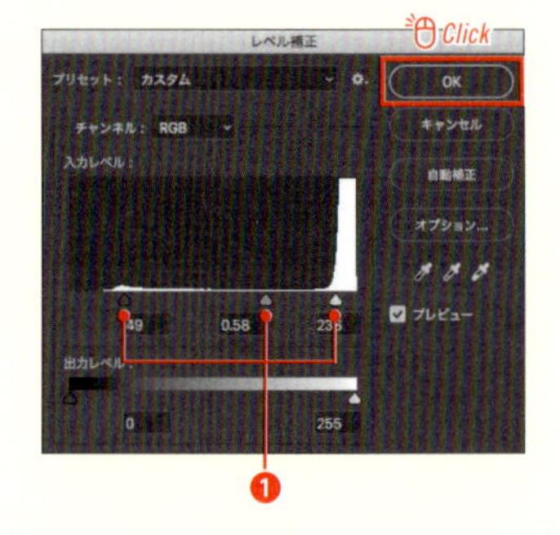

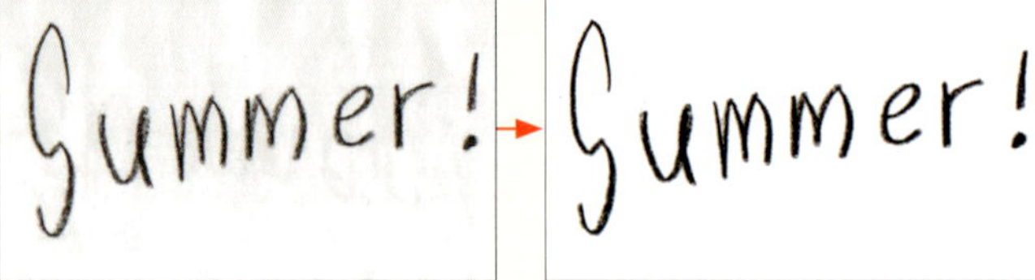

手書き文字をグレースケールにする

レベル補正で白を飛ばす

STEP 2

文字を合成する写真を開き❷、［編集］メニューから［ペースト］で先ほどコピーした画像をペーストします❸。続いて、［イメージ］メニューから［色調補正］→［階調の反転］を実行して階調を反転し❹、［レイヤー］パネルで手書き文字のレイヤーの［描画モード］を［スクリーン］❺に変更します。あとは、［移動］ツール で文字の位置を調整すれば完成です。

文字を合成する写真

ペースト直後

階調を反転する

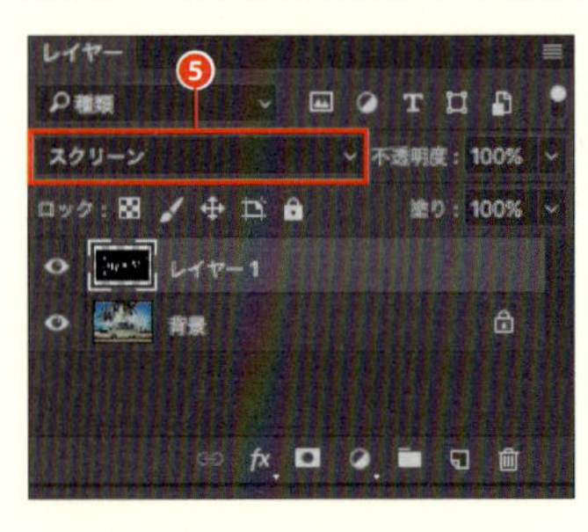

［移動］ツール で文字の位置を調節して完成

087 描画モードを変更する

NO.
093 逆光のイメージを強調する

VER.
CC / CS6 / CS5 / CS4 / CS3

［逆光］フィルターで光源とフレアのイメージを合成します。

STEP 1

［レイヤー］メニューから［新規］→［レイヤー］を選択し、［新規レイヤー］ダイアログを開きます。［レイヤー名］に「太陽」と入力し❶、［描画モード］を［スクリーン］に変更して❷、［スクリーンの中性色で塗りつぶす（黒）］のチェックを入れて❸［OK］をクリックします。

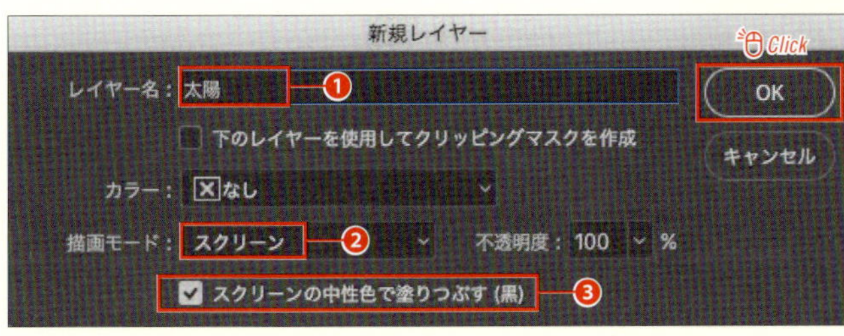

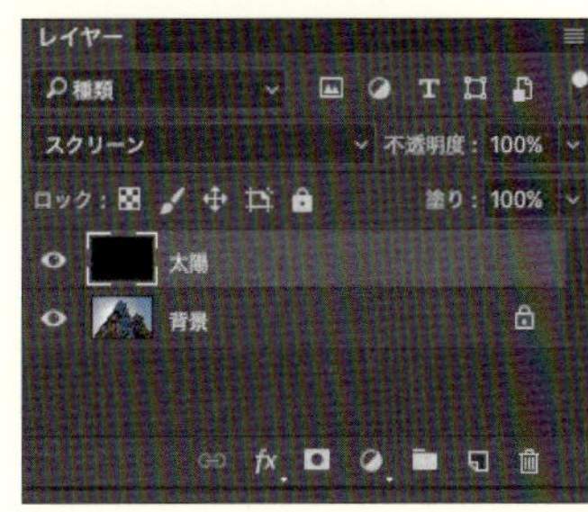

STEP 2

［フィルター］メニューから［描画］→［逆光］選択し、［明るさ：110%］❹、［レンズの種類：50-300mm ズーム］に変更します❺。プレビュー画像の十字マークをドラッグして、太陽を合成したい位置に移動させたら❻［OK］をクリックしてフィルターを合成します。

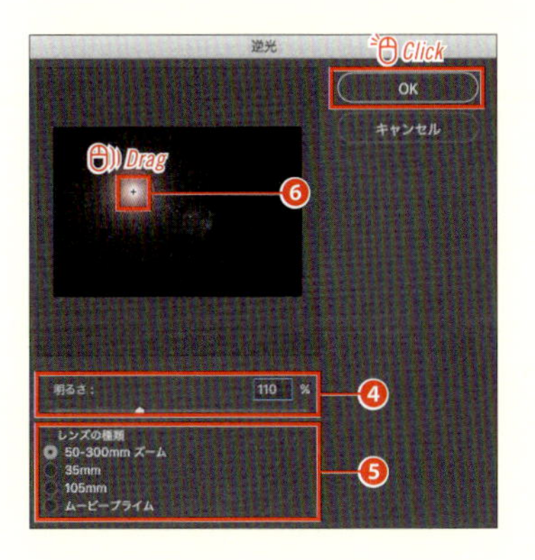

合成後

MEMO

［逆光］フィルターは画像に直接描画することもできますが、今回のように別レイヤーとして作成すれば、複数のレイヤーを使っている画像でも統合することなく逆光を合成できます。

030 新規レイヤーを作成する
119 フィルターを適用する

NO.

094 線画のイラストをきれいに着色する

VER.
CC / CS6 / CS5 / CS4 / CS3

線画の上に着色したレイヤーを［乗算］で重ねます。

STEP 1

線画の画像を開きます。［レイヤー］パネルの［新規レイヤーを作成］ボタンを Option （Alt）キーを押しながらクリックします❶。［新規レイヤー］ダイアログが表示されたら、［レイヤー名］を「色」❷、［描画モード］を［乗算］に設定し❸、［OK］をクリックします。

元となる線画

MEMO

線画画像のカラーモードが RGB カラー以外の場合、［イメージ］メニューから［モード］→［RGB カラー］を選択して、カラーモードを RGB カラーに変換しておきましょう。

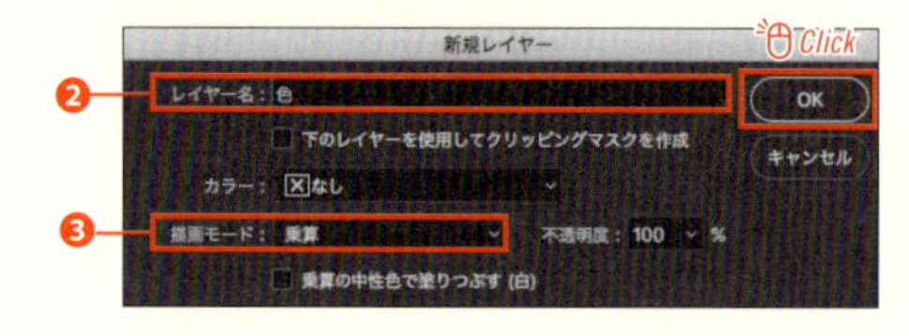

STEP 2

［ブラシ］ツールを選択し❹、オプションバーのブラシプリセットピッカーで塗りやすい大きさのブラシを設定します❺。このブラシで塗りたい範囲をドラッグし、イラストに着色します❻。［色］レイヤーは描画モードが［乗算］になっているため、主線に色が食い込んでも、きれいに塗ることができます❼。

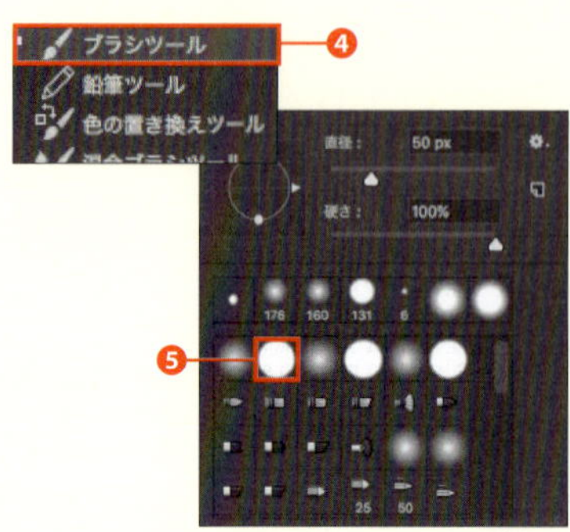

ブラシを設定

主線部分に食い込んでもはみ出ず塗れる

STEP 3

この手順を繰り返し、すべての範囲を着色すれば完成です。今回はひとつのレイヤーですべての色を塗りつぶしましたが、色ごとにレイヤーを分けておくと、あとで色を変更するときに便利です。

すべての色を塗って完成

NO.
095 モノクロのロゴ画像をきれいに着色する

VER.
CC / CS6 / CS5 / CS4 / CS3

モノクロのロゴ画像の上に着色したレイヤーを［スクリーン］で重ねます。

STEP 1

モノクロのロゴ画像を開きます。［レイヤー］パネルの［新規レイヤーを作成］ボタンを Option （Alt）キーを押しながらクリック❶して、［新規レイヤー］ダイアログを表示します。［レイヤー名］を［色］❷、［描画モード］を［スクリーン］に設定し❸、［OK］をクリックします。

元となるモノクロのロゴ

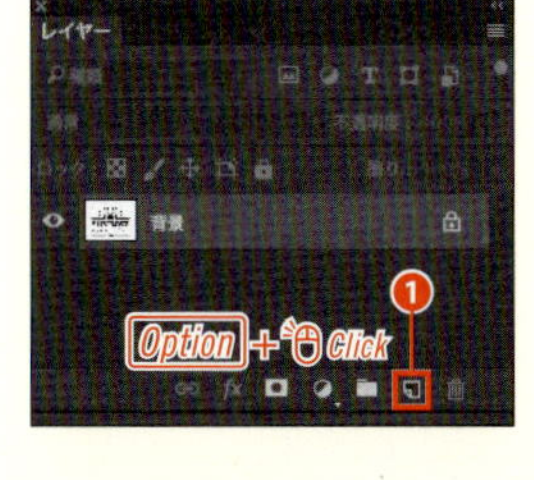

MEMO

ロゴ画像のカラーモードがRGBカラー以外の場合、［イメージ］メニューから［モード］→［RGBカラー］を選択して、カラーモードをRGBカラーに変換しておきましょう。

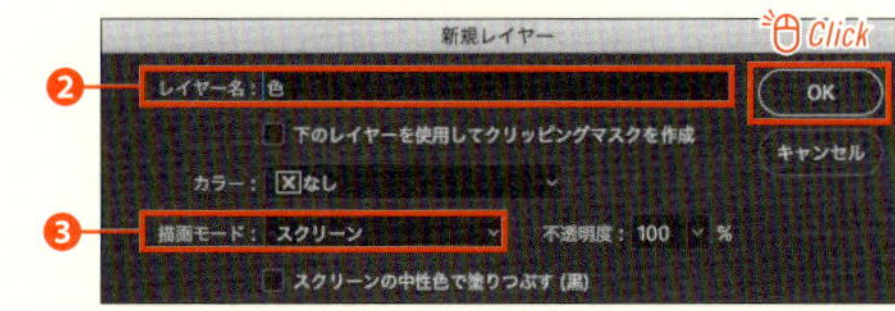

STEP 2

［ブラシ］ツール を選択し❹、オプションバーのブラシプリセットピッカーで塗りやすい大きさのブラシを設定します❺。ブラシで塗りたい範囲をドラッグしてロゴを着色します❻。［色］レイヤーは描画モードが［スクリーン］になっているため、はみ出して塗っても色が黒い範囲より外へ出ることがなく、きれいに塗ることができます❼。

ラインから出てもはみ出ず塗れる

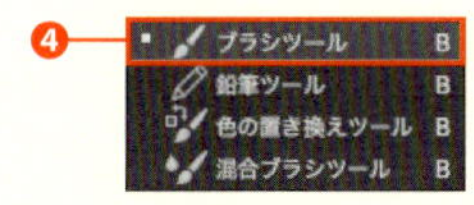

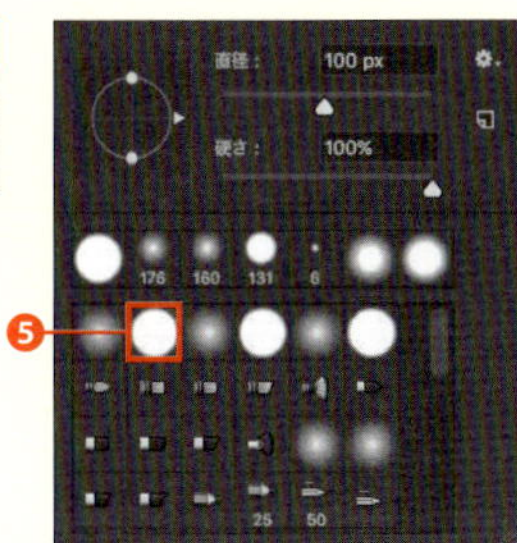

ブラシを設定

STEP 3

この手順を繰り返し、すべての範囲を着色すれば完成です。今回はひとつのレイヤーですべての色を塗りつぶしましたが、色ごとにレイヤーを分けておくと、あとで色を変更するときに便利です。

すべての色を塗って完成

第4章 描画モード・合成

087 描画モードを変更する

NO.

096 クシャクシャに丸めた紙に写真を合成する

VER.
CC / CS6 / CS5 / CS4 / CS3

クシャクシャに丸めたコピー用紙の写真に別の写真を［乗算］で重ねます。

STEP 1

合成する写真を開き、［選択範囲］メニューから［すべてを選択］、［編集］メニューから［コピー］を実行して画像をコピーします。

合成する写真

STEP 2

一度クシャクシャに丸めて広げたコピー用紙の写真を開き、［編集］メニューから［ペースト］で先ほどコピーした画像をペーストします。レイヤー名は［写真］に変更しておきました❶。さらに、［描画モード：乗算］に変更します❷。

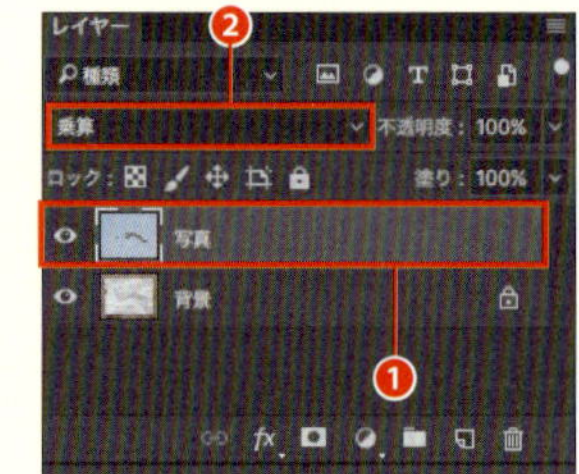

STEP 3

［消しゴム］ツール を選択し❸、オプションバーのブラシプリセットピッカーから［ハード円ブラシ］を選択します❹。これでコピー紙からはみ出た写真をドラッグで消していけば完成です❺。［消しゴム］ツールの［直径］は適宜使いやすいサイズに調節しましょう。

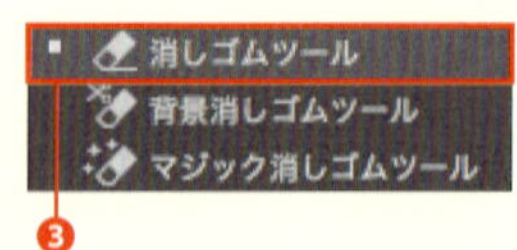

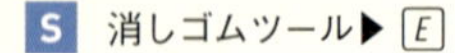
S 消しゴムツール▶ E

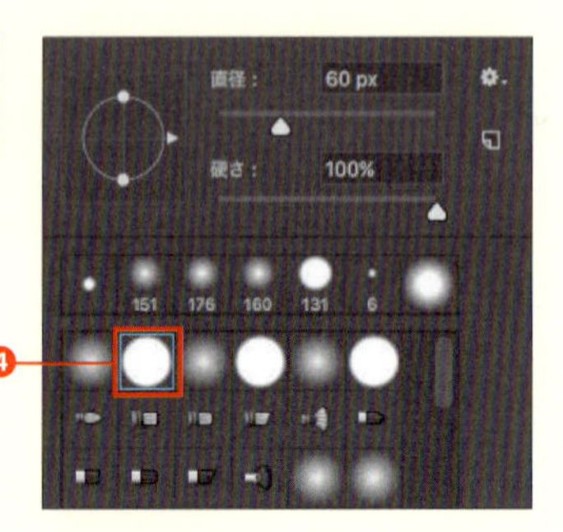

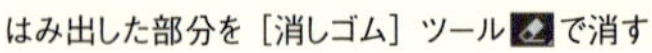
はみ出した部分を［消しゴム］ツール で消す

087 描画モードを変更する
150 消しゴムを使ったように画像を消す

NO.

097 写真に布の質感を合成する

VER.
CC / CS6 / CS5 / CS4 / CS3

布のテクスチャを画像に［ソフトライト］で重ね、［エンボス］フィルターで凹凸を強調します。

STEP 1

布を撮影した画像を開き、［選択範囲］メニューから［すべてを選択］、［編集］メニューから［コピー］を実行して画像をコピーします。

テクスチャとなる布の写真

STEP 2

背景とするの写真を開き、［編集］メニューから［ペースト］を実行します。レイヤー名は［布］に変更し、［描画モード：ソフトライト］❶、［不透明度：50%］に変更します❷。

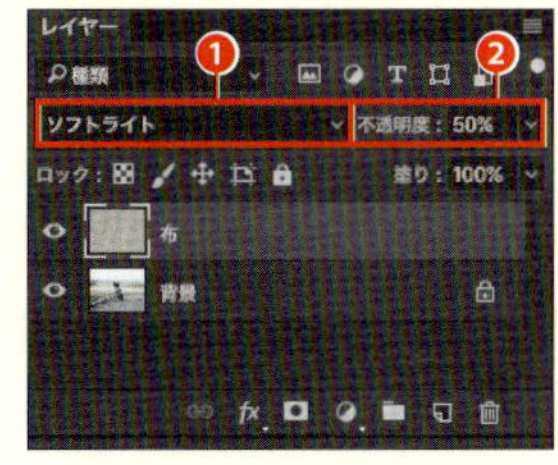

布目が合成された

STEP 3

［レイヤー］メニューから［レイヤーを複製］を選択し、［新規名称：布エンボス］で実行します❸。「布エンボス」レイヤーを選択し、［不透明度：100%］に戻した後❹、［フィルター］メニューから［表現手法］→［エンボス］を［角度:-60］、［高さ:3］、［量:150］で実行すれば❺完成です。エンボスによって布の凹凸が強調されました❻。

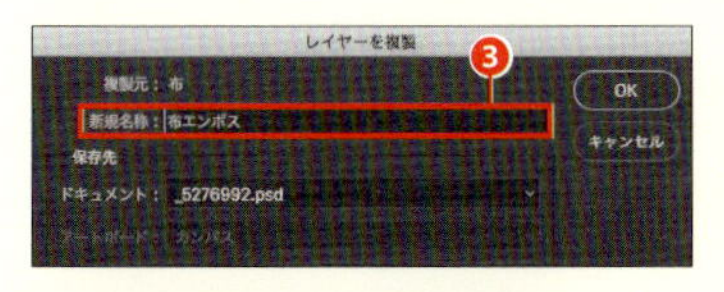

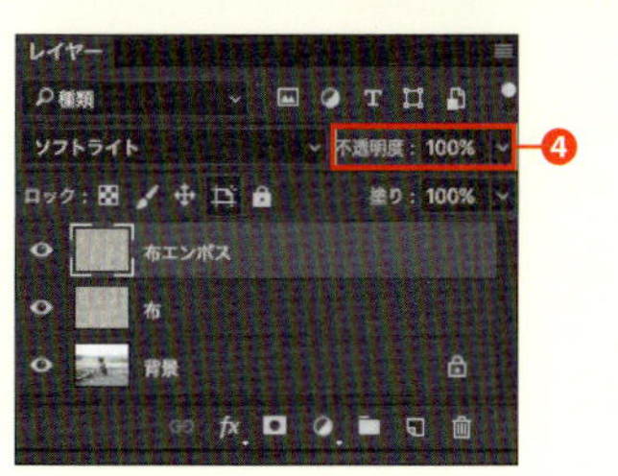

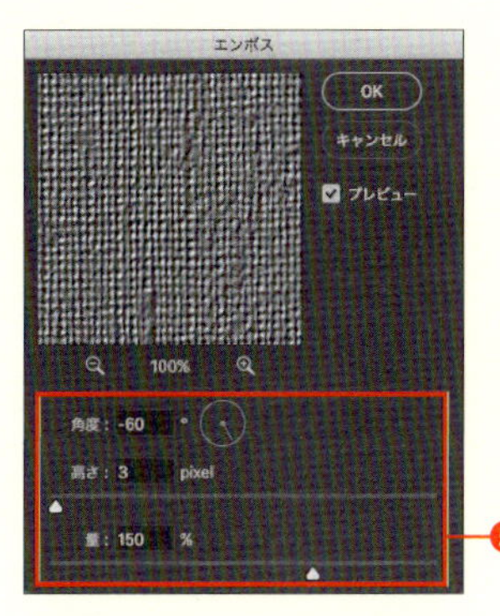

布画像にエンボスフィルターを実行

布目の立体感が強調された

087 描画モードを変更する
119 フィルターを適用する

NO.

098 テレビ画面のような走査線を合成する

VER.

CC / CS6 / CS5 / CS4 / CS3

［ハーフトーンパターン］フィルターでつくったテクスチャを、元画像に［リニアライト］で重ねます。

STEP 1

［レイヤー］メニューから［レイヤーを複製］を選択し、新規名称に［走査線］という名前を入力して❶［OK］をクリックします。

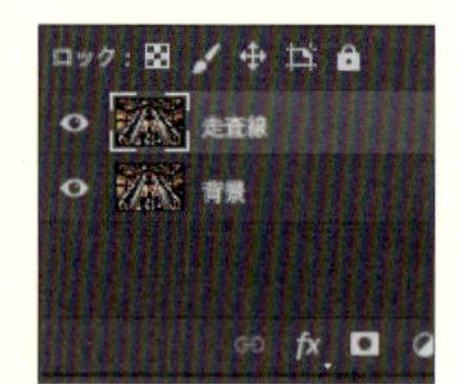

［背景］をレイヤーとして複製

STEP 2

［走査線］レイヤーを選択した状態で、［フィルター］メニューから［フィルターギャラリー］を選択し、［スケッチ］内にある［ハーフトーンパターン］を選びます。［サイズ：2］に❷、［コントラスト：1］に❸、［パターンタイプ：線］に設定して❹、［OK］をクリックします。

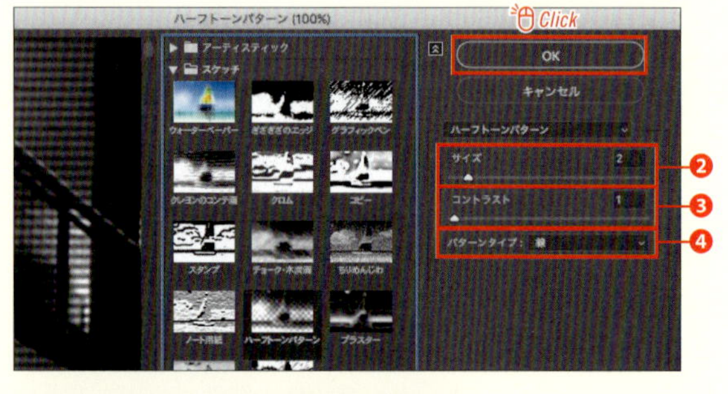

CAUTION

フィルターを適用する前に、必ずツールパネルの描画色と背景色を初期値の黒白に戻してください。

フィルター適用後

STEP 3

［レイヤー］パネルで［走査線］レイヤーの［描画モード］を［リニアライト］に変更し❺、［不透明度］を［60%］に変更すれば❻完成です。

MEMO

写真の状態によっては走査線の濃度が適切にならないことがあります。その場合は、元画像のレベルを補正したり、［描画モード］や［不透明度］を変更したりして調節してください。

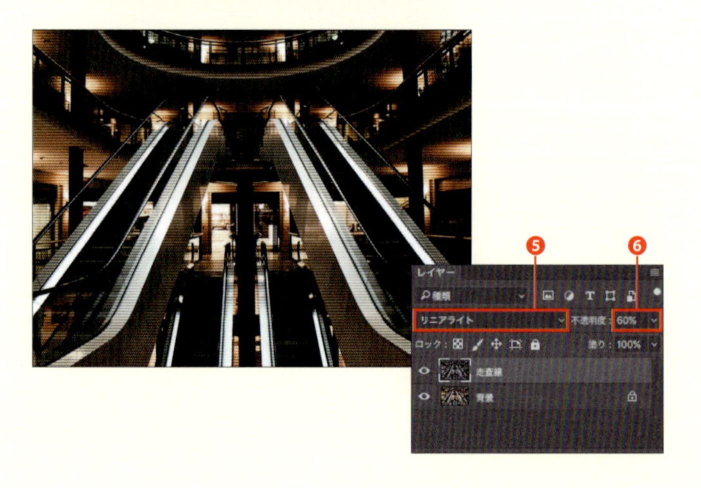

087 描画モードを変更する
119 フィルターを適用する

NO.
099 壁にスプレーを吹きかけたような文字を合成する

VER.
CC / CS6 / CS5 / CS4 / CS3

部分的にぼかした文字を、壁の写真に［ディザ合成］で重ねます。

STEP 1
壁の写真を開きます。描画色を希望の色に変更したら、［横書き文字］ツールで画像をクリックして任意の文字を入力します。入力が終わったら、［レイヤー］メニューから［ラスタライズ］→［テキスト］を実行して、文字を画像に変換します❶。

MEMO
フォントの種類は自由ですが、できるだけ手書き風のものを選ぶと雰囲気が出ます。

テキストをラスタライズする

STEP 2
［ツール］パネルから［なげなわ］ツールを選択し、オプションバーで［ぼかし：40］程度に設定❷したあと、文字を部分的に囲んで選択します❸。複数の選択範囲をつくるには、Shift キーを押しながらドラッグします。選択ができたら、［フィルター］メニューから［ぼかし］→［ぼかし（ガウス）］を［半径：40］程度で実行します❹。

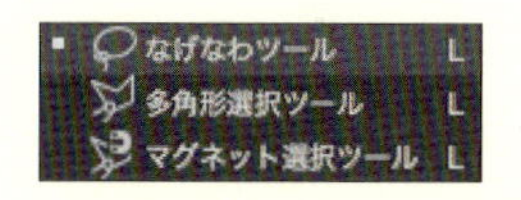

文字を部分的に選択

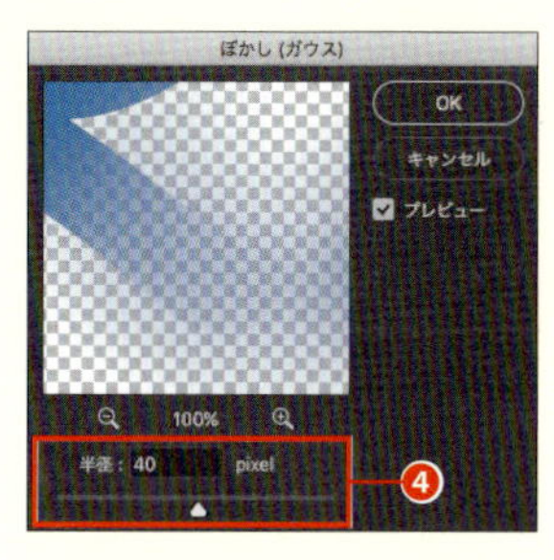

フィルター適用後

STEP 3
［レイヤー］メニューから［レイヤーを複製］で文字のレイヤーを複製し❺、複製したレイヤーの［描画モード］を［ディザ合成］❻に変更します。ぼかしの部分が砂のような粒子になりました。最後に、テキストのレイヤーふたつをグループにして［描画モード：乗算］❼に変更すれば完成です。

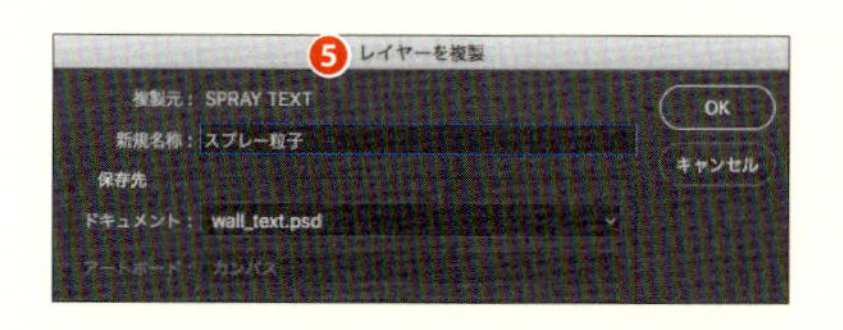

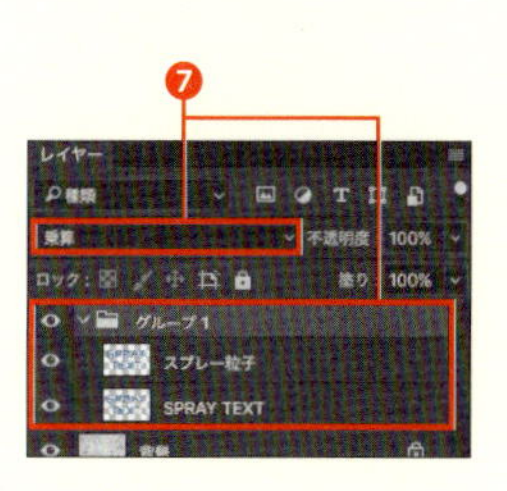

064 選択範囲を作成する／087 描画モードを変更する
122 画像にぼかしを加える

NO.
100 背景を別の画像に差し替える

VER.
CC / CS6 / CS5 / CS4 / CS3

［選択とマスク］の機能を利用し、［クイック選択］ツールなどを使って被写体のみを抽出します。

STEP 1

空の写真と建物の写真を開き、空を背景とし、その上に建物の写真をコピー＆ペーストしておきます。レイヤーは❶のような状態です。建物のレイヤーを選択して、オプションバーの［選択とマスク］❷をクリックします。

S 選択とマスク▶
⌘（Ctrl）+Option（Alt）+R

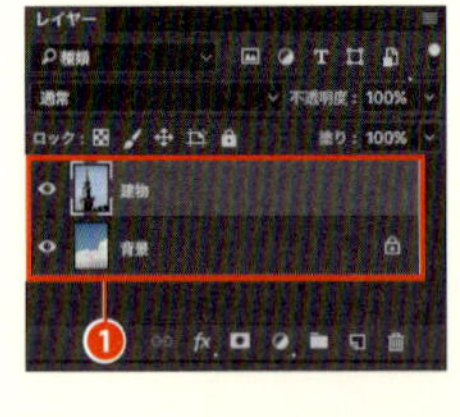

空の上に建物のレイヤーがある状態

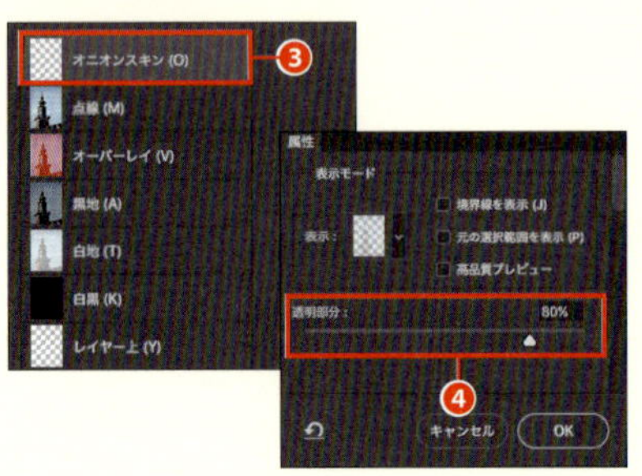

STEP 2

［表示モード］の［表示］を開いて［オニオンスキン］❸にすると、［透明部分］のスライダー❹で選択レイヤーの不透明度を調整できます。レイヤーを半透明にして背景の位置を確認しながら作業できるので便利です。［80%］くらいに設定し、抽出対象がわずかに見える程度❺にしておきます。

空と建物を透かしながら作業できる

STEP 3

左のツールパネルから［クイック選択］ツール❻を選び、抽出したい対象（今回は時計台の建物）をドラッグしていきます❼。抽出の対象箇所は表示不透明度が100%になります。細かい部分はブラシサイズを小さめにするといいでしょう。不要な部分まで抽出された場合は、Option（Alt）キーを押しながらドラッグして対象から除外します。境界の検出が曖昧になるときは、［境界線調整ブラシ］ツール❽で調整してみましょう。

MEMO

［不透明度］のスライダーをドラッグして不透明度を100%にすると、最終的な抽出状態が確認できます。

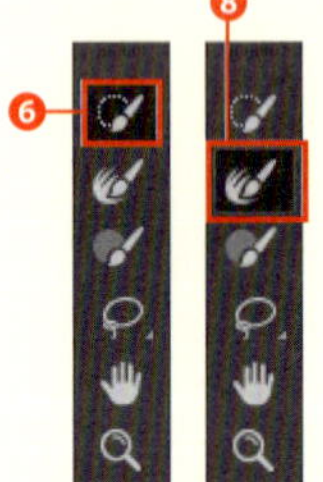

STEP 4

すべての抽出が完了したら、［出力設定］で［出力先：レイヤーマスク］❾にして［OK］をクリックします。

067 同じ色を選択範囲にする
068 被写体の形で選択範囲にする

NO.

101 画像の白い部分を透明にする

VER.
CC / CS6 / CS5 / CS4 / CS3

［画像操作］を使ってグレースケールの階調を、べた塗りレイヤーのレイヤーマスクとして読み込みます。

STEP 1

今回はモノトーンのRGB画像を使用します。［レイヤー］パネルで［塗りつぶしまたは調整レイヤーを新規作成］をクリックして［べた塗り］❶を選択し、カラーピッカーで［R0／G0／B0］❷を選択して［OK］をクリックします。べた塗りレイヤーが追加されたら、［レイヤー］パネルで［背景］を非表示❸にしておきます。

元写真

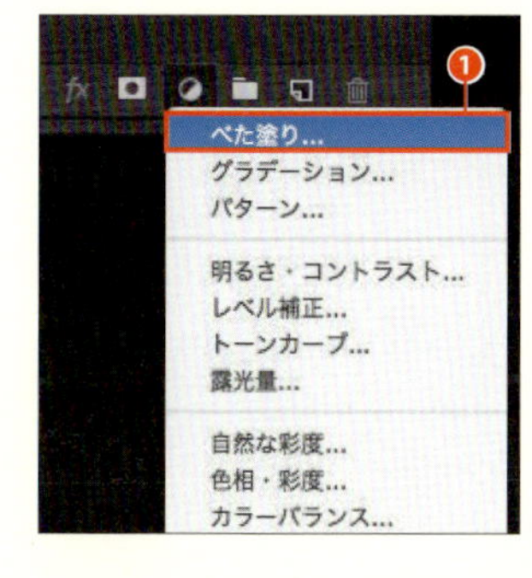

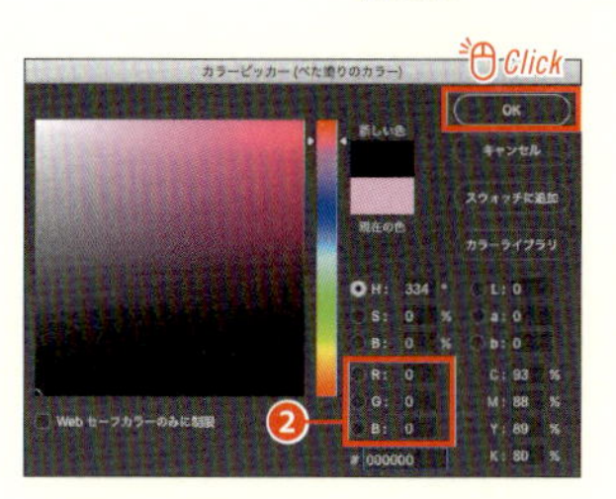

STEP 2

追加したべた塗りレイヤーのレイヤーマスクサムネール❹をクリックして選択し、［イメージ］メニューから［画像操作］を選択します。［元の画像］の［レイヤー］を［背景］❺、［チャンネル］を［RGB］❻に変更し、［階調の反転］❼にチェックを入れます。さらに、［描画モード］を［通常］❽にして［OK］をクリックします。

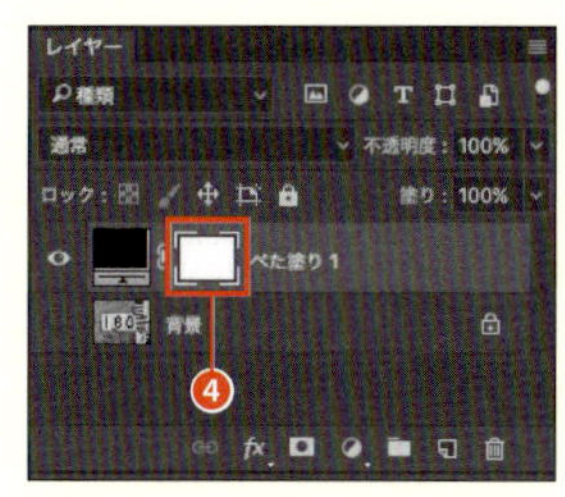

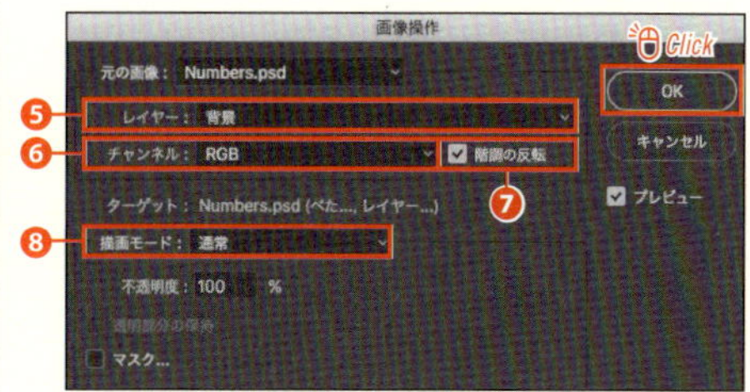

STEP 3

［背景］の反転画像がべた塗りレイヤーの画像に転写され、画像の白い範囲が透明になりました。

画像がレイヤーマスクに転写された

第4章
描画モード・合成

030 新規レイヤーを作成する／031 不要なレイヤーを削除する
048 画像のチャンネルを扱う

NO.
102 フォトフレームに素早く写真を合成する

VER.
CC / CS6 / CS5 / CS4 / CS3

［選択範囲内へペースト］した写真を［自由変形］でパースに合わせて変形します。

STEP 1

フォトフレームに入れたい写真を開きます。［選択範囲］メニューから［すべてを選択］してから、［編集］メニューから［コピー］を実行し、写真をコピーします。続いて、フォトフレームの写真を開き、［多角形選択］ツールを使ってフレーム内の写真を合成したい範囲を選択します❶。

S 選択範囲内へペースト▶ ⌘(Ctrl)+Shift+V

フォトフレームに入れる写真

フォトフレームの写真

［多角形選択］ツール で枠内を選択

STEP 2

［編集］メニューから［特殊ペースト］→［選択範囲内へペースト］を実行して、最初にコピーした写真をペーストします。自動的にレイヤーマスクが追加され❷、選択範囲だったエリアに自動的に収まりました。

選択範囲内へペースト

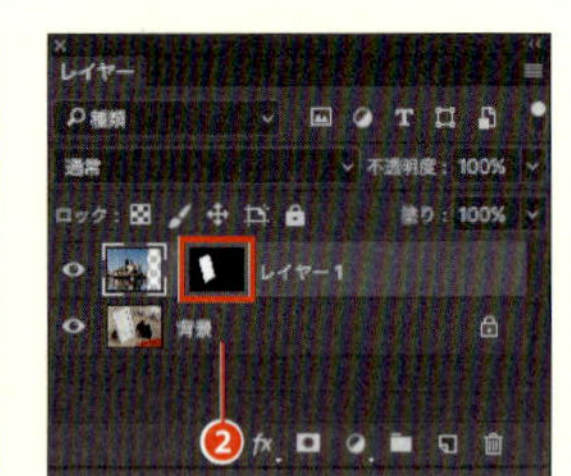

STEP 3

［編集］メニューから［自由変形］を選択します。写真の四隅のハンドル❸をドラッグして、フレームの角度に合わせたら❹、オプションバーの［○］をクリックして❺変形を確定します。写真のレイヤーを［描画モード：乗算］❻に変更して、フレームの画像になじませたら完成です。

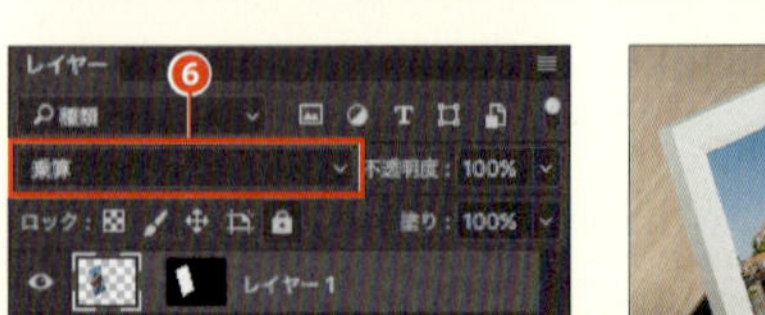

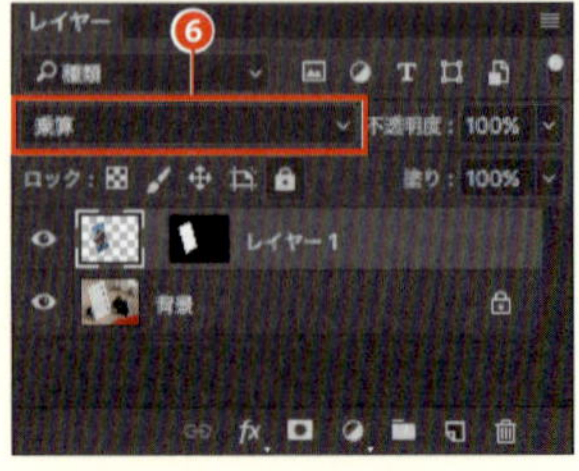

描画モードで画像をなじませる

MEMO

［自由変形］によるパース（奥行き）の表現は、あくまで簡易的なものですので、形状によっては不自然になることがあります。自然なパースの表現には、3D機能や［Vanishing Point］フィルターが適しています。「111 パースの角度に合わせた合成をする」や「137 ［Vanishing Point］で画像を立体物に貼り込む」を参照してください。

064 選択範囲を作成する／111 パースの角度に合わせた合成をする
137 ［Vanishing Point］で画像を立体物に貼り込む

NO.
103 白バックで撮影した写真の背景に色をつける

VER.
CC / CS6 / CS5 / CS4 / CS3

被写体と背景の間に塗りつぶしレイヤーを挿入し、［乗算］で重ねます。

STEP 1

［レイヤー］メニューから［レイヤーを複製］を選択し、［新規名称］を「被写体」に設定して❶［OK］をクリックします。［背景］がレイヤーとして複製されたら、［レイヤー］パネルで「背景」の［レイヤーの表示／非表示］アイコンをクリックして非表示にしておきます❷。

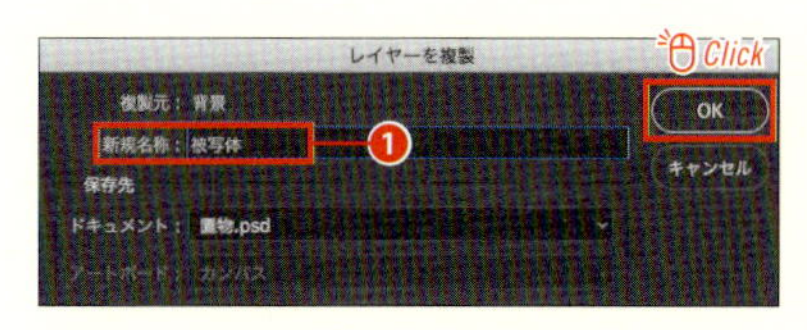

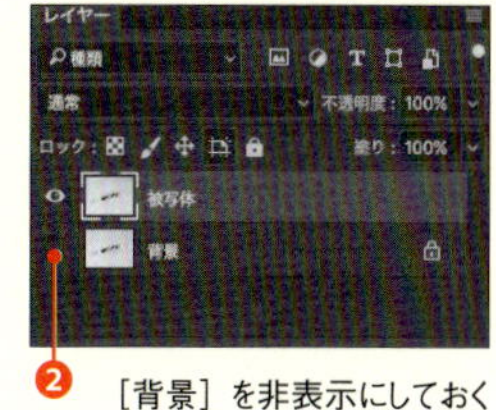

［背景］を非表示にしておく

STEP 2

［ペン］ツールを選択し、オプションバーで［パス］にして被写体の輪郭をトレースします❸。終わったら、［パス］パネルで作業用パスを選択し❹、［レイヤー］メニューから［ベクトルマスク］→［現在のパス］を実行します。［パス］パネルでの選択は解除しておきましょう。さらに、非表示にした［背景］を表示しておきます❺。

MEMO

背景部分を透明にできれば、［マジック消しゴム］ツールなど、その他の方法を用いてもかまいません。

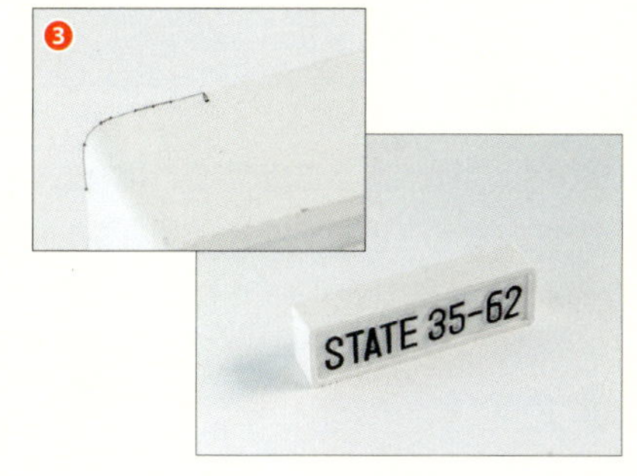

複製したレイヤーの被写体以外を透明にする

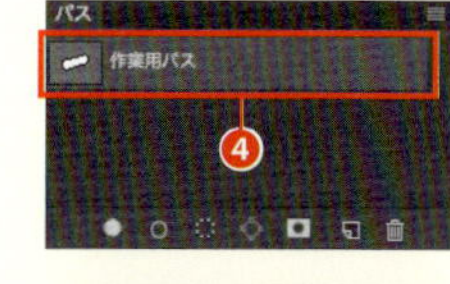

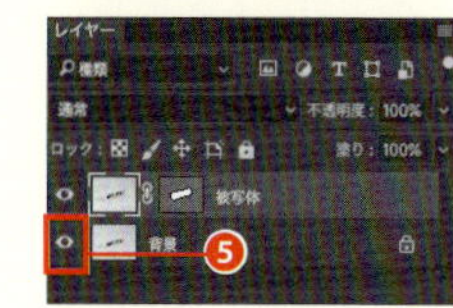

背景を表示する

STEP 3

「背景」を選択した状態で、［レイヤー］メニューから［新規塗りつぶしレイヤー］→［べた塗り］を選択します。［レイヤー名］を「着色」❻、［描画モード］を「乗算」に設定して❼［OK］、カラーピッカーで任意の色を選択して❽［OK］をクリックします。最後に、［レイヤー］パネルで「背景」の［レイヤーの表示／非表示］で背景を表示すれば完成です。

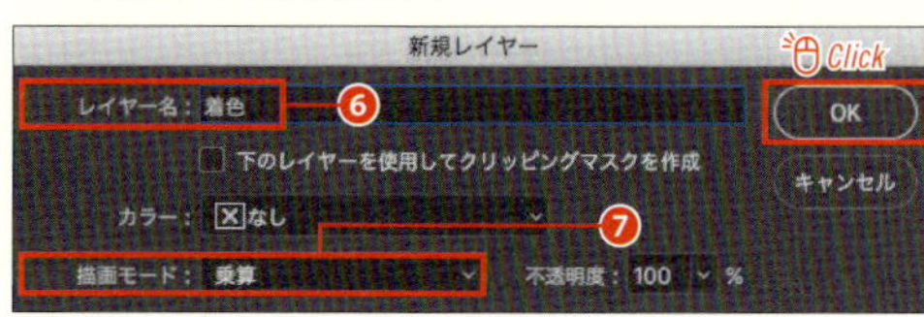

MEMO

現実には背景の色が被写体へ反射して映り込みます。よりリアルな仕上がりにするには、ブラシなどで被写体に背景色を乗せるなどの工夫が必要です。

非表示にしてあった［背景］を表示する

072 レイヤーマスクを作成・編集して画像を合成する／087 描画モードを変更する
075 パスから選択範囲を作成する／100 背景を別の画像に差し替える

NO.

104 快晴の空に雲を合成する

VER.

CC / CS6 / CS5 / CS4 / CS3

グレースケールにした雲の画像を空の範囲に［スクリーン］で重ねます。

STEP 1

合成する雲の写真を開きます。［イメージ］メニューから［色調補正］→［白黒］を選択し、空ができるだけ黒くなるように各値を調節して❶実行します。そのあと、すべてを選択してコピーします。

MEMO

［シアン］や［ブルー］のスライダーで、雲の質感をできるだけ損なわないように微調整しましょう。

この写真の雲を利用する

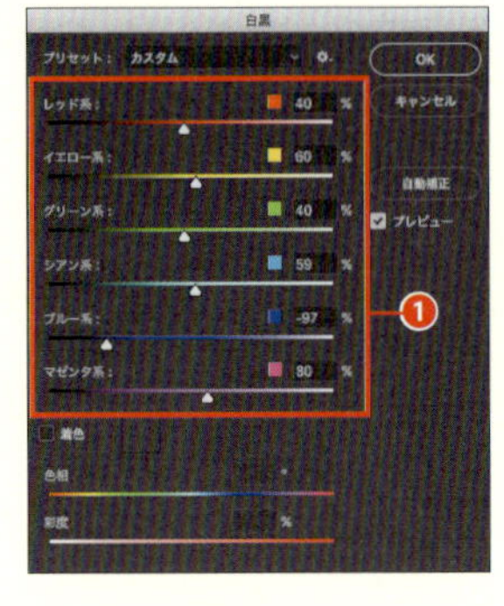

グレースケールに変換して濃度を調節

STEP 2

快晴の空の写真を開きます。［自動選択］ツールで空の一部をクリック❷したあと、［選択範囲］メニューから［近似色を選択］を実行し、空全体を選択します。一度ですべての空が選択されないときは、Shift＋クリックして範囲を追加します。

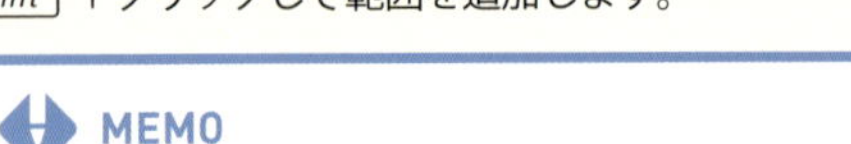

MEMO

余分な範囲が選択されてしまう場合は、Option（Alt）キーを押しながら［なげなわ］ツールなどで囲んで選択範囲から除外します。

空の範囲のみを選択

STEP 3

［編集］メニューから［特殊ペースト］→［選択範囲内へペースト］を実行します。あとは［移動］ツールで雲の位置を調節し、ペーストしたレイヤーの［描画モード］を［スクリーン］に変更❸すれば完成です。

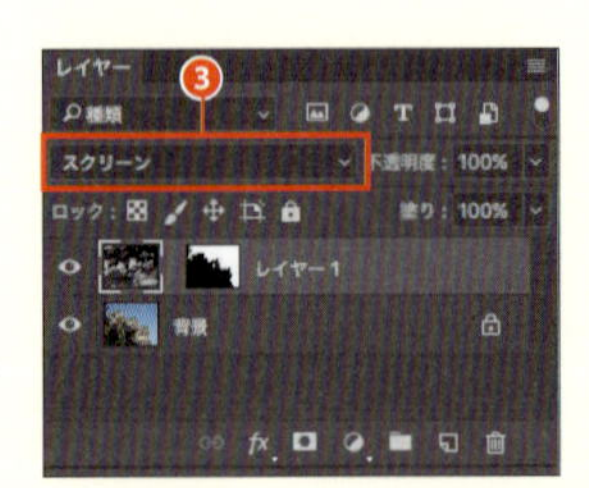

選択範囲内へペースト

描画モード変更後

MEMO

空の色が薄く感じる場合は、［イメージ］メニューから［色調補正］→［レベル補正］で、入力レベルの中間色スライダーを右にスライドして、濃度を調節します。

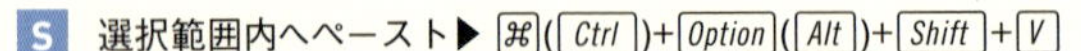

S 選択範囲内へペースト▶ ⌘（Ctrl）＋Option（Alt）＋Shift＋V

053 明るさを調整する／068 被写体の形で選択範囲にする
067 同じ色を選択範囲にする

NO.

105 コンクリートにペンキで描いたような文字を合成する

VER.
CC / CS6 / CS5 / CS4 / CS3

［画像操作］でコンクリートのテクスチャを文字のレイヤーマスクに転写して使用します。

コンクリートの写真を開き、［横書き文字］ツールTで画面をクリックして文字を入力します❶。

文字を入力

STEP 2

文字レイヤーを選択して［レイヤーマスクを追加］ボタンをクリックします❷。追加したレイヤーマスクサムネールをクリックして選択し❸、［イメージ］メニューから［画像操作…］を選択して、［レイヤー：背景］、［チャンネル：RGB］、［描画モード：通常］で実行します❹。［背景］の画像がグレースケールとしてレイヤーマスクに転写されました❺。

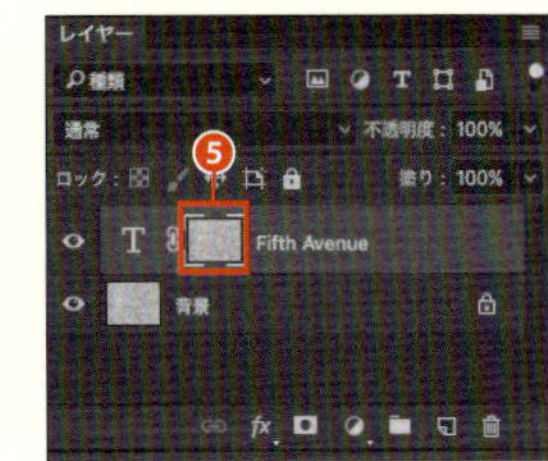

背景の画像をレイヤーマスクに転写

STEP 3

［イメージ］メニューから［色調補正］→［レベル補正］を選択します。［入力レベル］のシャドウ❻と、ハイライト❼のスライダーをそれぞれ内側に移動させて、テクスチャのコントラストを高め、［OK］をクリックします。コンクリートの画像に合わせたレイヤーマスクで、リアルな仕上がりになりました。

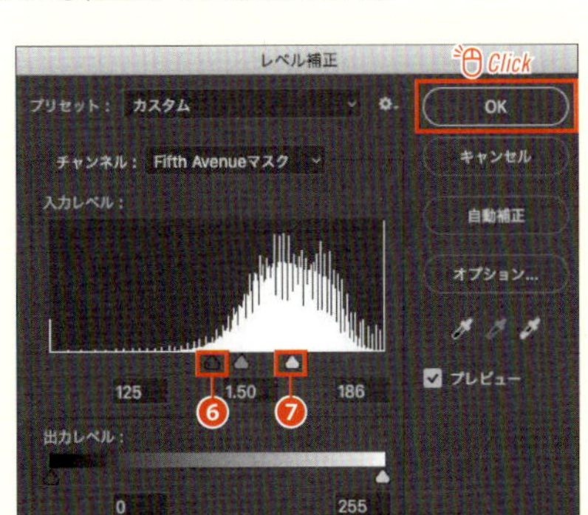

レベル補正でコントラストを高める

レイヤーマスクによってかすれを表現

S　レベル補正▶ ⌘(Ctrl)+L

072 レイヤーマスクを作成・編集して画像を合成する

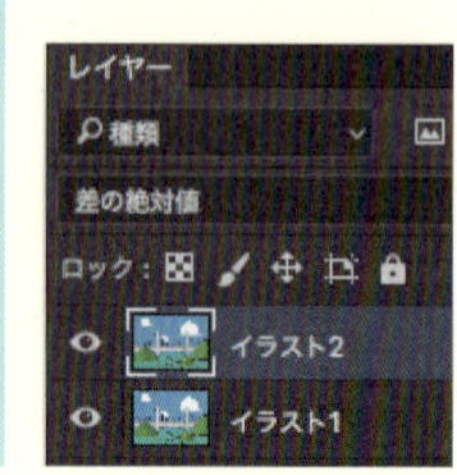

NO.
106 似ている画像を比較して違いを見つける

VER.
CC / CS6 / CS5 / CS4 / CS3

［差の絶対値］を使うと、一見違いがわかりづらいふたつの画像を比較して差分を見つけることが可能です。

STEP 1
この2点のイラストは、一見すると違いがほとんどわかりません。画像の重複をチェックしているときなどに、このような似ている画像の扱いは少し厄介です。描画モードを使ってこれらが同じかどうかを確認してみましょう。

イラスト1

イラスト2

STEP 2
ふたつの画像をそれぞれレイヤーにしてひとつのドキュメントにまとめます。今回は、「イラスト1」の画像に「イラスト2」の画像をコピーしてペーストしました。**前面になっているイラスト2のレイヤーを［描画モード：差の絶対値］に設定**します❶。

イラスト2を［差の絶対値］にする

STEP 3
ピクセルが同じところは黒で表示され、違いがあればそれ以外の色になります。今回のケースは、中央付近の島の位置や形が異なっていることがわかりました❷。もし同一の画像であれば、全体が黒一色になります。

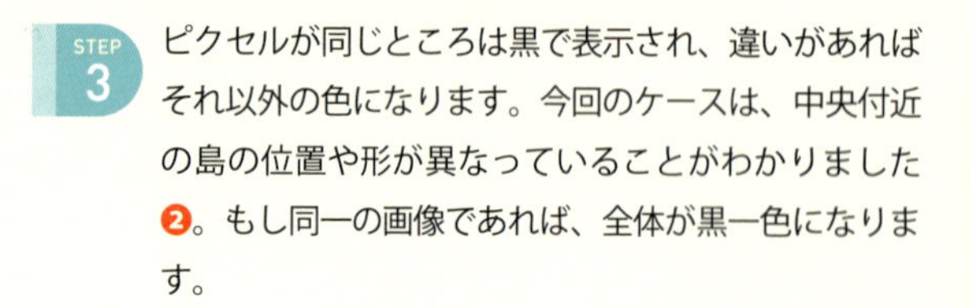

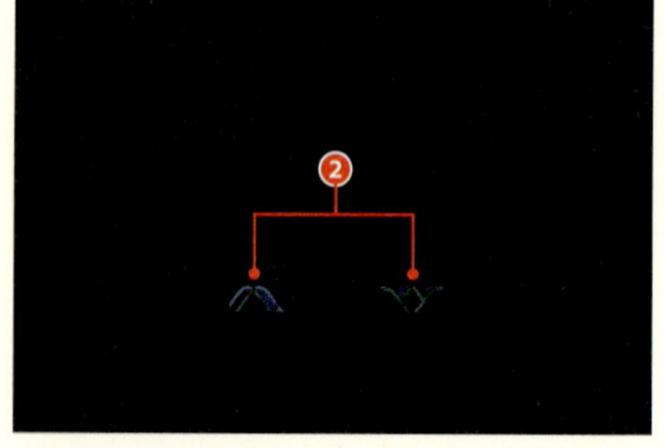

違いがあるところに色がつく

同じイラストを重ねた場合

画像が同一なら全体が黒一色になる

NO.
107 曲面にラベルなどの画像を合成する

VER.
CC / CS6 / CS5 / CS4 / CS3

合成する画像を［ワープ］で変形し、合成先の曲面に合わせます。

STEP 1 合成先の写真を開き、ラベルの画像❶をペーストします。ラベルの画像はスマートオブジェクトに変換しておきましょう。

CAUTION
CS5以前のバージョンはスマートオブジェクトに対して［ワープ］が実行できませんので、変換せずそのままにしておきます。

ラベル画像を合成先にペーストする

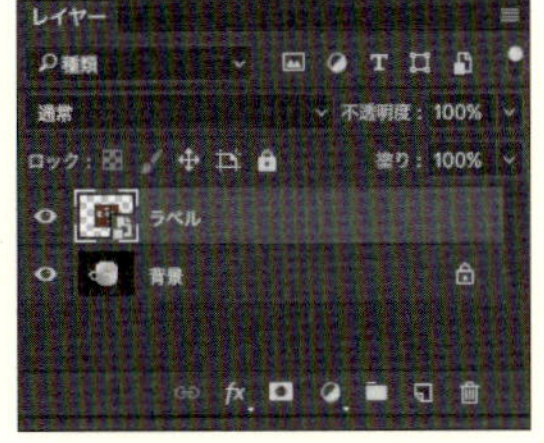

ラベル画像はスマートオブジェクトに変換する（CS6 以降）

STEP 2 ［編集］メニューから［変形］→［拡大・縮小］でだいたいの大きさを合わせたあと、［変形］→［ワープ］を選択し、オプションバーで［ワープ:カスタム］に設定します❷。バウンディングボックス四隅のコントロールポイント❸や、そこから伸びるハンドル❹を移動して、ラベルを合成先の形に合わせます。グリッド状になっている面❺もドラッグできるので、調整を繰り返しながら曲面に合わせましょう。コツは、垂直線をできるだけ直線に近くして、グリッドの間隔をできるだけ均等にすることです❻。

MEMO
編集中に ⌘（Ctrl）＋ H キーを押すと、バウンディングボックスの表示、非表示を切り替えできます。

コントロールポイントや面などをドラッグして形を合わせる

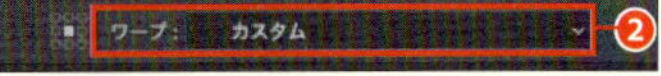

STEP 3 形を合わせ終わったら、オプションバーの［○］ボタンを押してワープを決定します❼。グラデーションなどでラベルに陰影をつけるとよりリアルに仕上がります。また、カップ下地が今回のように白い場合、ラベルを［描画モード：乗算］にして下地となじませてもいいでしょう。

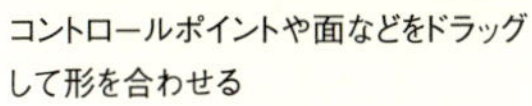

［描画モード：乗算］にして下地となじませた

MEMO
一度ワープの決定をしても、［編集］メニューから［変形］→［ワープ］を選択すれば再度編集が可能です（CS6以降のみ）。

NO.

108 布のシワに合わせて模様を合成する

VER.

CC / CS6 / CS5 / CS4 / CS3

［置き換え］フィルターで変形した模様の画像を、布テクスチャの画像に［乗算］で重ねます。

STEP 1

布の写真を開きます。この画像はあとの工程で置き換えマップデータとして使用するので、いったん保存する必要があります。［ファイル］メニューから［別名で保存］（Windowsは［名前を付けて保存］）を選択し、［ファイル名］を「布.psd」❶［フォーマット］（Windowsは［ファイルの種類］）を［Photoshop］に設定して❷［保存］をクリックします。

MEMO

ファイルは好きな場所に保存してかまいません。

布テクスチャの画像

STEP 2

布に合成する画像を開き、［選択範囲］メニューから［すべてを選択］を実行したあと［編集］メニューから［コピー］を選択し、画像をコピーします❸。

布に合成する模様の画像

STEP 3

布の写真に戻り、［編集］メニューから［ペースト］で先ほどコピーした模様の画像をペーストします。ペーストしたレイヤーの名称は［模様］に変更しておきます❹。

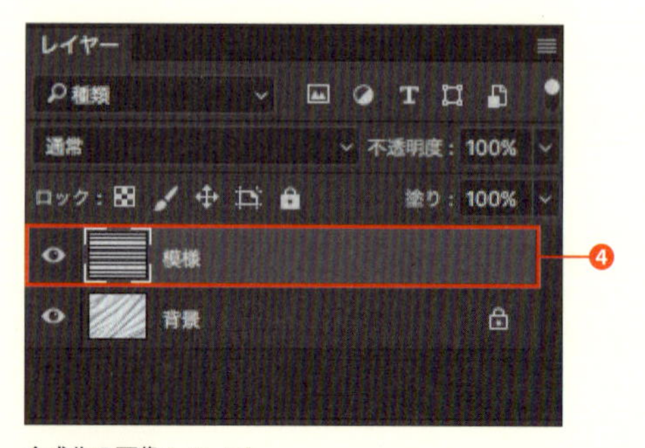

合成先の画像へペースト

STEP 4

［模様］レイヤーを選択し、［フィルター］メニューから［変形］→［置き換え］を選択します。［水平比率］を［20］程度❺、［垂直比率］を［20］程度❻に設定し、［置き換えマップデータ］を［同一サイズに拡大／縮小］❼、［未定義領域］を［端のピクセルを繰り返して埋める］に設定して❽［OK］をクリックします。

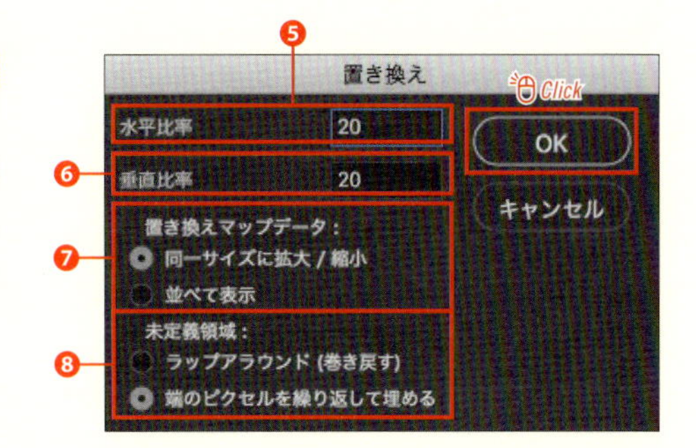

STEP 5

置き換えマップデータを開くためのダイアログが表示されたら、先ほど保存した「布.psd」のファイルを選択し❾、［開く］ボタンをクリックします❿。布テクスチャの階調に従って、模様が変形されます。

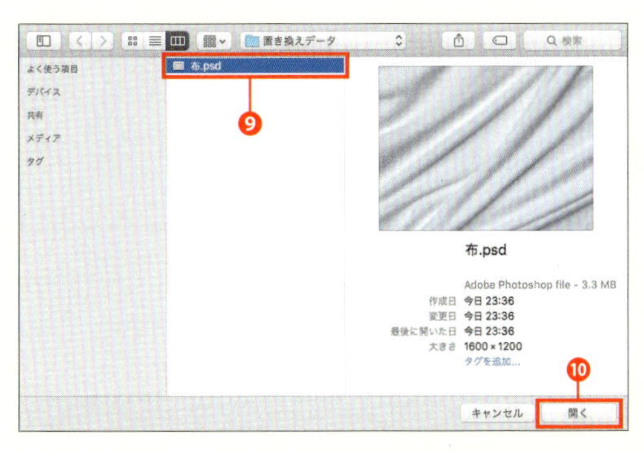

布のシワに合わせて模様が変形した

STEP 6

最後に［模様］レイヤーの［描画モード］を［乗算］に変更すれば⓫完成です。

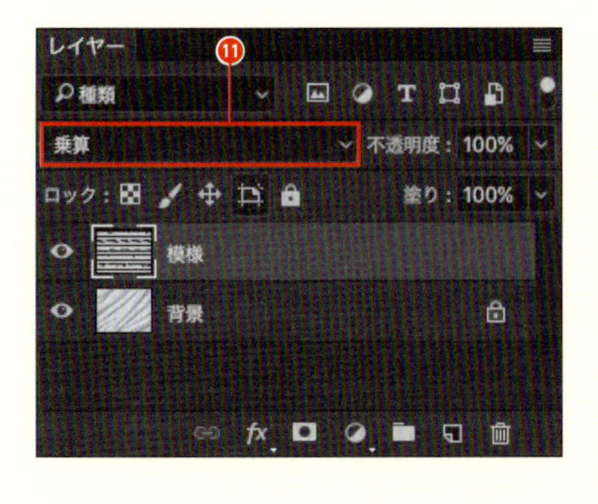

第4章
描画モード・合成

087 描画モードを変更する
119 フィルターを適用する

NO.
109 切り抜きした被写体に影をつける

VER.
CC / CS6 / CS5 / CS4 / CS3

被写体のシルエットから影のイメージを作成して画像に合成します。

STEP 1

背景と被写体が分かれているデータを用意します。今回はカップの画像だけを切り抜きし、「被写体」というレイヤー名で背景画像の上に重ねたものを使います。現在は、背景の上に被写体を置いただけなので、影がなく浮いた感じになっています。[被写体] レイヤーを選択し、[レイヤー] メニューから [レイヤーの複製] を選択します。[新規名称] を [影] に設定して❶ [OK] をクリックします。複製された [影] レイヤーは、[レイヤー] パネルで [描画モード] を [乗算]、[不透明度] を [50%] に変更しておきます❷。

背景とカップが別レイヤーに別れた元画像

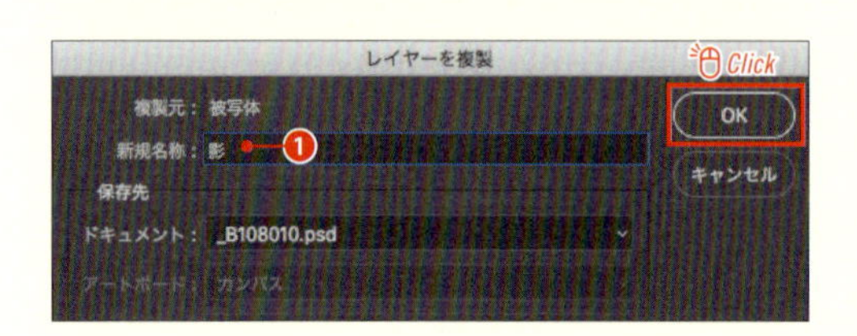

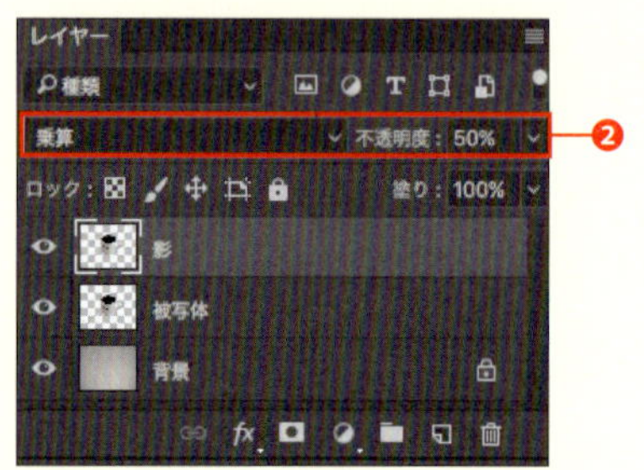

被写体のレイヤーを複製

STEP 2

[レイヤー] パネルで「影」レイヤーを選択します。[編集] メニューから [塗りつぶし] を選択し、[内容] を「ブラック」❸、[透明部分の保持] にチェックを入れて❹ [OK] をクリックします。その後、[レイヤー] メニューから [重ね順] → [背面へ] を実行して「被写体」レイヤーと重なり順を入れ替えます❺。

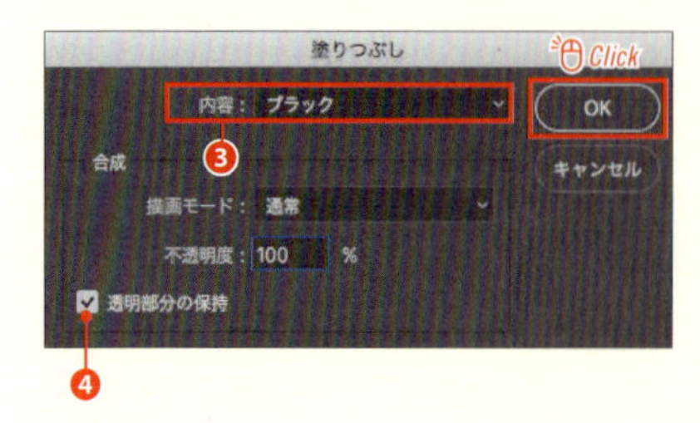

S 背面へ▶ ⌘(Ctrl)+[

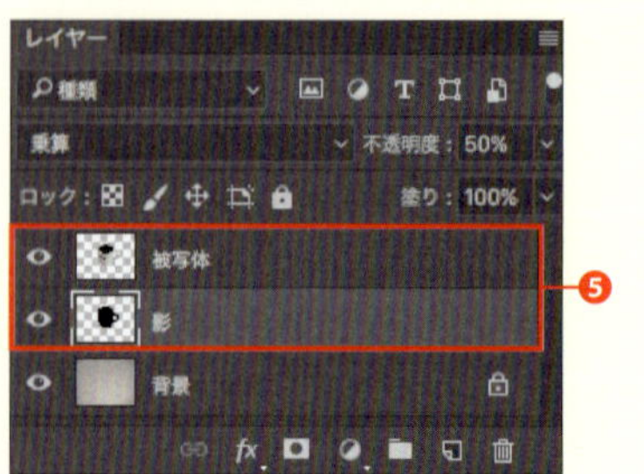

「被写体」と「影」の重なり順を入れ替える

STEP 3

「影」レイヤーを選択し、[編集] メニューから [変形] → [自由な形に] を選択します。画像のまわりに変形用のハンドルが表示されたら、四隅のハンドルをドラッグして❻、影の形を被写体に合わせて変形します。変形が完了したら、オプションバーの [○] ボタンをクリックして、変形を確定します。

px Y : 871.26 px W : 53.30% H : 122.15% -51.27 ° H : 30.46 ° V : 0.00 ° 補間 : バイキュー...

STEP 4

[フィルター] メニューから [ぼかし] → [ぼかし (ガウス)] を実行して影の輪郭をぼかしたあと、[レイヤー] パネルの [レイヤーマスクを追加] ボタンをクリックして❼、空白のレイヤーマスクを追加します。

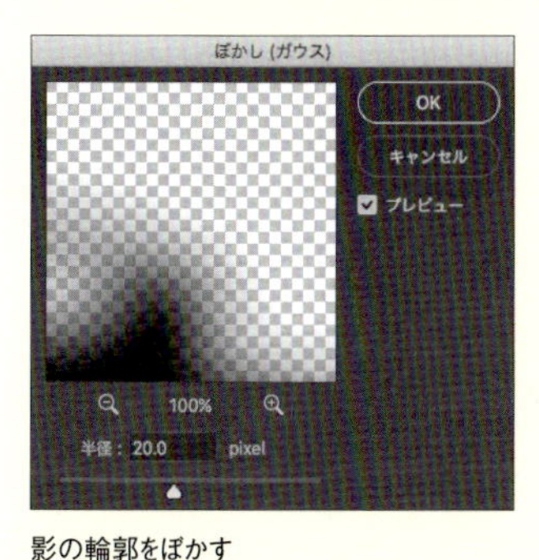

影の輪郭をぼかす

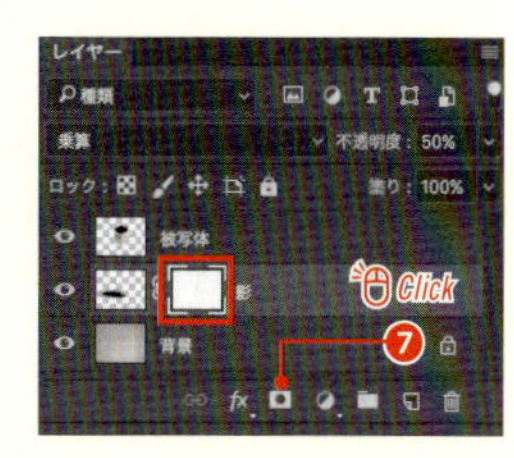

空白のレイヤーマスクを追加

STEP 5

[グラデーション] ツールを選択し、オプションバーのグラデーションピッカー❽から [黒、白] のグラデーションを選択します❾。[影] レイヤーのレイヤーマスクを選択し❿、影の左側から被写体の足下近くへ向かってドラッグして⓫、レイヤーマスクにグラデーションをかければ完成です。

モード : 通常 不透明度 : 100% 逆方向 ディザ 透明部分

❽

MEMO

よりリアルに仕上げるには、被写体との距離によって影のぼかし具合を変えたり、被写体の色を影に加えたりして、細かい微調整が必要です。また被写体の形状によっては今回の方法が使えない場合もあります。

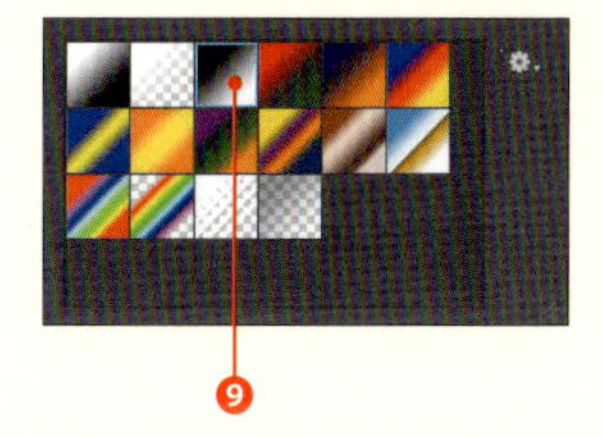

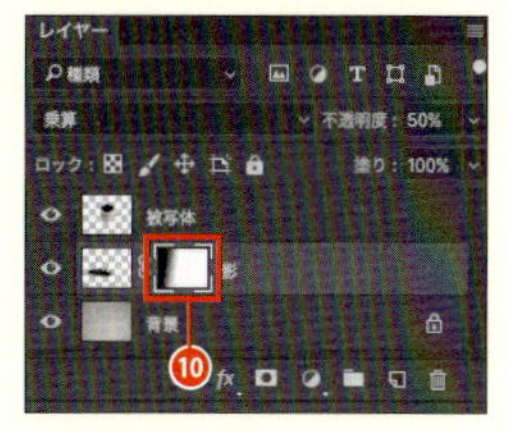

奥にいくほど影が薄くなる

072 レイヤーマスクを作成・編集して画像を合成する
100 背景を別の画像に差し替える

NO.
110 床への映り込みを合成する

VER.
CC / CS6 / CS5 / CS4 / CS3

切り抜いた被写体を反転させ、グラデーションのレイヤーマスクでマスキングします。

STEP 1

[レイヤー] メニューから [レイヤーを複製] を選択し、[新規名称] に「映り込み」と入力して❶ [OK] をクリックします。[レイヤー] パネルで「背景」の「レイヤーの表示 / 非表示」アイコンをクリックして❷、「背景」を非表示にします。

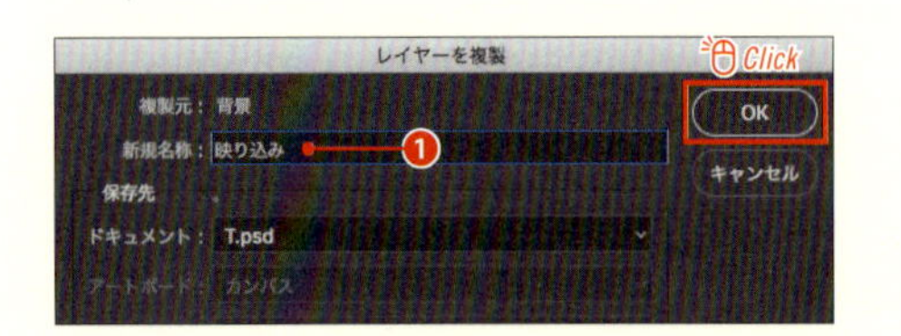

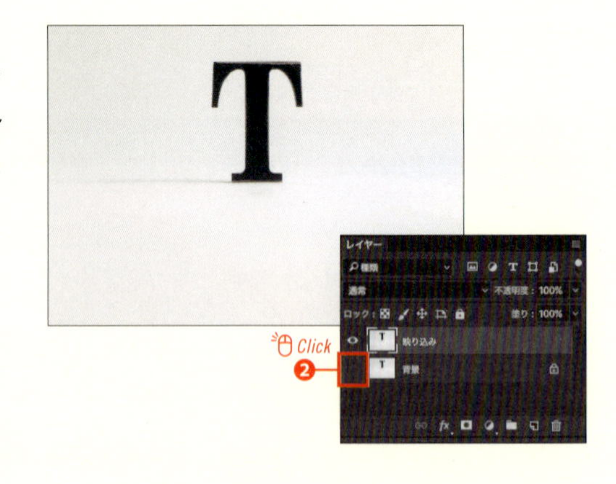

STEP 2

[ツール] パネルから [マジック消しゴム] ツール を使って、「映り込み」レイヤーの背景を削除して被写体のみにします。その後、[レイヤー] メニューから [レイヤーを複製] を選択し、[新規名称] に「被写体」と入力して❸ [OK] をクリックします。「映り込み」レイヤーが「被写体」レイヤーとして複製されました❹。

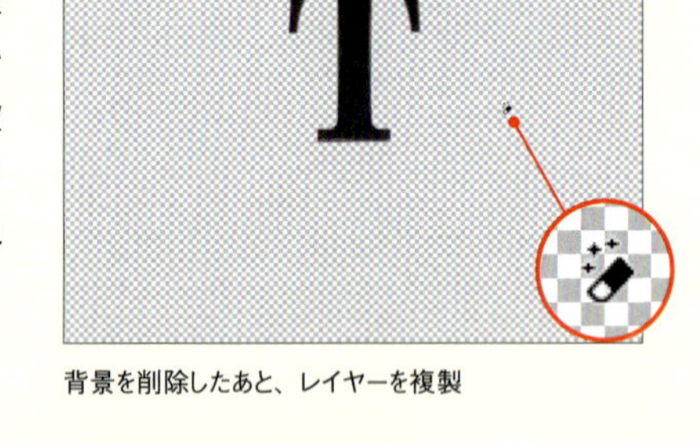

背景を削除したあと、レイヤーを複製

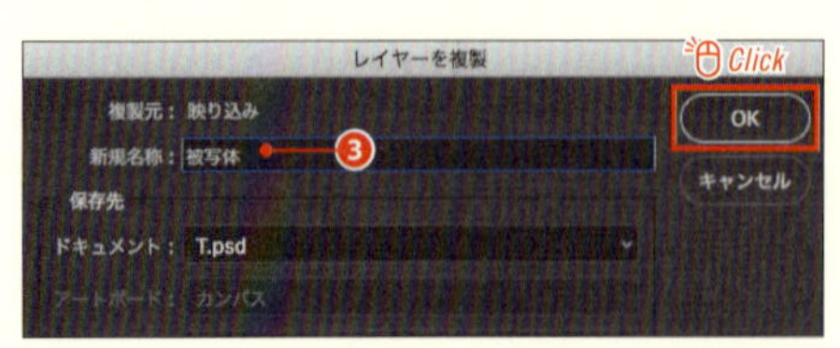

MEMO

「100 背景を別の画像に差し替える」で、背景削除の別の手法として [選択とマスク] の機能を解説しています。参照してください。

STEP 3

「映り込み」レイヤーを選択し、[編集] メニューから [変形] → [垂直方向に反転] を実行します。[ツール] パネルから [移動] ツール を選択し、Shift キーを押しながら下へ向かってドラッグして、被写体と映り込みの底辺の位置が揃うところまで映り込みの画像を移動します❺。

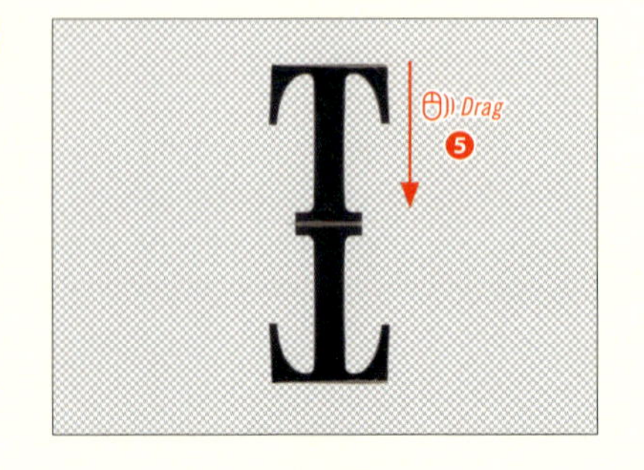

STEP 4

［ツール］パネルから［グラデーション］ツールを選択し、オプションバーでグラデーションのサンプルの右のボタン❻をクリックしてグラデーションピッカーを開きます。グラデーションの中から「黒、白」を選択し❼、［線形グラデーション］のボタン❽をクリックします。［逆方向］❾［ディザ］❿［透明部分］⓫のチェックはすべて外しておきます。

STEP 5

「映り込み」レイヤーを選択した状態で、［レイヤー］パネルの［レイヤーマスクを追加］ボタンをクリックします⓬。空白のレイヤーマスクが追加されたら、Shift キーを押しながら画面の下から中央あたりに向かって垂直方向にドラッグしてグラデーションを描画します⓭。最後に、「映り込み」レイヤーの［不透明度］を［40%］程度に設定し⓮、非表示にしておいた「背景」を表示⓯すれば完成です。

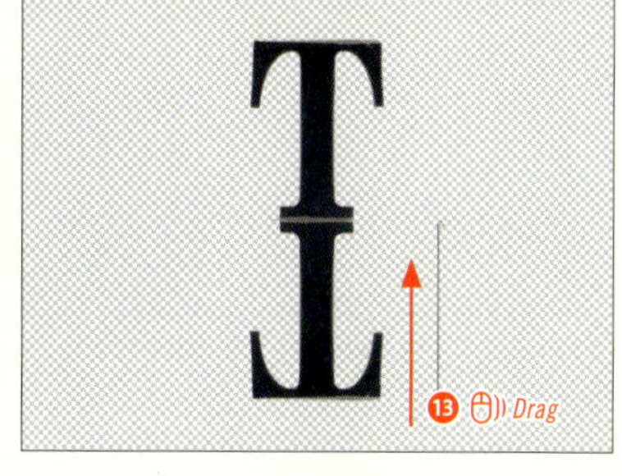

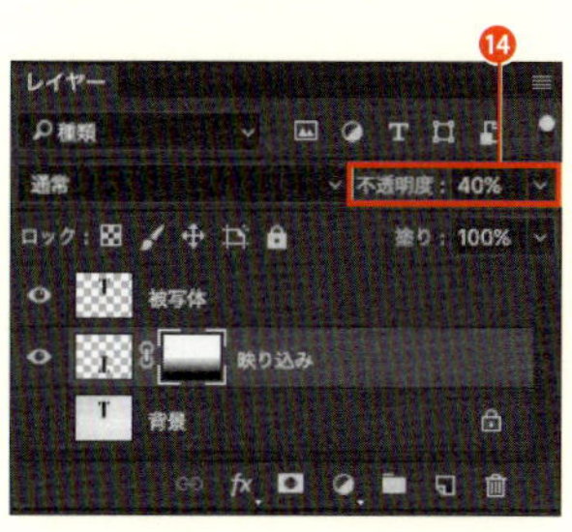

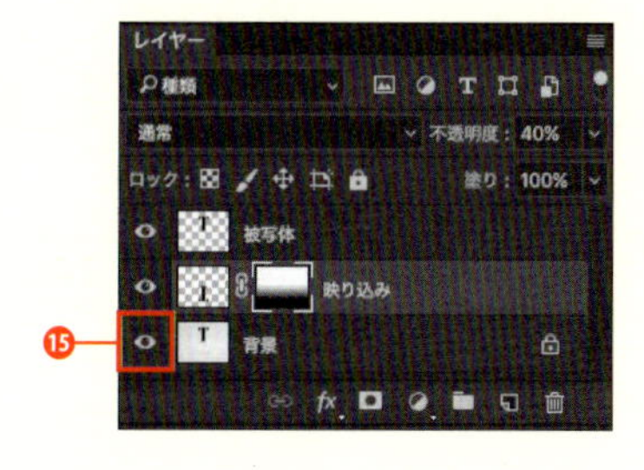

MEMO

背景の状態によっては、「映り込み」レイヤーの［描画モード］を［乗算］や［スクリーン］、［オーバーレイ］、［ソフトライト］などに変更したほうが自然に見える場合もあります。

CAUTION

グラデーションを描画する前に、必ずレイヤーマスクが選択されていることを確認してください。レイヤーマスクサムネールの周辺に枠が表示されていれば、レイヤーマスクが選択できています。

072 レイヤーマスクを作成・編集して画像を合成する
100 背景を別の画像に差し替える

NO.

111 パースの角度に合わせた合成をする

VER.

CC / CS6 / CS5 / CS4 / CS3

Vanishing Point の機能を使えば、角度のある面に沿って画像の編集が行えます。

STEP 1

写真を開きます。ここでは、建物の右側面上段にある窓❶を左右に1点ずつ複製します。［フィルター］メニューから［Vanishing Point］を選択して編集画面を開きます。

STEP 2

パースの基準となる面を作成します。［面作成］ツール❷で、窓のあるレンガの面の四隅をクリックして、面を作成します❸。［面修正］ツール❹で四隅のハンドルをドラッグすれば、面の形はいつでも編集可能です。画面を拡大表示して❺、なるべく角度が正確になるようにしておくのがポイントです。

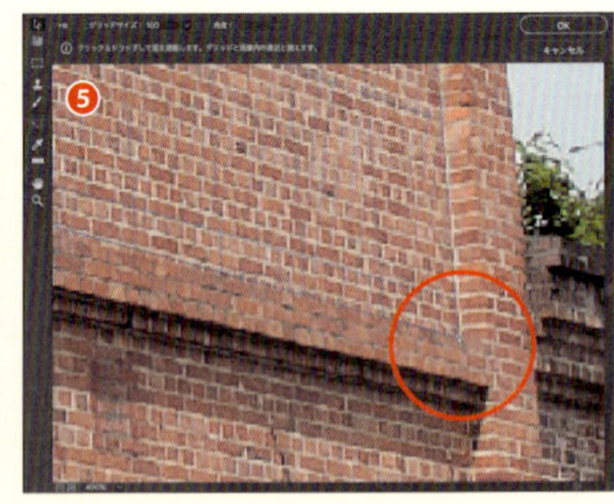

STEP 3

面の作成が完了したら、［選択］ツール❻で窓全体を囲むように選択します❼。このときの選択範囲は、面の角度に沿った形になります。

STEP 4

Option （Alt） キーを押しながら選択範囲をドラッグして❽、希望の位置へ窓の画像を複製します。この際、Shift キーを押していると、面の角度に合わせた水平移動が可能です。同じ要領で、右側にもひとつ複製を増やしてみました❾。複製が終わったら、⌘ （Ctrl） ＋ D キーで選択を解除しましょう。

MEMO

選択を解除するとき、Esc キーを押すと Vanishing Point 自体がキャンセルされてしまうため、押さないように注意しましょう。

MEMO

ドラッグ時に Option （Alt） キーではなく、⌘ （Ctrl） キーを押しておくと、ドラッグ先の画像を選択範囲内に複製できます。選択範囲内の対象物を別の画像に置き換えるときはこちらの方法が便利です。

STEP 5

複製した窓の周辺を拡大表示してみると、レンガの継ぎ目が見えている部分があります❿。これは、［スタンプ］ツール⓫で補正します。使い方は通常の［スタンプ］ツールと同様ですが、面の角度に合わせたサンプリングができるのが特徴です。Option （Alt） ＋クリックで複製元のソースを定義し、対象の位置をドラッグして修正していきます。［硬さ］を 50 ～ 70%前後にして⓬、境目をなじませるのがコツです⓭。

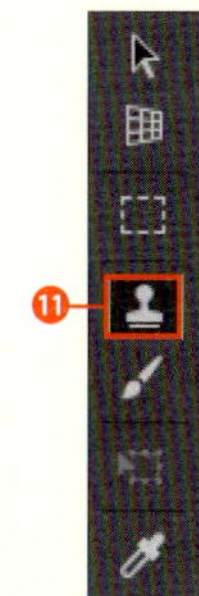

直径：50　硬さ：70　不透明度：100　ブレンド：オフ　調整あり

⓬

STEP 6

継ぎ目の修正が完了したら、［OK］をクリックして Vanishing Point を終了します。角度のある画像でも比較的簡単に合成ができました。

NO.

112 飲み物の写真に湯気を合成する

VER.

CC / CS6 / CS5 / CS4 / CS3

［雲模様］フィルターでつくった湯気の画像を、飲み物の写真に［スクリーン］で重ねます。

STEP 1

飲み物の写真を開き、［レイヤー］メニューから［新規］→［レイヤー］を選択します。［新規レイヤー］ダイアログが表示されたら、［レイヤー名］を「湯気」❶、［描画モード］を［スクリーン］に設定し❷、［OK］をクリックします。

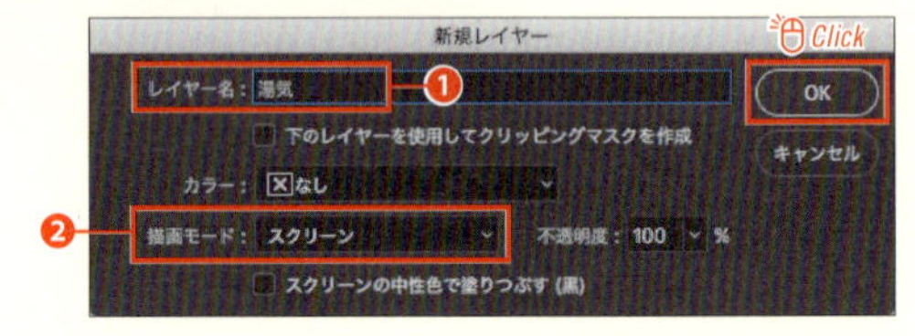

STEP 2

［ツール］パネルの［描画色と背景色を初期設定に戻す］ボタンをクリックし、［フィルター］メニューから［描画］→［雲模様 1］を適用します。画面に雲状の模様が描画されます❸。

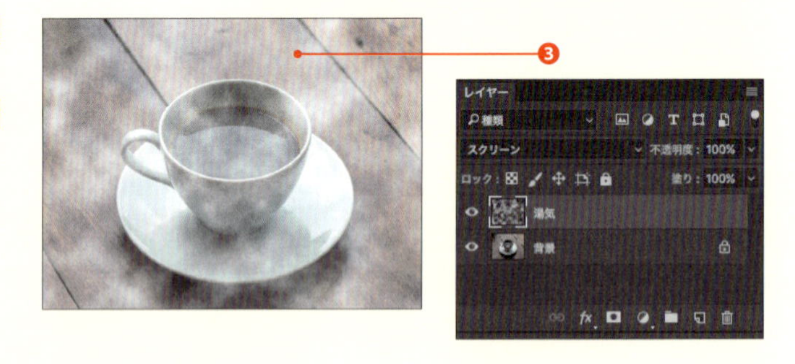

STEP 3

［フィルター］メニューから［ぼかし］→［ぼかし（移動）］を選択し、［角度：90］［距離：40］に設定して❹適用します。湯気が上へと昇るイメージになりました。

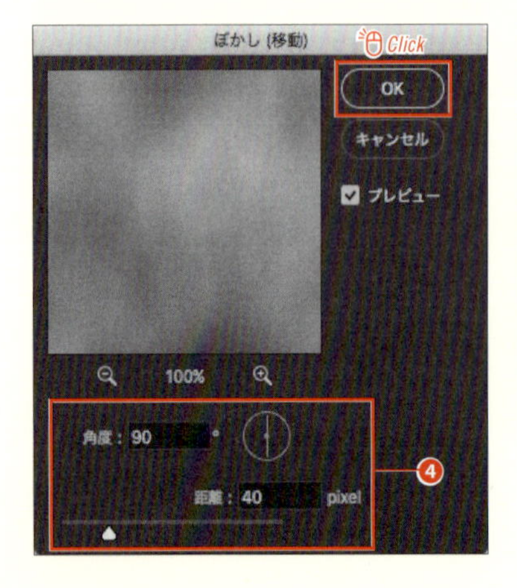

上下にぼかして湯気が上昇するイメージにする

STEP 4

[フィルター] メニューから [変形] → [波形] を選択し、各値を設定して❺ [OK] をクリックします。これで、湯気がゆらめくような動きが出ました。

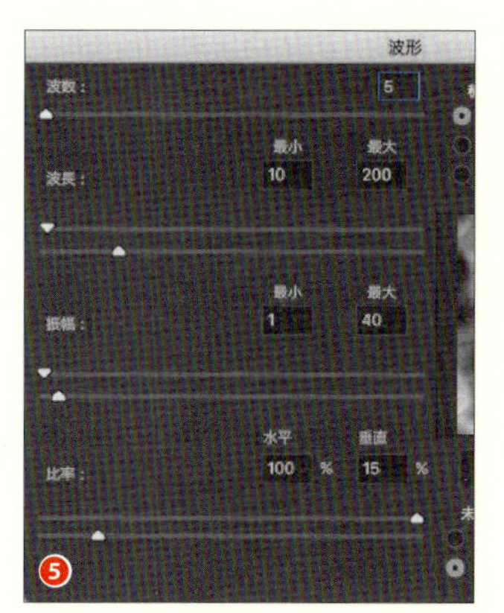

雲模様を変形して湯気に動きを出す

STEP 5

[なげなわ] ツールを選択し、オプションバーで [ぼかし：40px] に設定します❻。その状態で湯気の形をフリーハンドでドラッグして選択範囲を作成し❼、[レイヤー] パネルの [レイヤーマスクを追加] ボタンをクリックします❽。レイヤーマスクが追加され、湯気の余分な部分が透明になりました。

選択範囲をぼかすように設定する

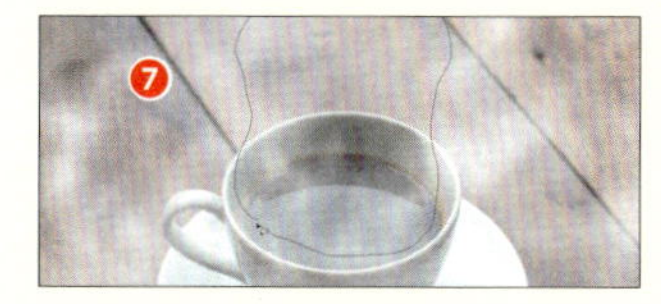

フリーハンドで湯気の形の選択範囲をつくる

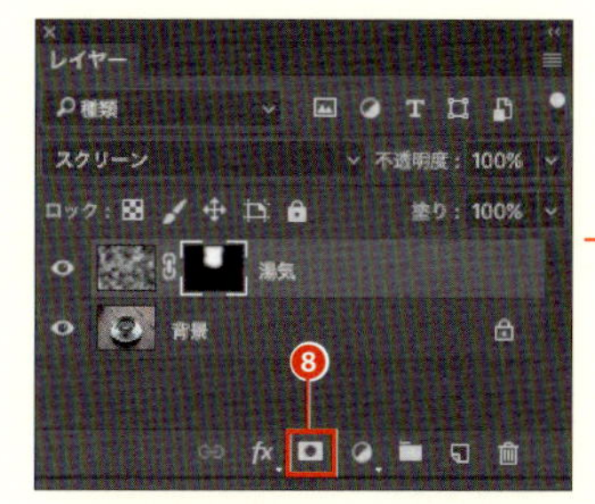

レイヤーマスクを追加する

STEP 6

[消しゴム] ツールで [ソフト円ブラシ] ❾を使ってレイヤーマスクを部分的に編集し❿、湯気が自然に見えるように調整します。また、今のままでは湯気が強すぎるので、レイヤーを [不透明度：80%] に変更して⓫、写真になじませます。

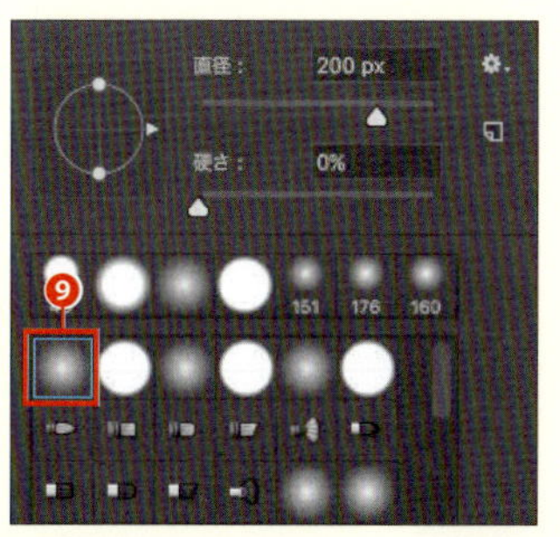

「消しゴム」ツールで部分的にレイヤーマスクを編集する

レイヤーの不透明度を調節して湯気をなじませる

第4章 描画モード・合成

087 描画モードを変更する
119 フィルターを適用する

NO.

113 空に虹を合成する

VER.
CC / CS6 / CS5 / CS4 / CS3

グラデーションとワープ変形でつくった虹を、空の写真に［スクリーン］で重ねます。

STEP 1

空の写真を開きます。［ツール］パネルから［長方形選択］ツールを選び、虹を入れたい位置をドラッグして、画像の左端から右端までの横長の選択範囲を作成します❶。

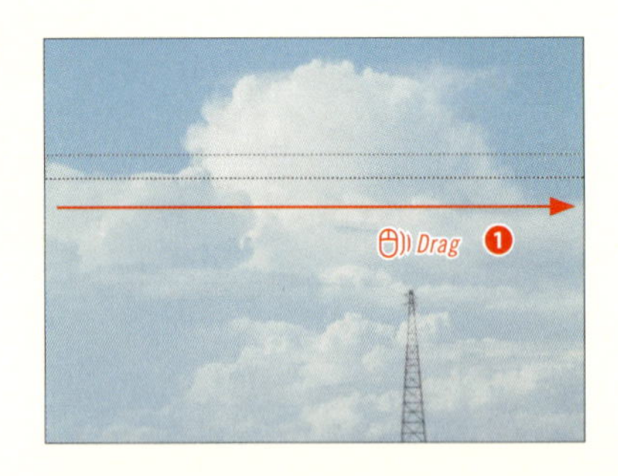

STEP 2

［レイヤー］メニューから［新規塗りつぶしレイヤー］→［グラデーション］を選択します。［レイヤー名］に「虹」と入力し❷、［描画モード］を［スクリーン］に変更して❸［OK］をクリックします。

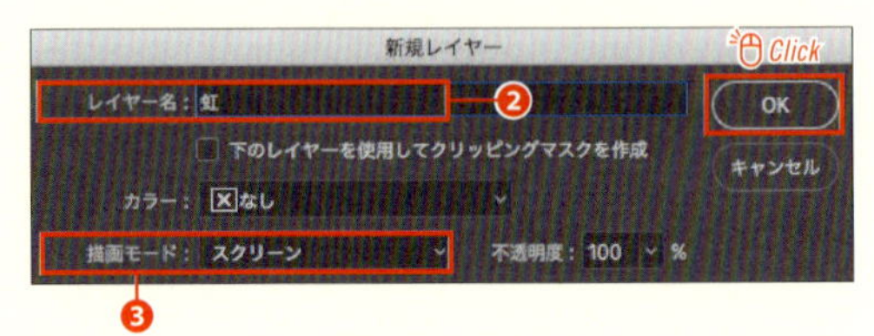

STEP 3

［グラデーションで塗りつぶし］ダイアログが表示されたら、［グラデーション］の右側にある三角形のボタンをクリックして❹グラデーションピッカーを開き、「透明（虹）」のグラデーションを選択します❺。［スタイル］が［線形］❻、［角度］が［90］❼、［選択範囲内で作成］❽にチェックが入っていることを確認して［OK］をクリックします。

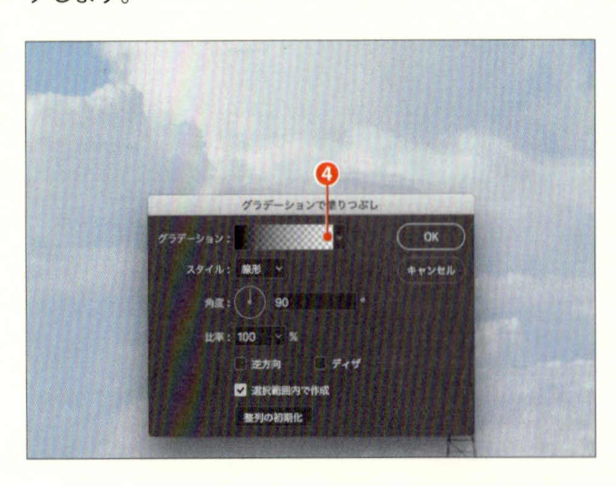

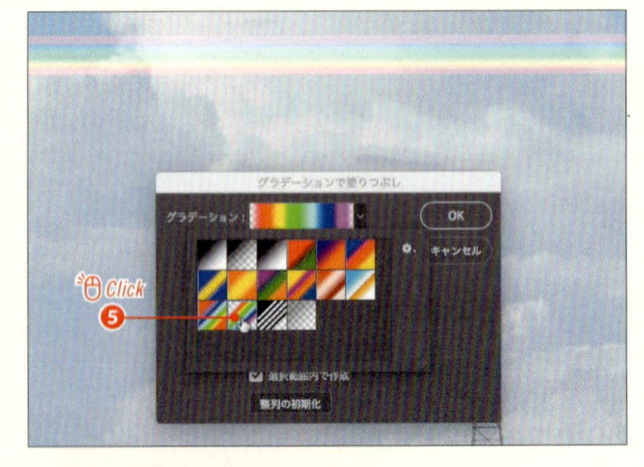

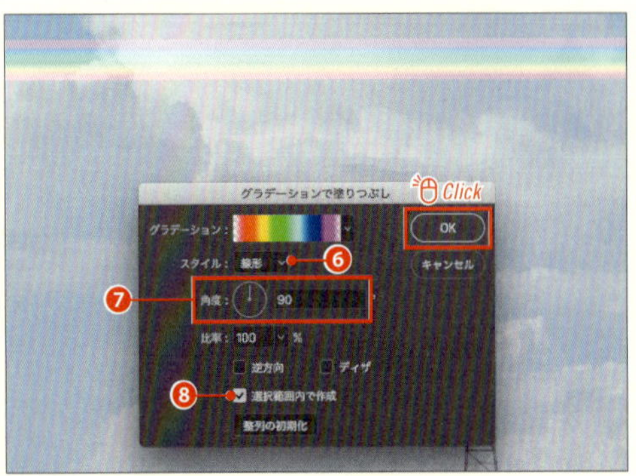

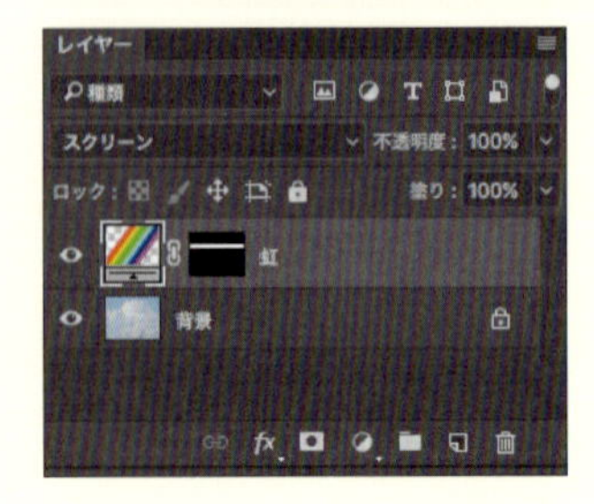

STEP 4

「虹」レイヤーを選択して［レイヤー］メニューから［ラスタライズ］→［塗りつぶし内容］を実行して、グラデーションの塗りつぶしレイヤーを通常のレイヤーに変換します。続けて、［レイヤー］メニューから［レイヤーマスク］→［削除］で、レイヤーマスクを削除しておきます。

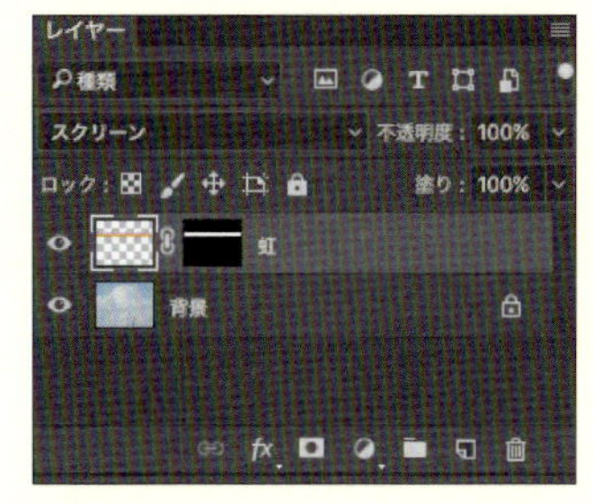

グラデーションの塗りつぶしレイヤーをラスタライズ

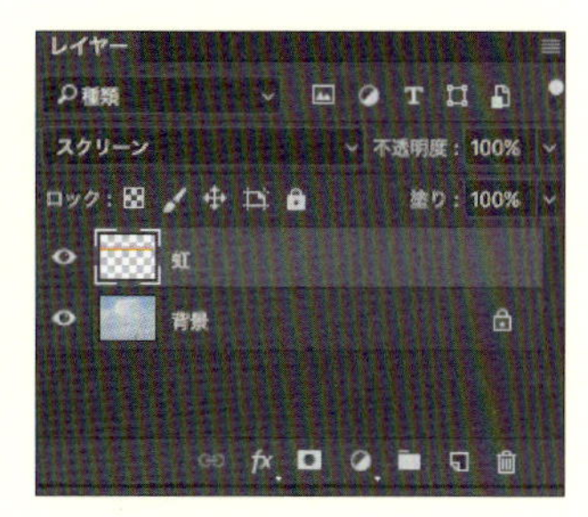

レイヤーマスクを削除

STEP 5

［フィルター］メニューから［ぼかし］→［ぼかし（ガウス）］を選択し、［半径］を［10］程度にして❾［OK］をクリックすると、虹が柔らかくなります。

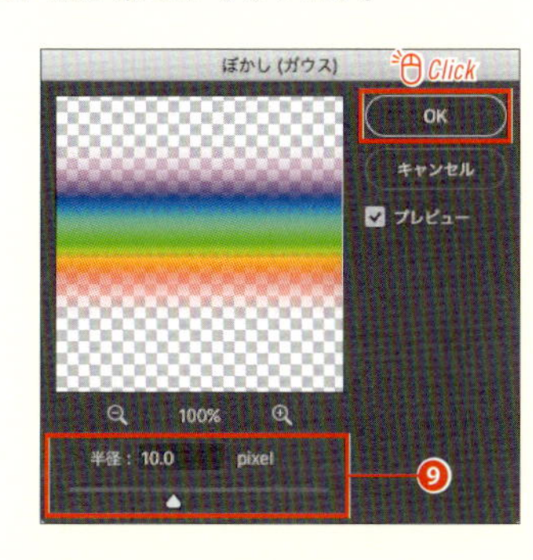

虹をぼかして柔らかくする

STEP 6

［編集］メニューから［変形］→［ワープ］を選択します。オプションバーの［ワープ］から［円弧］を選択し❿、［○］ボタンをクリックします⓫。虹が丸く変形します。最後に［移動］ツールを使って希望の位置へ移動し、レイヤーの［不透明度］で虹の濃さを調節すれば完成です。

ワープで虹をアーチ状にする

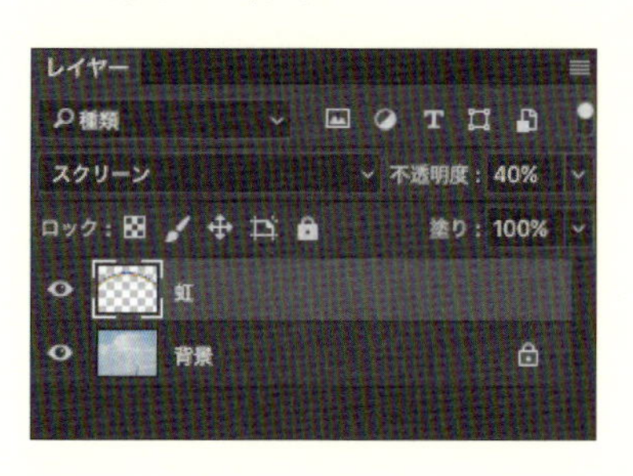

第4章 描画モード・合成

NO.
114 スタンプを押したように画像を合成する

VER.
CC / CS6 / CS5 / CS4 / CS3

フィルターで加工したスタンプの画像を、写真に［焼き込みカラー］で重ねます。

STEP 1
［ツール］パネルの［描画色］をクリックしてカラーピッカーを開き、［R55 ／ G65 ／ B110］を選択して❶［OK］をクリックします。同じ要領で［背景色］は白（［R255 ／ G255 ／ B255］）にしておきます。

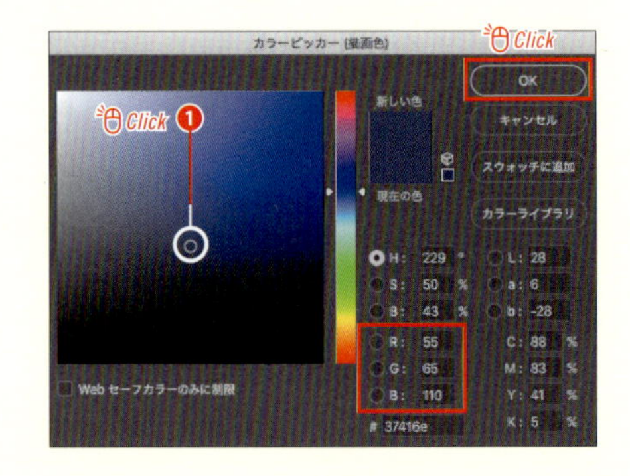

STEP 2
スタンプとして使用したい画像を開き、［フィルター］メニューから［フィルターギャラリー］を選択し、［スケッチ］の中から［ぎざぎざのエッジ］を選択します❷。
［画像のバランス］を［10］程度❸、［滑らかさ］を［15］程度❹、［コントラスト］を［23］程度に設定して❺［OK］をクリックします。

スタンプとして使う画像

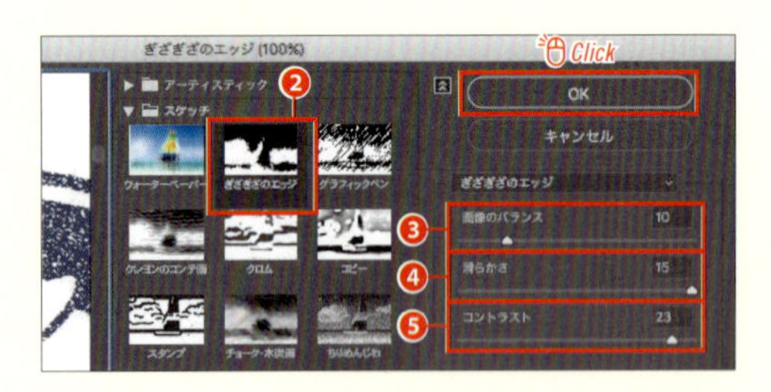

フィルター実行後

スタンプとして使用する画像は、スタンプ部分が黒、それ以外は白にしておきます。

STEP 3
［フィルター］メニューから［描画］→［雲模様 1］を実行したあと、［編集］メニューから［雲模様 1 のフェード］を選択し、［描画モード:スクリーン］❻で［OK］をクリックします。絵柄がある部分にだけ雲模様が残りました。

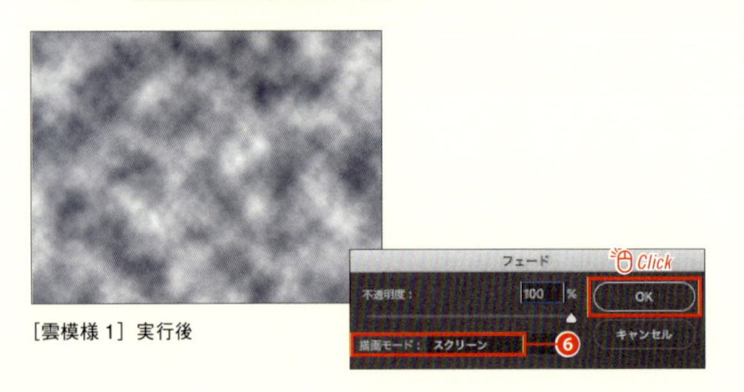

［雲模様 1］実行後

フェードでフィルターの合成結果を変える

STEP 4

[フィルター] メニューから [フィルターギャラリー] を選択します。[スケッチ]から [コピー] を選択し❼、[ディテール：7]、[暗さ：30] 程度に設定します❽。続けて [新しいエフェクトレイヤー] をクリックして❾新規フィルターを追加し、[スケッチ] から [スタンプ] を選択します❿。これを [明るさ・暗さのバランス：40]、[滑らかさ：5] 程度に設定し⓫、[OK] をクリックしてフィルターを実行します。絵柄がスタンプ風に加工されました。できた画像はコピーしておきます。

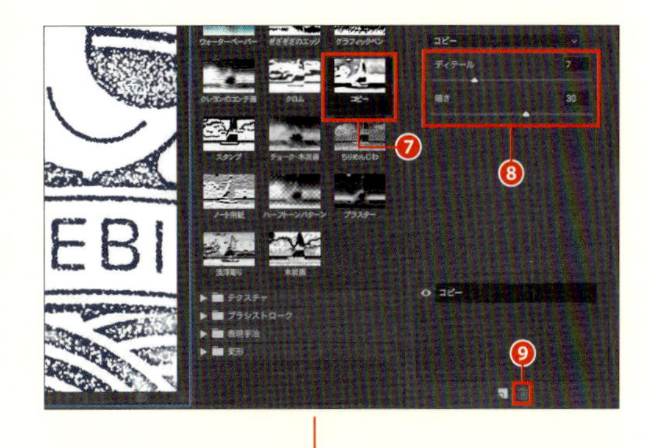

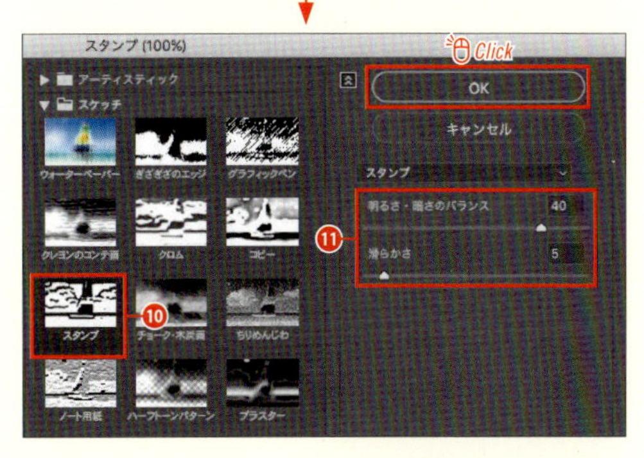

フィルター実行後

STEP 5

背景となるテクスチャの画像を開き、[編集] メニューから [ペースト] を実行して、コピーしたスタンプの画像をペーストします。今回はクラフト紙の写真をテクスチャとして使用します⓬。

背景となる画像

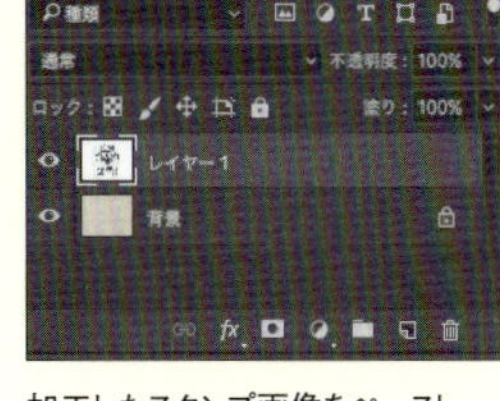
加工したスタンプ画像をペースト

STEP 6

最後に、ペーストしたスタンプ画像のレイヤーの [描画モード] を [乗算] ⓭に変更すれば完成です。

MEMO

背景画像とスタンプがうまくなじまないときは、[描画モード] を [焼き込み] や [焼き込み (リニア)] などに変更してください。

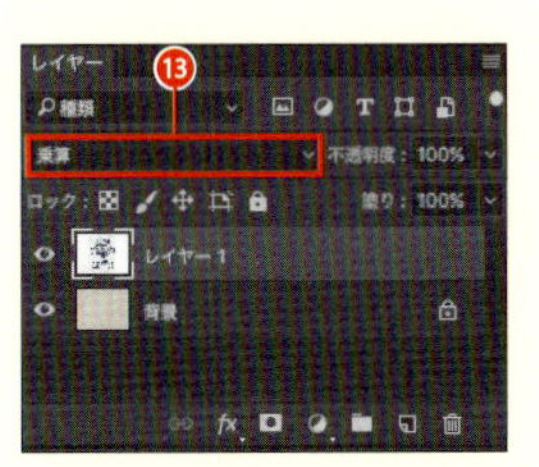

描画モード変更後

087 描画モードを変更する
119 フィルターを適用する

NO.

115 木の板に焼き印を合成する

VER.
CC / CS6 / CS5 / CS4 / CS3

焼き印の形でコピーした木目の画像を、木の板の写真に［乗算］や［焼き込み（リニア）］で重ねます。

STEP 1

焼き印として使う図案の画像を開きます❶。図案の輪郭の角を丸く加工するため、［フィルター］メニューから［ノイズ］→［ダスト&スクラッチ］で、［半径］を「4」程度に設定して❷［OK］をクリックします。［選択範囲］メニューから［すべてを選択］、［編集］メニューから［コピー］で画像をコピーします。

焼き印の図案画像

［ダスト&スクラッチ］で角を柔らかく加工

> **MEMO**
>
> 焼き印の図案は、焼き印部分が黒、それ以外が白になっているグレースケール画像にしておきます。

STEP 2

木の板の画像を開き、［編集］メニューから［ペースト］を実行して焼き印の画像をペーストします❸。そのまま［チャンネル］パネルを開き、［RGB］のチャンネルサムネールを⌘（Ctrl）+クリックして❹選択範囲を読み込み、［選択範囲］メニューから［選択範囲を反転］を実行します❺。

チャンネルから選択範囲を読み込み反転

STEP 3

焼き印図案のレイヤーを非表示にし、「背景」を選択します❻。その状態で、［レイヤー］メニューから［新規］→［選択範囲をコピーしたレイヤー］を実行します。選択範囲内の木目が新たなレイヤーとして複製されたら、このレイヤー名を「焼き込み」に変更します❼。

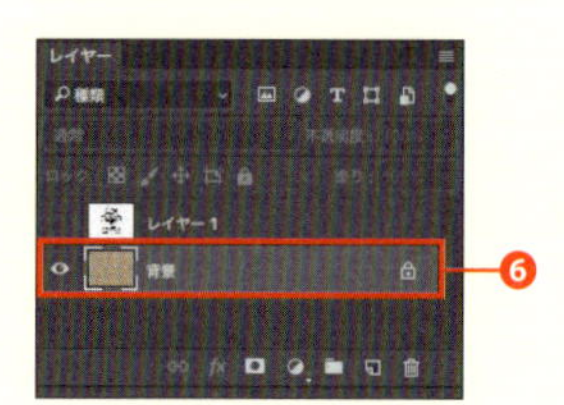

選択範囲の部分だけを別レイヤーとして複製

S 選択範囲をコピーしたレイヤー ▶ ⌘（Ctrl）+J

STEP 4

「焼き込み」レイヤーのレイヤーサムネールを ⌘（Ctrl）＋クリックして❽選択範囲を読み込み、［選択範囲］メニューから［選択範囲を変更］→［境界をぼかす］を［半径：20］程度で実行します❾。再び［背景］を選択し、［レイヤー］メニューから［新規］→［選択範囲をコピーしたレイヤー］を実行します。先ほどと同じく選択範囲内の木目が新たなレイヤーとして複製されたら、このレイヤー名を［ぼかし］に変更します❿。

レイヤーの不透明部分を選択範囲として読み込む

選択範囲の境界をぼかす

STEP 5

「焼き込み」レイヤーを選択し、［レイヤー］メニューから［レイヤースタイル］→［光彩（内側）］を選択し、各値を図のように設定⓫して［OK］をクリックします。

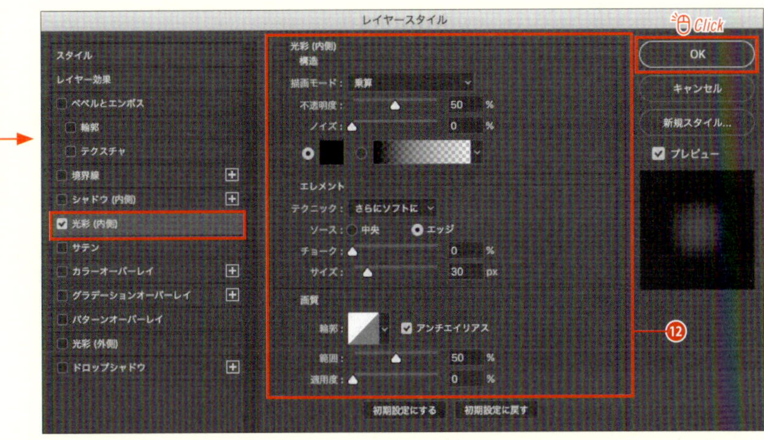

STEP 6

最後に、「焼き込み」レイヤーの［描画モード］を［乗算］⓬に、「ぼかし」レイヤーの［描画モード］を［焼き込み（リニア）］⓭に変更すれば完成です。

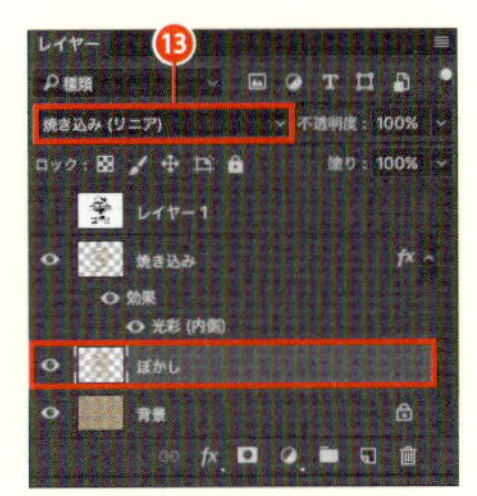

MEMO

焼き込みの濃度が濃すぎる場合は、各レイヤーの［不透明度］を調節してください。

087 描画モードを変更する／101 画像の白い部分を透明にする
119 フィルターを適用する／130 画像のノイズを除去する

NO.

116 複数の写真をつなぎ合わせてパノラマにする

VER.

CC / CS6 / CS5 / CS4 / CS3

［レイヤーを自動整列］と［レイヤーを自動合成］の機能を使うことで、簡単にパノラマ写真をつくることができます。

STEP 1

今回は3枚の写真を使ってパノラマを作成します。それぞれの写真には、画像が重なる範囲（共通範囲）が必ず含まれるよう撮影時に意識しておきましょう。パノラマに使用するすべての写真をPhotoshopで開き、その他のファイルはすべて閉じておきます。

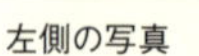

左側の写真

中央の写真

右側の写真

STEP 2

［ファイル］メニューから［スクリプト］→［ファイルをレイヤーとして読み込み］を選択し、［開いているファイルを追加］をクリックします❶。一覧にすべての画像が追加されたら❷［OK］をクリックします。新たなファイルが作成され、指定した画像すべてがレイヤーとして読み込まれました❸。

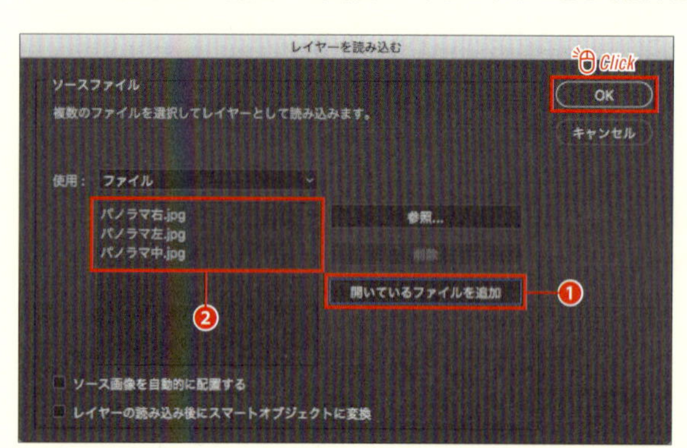

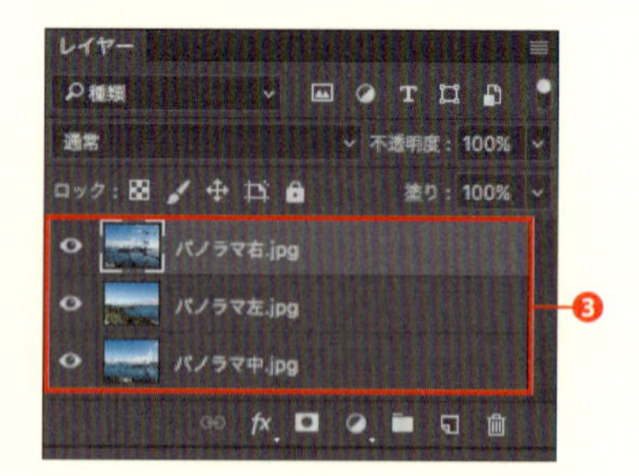

STEP 3

［レイヤー］パネルで選択されていないレイヤーを、⌘（Ctrl）キー＋クリックして、すべてのレイヤーが選択された状態にします❹。

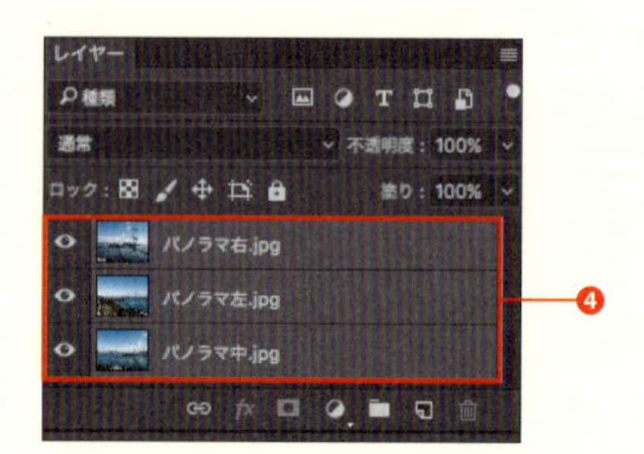

STEP 4

[編集] メニューから [レイヤーを自動整列] を選択し、[投影法：円筒法] にして❺ [OK] をクリックします。自動的に画像がパノラマに合成されます❻。

MEMO

写真の状態や希望する仕上がりによって [投影法] を別のものに変更してもかまいません。迷った場合は [自動設定] としておきましょう。

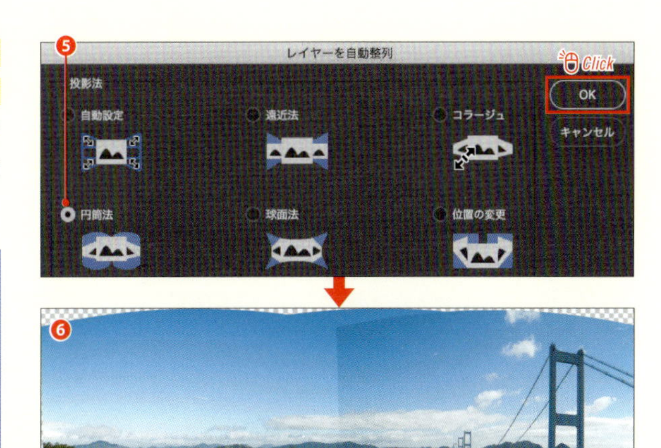

STEP 5

[編集] メニューから [レイヤーを自動合成] を選択します。[パノラマ] を選択し❼、[シームレスなトーンとカラー]、[コンテンツに応じた塗りつぶしを透明な領域に適用] にチェックを入れて❽ [OK] をクリックします。各レイヤーの継ぎ目が自動的にマスキングされ、継ぎ目が目立たなくなりました。さらに、余白の画像が自動的に補完されているのがわかります。なお、自動的に画像が補完された範囲は、写真の状態によって不自然な形になっていることがあります❾。このような場合は、[切り抜き] ツール を使ってそこが含まれないようにトリミングするか、[スタンプ] ツール などでレタッチしておきましょう。

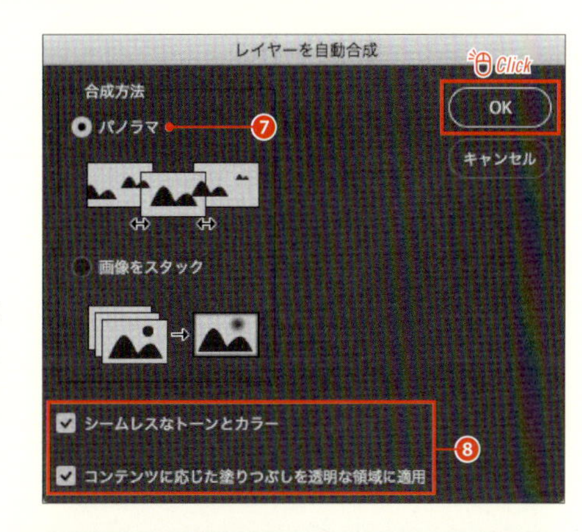

MEMO

[コンテンツに応じた塗りつぶしを透明な領域に適用] は CC 2015以降の機能です。

STEP 6

[コンテンツに応じた塗りつぶしを透明な領域に適用] が使えない場合、合成によって生まれた余白は、[切り抜き] ツールを使って画像をトリミングします。

NO.

117 複数の写真を合成して映り込みが避けられないものを消す

VER.

CC / CS6 / CS5 / CS4 / CS3

スマートオブジェクトの［画像のスタック］を利用して車などの映り込みを消去して合成します。

STEP 1

車や人が絶え間なく往来する昼間の道路など、どうしても障害物を避けて撮影できない状況があります。このようなときは、複数の画像を合成して不要なものを削除していく手法が有効ですが、手動でいくつもの写真を消していくのは大変な作業です。これを自動で処理してみましょう。

STEP 2

カメラを固定して同じアングルから同じ条件で数十枚の写真を撮影し、それをひとつのフォルダーにまとめます。できれば 20 枚以上は撮影しておきましょう。今回は道路の写真を合計 25 枚撮影しました。

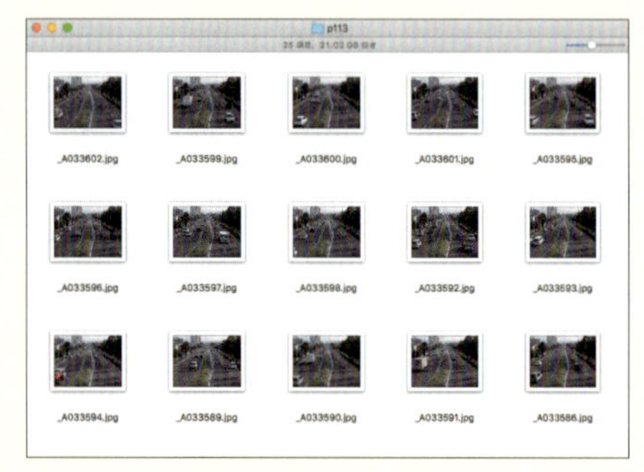

同じ位置から連続的に撮影した写真

STEP 3

［ファイル］メニューから［スクリプト］→［ファイルをレイヤーとして読み込み］を選択します。［使用］を［フォルダー］に変更して❶［参照］をクリックし❷、写真をまとめたフォルダーを選択して❸［開く］をクリックします❹。リストにファイル名一覧が追加されたら、［ソース画像を自動的に配置する］をオフ❺、［レイヤーの読み込み後にスマートオブジェクトに変換］をオンにして❻［OK］をクリックします。

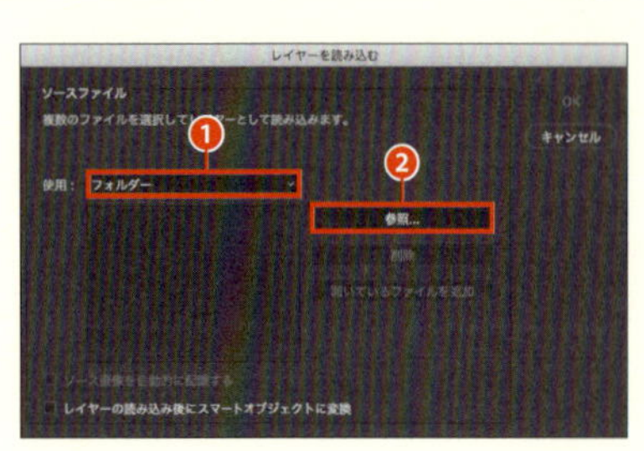

MEMO

読み込む画像は、すべてのサイズやカラーモードをあらかじめ同じにしておきましょう。

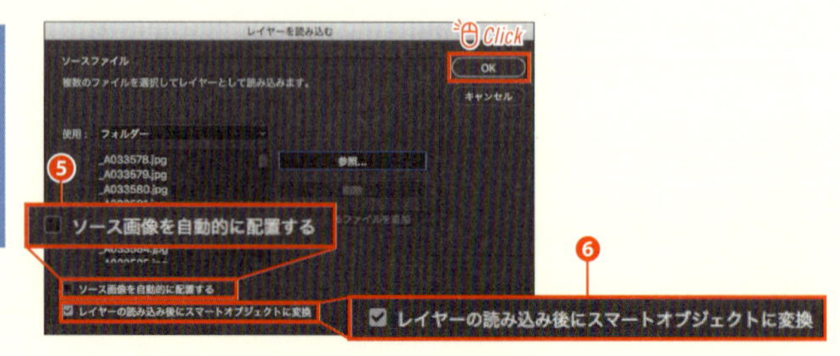

STEP 4

自動的にファイルが作成され、すべての画像がこのファイルに読み込まれたあと、すべてのレイヤーがひとつのスマートオブジェクトに変換されます。このスマートオブジェクトのレイヤーをダブルクリックしてスマートオブジェクトの中身を開きます❼。

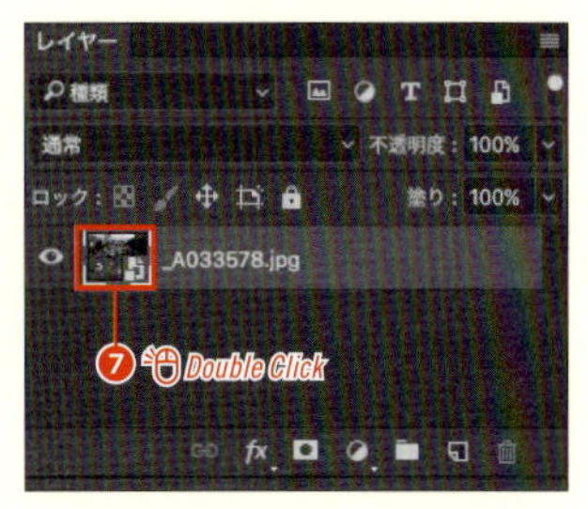

スマートオブジェクトのレイヤーをダブルクリック

STEP 5

25個の画像がレイヤーとして読み込まれているのがわかります。このままだと、位置や角度などに細かい差があるので、それを補正しましょう。すべてのレイヤーを選択し❽、［編集］メニューから［レイヤーを自動整列］で［投影法：自動設定］を選択して❾［OK］をクリックします。少し時間がかかりますが、処理が終わるまで待つとすべてのレイヤーの位置のズレなどが自動的に修正されます。

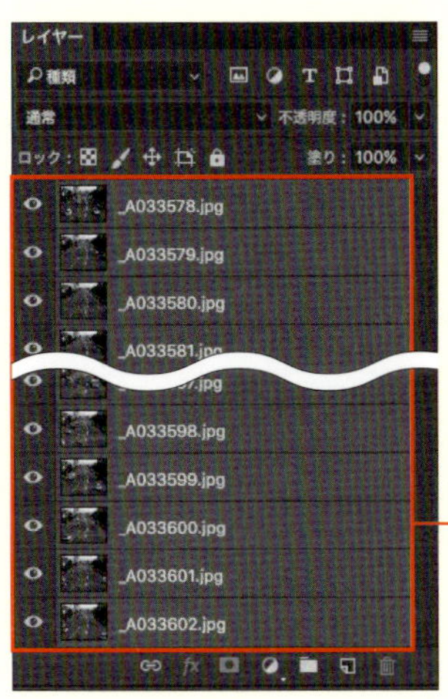

STEP 6

スマートオブジェクトのファイルを保存して、元のファイルに戻ります。再びスマートオブジェクトのレイヤーを選択し❿、［レイヤー］メニューから［スマートオブジェクト］→［画像のスタック］→［中央値］を実行します⓫。しばらく自動処理が行われたあと、車などの障害物が消去されています。

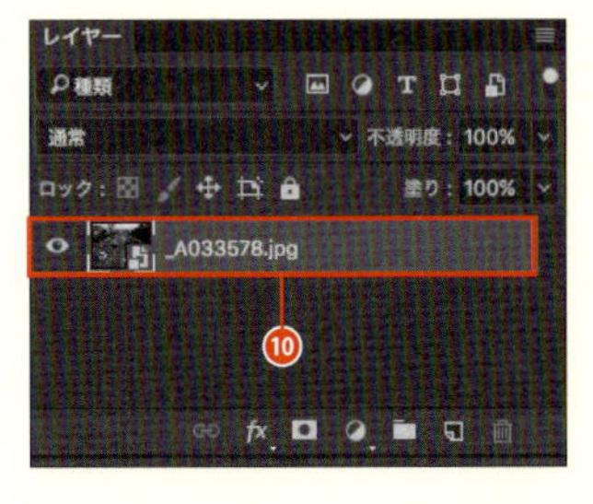

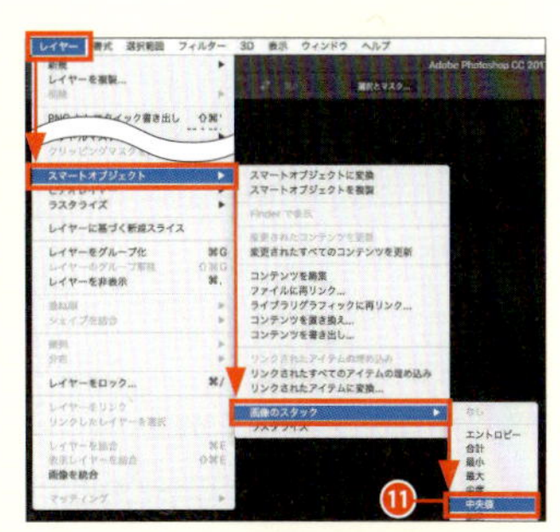

自動的に車などの障害物が消去された

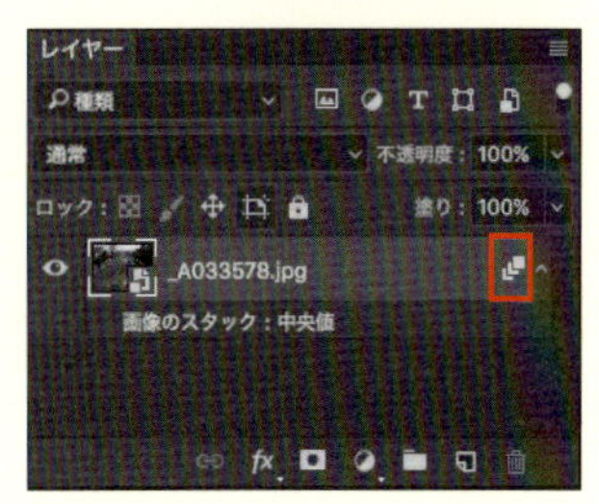

レイヤーにはスタックのアイコンが表示される

MEMO

画像の状態によっては消去しきれない箇所が残ることもあります。このような場合は［スタンプ］ツールなどを使った手動での修正が必要です。

第4章 描画モード・合成

NO.
118 焦点の異なる写真を合成して全域を合焦させる

VER.
CC / CS6 / CS5 / CS4 / CS3

［レイヤーを自動合成］の機能を使って複数の画像を合成することで、擬似的に被写界深度の深い画像が生成できます。

STEP 1

焦点が異なる写真をすべて開きます。今回は、1、2、3の置物それぞれに合焦していますが、被写界深度が浅く、対象以外がぼけています。商品写真などで、すべての対象にピントを合わせたい場合は、この状態だと困ります。これを修正していきましょう。それぞれの写真をコピー&ペーストして、ひとつの画像にレイヤー分けした状態にします❶。

1に合焦

2に合焦

3に合焦

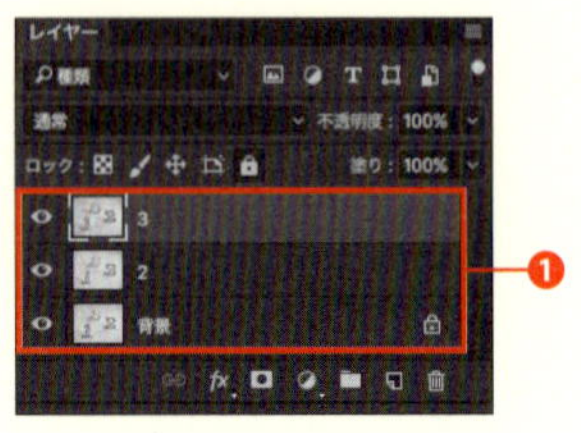

コピー&ペーストでレイヤーに分けて
ひとつの画像にまとめる

STEP 2

［レイヤー］パネルでレイヤーを⌘（Ctrl）＋クリックし、すべてのレイヤーを選択します❷。この状態で［編集］メニューから［レイヤーを自動整列］で［投影法：自動設定］で実行すると❸、画像の位置や角度のズレが自動で修正されます。

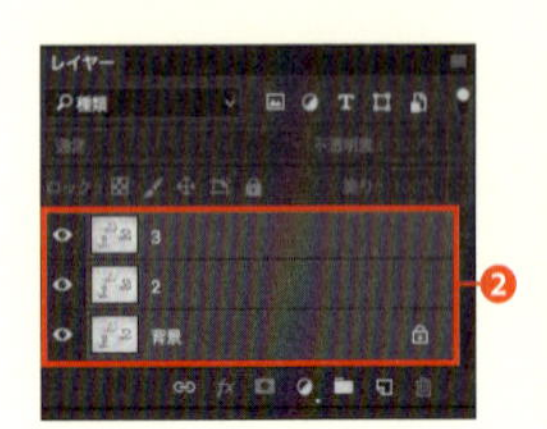

すべてのレイヤーを選択

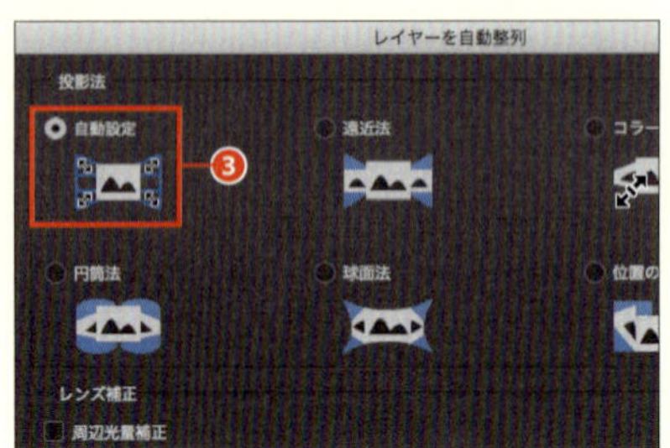

位置や角度のズレが自動的に修正される

STEP 3

再びすべてのレイヤーを選択し、［編集］メニューから［レイヤーを自動合成］を選択します。［合成方法］を［画像をスタック］に設定し❹、［シームレスなトーンとカラー］、［コンテンツに応じた塗りつぶしを透明な領域に適用］にチェックを入れて❺実行すれば、自動的に3点の置物すべてにピントの合った写真に合成されます❻。

MEMO

［コンテンツに応じた塗りつぶしを透明な領域に適用］はCC 2015以降の機能です。それ以前のバージョンでは［切り抜き］ツールなどで余白をトリミングしてください。

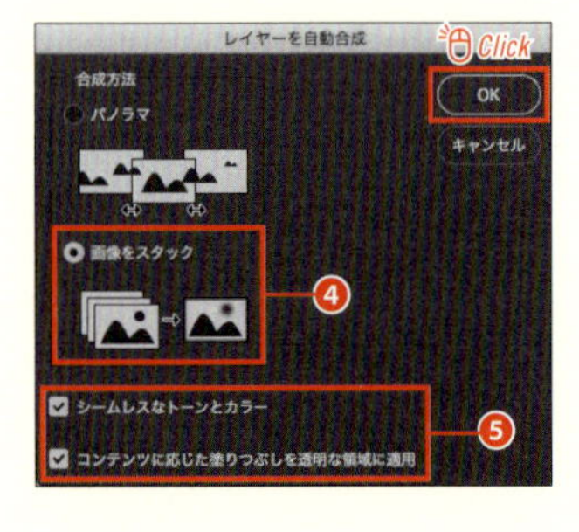

3つの置物すべてにピントが合焦した

第5章 フィルター加工

NO.
119 フィルターを適用する

VER.
CC / CS6 / CS5 / CS4 / CS3

フィルターには、メニューを選択するだけで適用できるものと、ダイアログで値を設定して適用するものがあります。

STEP 1

［レイヤー］パネルでレイヤーを選択したあと、**［フィルター］メニューから［表現手法］→［輪郭検出］**を選択すると❶、フィルターが適用されます。選択するだけで適用できるフィルターには他にも、［ぼかし］［シャープ（強）］などがあります。

元画像

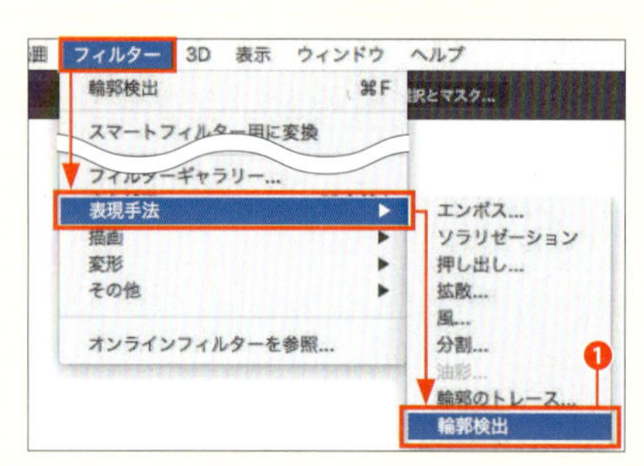

［輪郭検出］を適用した

STEP 2

［フィルター］メニューから［表現手法］→［風］を選択すると❷、［風］ダイアログが表示されます。風の［種類］や［方向］の値を設定して❸、［OK］をクリックすると、フィルターが適用されます。ダイアログで設定して適用するフィルターには他にも、［ぼかし（ガウス）］［アンシャープマスク］などがあります。

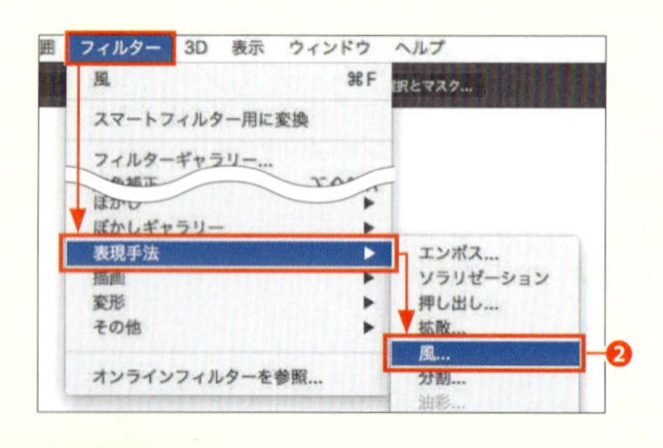

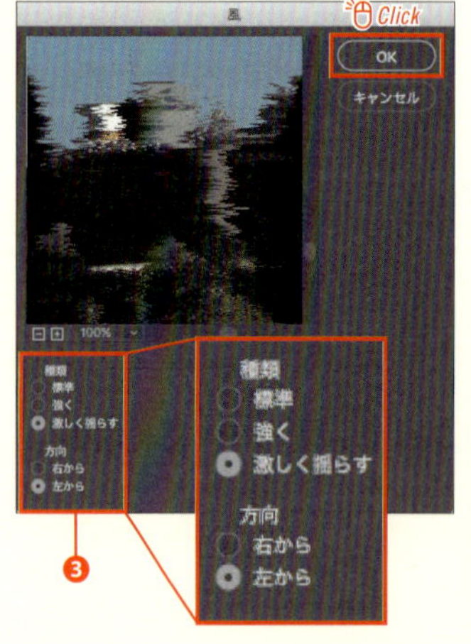

［風］を適用した

STEP 3

[フィルター] メニューから [フィルターギャラリー] を選択すると❹、[フィルターギャラリー] ダイアログが現れます。ダイアログ中央のフィルター一覧より [アーティスティック]→[パレットナイフ] を選び❺、数値を設定し❻、[OK] をクリックするとフィルターが適用されます。

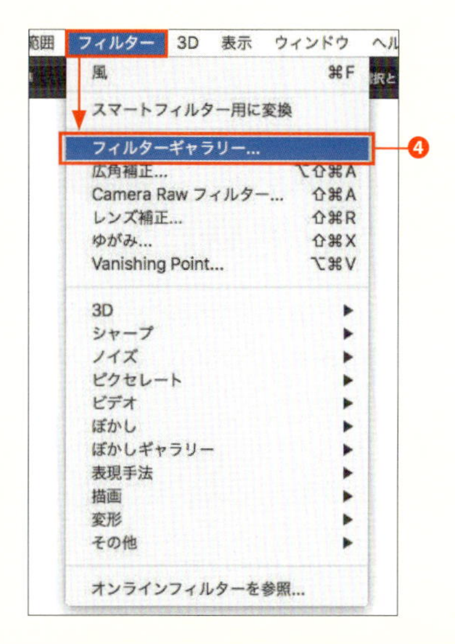

[パレットナイフ] を適用した

NO.
120 ［フィルターギャラリー］でフィルターを適用する

VER.
CC / CS6 / CS5 / CS4 / CS3

フィルターギャラリーを利用すると、プレビューを確認しながら選択できます。複数のフィルターを重ねがけすることも可能です。

STEP 1

［レイヤー］パネルでフィルターを適用するレイヤーを選択したあと、［フィルター］メニューから［フィルターギャラリー］を選択すると❶、［フィルターギャラリー］ダイアログが表示されます。

元画像

フィルター　3D　表示　ウィンドウ
フィルターの再実行　⌘F
スマートフィルター用に変換
フィルターギャラリー...
広角補正...　⌥⇧⌘A
Camera Raw フィルター...　⇧⌘A
レンズ補正...　⇧⌘R
ゆがみ...　⇧⌘X
Vanishing Point...　⌥⌘V
3D
シャープ
❶

STEP 2

フィルターを選択・設定し、［OK］をクリックすると適用されます。ここでは［水彩画］を選択し❷、［ブラシの細かさ：9］［シャドウの濃さ：1］［テクスチャ：1］に設定しました❸。

STEP 3

［フィルターギャラリー］ダイアログ右下の［新しいエフェクトレイヤー］ボタンをクリックすると、現在選択されているフィルター名がリストの項目に追加され❹、複数のフィルターを「重ねがけ」することができます。フィルターカテゴリで別のフィルターを選択すると、項目名が置き換わります。［削除］ボタンをクリックすると、削除できます。

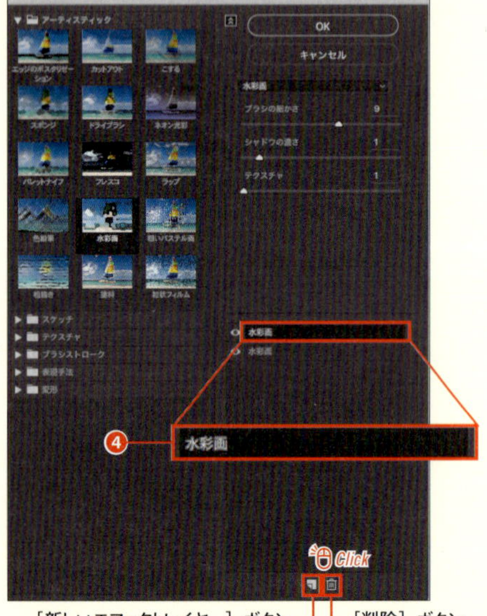

［新しいエフェクトレイヤー］ボタン　［削除］ボタン

ここではフィルターカテゴリで[アーティスティック]→［粗描き］を選択し、右のように数値を設定します。２つのフィルターが下から上の順に同時に適用されます。エフェクトレイヤーはドラッグすることで上下の順番を変更できます。

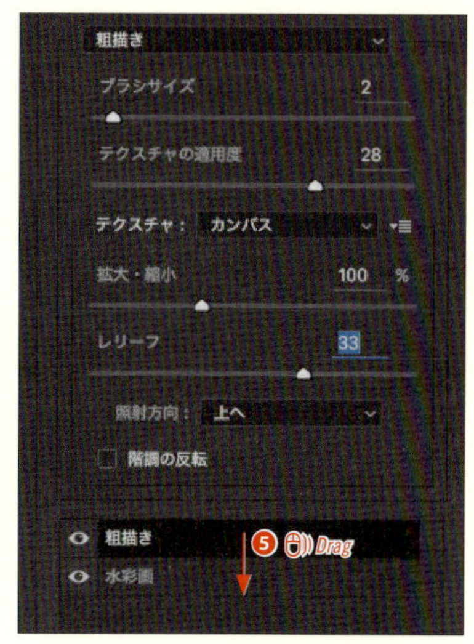

MEMO

フィルターギャラリーで選択できるフィルターには、次のようなものがあります。なお、［ぼかし（ガウス）］など、フィルターギャラリーで選択できないフィルターもあります。

エッジのポスタリゼーション

ネオン光彩

ラップ

ウォーターペーパー

ちりめんじわ

ノート用紙

クラッキング

テクスチャライザ

粒状

ストローク（斜め）

はね

墨絵

エッジの光彩

ガラス

海の波紋

光彩拡散

NO.
121 描画色や背景色が影響するフィルターの使い方

VER.
CC / CS6 / CS5 / CS4 / CS3

フィルターには、描画色や背景色が結果に影響するものがあります。描画色は「インクの色」、背景色は「紙の色」と考えるとわかりやすいです。

STEP 1 描画色と背景色を設定します。ここでは、［描画色：青］［背景色：黄］に設定しました❶。

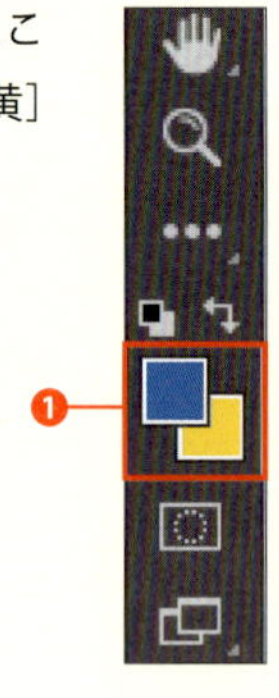

元画像

STEP 2 ［レイヤー］パネルでフィルターを適用するレイヤーを選択したあと、［フィルター］メニューから［フィルターギャラリー］を選択します❷。ここでは［スケッチ］→［コピー］を選択しました❸。

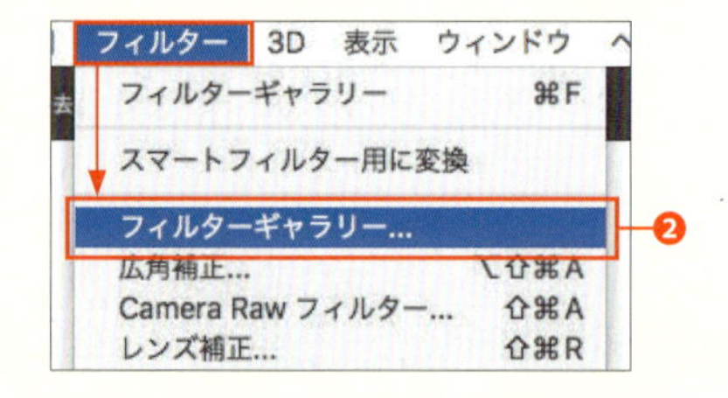

STEP 3 ［コピー］フィルターは、画像をコピー機で複写したような画調に変換してくれるフィルターです。この作例では、インクに当たる部分が［描画色：青］になり、紙の色に当たる部分が［描画色：黄］になります❹。

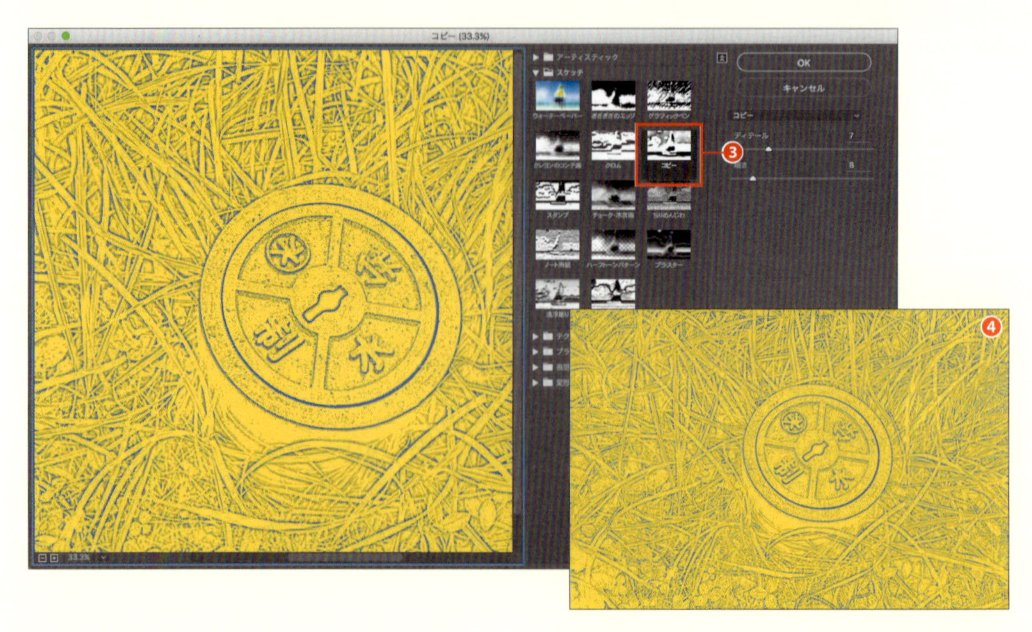

119 フィルターを適用する
120 ［フィルターギャラリー］でフィルターを適用する

NO.
122 画像にぼかしを加える

VER.
CC / CS6 / CS5 / CS4 / CS3

[ぼかし] や [ぼかし (ガウス)] などのぼかし系フィルターを適用すると、画像にぼかしを加えることができます。

STEP 1

[レイヤー] パネルでフィルターを適用するレイヤーを選択したあと、[フィルター] メニューから [ぼかし] → [ぼかし (ガウス)] を選択します。

元画像

STEP 2

[ぼかし (ガウス)] ダイアログで半径を設定します。ここでは [10pixel] に設定しました❶。[OK] をクリックすると、画像にぼかしが加わります。

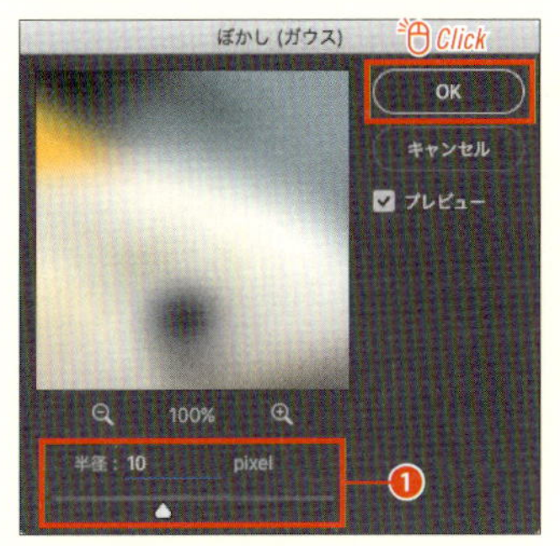

MEMO

ぼかし系フィルターにはこの他にも、一方向にぶれたようなぼかしを加える [ぼかし (移動)] ❷や、エッジを際立たせながらぼかす [ぼかし (詳細)] ❸などがあります。

[ぼかし (移動)]

[ぼかし (詳細)]

083 ボケで遠近感を強調する
119 フィルターを適用する

NO.
123 元画像に変化を加えずにフィルターを適用する

VER.
CC / CS6 / CS5 / CS4 / CS3

スマートフィルターを使うと、元の画像に変化を加えずに、フィルターを適用できます。あとで設定値を変更することも可能です。

STEP 1

［レイヤー］パネルでフィルターを適用するレイヤーを選択したあと、**［フィルター］メニューから［スマートフィルター用に変換］**を選択し❶、ダイアログで［OK］をクリックして、スマートオブジェクトに変換します。

元画像

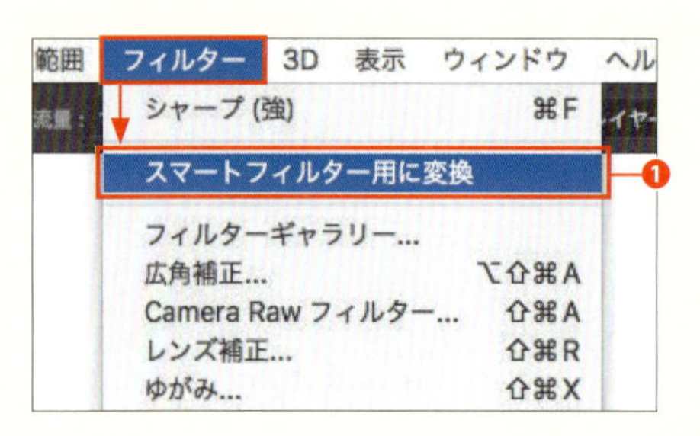

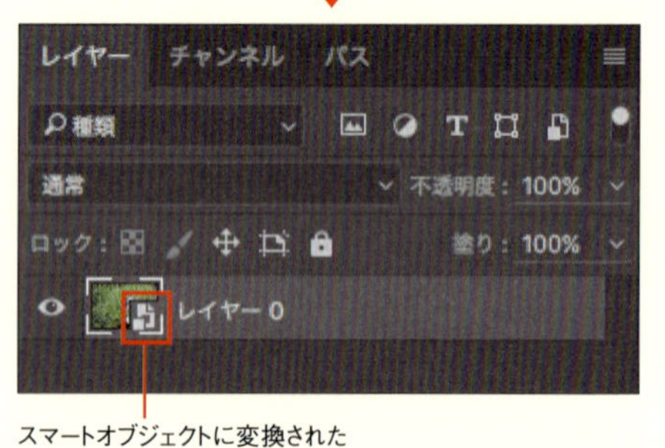

スマートオブジェクトに変換された

MEMO

スマートフィルターを利用するためには、まずこの作業を行う必要があります。スマートオブジェクトに変換されたレイヤーは、レイヤーサムネール右下に書類のアイコンが表示されます。レイヤーをスマートオブジェクトに変換しても、画像の見た目上の変化はありません。

STEP 2

［フィルター］メニューから［フィルターギャラリー］を選択し❷、フィルターを適用します。ここでは［テクスチャ］→［パッチワーク］を選択し❸、［パッチの大きさ：10］［レリーフ：10］に設定しました❹。

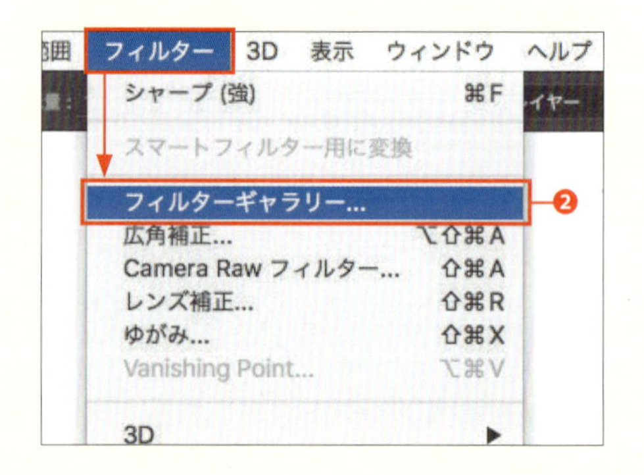

STEP 3

［OK］をクリックすると、フィルターが適用され、［レイヤー］パネルにフィルター名が表示されます❺。［レイヤー］パネルで［レイヤーの表示／非表示］アイコンをクリックすると❻、フィルター効果が非表示になります❼。フィルター名をダブルクリックすると、設定値を変更することができます。ゴミ箱にドラッグすると、フィルター効果が削除されます。

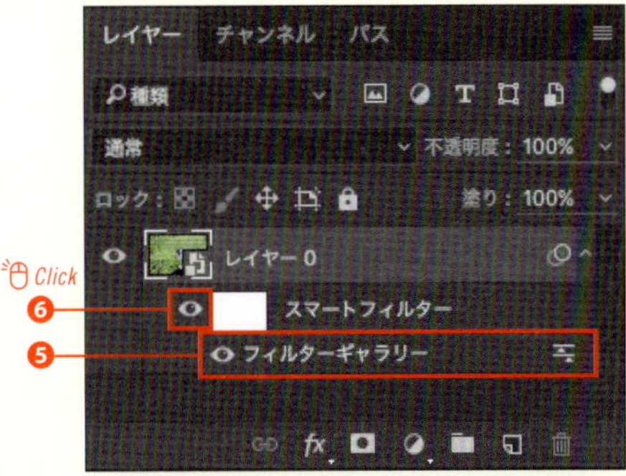

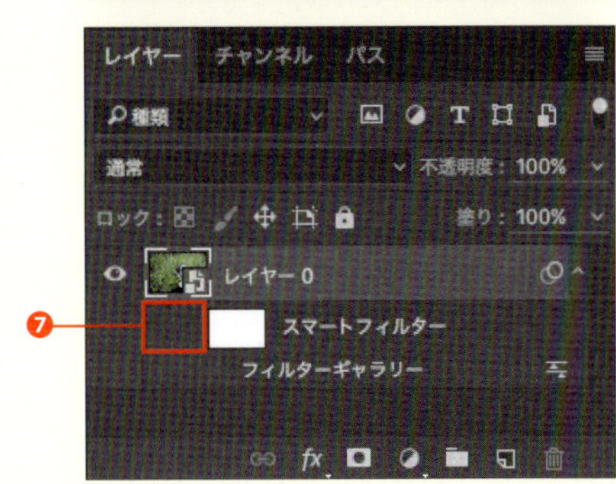

フィルターが適用された

［フィルター］メニューから［フィルターギャラリー］で適用したフィルターの場合、レイヤーパネルは一様に［フィルターギャラリー］と表示され、どのようなフィルターが適用されているかはわかりません。しかし［フィルターギャラリー］以外のフィルターを適用すると、そのフィルターの名称がレイヤーパネルに表示されます。

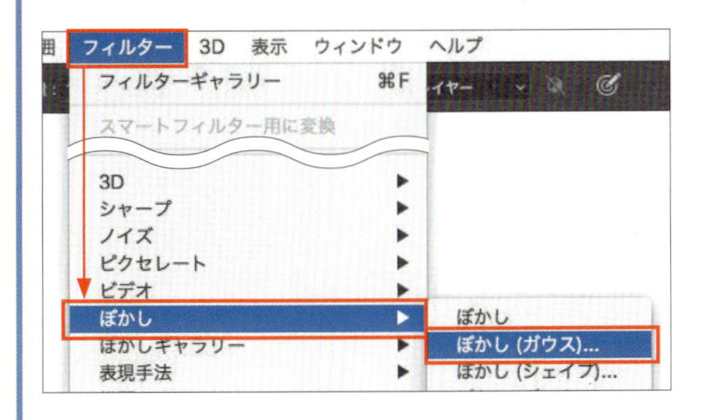

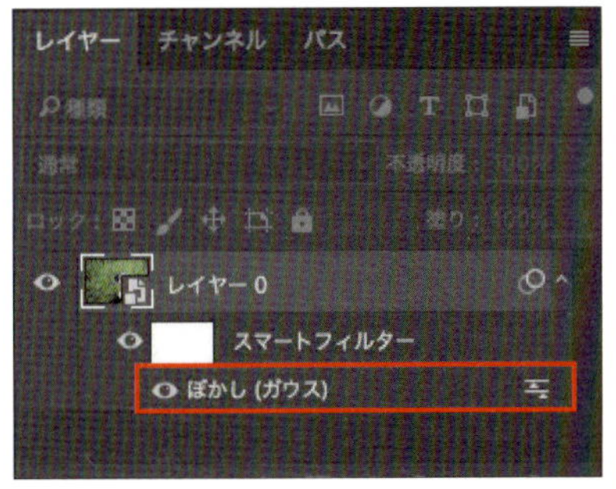

第5章 フィルター加工

NO.

124 [ぼかしギャラリー]で[フィールドぼかし][虹彩絞りぼかし]を使う

VER.

CC / CS6 / CS5 / CS4 / CS3

[ぼかしギャラリー]フィルターでは、個性的なぼかし効果を、細かくコントロールしながら適用することができます。

STEP 1

[フィルター] メニューから [ぼかし] → [フィールドぼかし] を選択します。

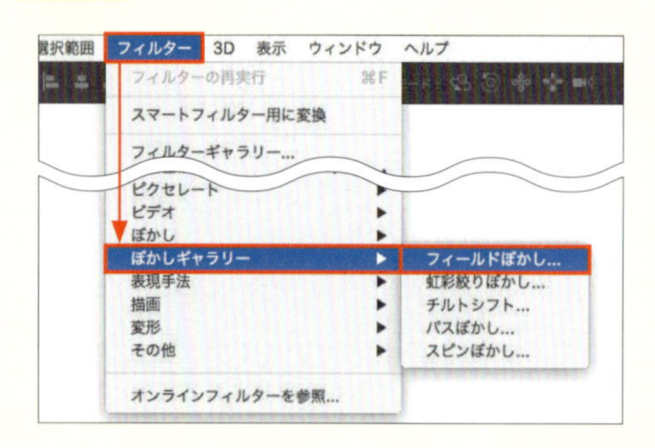

STEP 2

画面が[ぼかしギャラリー]に切り替わり、デフォルトのぼかしが適用されます。画像の中心にリング状の[ぼかしピン]が表示されますが❶、これがぼかしの中心となるポイントで、任意の場所に移動したり、また他の画面上をクリックすることで増やすこともできます。外側の枠の白と黒の境界をマウスでドラッグすると、ぼかしの強弱を変更することができます❷。また、右端に表示される[ぼかしツール]パネルで数値を指定すれば、同様にコントロールできます❸。

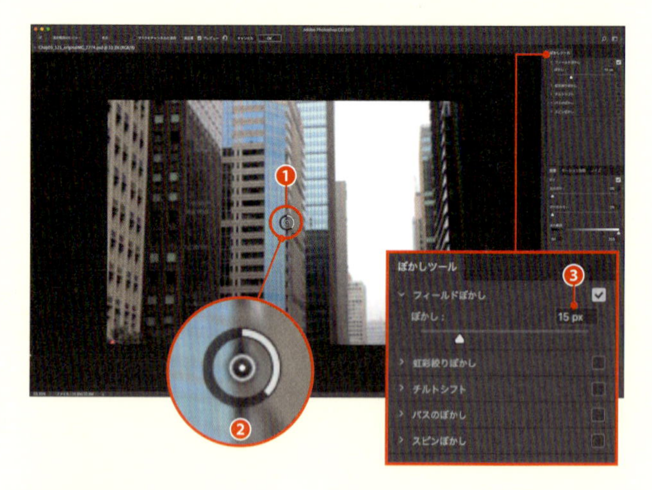

STEP 3

画面の左端にひとつ目の[ぼかしピン]をドラッグして移動します❹。続いて真ん中の空が見えるあたりをクリックして、[ぼかしピン]を追加。さらに画面の右端にも[ぼかしピン]追加します❺。真ん中のぼかしピンが選択された状態で[ぼかしツール]パネルからぼかしの値を[0px]に設定すると❻、画面の中央のぼかしだけがなくなります。このように、ぼかしピンを打った箇所のぼかし加減を、個別にコントロールできます。

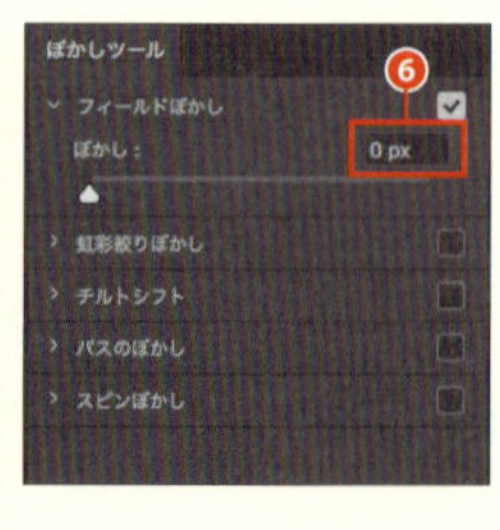

STEP 4

いずれかの［ぼかしピン］がアクティブな状態で Delete キーをクリックすると削除できます。残った［ぼかしピン］を画面の真ん中に移動します。さらに［ぼかしツール］パネルで、［フィールドぼかし］のチェックを外し、［虹彩絞りぼかし］にチェックを入れると❼、同じ［ぼかしピン］が［虹彩絞りぼかし］に変わり、周囲にハンドルが表示されます❽。このぼかしは、［ぼかしピン］を中心に、周囲に広がるようにぼかしを設定できます。

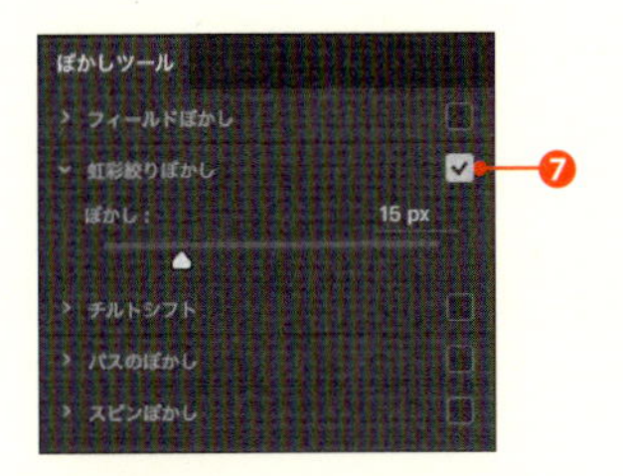

STEP 5

［ぼかしピン］の周囲にぼかしの範囲と形を表す角丸の四角形が表示されます。四角形上の右上のポイントで四角形の円形度を調整します❾。また四角形上、上下左右4点のハンドルで四角形全体の大きさと形を調整できます❿。四角形の内側の4点でぼかしの中間点を調整します⓫。

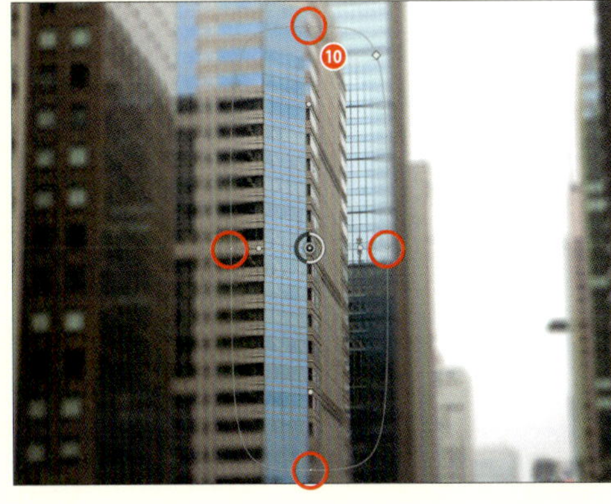

 MEMO

［ぼかしピン］は、自由に増減できますが、ピン数が増えるほど処理に時間がかかるようになります。むやみに増やすより、他のぼかし系フィルターや、アルファチャンネルなどをうまく組み合わせて、効率的に作業するように心がけましょう。

NO.
125 [ぼかしギャラリー]の[チルトシフト]でミニチュア撮影風にする

VER.
CC / CS6 / CS5 / CS4 / CS3

ミニチュア撮影のように見せるには［ぼかしギャラリー］の［チルトシフト］フィルターを適用します。

STEP 1

［フィルター］メニューから［ぼかし］→［チルトシフト ...］を選択します。

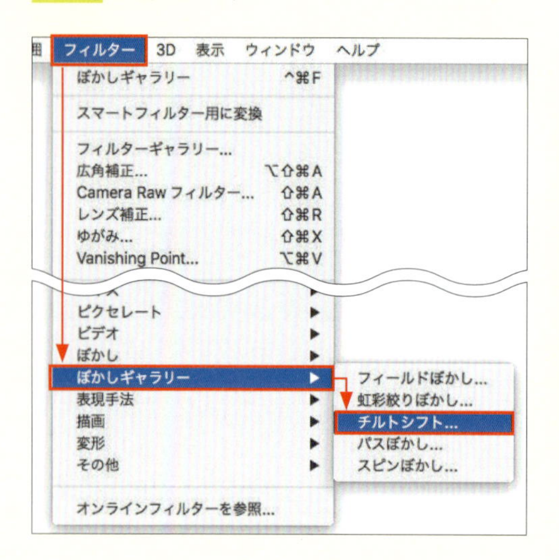

元画像

STEP 2

画面が［ぼかしギャラリー］に切り替わり、［チルトシフト］が適用されます。［ぼかしピン］が画面中央に表示され、上下に4本のラインが表示されます。内側の実線がぼかしの開始線で❶、外側の点線がぼかしの終了線になります❷。それぞれドラッグすることで、ぼかしの範囲を変更できます。
水平のぼかし範囲を回転することもできます。開始線の中心にあるハンドルをドラッグして回転させます❸。

ぼかしギャラリーウィンドウの上部にある［OK］をクリックして適用します。

MEMO

［ぼかし効果］パネルから、３つのぼかしツールすべてに、［ぼかし効果］を適用することができます。

［光のボケ］は、ぼけ足部分のコントラストを上げて、光が指すような表現にします。

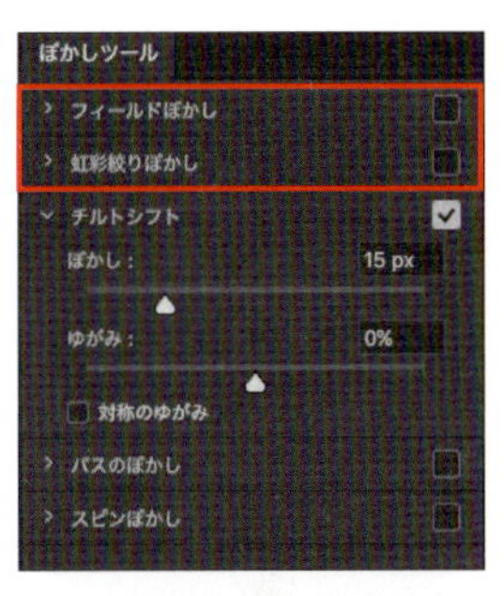

［ボケのカラー］は、ぼけ足部分の彩度を上げて色を鮮やかにします。

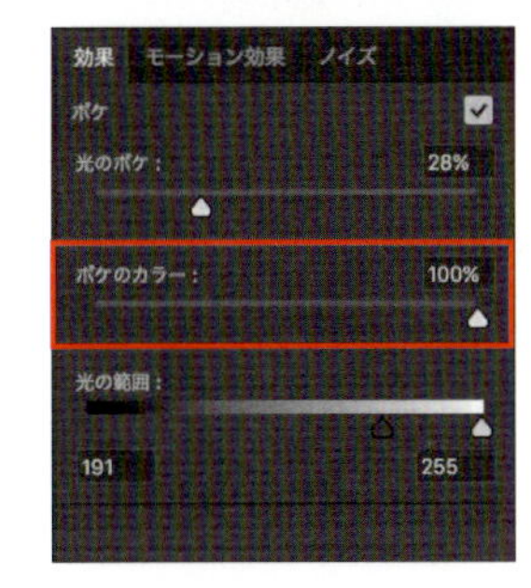

［光の範囲］は、ぼけ足部分に［レベル補正］と同じ効果を与えます。

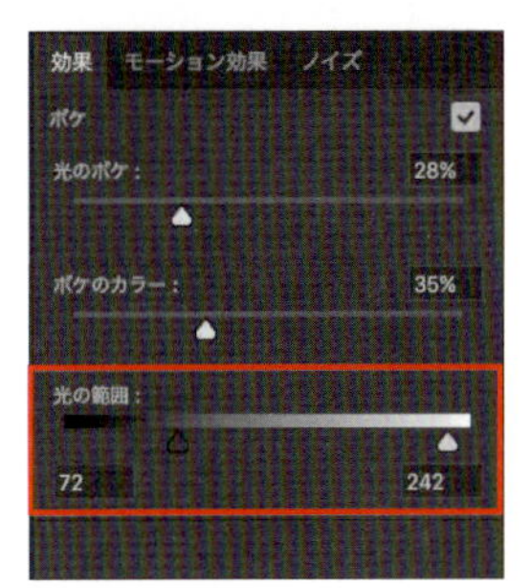

第5章 フィルター加工

NO.

126 ［ぼかしギャラリー］の［パスぼかし］で躍動感のあるぼかしをつくる

VER.
CC / CS6 / CS5 / CS4 / CS3

［パスぼかし］でパスに沿って移動するようなダイナミックなぼかしを作成します。

［フィルター］メニューから［ぼかし］→［パスぼかし...］を選択します。

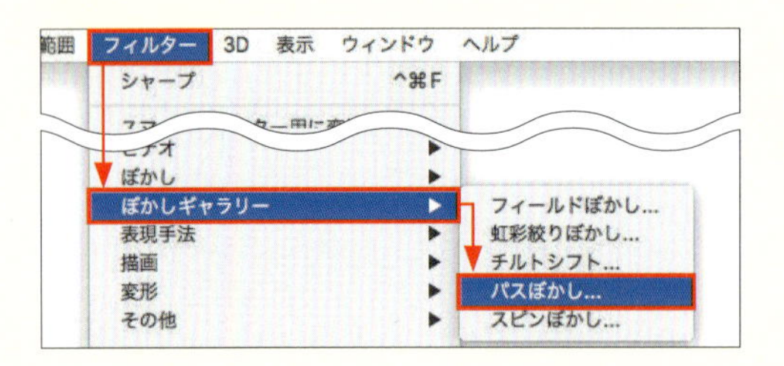

STEP 2

画面が［ぼかしギャラリー］に切り替わり、［パスぼかし］が適用されます。青い［ぼかしパス］が画面中央に表示され、沿うような方向にぼかしが適用されます。通常のパスと同様に、アンカーポイントやパスをドラッグして自由な形に変形します❶。

STEP 3

［ぼかしパス］が選択された状態で［ぼかしツール］パネルから［ぼかしの速度：200%］に設定します❷。よりダイナミックな躍動感が表現されます。最後にぼかしギャラリーウィンドウの上部にある［OK］をクリックして適用します。

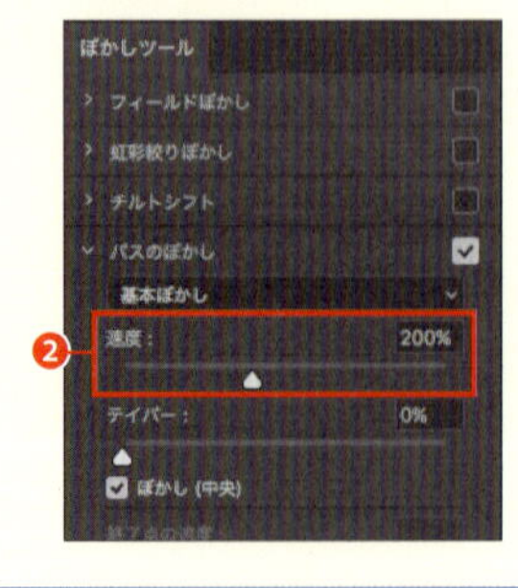

MEMO

パスの中間点をクリックすると、アンカーポイントを増やせます。また、画面の他の部分をクリックすると別のパスを追加できます。あまりパスを複雑にすると、処理に時間がかかるので注意しましょう。

124 ［ぼかしギャラリー］で［フィールドぼかし］［虹彩絞りぼかし］を使う
125 ［ぼかしギャラリー］の［チルトシフト］でミニチュア撮影風にする

NO.

127 ［ぼかしギャラリー］の［スピンぼかし］で回転する被写体を表現する

VER.
CC / CS6 / CS5 / CS4 / CS3

［スピンぼかし］で部分的に回転するような動きを表現します。

STEP 1

［フィルター］メニューから［ぼかし］→［スピンぼかし...］を選択します。

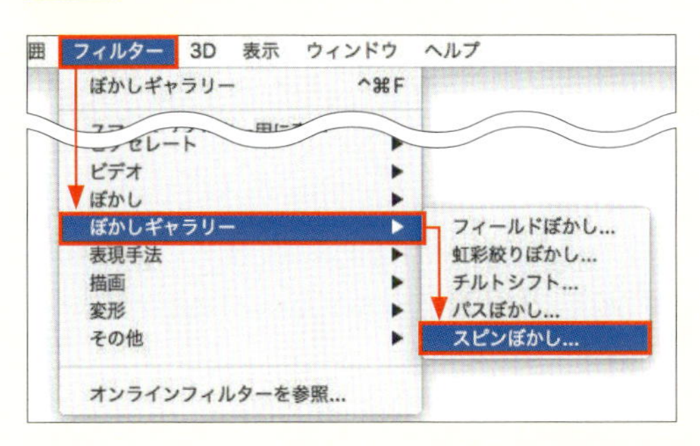

STEP 2

画面が［ぼかしギャラリー］に切り替わり、丸いパス状のオーバーレイコントロールが表示されます❶。ドラッグしてぼかしを適用したい場所に移動します。

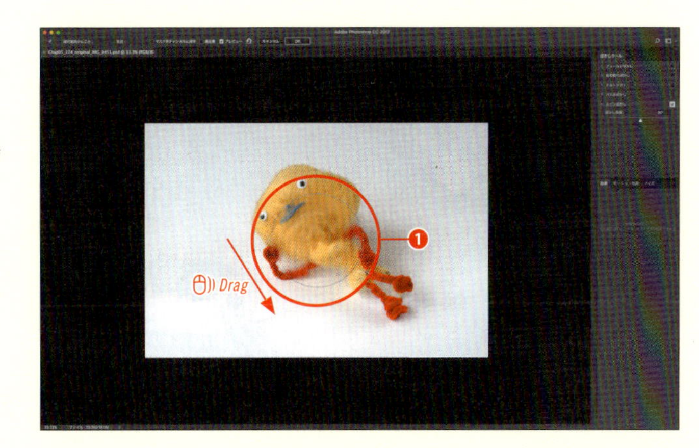

STEP 3

足のあたりに移動したあと、［ぼかしツール］パネルから［ぼかしの角度：32°］に設定します❷。足の部分だけが回転し、まるで脚をバタバタさせているような表現になりました。ぼかしギャラリーウィンドウの上部にある［OK］をクリックして適用します。

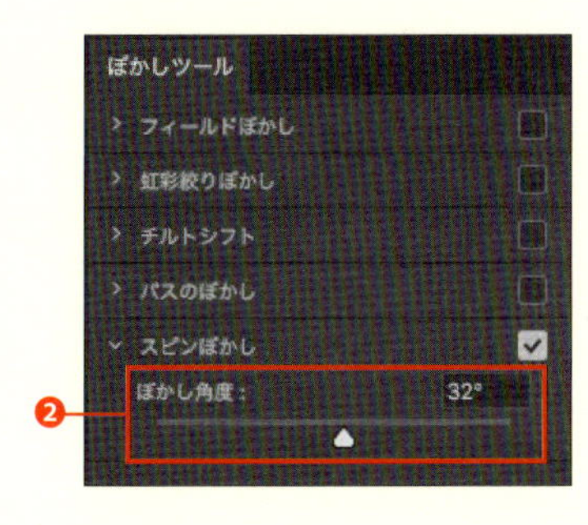

124 ［ぼかしギャラリー］で［フィールドぼかし］［虹彩絞りぼかし］を使う
126 ［ぼかしギャラリー］の［パスぼかし］で躍動感のあるぼかしをつくる

NO.
128 画像に放射状のぼかしを加える

VER.
CC / CS6 / CS5 / CS4 / CS3

ぼかし系フィルターは単に画像をぼかすだけではなく、カメラが動いたときの「ぶれ」のような効果を生成することもできます。

STEP 1

［レイヤー］パネルでフィルターを適用するレイヤーを選択したあと、［フィルター］メニューから［ぼかし］→［ぼかし（放射状）］を選択します。

元画像

STEP 2

［ぼかし（放射状）］ダイアログで、［量：30］［方法：ズーム］［画質：標準］に設定しました❶。ぼかしの中心は任意の位置にドラッグして移動できますが、ここでは上 1/3 ぐらいの位置に移動しています。［OK］をクリックすると、画像全体にぼかしが加わります。

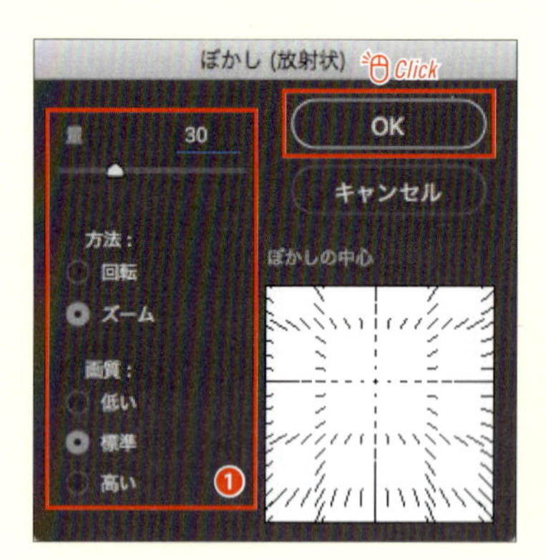

MEMO

［方法：回転］を選択すると❷、ぼかしの中心を軸に画像が回転したようなぼかしになります。

132 ［ハーフトーンパターン］で同心円状の模様をつくる
202 写真にスピード感を出す

NO.
129 画像にノイズを加える

VER.
CC / CS6 / CS5 / CS4 / CS3

ノイズ系フィルターで、画像にノイズを加えることができます。テクスチャのベースとして使われることも多いフィルターです。

STEP 1
［レイヤー］パネルでフィルターを適用するレイヤーを選択したあと、［フィルター］メニューから［ノイズ］→［ノイズを加える］を選択します❶。

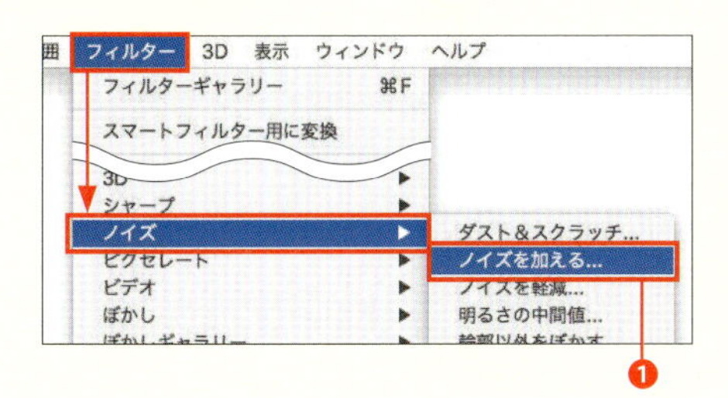

元画像

STEP 2
［ノイズを加える］ダイアログでノイズの量などを設定します。ここでは［量：30%］［均等に分布］に設定しました❷。［OK］をクリックすると、画像にノイズが加えられます。

MEMO

［グレースケールノイズ］にチェックを入れると、色味のない、グレーの階調のノイズになります。

130 画像のノイズを除去する
131 ［カラーハーフトーン］で印刷物風の画像をつくる

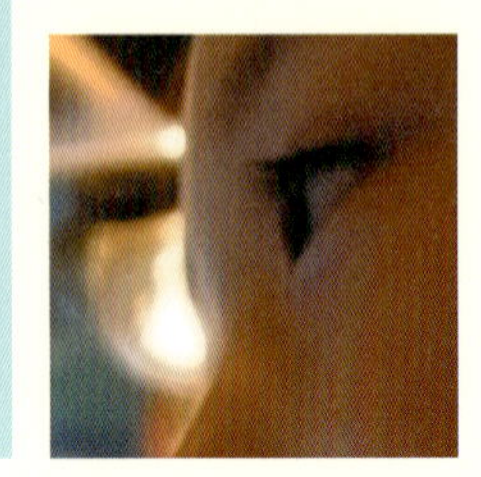

NO.
130 画像のノイズを除去する

VER.
CC / CS6 / CS5 / CS4 / CS3

ノイズ系フィルターは、ノイズを追加するだけではなく、逆に撮影時に発生してしまったノイズを目立たなくすることもできます。

STEP 1

［レイヤー］パネルでフィルターを適用するレイヤーを選択したあと、［フィルター］メニューから［ノイズ］→［ノイズを軽減］を選択します❶。

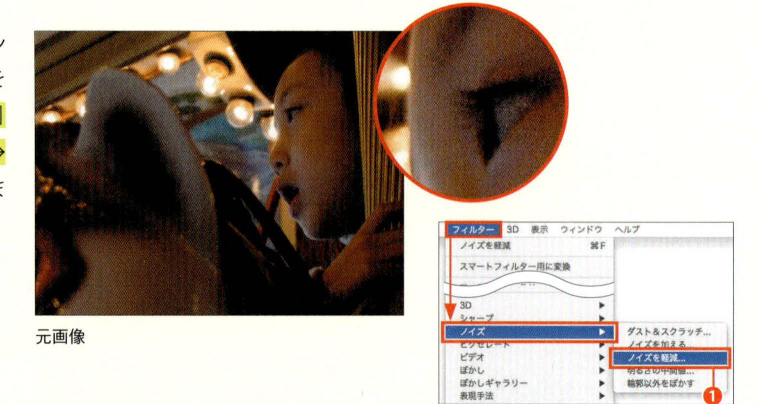

元画像

STEP 2

［ノイズを軽減］ダイアログで、［強さ：10］［ディテールを保持：0%］［カラーノイズを軽減：100%］［ディテールをシャープに：0%］に設定しました❷。［OK］をクリックするとフィルターが適用され、ノイズが軽減されます。

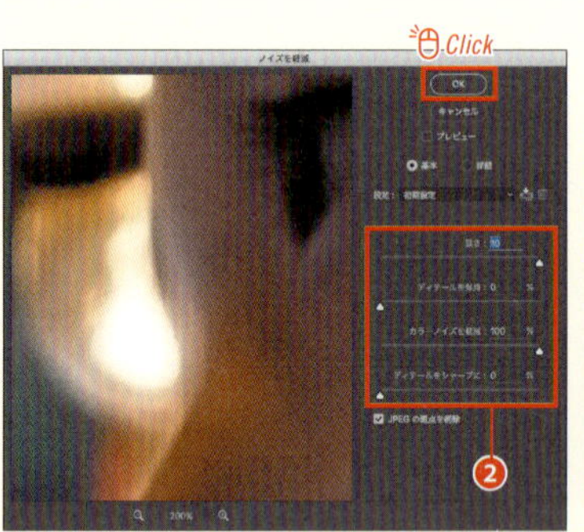

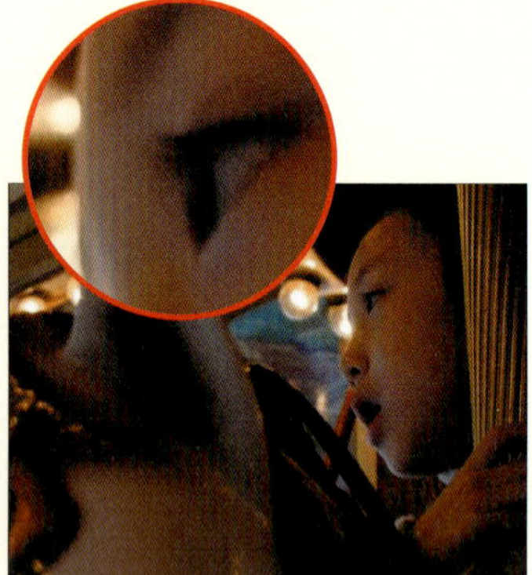

MEMO

ノイズ系フィルターには、同じようにノイズを除去する［ダスト&スクラッチ］というフィルターもあります。

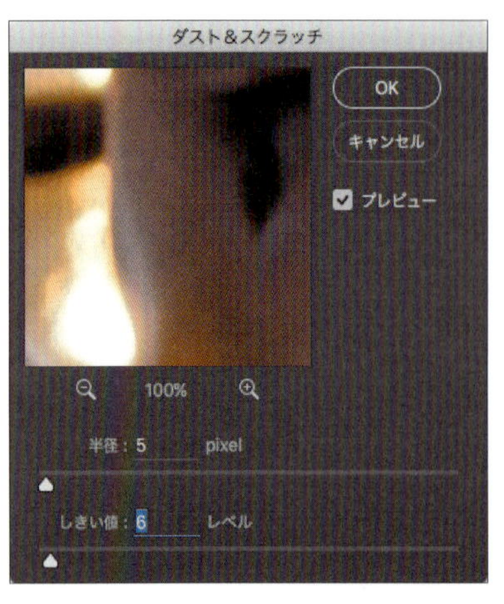

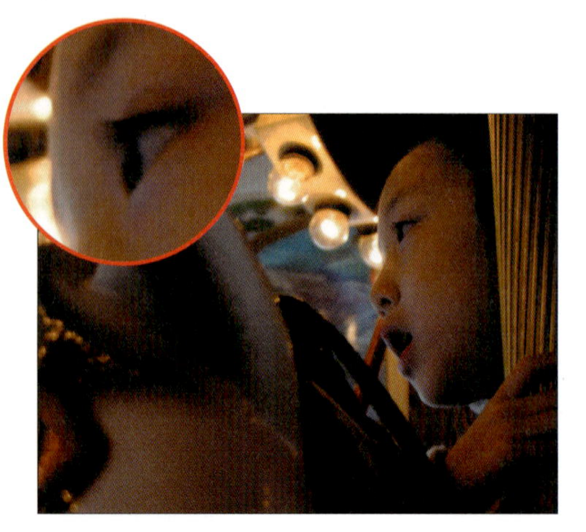

129 画像にノイズを加える

NO.
131 [カラーハーフトーン]で印刷物風の画像をつくる

VER.
CC / CS6 / CS5 / CS4 / CS3

[カラーハーフトーン] フィルターを適用すると、RGB(レッド、グリーン、ブルー)の三原色のドットで構成される画像に変換されます。

STEP 1

[レイヤー] パネルでフィルターを適用するレイヤーを選択したあと、[フィルター] メニューから[ピクセレート] → [カラーハーフトーン] を選択します❶。

元画像

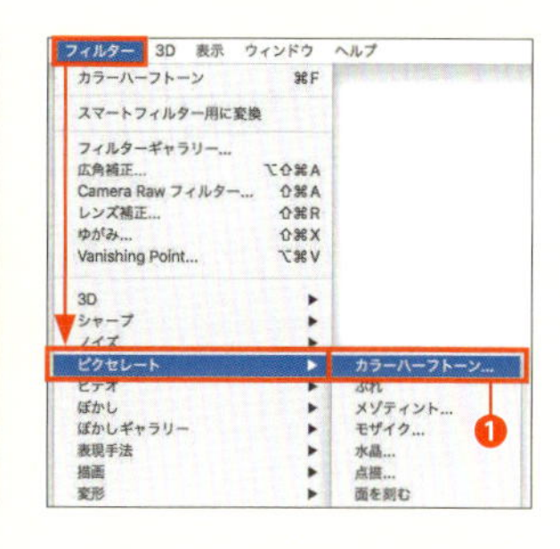

STEP 2

[カラーハーフトーン] ダイアログで各数値を設定します。最大半径はドットの最大サイズになります。ここでは [最大半径 : 12pixel] に設定しました❷。[ハーフトーンスクリーンの角度] は特に変更する必要はありません。ちなみにチャンネル1がR(レッド)、チャンネル2がG(グリーン)、チャンネル3がB(ブルー)で❸、それぞれの数値❹がドットの並ぶ角度になります。[OK] をクリックするとフィルターが適用され、古い印刷物のような、三原色のドットで構成された画像に変換されます。

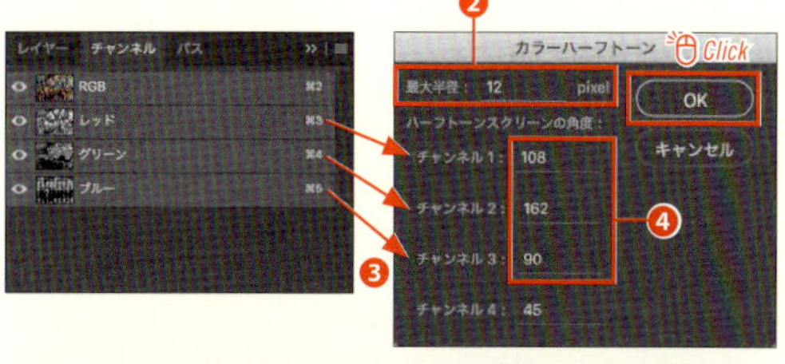

MEMO

グレースケールでぼやけた画像に適用すると、輪郭が大きさの異なるドットになります。この場合、チャンネル1の数値❺がドットの並ぶ角度(ここでは45°)になります。

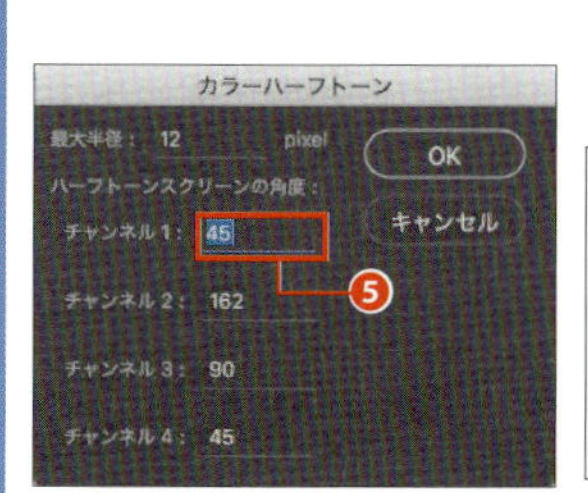

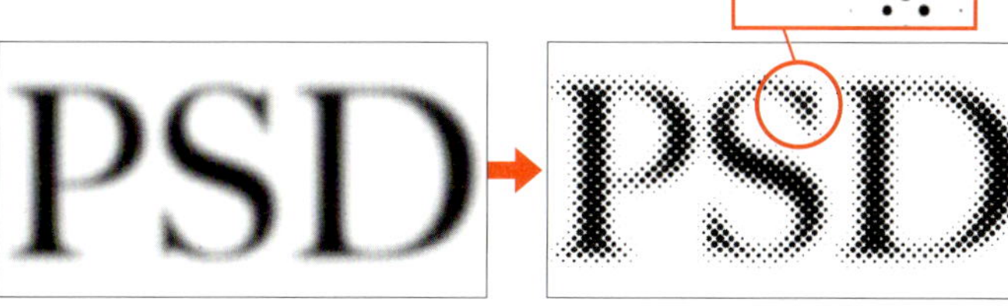

098 テレビ画面のような走査線を合成する
133 [ぎざぎざのエッジ] で輪郭に凹凸を加える

NO.
132 ［ハーフトーンパターン］で同心円状の模様をつくる

VER.
CC / CS6 / CS5 / CS4 / CS3

［ハーフトーンパターン］フィルターを適用すると、画像に同心円模様を加えることができます。報道写真のようなドラマチックな雰囲気になります。

STEP 1

描画色と背景色を設定します。ここでは［描画色:黒］［背景色：白］に設定しました。［レイヤー］パネルでフィルターを適用するレイヤーを選択したあと、［フィルター］メニューから［フィルターギャラリー］→［スケッチ］→［ハーフトーンパターン］を選択します。

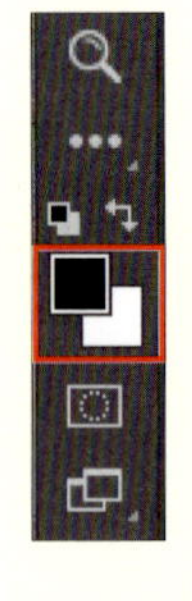

元画像

STEP 2

［ハーフトーンパターン］ダイアログで［パターンタイプ:円］に設定します。ここではさらに［サイズ:3］［コントラスト：30］に設定しました❶。［OK］をクリックするとフィルターが適用され、画像に同心円模様が加わります。

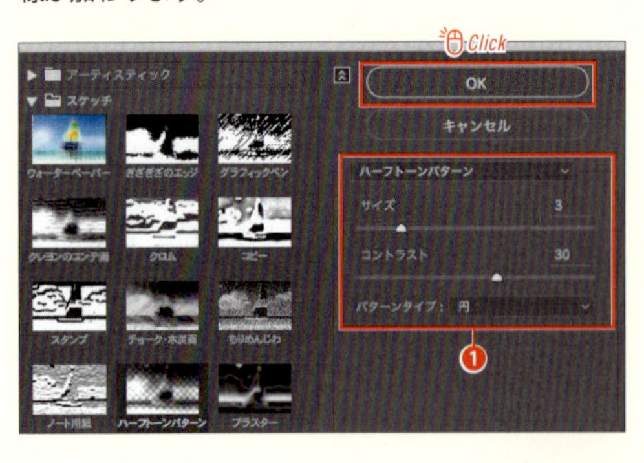

MEMO

［パターンタイプ］を［線］に設定すると縞模様を❷、［点］に設定するとドット模様を❸描画できます。

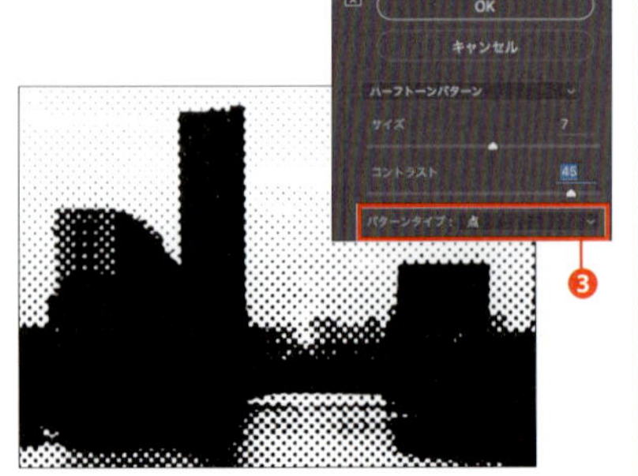

098 テレビ画面のような走査線を合成する
120 ［フィルターギャラリー］でフィルターを適用する

NO.
133 ［ぎざぎざのエッジ］で輪郭に凹凸を加える

VER.
CC / CS6 / CS5 / CS4 / CS3

図形や文字などに［ぎざぎざのエッジ］フィルターを適用すると、輪郭に凹凸が加えられ、ラフな雰囲気になります。

GYAKU
BIKI
Photoshop

STEP 1

描画色と背景色を設定します。ここでは、［描画色：緑］［背景色：白］に設定しました。［レイヤー］パネルでフィルターを適用するレイヤーを選択したあと、［フィルター］メニューから［フィルターギャラリー］→［スケッチ］→［ぎざぎざのエッジ］を選択します。

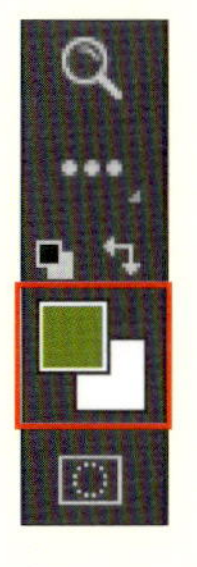

GYAKU
BIKI
Photoshop

元画像

STEP 2

［ぎざぎざのエッジ］ダイアログで凹凸の度合いを設定します。ここでは［画像のバランス：40］［滑らかさ：10］［コントラスト：20］に設定しました❶。［OK］をクリックすると、フィルターが適用され、文字の輪郭がぎざぎざになります。

MEMO

ここでは透過部分がないレイヤーに適用しましたが、透過部分のあるレイヤーに適用すると、文字の色が変更されるだけで、輪郭に変化は起こりません。このような場合は、［レイヤー］パネルのメニューから［画像を統合］などで透過部分をなくしてから適用してください。

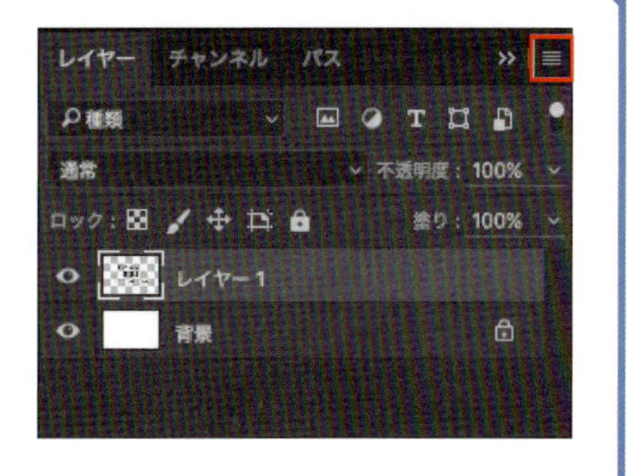

NO.

134 [カットアウト]で切り抜き絵風のイラストにする

VER.
CC / CS6 / CS5 / CS4 / CS3

[カットアウト] フィルターを利用して、写真を切り抜き絵風のイラストに変換します。

STEP 1

[レイヤー] パネルでフィルターを適用するレイヤーを選択したあと、[フィルター] メニューから [フィルターギャラリー] → [アーティスティック] → [カットアウト] を選択します。

元画像

STEP 2

[カットアウト] ダイアログで描き込みの細かさを設定します。ここでは[レベル数:6][エッジの単純さ:4][エッジの正確さ:2] に設定しました❶。[OK] をクリックすると、フィルターが適用され、写真がイラスト化されます。

MEMO

適用後に、[レベル補正] や [色相・彩度] などを使って画像の色をコントロールできます。ここでは調整レイヤー [色相・彩度] を使って、彩度を高くし、鮮やかな色調に変更しました。

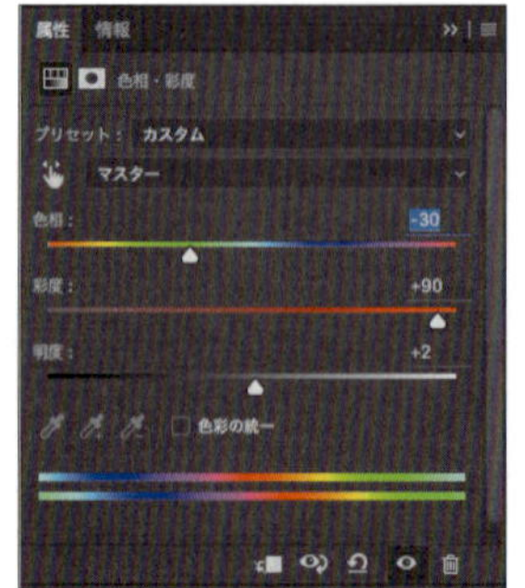

119 フィルターを適用する
147 [カットアウト] と [エッジのポスタリゼーション] で アニメ調の画像をつくる

NO.
135 ［グラフィックペン］でペン画にする

VER.
CC / CS6 / CS5 / CS4 / CS3

［グラフィックペン］フィルターを利用して、写真をペン画に変換します。設定する描画色で、インクの色をコントロールできます。

STEP 1

描画色と背景色を設定します。ここでは［描画色：茶］［背景色：白］に設定しました❶。［レイヤー］パネルでフィルターを適用するレイヤーを選択したあと、［フィルター］メニューから［フィルターギャラリー］→［スケッチ］→［グラフィックペン］を選択します。

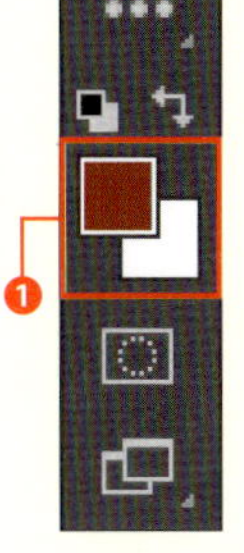

元画像

STEP 2

［グラフィックペン］ダイアログでストロークの長さや方向を設定します。ここでは、［ストロークの長さ：15］［明るさ・暗さのバランス：40］［ストロークの方向：右上から左下］に設定しました❷。［OK］をクリックすると、写真がペン画に変換されます。

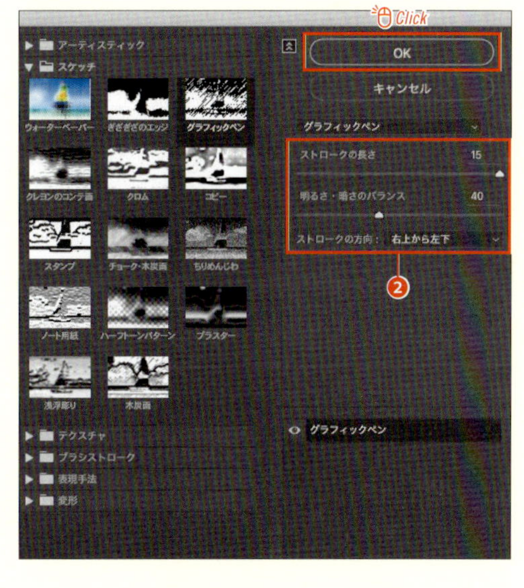

MEMO

ストロークの方向は、［縦］［横］などに設定することもできます。

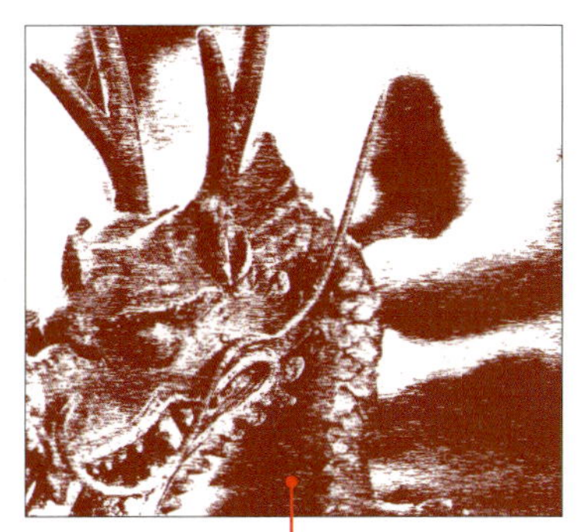

ストローク［横］

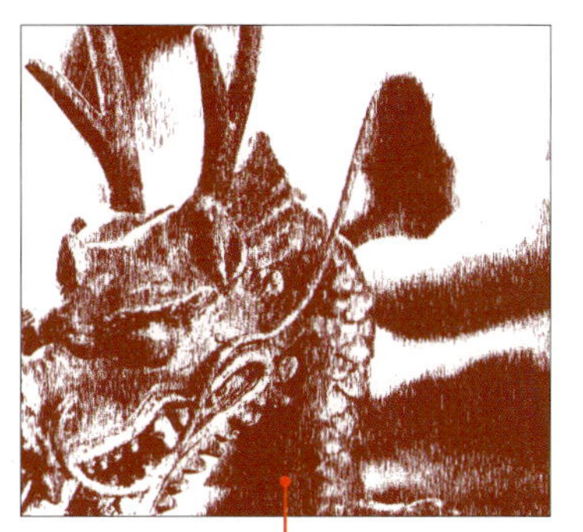

ストローク［縦］

NO.

136 ［ゆがみ］で部分的な変形や顔の表情を修正する

VER.

CC / CS6 / CS5 / CS4 / CS3

画像を部分的に変形させる［ゆがみ］フィルターに、顔認識機能が追加され、目や口元などを自動的に加工することができるようになりました。

STEP 1

［フィルター］メニューから［ゆがみ...］を選択すると、［ゆがみ］パネルに切り替わります。左端にあるツール❶でさまざまな変形を部分的に行うことができます。

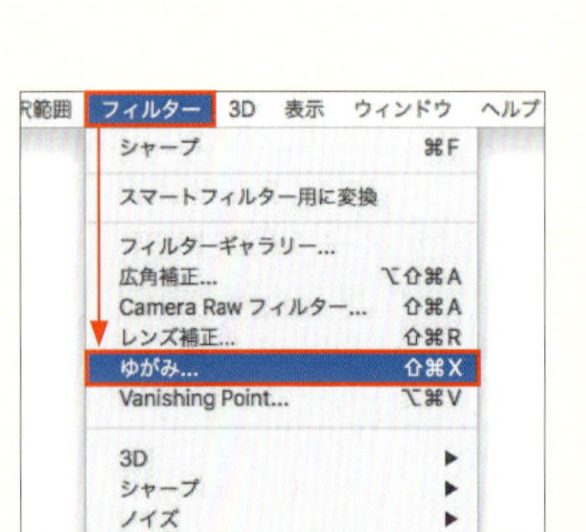

STEP 2

上から4番目の［渦］ツールを選びます❷。画面上をクリックすると渦巻状に変形していきます。これを繰り返していくと、ぐるぐると渦が連なったような模様をつくることができます。

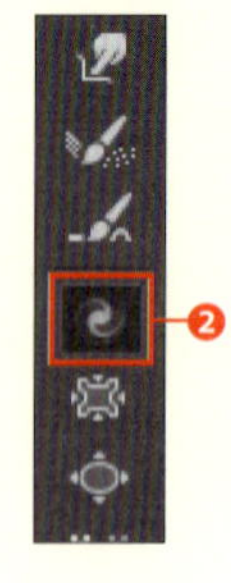

MEMO

上から5・6番目の［縮小］ツールと［膨張］ツールはクリックでそれぞれ縮小したり膨張したり、相反する表現をする対になるツールです。これらは画像の種類（顔など）に関係なく効果を適用することができます。右ページの自動の顔認識がうまく働かない場合はこれらのツールも有効です。

［縮小］ツールを適用

［膨張］ツールを適用

STEP 3 画像の中に人の顔があると、自動的に顔認識機能が働いて、[顔立ちを調整] のオプションに顔が登録されます❸。認識された顔の左右に白いガイドラインが表示されます❹。ここではまず [目] の値を調整します。左右の数値はそれぞれ右目/左目の指定になります。[目の大きさ：100 ／ 100] にし、右目がやや小さいので [目の高さ：45 ／ 0] とします。目の大きさが左右均等になりました❺。

STEP 4 次に [口] のオプションを調整します。[笑顔：70] にすると口角が上がり笑顔になります。併せて [口の高さ：80] にして、自然な感じに調整します❻。

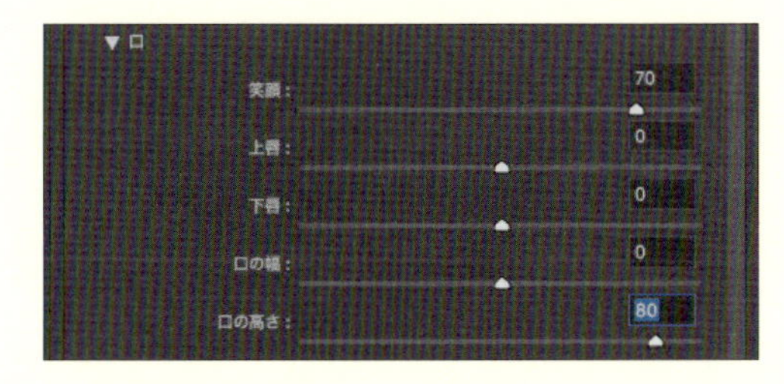

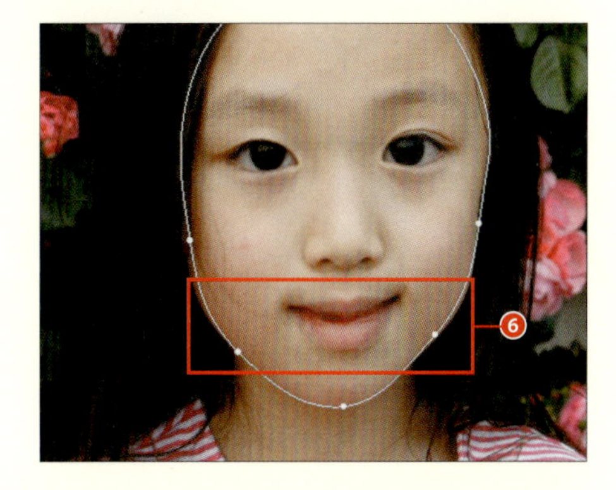

STEP 5 微笑んだときの、顔全体の変化を想定して、[顔の形状] のオプションで [顎の高さ：70] [顔の幅：30] に調整します❼。自然な笑顔になりました❽。

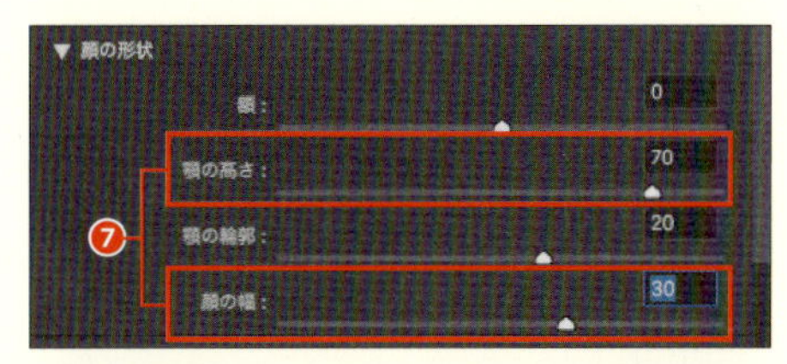

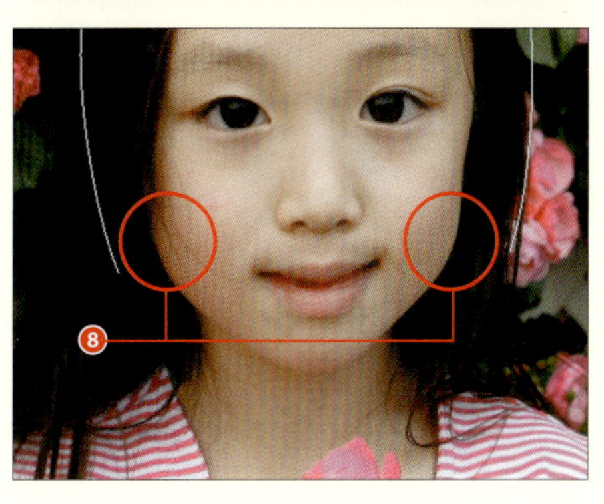

第5章 フィルター加工

138 [球面] で魚眼レンズ風の写真をつくる
139 [ガラス] でガラス越しの写真をつくる

NO.

137 ［Vanishing Point］で画像を立体物に貼り込む

VER.
CC / CS6 / CS5 / CS4 / CS3

［Vanishing Point］は、作成した面に合わせて、遠近感を自動で調整しながら画像を貼り込みできる機能です。

STEP 1

［レイヤー］パネルで、合成する画像の上に新規レイヤーを作成します❶。貼り込む画像のファイルを開き、［長方形選択］ツールなどで選択し❷、［編集］メニューから［コピー］でクリップボードにコピーしておきます。

元画像

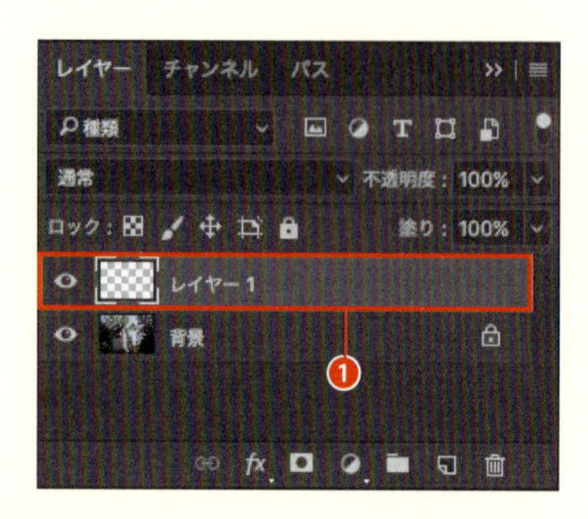

貼り込む画像

STEP 2

［フィルター］メニューから［Vanishing Point］を選択すると、［Vanishing Point］ダイアログが表示されます。巣箱の正面の四隅を順にクリックして❸❹❺❻、面を作成します。

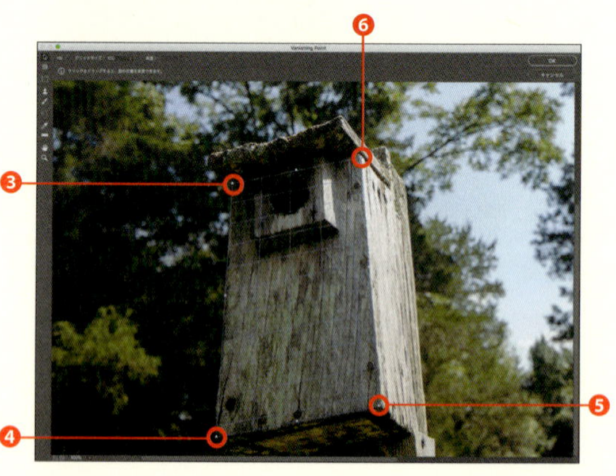

STEP 3

［面作成］ツールを選択❼したあと、先ほど作成した面の右辺中央のハンドルにカーソルを合わせ❽、⌘（Ctrl）キーを押しながらドラッグすると、隣り合う面が作成されます❾。

MEMO

何も押さずにハンドルをドラッグすると、隣り合う面の作成にはならず、グリッドサイズの微調整になります。

STEP 4 ［面作成］ツール で右下と左上のハンドルをドラッグして、面の形状を調整します⑩⑪。細かい部分は［ズーム］ツール で拡大表示して作業します。

STEP 5 面を作成したら、⌘（Ctrl）＋V キーでクリップボードの画像をペーストします。正面にドラッグすると、巣箱に貼り込まれます⑫。さらにドラッグして位置を調整します⑬。

STEP 6 ［OK］をクリックすると、花の画像が巣箱に貼り込まれます。この画像はSTEP1で作成したレイヤーに描画されています⑭。より自然に合成するには、［描画モード］を［オーバーレイ］にします⑮。

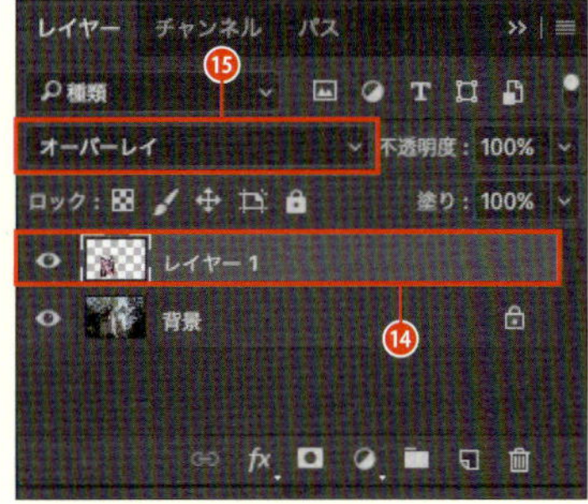

NO.

138 ［球面］で魚眼レンズ風の写真をつくる

VER.
CC / CS6 / CS5 / CS4 / CS3

［球面］フィルターを適用すると、凸面鏡に映り込んだような画像になります。これを利用して、魚眼レンズ風の写真をつくってみましょう。

STEP 1

［レイヤー］パネルでフィルターを適用するレイヤーを選択したあと、［ツール］パネルから**［長方形選択］ツール**を選択し❶、Shift キーを押しながらドラッグして❷、**正方形の選択範囲を作成**します。

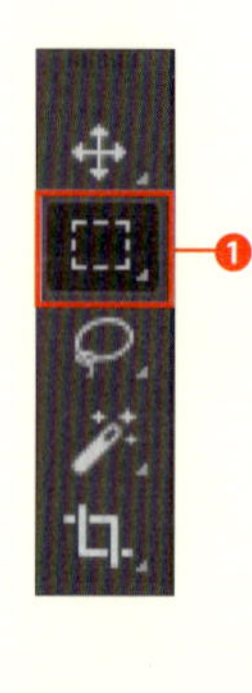

元画像

STEP 2

［フィルター］メニューから［変形］→［球面］を選択し、［球面］ダイアログで量を設定します。ここでは［100%］に設定しました❸。

MEMO

［量：-100%］に設定すると、凹面鏡に映り込んだような凹んだ画像になります。

STEP 3

選択範囲の内部だけにフィルターが適用され、凸面鏡に映り込んだような、球体状のゆがみが加えられます。

MEMO

正方形の選択範囲を作成せずにフィルターを適用すると、画像の四辺に沿った楕円形の球体になります。

119 フィルターを適用する
137 ［Vanishing Point］で画像を立体物に貼り込む

NO.

139 [ガラス]でガラス越しの写真をつくる

VER.
CC / CS6 / CS5 / CS4 / CS3

[ガラス] フィルターを適用すると、ガラス越しに見た景色のような画像になります。

STEP 1

[レイヤー] パネルでフィルターを適用するレイヤーを選択したあと、[フィルター] メニューから [フィルターギャラリー] → [変形] → [ガラス] を選択します。

元画像

STEP 2

[ガラス] ダイアログで各数値を設定します。ここでは [ゆがみ：10] [滑らかさ：4] [テクスチャ：霜付き] [拡大縮小：180%] に設定しました❶。[OK] をクリックするとフィルターが適用されます。

MEMO

[テクスチャ：型板ガラス] に設定すると、規則正しい格子模様のガラスになります。

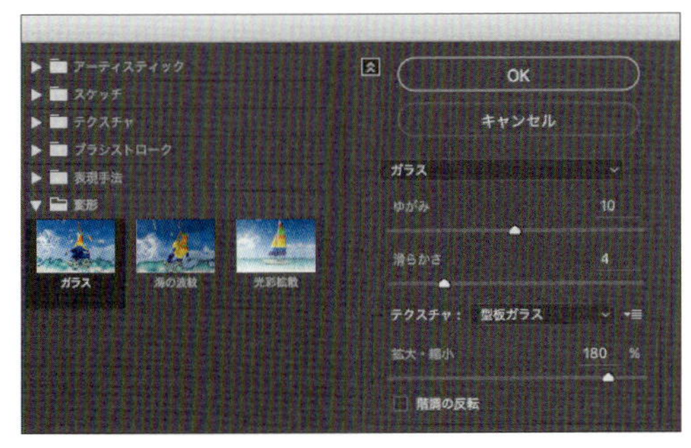

119 フィルターを適用する

NO.
140
VER.
CC / CS6 / CS5 / CS4 / CS3

[エッジのポスタリゼーション]と[クラッキング]で盛り上げインクのような効果

[エッジのポスタリゼーション] フィルターと [クラッキング] フィルターを重ねがけして、盛り上がる特殊インクで印刷したようなテクスチャをつくります。

STEP 1

[フィルター] メニューから [フィルターギャラリー] → [アーティスティック] → [エッジのポスタリゼーション]を選択します。[エッジのポスタリゼーション] ダイアログで各数値を設定します。ここでは [エッジの太さ:7] [エッジの強 さ:1] [ポスタリゼーション:0] に設定します❶。

元画像

STEP 2

次に、ダイアログ右下にある [新しいエフェクトレイヤー] をクリックして、エフェクトレイヤーを追加します❷。

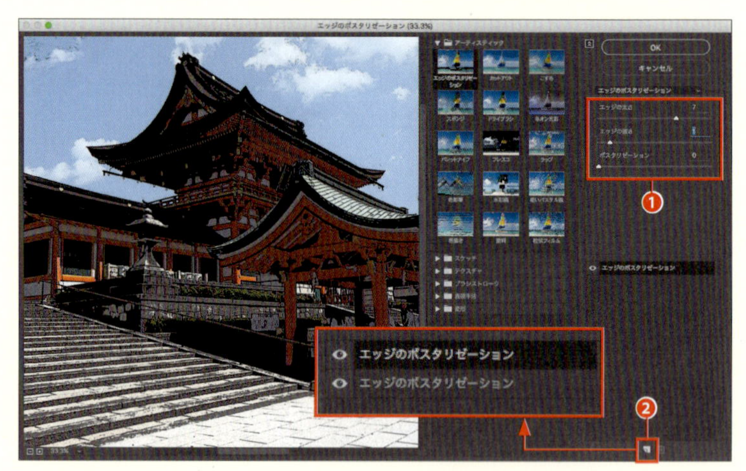

STEP 3

上層のレイヤーを選択して、[テクスチャ] から [クラッキング] を選びます。値は [溝の間隔：20] [溝の深さ：5] [溝の明るさ：10] に設定します❸。画像が盛り上がって見えます。

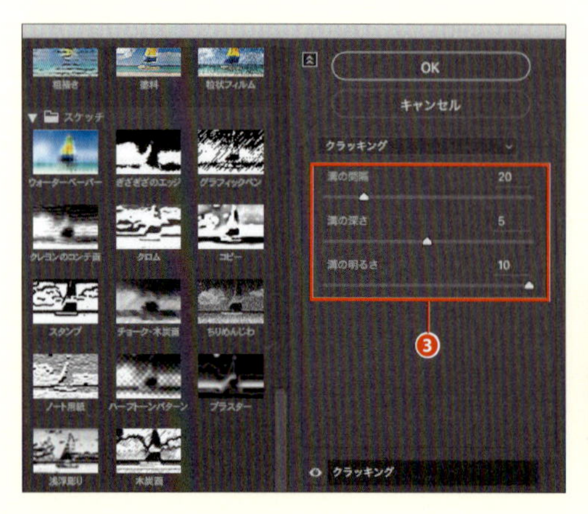

MEMO

[クラッキング] などテクスチャ系のフィルターは、そのパターンの密度が解像度に依存します。数値を変えても思うような柄の効果が得られない場合は、オリジナル画像の解像度を下げるといいでしょう。

NO.
141 ［照明効果］でレリーフや油絵のような自然な凹凸感のある画像にする

VER.
CC / CS6 / CS5 / CS4 / CS3

［照明効果］は、画像の濃淡を影の高低に変換して、あたかも照明を当てて影ができているような表現を実現します。

STEP 1
［フィルター］メニューから［描画］→［照明効果］を選択します。画面が3D風のインターフェイスに切り替わるので、真ん中に表示される、［無限遠ライト］のハンドルを回転させて照明の方向を調整します❶。

元画像

STEP 2
調整が終わったらオプションバーの［OK］をクリックすると効果が適用されます❷。

適用後

MEMO
ハンドルの向きを変えれば、横から光が当たっているような雰囲気も作成できます。上下を完全に反転すると、あたかも引っ込んでいるように見えます。

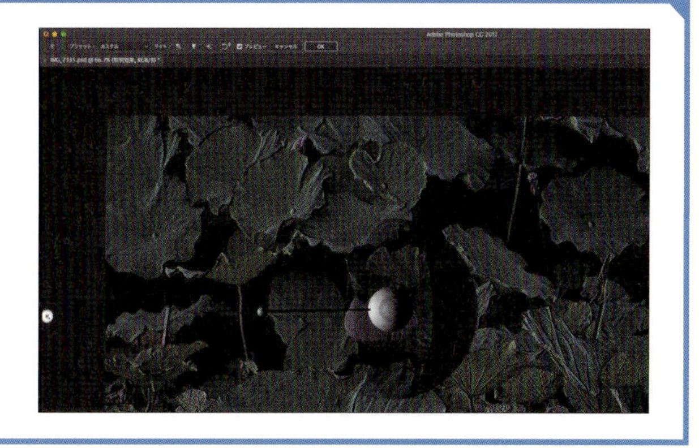

NO.
142 [炎]で燃え盛る炎を表現する

VER.
CC / CS6 / CS5 / CS4 / CS3

[炎] フィルターは、自然な炎を生成するフィルターです。ろうそくのような小さな炎から、燃え盛る火炎まで幅広く表現できます。

STEP 1

[ツール]パネルから[楕円形ツール] を選びます❶。[ツールモード] は [パス] を選択します❷。

元画像

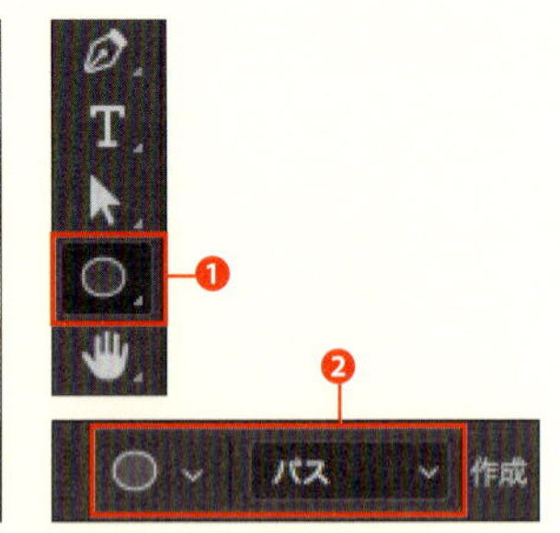

STEP 2

[レイヤー] パネルで、新規レイヤーを作成し❸、新規レイヤー上で任意のパスを描画します。このパスに沿って「炎」が生成されるので、あらかじめ全体像を想定したパスを描いておきます。ここではコーヒーのフチに沿うようにパスを描画しています❹。

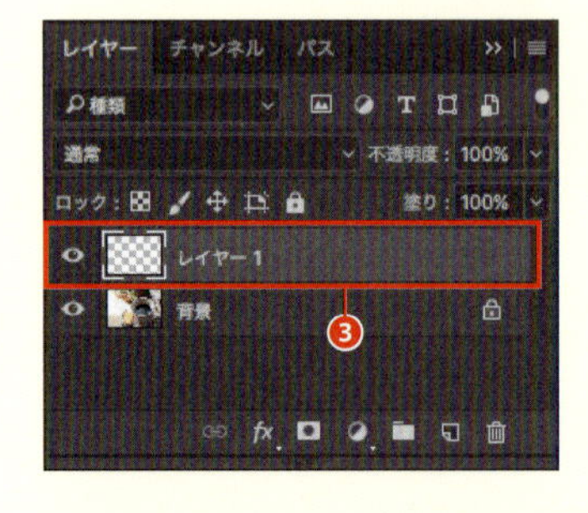

STEP 3

次に [フィルター] メニューから[描画] → [炎] を選択します。[炎] ダイアログで炎の種類などを設定します。ここでは [炎の種類：3: 複数の炎 (1 方向)] [長さ：333] [幅：101] [角度:0] [間隔:131] [画質:中] に設定しました❺。右のプレビュー画面に結果のサムネールが表示されるので、望む状態になるまで調整し、[OK] をクリックします。

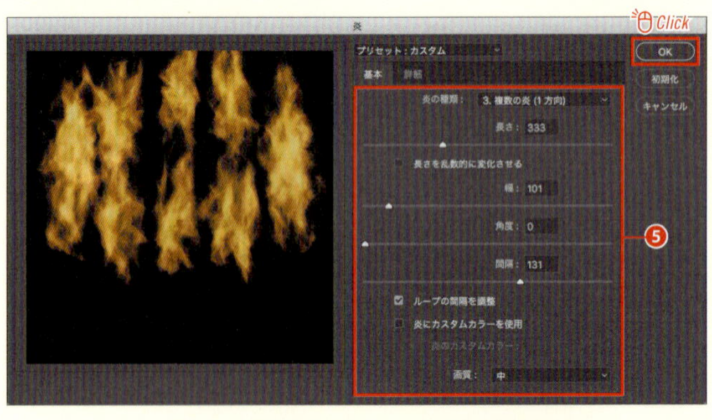

パラメーターの数値によって、炎の形がランダムに変化し予想もつかない表情を見せるので、少しずつ値を調節して最適な形を求めます。

NO.
143 [ピクチャーフレーム]で簡単に額縁をつくる

VER.
CC / CS6 / CS5 / CS4 / CS3

[ピクチャーフレーム] フィルターは、さまざまなデザインの額縁をフィルターだけで生成できます。豪華な額縁から、ファンシーなフレームまで自由にデザインできます。

STEP 1
[レイヤー] パネルで、新規レイヤーを作成し❶、新規レイヤー上で選択範囲を作成します。ここでは額縁にするので、[長方形選択] ツールを使って全体のやや内側に選択範囲を作成しました❷。

STEP 2
次に [フィルター] メニューから [描画]→[フレーム] を選択します。[フレーム] ダイアログで木の種類などを設定します。ここでは[フレーム：42:アートフレーム][ツタのカラー：緑] [マージン:1] [サイズ:40] [並べ方：1] に設定しました❸。プレビュー画面を確認しながら、望む状態になるまで調整し、[OK] をクリックします。

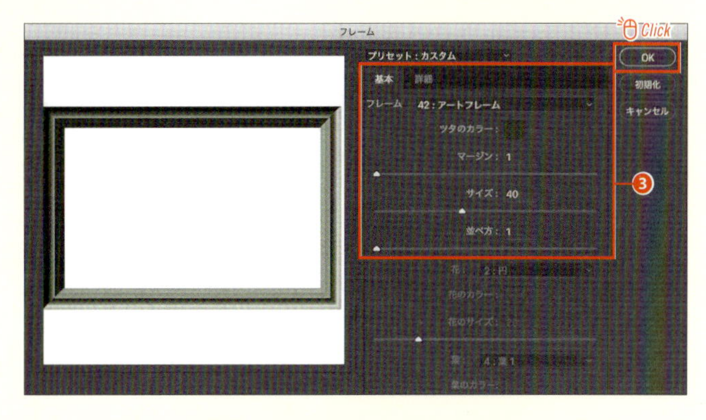

STEP 3
選択範囲に沿って額縁が生成されました。別のレイヤーに分かれているので、[色相・彩度] などを使って額縁のみの色調の調整もできます。

第5章 フィルター加工

NO.

144 [木]を使って自然な茂みをつくる

VER.
CC / CS6 / CS5 / CS4 / CS3

ランダムで自然なデザインの「木」を生成する［木］フィルターで茂みをつくります。

STEP 1

［ツール］パネルから［ペン］ツールを選びます❶。［ツールモード］は［パス］を選択します❷。

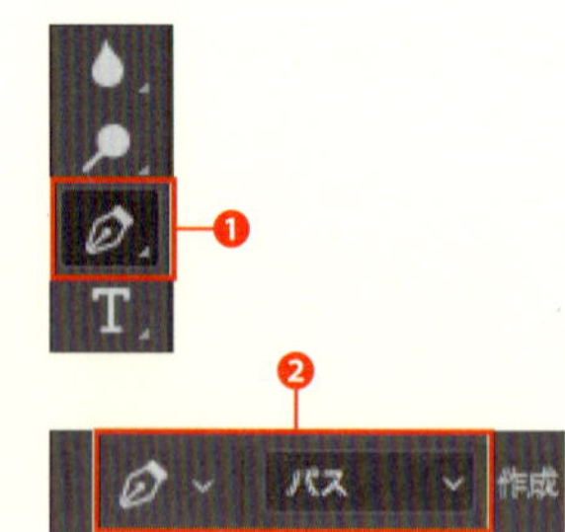

STEP 2

［レイヤー］パネルで、新規レイヤーを作成し❸、新規レイヤー上で任意のパスを描画します。このパスに沿って「木」が生成されるので、あらかじめ全体像を想定したパスを描いておきます。ここでは田んぼのあぜ道に沿うようにパスを描画しています（右図ではパスが見やすいように空の上で描いています）。

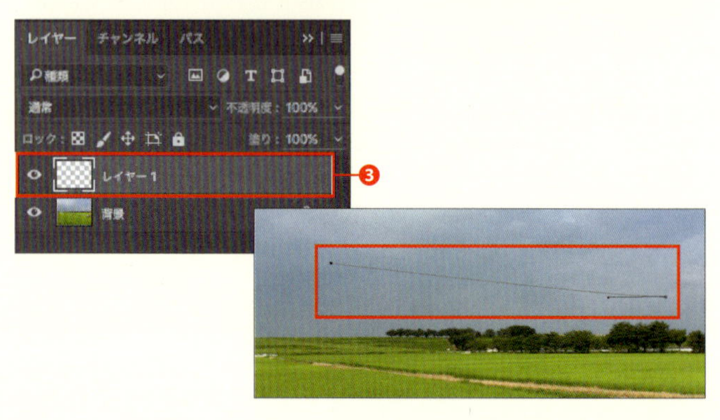

STEP 3

次に［フィルター］メニューから［描画］→［木］を選択します。［木］ダイアログで木の種類などを設定します。ここでは［ベースとなる木の種類：8: 松 1］［照射方向：61］［葉の量：70］［葉のサイズ：100］［枝の高さ：100］［枝の太さ：100］に設定しました❹。プレビュー画面を確認しながら、望む状態になるまで調整し、［OK］をクリックします。

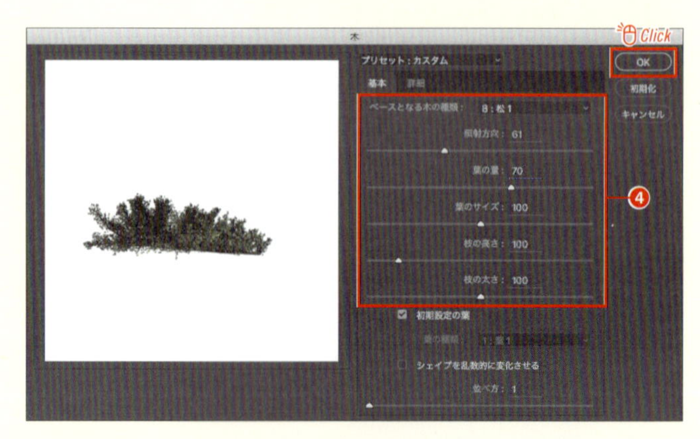

STEP 4

サムネールで確認した「木」がパスに沿った位置に作成されました。あらかじめ追加したレイヤーに描画されたので、任意の位置に移動します。

MEMO

レイヤーを分けずにフィルターを適用すると、背景レイヤーに直接結果が描画されることになるので注意しましょう。

NO.
145 ［ファイバー］と［エンボス］でリアルな木目をつくる

VER.
CC / CS6 / CS5 / CS4 / CS3

［ファイバー］フィルターと［エンボス］フィルターを重ねがけして、凹凸のあるリアルな木目をつくります。

STEP 1
［ファイル］メニューから［新規］で新規ファイルを作成し、描画色と背景色を設定します。ここでは、［描画色：茶］［背景色：ベージュ］に設定しました❶。

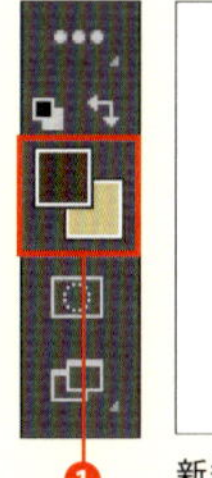

新規ファイル

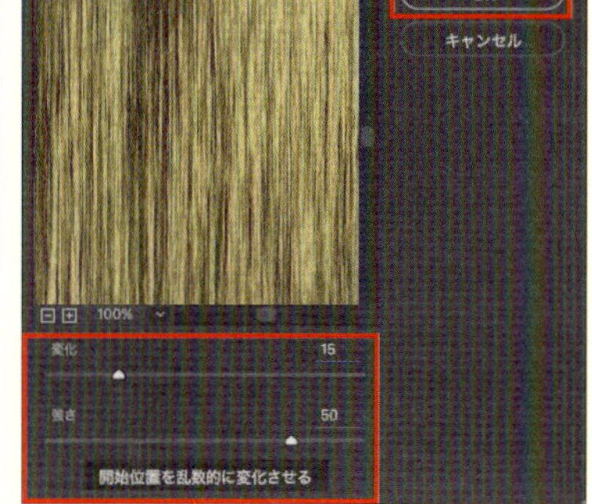

STEP 2
［フィルター］メニューから［描画］→［ファイバー］を選択します。［ファイバー］ダイアログで木目の細かさなどを設定します。ここでは［変化：15］［強さ：50］に設定しました❷。

STEP 3
次に［フィルター］メニューから［表現手法］→［エンボス］を選択します。［エンボス］ダイアログで凹凸の高さなどを設定します。ここでは［角度：135°］［高さ：8pixel］［量：140％］に設定しました❸。全体の色調が反転しますが、そのまま作業を続けます❹。

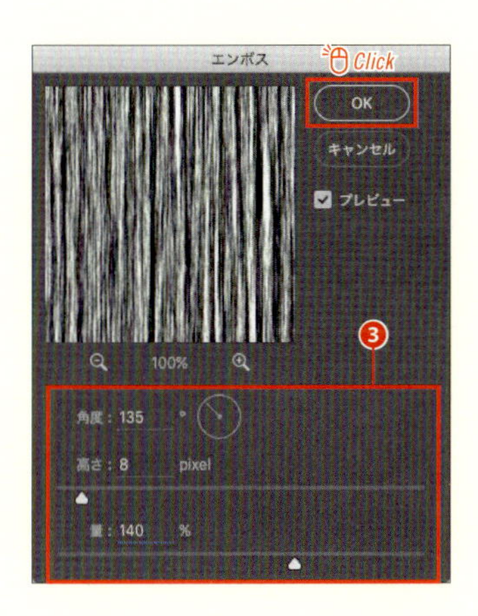

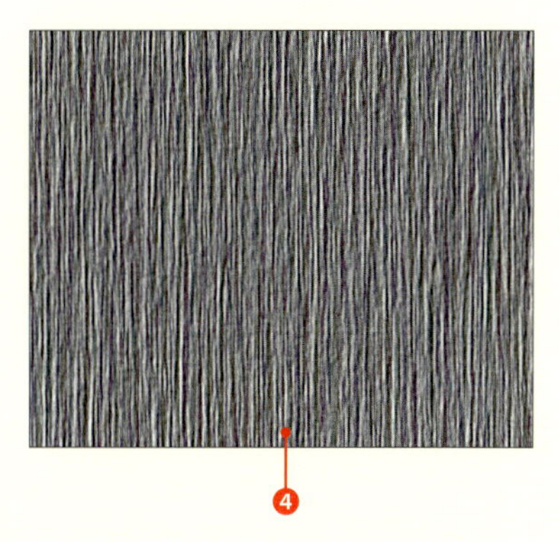

STEP 4
さらに［編集］メニューから［「エンボス」をフェード］を選択します。［フェード］ダイアログで今適用した［エンボス］フィルターの描画モードを設定します。ここでは［不透明度：60%］［描画モード：カラー比較（暗）］に設定しました❺。エンボスで生成した立体感が、茶色い木目に合成されます。

NO.

146 ［パッチワーク］でモザイク画をつくる

VER.
CC / CS6 / CS5 / CS4 / CS3

［パッチワーク］フィルターを使うと、小さなモザイクタイルで組み上げたモザイク画のようになります。

STEP 1

［レイヤー］パネルでフィルターを適用するレイヤーを選択したあと、［フィルター］メニューから［フィルターギャラリー］→［テクスチャ］→［パッチワーク］を選択します。

元画像

STEP 2

［パッチワーク］ダイアログで各数値を設定します。ここでは［パッチの大きさ：10］［レリーフ：10］に設定しました❶。［OK］をクリックするとフィルターが適用され、画像がモザイク画のような画像に変換されます。

MEMO

［テクスチャ：モザイクタイル］という名前のフィルターは、画像はそのままでタイルの目地のような溝が立体的に追加されます。

119 フィルターを適用する
123 元画像に変化を加えずにフィルターを適用する

NO.
147 [カットアウト]と[エッジのポスタリゼーション]でアニメ調の画像をつくる

VER.
CC / CS6 / CS5 / CS4 / CS3

[カットアウト] フィルターと [エッジのポスタリゼーション] フィルターを重ねがけして、アニメのセル画のような画像に変換します。

STEP 1 [レイヤー] パネルでフィルターを適用するレイヤーを選択したあと、[フィルター] メニューから [フィルターギャラリー] → [アーティスティック] → [カットアウト] を選択します。

元画像

STEP 2 [カットアウト] ダイアログで各数値を設定します。ここでは [レベル数：7] [エッジの単純さ：4] [エッジの正確さ：2] に設定しました❶。

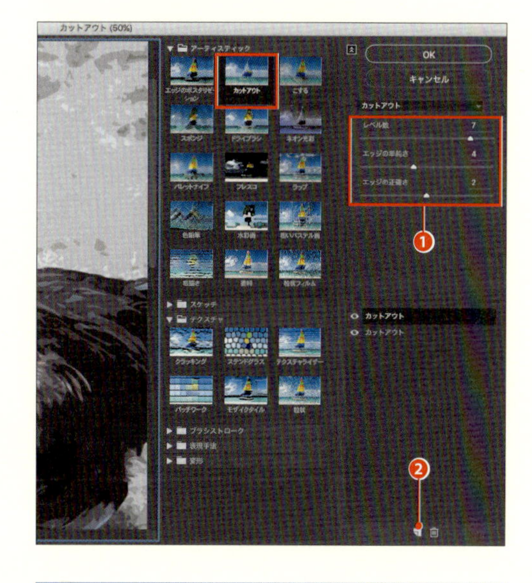

STEP 3 次に、ダイアログ右下にある [新しいエフェクトレイヤー] をクリックして、エフェクトレイヤーを追加します❷。上層の [エフェクトレイヤー] を選択し❸、左の [エフェクトリスト] にある [アーティスティック] から [エッジのポスタリゼーション] を選択します❹。ここでは [エッジの太さ：10] [エッジの強さ：4] [ポスタリゼーション：2] に設定します❺。[OK] をクリックするとフィルターが適用され、画像がアニメのセル画調の画像に変換されます❻。

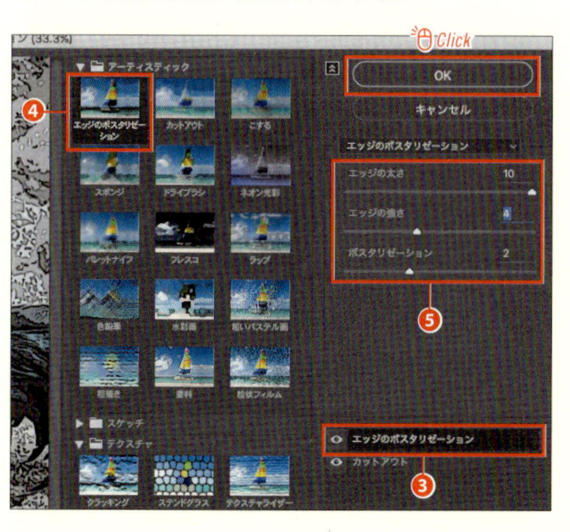

MEMO

[カットアウト] フィルターは、肌色を灰色として認識しやすいので、人の顔などに適用する場合は、あらかじめ肌色の彩度 (鮮やかさ) を上げておくとキレイに仕上がります。

第5章 フィルター加工

119 フィルターを適用する
135 [グラフィックペン] でペン画にする

NO.

148 [油彩]で油絵調の画像をつくる

VER.

CC / CS6 / CS5 / CS4 / CS3

[油彩] フィルターを適用すると、油絵のような画像に変換できます。

STEP 1

[レイヤー] パネルでフィルターを適用するレイヤーを選択したあと、[フィルター] メニューから [油彩] を選択します。

元画像

STEP 2

[油彩] ダイアログで各数値を設定します。ここでは [形態:8] [クリーン度:2] [拡大・縮小:2] [密度の詳細:5] にしました❶。[OK] をクリックすると、フィルターが適用され、写真が油絵調に変換されます。

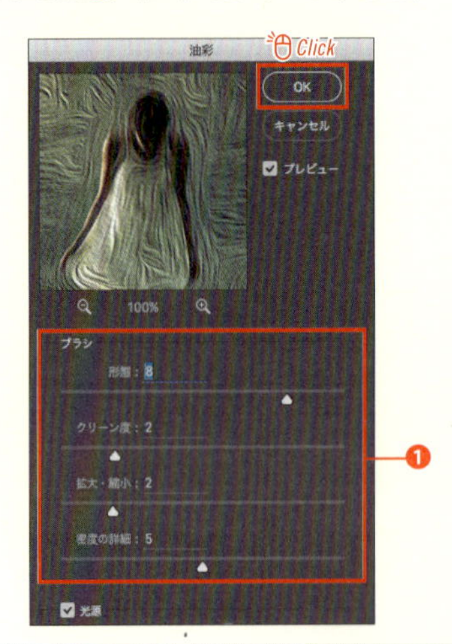

MEMO

[油彩] フィルターはグラフィックカードのパワーを利用するため、「OpenCL」に対応した機種以外では、メニューに表示されません。対応しているかわからない場合は、[環境設定] から [パフォーマンス] → [グラフィックプロセッサーの設定] → [詳細設定] で [OpenCL を使用] がチェックできるか確認します。グレーアウトしている機種では使用できません。

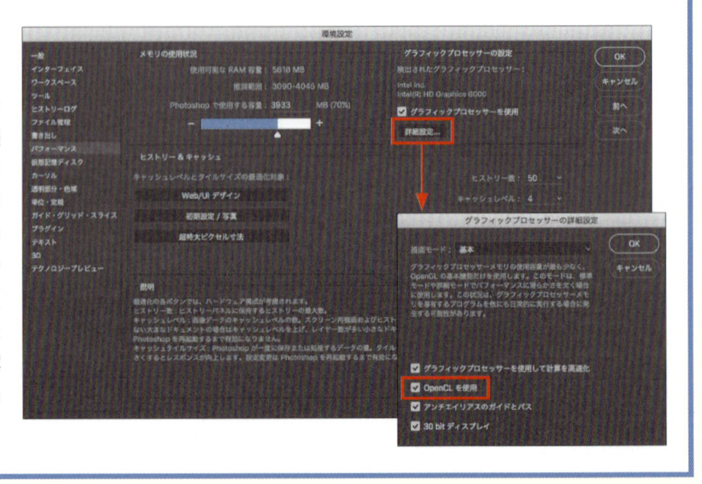

第6章　作画・アートワーク

NO.
149 描画色で塗りつぶす

VER.
CC / CS6 / CS5 / CS4 / CS3

［塗りつぶし］ツールでクリックすると、設定した描画色で塗りつぶすことができます。このツールでパターンを敷き詰めることもできます。

STEP 1
［ツール］パネルで［塗りつぶし］ツールを選択したあと❶、描画色を決定します。ここでは［ピンク］に設定しました❷。

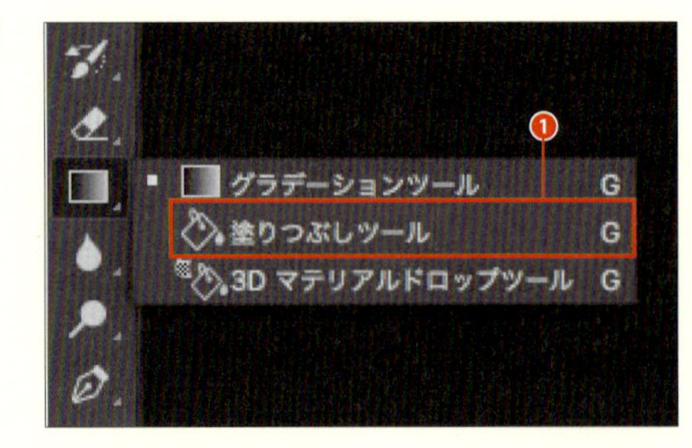

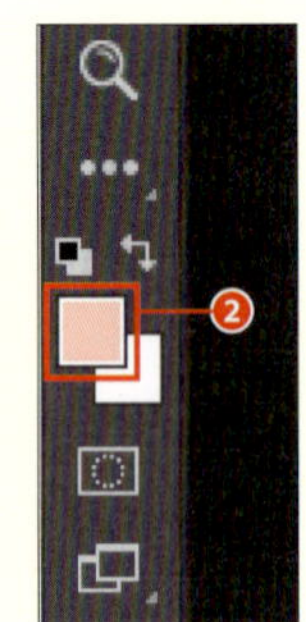

STEP 2
ここでは、顔をクリックすると、黒い輪郭線で囲まれている内側が塗りつぶされました❸。クリックした部分と「同じ色」が続いている限り色が広がっていきます。

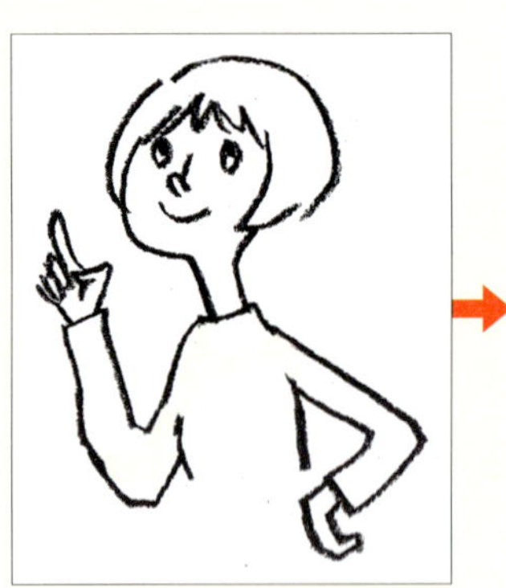

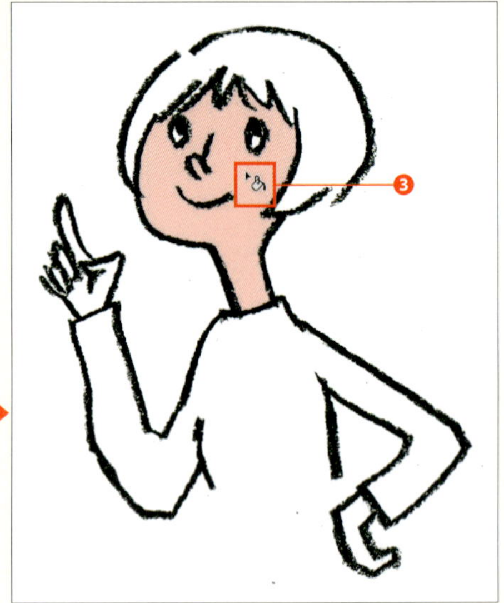

MEMO

描画色を［青］に変えて、頭の部分をクリックすると、右下に「線の切れ目」があるので❹、そこから外に色が流れてしまいます。このようなときは、あらかじめ線の切れ目をつなげておきます。

150 消しゴムを使ったように画像を消す
151 ブラシで描画する

NO.
150 消しゴムを使ったように画像を消す

VER.
CC / CS6 / CS5 / CS4 / CS3

［消しゴム］ツールでドラッグすると、画像を消去することができます。選択したブラシの種類によって、消し跡が変わります。

STEP 1 ツールボックスで［消しゴム］ツールを選択します❶。

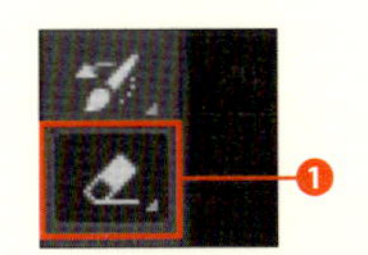

STEP 2 オプションバーで［モード：ブラシ］を選択します❷。ブラシプリセットピッカーを開き、消しゴムの種類を選択します。ここでは［ハード円ブラシ］を選択し❸［直径：50 px］に変更して❹大きめの消しゴムに変更しました。画面上をドラッグすると画像が消去されます❺。Shift キーを押しながらドラッグすると直線状に消去できます❻。

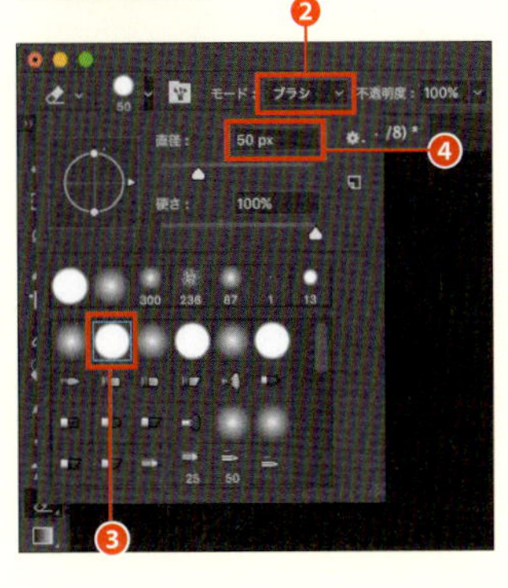

STEP 3 オプションバーで［不透明度：50%］に設定すると❼消しゴムの強さが半分になり、弱い消し跡になります❽。

STEP 4 オプションバーで［モード：ブロック］に設定すると❾正方形のブロックタイプの消しゴムになります❿。

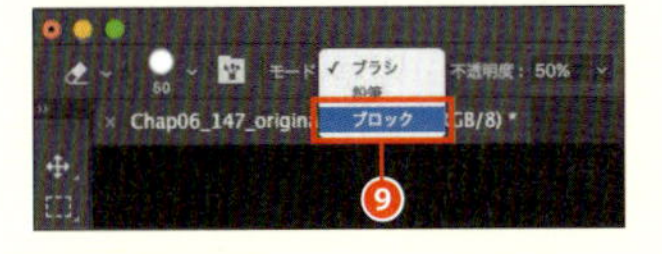

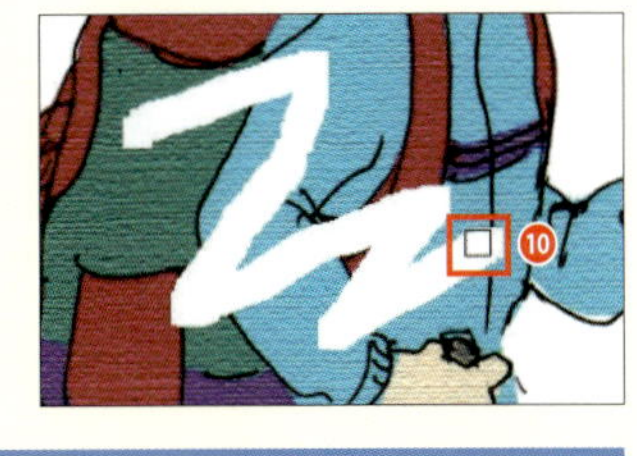

MEMO

ブロックタイプの消しゴムは、画面表示を拡大・縮小しても、ブラシのサイズが常に一定です。画面表示を小さくして使うと、ざっくりと大きな範囲を消去することができます。

077 じゃまなものを手動で消す
163 ［背景消しゴム］ツールで画像を一気に切り抜いていく

NO.

151 ブラシで描画する

VER.
CC / CS6 / CS5 / CS4 / CS3

［ブラシ］ツールを選択したあと、オプションバーでブラシの種類や大きさ、不透明度などを設定します。ドラッグすると描画できます。

STEP 1

［ツール］パネルで［ブラシ］ツールを選択し❶、描画色を設定します。ここでは［紫］に設定しました❷。

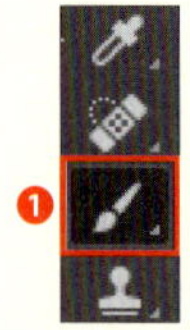

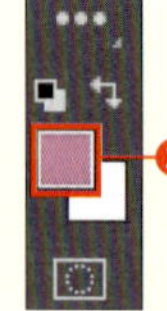

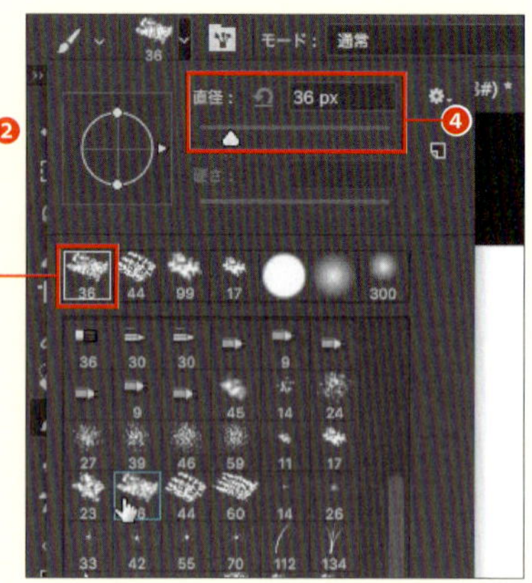

STEP 2

オプションバーで［ブラシプリセットピッカー］を開き、ブラシの種類を選択します。ここでは［チョーク］を選択し❸、［直径：36px］に設定します❹。

STEP 3

ドラッグすると、描画できます❺。Shift キーを押しながらドラッグすると、垂直線または水平線を引くことができます❻。オプションバーで［不透明度］の値を変更すると、色の濃さを調整できます❼。低めに設定すると、色の薄いブラシになります❽。［描画モード］を変更すると、ブラシの重ね方を調整できます❾。ここでは［乗算］に設定しました❿。

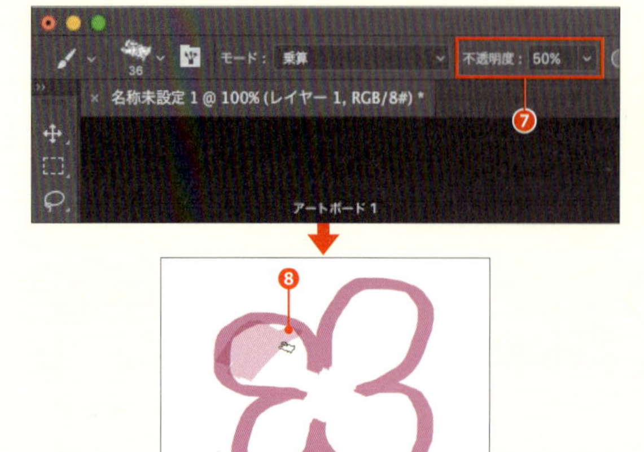

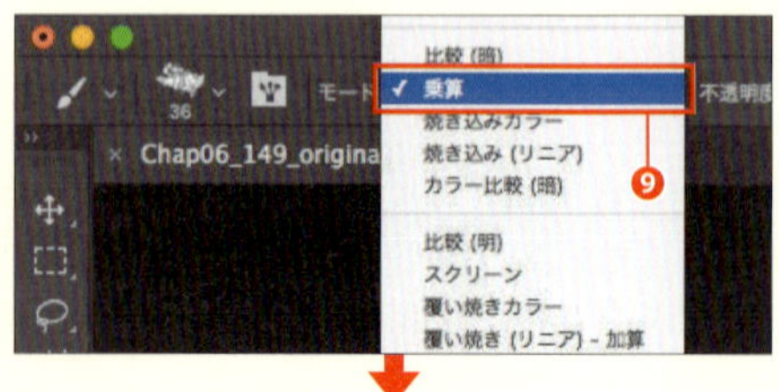

152 クレヨンタッチのブラシで塗る
153 描画色を［スウォッチ］パネルに登録する

NO.
152 クレヨンタッチのブラシで塗る

VER.
CC / CS6 / CS5 / CS4 / CS3

ブラシプリセットの［M ブラシ］を読み込み、［アスファルト］を選択すると、クレヨンタッチの塗りになります。

STEP 1

線画が描かれたファイルを開きます。［レイヤー］パネルで新規レイヤーを作成し❶、［描画モード：乗算］に変更します❷。

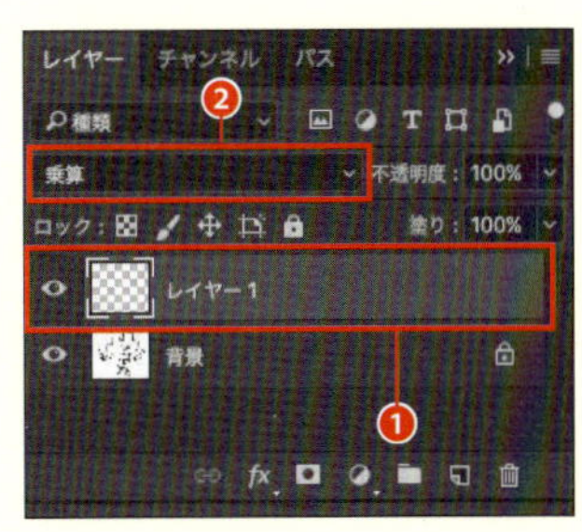

STEP 2

ツールボックスで［ブラシ］ツールを選択し❸、オプションバーで［ブラシプリセットピッカー］を開きます❹。ドロップダウンリストから［M ブラシ］を選択すると❺、現在のブラシセットと置き換えるか確認するダイアログが表示される❻ので、［OK］をクリックしてこのカテゴリのブラシを読み込みます。

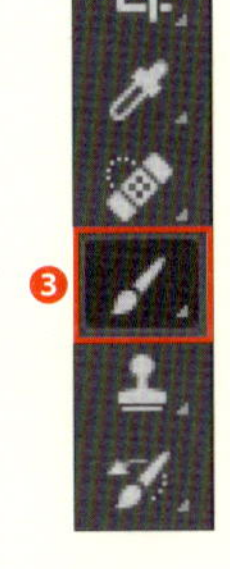

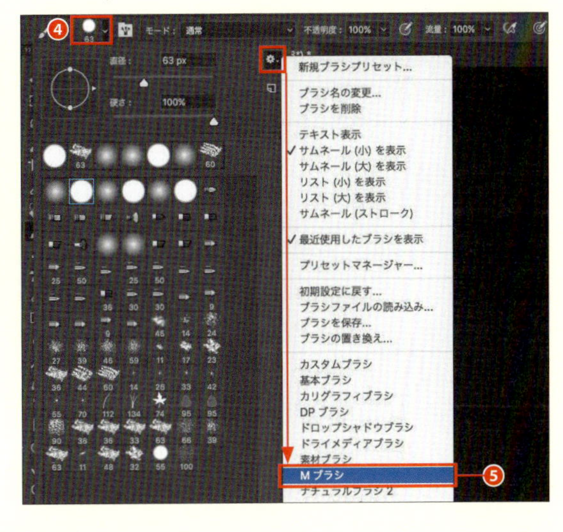

STEP 3

ブラシプリセットピッカーで［アスファルト］を選択し❼、描画色を設定します❽。ここでは水色にしました。ドラッグすると、クレヨンタッチのラフな塗りになります。

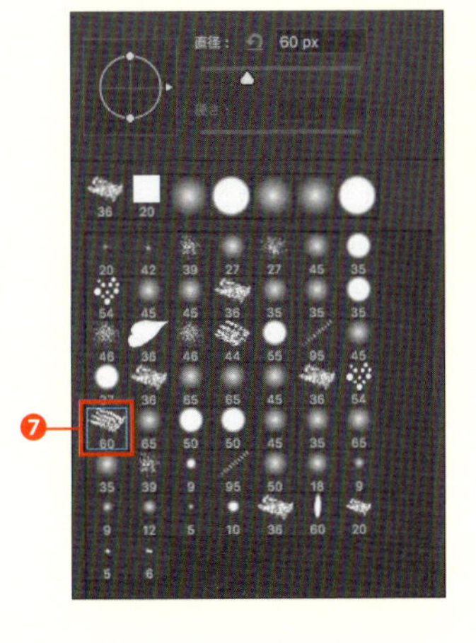

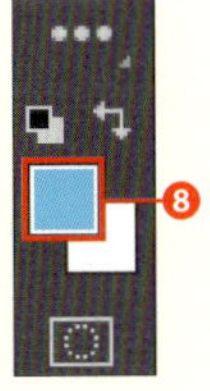

151 ブラシで描画する
161 オリジナルブラシをつくる

NO.
153 描画色を[スウォッチ]パネルに登録する

VER.
CC / CS6 / CS5 / CS4 / CS3

［カラー］パネルで調合した色を、［スウォッチ］パネルに登録できます。よく使う色は登録しておくと便利です。

STEP 1

［カラー］パネルでスライダーをドラッグして❶、描画色を設定します❷。

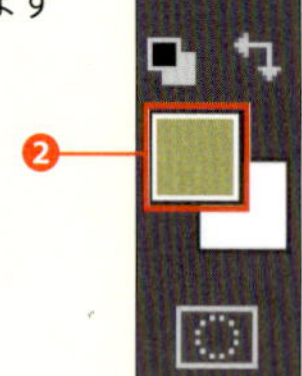

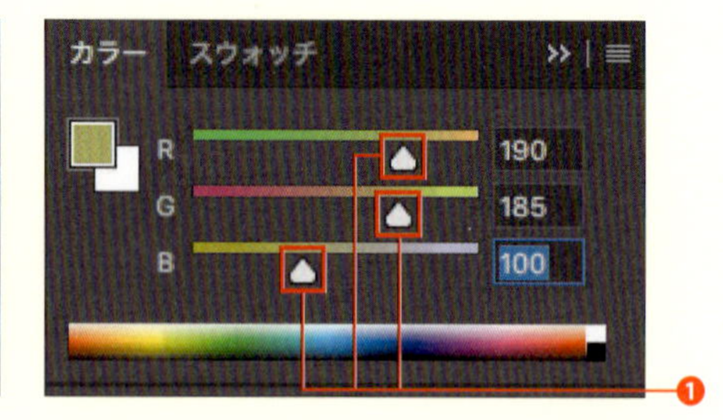

STEP 2

［スウォッチ］パネル最下段の、スウォッチが表示されていない部分にカーソルを合わせると、塗りつぶしカーソルに変わります。その状態でクリックすると❸、［スウォッチ名］ダイアログが表示されます。

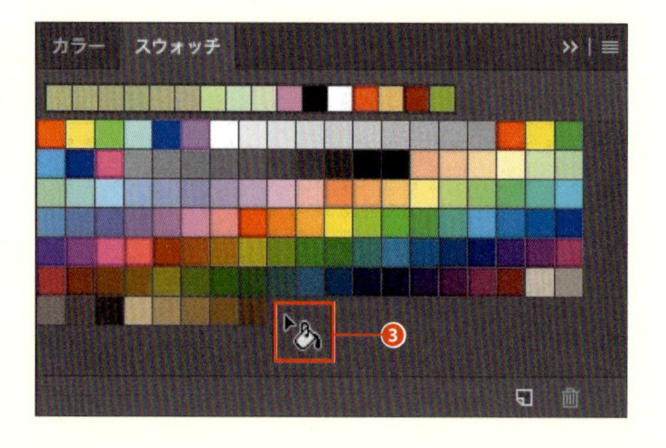

STEP 3

スウォッチ名を入力して❹［OK］をクリックすると、現在描画色に設定されている色が登録されます❺。

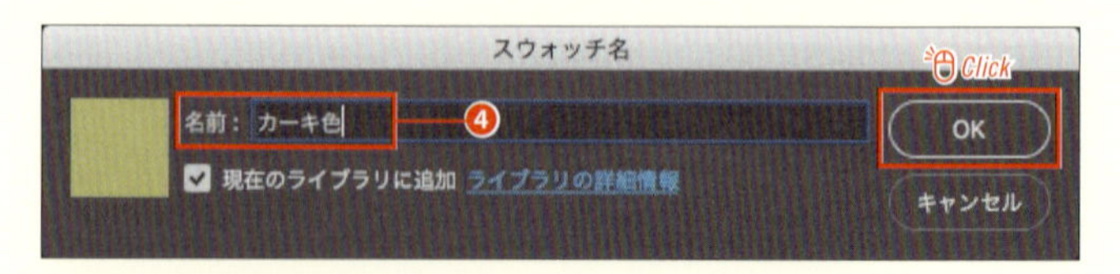

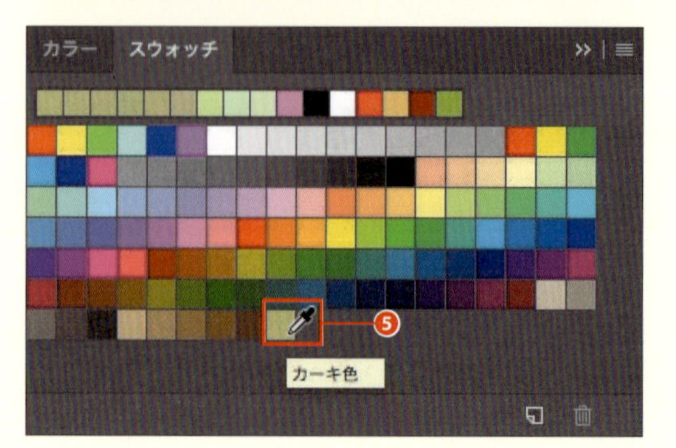

MEMO

［スポイト］ツールで採取した色も、同様にして［スウォッチ］パネルに登録できます。

149 描画色で塗りつぶす
156 グラデーションの基本的な使い方

NO.
154 [指先]ツールで絵の具をこすったような効果を加える

VER.
CC / CS6 / CS5 / CS4 / CS3

[指先] ツールで画像の上をドラッグすると、塗りたての絵の具を指でこすったような効果を加えることができます。

STEP 1 [ツール] パネルで [指先] ツールを選択します❶。

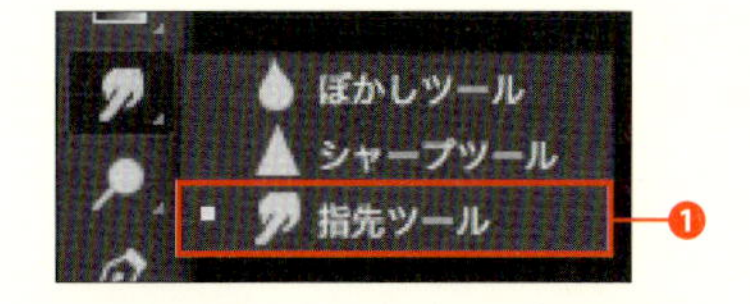

STEP 2 オプションバーの [ブラシプリセットピッカー] でブラシの種類を選択します❷。ここでは、[ソフト円ブラシ] ❸を選択し、[直径:150px] に変更しました❹。

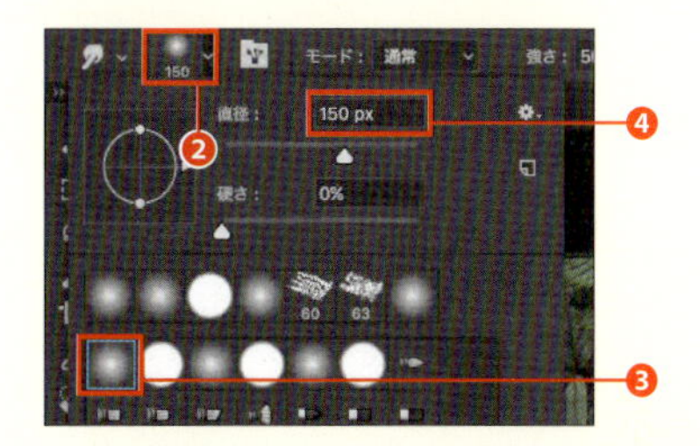

STEP 3 画像の上でドラッグすると、塗りたての絵の具を指でこすったような状態になります❺❻。

STEP 4 オプションバーで強さの値を変更すると、指先の強さを調整できます。数値が大きいほど効果が強くなります❼。ここでは [100%] に設定したので❽、葉の部分が完全に移動するような結果になりました。

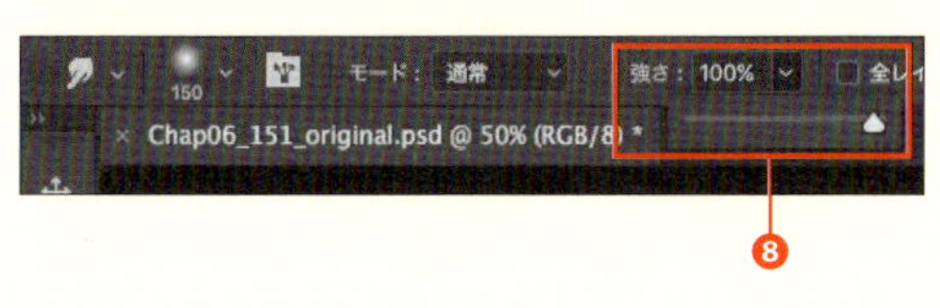

第6章 作画・アートワーク

136 [ゆがみ] で部分的な変形や顔の表情を修正する

NO.
155 [鉛筆]ツールでドット絵を描く

VER.
CC / CS6 / CS5 / CS4 / CS3

[鉛筆] ツール と、グリッドにスナップさせる機能を利用すると、四角いピクセルで構成された「ドット絵」を簡単に描くことができます。

STEP 1

[Photoshop] メニュー (Windowsは [編集] メニュー) から [環境設定] → [ガイド・グリッド・スライス] を選択し、ダイアログで [グリッド数 :200pixel] [分割数 : 10] に設定❶して [OK] をクリックします。

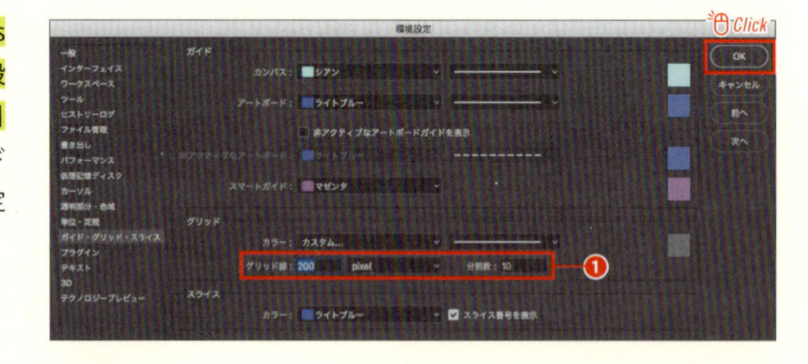

STEP 2

[表示] メニューから [表示・非表示] → [グリッド] を選択します❷。画面にグリッドが表示されます。太い線が 200 ピクセル、細い線がその 1/10 の 20 ピクセル単位の方眼表示になっています❸。

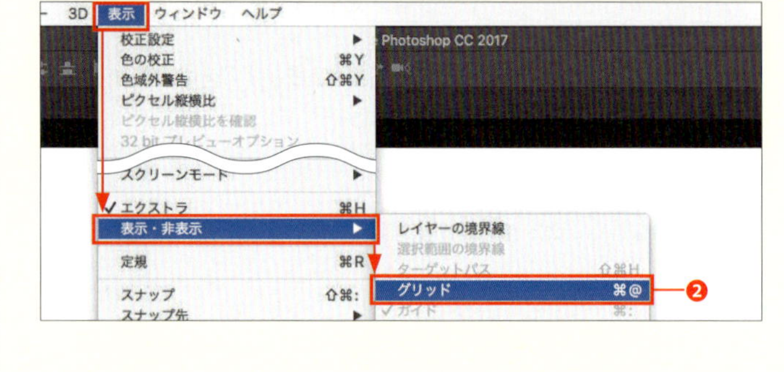

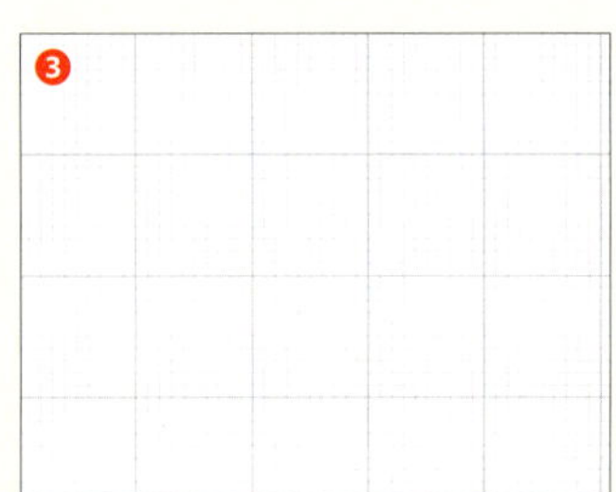

STEP 3

[オプションバー] → [ブラシプリセットピッカー] を開き❹、右上の [ブラシプリセット] → [四角形のブラシ] を選択します❺。グリッドの 1 マスが 20 ピクセルなので、切り替わったブラシプリセットの中から、[四角形 (20 ピクセル)] を選びます❻。続いて [ツール] パネルから [鉛筆] ツール を選択します❼。

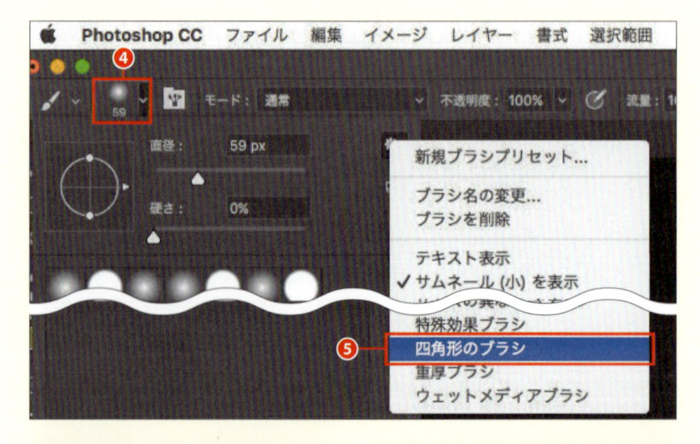

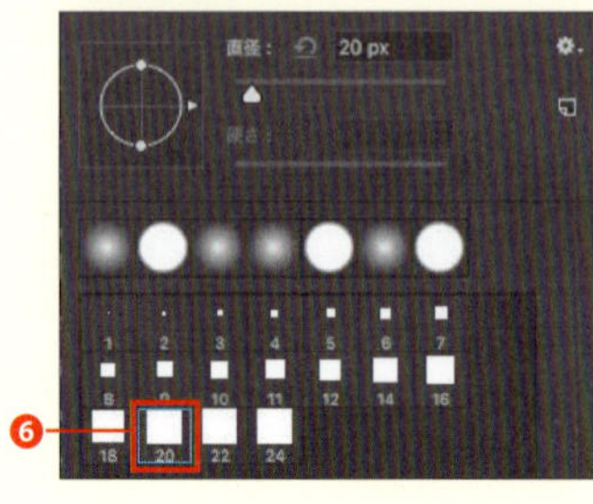

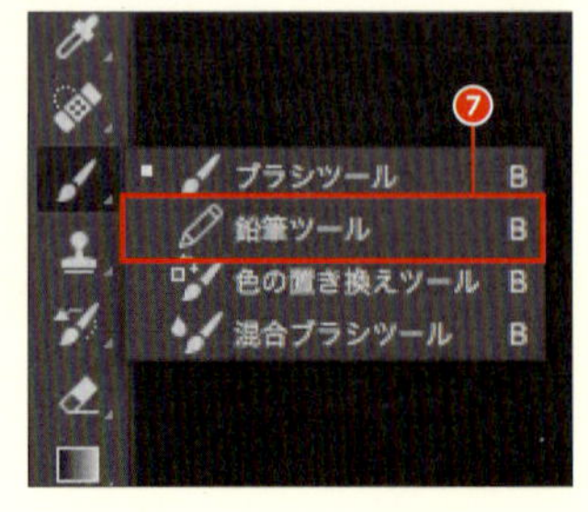

STEP 4

［表示］メニューから［スナップ先］→［グリッド］を選択します❽。画面を描画すると、［鉛筆］ツールの軌跡がグリッドの交点にスナップするので、20ピクセル単位にピッタリ揃えながら線を書けます❾。

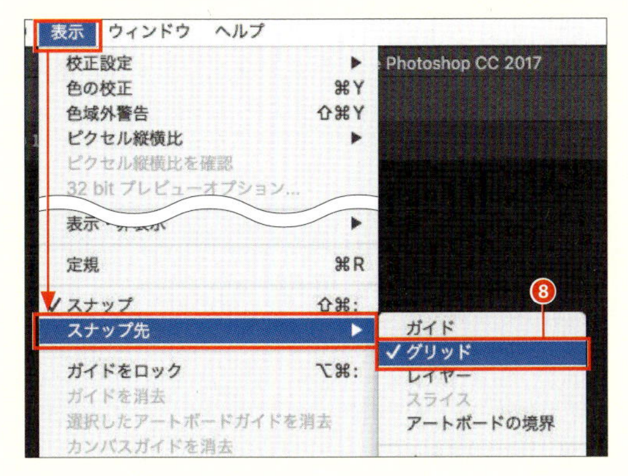

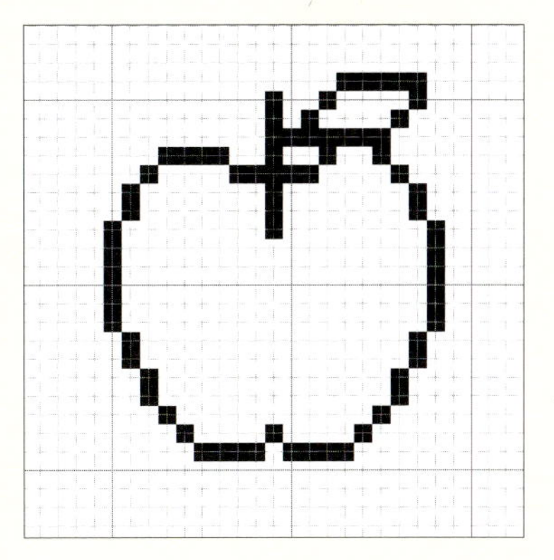

STEP 5

［描画色］を切り替えながらどんどん描いていきます。ツールを素早くドラッグしすぎると、スナップが追いつかずに、ドット単位から外れてしまうことがあるので、慎重にゆっくり描いていきます。

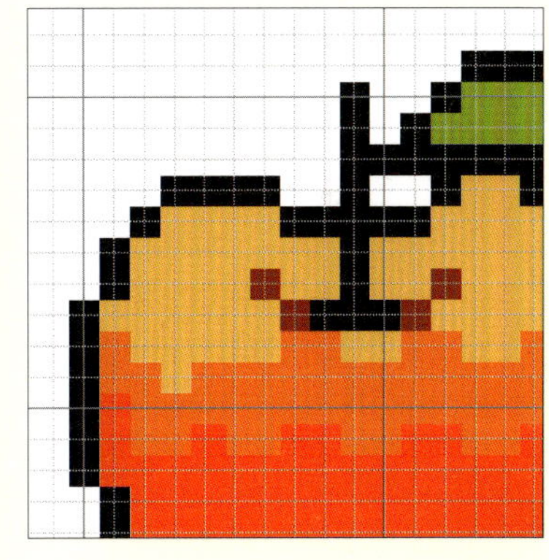

STEP 6

背景色で描画したい場合は、［描画色と背景色を入れ替え］アイコンをクリックして❿［描画色］と［背景色］を切り替えて描きます⓫。

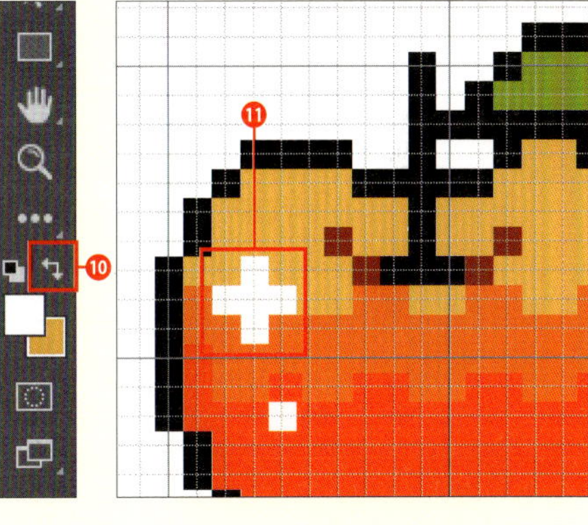

MEMO

Faviconのように、1ピクセル単位で描かれているドット絵を描画する場合は、［グリッド線：10pixel］［分割数：10］にすると、方眼の単位が1ピクセルになります。［鉛筆］ツールのサイズを1ピクセルにして、表示の倍率を1200倍以上にして描画すれば、作例と同様のイラストを極小サイズで作成できます。

第6章
作画・アートワーク

028 グリッドを使用する
151 ブラシで描画する

NO.

156 グラデーションの基本的な使い方

VER.
CC / CS6 / CS5 / CS4 / CS3

グラデーションを描画する［グラデーション］ツール は、まずグラデーションのかけ方を設定することから始めます。

STEP 1

ツールボックスで［グラデーション］ツール を選択します❶。オプションバーの［クリックでグラデーションを編集］をクリックし❷、［グラデーションエディター］ダイアログを開きます❸。プリセットの［描画色から背景色］を選択すると❹、描画色から背景色へのグラデーションが表示されます。ここでは初期設定の黒から白へのグラデーションになります。

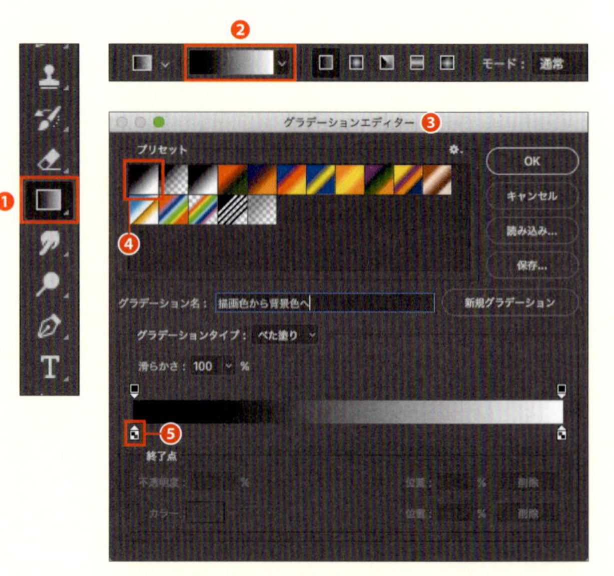

STEP 2

スライダーの［カラー分岐点］❺をダブルクリックして［カラーピッカー］ダイアログを開き、左端の色を設定します。ここでは［ピンク］❻に設定します。

STEP 3

続いて［グラデーションタイプ］の下側中央をクリックします❼。新たな分岐点が追加され、最後に調整した色が追加されるので、STEP2 と同じようにダブルクリック、もしくは左下の［選択した分岐点のカラーを変更］をクリックして❽カラーピッカーを開き中間色を調整します。ここでは先に設定したピンクが追加されたので、50%程度のピンクに設定しました❾。

［グラデーションタイプ］の各［カラー分岐点］が選択された状態になると、その中間に［カラー中間点］が表示されます❿。これをドラッグして真ん中のカラー分岐点に寄せます⓫。こうすることで、滑らかだったグラデーションが、真ん中あたりで色が急に変わる部分のあるグラデーション表現に変わります。

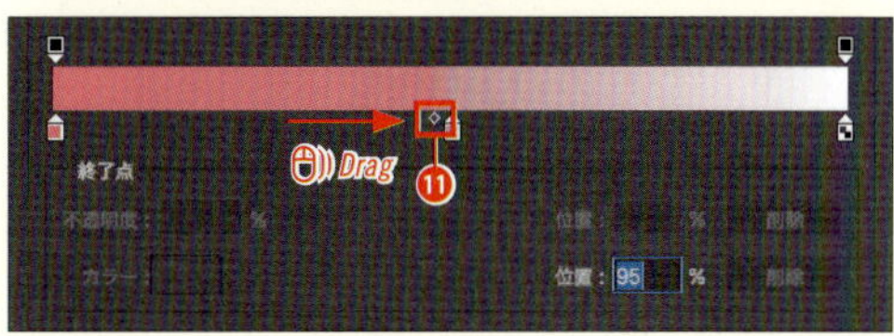

STEP 5

［グラデーション］ツールで、画面内をドラッグするとグラデーションが描画されます。ここでは Shift キーを押しながら上から下へ垂直方向のグラデーションを描画しました⓬。

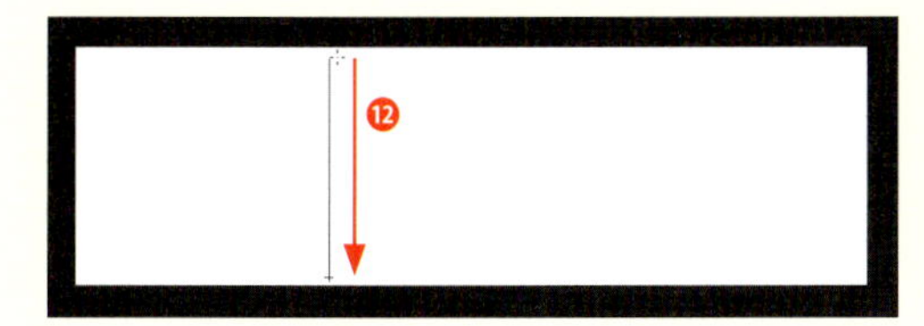

オプションバーでグラデーションのスタイルを変更すると、さまざまな形のグラデーションを描画できます。ここでは［円形グラデーション］に設定し⓭、中心から周辺に向かってドラッグして円形のグラデーションを描画しました⓮。

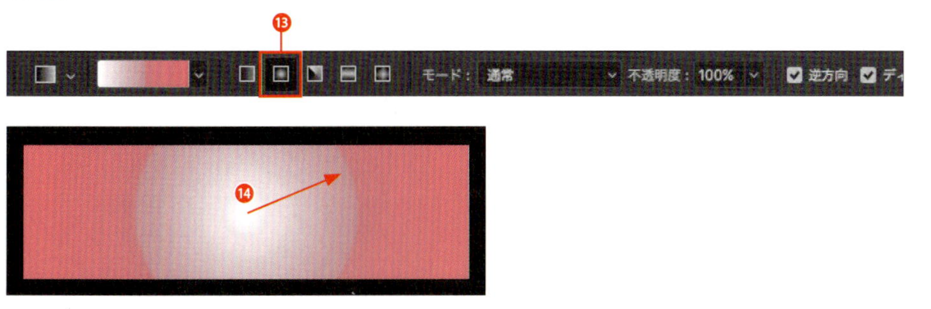

NO.

157 文字を自由な形に変形させる

VER.
CC / CS6 / CS5 / CS4 / CS3

［ワープテキスト］を利用すると、ダイアログでスタイルや変形の度合いを設定するだけで、文字を変形させることができます。

STEP 1

［横書き文字］ツール T で文字を入力します。

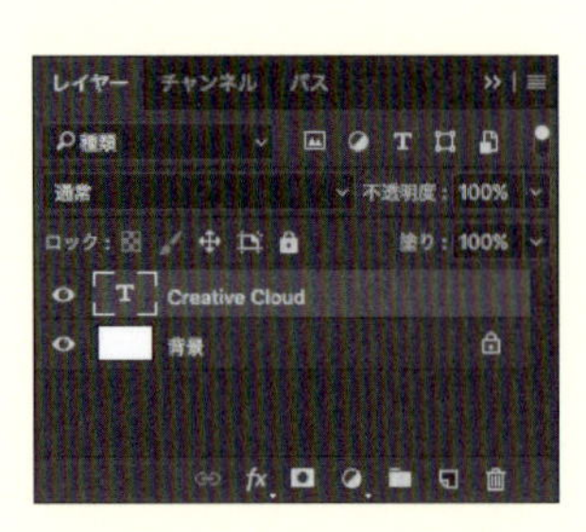

STEP 2

［横書き文字］ツール T のオプションバーの［ワープテキスト］ボタンをクリック❶して、［ワープテキスト］ダイアログを開きます。

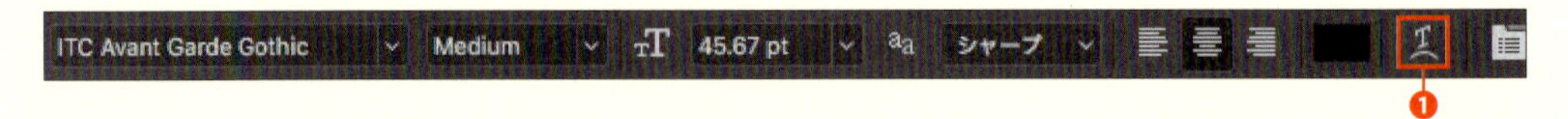

STEP 3

［ワープテキスト］ダイアログで［スタイル：魚形］❷、［カーブ：+50%］❸に設定し、［OK］をクリックすると、文字列全体が魚のような形に変形します。

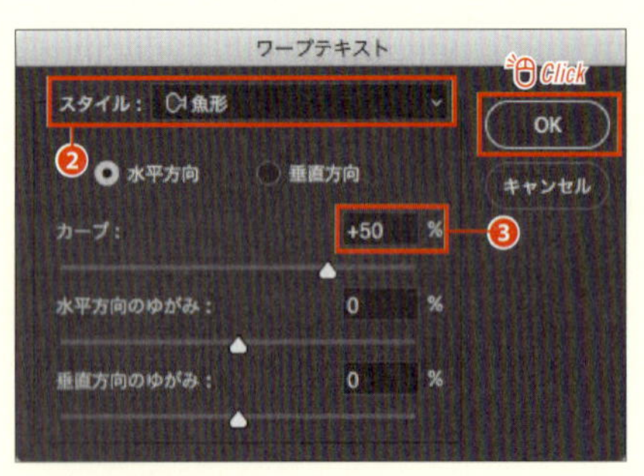

MEMO
選択できるスタイルには、この他に次のようなものがあります。
でこぼこ
旗
貝殻（下向き）
絞り込み

165 パスに沿って文字を入力する
173 文字を入力する

NO.
158 [デュアルブラシ]で点線を描く

VER.
CC / CS6 / CS5 / CS4 / CS3

[ブラシ] パネルでデュアルブラシを設定し、間隔を調整すると、点線で描画できるブラシになります。

STEP 1

[ツール] パネルで [ブラシ] ツールを選択します❶。オプションバーの[ブラシプリセットピッカー]から❷、[ハード円ブラシ] を選択したあと❸、[ブラシパネルの切り替え] ボタンをクリック❹して、[ブラシ] パネルを開きます。

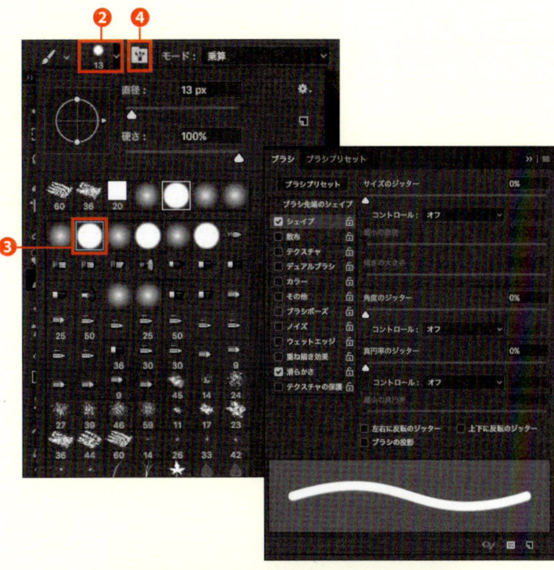

STEP 2

左側の [シェイプ] にチェックを入れたあと❺、[サイズのジッター] を [コントロール：オフ] に設定します❻。続けて [デュアルブラシ] にチェックを入れ❼、間隔を調整して点線化します。ここでは、[描画モード：乗算] ❽ [デュアルブラシシェイプ：半径 30] ❾ [直径：30px] ❿ [間隔：140%] ⓫に設定しました。

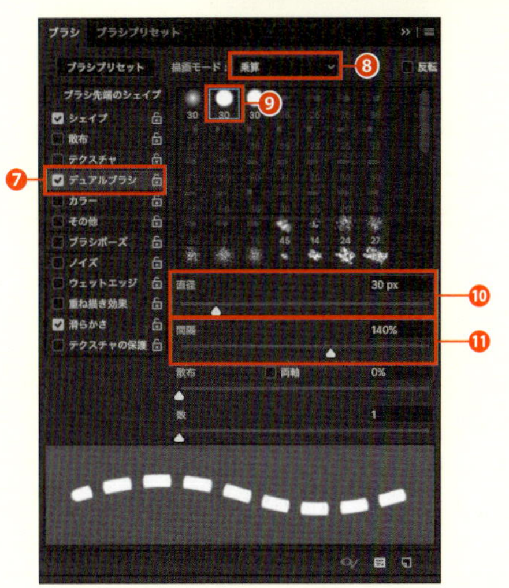

STEP 3

描画色を設定して⓬、ドラッグすると、点線が描画されます⓭。

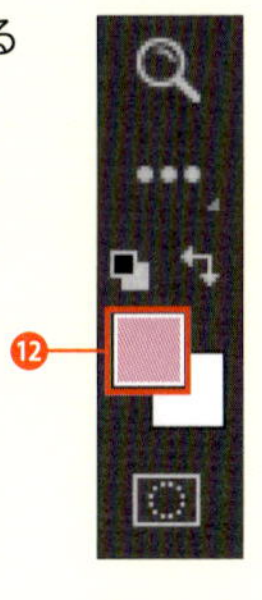

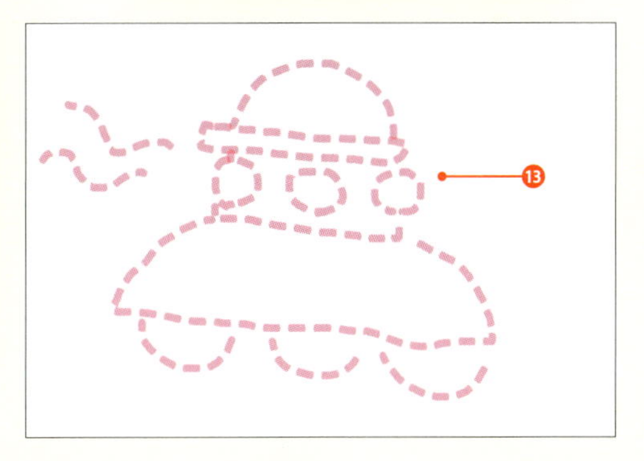

第6章 作画・アートワーク

151 ブラシで描画する

NO.
159 [色の置き換え]ツールを使って部分的に色を変える

VER.
CC / CS6 / CS5 / CS4 / CS3

特定の範囲に色調を変更するには［色の置き換え］ツールを使います。輪郭や、地色が自動的に判定されるので、はみ出さずに色を置き換えられます。

STEP 1

置き換えに使用する色を描画色に設定します❶。ここでは青緑色に設定しました。次に［色の置き換え］ツールを選択します❷。

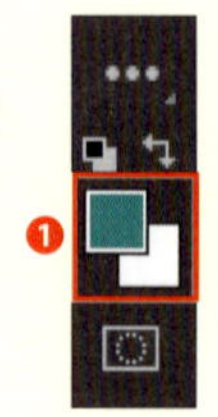

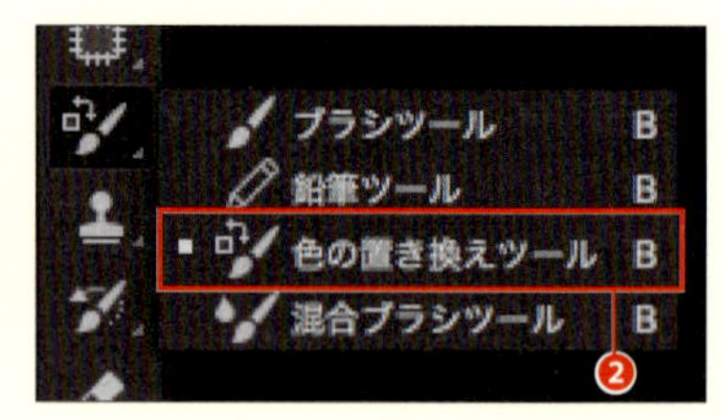

STEP 2

オプションバーで［モード：カラー］、［サンプル：一度］、［制限：隣接］に設定します❸。

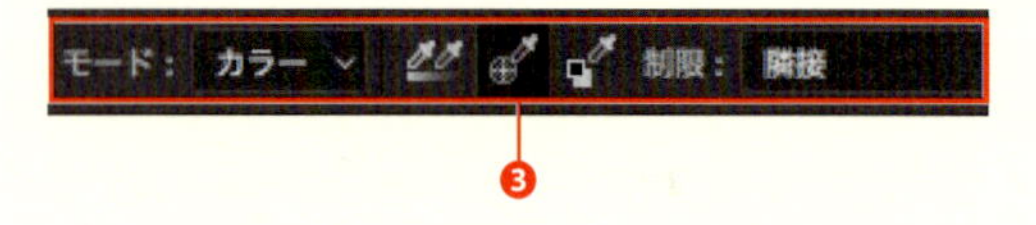

STEP 3

画面上をドラッグすると、色が描画色に置き換わっていきます❹。［サンプル：一度］を設定しているため、最初にクリックした部分の色を基準として置き換えが進みます❺。輪郭を自動的に認識してはみ出さずに塗ることができます。

073 画像の一部を色補正する
149 描画色で塗りつぶす

NO.
160 [混合ブラシ]ツールで絵の具で描いたようなタッチにする

VER.
CC / CS6 / CS5 / CS4 / CS3

[混合ブラシ] ツールは、画面の色とブラシの色をミックスしながら描画します。筆のような [ブラシプリセット] を使用すると絵画のような表現ができます。

STEP 1

[ツール] パネルで [混合ブラシ] ツールを選択します❶。オプションバーの [ブラシプリセットピッカー] から [丸筆 (ファン)] ❷を選択し、[直径：70px] に設定します❸。描画色はまず [青] に設定します❹。この色が画面上の色と混合されながら描画されていきます。これは途中で変更することが可能です。右にある [混合ブラシの便利な組み合わせ] では [モイストミックス少量] を選びます。描画色がしっとりと、少量混ざるイメージになります❺。

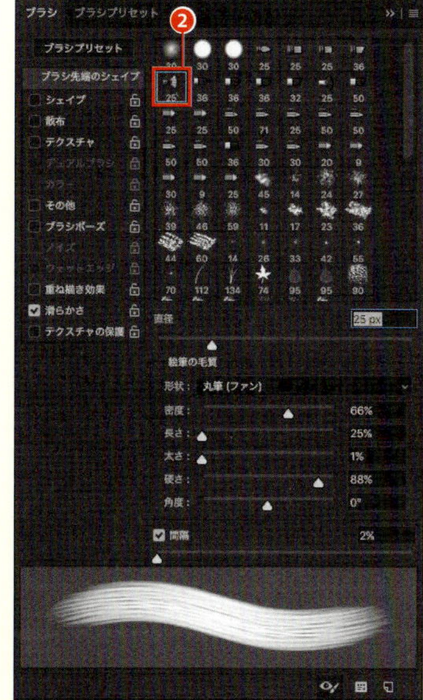

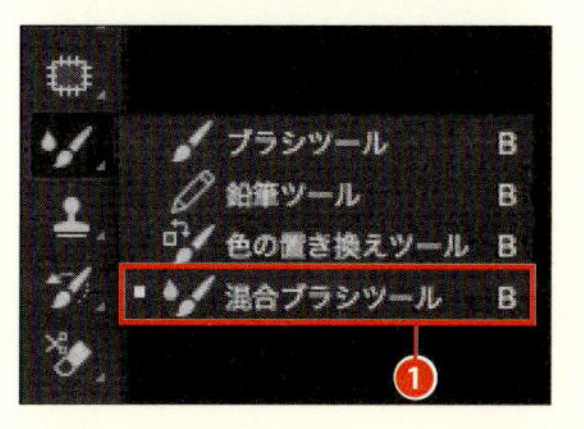

STEP 2

[丸筆 (ファン)] を選択すると、画面左上に「筆の形」が表示されます❻。ペンタブレットが接続された状態で、筆圧やペンの傾きが検知されると、状態に応じてこの筆の形が変化します。画面をドラッグすると、描画色と、地色がミックスされながら描画されます❼。地色に合わせて描画色を切り替えながら作業を進めます。

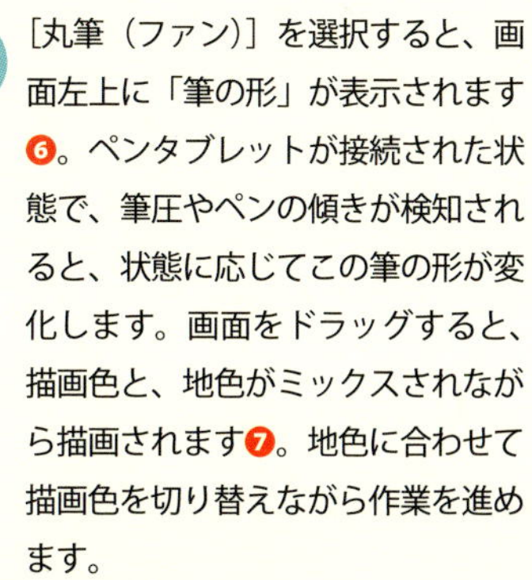

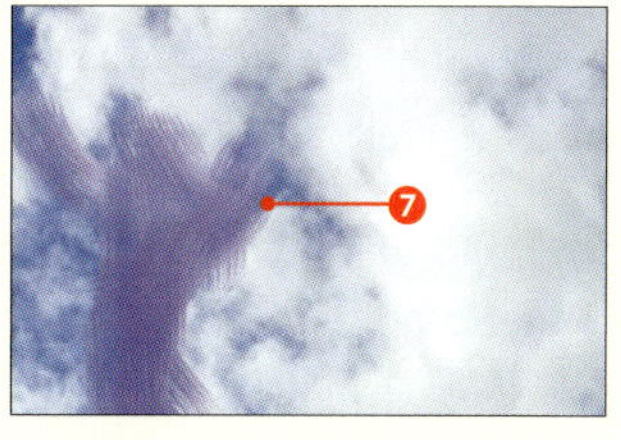

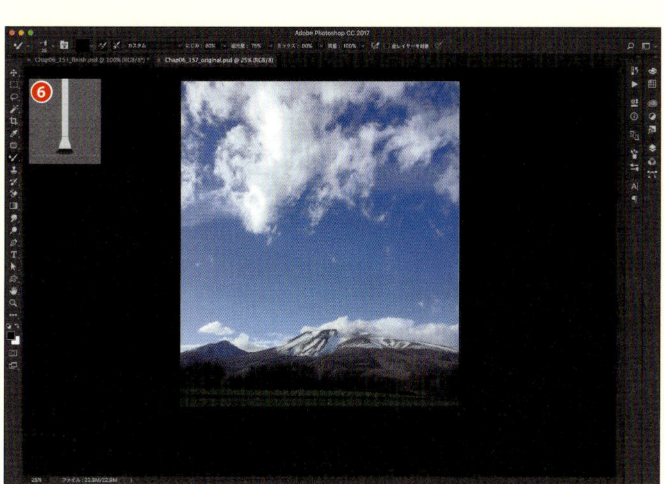

NO.
161 オリジナルブラシをつくる

VER.
CC / CS6 / CS5 / CS4 / CS3

色と場所がランダムに変化するオリジナルのブラシを作成します。

STEP 1 パターンの元となる画像を描画します。画像はグレースケールでも RGB カラーでもかまいません。

元画像

STEP 2 画像を選択し、[編集] メニューから [ブラシを定義] を選択します❶。[ブラシ名] ダイアログが現れるのでブラシ名を入力し❷、[OK] をクリックすると、ブラシとして登録されます。[ツール] パネルで [ブラシ] ツール を選択し、オプションバーの [ブラシプリセットピッカー] ❸を見ると、先ほど登録したブラシが選択されています❹。

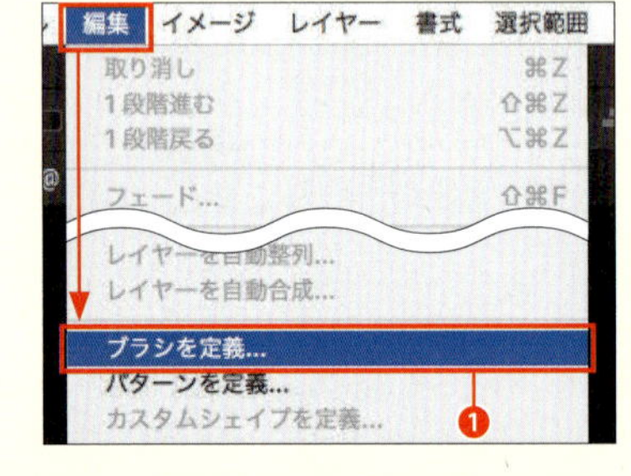

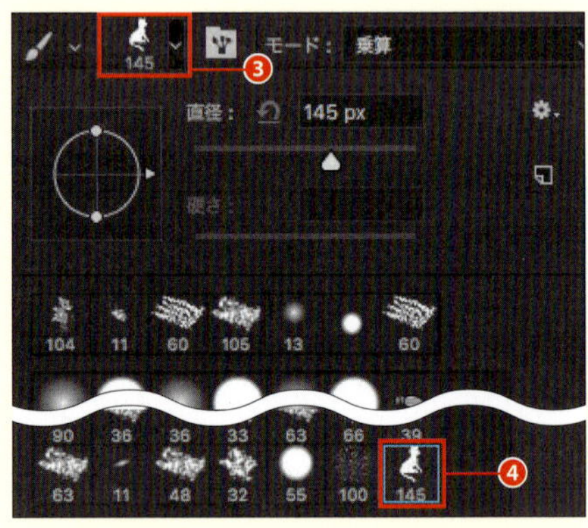

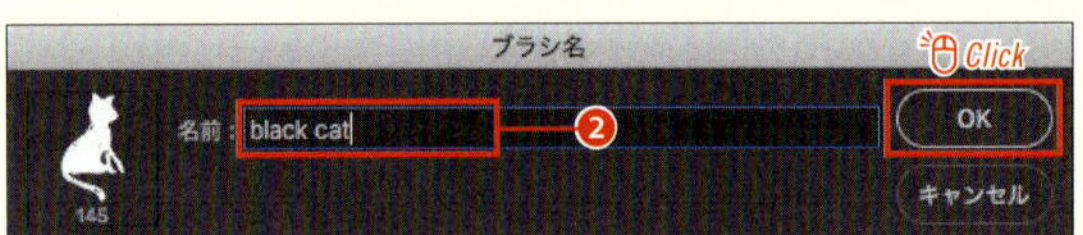

STEP 3 オプションバーの [ブラシパネルの切り替え] ボタンをクリックして❺、[ブラシ] パネルを開きます。左上の [ブラシ先端のシェイプ] を選択し❻、[間隔：100] にします❼。次に [散布] にチェックを入れ❽、[散布：230%] [両軸] [コントロール：オフ] [数：2] [数のジッター：0%] [コントロール：オフ] に設定します❾。

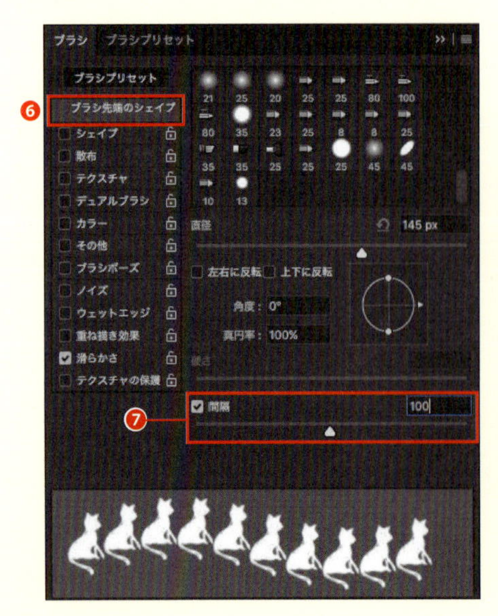

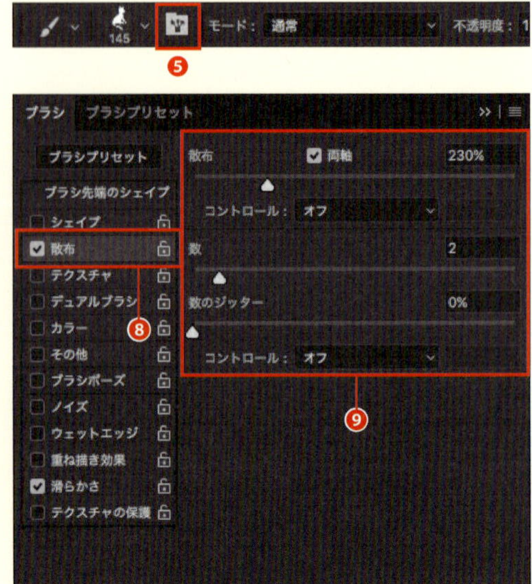

STEP 4

［シェイプ］⑩を選択し［サイズのジッター：80%］⑪、それ以外を［オフ］と［0%］に設定します。［ブラシ］パネルの下部に、ブラシがどのように描かれるかプレビューされます⑫。続いて［カラー］⑬を選択し、［色相のジッター］だけを［20］に設定します⑭。

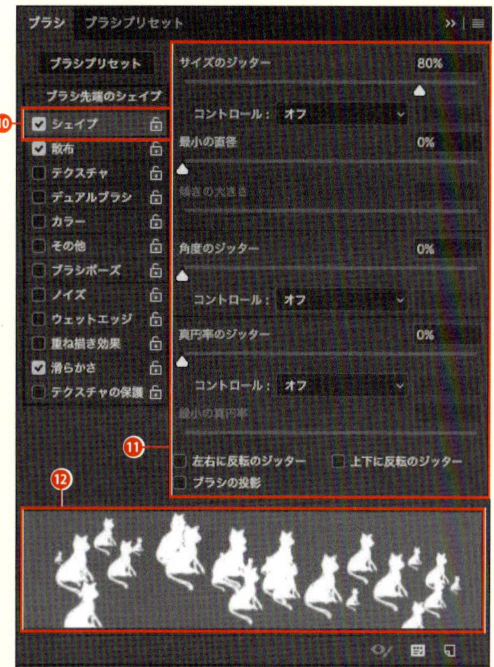

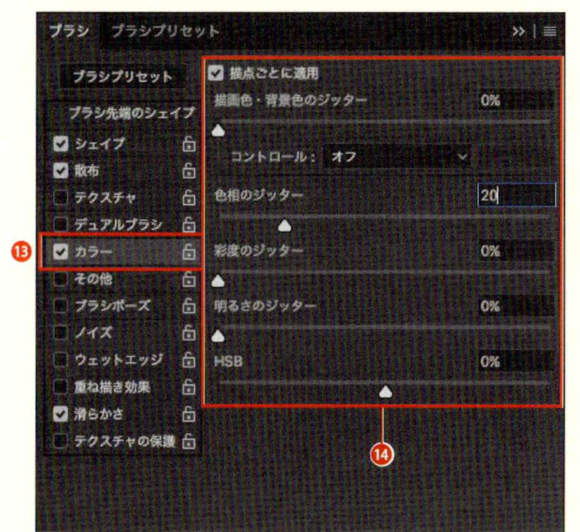

STEP 5

［ブラシ］パネルのパネルメニューから、［新規ブラシプリセット］を選択します⑮。［ブラシ名］ダイアログでブラシ名を入力し⑯、［OK］をクリックすると、先につくったブラシの形をベースにして、色や位置が変化するブラシプリセットが登録されます。

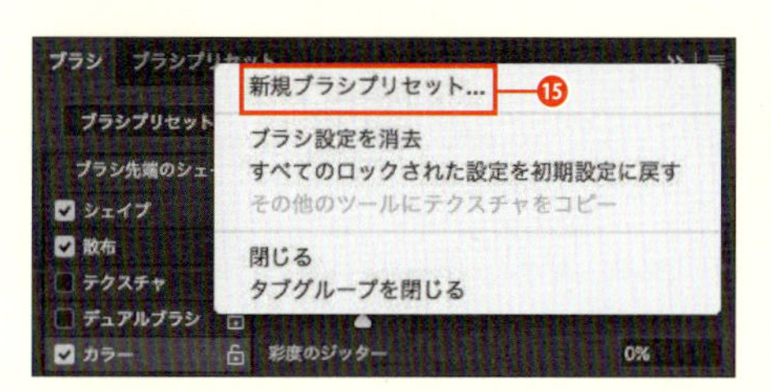

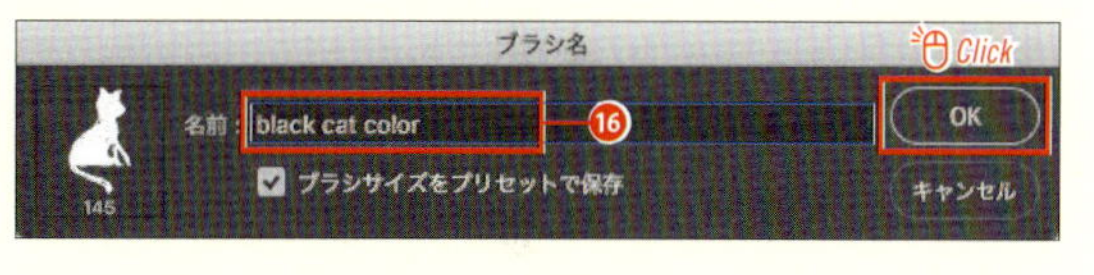

STEP 6

任意の描画色を設定し⑰、［ブラシプリセットピッカー］⑱から、先ほど登録したブラシプリセットを選択して⑲、画面をドラッグすると色相がランダムに変化しながら描画されます。

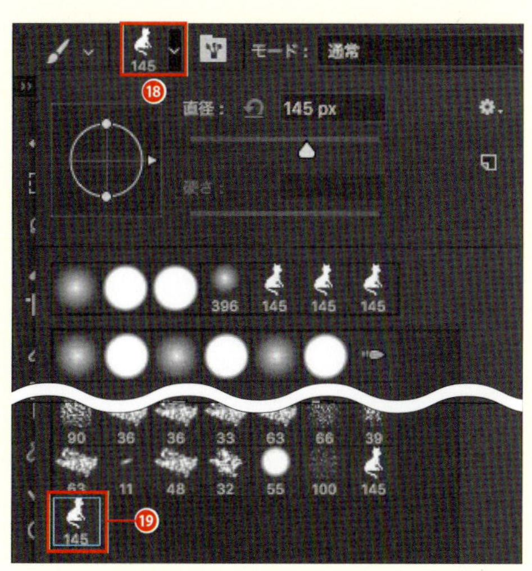

151 ブラシで描画する
166 オリジナルパターンをつくる

NO.
162 ［パターンスタンプ］ツールでフィルターのような効果で塗る

VER.
CC / CS6 / CS5 / CS4 / CS3

［パターンスタンプ］ツールを使うと、［パターン］を使ってフィルター効果のような描画ができます。

STEP 1

［ツール］パネルで［パターンスタンプ］ツールを選択します❶。オプションバーの［ブラシプリセットピッカー］から［ハード円ブラシ］❷を選択し、［直径：400px］に設定します❸。

元画像

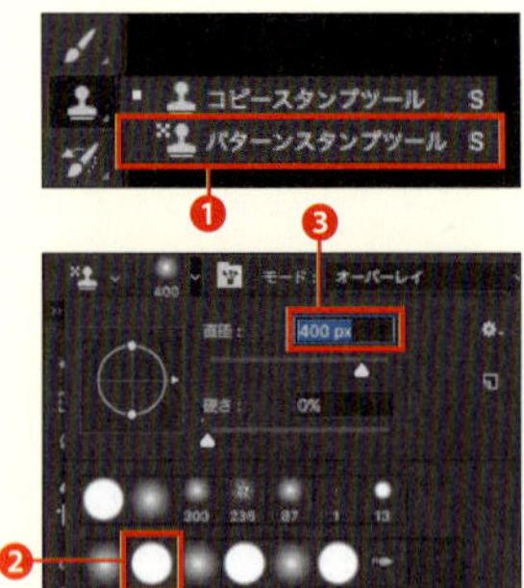

STEP 2

オプションバーのパターンピッカーを開き、右の歯車アイコンから［アーティスト］❹を選びます。［アーティスト］のパターンを置き換えるか確認するダイアログが表示されるので、［追加］❺をクリックします。パターンの中から［粗い織目（暗）］❻を選択して追加します。

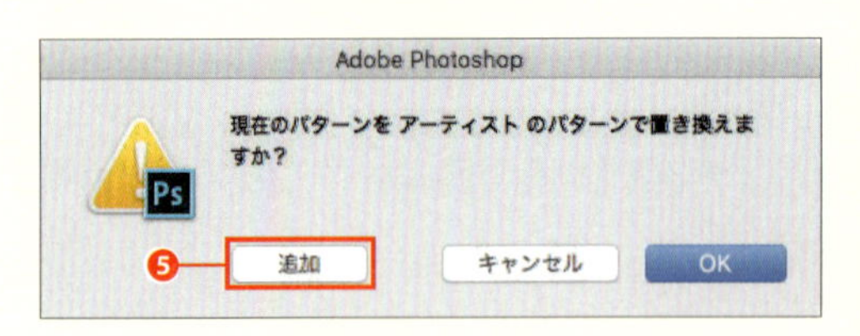

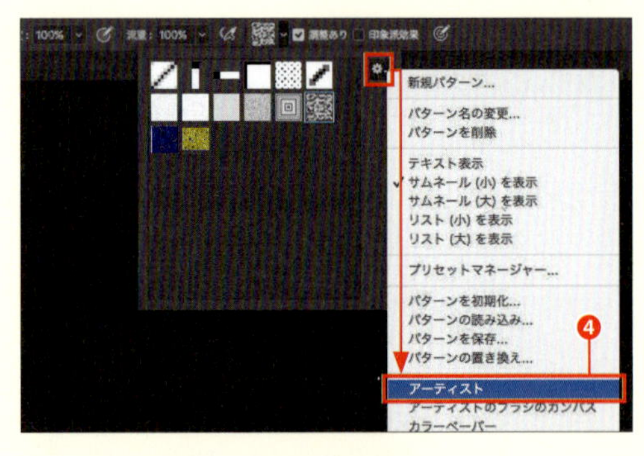

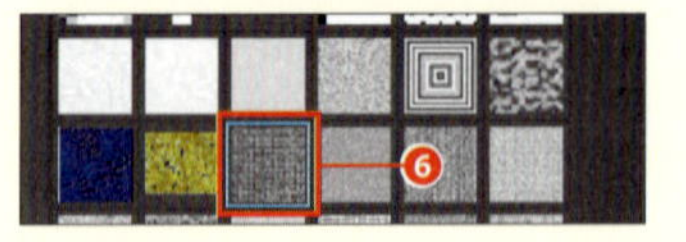

STEP 3

オプションバーで［モード：オーバーレイ］❼にして、ドラッグすると、パターンの濃淡が画像の凹凸として変換されていきます❽。

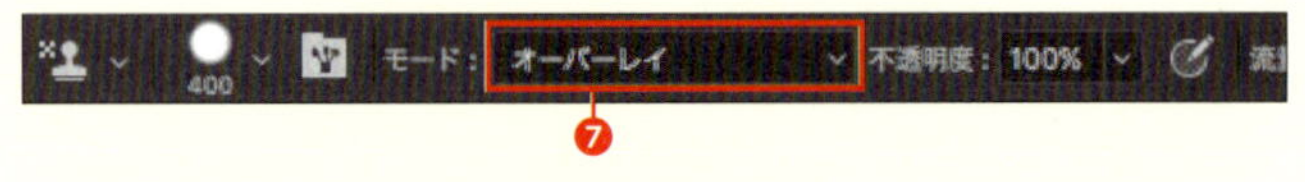

108 布のシワに合わせて模様を合成する

NO.
163 ［背景消しゴム］ツールで画像を一気に切り抜いていく

VER.
CC / CS6 / CS5 / CS4 / CS3

画像の切り抜き作業は面倒ですが、［背景消しゴム］ツールを使うと、面倒な作業を一気に進めることができます。

STEP 1

［ツール］パネルで［背景消しゴム］ツールを選択します❶。オプションバーのブラシプリセットピッカーで［直径：150px］に設定します❷。なお、このツールではブラシの種類は選択できません。

消しゴムツール E
背景消しゴムツール E
マジック消しゴムツール E

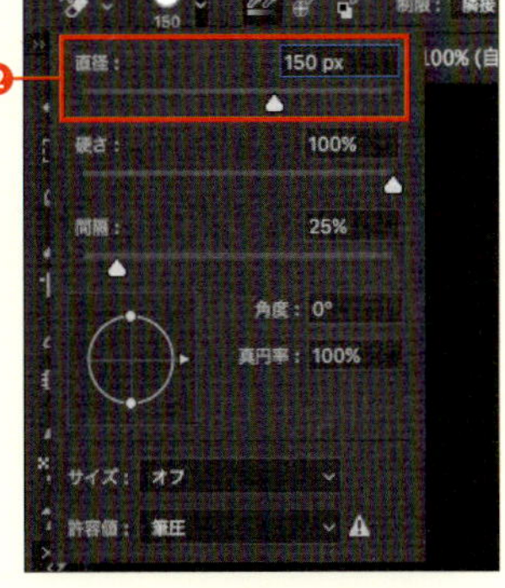

STEP 2

画像の任意の場所をクリックすると、自動的にレイヤーが［背景］から［レイヤー 0］に変更され❸、ツールでドラッグした部分が切り抜かれていきます❹。色の境界を自動的に判断して切り抜いていきます。

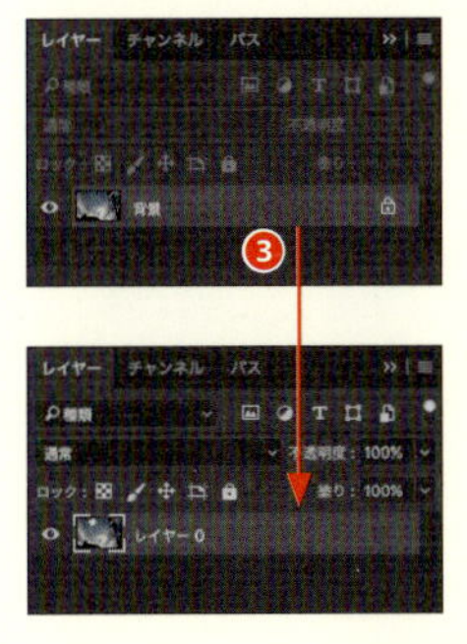

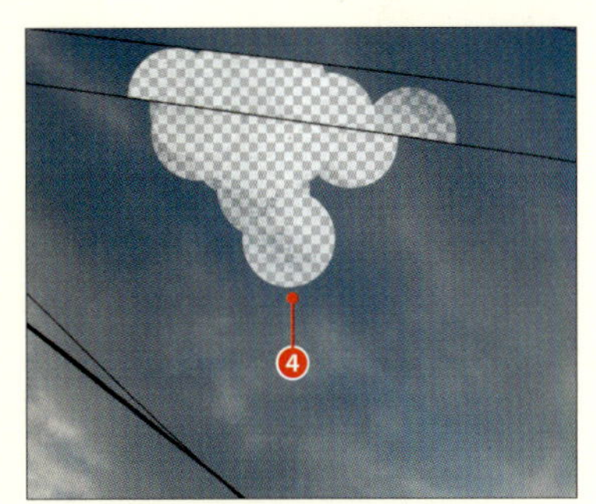

STEP 3

オプションバーから［サンプル：一度］にすると❺、最初にクリックした場所の色を基準に切り抜いていきます。ドラッグした先の色が変われば切り抜かれません。作例では「空の青」と「雲の白」の違いを自動的に判断し、雲が残されていきます。

STEP 4

カーソルの真ん中に十字が現れますが、そこが色を判断する基準点です。細かい部分を切り抜くときは何度もクリックを繰り返します。

150 消しゴムを使ったように画像を消す
164 ［マジック消しゴム］ツールで特定の色調の範囲を消去する

NO.
164 [マジック消しゴム]ツールで特定の色調の範囲を消去する

VER.
CC / CS6 / CS5 / CS4 / CS3

[自動選択] ツールと [消しゴム] ツールの機能を併せ持つのが [マジック消しゴム] ツールです。

STEP 1

[ツール] パネルで [マジック消しゴム] ツールを選択します❶。このツールではブラシの形状の選択ができません。アイコンカーソルが表示されるだけです。

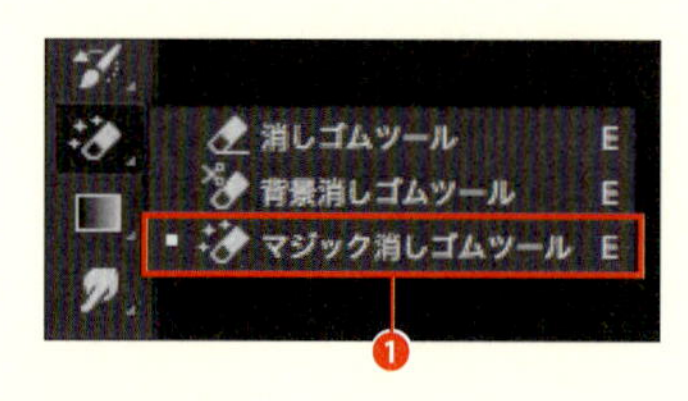

STEP 2

画像の任意の場所をクリックすると、自動的にレイヤーが [背景] から [レイヤー 0] に変更され、周辺の同系色を一気に切り抜きます❷。[背景消しゴム] ツールと違って、ドラッグする必要はありません。クリックを繰り返すとどんどん消去していきます。

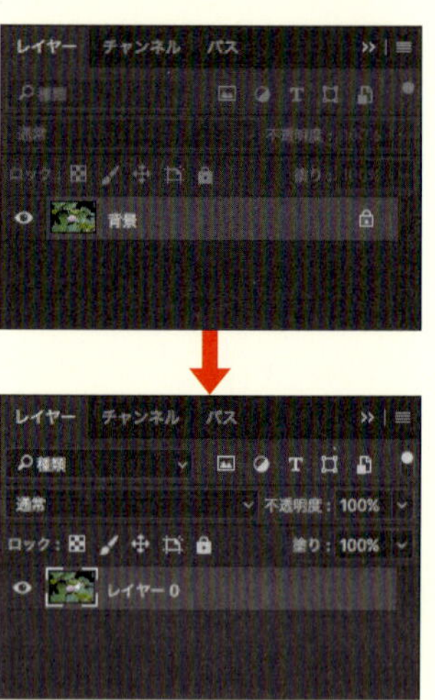

STEP 3

オプションバーの [許容値] ❸を加減することで、選択する色の範囲をコントロールできます。数値を小さくするほど狭い範囲の色調を選択します。数値を大きくすると広範囲にわたって消去します。

150 消しゴムを使ったように画像を消す
163 [背景消しゴム] ツールで画像を一気に切り抜いていく

NO.
165 パスに沿って文字を入力する

VER.
CC / CS6 / CS5 / CS4 / CS3

［横書き文字］ツール などでパス上をクリックすると、パスに沿って文字を入力できます。あとで開始位置をずらすことも可能です。

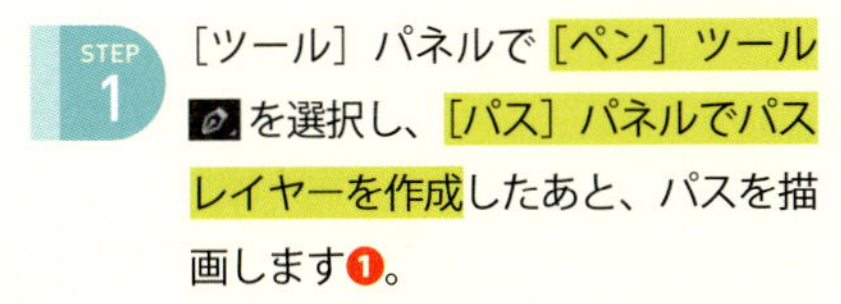

STEP 1
［ツール］パネルで［ペン］ツール を選択し、［パス］パネルでパスレイヤーを作成したあと、パスを描画します❶。

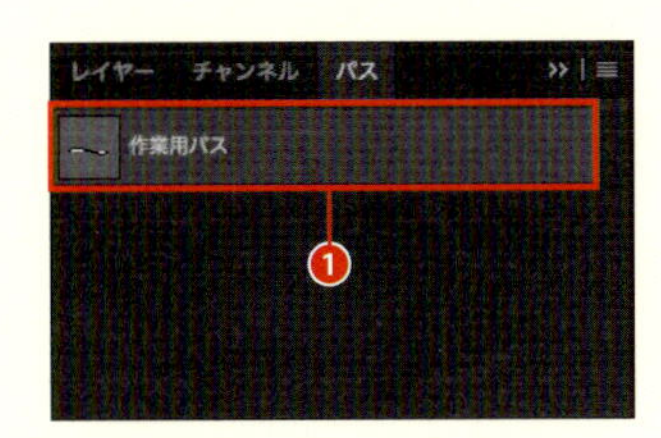

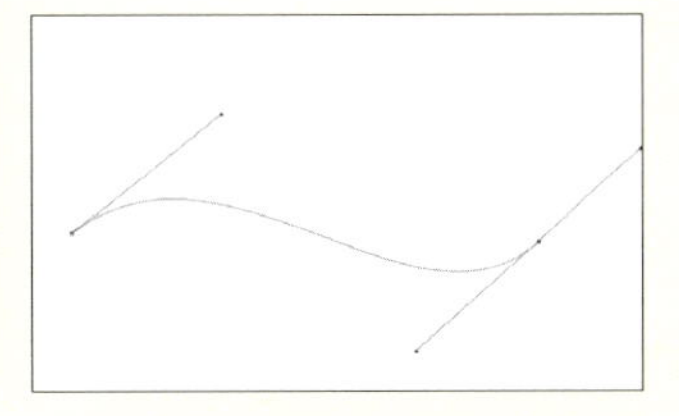

STEP 2
［ツール］パネルで［横書き文字］ツール を選択し、パス上をクリックして入力カーソルを点滅させると❷、［パス］パネルにパス上文字用のパスレイヤーが作成されます❸。

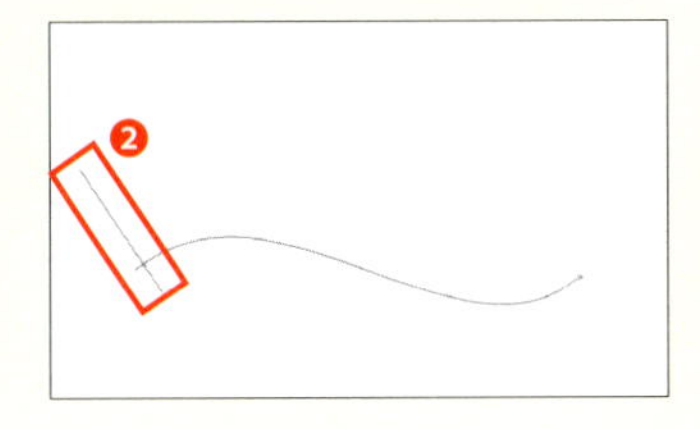

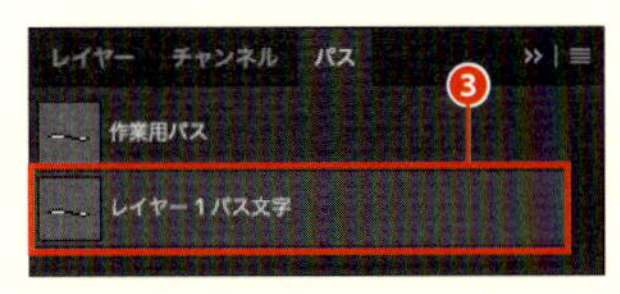

STEP 3
キーボードから文字を入力し、オプションバーの［現在の編集をすべて確定］をクリックして❹、入力を終了すると、パスレイヤーの名前が入力した内容に変更されます❺。同時に、［レイヤー］パネルでは文字レイヤーが作成されます❻。

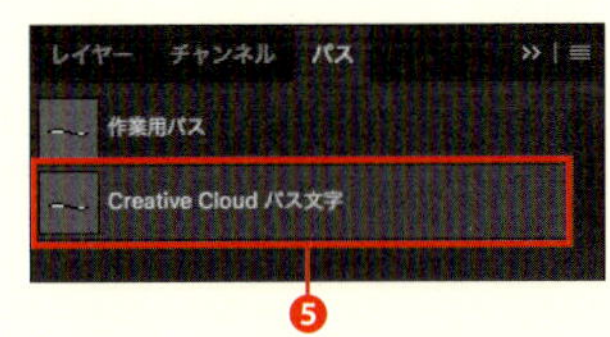

STEP 4
［ツール］パネルで［パスコンポーネント選択］ツール を選択し、文字の先頭にカーソルを合わせてドラッグすると、文字の開始位置をずらすことができます。あふれた文字は非表示になります❼。

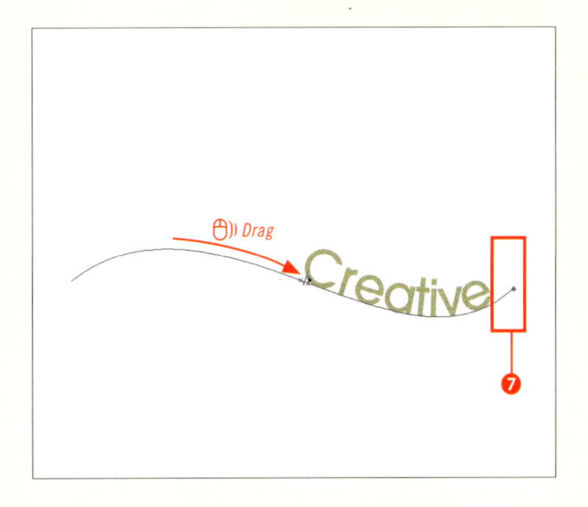

第6章 作画・アートワーク

157 文字を自由な形に変形させる
174 段落形式で文字を入力する

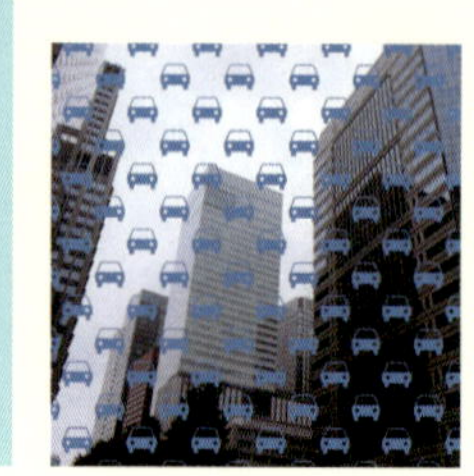

NO.

166 オリジナルパターンをつくる

VER.
CC / CS6 / CS5 / CS4 / CS3

フィルターの［スクロール］を利用すると、継ぎ目の滑らかなオリジナルパターンをつくることができます。

STEP 1

パターンの元となる画像を作成し❶、［レイヤー］パネルで模様が描画されたレイヤーを複製します❷。

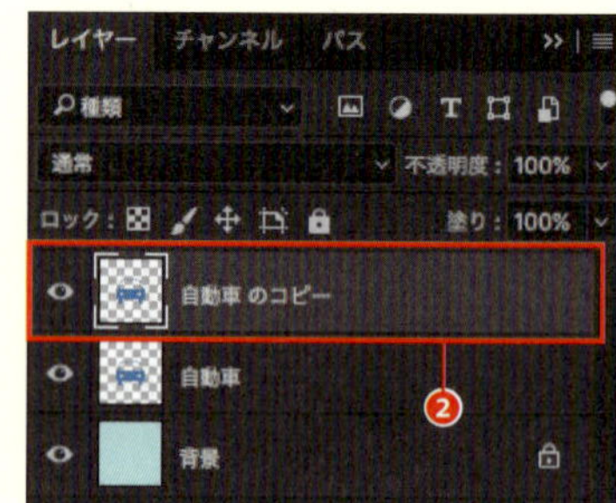

STEP 2

［フィルター］メニューから［その他］→［スクロール］を選択し❸、［スクロール］ダイアログで、カンバスサイズの1/2のピクセル数を入力します。ここでは幅、高さともに［200pixel］の画像を用意したので、［100］と入力しました❹。

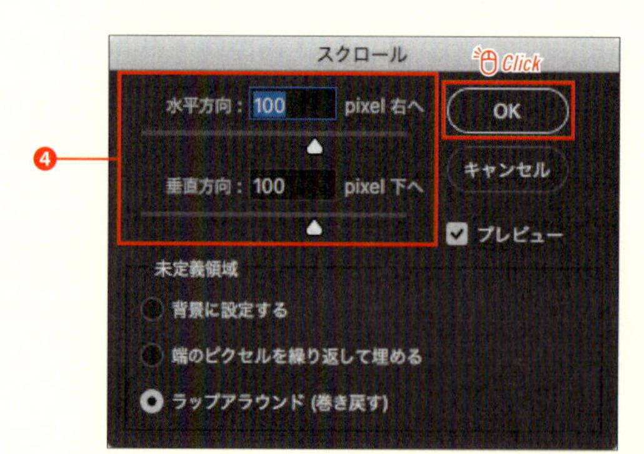

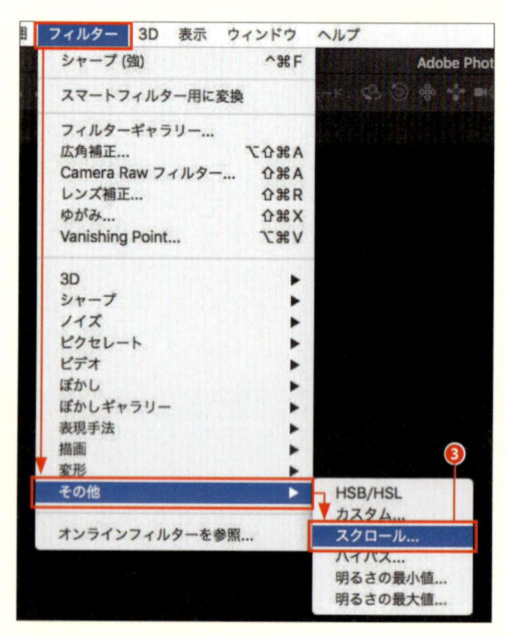

STEP 3

［OK］をクリックすると、画像が水平・垂直方向に100pixelずつスクロールして四隅に配置されます❺。

［編集］メニューから［パターンを定義］を選択し❻、［パターン名］ダイアログでパターン名を入力して❼［OK］をクリックすると、パターンとして登録されます❽。登録したパターンは［塗りつぶし］ツール オプションバーのパターンピッカーから選択できる他、［レイヤー］スタイルのパターンピッカーからも選択できます。

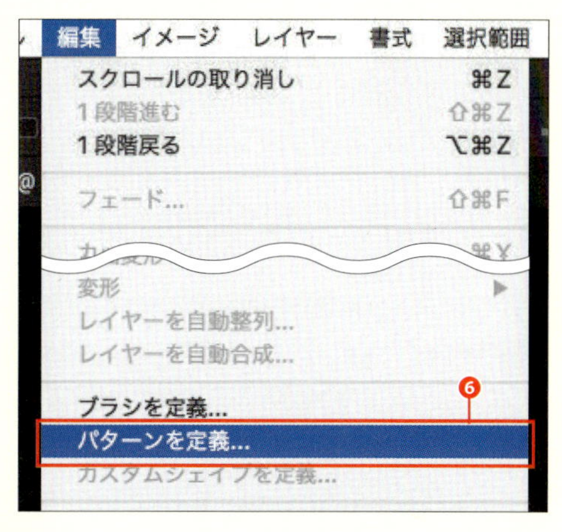

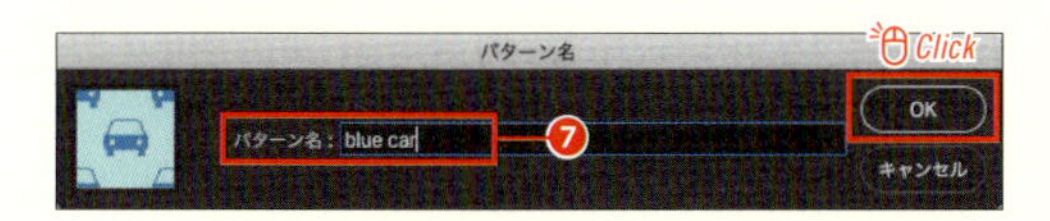

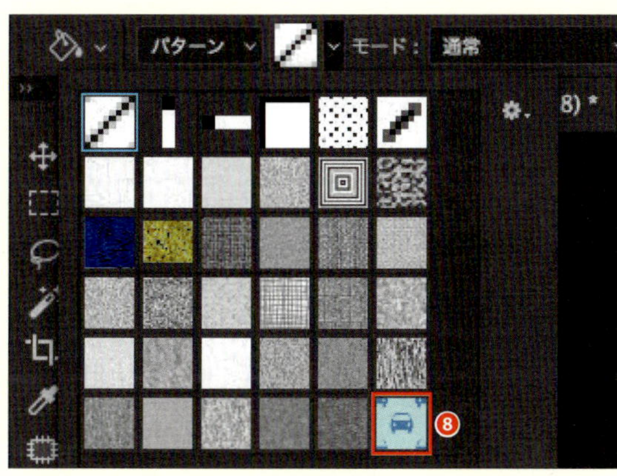

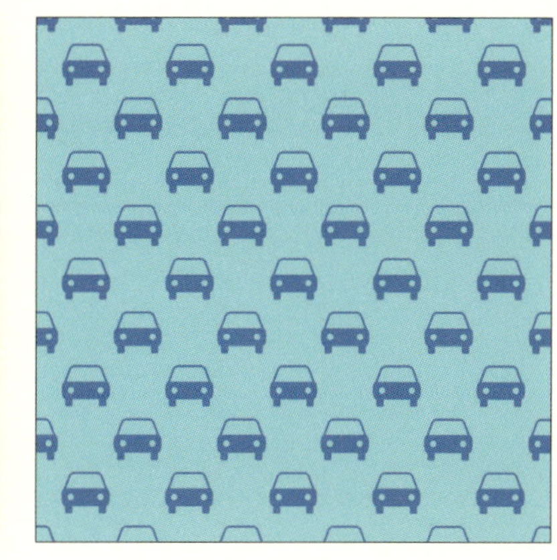

MEMO

「背景」を非表示にして登録すると、地の部分を透明にして適用できるので便利です。

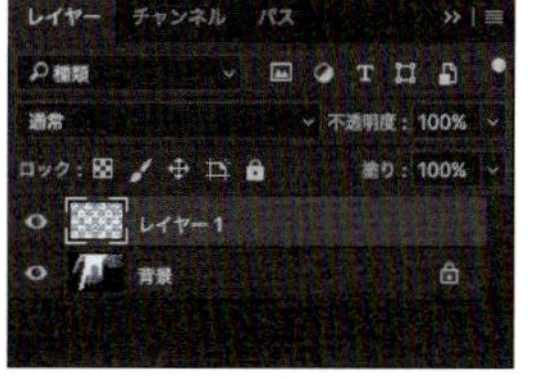

第6章 作画・アートワーク

161 オリジナルブラシをつくる
162 ［パターンスタンプ］ツールでフィルターのような効果で塗る

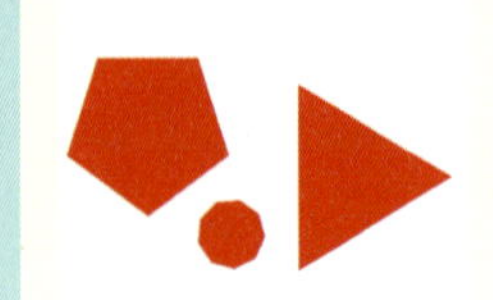

NO.

167 ［長方形］ツールや［楕円形］ツールなどでシェイプを描く

VER.
CC / CS6 / CS5 / CS4 / CS3

［ツール］パネルで［長方形］ツールや［楕円形］ツールなどを選択してドラッグすると、図形（シェイプ）を描画できます。

STEP 1

［ツール］パネルで［長方形］ツールを選択し❶、描画色を設定します。ここでは「黄色」❷に設定しました。オプションバーで輪郭線などを設定します。

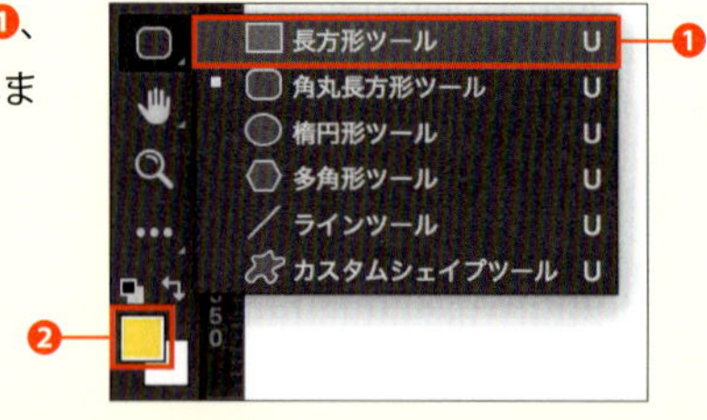

STEP 2

ドラッグすると❸、長方形を描画できます。

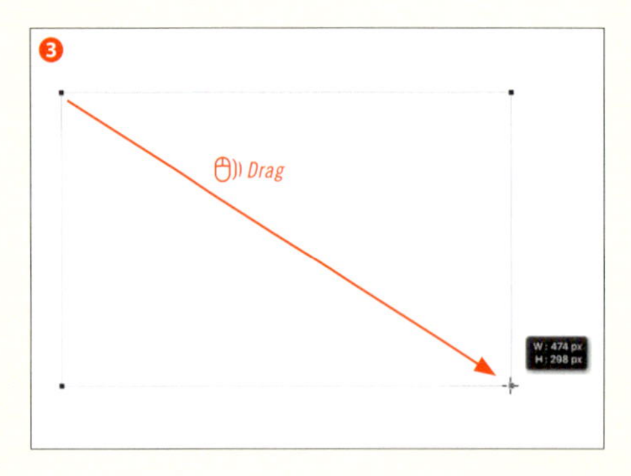

MEMO

［長方形］ツールで長方形を描画すると、［レイヤー］パネルにシェイプレイヤーが作成されます。

STEP 3

Shift キーを押しながらドラッグすると、正方形を描画できます❹。

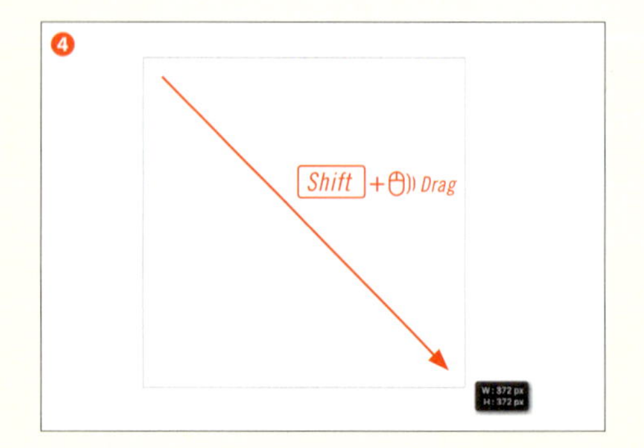

MEMO

Shift キーを押しながらシェイプを描くと、同一レイヤー上にシェイプが追加されていきます。何もキーを押さないでシェイプを描くと、そのたびに新しいシェイプレイヤーが追加されていきます。

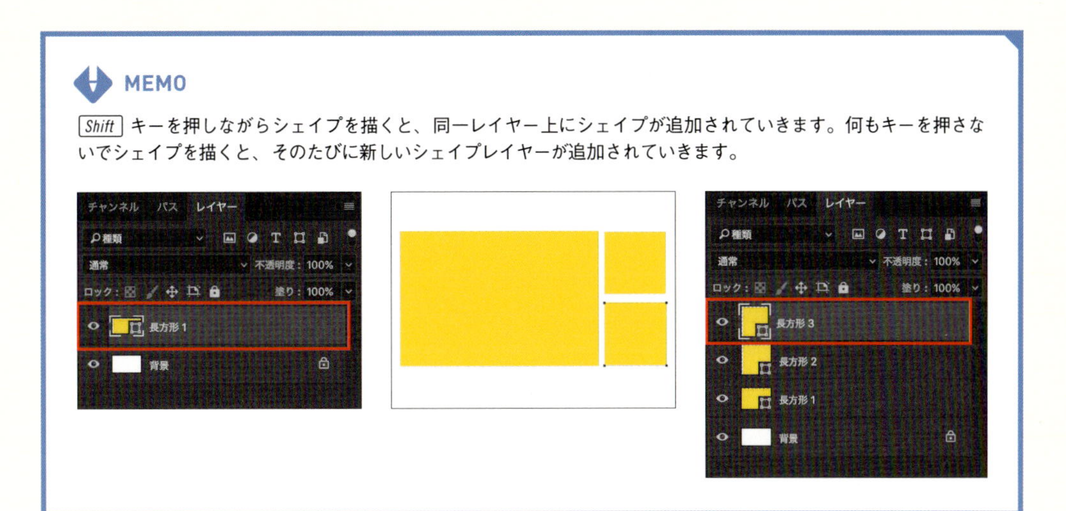

STEP 4

［角丸長方形］ツール では角の丸い長方形❺、［楕円形］ツール では楕円形❻、［多角形］ツール では三角形や五角形などの多角形❼、［ライン］ツール では直線❽を描画できます。このようにして描画された図形をまとめて「シェイプ」と呼びます。Shift キーを押しながらドラッグすると、縦横比や半径、方向などを固定して描画できます。

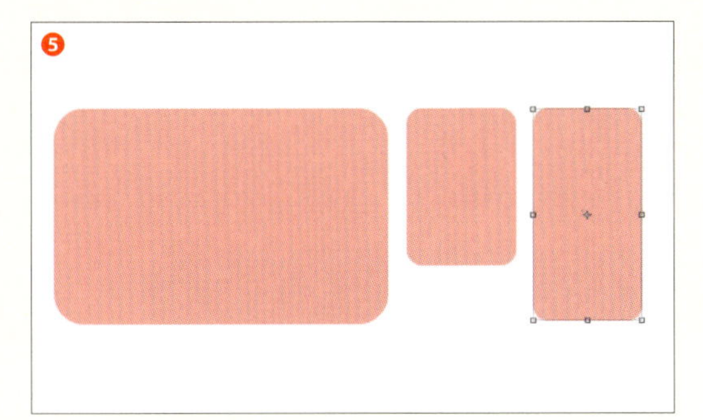

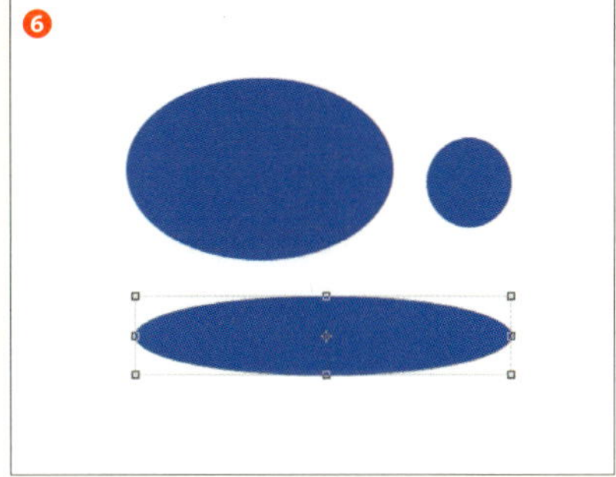

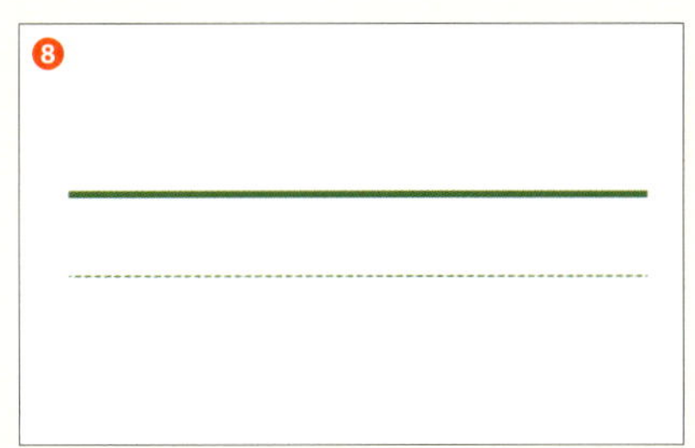

MEMO

［パスコンポーネント選択］ツール や［パス選択］ツール を使って、パスを変形・加工することもできます。

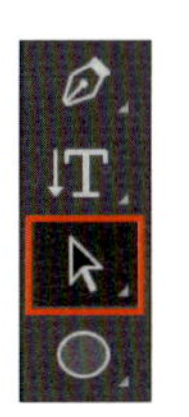

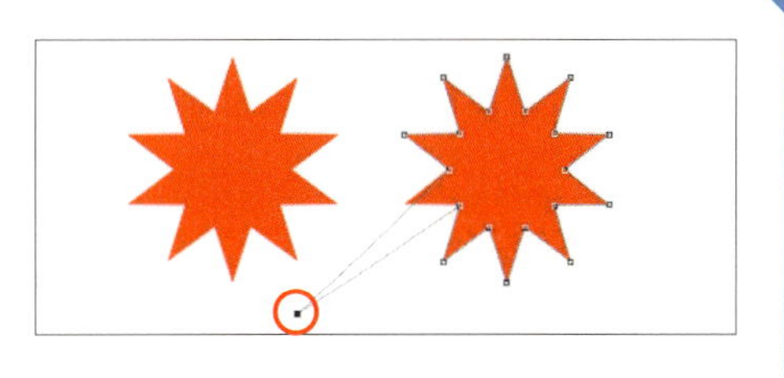

170 シェイプを整列させる
171 カスタムシェイプを登録する

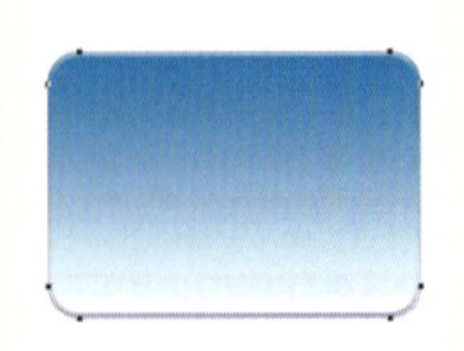

NO.

168 シェイプで編集可能な角丸の長方形を利用する

VER.
CC / CS6 / CS5 / CS4 / CS3

［長方形］ツール、および［角丸長方形］ツールで、角丸の半径を自由に調整できるようになりました。レイヤー効果などを適用したあとでも、数値の変更が可能です。

STEP 1

ツールボックスで［長方形］ツールを選択し、任意の長方形を描画します。［スタイル］パネルから［ジゼルした空］を適用します❶。

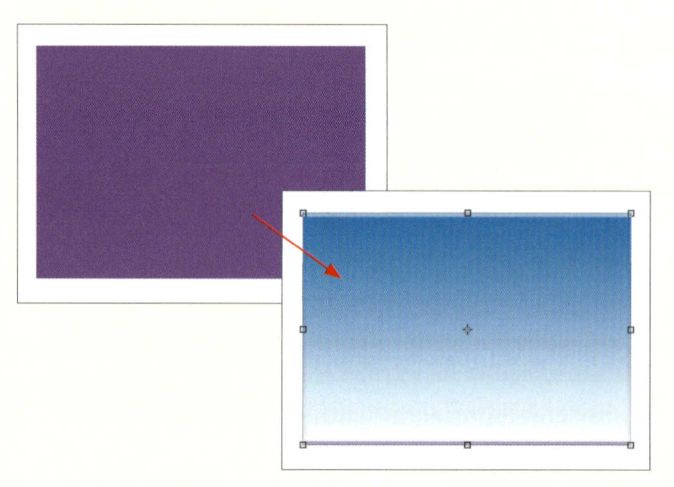

STEP 2

［パスコンポーネント選択］ツールでパスが選択された状態にし、［属性］パネルの［ライブシェイプの属性］ボタンをクリックします❷。表示が切り替わり、四隅の角丸の半径を数値でコントロールできるようになります❸。任意の数値を入力すると、角の形がダイレクトに変わります。

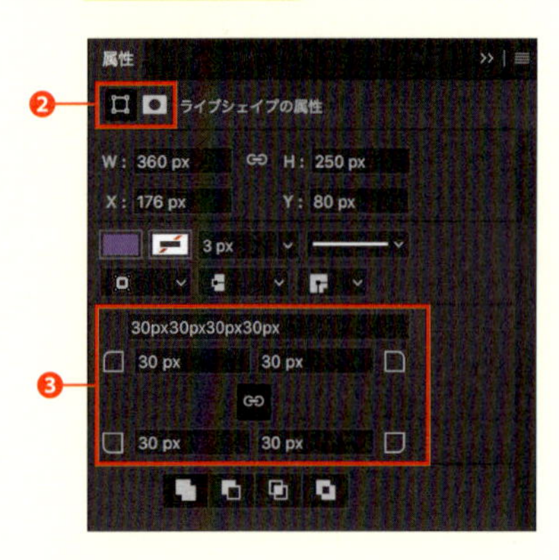

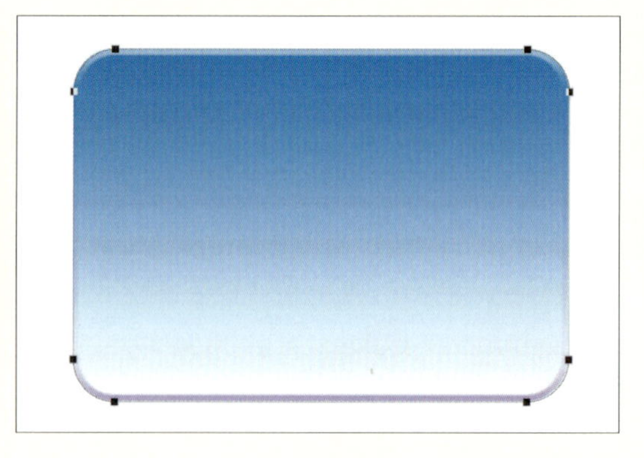

STEP 3

四隅の角丸の半径は個別に変更することができます。真ん中の［角丸の半径値をリンク］のチェックを解除し❹、左上だけに角丸の半径の数値を入力すると、シェイプの左上角だけが角丸に変化します❺。

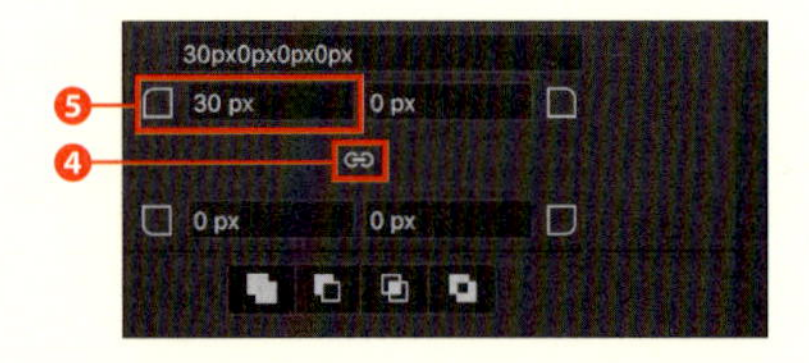

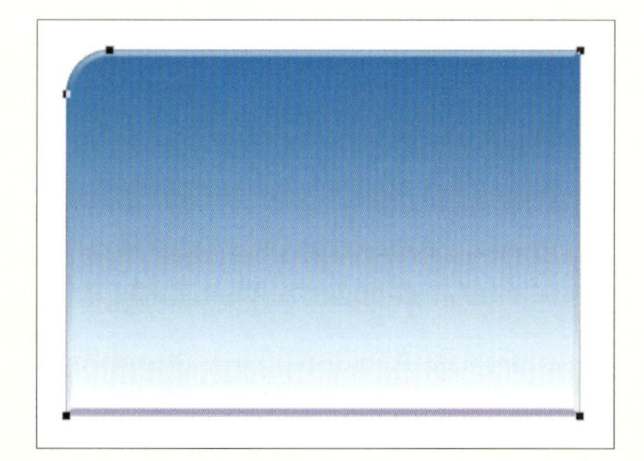

NO.
169 複数のシェイプレイヤーに分けて描かれたパスを一度に選択・編集する

VER.
CC / CS6 / CS5 / CS4 / CS3

複数のシェイプレイヤー上に描画されたパスを、一度に選択・編集することができます。

STEP 1

［レイヤー］パネルで、編集したいシェイプレイヤーをすべて選択します❶。隣り合っているレイヤーは Shift キーを押しながら、飛び飛びのレイヤーは ⌘（Ctrl）キーを押しながらクリックします。テキストレイヤーなど他のレイヤーが含まれていてもかまいません。

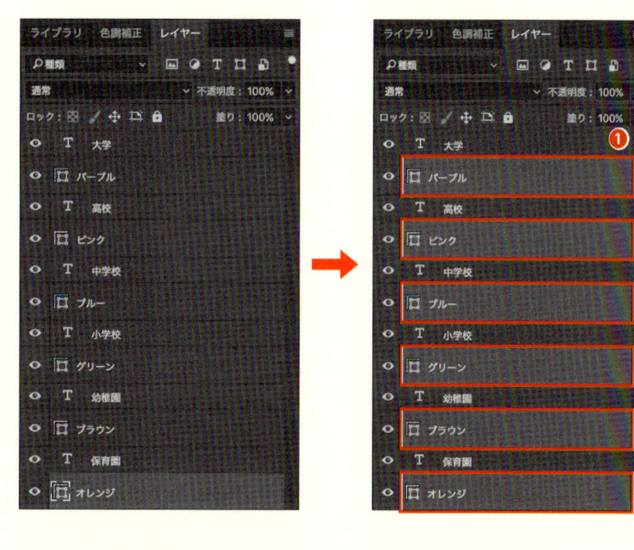

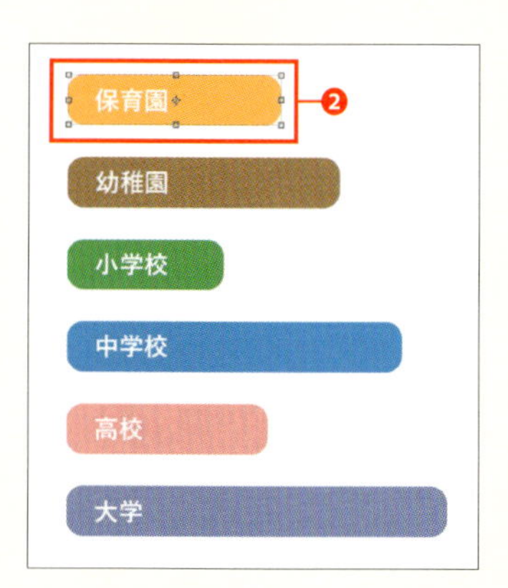

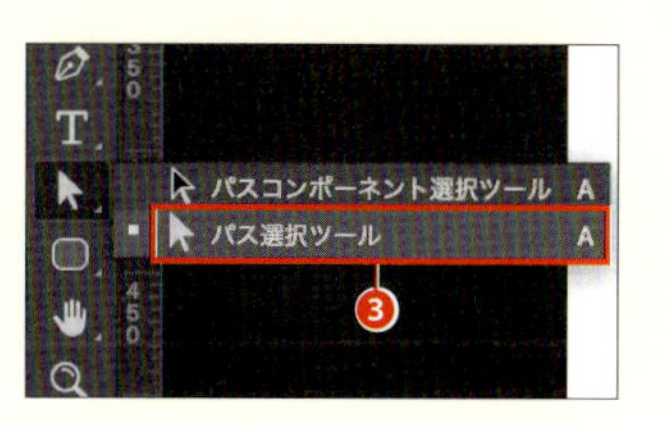

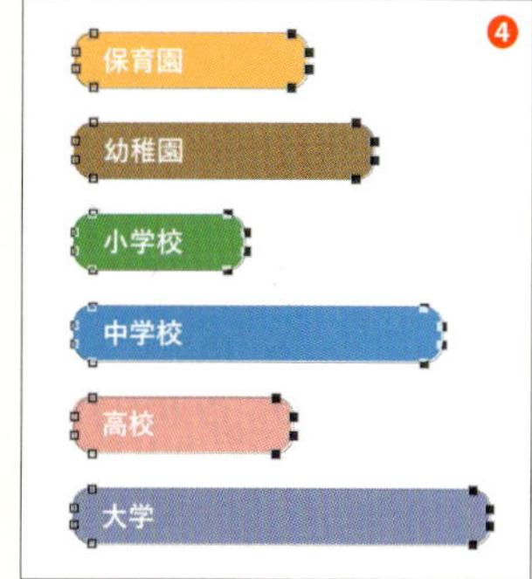

STEP 2

選択されたオブジェクトのバウンディングボックスが表示されます❷。［パス選択］ツールで❸それぞれのオブジェクトを選択します❹。

STEP 3

すべてのシェイプのパスがアクティブになるので❺、［編集］メニューから［パスの自由変形］を選択し、右真ん中のハンドルをドラッグして、変形します❻。

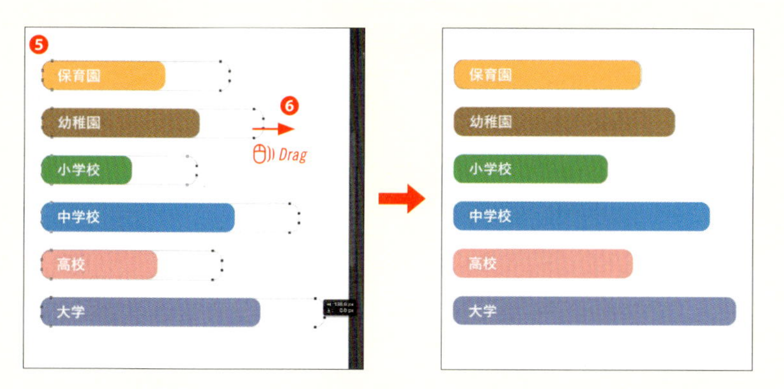

NO.
170 シェイプを整列させる

VER.
CC / CS6 / CS5 / CS4 / CS3

［パスコンポーネント選択］ツールのオプションバーの整列ボタンで、同一シェイプレイヤー上のシェイプを整列させます。

STEP 1
異なるレイヤーにあるシェイプを整列させる場合は、揃えたいレイヤーをすべて選択します❶。

MEMO
隣り合っているレイヤーは S キーを押しながら、飛び飛びのレイヤーは ⌘（Ctrl）キーを押しながらクリックします。

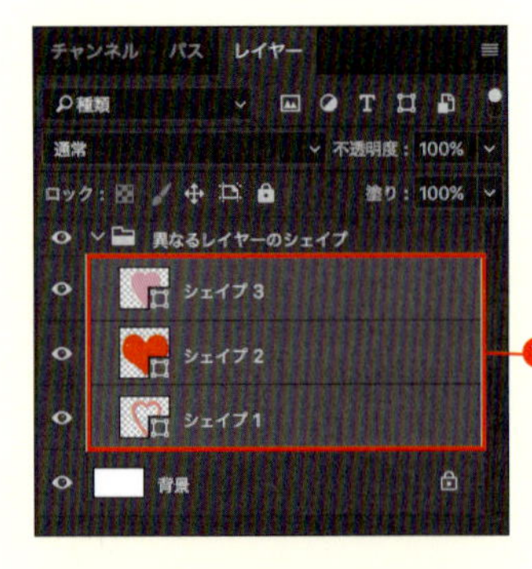

STEP 2
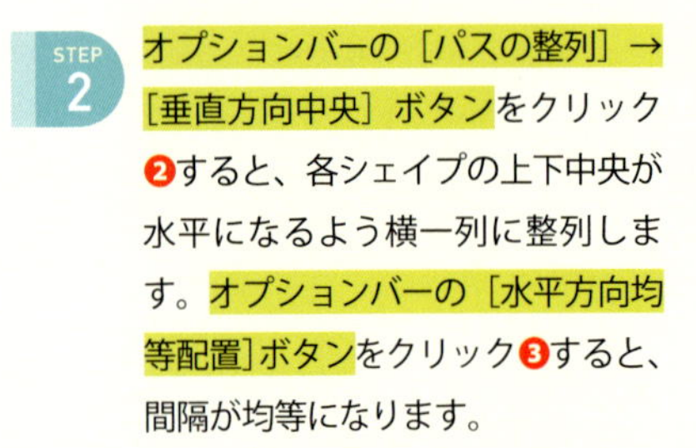
オプションバーの［パスの整列］→［垂直方向中央］ボタンをクリック❷すると、各シェイプの上下中央が水平になるよう横一列に整列します。オプションバーの［水平方向均等配置］ボタンをクリック❸すると、間隔が均等になります。

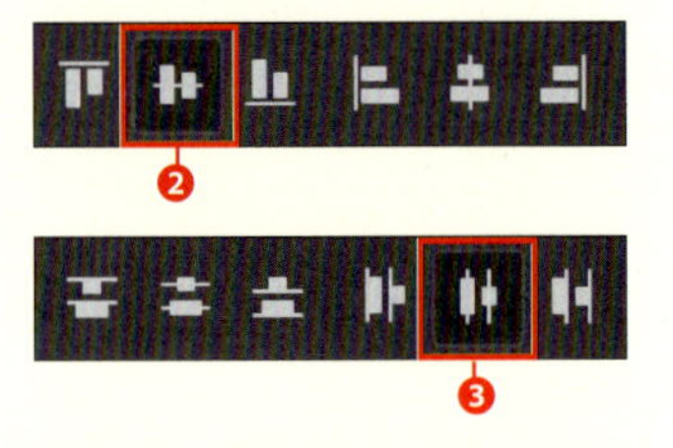

STEP 3
同一レイヤーにあるシェイプを整列させる場合は、［レイヤー］パネルでシェイプレイヤーを選択したあと、［ツール］パネルで［パスコンポーネント選択］ツールを選択して、ふたつのシェイプを囲むようにドラッグします。

STEP 4
STEP2 と同様に、オプションバーの［パスの整列］→［垂直方向中央］ボタンをクリック❹すると、横一列に整列します。オプションバーの［水平方向中央配置］ボタンをクリックすると、中央配置になります。

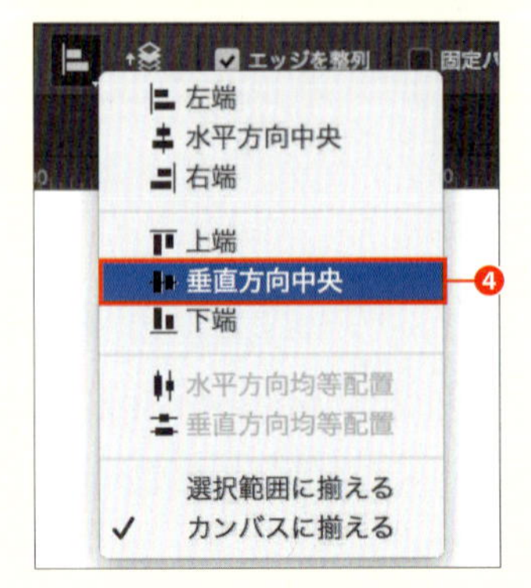

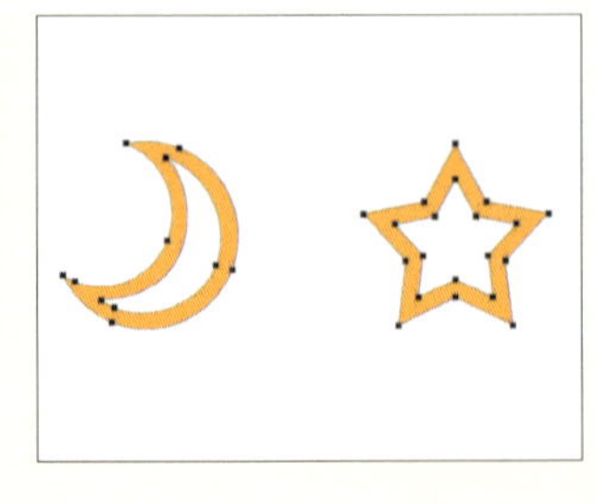

NO.

171 カスタムシェイプを登録する

VER.
CC / CS6 / CS5 / CS4 / CS3

シェイプをカスタムシェイプとして登録できます。よく使うロゴやマークなどを登録しておくと便利です。

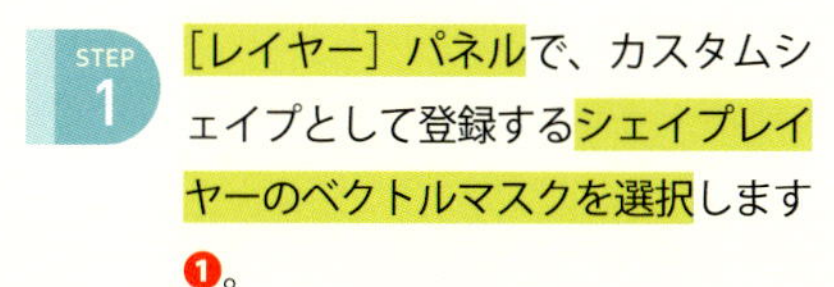

STEP 1

[レイヤー] パネルで、カスタムシェイプとして登録するシェイプレイヤーのベクトルマスクを選択します❶。

STEP 2

[編集] メニューから [カスタムシェイプを定義] を選択し❷、[シェイプの名前] ダイアログでシェイプ名を入力します❸。

MEMO

シェイプレイヤーのベクトルマスクが選択されていないときや、[パス] パネルのパスレイヤーが選択されていないときは、[カスタムシェイプを定義] を選択できません。

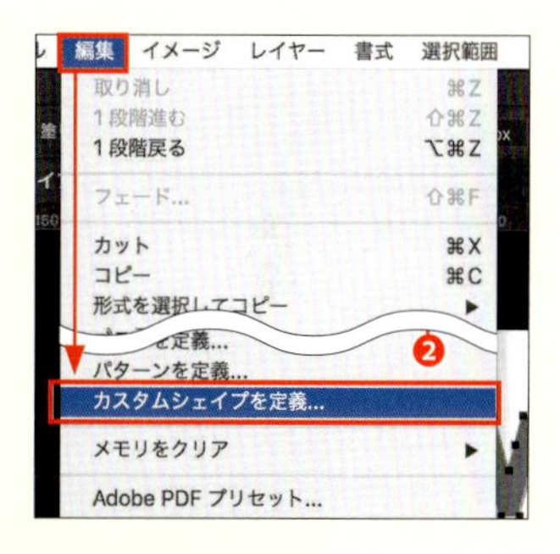

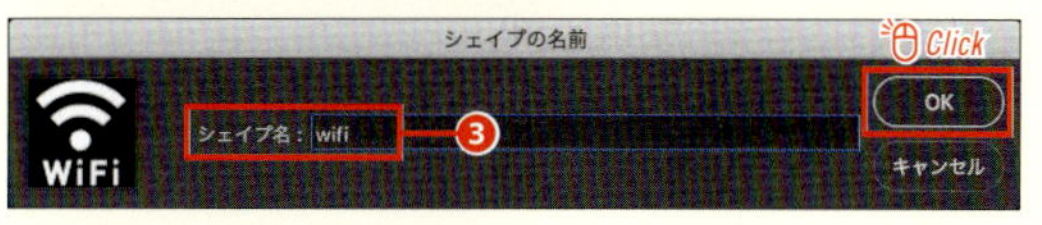

STEP 3

[OK] をクリックすると、カスタムシェイプとして登録され、カスタムシェイプピッカーなどで選択できるようになります❹。

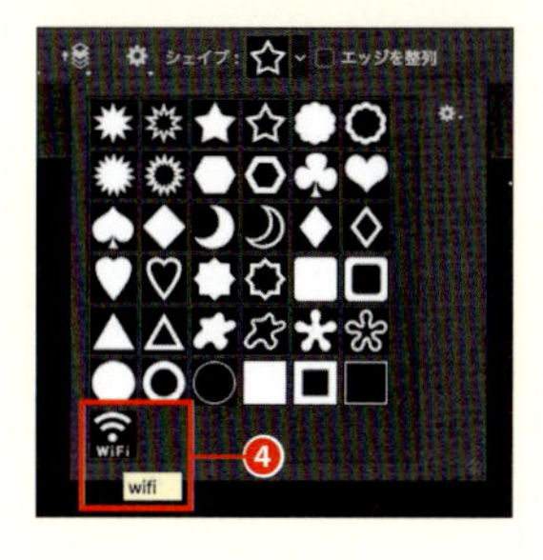

MEMO

シェイプレイヤーのないファイルでも、[パス] パネルにパスレイヤーがあれば、そのパスレイヤー上のパスをカスタムシェイプとして登録できます。

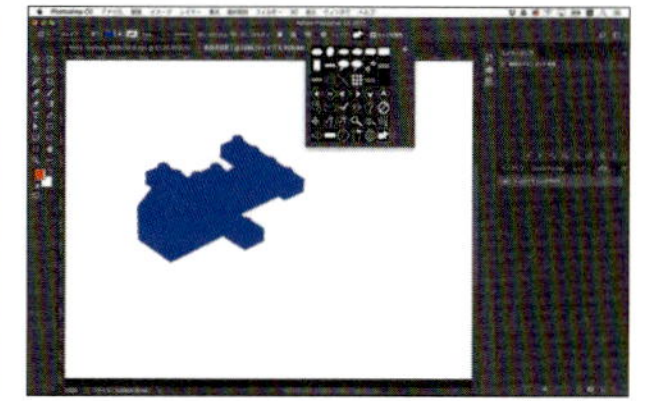

161 オリジナルブラシをつくる
166 オリジナルパターンをつくる

NO.

172 シェイプレイヤーの［ストローク］を使って、シェイプの輪郭線を描く

VER.
CC / CS6 / CS5 / CS4 / CS3

シェイプレイヤーを構成するパスにストロークを設定することができます。Illustrator と同じように、塗と線を組み合わせることができます。

STEP 1

［ツール］パネルで［カスタムシェイプ］ツールを選択します❶。オプションメニューから、［オーナメント］を呼び出し❷、［作成するシェイプを設定］から［オーナメント（花）3］を選択します❸。

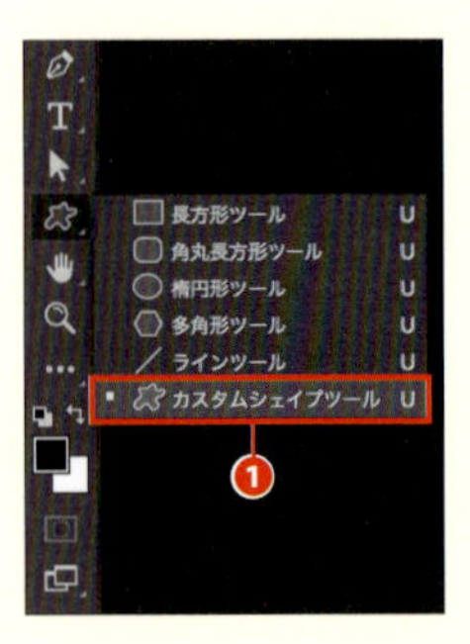

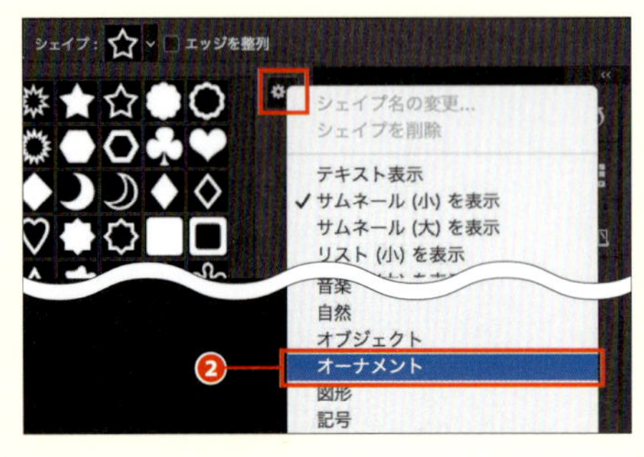

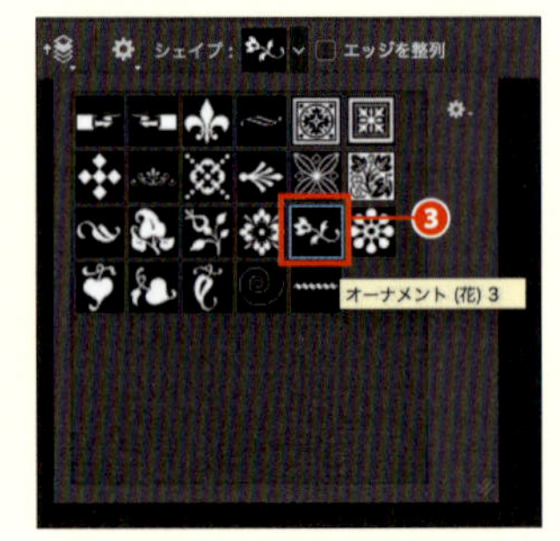

STEP 2

オプションバーの［塗り］をピンクに❹、［線］を黄緑に設定します❺。［シェイプとストロークの幅を設定］は 3px のままです。

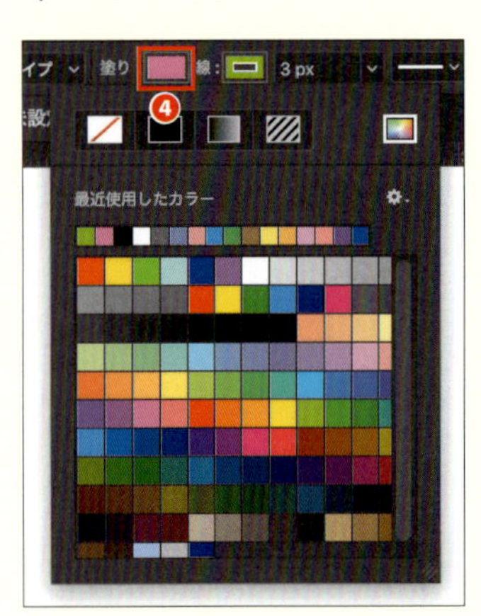

STEP 3

さらにオプションバーの［シェイプとストロークの種類を設定］から最上部の直線を選択します❻。

STEP 4

画面上にシェイプを描画すると❼、今までのように塗りのあるシェイプレイヤーが描かれますが、周囲に設定したカラーの線ができています。

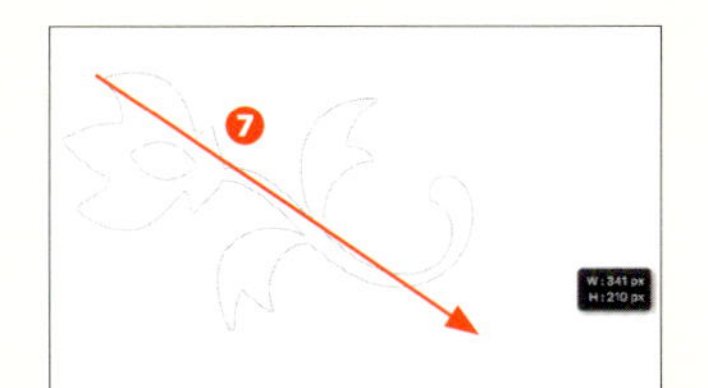

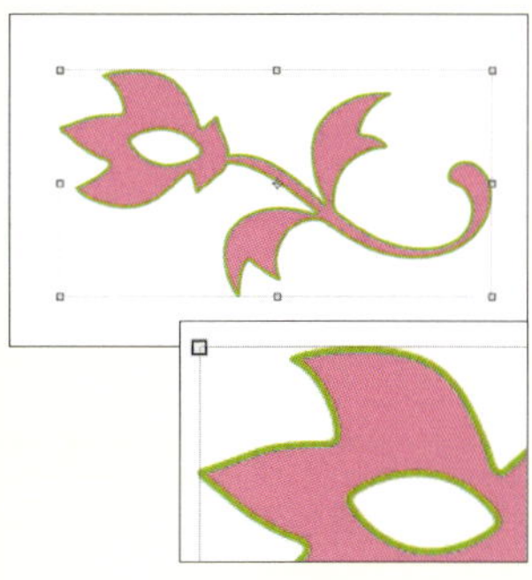

STEP 5

シェイプレイヤーのパスが選択された状態のまま、オプションバーの[シェイプとストロークの種類を設定]から、最下部の［詳細オプション］をクリックします❽。［線］ダイアログ❾が開くので、［プリセット：カスタム］、［整列：中央］、［線端：円］、［角：マイター］、［ダッシュ：4］、［間隔：2］を設定し、［OK］をクリックします。線端の丸い破線になりました。

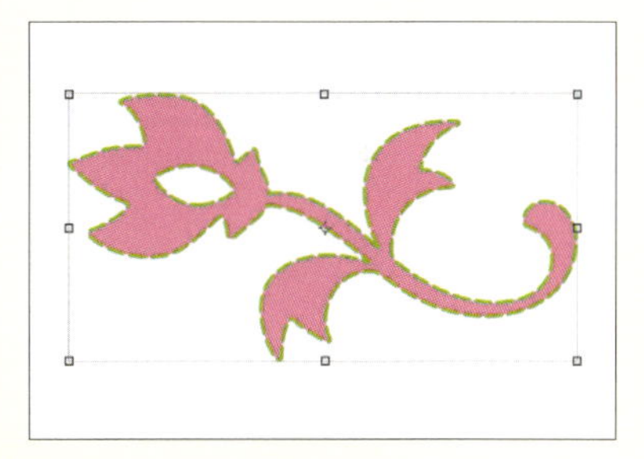

MEMO

レイヤースタイルのドロップシャドウなどを適用すると、パスの形ではなく、線の形に対応して複雑な形のドロップシャドウが適用されていることがわかります。

Photoshop CC

NO.

173 文字を入力する

VER.

CC / CS6 / CS5 / CS4 / CS3

文字を入力する場合は、［横書き文字］ツール T などを使います。入力後にフォントの種類やサイズを変更することもできます。

STEP 1

［ツール］パネルで［横書き文字］ツール T を選択します❶。

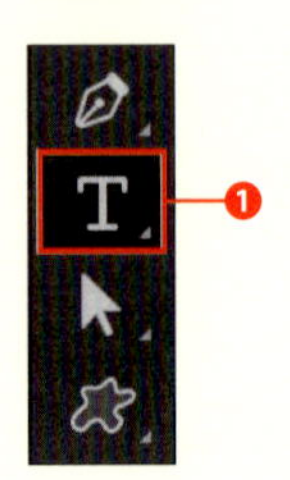

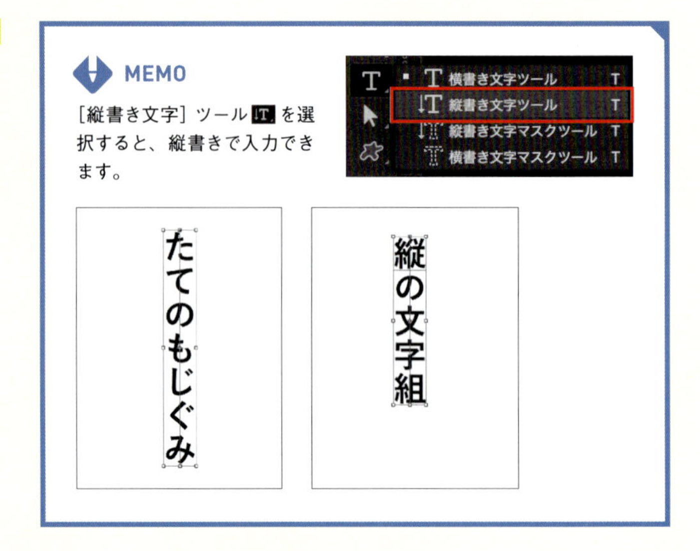

MEMO

［縦書き文字］ツール T を選択すると、縦書きで入力できます。

STEP 2

ウィンドウ内をクリックしてカーソルを点滅させたあと❷、キーボードから文字を入力します。ここでは半角英数で「Photoshop CC」と入力しました❸。

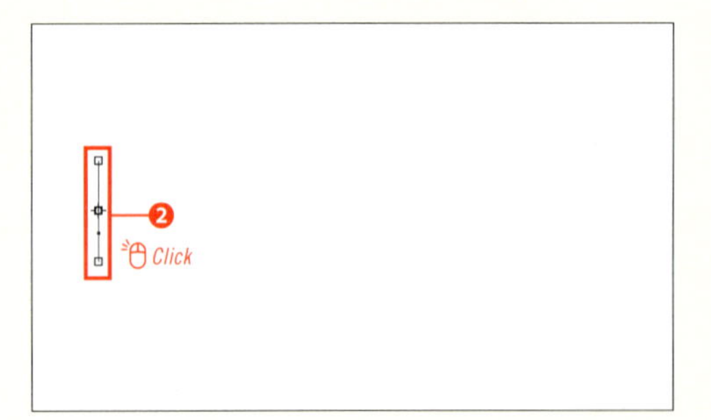

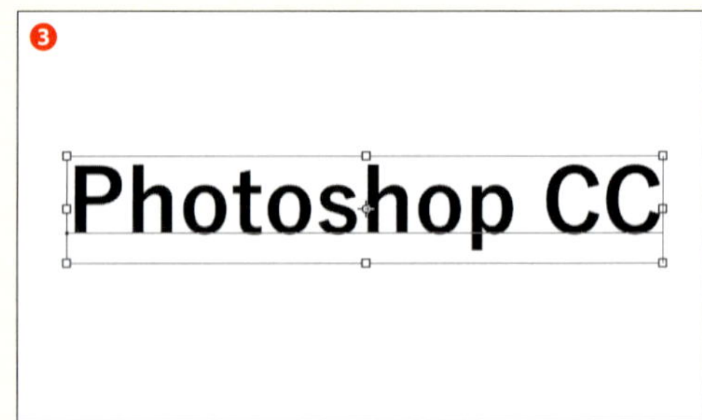

STEP 3

オプションバーの［現在の編集をすべて確定］ ❹をクリックして入力を終了すると、画面からカーソルが消え、文字レイヤーが作成されます❺。

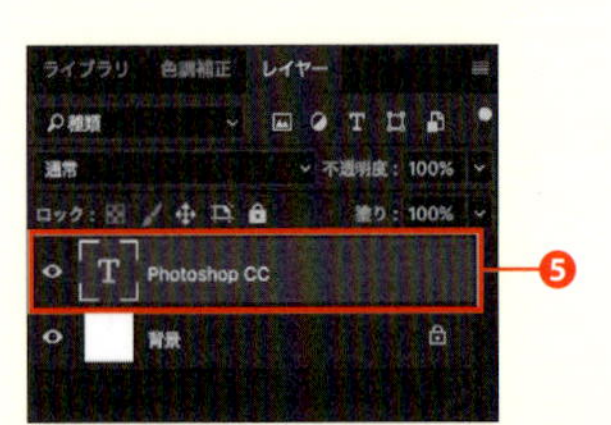

STEP 4

文字レイヤーが選択されている状態で、オプションバーの［フォントファミリーを設定］を変更すると❻、文字すべてのフォントの種類が変更されます。ここでは［小塚ゴシック Pro6N］に変更しました❼。同一のフォント・文字でも異なる複数の字形が用意されている場合などは、字形パネルが開きます。［ウィンドウ］メニューから［字形］パネルを開くこともできます（CC のみ対応）。

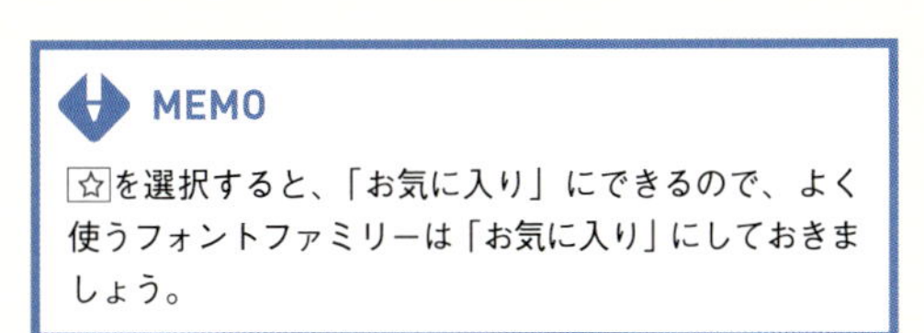

MEMO

☆を選択すると、「お気に入り」にできるので、よく使うフォントファミリーは「お気に入り」にしておきましょう。

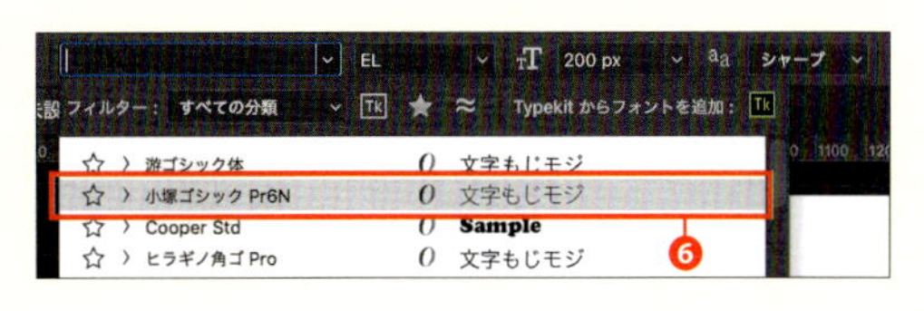

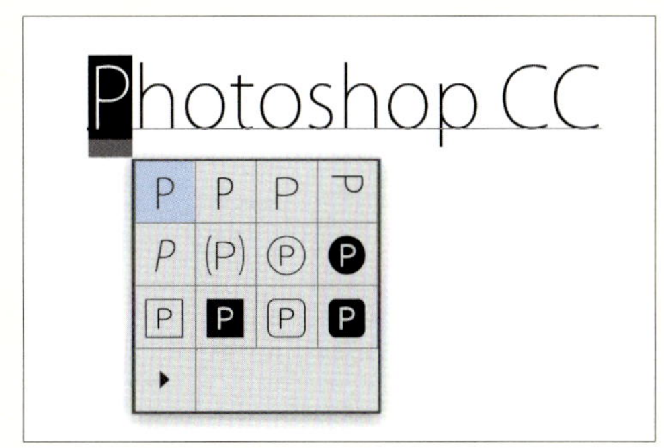

STEP 5

文字をドラッグで選択し❽、オプションバーでサイズを変更すると、選択されている文字のサイズが変更されます。ここでは、テキストボックスに数値を入力して、［300px］に変更しました❾。サイズを調整したら、オプションバーの［現在の編集をすべて確定］をクリック❿します。

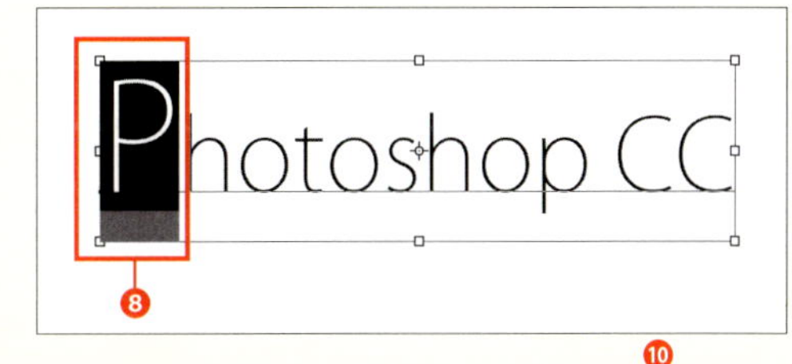

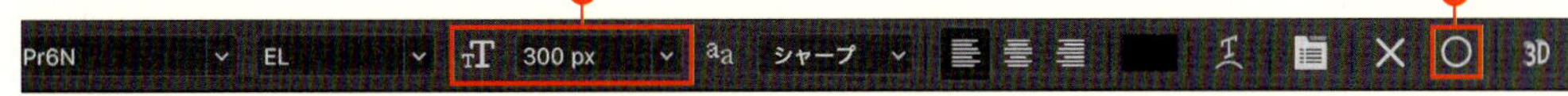

STEP 6

ツールボックスで［移動］ツールを選択したあと⓫、文字をドラッグすると⓬、移動できます。

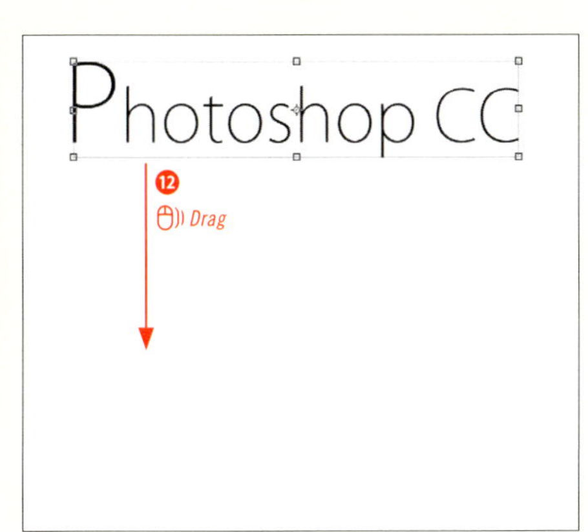

MEMO

［現在の編集をすべて確定］の代わりに ⌘（Ctrl）＋ Return（Enter）キーでも確定できます。

165 パスに沿って文字を入力する
174 段落形式で文字を入力する

NO.

174 段落形式で文字を入力する

VER.
CC / CS6 / CS5 / CS4 / CS3

ドラッグでテキストボックスを作成すると、段落形式で文字を入力することができます。長い文章を入力するときに便利です。

STEP 1

［ツール］パネルで［横書き文字］ツールを選択します❶。

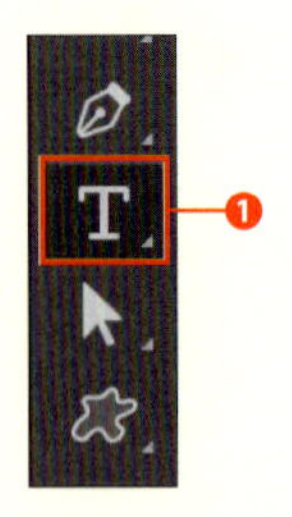

MEMO

［縦書き文字］ツールを選択すると、縦書きの段落を作成できます。

STEP 2

ドラッグしてテキストボックスを作成し❷、キーボードから文字を入力します。テキストボックスの端まで入力すると、自動的に改行されます。

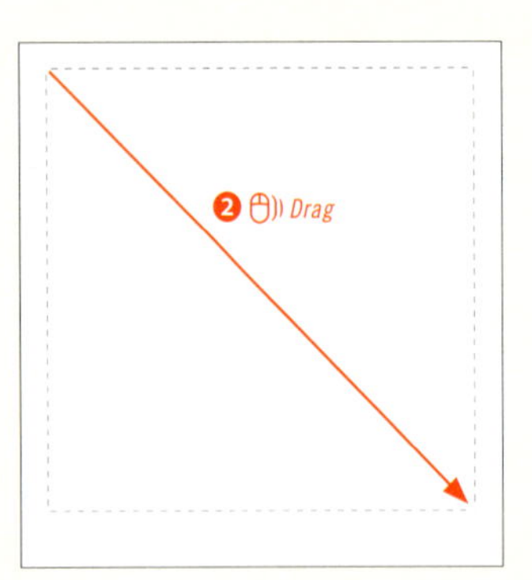

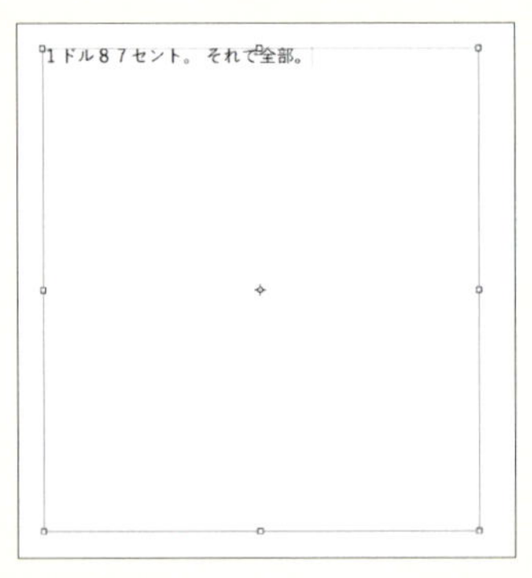

MEMO

他のアプリでテキストをコピーし、Photoshop でテキストボックスを作成したあと、［編集］メニューから［ペースト］を選択すると、テキストを流し込むこともできます。

STEP 3

オプションバーの［現在の編集をすべて確定］をクリック❸して入力を終了すると、画面からテキストボックスが消え、文字レイヤーが作成されます❹。

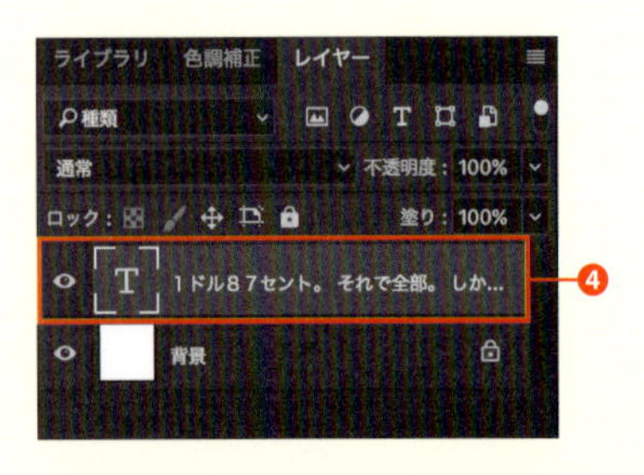

１ドル８７セント。それで全部。しかもそのうち６０セントは小銭でした。小銭は一回の買い物につき一枚か二枚づつ浮かせたものです。乾物屋や八百屋や肉屋に無理矢理まけさせたので、しまいに、こんなに値切るなんてという無言の非難で頬が赤くなるほどでした。デラは三回数えてみました。でもやっぱり１ドル８７セント。明日はクリスマスだというのに。

これでは、まったくのところ、粗末な小椅子に突っ伏して泣くしかありません。ですからデラはそうしました。そうしているうちに、人生というものは、わあわあ泣くのと、しくしく泣くのと、微笑みとでできており、しかも、わあわあ泣くのが大部分を占めていると思うようになりました。

編集したいテキストを選択した状態で、[文字] パネルで行送りを変更すると、行の間隔を変更できます❺。

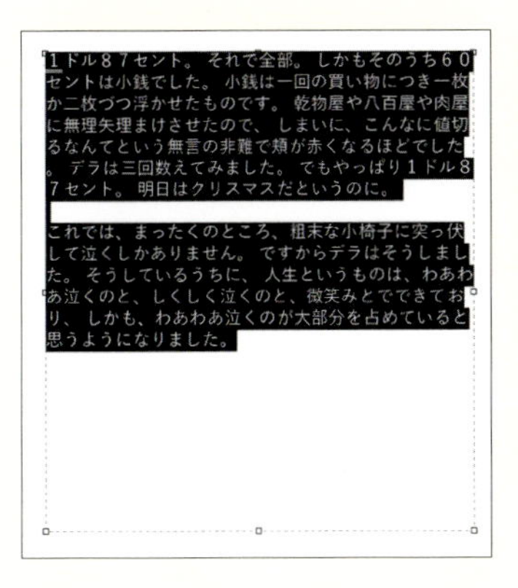

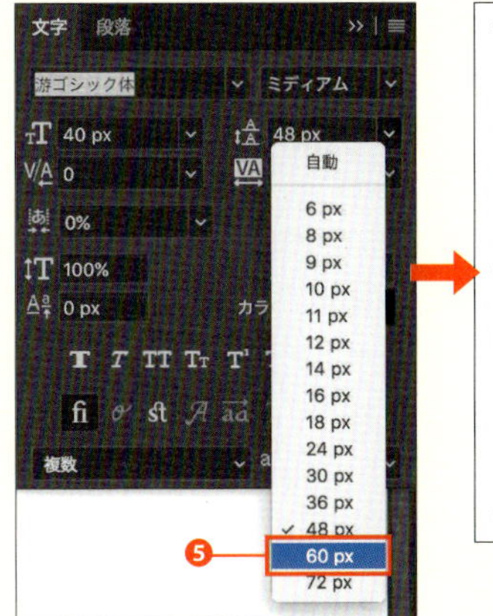

STEP 5

[段落] タブ❻をクリックして [段落] パネルを表示し、[均等配置(最終行左揃え)] ❼ボタンをクリックすると、段落の右端を揃えることができます。

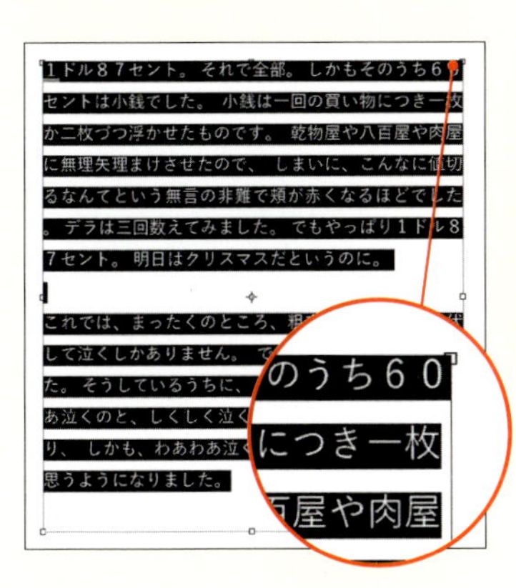

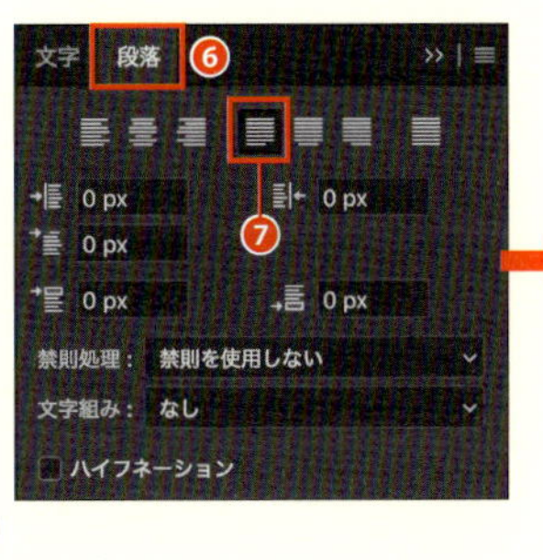

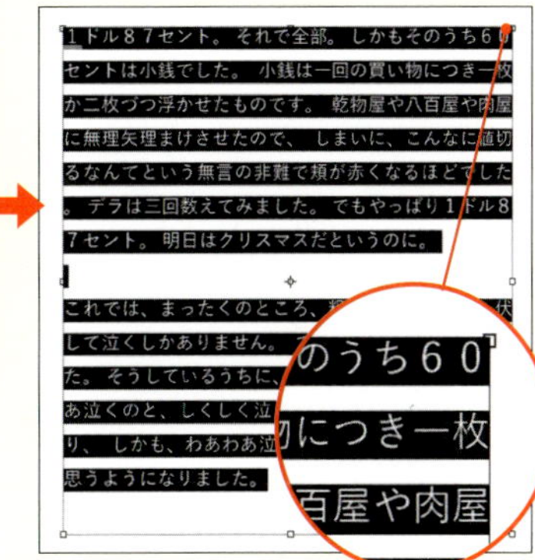

STEP 6

[横書き文字] ツール T で段落内をクリックしてテキストボックスを表示し、辺のハンドルをドラッグすると❽、テキストボックスの大きさを変更できます。文字はテキストボックスの形に合わせて移動します❾。

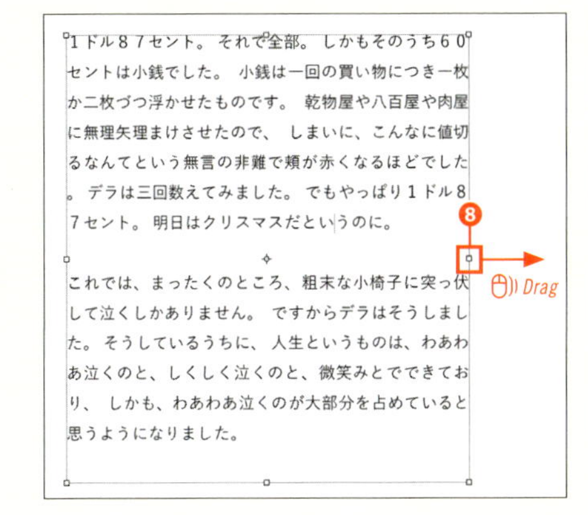

Convert Text to Shape Layer

NO.

175 文字をシェイプレイヤーに変換する

VER.
CC / CS6 / CS5 / CS4 / CS3

文字レイヤーはシェイプレイヤーに変換できます。シェイプと同様に扱えるので、自由なレイアウトが可能になります。

STEP 1

［横書き文字］ツール T で文字を入力します。

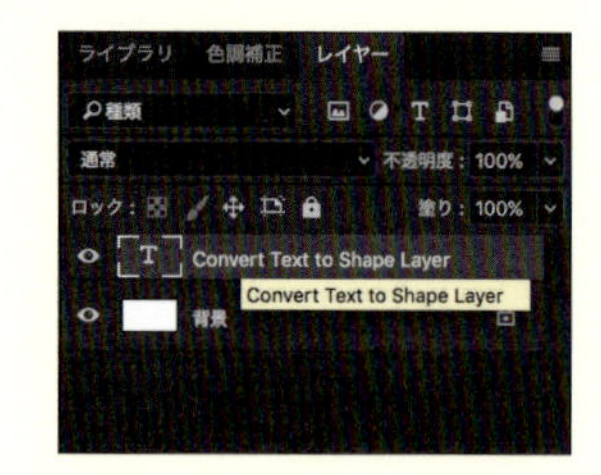

STEP 2

［書式］メニューから［シェイプに変換］を選択すると❶、文字レイヤーがシェイプレイヤーに変換されます。

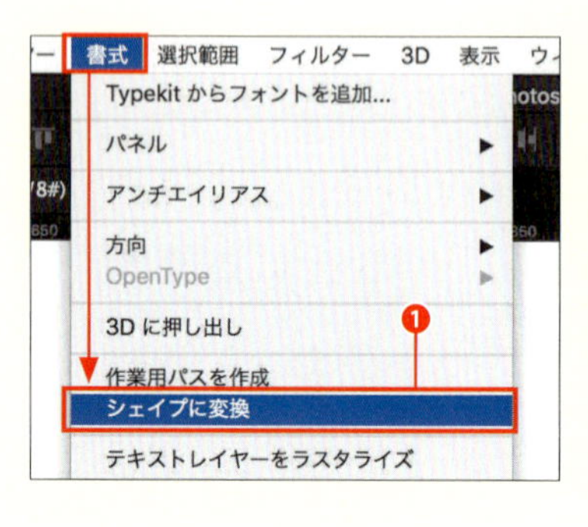

文字を書き換えるなど、テキストレイヤーとしての編集はできなくなります。

STEP 3

シェイプに変換された文字は、シェイプと同じように［パスコンポーネント選択］ツール で移動・変形できます。

165 パスに沿って文字を入力する
167 ［長方形］ツールや［楕円形］ツールなどでシェイプを描く

NO.
176 レイヤースタイルを［スタイル］パネルに登録する

VER.
CC / CS6 / CS5 / CS4 / CS3

設定したレイヤースタイルは、［スタイル］パネルに登録できます。よく使うものは、登録しておくと便利です。

STEP 1

［レイヤー］パネルでレイヤースタイルが適用されているレイヤーを選択します❶。

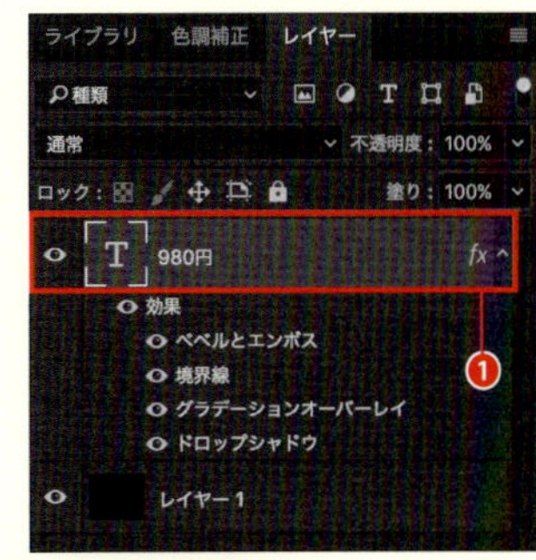

STEP 2

［スタイル］パネル最下段の、プリセットスタイルが表示されていない場所にカーソルを合わせると、塗りつぶしカーソルに変わります。この状態でクリックすると❷、［新規スタイル］ダイアログが表示されます。

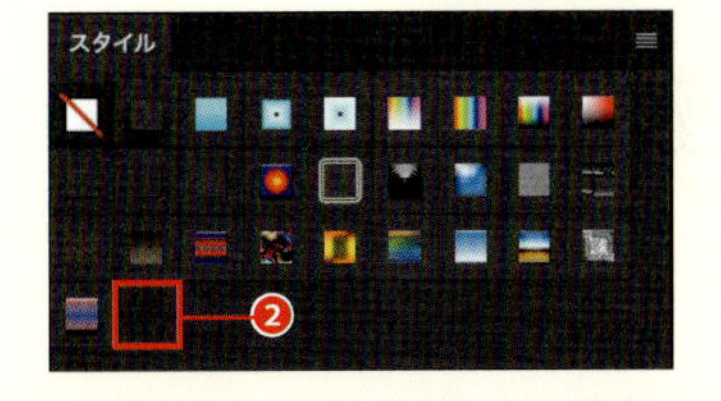

STEP 3

スタイル名を入力して❸［OK］をクリックすると、［スタイル］パネルに登録されます❹。

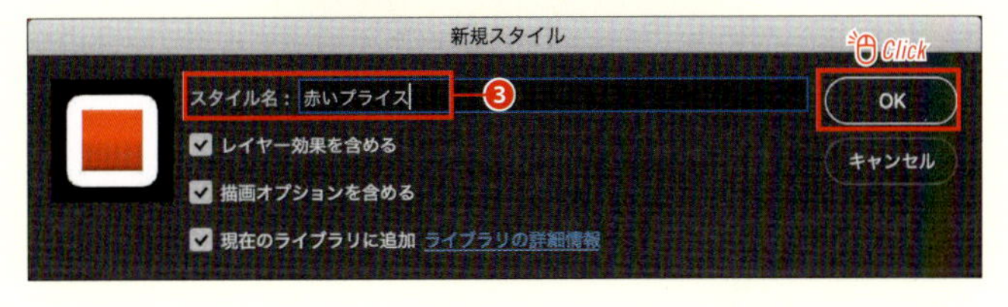

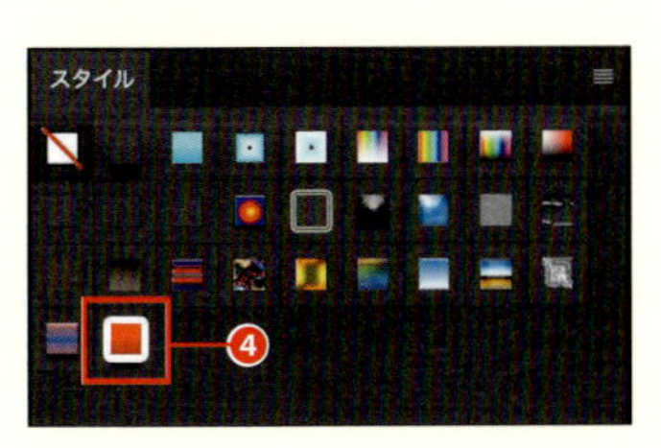

MEMO

［現在のライブラリに追加］にチェックを入れると、ライブラリにスタイルが保存されるので、プロジェクトメンバーとの共有も可能です。

MEMO

［スタイル］パネルのドロップダウンリストから、［スタイルを保存］を選択すると、現在［スタイル］パネルに表示されているスタイルをすべて保存できます。保存したスタイルは、［スタイルを読み込み］で呼び出すことができます。

161 オリジナルブラシをつくる
181 レイヤースタイルを他のレイヤーにペーストする

NO.

177 プリセットスタイルで効果を加える

VER.
CC / CS6 / CS5 / CS4 / CS3

［スタイル］パネルでプリセットスタイルを選択すると、平面的な画像に、立体感や質感を加えることができます。

STEP 1

［レイヤー］パネルで効果を加えるレイヤーを選択します❶。

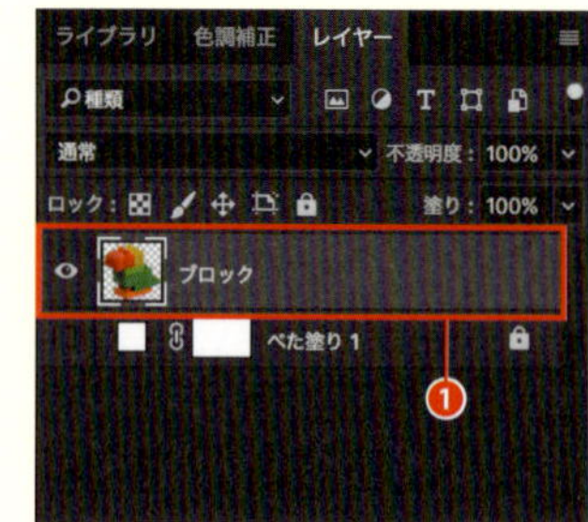

STEP 2

［スタイル］パネルでプリセットスタイルをクリック❷すると、効果が適用されます。適用されたレイヤーに、たくさんのレイヤースタイルが一度に追加されていることがわかります❸。

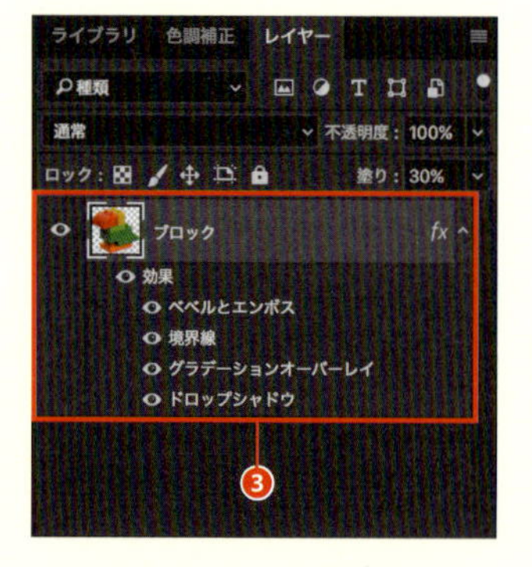

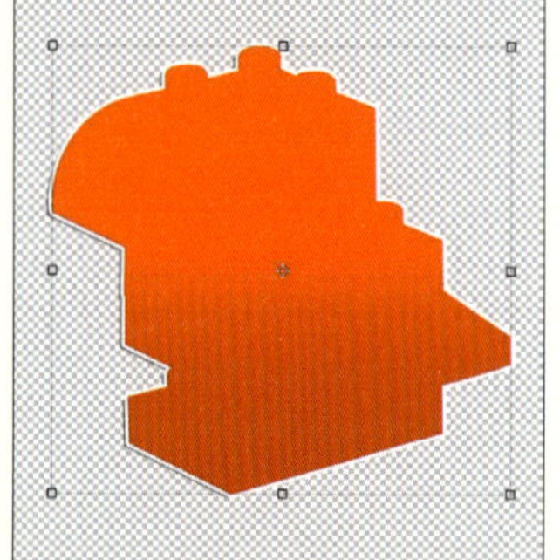

STEP 3

今度は別のプリセットスタイルを適用してみます。［ピラミッド］をクリックします❹。前回適用したスタイルが破棄され、新たに複数の境界線を持ったスタイルが適用されました❺。

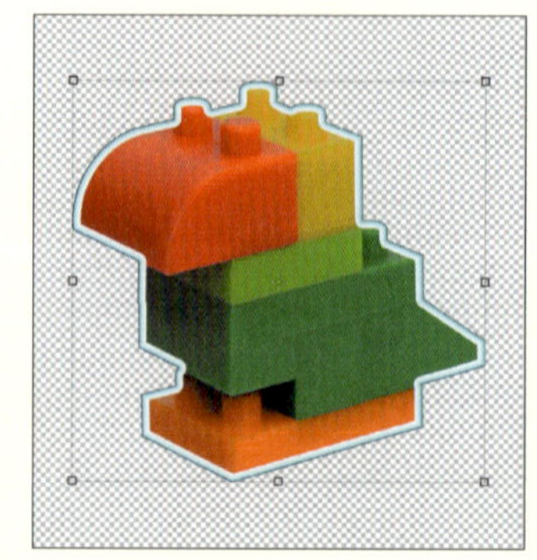

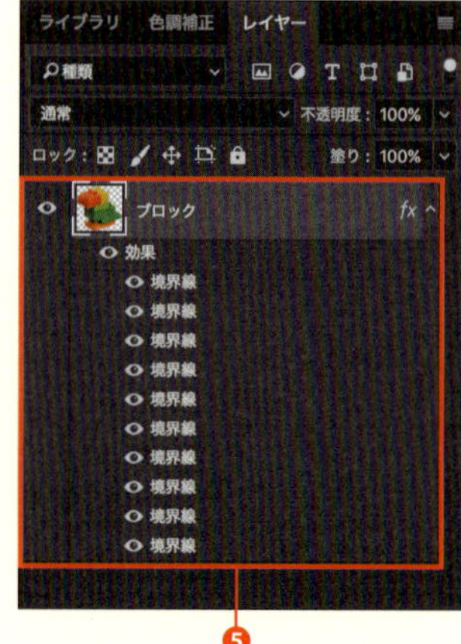

176 レイヤースタイルを［スタイル］パネルに登録する
181 レイヤースタイルを他のレイヤーにペーストする

NO.

178 [ドロップシャドウ]で影を加える

VER.
CC / CS6 / CS5 / CS4 / CS3

[ドロップシャドウ] で、切り抜いた画像に影を加えることができます。ダイアログで影の濃さや長さなどを細かく設定できます。

STEP 1

[レイヤー] パネルで効果を加えるレイヤーを選択したあと❶、[レイヤースタイルを追加] ボタンをクリックし❷、メニューから [ドロップシャドウ] を選択します❸。

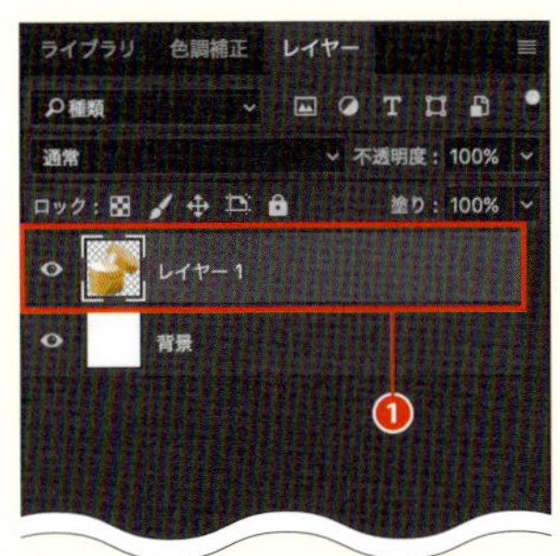

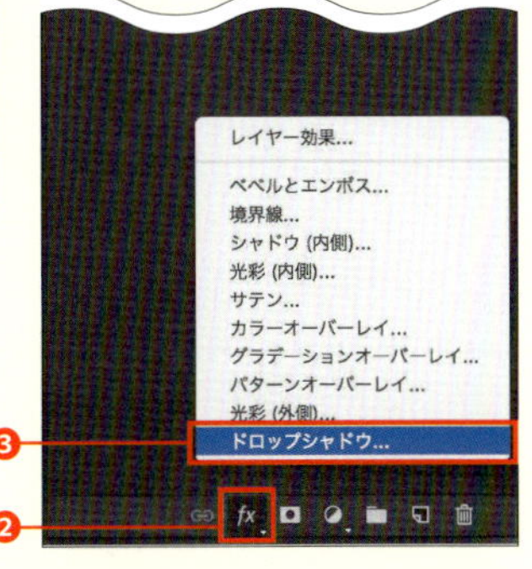

STEP 2

[レイヤースタイル] ダイアログで、影の濃さや長さ、物体との距離などを設定します。ここでは、[不透明度：30%] [距離：20px] [サイズ：5px] に設定しました❹。[OK] をクリックすると、画像に影がつきました❺。[レイヤー]パネルを見ると、[ドロップシャドウ] 効果が追加されています❻。

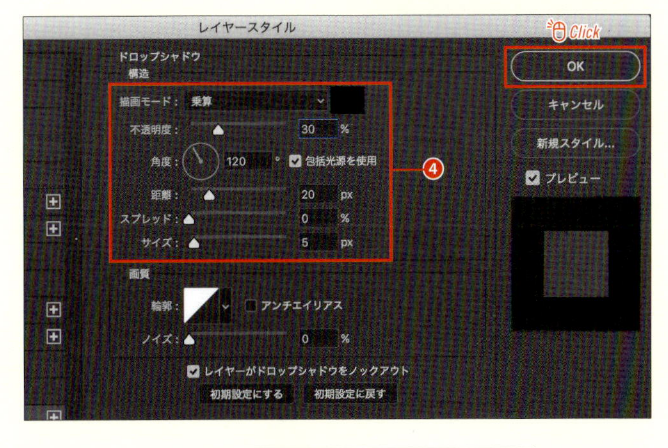

MEMO

[レイヤー] パネルに表示されている効果名をダブルクリックすると、[レイヤースタイル] ダイアログが開き、設定を変更できます。

第6章 作画・アートワーク

179 ラインストーンのような立体感をつくる

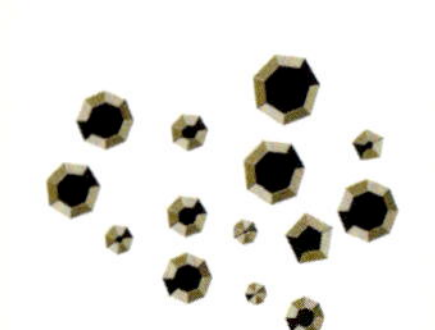

NO.
179 ラインストーンのような立体感をつくる

VER.
CC / CS6 / CS5 / CS4 / CS3

［ベベルとエンボス］を設定すると、画像に立体感を加えることができます。ここでは、ラインストーンのつくり方を解説します。

STEP 1

［レイヤー］パネルで効果を加えるレイヤーを選択したあと❶、［レイヤースタイルを追加］ボタンをクリックし❷、メニューから［ベベルとエンボス］を選択します❸。

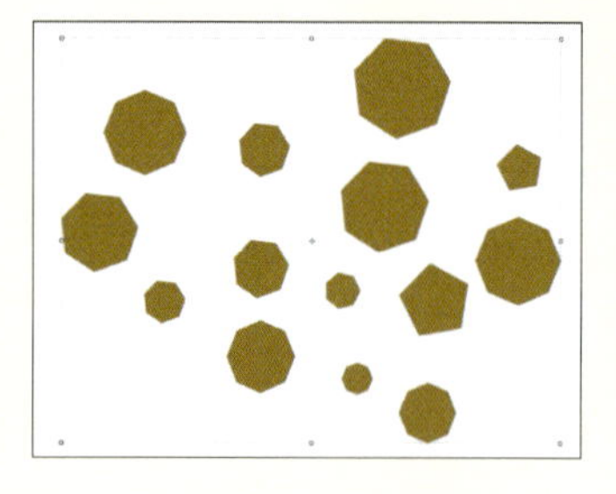

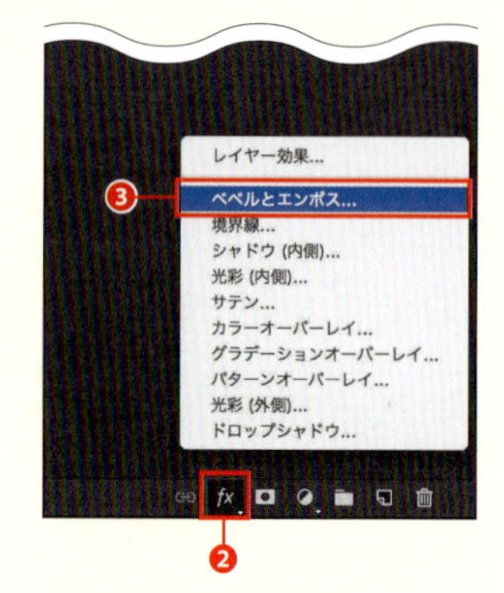

STEP 2

［レイヤースタイル］ダイアログで、立体化の方法や度合いなどを設定します。ここでは、［テクニック：ジゼルハード］［深さ：85%］［サイズ：15px］［光沢輪郭：円錐 - 反転］に設定しました❹。［OK］をクリックすると、ラインストーンのような立体感が追加されました❺。［レイヤー］パネルを見ると、［ベベルとエンボス］効果がプラスされています❻。シェイプの色を明るい黄色に変更すると、効果がかかった状態でシェイプの色も変化します。

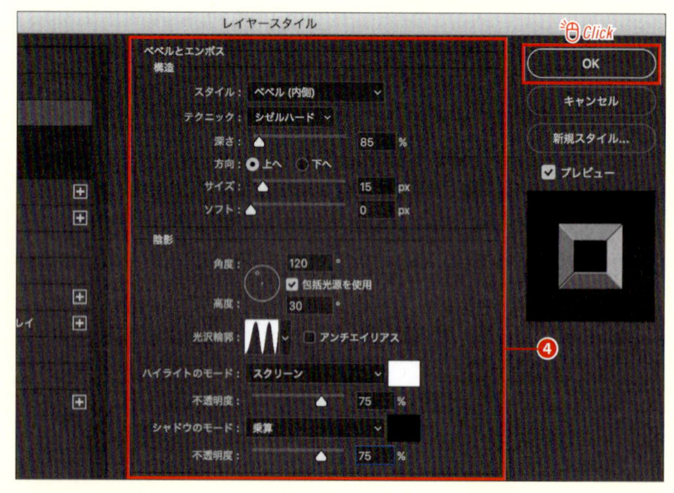

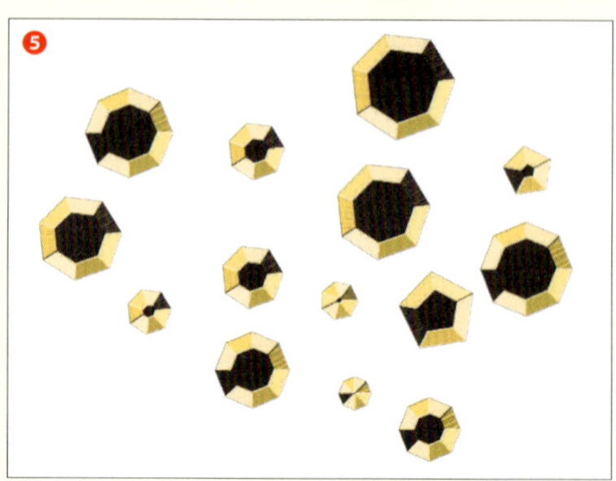

178 ［ドロップシャドウ］で影を加える
201 フレアのような輝きを加える

NO.
180 淡く輝くような[光彩]を表現する

VER.
CC / CS6 / CS5 / CS4 / CS3

[光彩(外側)]を利用すると、発光したような状態にすることができます。星や光など、幻想的な表現に向いています。

STEP 1

[レイヤー]パネルで効果を加えるレイヤーを選択したあと❶、[レイヤースタイルを追加]ボタンをクリックし❷、メニューから[光彩(外側)]を選択します❸。

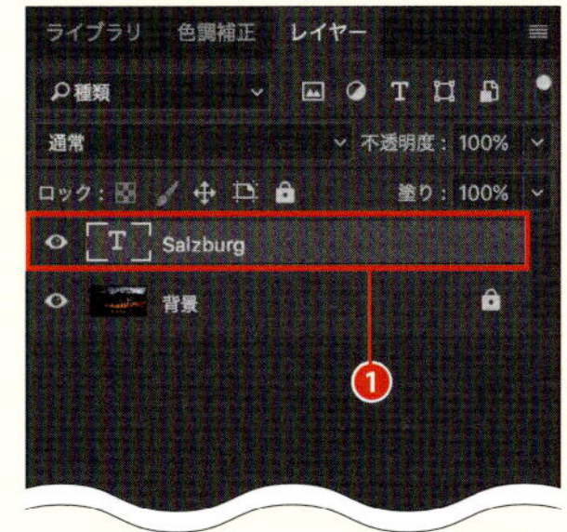

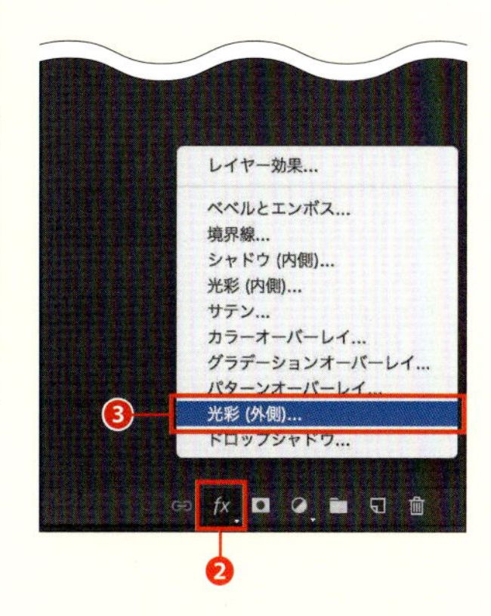

STEP 2

[レイヤースタイル]ダイアログで、光の強さや大きさなどを設定します。ここでは、[スプレッド:5%][サイズ:20px]に設定しました❹。[OK]をクリックすると、オブジェクト(ここでは文字)の外側に向かって放出される光が追加されます。

188 画像の濃淡で山脈のような 3D をつくる
201 フレアのような輝きを加える

NO.

181 レイヤースタイルを他のレイヤーにペーストする

VER.
CC / CS6 / CS5 / CS4 / CS3

レイヤースタイルは、他のレイヤーにペーストもできます。レイヤーごとに毎回設定する必要がないので便利です。

STEP 1

［レイヤー］パネルでレイヤースタイルのコピー元のレイヤー「シェイプ1」の上で Control ＋クリック（右クリック）し❶、メニューから［レイヤースタイルをコピー］を選択します❷。

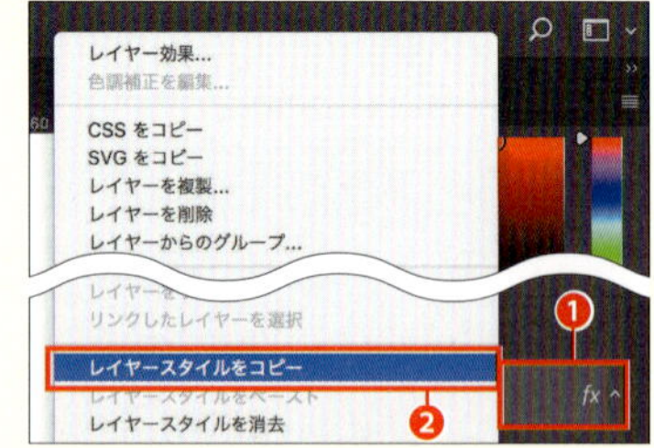

STEP 2

ペースト先のレイヤー「シェイプ2」の上で Control ＋クリック（右クリック）し❸、メニューから［レイヤースタイルをペースト］を選択すると❹、レイヤースタイルがペーストされ❺、「シェイプ1」と同じスタイルの立体になりました❻。

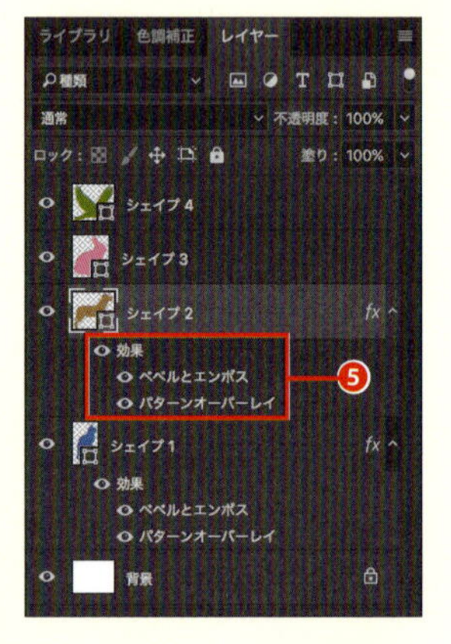

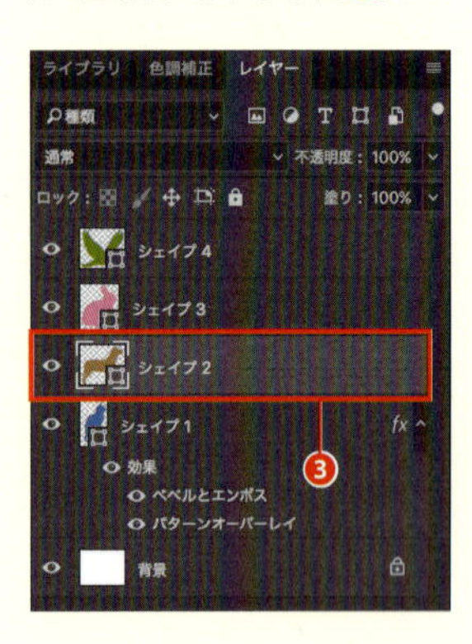

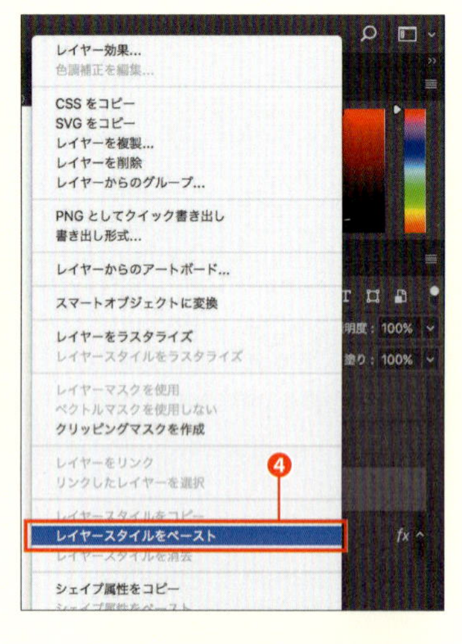

STEP 3

同様に、残りのレイヤーにもレイヤースタイルをペーストします❼。

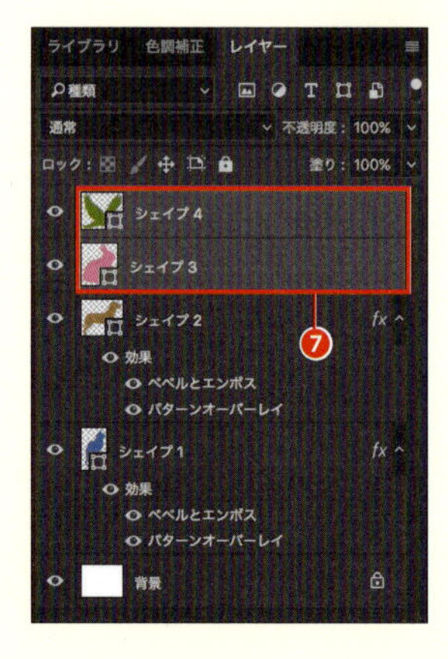

MEMO

Shift キーを押しながら複数のレイヤーを選択したあと、Control ＋クリック（右クリック）してメニューから［レイヤースタイルをペースト］を選択すると、一度に複数のレイヤーにペーストできます。

176 レイヤースタイルを［スタイル］パネルに登録する
177 プリセットスタイルで効果を加える

NO.
182 レイヤースタイルを拡大・縮小する

VER.
CC / CS6 / CS5 / CS4 / CS3

画像を変形したあと、レイヤースタイルを拡大・縮小すると、見た目を変形前の画像と同じ状態に調整することができます。

STEP 1

［レイヤー］パネルでレイヤースタイルが適用されているレイヤーを選択したあと❶、［編集］メニューから［変形］→［拡大・縮小］を選択します❷。オプションバーで数値を入力し、［変形を確定］をクリック❸します。ここでは、［縦横比を固定］ボタン❹をクリックしたあと、［W：200%］❺と入力し、確定しました。

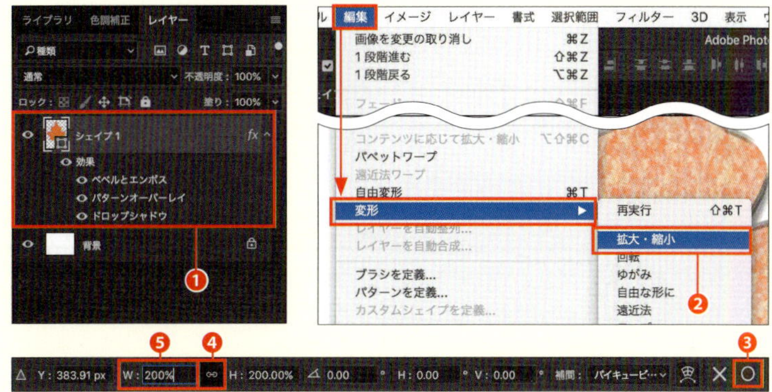

STEP 2

［レイヤー］メニューから［レイヤースタイル］→［効果を拡大・縮小］を選択し❻、［レイヤー効果を拡大・縮小］ダイアログで、STEP1 で入力した比率と同じ数値（ここでは［200%］）を入力します❼。

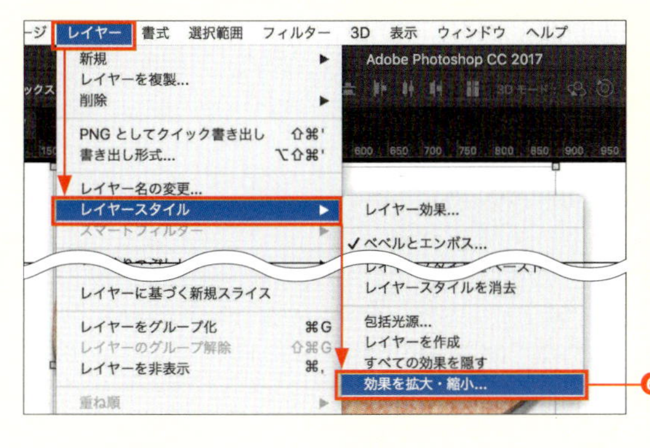

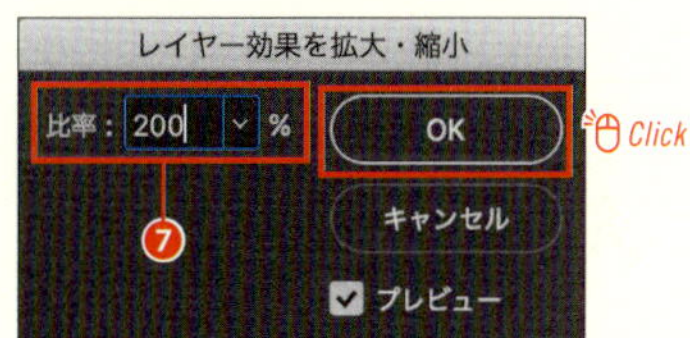

STEP 3

［OK］をクリックすると、レイヤースタイルが拡大され、立体感やパターンなどの見た目が元の画像と同じ状態になります❽。

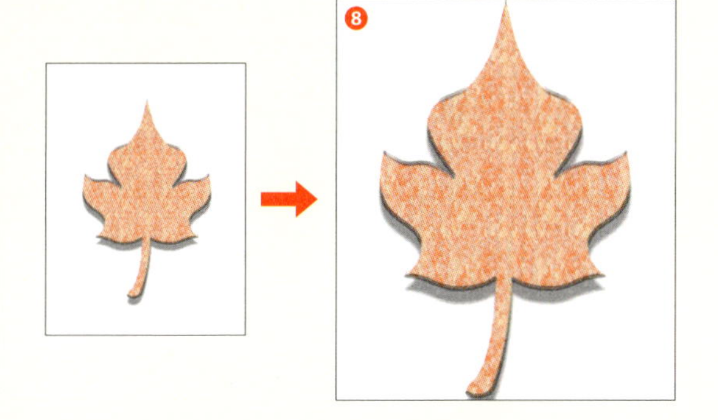

MEMO

レイヤースタイルの限界値を超えると、見た目が同じ状態にならないことがあります。

第6章 作画・アートワーク

165 パスに沿って文字を入力する
181 レイヤースタイルを他のレイヤーにペーストする

NO.
183 シェイプや文字をラスタライズ（ビットマップ化）する

VER.
CC / CS6 / CS5 / CS4 / CS3

シェイプや文字をラスタライズすると、［ブラシ］ツールや［消しゴム］ツールなどによる描画、フィルターの適用が可能になります。

STEP 1
［レイヤー］パネルでラスタライズするシェイプレイヤーを選択します❶。

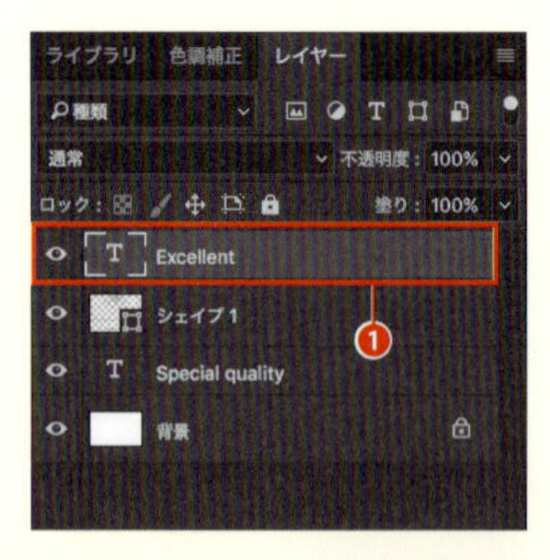

ベクトル画像をラスター画像に変換することを「ラスタライズ」と呼びます。

STEP 2
［レイヤー］メニューから［ラスタライズ］→［テキスト］を選択すると❷、シェイプレイヤーがラスタライズされ❸、パスの輪郭線が画面から消えます。同様に、シェイプレイヤーもラスタライズできます。

MEMO

ラスタライズされたレイヤーは、テキストレイヤーと違って文字の編集はできませんが、ビットマップとして扱えるので、［消しゴム］ツールなどで自由に消去したり、［鉛筆］ツールなどで描画効果を加えたりできます。

150 消しゴムを使ったように画像を消す
167 ［長方形］ツールや［楕円形］ツールなどでシェイプを描く

NO.
184 3Dコンテンツを入手する

VER.
CC / CS6 / CS5 / CS4 / CS3

Photoshop 上から既存の3D データを扱ったサイトへアクセスできます。

STEP 1

[3D] メニューから [コンテンツを入手] を選択する❶と、3D データを扱ったサイトへアクセスします。リンク先のコンテンツでは、各種マテリアルや、ステージやライティングなどへのリンクを紹介しています。
(http://www.photoshop.com/products/photoshop/3d/content)

STEP 2

リンク先のひとつである sketchfab.com では、大英博物館の所蔵品の3D データがダウンロードできます❷。Photoshop で展開可能な MTL データ、OBJ データ、テクスチャーの JPEG データなどが同梱されています❸。

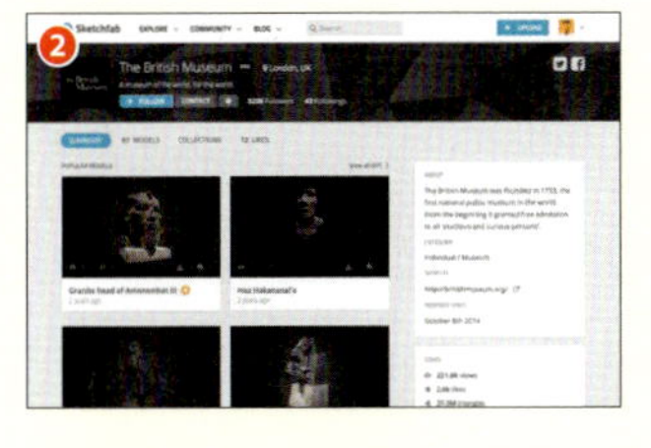

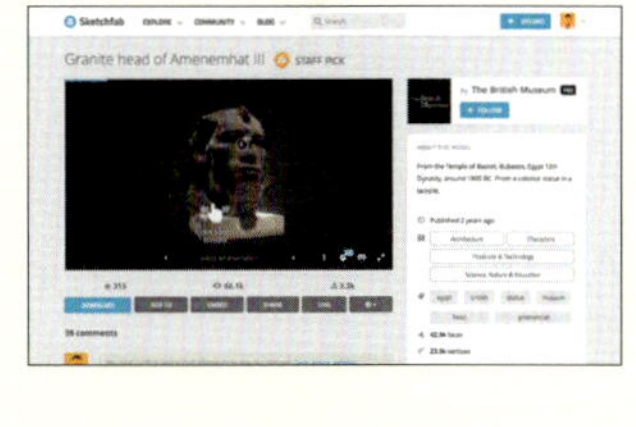

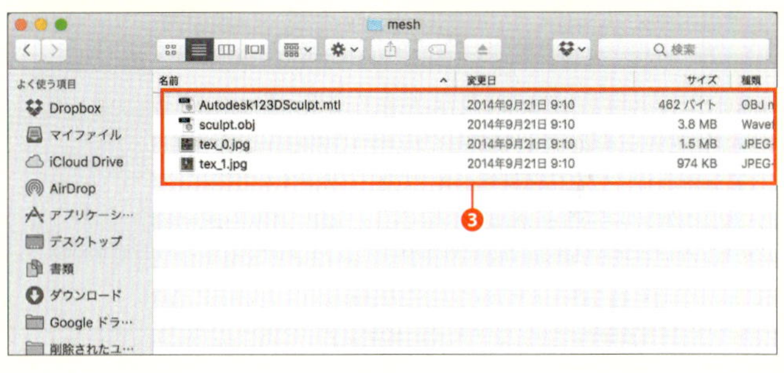

MEMO

[ファイル] メニューから [Adobe Stock] を選択すると、Adobe 社が運営する素材サイトへジャンプします。ここでも、Photoshop に適した3D データを検索・ダウンロードすることが可能です (有料)。
https://stock.adobe.com/jp/

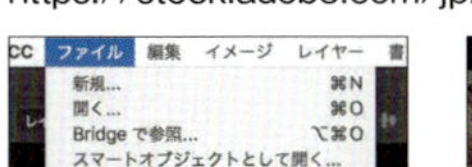

第6章 作画・アートワーク

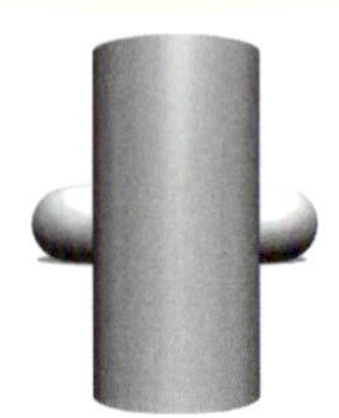

NO.

185 登録されている3Dオブジェクトを使う

VER.

CC / CS6(ex) / CS5(ex) / CS4 / CS3

あらかじめ用意されている3Dオブジェクトは、ボタンひとつでレイヤーに配置することができます。

STEP 1

新規で書類をつくり、［3D］パネルの［新規3Dオブジェクトを作成］から［プリセットからのメッシュ］を選択します❶。さまざまなプリセットの中から、ここでは［ドーナツ］を選びます❷。一番下の［作成］ボタンをクリック❸すると、レイヤーにドーナツ型の3Dオブジェクトが表示されます❹。オブジェクトの周囲は透明なレイヤーになります。

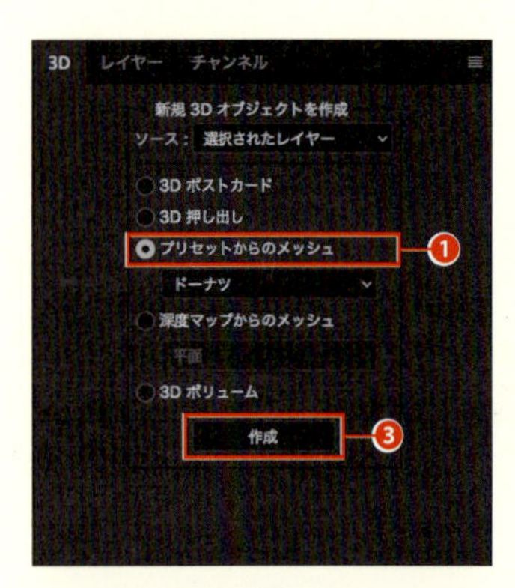

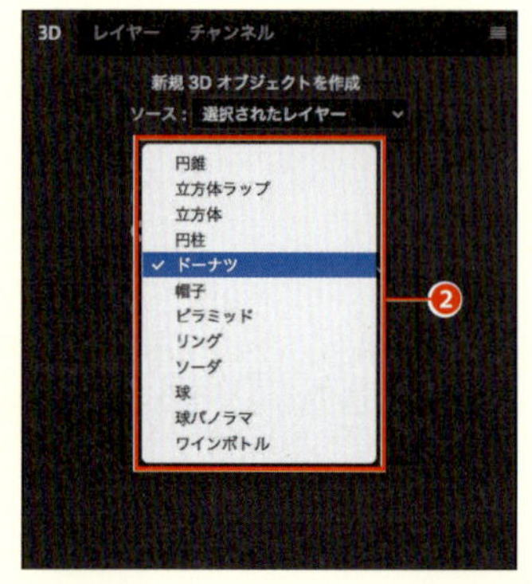

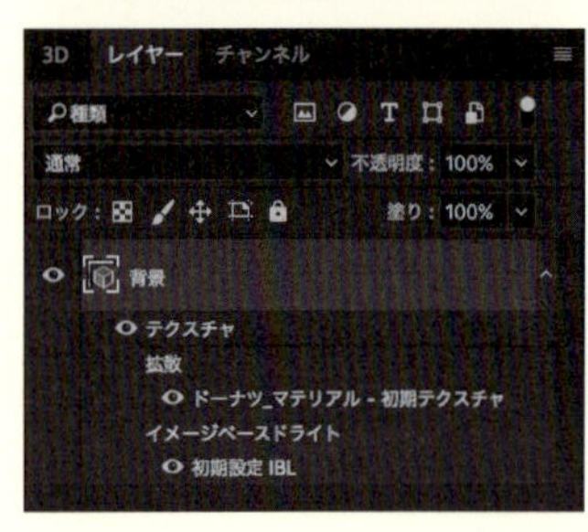

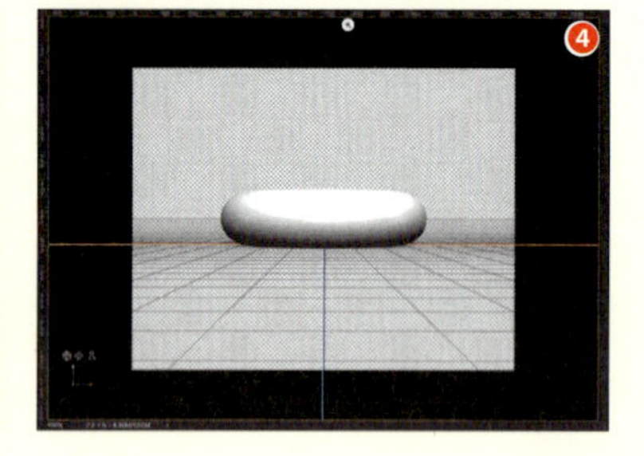

STEP 2

3Dオブジェクトを増やす場合は、新規レイヤーを追加して❺、STEP1の手順を繰り返します。他の形の3Dオブジェクトを組み合わせて使うことができます。

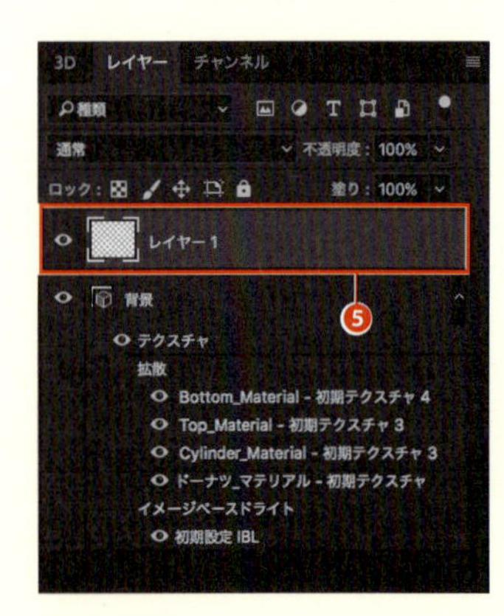

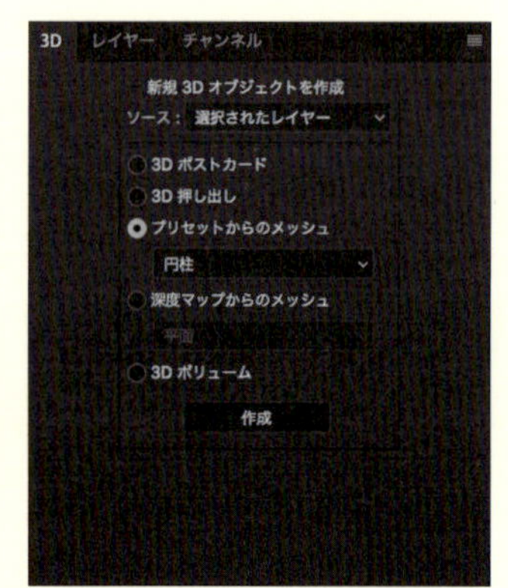

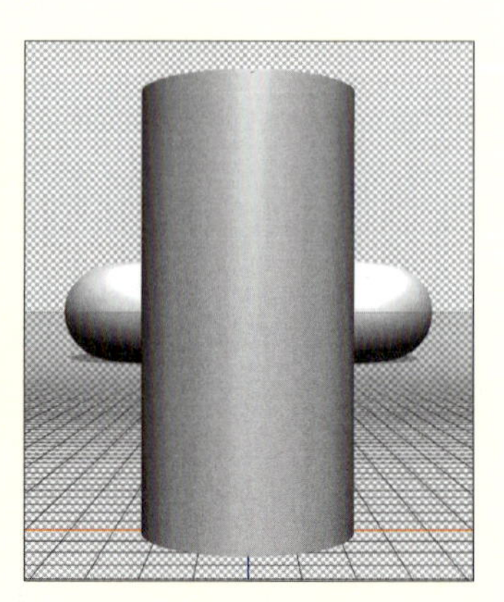

186 オブジェクトを3Dに変える
187 3Dオブジェクトを回転・移動させる

NO.

186 オブジェクトを3Dに変える

VER.
CC / CS6(ex) / CS5(ex) / CS4 / CS3

スタイルパレットでプリセットスタイルを選択すると、平面的なテキストレイヤーを、3D オブジェクトに変えることができます。

STEP 1

任意のテキストを入力し、そのレイヤーを選択状態にします❶。[3D] パネルの [新規 3D オブジェクトを作成] から [3D 押し出し] をチェックします❷。一番下の [作成] ボタンをクリックすると❸テキストが 3D オブジェクトに変換されます。

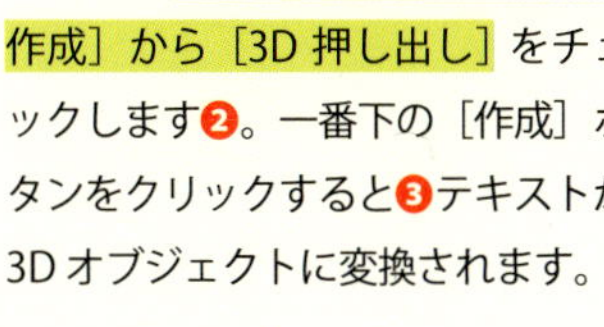

MEMO

オプションバーの 3D をクリックしても同様の効果が得られます。

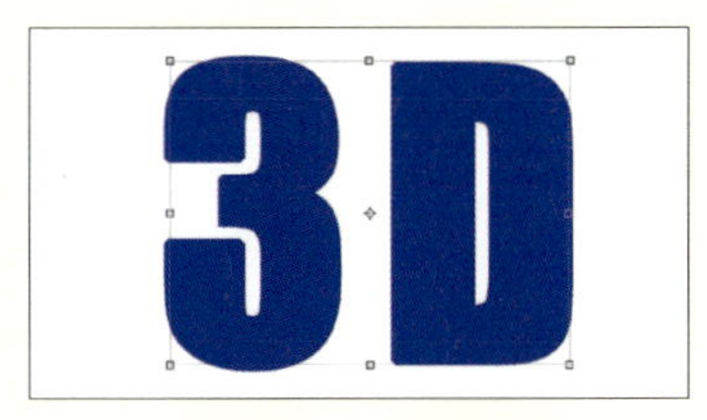

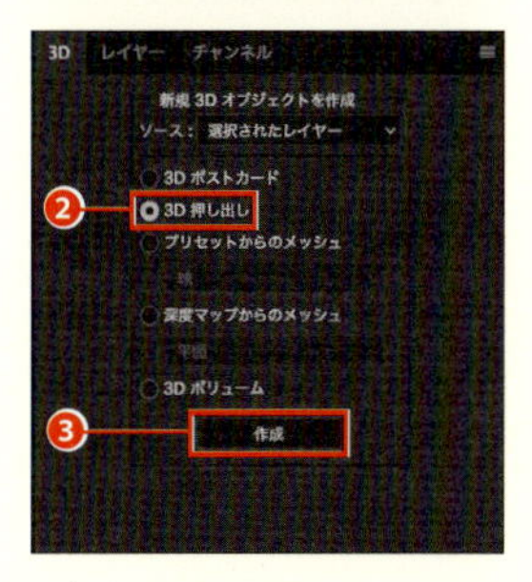

STEP 2

[3D] パネルに、変換された 3D 環境の各種状況が表示されます。[3D] をクリック❹します。[属性] パネルに 3D オブジェクトの属性が表示されるので、[シェイププリセット] をクリックして、[ベベル] を選択します❺。ベベルの設定された 3D オブジェクトに変換されました。

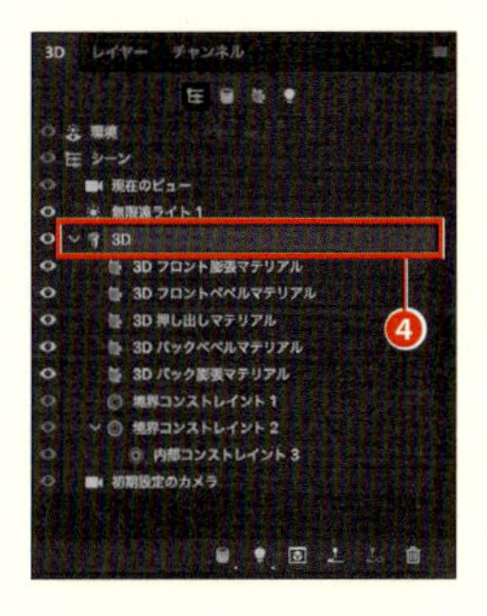

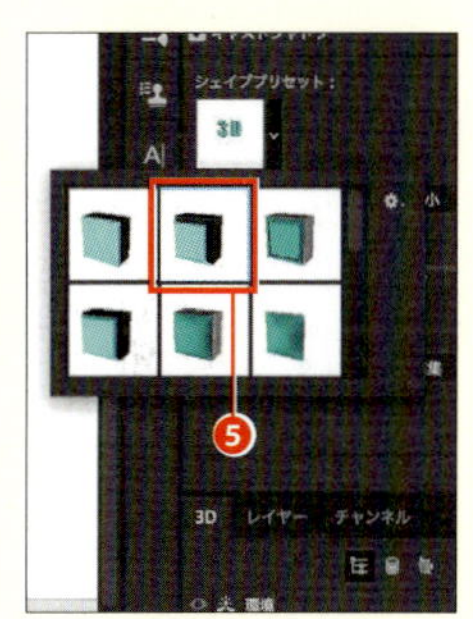

STEP 3

3D に変換されても、元のデータはテキストのままなので、テキストのカラーを変更すれば 3D 全体のカラーが変更されます。[属性] パネルの [テキスト] をクリックすると❻ カラーピッカーが現れるので、任意のカラーを設定します❼。3D オブジェクト全体のカラーが変更されました。

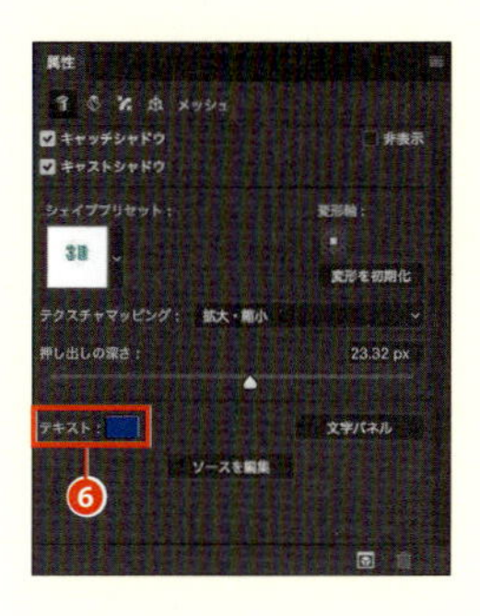

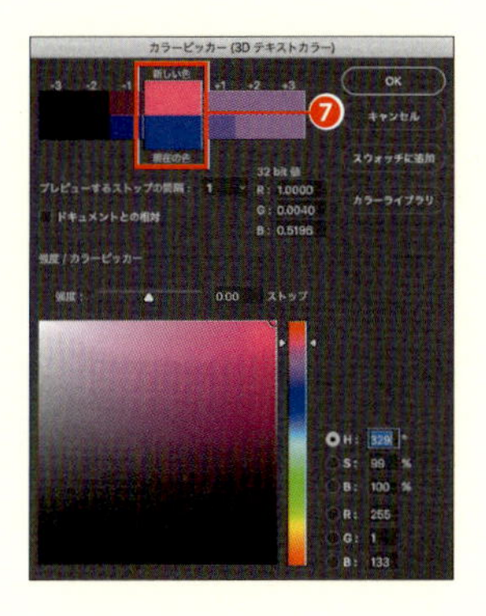

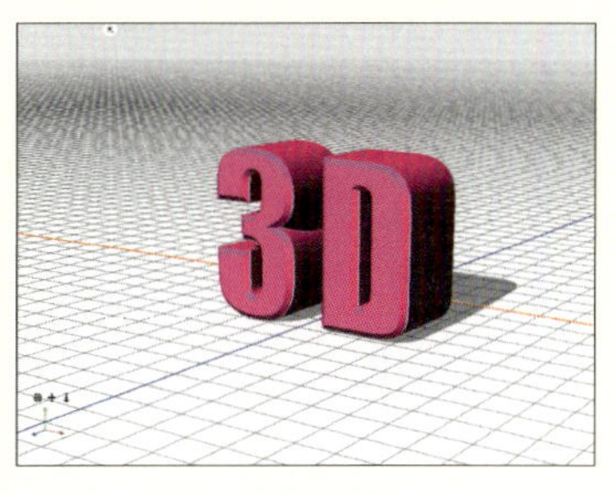

185 登録されている 3D オブジェクトを使う

NO.
187 3Dオブジェクトを回転・移動させる

VER.
CC / CS6(ex) / CS5(ex) / CS4 / CS3

3D では、オブジェクト自体の他に、カメラの視点や光源も回転させることができます。

STEP 1

任意の 3D オブジェクトを作成します。ツールバーが 3D をコントロールするモードに切り替わるので、オプションバーの［3D オブジェクトを回転］ツール を選択し❶、画面をドラッグします。3D オブジェクトがドラッグ方向に回転します❷。

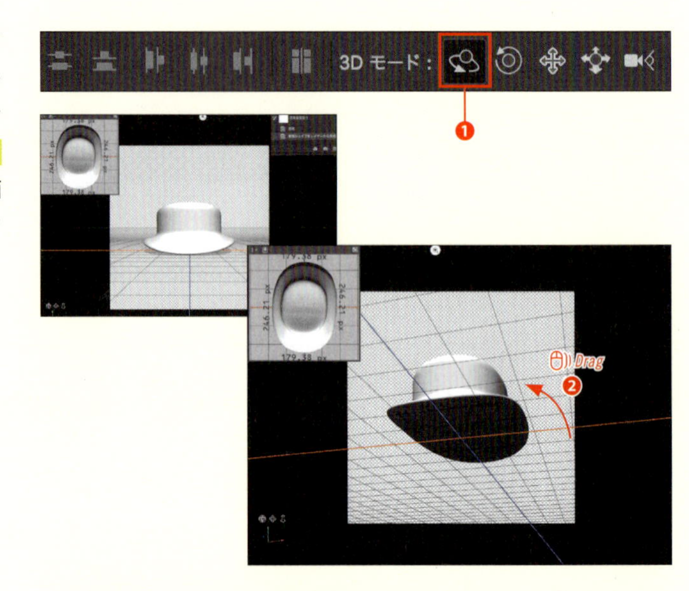

STEP 2

ツールバーから［3D オブジェクトを X または Z 方向へ移動］ツール を選び❸、オブジェクトをドラッグすると❹、オブジェクトが水平方向に移動します。

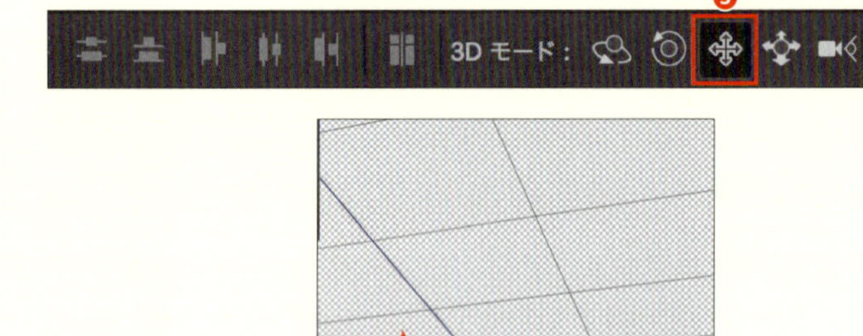

STEP 3

［3D］パネルから［現在のビュー］を選択します❺。ツールバーは 3D モードのままですが、ツールの機能が、ビュー（視点）に対して作用するようになります。［3D オブジェクトを回転］ツール で❻ 画面上をドラッグすると、オブジェクトではなくビューが回転するので、水平面を表すグリッドが回転していきます❼。

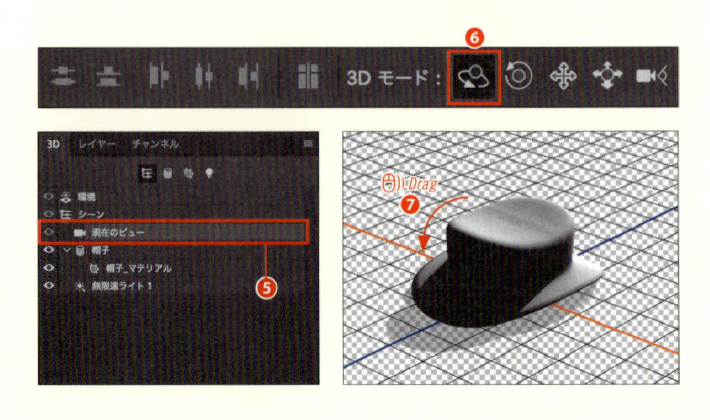

STEP 4

[3D] パネルの [無限遠ライト 1] をクリックします❽。画面に今まで見えなかった光源が表示されます❾。同じくツールバーの [3D オブジェクトを回転] ツールを使い、画面上をドラッグすると、光源の向きが回転して、光の当たり方が変わります❿。

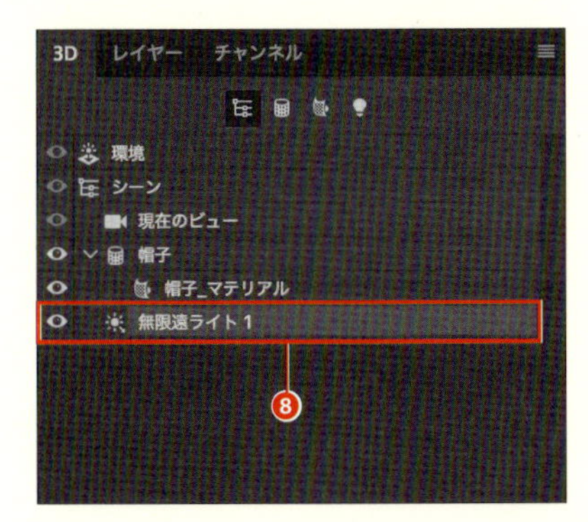

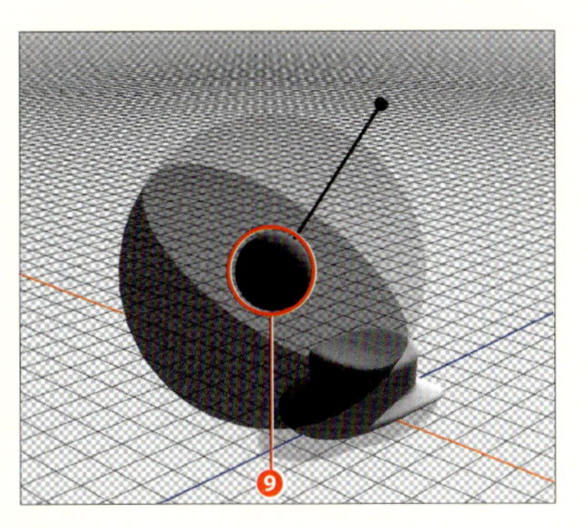

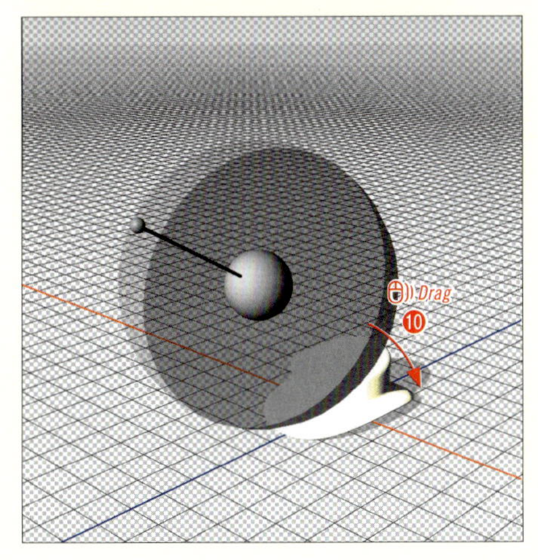

MEMO

[3D] パネルで光源を選ぶと、[属性] パネルから光源のさまざま属性を調整できます。ここでは [無限遠ライト] を選び、[照度：1000%] に設定してみました。光が強くなり、3D オブジェクトのコントラストが激しくなっています。

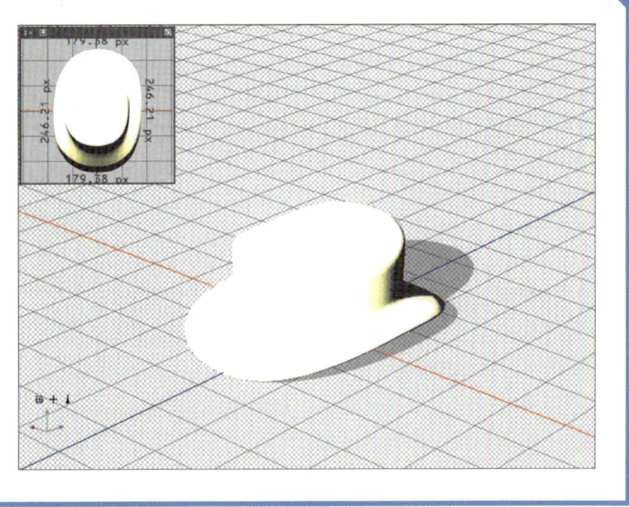

185 登録されている 3D オブジェクトを使う
190 テクスチャーを作成して 3D に合成する

NO.
188 画像の濃淡で山脈のような3Dをつくる

VER.
CC / CS6(ex) / CS5(ex) / CS4 / CS3

画像の濃淡を、そのまま3Dの高低に変換して立体像をつくることができます。白地が高く、黒地が低くなります。

STEP 1

グレースケールで新規書類をつくり、[ツール] パネルの描画色と背景色をそれぞれ赤茶色、白に設定します❶。

STEP 2

[フィルター] メニューから [描画] → [雲模様 1] を適用して白と赤の濃淡で雲模様をつくります❷。

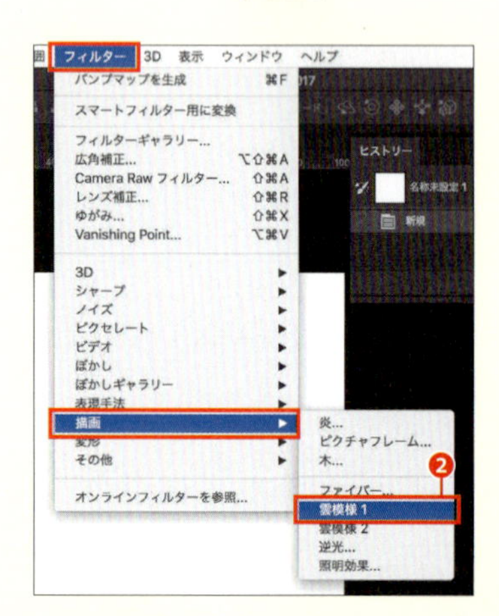

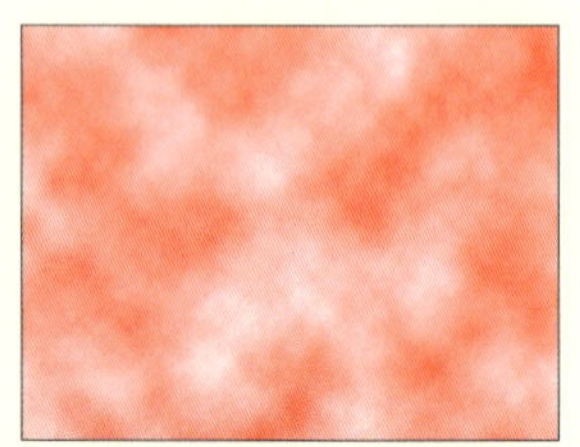

STEP 3

背景レイヤーを選択し、[3D] パネルの [新規 3D オブジェクトを作成] から [深度マップからのメッシュ] をチェックし❸、[作成] をクリックすると❹、グレースケール画像の濃淡に応じて立体が作成されます。回転させると山脈のようになっているのがわかります。

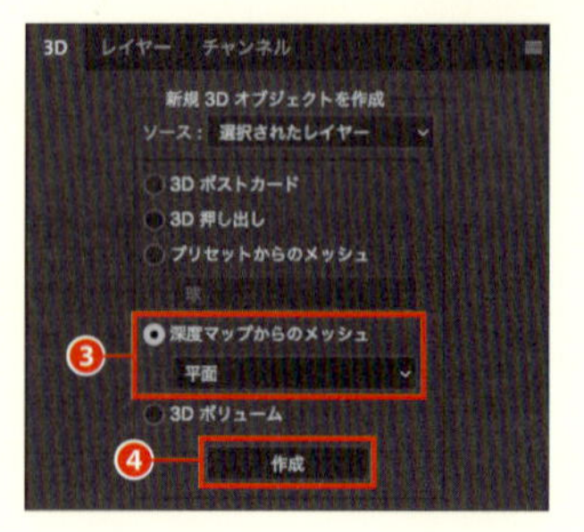

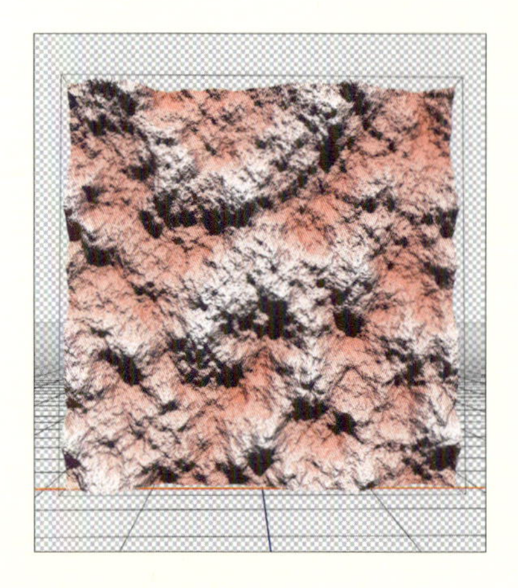

062 カラー画像を印象的なモノクロにする
185 登録されている 3D オブジェクトを使う

NO.
189 Fuseを使った人物3D

VER.
CC / CS6 / CS5 / CS4 / CS3

人物の3Dモデル作成に特化したAdobe Fuseを使ってつくった3Dモデルは、Photoshopで柔軟な編集が可能です。

STEP 1

Adobe Fuseを起動して、人物を作成していきます❶。人物ができたら、[Save to CC Librarys]を選択して、保存するライブラリを選択します❷。

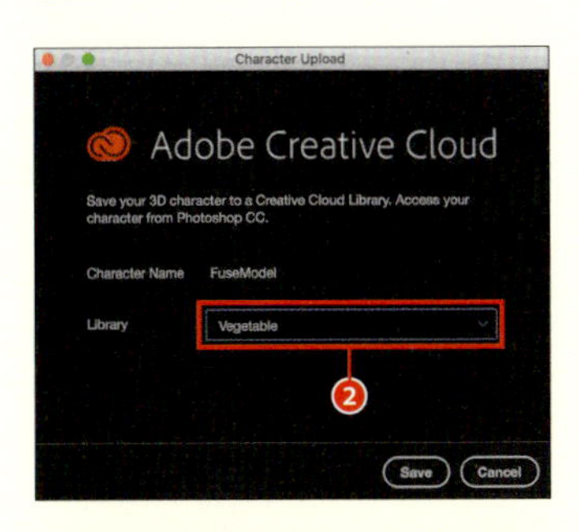

MEMO

Adobe Fuse は Creative Cloud ユーザーであれば無料でダウンロード可能です。2017年1月現在はプレビュー版のため、英語版のみとなります。

STEP 2

Photoshopを起動して［ライブラリ］パネルを開くと、Fuseで作成したモデルが同期されています❸。Photoshopへドラッグ＆ドロップすると、3Dモデルとして開きます❹。

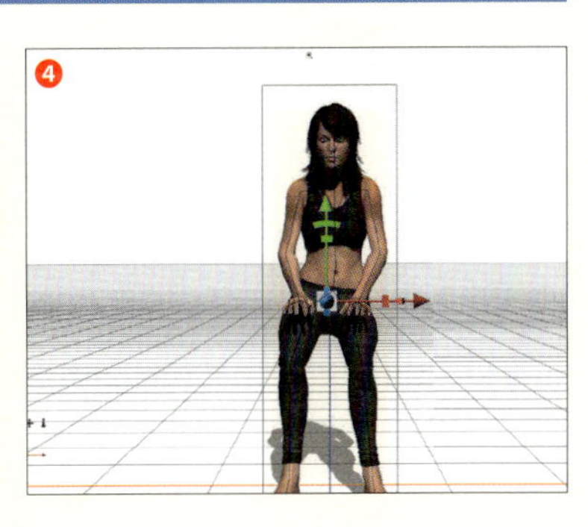

STEP 3

［3D］パネルの「Tops_Skeleton」を選択すると❺、人体の軸が表示されます。同時に、［属性］パネルが開き、各種ポーズやアニメーション、表情を適用できます。また、［ブラシ］ツールで人物や洋服の色を変えたり、テクスチャーを適用できます。

MEMO

タイムラインパネルを表示すれば、アニメーションの編集・作成も可能です。

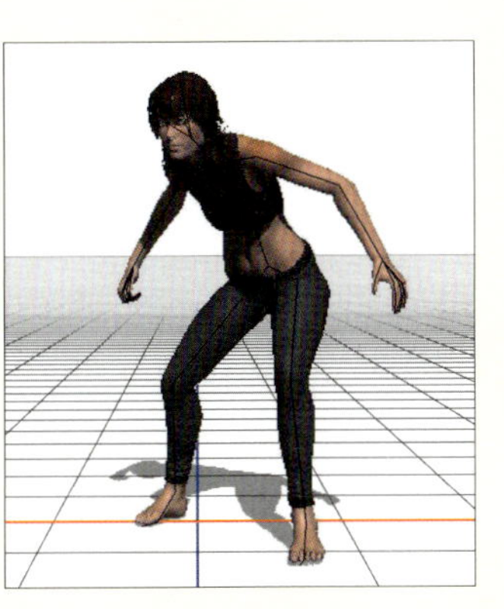

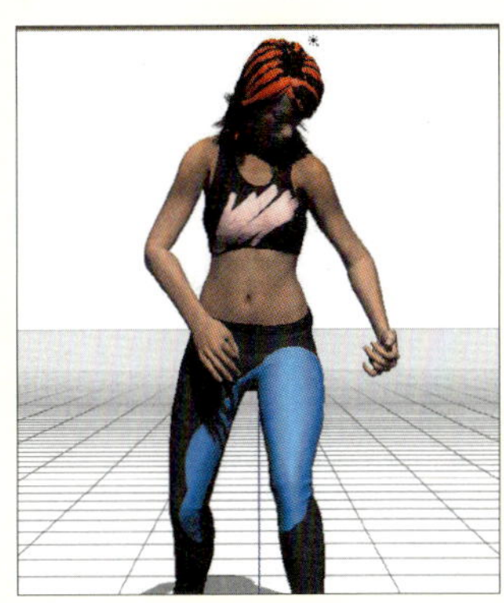

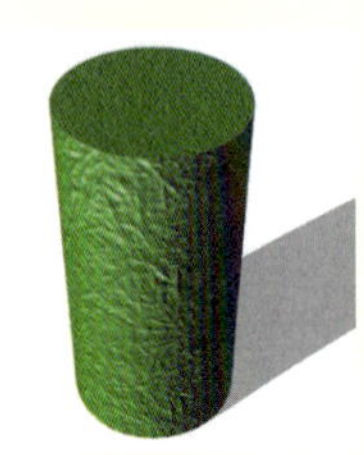

NO.

190 テクスチャーを作成して3Dに合成する

VER.
CC / CS6 / CS5 / CS4 / CS3

3D 用のフィルター「法線マップ」を作成して、写真からテクスチャーを作成できます。

STEP 1

テクスチャーの元となる画像を開いて、[フィルター] メニューから [3D] → [法線マップを生成] を選択します❶。

STEP 2

[法線マップを生成] ダイアログで、オブジェクト (球) によるイメージをプレビューしながら数値を調整します。ここでは、[ぼかし] を [2.2]、[ディテールスケール] を [60%] としました❷。調整が済んだら、[OK] をクリックします。法線マップが作成できました❸。「shibahu_housen.psd」と名前をつけます。

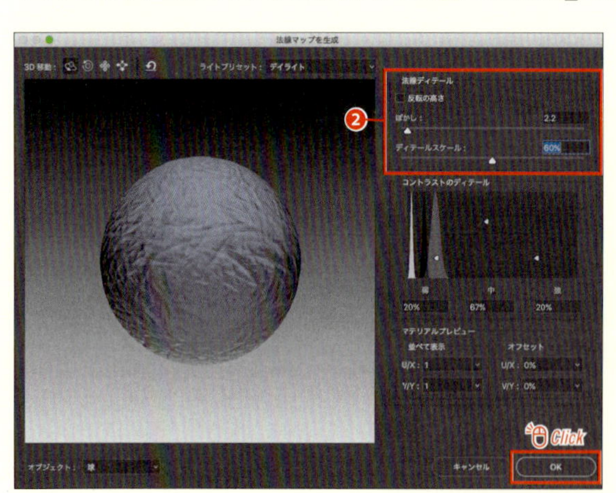

STEP 3

新規で 3D オブジェクトを作成します。[3D] パネル→ [プリセットからのメッシュ] → [円柱] を選択して [作成] を選択します。

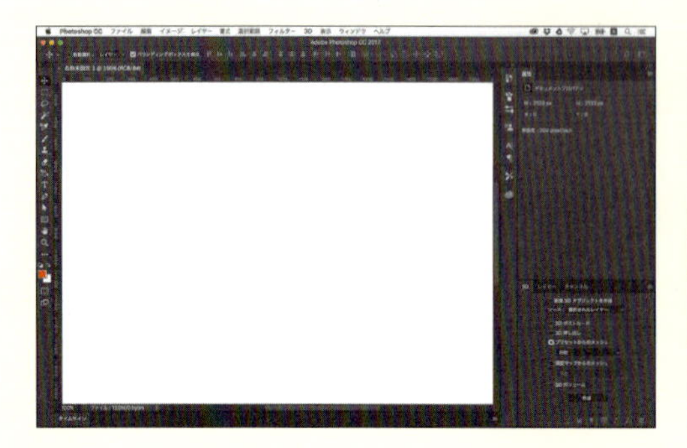

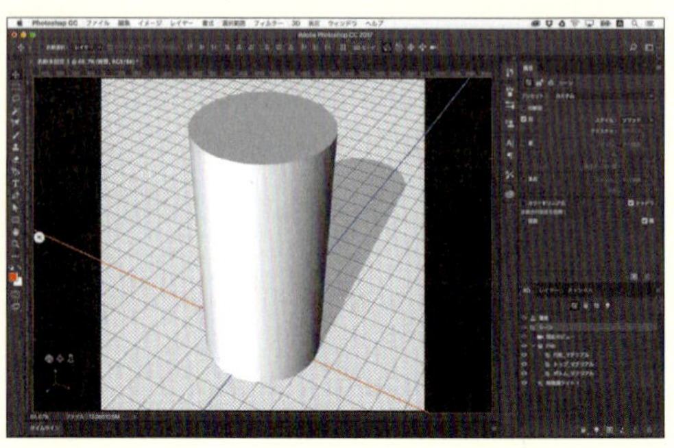

STEP 4

[3D] パネルの [円柱 _ マテリアル] [トップ _ マテリアル] を選択して❹、[カラーピッカー] を緑色に選択します❺。

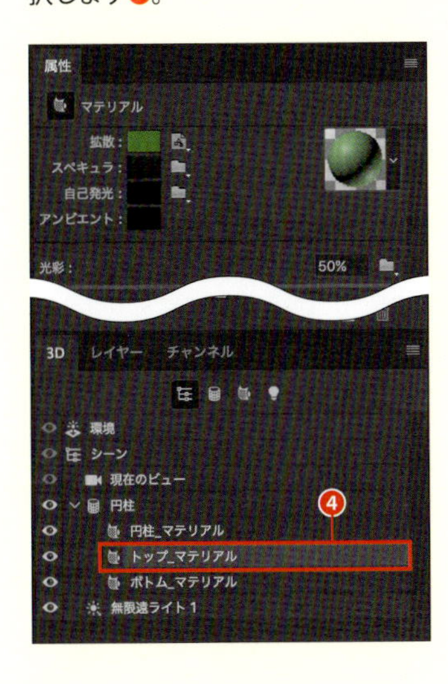

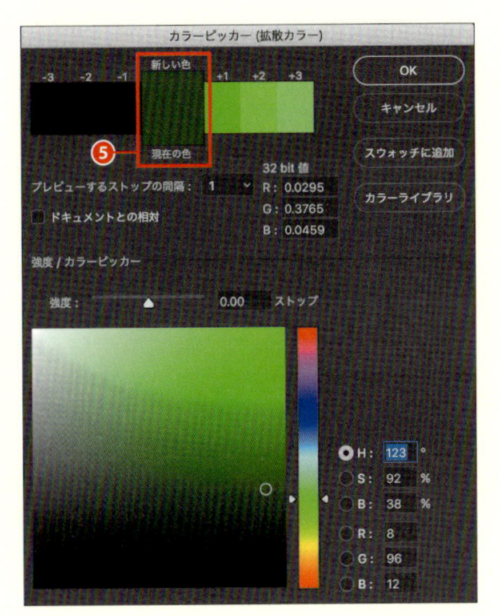

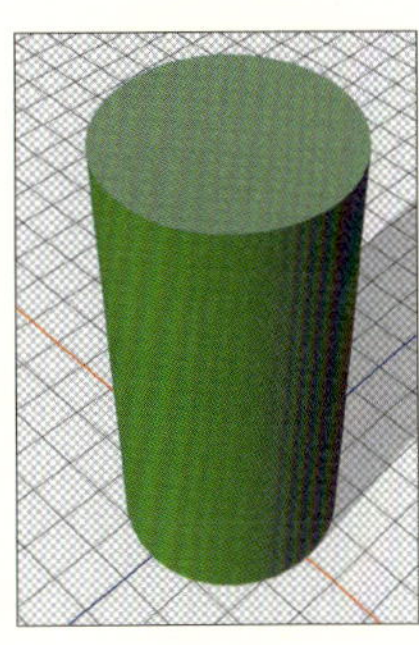

STEP 5

[3D] パネルの [円柱 _ マテリアル] を選択して、[法線] から [テクスチャの読み込み] を選択します❻。「shibahu_housen.psd」を選択して❼、適用します。円柱の側面へ適用できました。

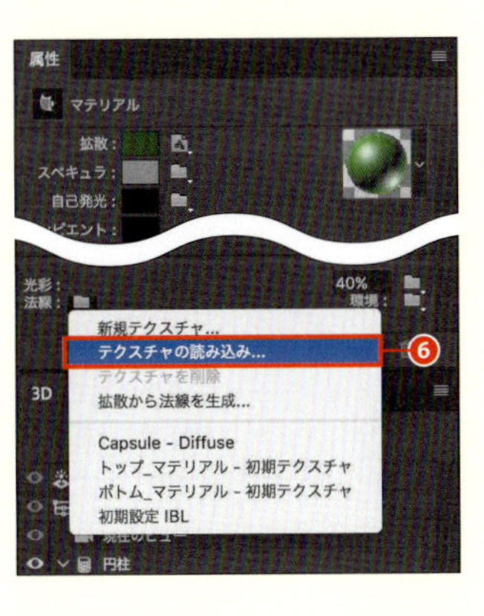

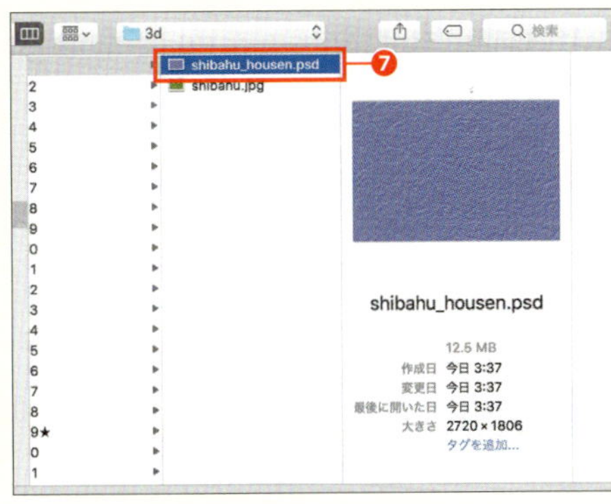

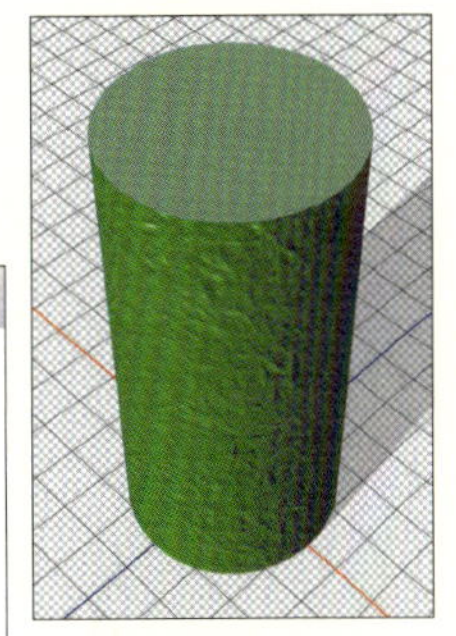

STEP 6

同じテクスチャを [トップ _ マテリアル] に適用するときには、[法線] から「shibahu_housen」を選択❽すれば適用可能です。[光彩] や [反射率] などをコントロールすることで、肌理(きめ)の表現も変化します。

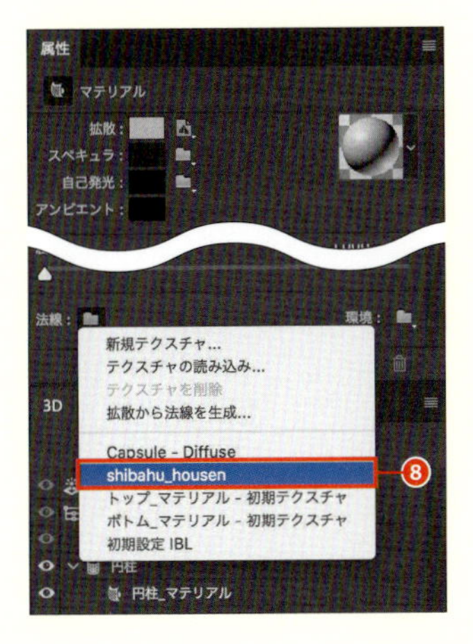

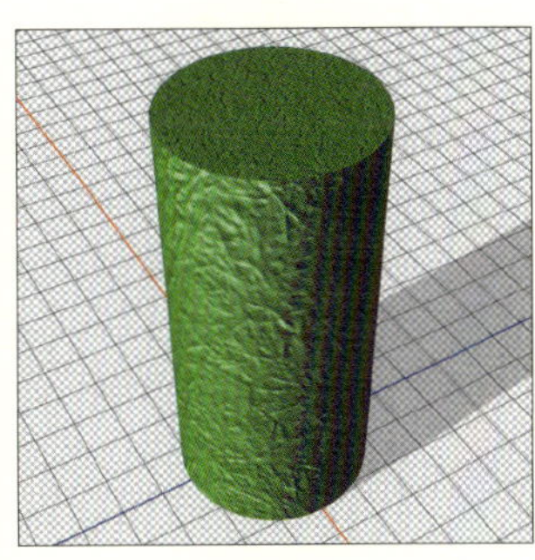

186 オブジェクトを 3D に変える
187 3D オブジェクトを回転・移動させる

NO.
191 3Dにマテリアルを追加する

VER.
CC / CS6(ex) / CS5(ex) / CS4 / CS3

3D オブジェクトに質感をプラスします。

STEP 1

3D 成形オブジェクトを用意します。[3D] パネルから任意の面を選択します。ここでは [3D フロント膨張マテリアル] をクリックします❶。

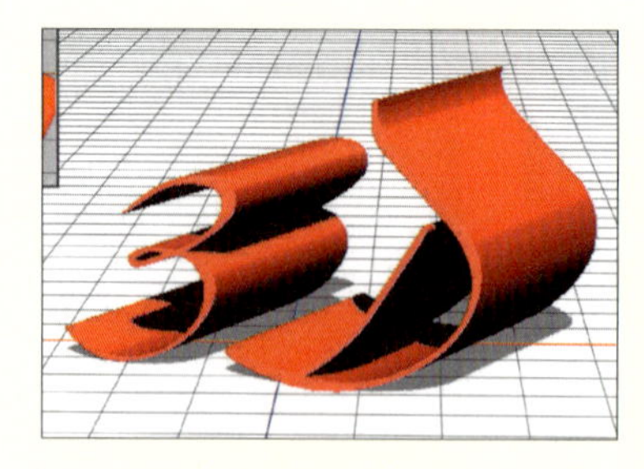

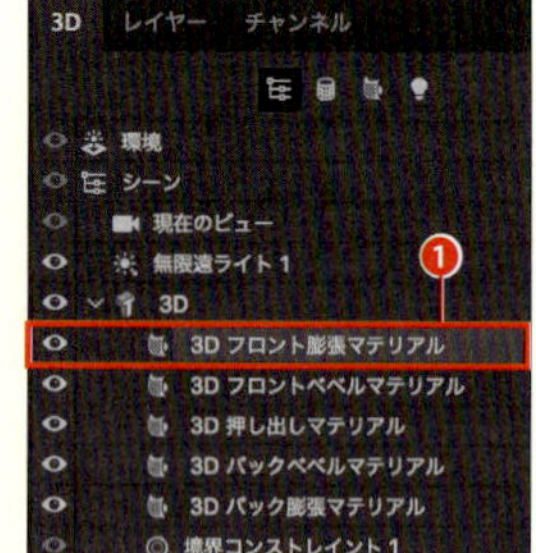

STEP 2

[属性] パネルの [クリックでマテリアルピッカーを開く] をクリックして❷ [マテリアルピッカー] を開きます❸。任意のマテリアルを選択します。ここでは [金属 金] を選択して❹、拡散色を黄系のカラーに変更しました❺。

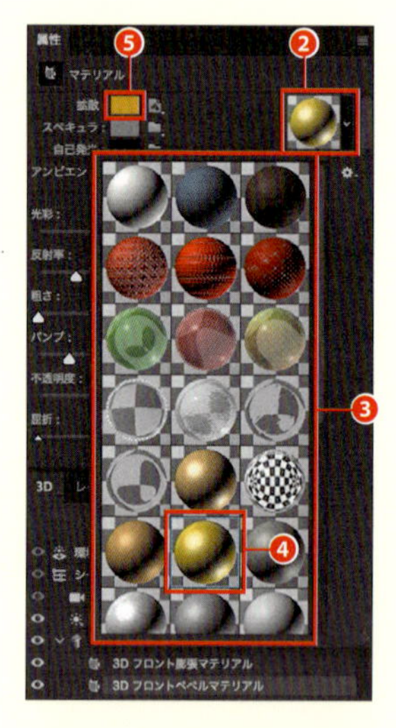

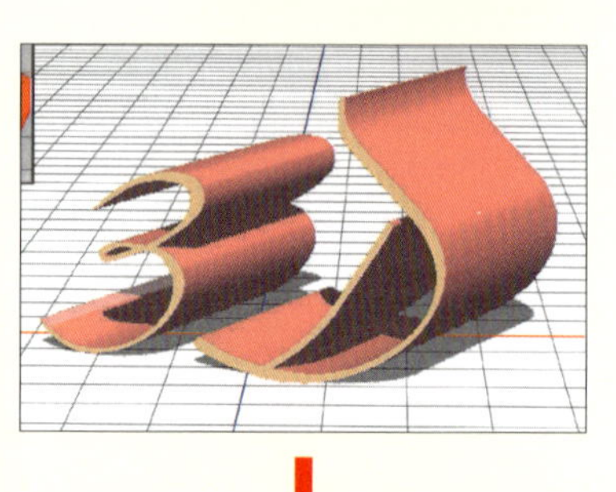

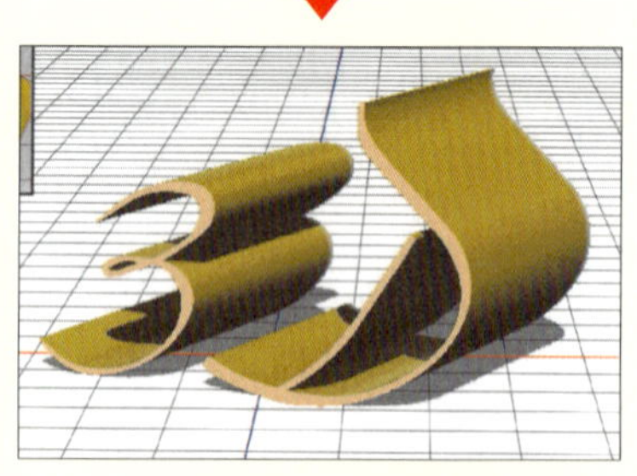

STEP 3

次に [3D 押し出しマテリアル] を選択します❻。今度はベベルの斜面が選択されました。[クリックでマテリアルピッカーを開く] をクリックして❼ [マテリアルピッカー] を開きます。任意のマテリアルを選択します。ここでは [金属 金] を選択しました❽。これを繰り返して、各面に効果を加えていきます。

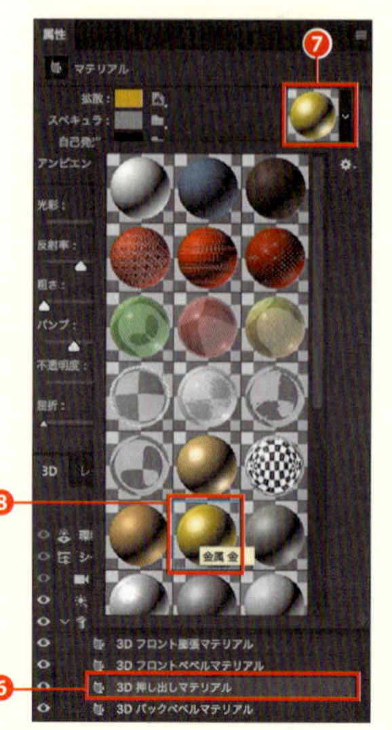

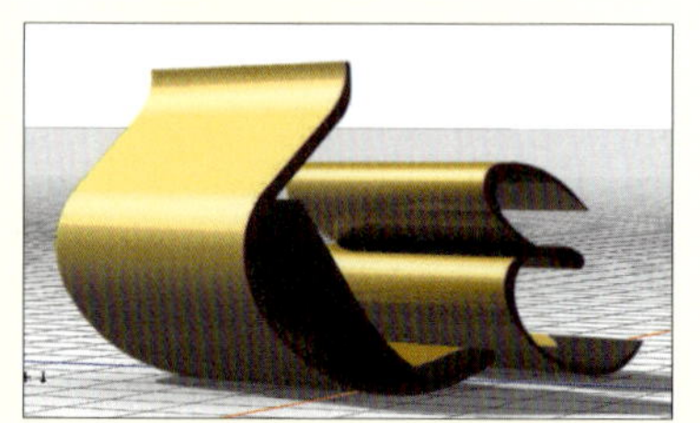

186 オブジェクトを 3D に変える
187 3D オブジェクトを回転・移動させる

第7章 フォトグラフィ

NO.
192 夕焼けの写真をより夕方らしくする

VER.
CC / CS6 / CS5 / CS4 / CS3

［トーンカーブ］でチャンネルのバランスを調節して赤みを強くします。

STEP 1

［イメージ］メニューから［色調補正］→［トーンカーブ］を選択して、［トーンカーブ］ダイアログを開きます。［チャンネル］のメニューから［レッド］を選択します❶。表示されている斜め線の中央あたりをつかみ、左上方向へドラッグします❷。

 トーンカーブ▶ ⌘(Ctrl)+M

CAUTION

今回の補正はRGBカラーを前提としています。画像カラーモードがRGBカラー以外になっている場合は、作業前に［イメージ］メニューから［モード］→［RGBカラー］を実行してください。

元画像

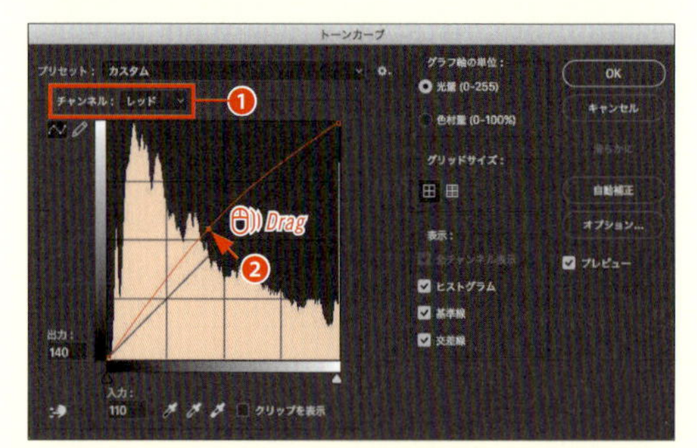

チャンネルを［レッド］にしてトーンカーブを編集

STEP 2

［チャンネル］のメニューから「ブルー」を選択します❸。表示されている斜め線の中央あたりをつかみ、右下方向へ少しドラッグします❹。［プレビュー］のチェックをオンにして画像を確認し❺、希望の状態になっていれば［OK］をクリックします。赤みが強調されてより夕方らしい写真になりました。

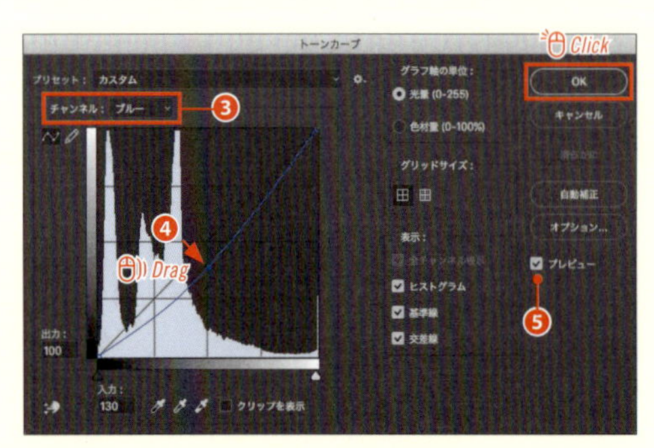

チャンネルを［ブルー］にしてトーンカーブを編集

トーンカーブ編集後

NO.
193 ノスタルジックな雰囲気にする

VER.
CC / CS6 / CS5 / CS4 / CS3

[レンズフィルター] で色味を補正して [色相・彩度] で彩度を下げます。

STEP 1

[イメージ] メニューから [色調補正] → [レンズフィルター] を選択して [レンズフィルター] ダイアログを開きます。[フィルター:ヤマブキ] ❶、[適用量:40%] 程度に設定し❷、[輝度を保持] のチェックをオフにして❸、[OK] をクリックします。

CAUTION

今回の補正は RGB カラーを前提としています。画像カラーモードが RGB カラー以外になっている場合は、作業前に [イメージ] メニューから [モード] → [RGB カラー] を実行してください。

元画像

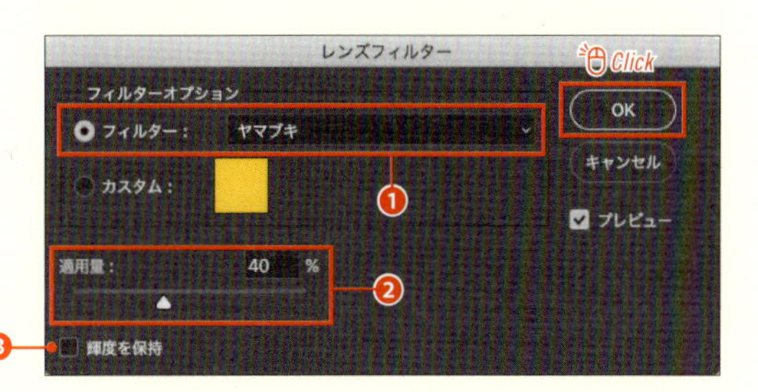

STEP 2

[イメージ] メニューから [色調補正] → [色相・彩度] を選択し、[色相・彩度] ダイアログを開きます。[彩度：－20]、[明度：+10] 程度に設定し❹、[OK] をクリックします。彩度が低く黄ばんだ色調になり、写真がノスタルジックな雰囲気になりました。

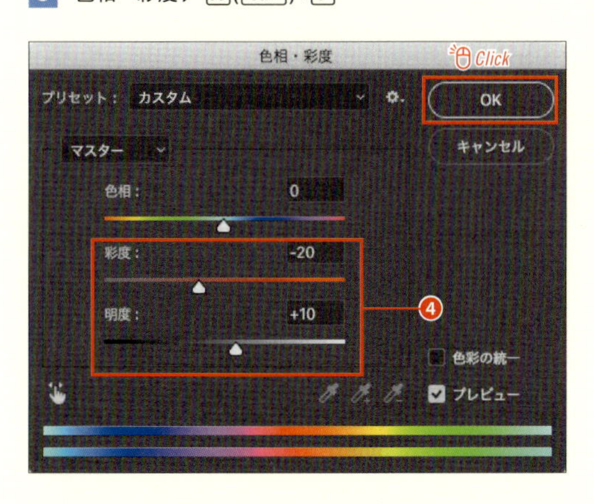

056 色かぶりを補正する

NO.
194 逆光の写真を明るく補正する

VER.
CC / CS6 / CS5 / CS4 / CS3

レイヤーとして複製した画像を、元画像に［スクリーン］で重ねます。

STEP 1

［レイヤー］メニューから［レイヤーを複製］を選択し、［新規名称］に「補正用 1」と入力して❶［OK］をクリックします。［背景］が「補正用 1」というレイヤー名で複製されました。

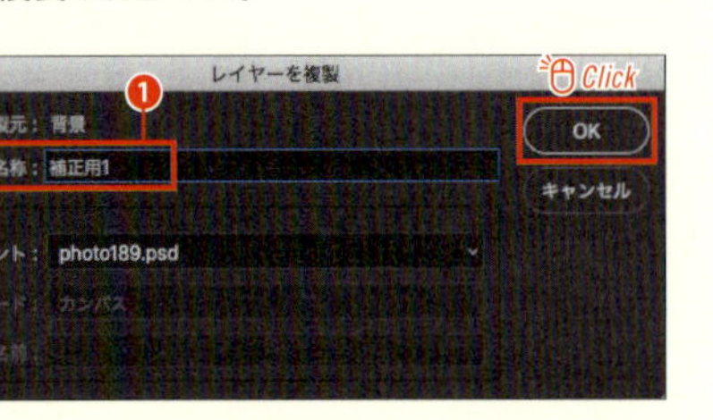
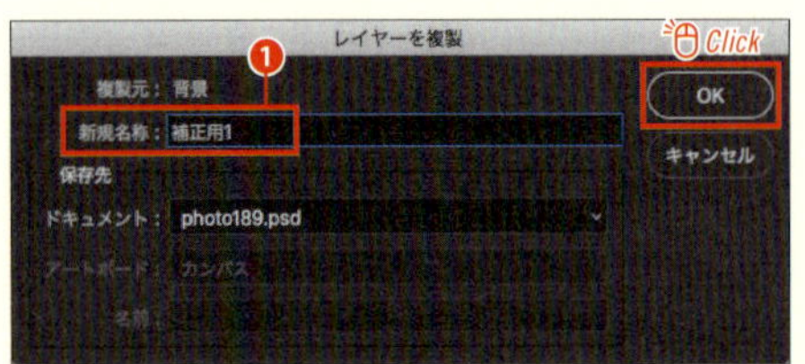

逆光になった写真

STEP 2

［レイヤー］パネルで複製された「補正用 1」レイヤーの［描画モード］を［スクリーン］に変更します❷。逆光で影になっている部分が少し明るくなります。

描画モードを［スクリーン］に変更

STEP 3

もう少し明るくしてみましょう。「補正用 1」レイヤーを選択したあと、［レイヤー］メニューから［レイヤーを複製］を選択し、［新規名称］に「補正用 2」と入力して❸［OK］をクリックします。画像がさらに明るくなりました。微妙な明るさをコントロールするため、「補正用 2」レイヤーを［不透明度：50%］にすれば❹完成です。

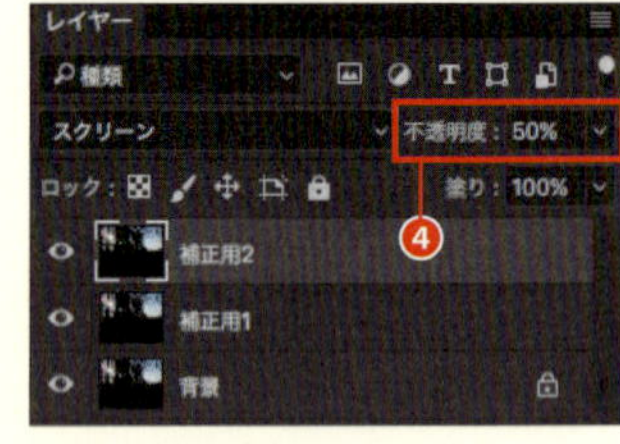

レイヤーを重ねるほど明るくなる

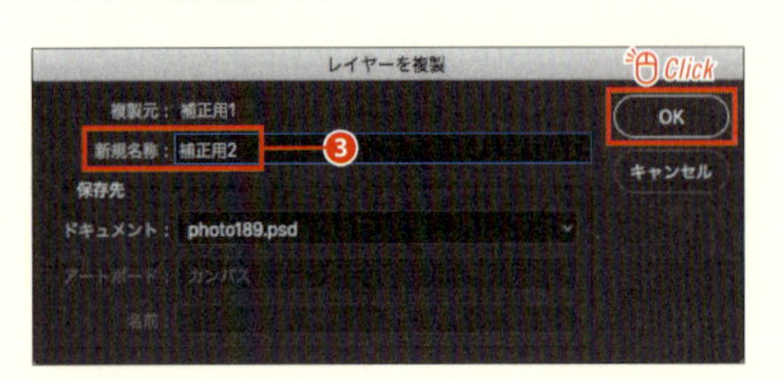

明るく補正された状態

MEMO

一番上の補正用レイヤーの不透明度を変更することで、最終的な明るさを微調整できます。

MEMO

この手法は簡易的なものですので、ハイライトのディテールが消えてしまうこともあります。より高い精度が必要なときは、「057 つぶれかけたシャドウの階調を出す」を試してみましょう。

NO.
195 芝生の範囲を広げる

VER.
CC / CS6 / CS5 / CS4 / CS3

コンテンツに応じた塗りつぶしをすることで簡単に芝生の範囲を広げられます。

STEP 1
CS5 から CC 2015 までの場合、まず広げたい範囲の余白をつくりましょう。[イメージ] メニューから [カンバスサイズ] を選択し、[相対] にチェックを入れて❶ [幅]❷と[高さ]❸に広げたいサイズを入力します。[カンバス拡張カラー：ホワイト] ❹にして [OK]をクリックします。今回は上下左右に 500pixel ずつ広げました❺。

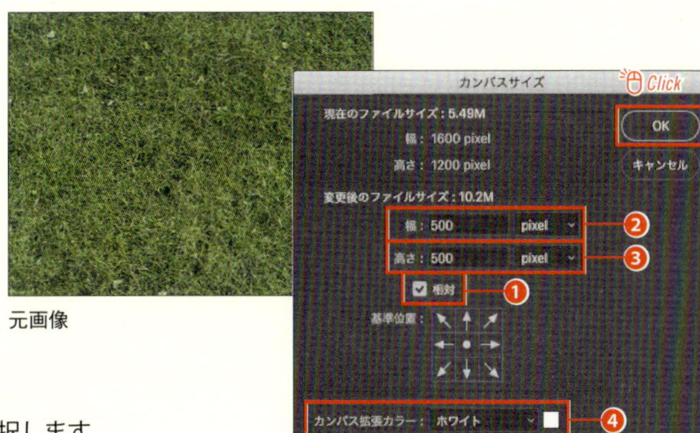

元画像

STEP 2
芝生の範囲を [長方形選択] ツールで選択します。余白の白い範囲を含まないよう、少し内側で選択しましょう❻。その後、[選択範囲] メニューから [選択範囲を反転] を実行しておきます❼。

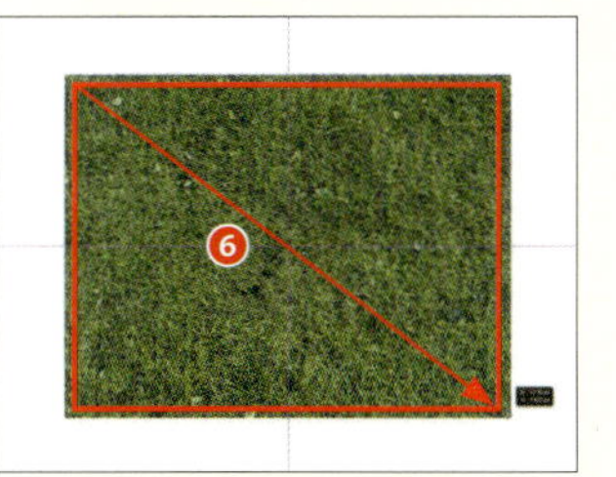

STEP 3
[編集] メニューから [塗りつぶし] で、[内容：コンテンツに応じる] にして実行します❽。余白が芝生の画像で塗りつぶされました。コンテンツに応じた塗りつぶしを実行すると、既存の画像から自動的に塗りつぶし画像を生成して継ぎ目を自然に合成してくれます。

 塗りつぶし▶ Shift + Delete

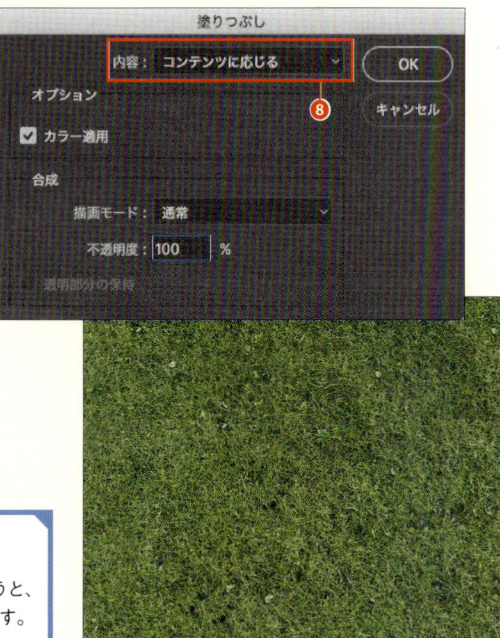

MEMO
あくまで自動処理なので、状況によっては継ぎ目などが不自然に仕上がることもあります。そのような場合は、選択範囲の大きさを少し変えてやり直すか、スタンプや修復ブラシなどのツールで部分的に修正しましょう。

MEMO
CC 2015.5以降では、コンテンツに応じた切り抜きの機能を使うと、カンバスの拡張とコンテンツに応じた塗りつぶしが同時に行えます。

020 画像のサイズを拡張して余白をつくる

NO.

196 真夏の雰囲気を強調する

VER.
CC / CS6 / CS5 / CS4 / CS3

［色相・彩度］と［トーンカーブ］でコントラストを高めに補正します。

STEP 1

［イメージ］メニューから［色調補正］→［トーンカーブ］を選択して、［トーンカーブ］ダイアログを表示します。表示されている斜め線の中央より左下の位置をつかんで、下方向へ少しドラッグします❶。

S トーンカーブ▶ ⌘(Ctrl)+M

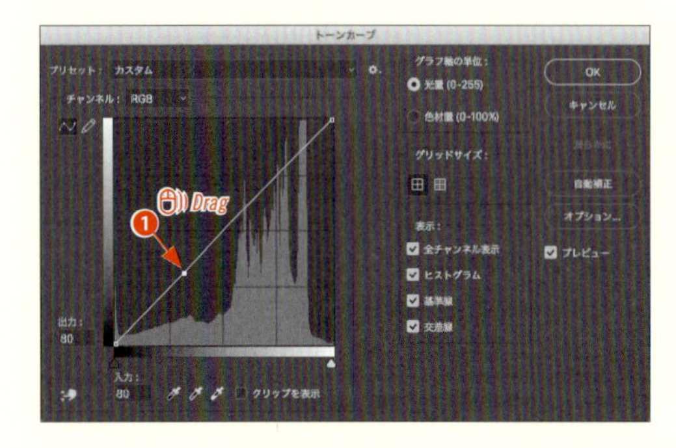

元画像

CAUTION

ここでの補正は RGB カラーが前提です。

STEP 2

続けて、斜め線の中央より右上の位置をつかんで、上方向へドラッグします❷。［プレビュー］にチェックを入れて❸画像の状態を確認し、希望のコントラストが得られたら［OK］をクリックします。

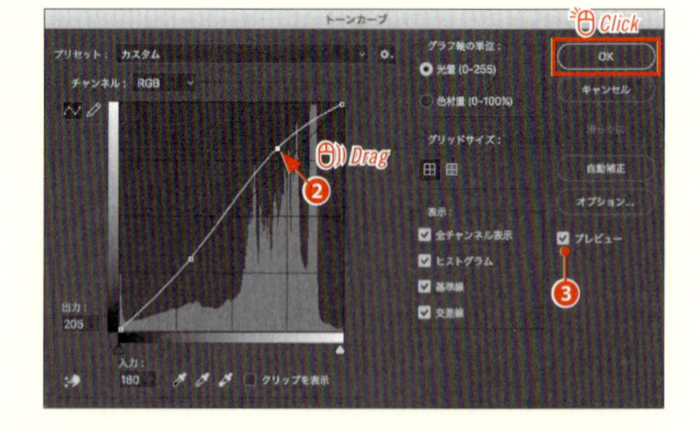

STEP 3

［イメージ］メニューから［色調補正］→［色相・彩度］を選択し、［彩度］のスライダーを右方向へ移動して［+15］程度に設定し❹、［OK］をクリックします。コントラストが強調された真夏の印象になりました。

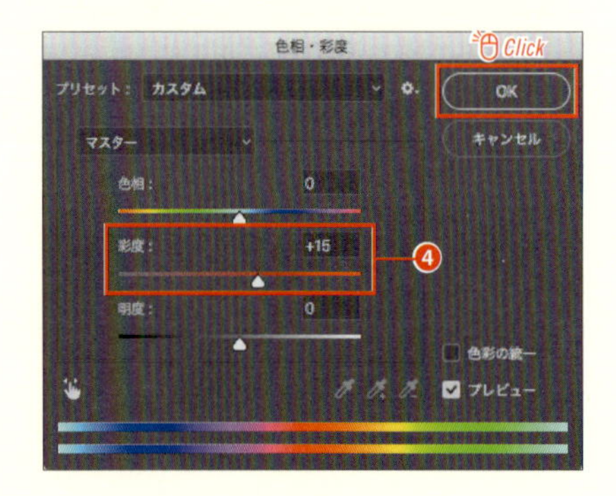

S 色相・彩度▶ ⌘(Ctrl)+U

055 トーンカーブを使いこなす
060 風景写真の青空の印象を強める

NO.
197 冬の雰囲気を強調する

VER.
CC / CS6 / CS5 / CS4 / CS3

[色相・彩度] と [トーンカーブ] でコントラストを低めに補正します。

STEP 1

[イメージ] メニューから [色調補正] → [色相・彩度] を [彩度：－25]、[明度：－10] で実行して❶、画像全体の彩度と明度を少し落とします。

S 色相・彩度 ▶ ⌘(Ctrl)+U

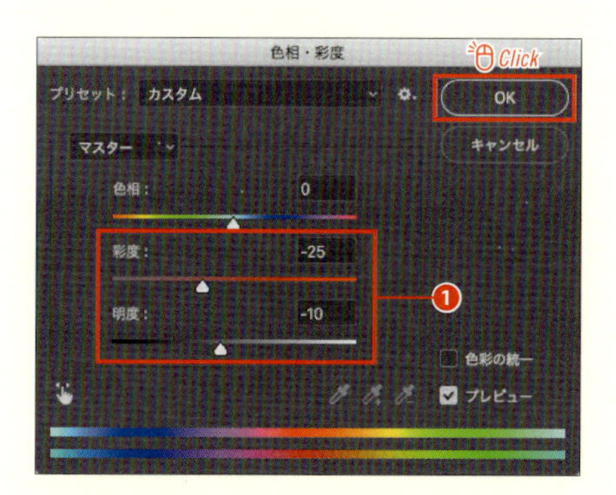

元画像

CAUTION

ここでの補正は RGB カラーが前提です。

STEP 2

[イメージ] メニューから [色調補正] → [トーンカーブ] を選択します。表示されている斜め線の中央より左下の位置をつかんで、上方向へ少しドラッグします❷。

S トーンカーブ ▶ ⌘(Ctrl)+M

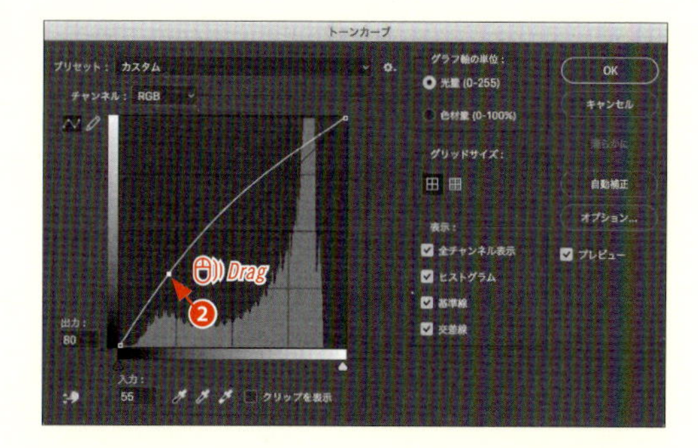

STEP 3

さらに、中央より右上の位置をつかんで、下方向へドラッグします❸。[プレビュー] にチェックを入れて❹画像の状態を確認し、希望のコントラストが得られたら [OK] をクリックします。

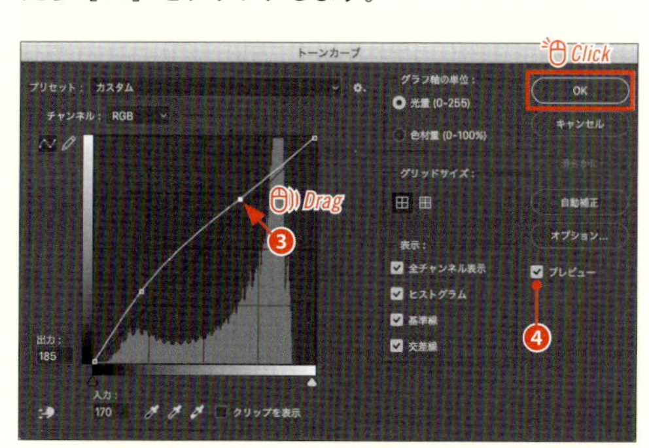

055 トーンカーブを使いこなす

NO.
198 さわやかな印象の写真にする

VER.
CC / CS6 / CS5 / CS4 / CS3

［レベル補正］を使って中間調を明るく補正します。

STEP 1

［イメージ］メニューから［色調補正］→［レベル補正］を選択し、［レベル補正］ダイアログを表示します。［入力レベル］のハイライトスライダーを左方向へドラッグします❶。これでハイライトの領域がより明るく補正されますが、やりすぎるとディテール（質感）が大きく損なわれるので、画像の状態に応じて少し控えめにすることがポイントです。

MEMO

［プレビュー］のチェックをオンにしておくと、画像の状態を確認しながらスライダーを調節できます。

S レベル補正▶ ⌘(Ctrl)+L

元画像

ハイライトを明るくする

STEP 2

続けて、［入力レベル］の中間色スライダーも左方向へドラッグします❷。中間色スライダーはより左へ移動させたほうが、より明るくなります。希望の結果が得られたら［OK］をクリックします。さわやかな印象のハイキー画像に補正されました。

中間色を明るくする

NO.
199 色が悪くなった木々を鮮やかにする

VER.
CC / CS6 / CS5 / CS4 / CS3

［色の置き換え］を使って茶色っぽくなった木々や芝生を緑にします。

STEP 1
［イメージ］メニューから［色調補正］→［色の置き換え］を選択します。［プレビュー］にチェックを入れておきましょう❶。ダイアログ内の［スポイト］ツールを選択し❷、画像の中で茶色っぽくなった部分をクリックします。今回は山の緑の中でも明るめの箇所をクリックしました❸。

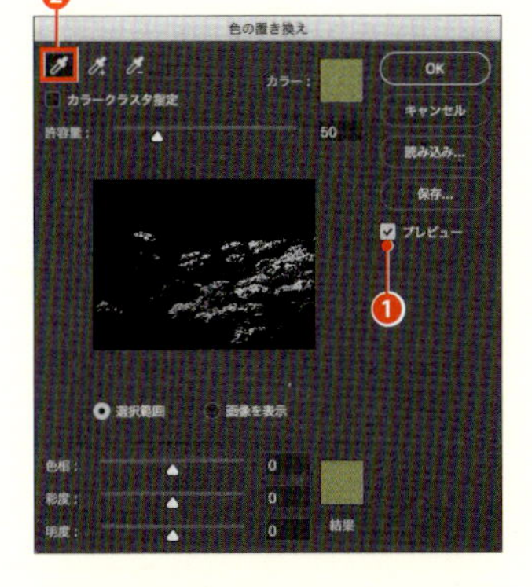

元画像

STEP 2
［置き換え］内の各値を変更して緑を鮮やかに調節します。ここでは［色相：＋20］［彩度：＋15］［明度：＋5］としました❹。山にはいろいろな緑があるので、調整された箇所とされてない箇所ができています❺。

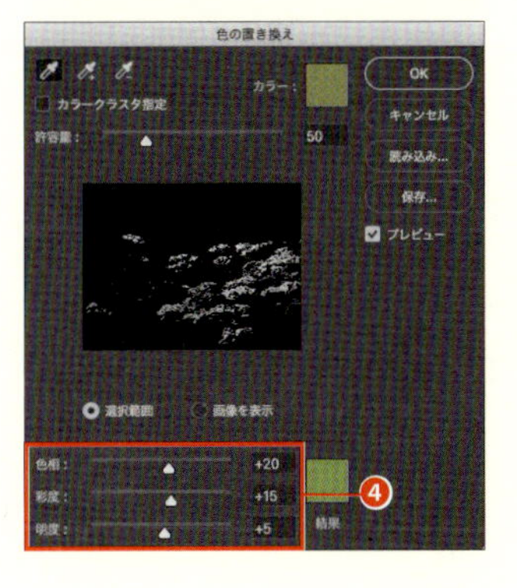

MEMO
色が変化する範囲が適切でないと感じる場合は、再度［スポイト］ツールで画像をクリックしてサンプリングのポイントを変更してみましょう。

STEP 3
［サンプルに追加］のスポイトを選択し❻、調整の範囲に含めたい箇所もクリックしてカラーを追加していきます❼。こうすることで、置き換えの対象範囲が広がります。置き換えが影響する範囲は［許容量］で調節できますが❽、どうしても意図しない範囲の色が置き換わってしまうときは、［サンプルを削除］のスポイト❾でクリックして範囲から除外することもできます。調節が終わったら［OK］をクリックして置き換えを実行します。

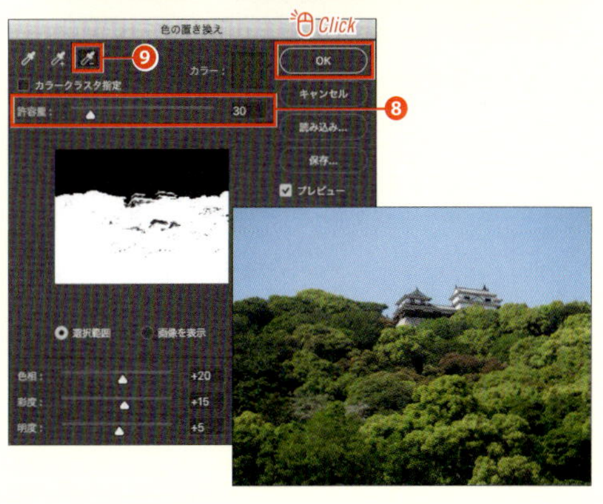

MEMO
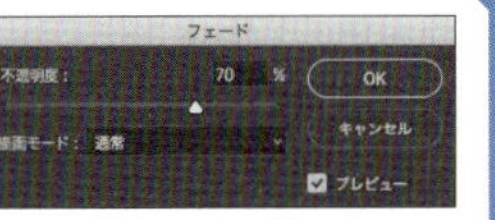
実行後に色の置き換えが強すぎたと感じる場合は、［編集］メニューから［「色の置き換え」をフェード］で強さを調節することもできます

159 ［色の置き換え］ツールを使って部分的に色を変える

NO.
200 版ズレした印刷物のように加工する

VER.
CC / CS6 / CS5 / CS4 / CS3

カラーモードを［CMYK カラー］に変更して各色のチャンネルをずらします。

STEP 1

［イメージ］メニューから［モード］→［CMYK カラー］を選択します❶。これで、印刷用に使う CMYK カラーの画像に変換されます。

編集　イメージ　レイヤー　書式　選択範囲　フィルター　3D　表示
モード ▶
色調補正 ▶
自動トーン補正 ⇧⌘L
自動コントラスト ⌥⇧⌘L
自動カラー補正 ⇧⌘B
画像解像度... ⌥⌘I
モノクロ 2 階調
グレースケール
ダブルトーン
インデックスカラー...
✓ RGB カラー
CMYK カラー
Lab カラー
マルチチャンネル
❶ Click

カラーモードを CMYK カラーに変更

STEP 2

［ツール］パネルから［移動］ツール を選択します。［チャンネル］パネルで「シアン」をクリックして選択し❷、キーボード左向きのキー ← を数回押して画像を移動します。他の色もずらしたい場合は、「マゼンタ」「イエロー」「ブラック」のチャンネルも同様に移動します。この際、各チャンネルの移動距離と方向をバラバラに変えるのがポイントです。

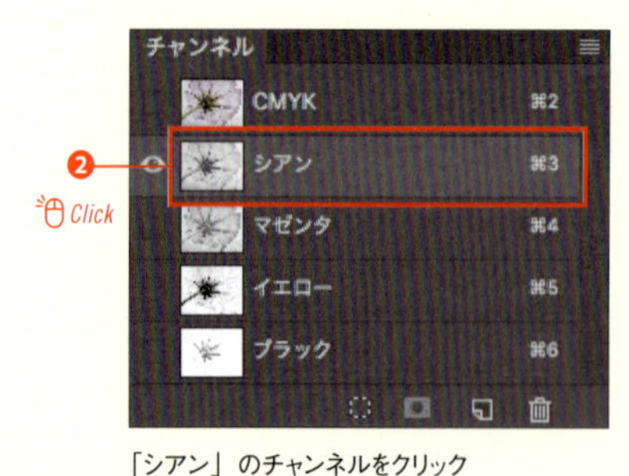

「シアン」のチャンネルをクリック

STEP 3

［チャンネル］パネルの「CMYK」をクリックして選択し❸、表示を元の状態に戻せば完成です。

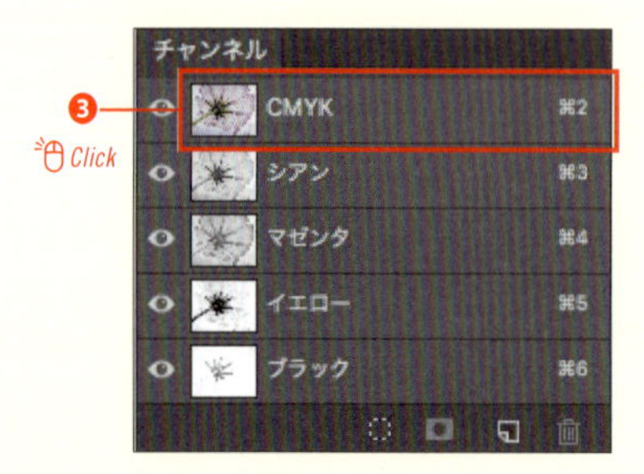

「CMYK」のチャンネルをクリック

完成

MEMO

作業が終わったら、必要に応じて元のカラーモードに戻しておきましょう。

048 画像のチャンネルを扱う
017 画像のカラーモードや色深度を変更する

NO.
201 フレアのような輝きを加える

VER.
CC / CS6 / CS5 / CS4 / CS3

フレアのパーツ画像を作成し、写真に［覆い焼きカラー］で重ねます。

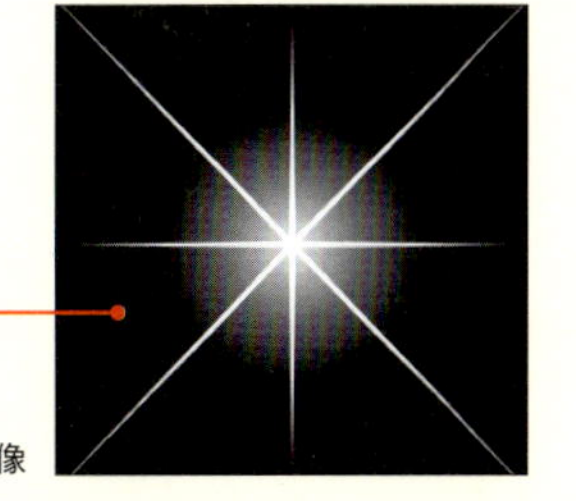

STEP 1

Illustratorなどを使って図のようなギザギザ（フレア）の画像をつくり、Photoshopで開きます❶。［選択範囲］メニューから［すべてを選択］、［編集］メニューから［コピー］で画像をコピーします。

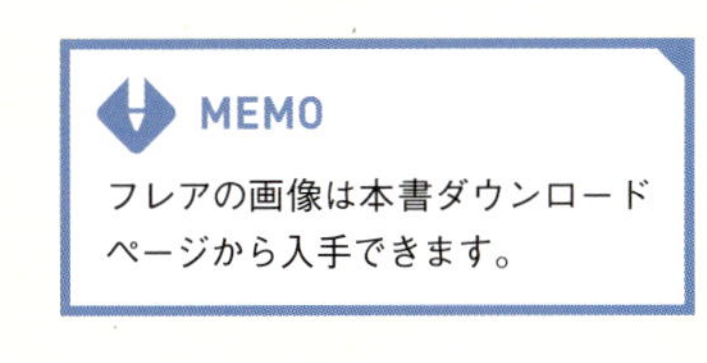
MEMO
フレアの画像は本書ダウンロードページから入手できます。

フレアの画像

STEP 2

合成先の写真を開き、［編集］メニューから［ペースト］を実行して、先ほどコピーした画像をペーストします❷。［移動］ツールで、合成したい位置へフレアを移動❸したあと、［レイヤー］メニューから［レイヤースタイル］→［レイヤー効果］を選択します。

合成先の写真

STEP 3

［描画モード］を［覆い焼きカラー］に変更し❹、［内部効果をまとめて描画］にチェックを入れます❺。続いて、効果一覧から［グラデーションオーバーレイ］を選択し❻、［描画モード］を［乗算］❼、［スタイル］を［円形］に変更します❽。［逆方向］にチェックを入れ❾、［比率：150%］にして❿［OK］をクリックします。レイヤーを複製しながら位置や大きさをランダムに配置していくと、よりキラキラした仕上がりになります。

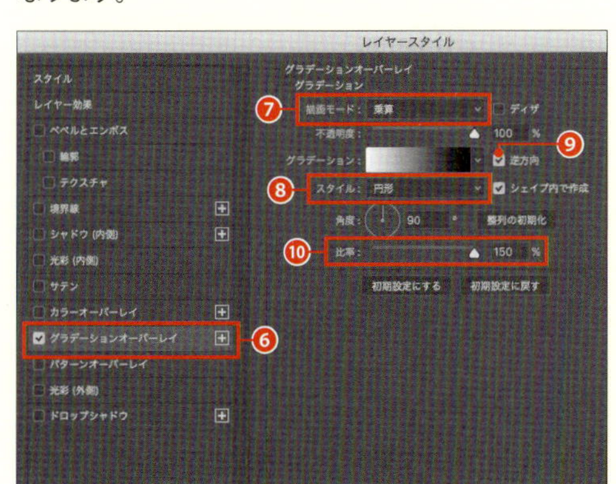

フレア画像を複製で増やして完成

087 描画モードを変更する

NO.

202 写真にスピード感を出す

VER.
CC / CS6 / CS5 / CS4 / CS3

被写体の背景を［ぼかし（移動）］フィルターでぼかしてスピード感を演出します。

STEP 1

［レイヤー］パネルの［背景］をダブルクリックして［新規レイヤー］ダイアログを表示し、［レイヤー名］に「背景ぼかし」と入力して❶［OK］をクリックします。［背景］がレイヤーに変換されます。

元画像

STEP 2

［レイヤー］メニューから［レイヤーを複製］を選択し、［新規名称］に「被写体」と入力して❷［OK］をクリックします。レイヤーが複製されたら、［レイヤー］パネルで「被写体」レイヤーの［レイヤーの表示 / 非表示］アイコンをクリックして❸、レイヤーを非表示にしておきます。

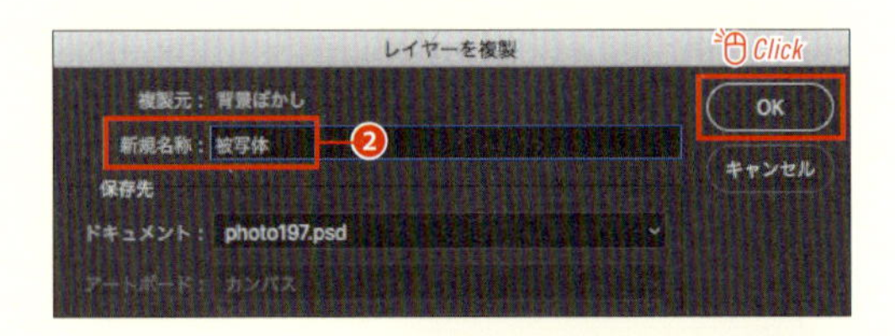

STEP 3

［レイヤー］パネルで［背景ぼかし］レイヤーを選択します❹。今のままだと、ぼかしたあと被写体との境界に不要な色が出てしまうので、［スタンプ］ツールを使って、被写体の輪郭から内側へ向かって背景画像を拡張しておきます❺。最終的にぼかしでディテールが曖昧になるので、継ぎ目などは意外と適当でも大丈夫です。今回の馬の足下のように、消しやすい箇所はすべて消しておいてもいいでしょう❻。

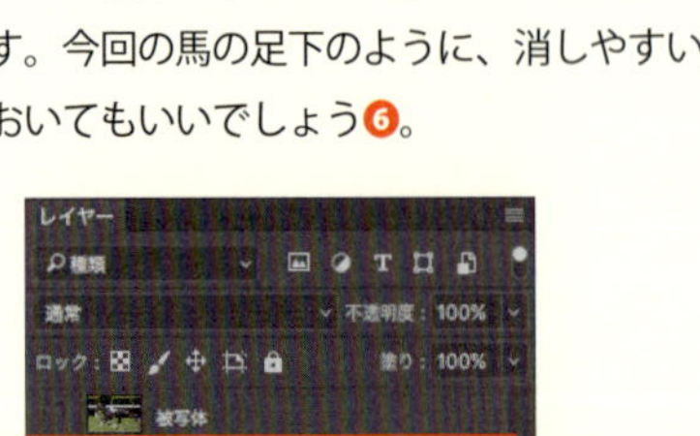

背景をサンプリングして馬の境界を消していく

STEP 4

[フィルター] メニューから [ぼかし] → [ぼかし(移動)] を選択し、[角度:0°] ❼、[距離:60pixel] 程度に設定して❽ [OK] をクリックします。画像が水平方向にぼけます。

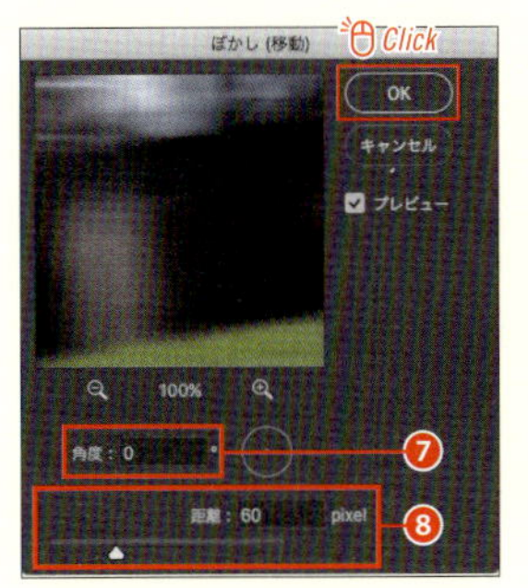

STEP 5

[レイヤー] パネルで「被写体」レイヤーの [レイヤーの表示/非表示] アイコンをクリックして❾、レイヤーを表示します。「被写体」レイヤーを選択し、[マスクを追加] ボタンをクリックします❿。

STEP 6

[ツール] パネルから [ブラシ] ツールを選択します。オプションバーから [ブラシプリセットピッカー] を開き、ブラシのプリセットから [ソフト円ブラシ] を選択して⓫ [直径:30px]、[硬さ:50%] 程度に設定します⓬。数値は画像に応じて適宜変更しましょう。

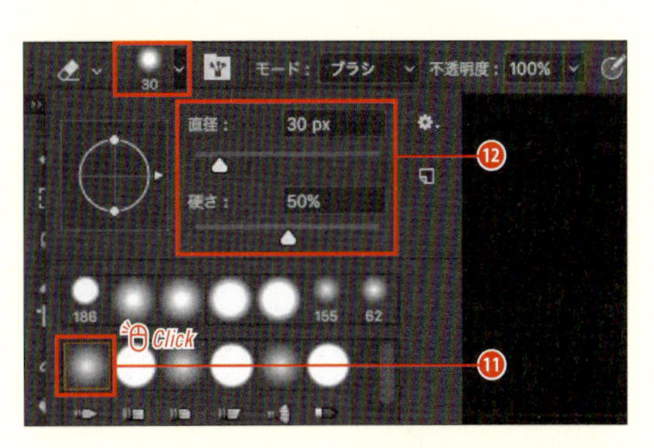

STEP 7

[レイヤー] パネルで「被写体」レイヤーのレイヤーマスクサムネールを一度クリックして選択し、被写体の周辺をドラッグして元の背景を透明にしていきます。背景が透明になった部分からはぼかしの背景が見えるため、背景のみがぼけた状態になります。細かい部分は、ブラシのサイズや硬さなどを変えながら対応します⓭。「被写体」レイヤーの背景の範囲をすべて透明にしたら完成です。

CAUTION

最初に [ツール] パネルの [描画色と背景色を初期設定に戻す] をクリックして、描画色と背景色を初期設定に戻しておきましょう。レイヤーマスクでは、描画色は白、背景色は黒が初期設定です。

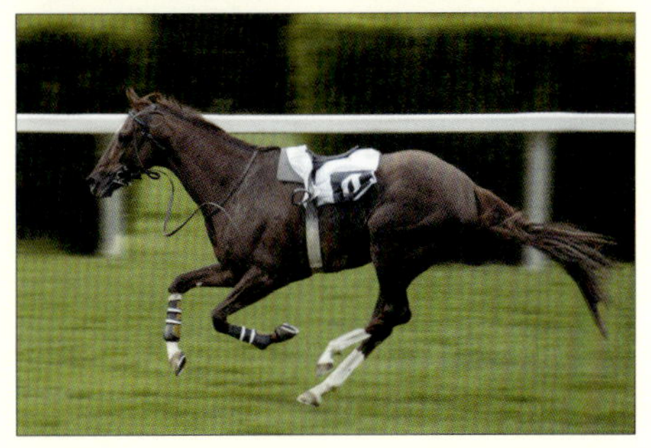

完成

072 レイヤーマスクを作成・編集して画像を合成する
119 フィルターを適用する

NO.

203 フィルム写真のような雰囲気に仕上げる

VER.
CC / CS6 / CS5 / CS4 / CS3

［カラーバランス］や［ノイズを加える］フィルター、［レンズ補正］を組み合わせて光のにじみやノイズ、周辺光量落ちを再現します。

STEP 1

［イメージ］メニューから［色調補正］→［カラーバランス］を選択します。［階調のバランス：ハイライト］を選択し❶、［輝度を保持］にチェックを入れて❷、［カラーレベル：0／－10／－25］に設定します❸。

元画像

STEP 2

続けて、［階調のバランス：シャドウ］に変更し❹、［カラーレベル：0／＋20／＋35］に設定して❺［OK］をクリックします。写真の色味が変わりました。

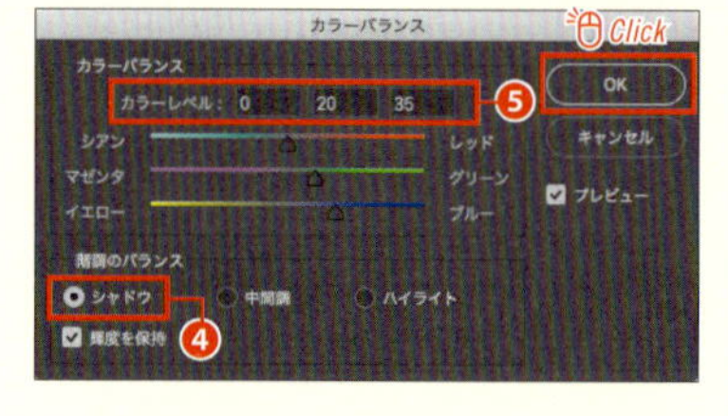

MEMO

カラーバランスでの色味は、希望する仕上がりによって適宜変更しましょう。

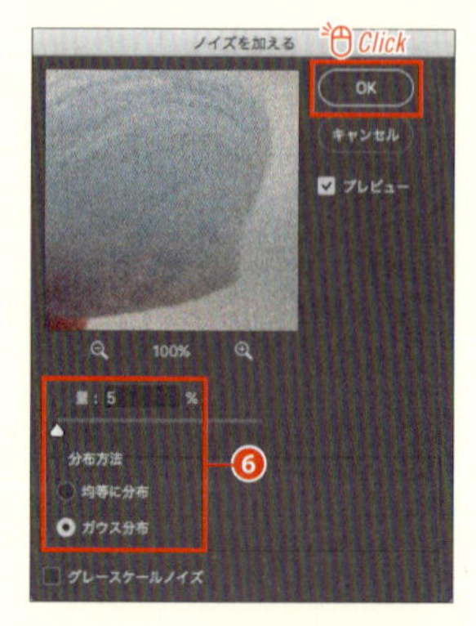

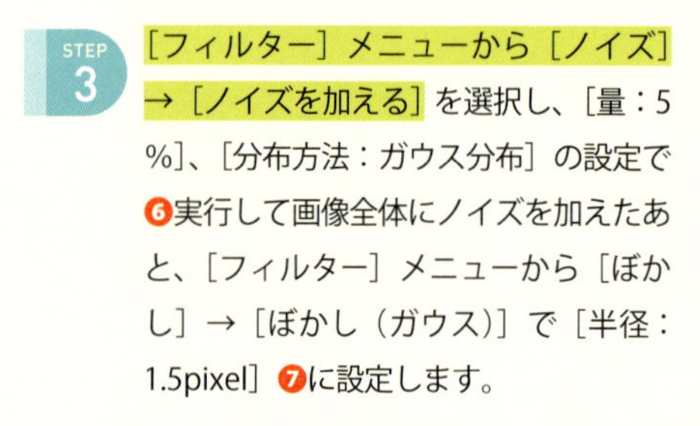

STEP 3

［フィルター］メニューから［ノイズ］→［ノイズを加える］を選択し、［量：5%］、［分布方法：ガウス分布］の設定で❻実行して画像全体にノイズを加えたあと、［フィルター］メニューから［ぼかし］→［ぼかし（ガウス）］で［半径：1.5pixel］❼に設定します。

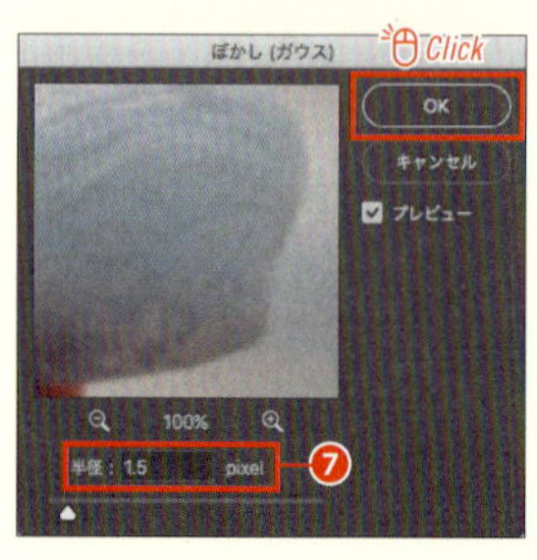

STEP 4

［レイヤー］パネルの［新規レイヤーを作成］を  Option（Alt）＋クリックし❽、［レイヤー名：周辺光量］❾、［描画モード：ソフトライト］❿に変更したら、［ソフトライトの中性色で塗りつぶす（50％グレー）］をチェックして⓫［OK］をクリックします。グレーに塗りつぶしされたレイヤーが追加されました⓬。

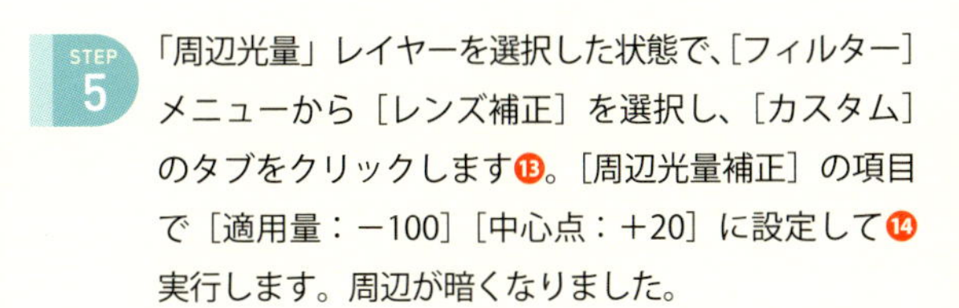
MEMO
描画モードが［ソフトライト］になっているため、レイヤーが追加されても画像自体に変化はありません。

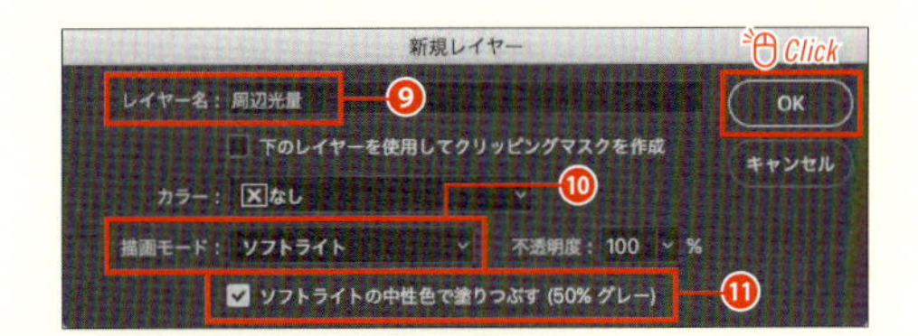

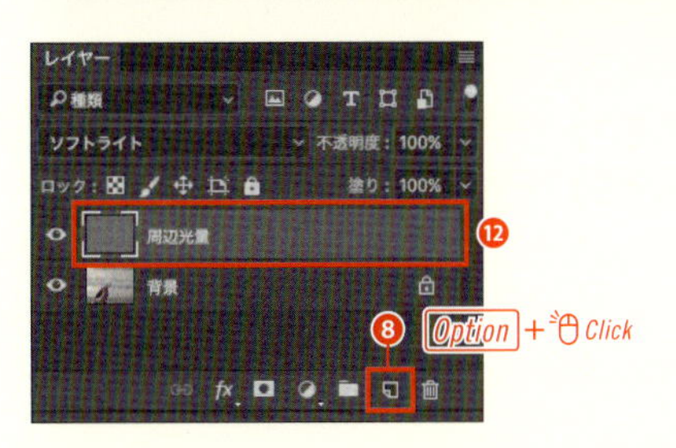

STEP 5

「周辺光量」レイヤーを選択した状態で、［フィルター］メニューから［レンズ補正］を選択し、［カスタム］のタブをクリックします⓭。［周辺光量補正］の項目で［適用量：－100］［中心点：＋20］に設定して⓮実行します。周辺が暗くなりました。

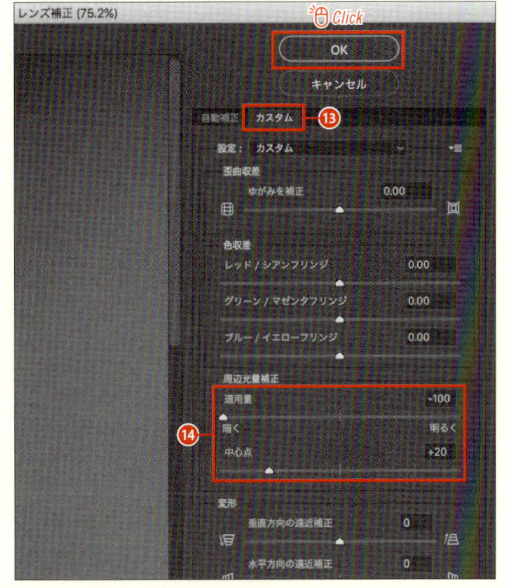

STEP 6

［レイヤー］メニューから［調整レイヤー］→［色相・彩度］を選択し、［彩度：＋15］［明度：＋10］に設定すれば⓯、完成です。色味が強調されてフィルム写真のようなイメージになりました。

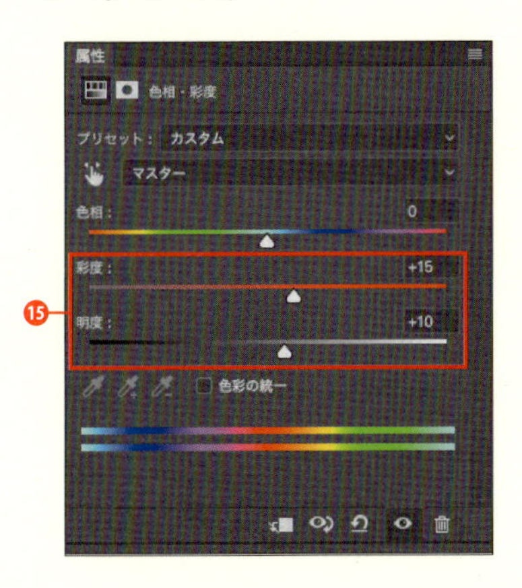

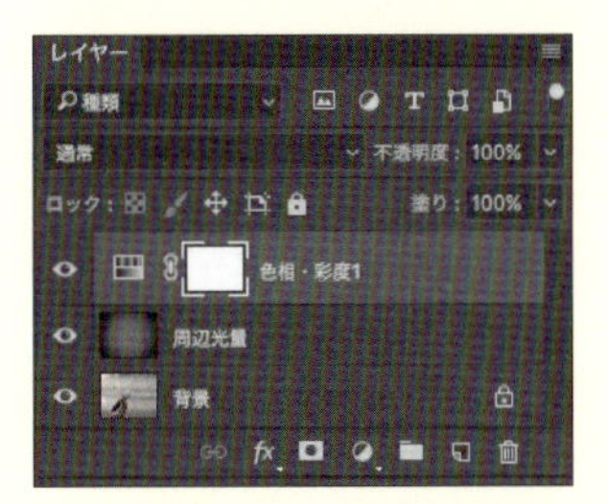

完成

030 新規レイヤーを作成する／119 フィルターを適用する
087 描画モードを変更する

NO.
204 モノクロ写真に色をつける

VER.
CC / CS6 / CS5 / CS4 / CS3

グレースケール画像の上に、着色したレイヤーを［カラー］で重ねます。

STEP 1

モノクロの写真を開きます❶。［イメージ］メニューから［モード］→［グレースケール］を実行して、カラーをいったん完全に破棄します❷。その後、［イメージ］メニューから［モード］→［RGB カラー］を実行してカラーモードを RGB カラーに変換します❸。

MEMO

グレースケール以外のモノクロ写真は、グレーに見えても実際は色が偏っていることがあります。一度グレースケールに変換するのは、あらかじめ色の偏りをなくしておくためです。

元画像

いったん［グレースケール］にしてから［RGB カラー］にする

STEP 2

［レイヤー］メニューから［新規］→［レイヤー］を選択して［新規レイヤー］ダイアログを開き、［レイヤー名］をブラケット［着色］❹、［描画モード］を［カラー］に設定して❺、[OK] をクリックします。［レイヤー］パネルに「着色」という名前の新規レイヤーが追加されました❻。

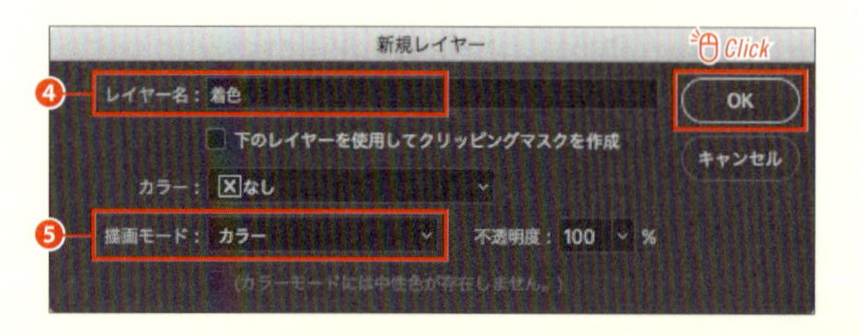

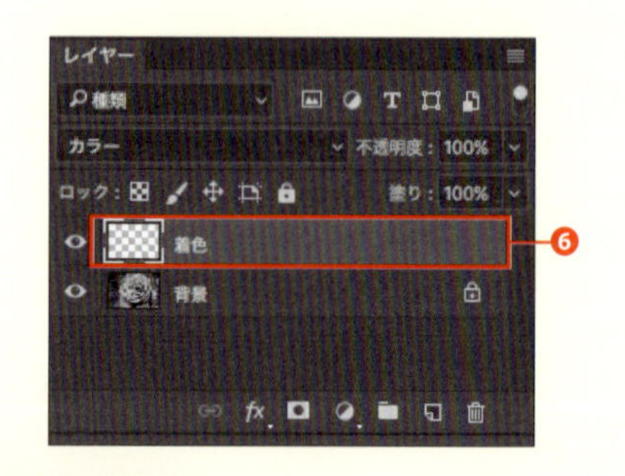

STEP 3

ツールボックスから［多角形選択］ツールを選び、着色したい範囲を囲むようにクリックしていきます。最後はクリックを開始した点にカーソルを合わせ、カーソルの右下に○が表示されたところでクリック❼すれば、選択範囲が作成されます❽。はみ出した部分はあとで削除するので、あまり神経質になる必要はありません。

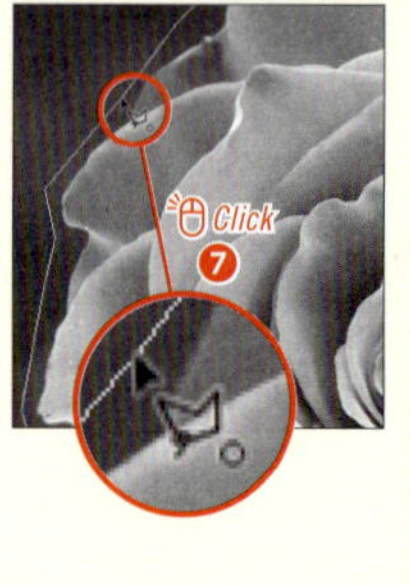

STEP 4

ツールボックスの描画色をクリックして、カラーピッカーを開き、着色したい色を選択して❾［OK］をクリックします。

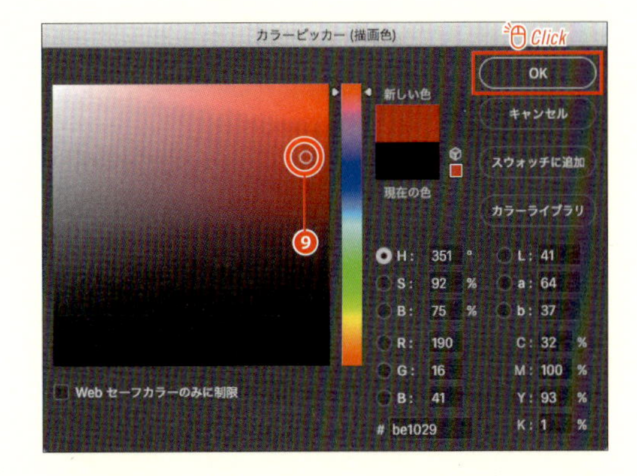

STEP 5

［編集］メニューから［塗りつぶし］を選択します。［内容］（CCより前は［使用］）を「描画色」に設定し❿、［透明部分の保持］のチェックをオフにして⓫［OK］をクリックします。［選択範囲］メニューから［選択を解除］を実行したあと、ツールボックスから［消しゴム］ツールを選択し、はみ出した範囲をドラッグして消していきます。被写体の境界がぼけている箇所は、［消しゴム］ツールの［硬さ］を調節したり、［ぼかし］ツールなどを使って、元画像に合わせます。

MEMO

選択範囲をつくって塗りつぶす工程が面倒な場合は、［ブラシ］ツールなどを使って直接着色してもOKです。

はみ出した色を［消しゴム］ツールで削除する

STEP 6

この手順を繰り返して、すべての範囲に色づけできれば完成です。部分的に色味や濃度を変えることで、より自然な仕上がりにできます。

「着色」レイヤーはこのような状態

030 新規レイヤーを作成する
087 描画モードを変更する

NO.

205 色あせたカラー写真のように加工する

VER.
CC / CS6 / CS5 / CS4 / CS3

［粒状］フィルター、［レベル補正］、［色相・彩度］を使って、退色した写真を再現します。

STEP 1

［フィルター］メニューから［フィルターギャラリー］を選択し、［テクスチャ］の項目から［粒状］を選択します。［粒子の種類：拡大］❶、［密度：20］❷、［コントラスト：20］程度に設定して❸［OK］をクリックします。写真に粒子状のノイズが加わりました。

MEMO

ここでの補正は RGB カラーが前提です。

元画像

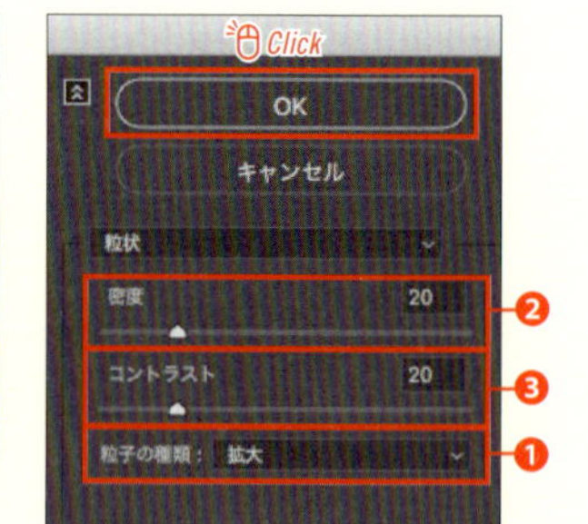

STEP 2

［イメージ］メニューから［色調補正］→［レベル補正］を選択して、［レベル補正］ダイアログを表示します。変化の度合いを確認しながら作業するため、「プレビュー」にチェックを入れます❹。［チャンネル］のメニューから［レッド］を選択し❺、［入力レベル］の中間色スライダーを左方向へ❻、［出力レベル］のハイライトスライダーを左方向へ移動します❼。

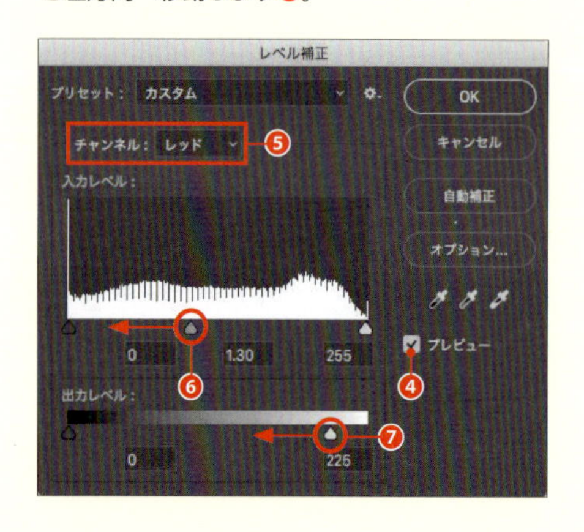

STEP 3

続けて、［チャンネル］のメニューから［グリーン］を選択し❽、［出力レベル］のシャドウスライダーを右方向へ移動します❾。

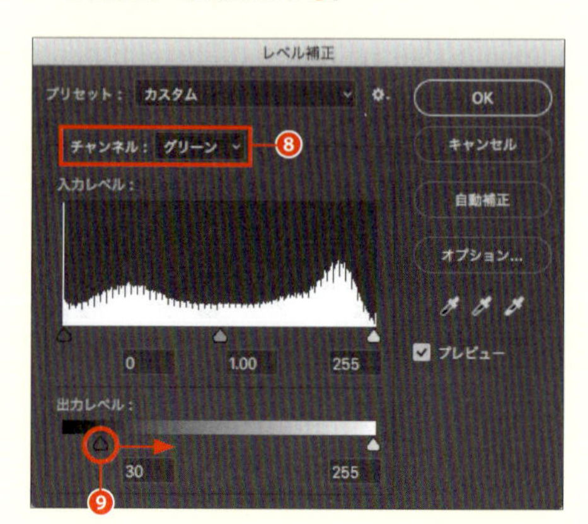

STEP 4 さらに、[チャンネル] のメニューから [ブルー] を選択し⑩、[入力レベル] の中間色スライダーを左方向へ⑪、[出力レベル] のシャドウスライダーを右方向へ移動します⑫。このとき、スライダーの移動量はグリーンの倍程度にします。プレビューの画像が希望の状態になったら [OK] をクリックします。

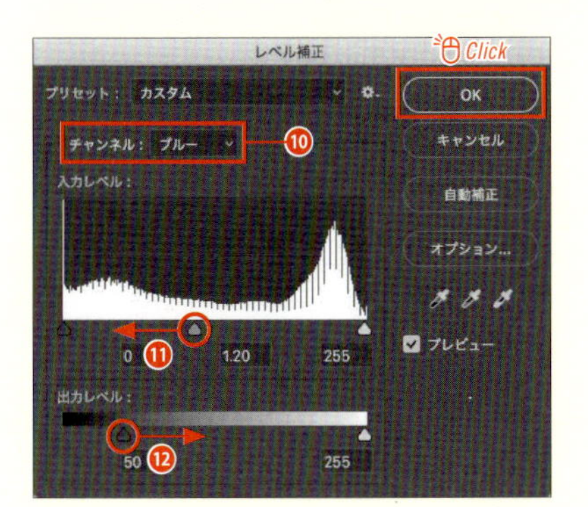

STEP 5 [イメージ] メニューから [色調補正] → [色相・彩度] を選択します。[彩度] を [− 20] 程度⑬、[明度] を [+10] 程度にします⑭。[プレビュー] にチェックを入れて⑮画像を確認し、希望の状態になったら [OK] をクリックします。画像の鮮やかさが抑えられ、退色したイメージになりました。

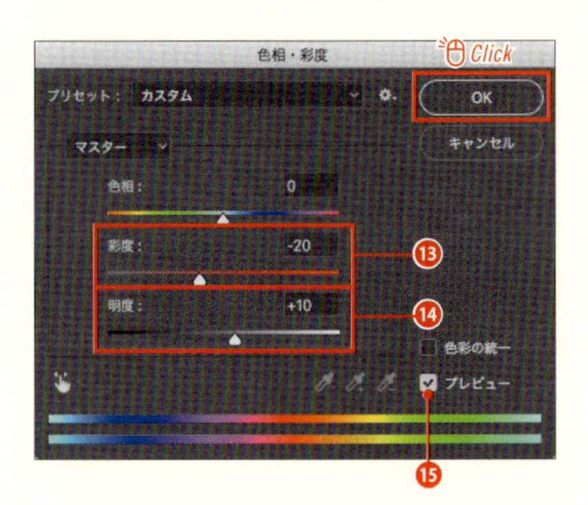

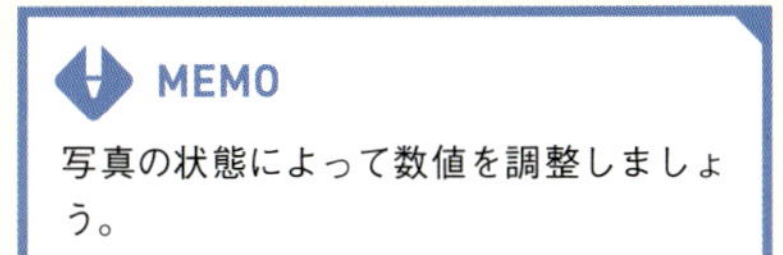

写真の状態によって数値を調整しましょう。

053 明るさを調整する
054 コントラストを調整する

NO.

206 HDR調に加工する

VER.
CC / CS6 / CS5 / CS4 / CS3

［HDR トーン］を使うことで簡単に写真を HDR 調に加工できます。

STEP 1

HDR とは「ハイダイナミックレンジ（High Dynamic Range）」の略で、露出の異なる画像を合成してハイライトからシャドウまでの階調すべてをひとつの写真の中で表現する技術です。Photoshop には、通常の写真から HDR 調の画像を作成する［HDR トーン］という機能があります。この機能を使って写真を HDR 調に加工してみましょう。

シャドウにディテールのある画像

中間調にディテールのある画像

ハイライトにディテールのある画像

それぞれの階調を合成した HDR 画像

MEMO

正確な HDR 画像を作成するには、異なる露出で撮影した複数の写真を［ファイル］メニューから［自動処理］→［HDR Pro に合成］で合成しますが、ここではより簡単に HDR 調写真をつくる［HDR トーン］について解説します。

STEP 2

加工する写真を開き、［イメージ］メニューから［色調補正］→［HDR トーン］を選択します。今回の写真は、工場の夜景ということもあり、照明のハイライトと周辺のシャドウとのコントラストが大きいのが特徴です。ハイライト付近のディテールはきれいに出ていますが、その分シャドウの範囲が広くなっています。シャドウを中心にディテールを出しつつ、絵画的でドラマチックなイメージに仕上げてみましょう。

元画像

STEP 3

各種設定値を❶のように変更します。シャドウのディテールを出しつつ明るくなりすぎないように［シャドウ］の値を低くしました。さらに、［ガンマ］を高めてメリハリを出し、［ディテール］を加えて絵画的な印象に仕上げました。［エッジ光彩］は境界のコントラストを強調するために使っています。プレビューを確認しながら値を好みに微調整し、［OK］をクリックします。写真が HDR 調に加工されました。

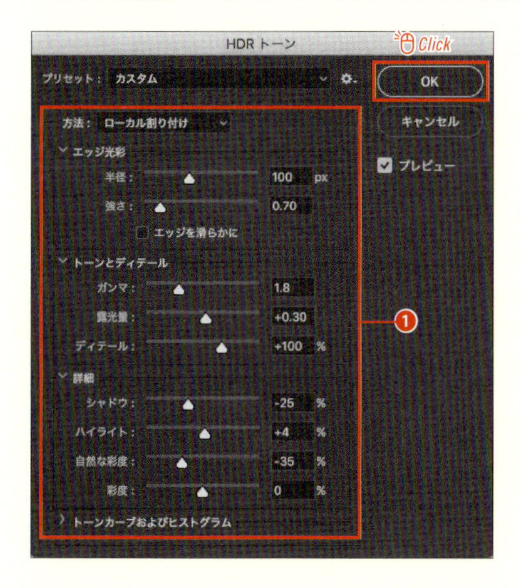

STEP 4

［HDR トーン］には、あらかじめさまざまな設定値がプリセットとして用意されています。これらの設定を使うだけでも、たくさんの個性的な HDR 調画像をつくることが可能です。プリセットの実行結果の一部を紹介しましょう。

初期設定

フラット

グレースケールノイズ（アーティスティック）

グレースケールノイズ（低コントラスト）

フォトリアリスティック

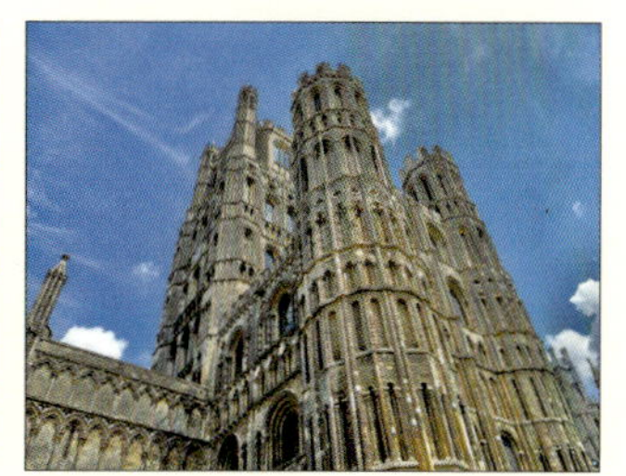

Scott5

NO.
207 手軽にクロスプロセス風の写真にする

VER.
CC / CS6 / CS5 / CS4 / CS3

CS6以降に搭載されている［カラールックアップ］を使えば、あらかじめ用意されたルックアップテーブルを使った色の置き換えが簡単にできます。

STEP 1

クロスプロセスとは、フィルムを通常と異なるプロセスを経て現像する手法です。特定の色が鮮やかに強調されるなど、個性的な色合いの写真に仕上げることができます。CS6以降のバージョンには［カラールックアップ］という機能が搭載され、これに似たような画像を簡単に作成できます。今回はこの写真を加工してみましょう。

STEP 2

［レイヤー］パネルの最下部にある［塗りつぶしまたは調整レイヤーを新規作成］ボタンをクリックし❶、［カラールックアップ］を選択します❷。カラールックアップの調整レイヤーが追加され、［属性］パネルの内容に切り替わります。ここでは［デバイスリンク］から［RedBlueYellow］を選択します❸。写真の印象が変わり、独自の雰囲気が出ました。

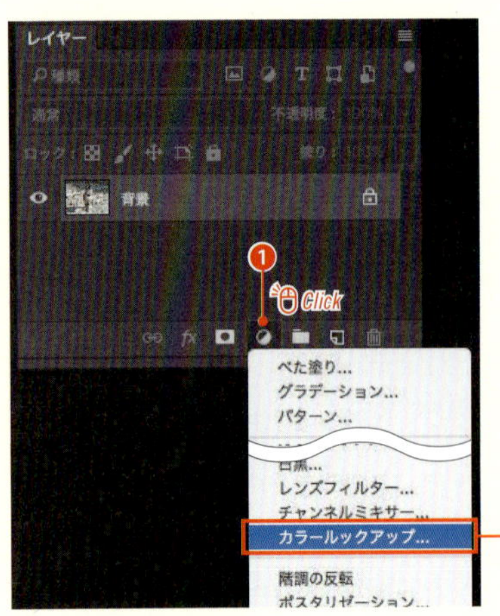

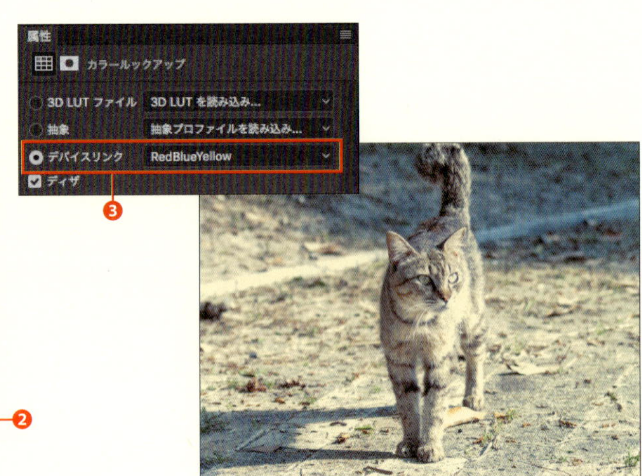

STEP 3

［カラールックアップ］には数多くのルックアップテーブルが用意されており、クロスプロセス風以外にもさまざまなイメージをつくることができます。メニューから好みに合うものを探してみましょう。

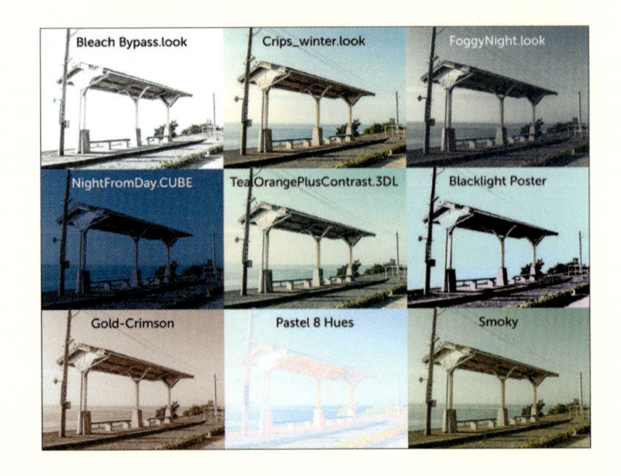

第8章 印刷・出力

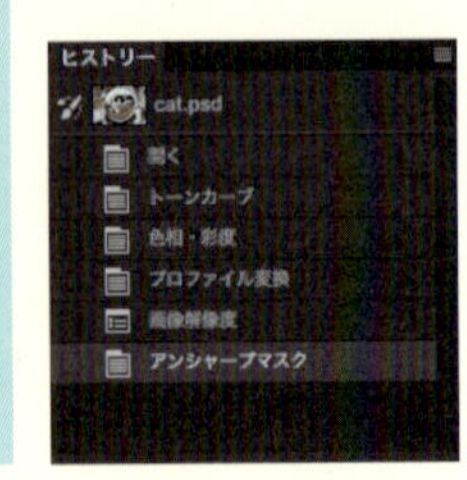

NO.

208 後戻りできる機能を利用する

VER.
CC / CS6 / CS5 / CS4 / CS3

作業を行う上で、工程をさかのぼりたい場面は必ず現れます。さまざまな方法で後戻りが可能なので、ぜひ覚えておきましょう。

STEP 1

単純に１工程さかのぼりたいだけなら、［編集］メニューの［取り消し］が便利ですが、何工程も前にさかのぼってやり直す場合には、［ウィンドウ］メニューから［ヒストリー］❶を使うといいでしょう。記録可能な［ヒストリー数］は環境設定の［パフォーマンス］から変更することができます。

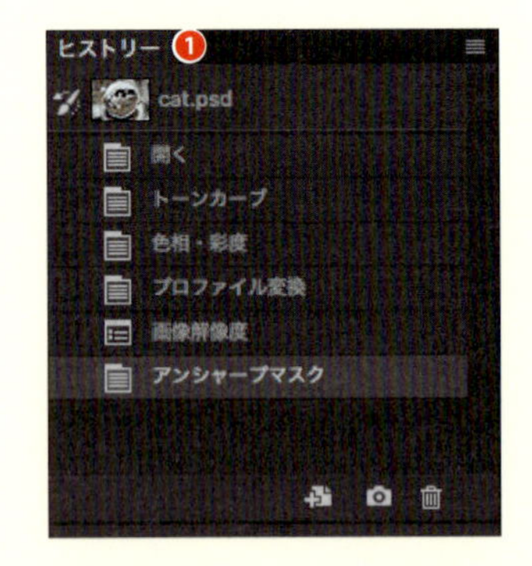

STEP 2

トーンカーブなどの調整を何度もやり直せる［調整レイヤー］も便利な機能です。［色調補正］パネルから、［レベル補正］❷や［トーンカーブ］❸などを選択して調整を行うと、その調整自体がレイヤーとして記録されます。調整レイヤーをダブルクリックする❹ことにより、［レベル補正］や［トーンカーブ］を使った調整を呼び出すことが可能で、再度調整できます。

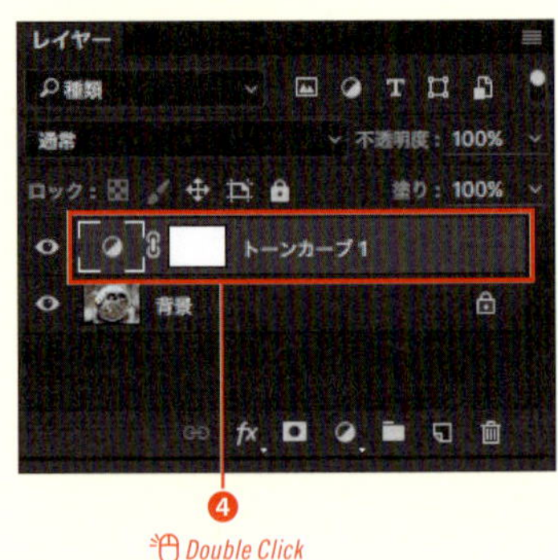

STEP 3

フィルターによる効果の度合いを変更したり、効果自体を破棄して元に戻したりできるのが［スマートフィルター］です。［スマートフィルター］を使うには、効果をかけたいレイヤーを選択して［フィルター］メニューから［スマートフィルター用に変換］❺を選びます。この状態になっていれば、あとは［シャープ］［レンズ補正］［ゆがみ］などさまざまな効果に対し、あとから変更が可能になります。

例えば［フィルターギャラリー］をかけたあとで、レイヤー上でその効果をダブルクリックする❻ことにより、再度調整が可能です。また調整自体を破棄することも可能なので、効果をかけていなかった状態に簡単に戻せます。

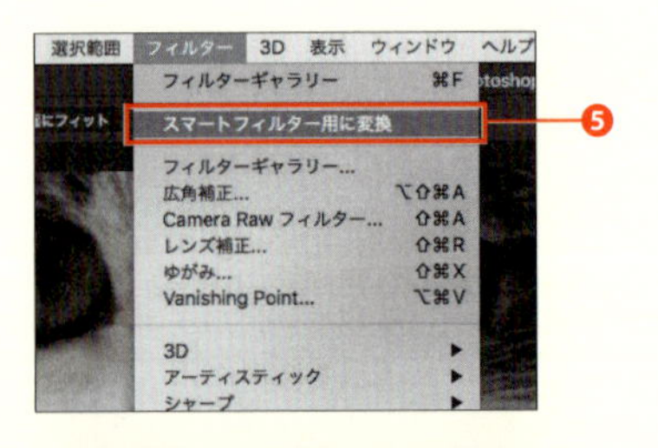

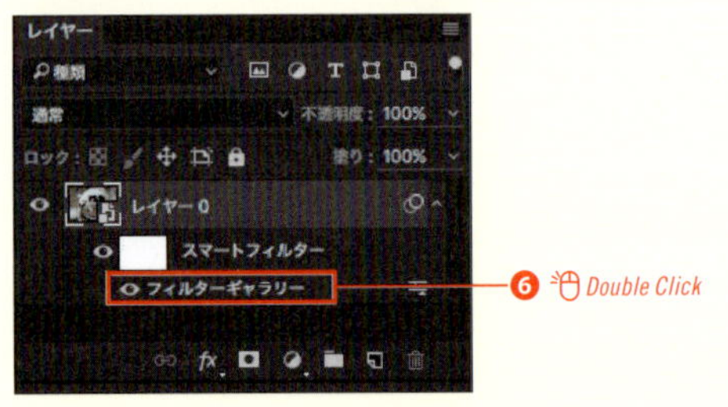

NO.

209 Photoshop形式で保存する

VER.
CC / CS6 / CS5 / CS4 / CS3

Photoshop 形式で保存をすることにより、[調整レイヤー] や [効果] など、編集時の設定を残すことができます。

STEP 1

Photoshop のネイティブの保存形式は拡張子［.psd］の Photoshop 形式❶です。Photoshop 形式のままファイルを渡すと相手方で展開できない場合もありますが、［調整レイヤー］や［スマートフィルター］をはじめとする編集時の設定を残すことが可能なので、なるべく Photoshop 形式の状態でファイルを保存しておくといいでしょう。［ファイル］メニューから［保存］を選択し、［フォーマット：Photoshop］にします。

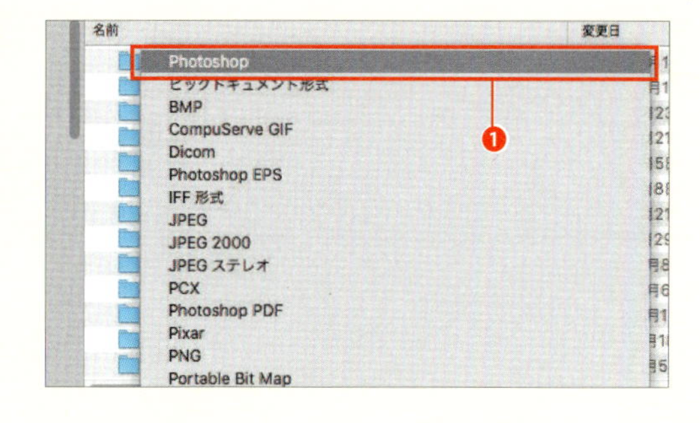

STEP 2

元のファイル形式が Photoshop 形式以外の場合も、［別名で保存］❷を使えば、Photoshop 形式に変換が可能です。［カラープロファイルの埋め込み］❸のチェックは外さないようにしましょう。プロファイルは色に関する重要な情報なので、もし外してしまうと、正しい色で展開することができなくなってしまいます。

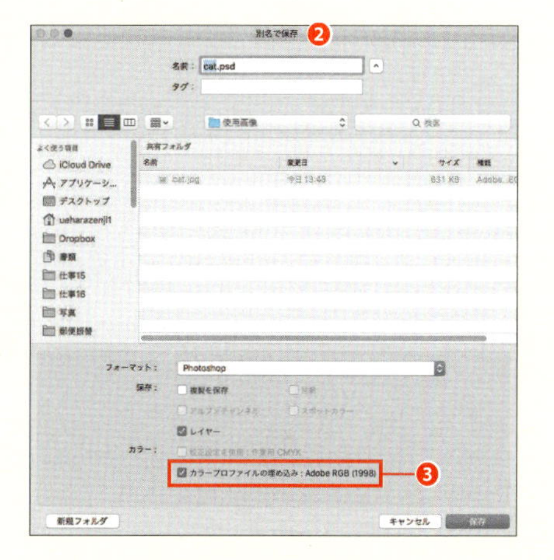

STEP 3

使用している機能によっては［Photoshop 形式オプション］ダイアログ❹が表示されることがあります。Photoshop の特定のバージョンに限定された機能を残して保存するなら［互換性を優先］❺のチェックを外して、［OK］をクリックします。

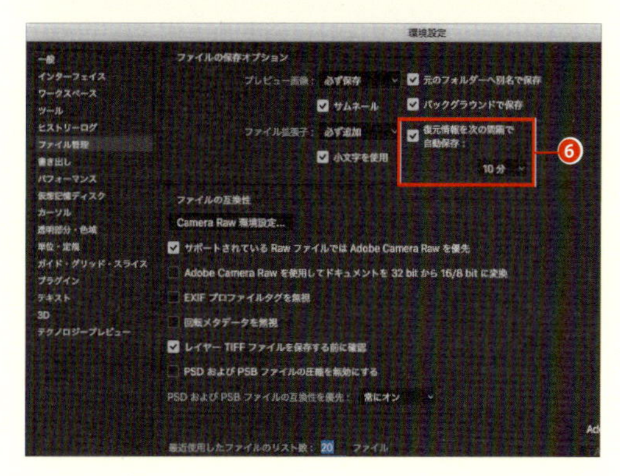

MEMO

ファイルを保存する際に、プレビュー画像をつけるかどうか、ファイル拡張子を追加するかどうかなどは［環境設定］メニューから［ファイル管理］→［ファイルの保存オプション］で変更可能です。またドキュメントのバックアップコピーを復元用に自動保存する間隔の変更などもできます❻。自分の作業の仕方に合わせて調整するといいでしょう。これらのオプション設定は、基本はデフォルトのままで大丈夫ですが、一度チェックしておくといいでしょう。

006 プレビューアイコン、拡張子の設定をする
210 PDF 形式で保存する

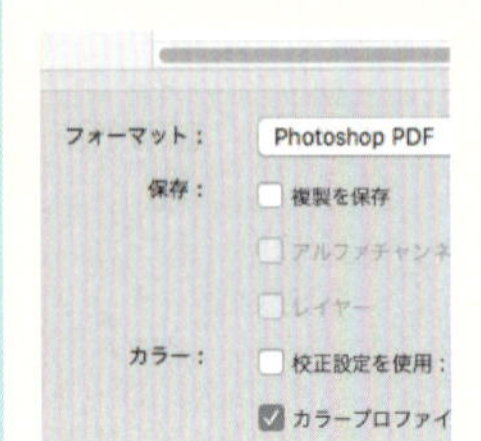

NO.
210 PDF形式で保存する

VER.
CC / CS6 / CS5 / CS4 / CS3

PDF 形式で保存することにより、さまざまなリーダーで閲覧でき、複数画像をひとつのファイルにまとめることも可能になります。

STEP 1

Photoshop で開いているファイルを PDF にするには、[ファイル] メニューから [別名で保存] ❶を選択します。[フォーマット] から [Photoshop PDF] ❷を選び、[保存] をクリックします。[カラープロファイルを埋め込んで保存] ❸にすれば、このファイルを開く際、モニタやプリンターで正しい色で閲覧することが可能になります。[校正設定を使用] ❹にチェックを入れておけば、印刷した場合の仕上がりシミュレーションができます。

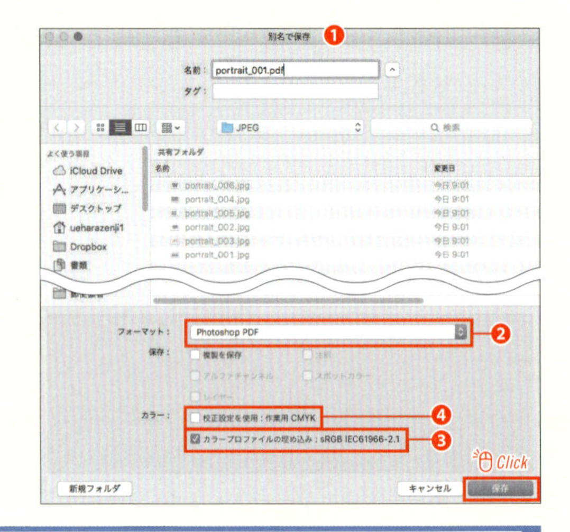

MEMO

[別名で保存] 時に現れるアラート❺は、STEP1 での設定よりも、次に現れる詳細な設定のほうが優先されることを意味します。了解したら、[再表示しない] ❻にチェックを入れておきましょう。

STEP 2

Photoshop から PDF への書き出しでは、かなり細かい設定をすることができます。特にこだわりがない場合はデフォルトのままでも PDF 化は可能ですが、ディスプレイでの閲覧が目的であれば、ファイルサイズが軽くなるように設定をすることもできます。また、オプションとして [Photoshop 編集機能を保持] [サムネールを埋め込み] [Web 表示用に最適化] [保存後 PDF ファイルを表示] があります❼。

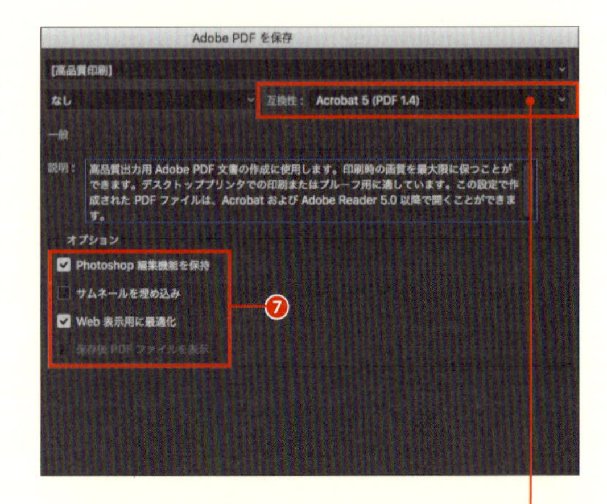

STEP 3

[互換性] ❽では、互換性をもたせる Acrobat のバージョンを選ぶことができます。最新バージョンに設定をすれば、最新の機能を含めることができますが、ファイルを受け取った側の環境ではその機能を使用できない可能性もあるので、注意が必要です。

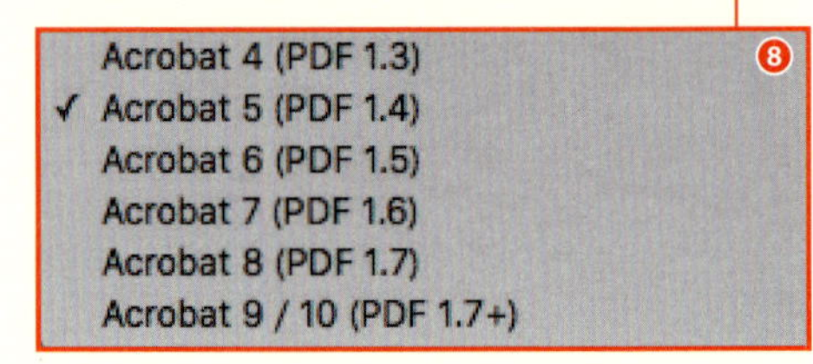

STEP 4

Photoshop から PDF 形式で別名保存をする場合、[Adobe PDF プリセット] ❾により、あらかじめ定義されている Adobe PDF 設定の指定ができます。例えば、[PDF/X-1a:2001（日本）] ❿は、ISO 標準規格の[PDF/X-1a:2001] に準拠した Adobe PDF 文書を作成するためのプリセットです。[プレス品質] ⓫と [高品質印刷] ⓬の違いはちょっとわかりづらいですが、[プレス品質] では [Japan Color 2001 Coated] に変換され、[高品質印刷] では、カラー変換はされない、といった違いがあります。使いやすい設定としては、[最小ファイルサイズ] ⓭があり、軽いダミーデータをメールで送りたい、といった場合に利用するといいでしょう。

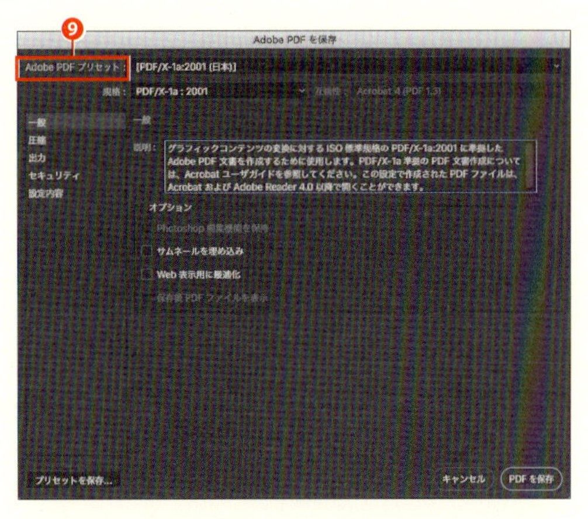

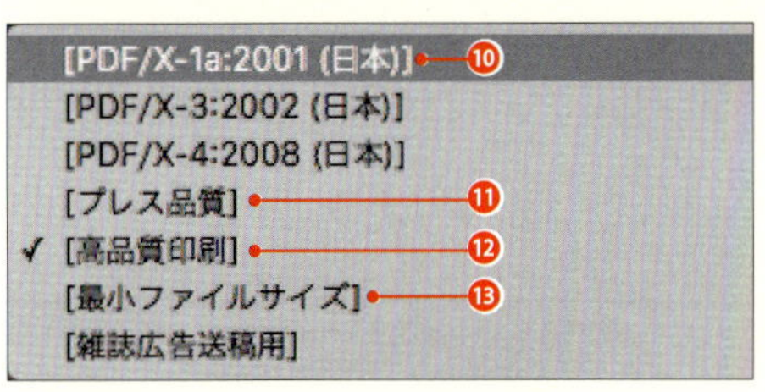

STEP 5

PDF への書き出しはプリセットメニューでの指定だけでも可能ですが、[圧縮] ⓮のカスタマイズ法を覚えておくと便利です。使用目的に応じて、解像度を下げたり、JPEG での圧縮率を変更することにより、ファイルを軽くできます。[次の解像度を超える場合] ⓯で必要解像度を超える数値入力し、その上の項⓰で変更後の必要解像度を入力しておけば、解像度が高すぎる場合、自動的に解像度を低くしてくれます。

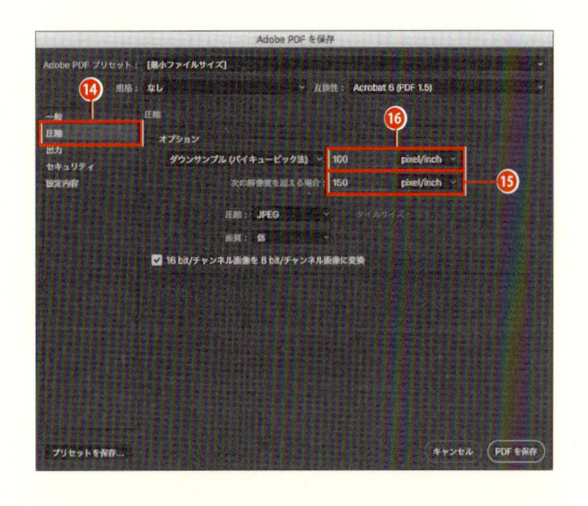

STEP 6

PDF 保存の便利な点は、簡単にセキュリティの設定ができるところです。例えば、特定の人にだけファイルを見せたい場合には、[セキュリティ] の [ドキュメントを開くときにパスワードが必要] ⓱にチェックを入れ、[ドキュメントを開くパスワード] ⓲に任意のパスワードを入力しておきます。ファイルを見せたい人にだけパスワードを知らせれば、その人はファイルを開くことが可能になります。同様に [権限] の [文書の印刷および編集とセキュリティ設定にパスワードが必要] ⓳にチェックを入れると、ファイルの印刷や変更を制限することができます。

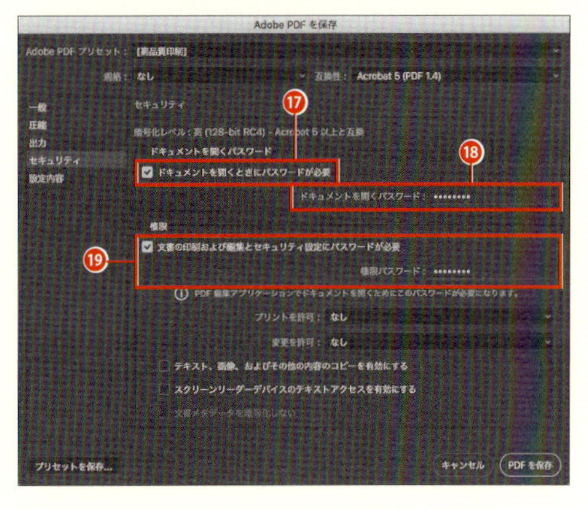

第8章
印刷・出力

209 Photoshop 形式で保存する
211 切り抜き画像として保存する

NO.
211 切り抜き画像として保存する

VER.
CC / CS6 / CS5 / CS4 / CS3

クリッピングパスを設定すると、InDesignなどのDTPソフトで配置したときに、画像の背景が切り抜かれて表示されます。

STEP 1

Photoshopでつくった切り抜き画像をInDesignなどのDTPソフトに配置する方法のひとつが［クリッピングパス］の使用です。まず、［ツール］パネルから［ペン］ツールを選択し、オプションバーで［パス］が選択されていることを確認します❶。

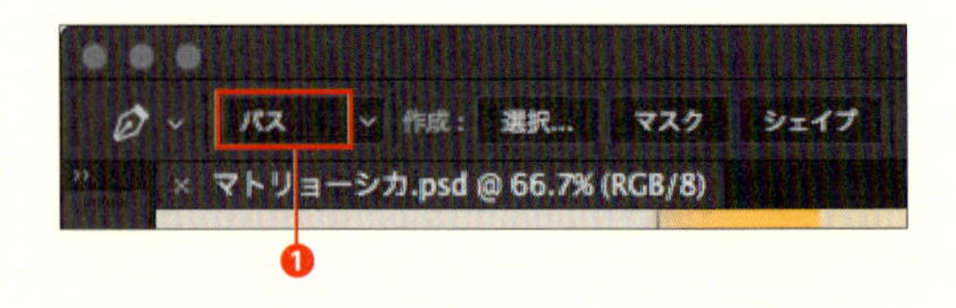

STEP 2

画像を拡大し、切り抜きたいオブジェクトの少し内側を、［ペン］ツールを使って囲んでいきます❷。曲線を描く場合は、クリックしてアンカーポイントができたら、そのままドラッグします。パスの詳細な描き方に関しては、Photoshopのマニュアルで確認してください。また、情報としては、Illustratorでのパスの描き方が役に立ちます。

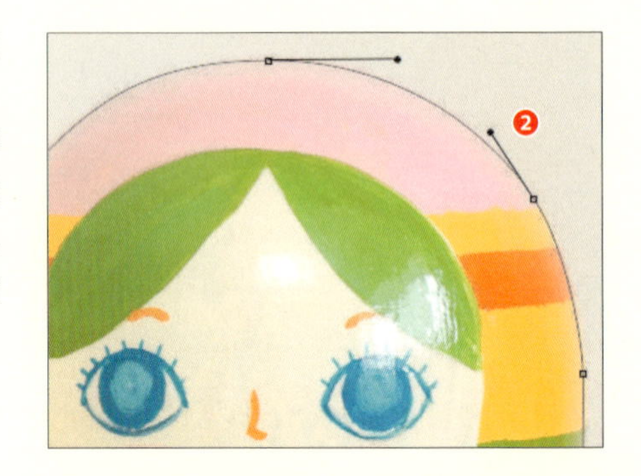

STEP 3

パスを描く際には、拡大、縮小、移動などのショートカットを併用すると便利ですが、［ナビゲーター］パネル❸を表示させて利用する方法もあります。［ナビゲーター］パネルでは、スライダーを右へ移動させると拡大を、左へ移動させると縮小を、赤く囲まれた部分をドラッグすると移動をすることができます。［ペン］ツールから、他のツールに切り替える必要がないのが利点です。

STEP 4

パスでオブジェクトを囲んだら❹、修正をします。［パス選択］ツール❺を使って、パスやアンカーポイント、方向線をハンドリングして調整します。

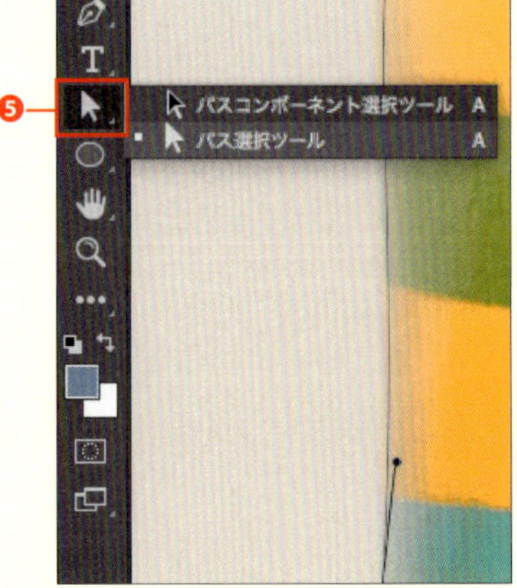

STEP 5

パスが完成したら［パス］パネルの［作業用パス］❻を選択し、パネルメニューから［パスを保存］❼を選択します。

STEP 6

［パスを保存］ダイアログが表示されたら［パス名］を変更しない❽で［OK］をクリックします。

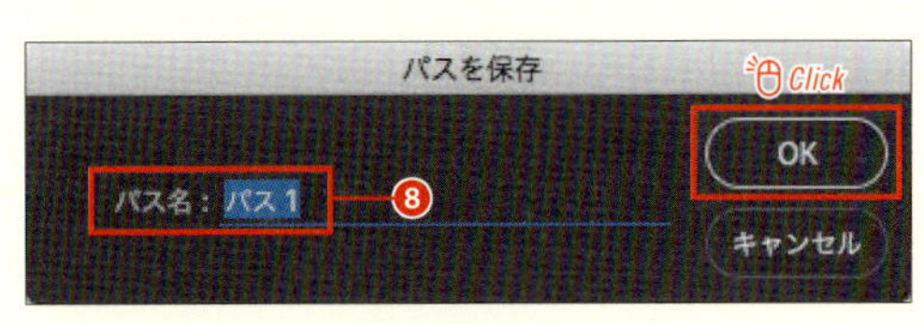

STEP 7

［パス］パネルの［パス 1］が選択された状態❾で、パネルメニューから［クリッピングパス］❿を選択します。

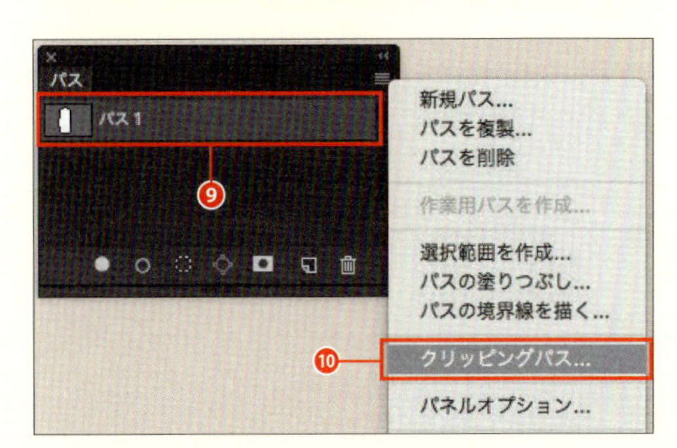

STEP 8

［クリッピングパス］ダイアログが表示されたら、［パス］で保存したパス名を選択し［平滑度］が空欄のまま⓫［OK］をクリックします。パスがクリッピングパスになると、［パス］パネルの名前が袋文字⓬になります。

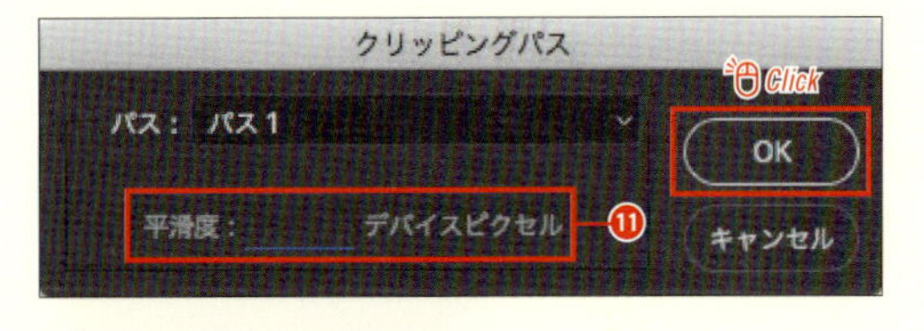

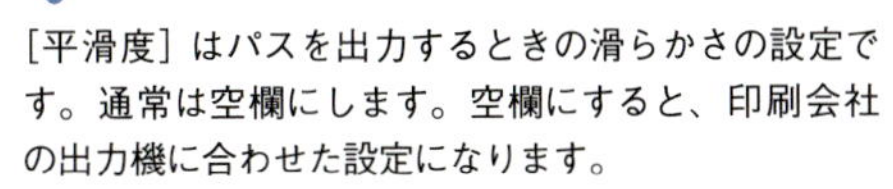

MEMO

［平滑度］はパスを出力するときの滑らかさの設定です。通常は空欄にします。空欄にすると、印刷会社の出力機に合わせた設定になります。

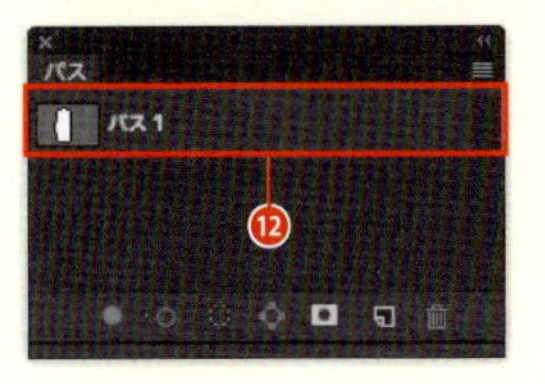

STEP 9

最初に保存するときは［ファイル］メニューから［保存］を選択します。すでに別の形式で保存されているときは、［ファイル］メニューから［別名で保存］を選択します。［保存］ダイアログが表示されたら［フォーマット（［ファイルの形式］）］から［Photoshop］［Photoshop EPS］［TIFF］のどれかを選択し、［OK］をクリックします。

実際にクリッピングパスを作成し、InDesign に配置した状態

209 Photoshop 形式で保存する
210 PDF 形式で保存する

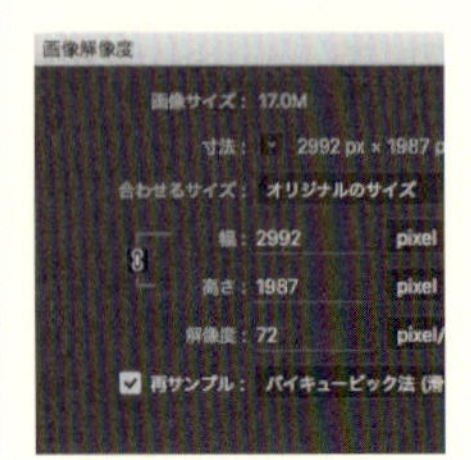

NO.

212 画像データをリサイズする

VER.
CC / CS6 / CS5 / CS4 / CS3

最適なサイズにリサイズすることにより、シャープネスの効きをよくし、ファイルの容量を軽くすることができます。

STEP 1

画像データを印刷向けに最適化するには、ドキュメントのサイズや解像度をレイアウトに合わせて調整する必要があります。この調整は［イメージ］メニューから［画面解像度］❶で行います。［幅］［高さ］［解像度］❷の数値が現在の値です。この値を変更することによって、サイズや解像度を変えることができます。

STEP 2

例えば、幅 70mm の印刷用データにしたい場合は単位を［mm］に変更し❸、［70］と入力します❹。［縦横比を固定］❺にしておけば、縦横の比率は変化しません。［解像度］❻は印刷目的の場合［300 〜 350：pixel/inch］に設定しておくといいでしょう。

STEP 3

［再サンプル］とは画像のピクセル数または解像度を変更することにより、画像データ量を変更することです。この［再サンプル］を行う場合の［補間方式］には種類がありますが、グラデーションを損なわずに拡大・縮小をしたい場合の基本は［バイキュービック方（滑らかなグラデーション）］❼です。［再サンプル］によりシャープネスが損なわれた場合は、適宜［アンシャープマスク］（［フィルター］メニューから［シャープ］）をかけるといいでしょう。

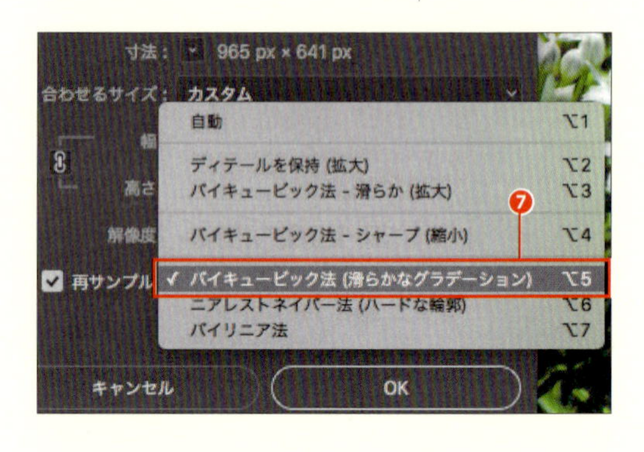

STEP 4

基本的に画像解像度で拡大、縮小を行えば画像サイズも変化しますが、［再サンプル］❽のチェックを外せばピクセル数を変化させずに幅、高さや解像度の変更が可能です。画像自体にタッチせずに、どのくらいのサイズで印刷可能かなどの確認ができます。

NO.

213 印刷用データに色変換する

VER.
CC / CS6 / CS5 / CS4 / CS3

RGB 画像データを印刷用の CMYK データに変換するには、「プロファイル変換」を利用します。印刷条件に合った変換が必要になります。

STEP 1

CMYK への変換には［編集］メニューから［プロファイル変換］❶を選択します。重要なのは［ソースカラースペース］❷と［変換後のカラースペース］❸です。まず、ソースカラースペースでのプロファイル設定が正しいかどうかを確認してください。プロファイルの埋め込まれていない画像の場合、カラー設定でのプロファイルの設定が効いてくるので、注意が必要です。

MEMO

プロファイル変換では、元画像の色に近似した色に変換されます。ただし、プロセス4色のカラー印刷の色再現域はそんなに広くはないので、RGB 上の色のすべてを再現することはできず、近い色に置き換えられます。どんな色が印刷で再現できないのかを見極めてレタッチすることが重要です。

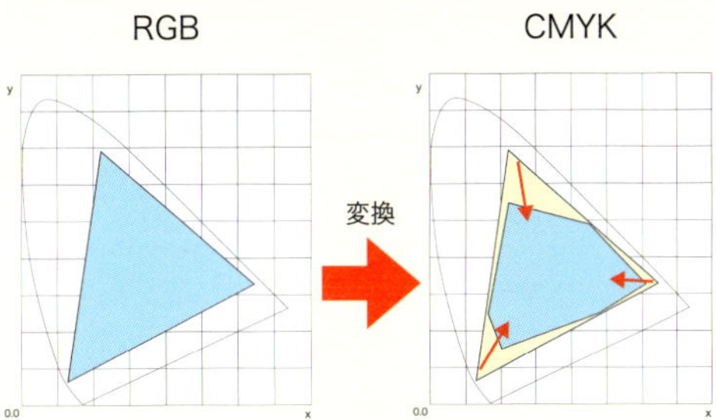

CMYK に変換することにより色再現域は圧縮される。再現できない色は、近似した色に置き換えられる

STEP 2

右は［R66 ／ G91 ／ B143］という青色を CMYK に変換した際の情報値の変化です。カラースペース自体は CMYK に変わっていますが、色の基準である Lab 値がほとんど変化していないところに注目してください❹。うまく変換できたので、見た目の色は変わらなかったことを示しています。

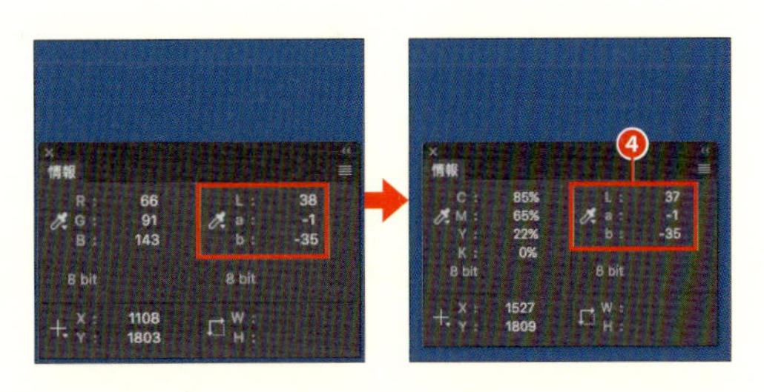

STEP 3

プロファイル変換で重要なのは、変換する印刷条件に合ったプロファイルを［変換後のカラースペース］として選択することです。日本向け、北米向け、輪転機向け、枚葉機向けなどさまざまなプロファイルがあります。もしも、どのプロファイルを選択していいかわからなければ、必ず後工程で確認するようにしましょう。

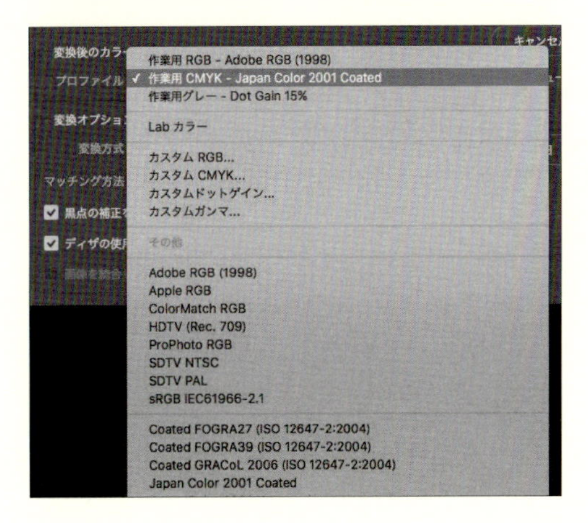

239 RGB 作業用スペースを設定する
240 CMYK 作業用スペースを設定する

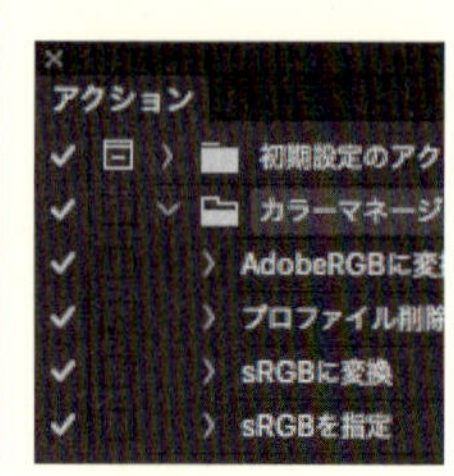

NO.
214 変換処理をアクションに登録する

VER.
CC / CS6 / CS5 / CS4 / CS3

印刷用の CMYK 画像を作成する「プロファイル変換」などの処理は、一点ずつではなく、アクションに登録してバッチ処理をすると便利です。

STEP 1

CMYK 変換や、Web 用の sRGB への変換などのアクションの作成をします。RGB 画像を開いた状態で、[ウィンドウ] メニューから [アクション] を選択してパネルの右下にある [新規アクションを作成] をクリックします❶。

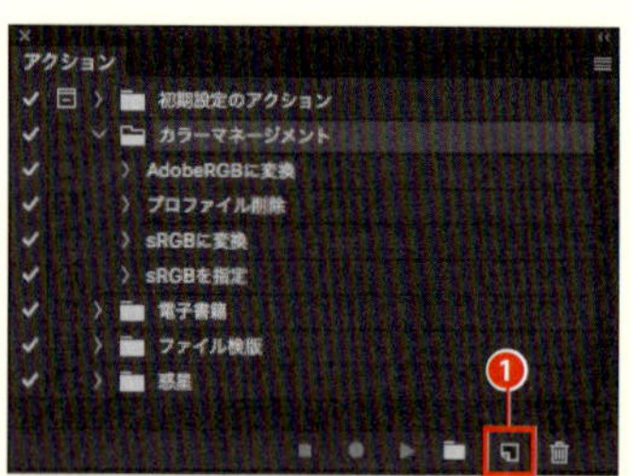

STEP 2

[新規アクション] ダイアログが開いたら、アクション名を入力して❷、[記録] をクリックします。作例では [Japan Color 2011 に変換] のアクションをつくりますが、どんなアクションでもかまいません。

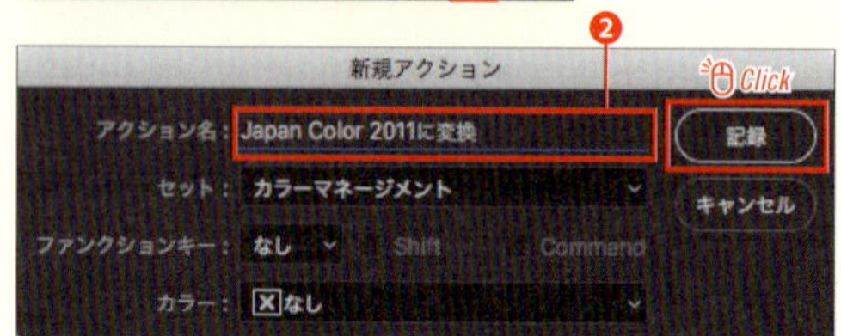

STEP 3

[編集] メニューから [プロファイル変換] を選び、[変換後のカラースペース] で変換したい CMYK のプロファイルを選択❸して、[OK] をクリックします。ここではコート紙に枚葉機で印刷を行う際のプロファイルである [Japan Color 2011 Coated] を選択しました。変換できたら、[アクション] パネルの [再生 / 記録を中止] で記録の停止を行うことで、アクションが完成します。

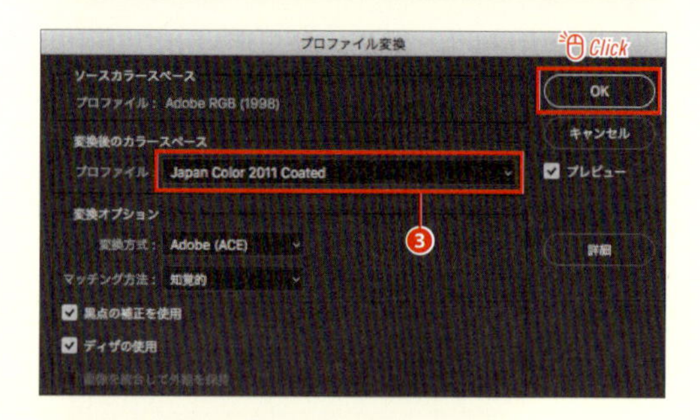

STEP 4

実際にアクションを利用する方法はいくつかあります。簡単な方法としては、色変換を行いたいファイルを開き、先ほどつくった [Japan Color 2011 に変換] のアクションを選択した上で [選択項目を再生] ❹をクリックして実行します。

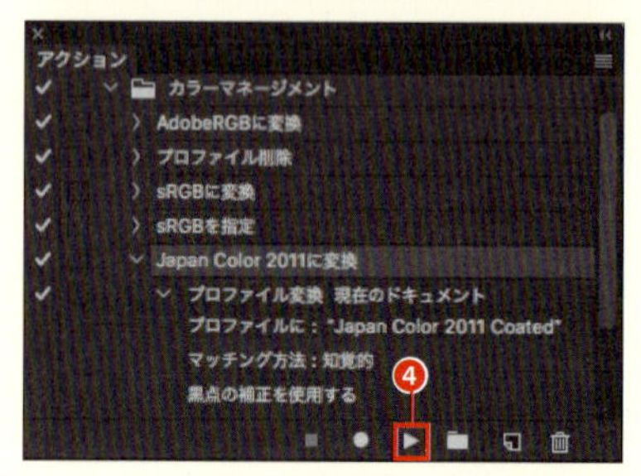

MEMO

[ファイル] メニューから [自動処理] → [バッチ] を選べば複数のファイルを一度に変換できます。プロファイルの指定や変換など、よく使うプロファイルの処理は、まとめてアクションとして登録しておくといいでしょう。

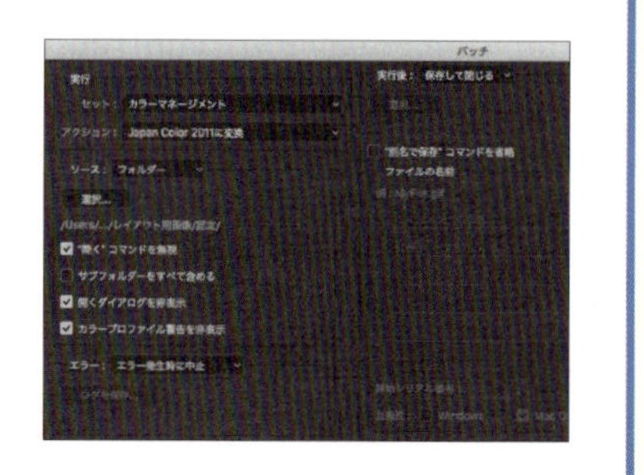

266 複数の画像にアクションを適用する (バッチ処理)

NO.
215 Bridgeで画像のチェックをする

VER.
CC / CS6 / CS5 / CS4 / CS3

Adobe Bridge は画像閲覧ソフトですが、プロファイルや解像度のチェックなどにも使えるので、うまく利用しましょう。

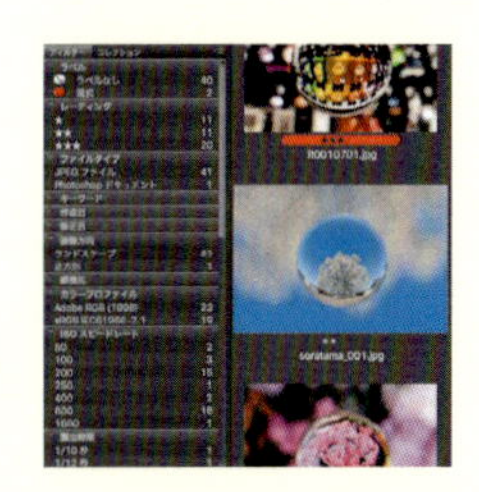

STEP 1

Adobe Bridge は画像を閲覧し、セレクトするのに便利なだけでなく、Photoshop との連携により、セレクトした画像をまとめて画像処理したり、PDF 化したりすることもできます。例えば写真のセレクトには星印を付ける［レーティング］が便利です。画像を選択した状態で ⌘（Ctrl）＋数字キーにより星印がつけられます❶。あとは［レーティング］で星の数を選べば❷、「ふたつ星の画像だけを表示させる」といったことができます。

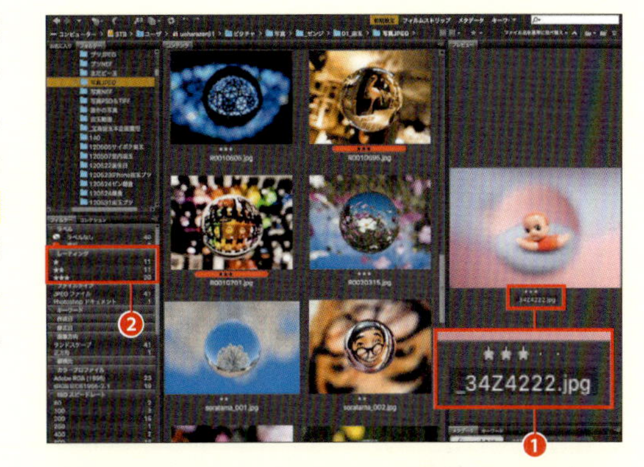

STEP 2

画像ファイルは、印刷用か Web 用かといった用途の違いにより、プロファイル変換することが必要ですが、Adobe Bridge は現在のカラープロファイルの確認に利用することができます。例えば右のようなカラープロファイルの状態なら、CMYK や RGB の画像がそれぞれいくつずつあるのかといったチェックも可能です❸。

STEP 3

印刷に適した画像は、画像解像度が 300 〜 350ppi のものです。Bridge では画像解像度のチェックもできるので、ここで解像度の確認をするといいでしょう❹。解像度の低い画像を選択し、「350ppi に解像度変更」といったアクションをつくって実行してみてもいいでしょう。

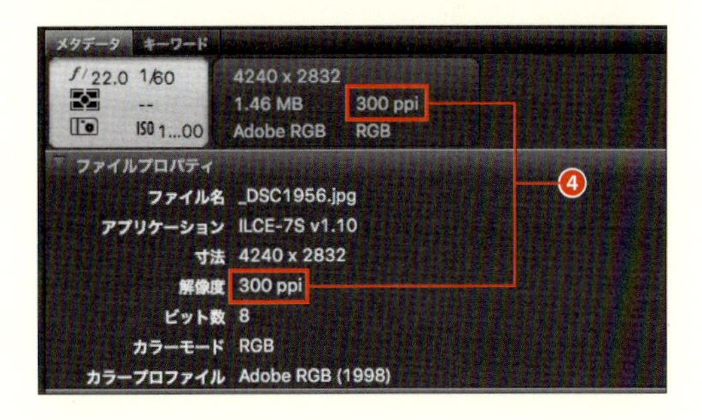

STEP 4

Adobe Bridge では画像データに記載されているさまざまな情報の閲覧が可能ですが、それぞれの項目の表示、非表示を切り替えることができます。［Adobe Bridge CC］メニュー（Windows は［編集］メニュー）から［環境設定］の中の［メタデータ］❺を選択し、表示させておきたい項目にチェックを入れましょう。必要な項目だけを選んですっきりさせることで、作業効率も上がります。

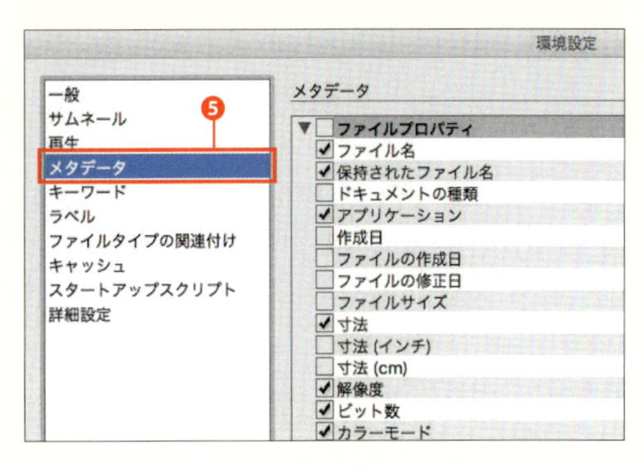

217 Bridge を使って一括変換する

NO.

216 コンタクトシートを作成する

VER.

CC / CS6 / CS5 / CS4 / CS3

Adobe Bridge では複数画像を1ページに配置する［コンタクトシート］を簡単に作成することが可能です。

STEP 1

Bridge では、選択した画像を一枚の画像ファイルにまとめて［コンタクトシート］として保存しておくことができます。まず、フォルダー内の画像にレーティングするなどして画像を選び、それらの画像を選択します❶。

STEP 2

画像を選択したら［ツール］メニューから［Photoshop］から［コンタクトシートII］を選びます❷。

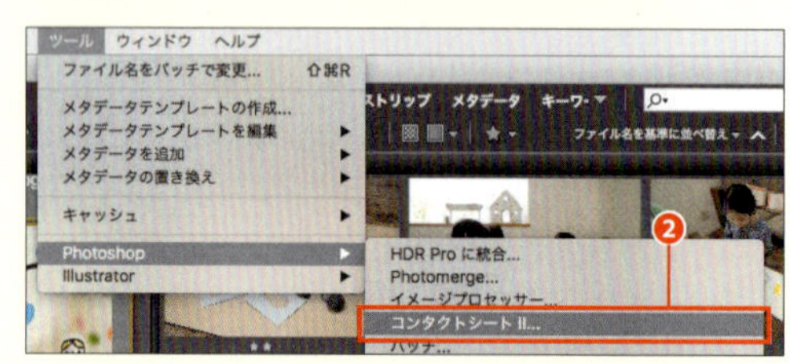

STEP 3

［コンタクトシートII］のダイアログが現れたら、まず［使用］❸の確認です。Bridge の選択ファイルの場合は［Bridge］を、その他任意のフォルダーから作成できます。ドキュメントの設定としては、［幅］［高さ］［解像度］❹などの調整が可能です。あとは［サムネール］❺を［縦に並べる］か［横に並べる］か、縦横にいくつずつ並べるかといった設定が可能です。

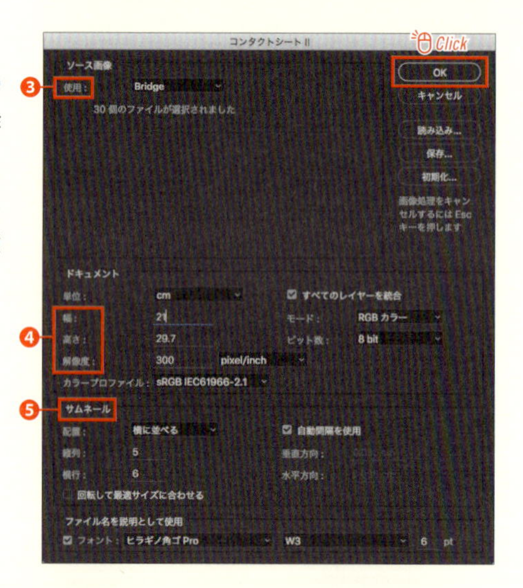

STEP 4

［OK］をクリックすると画像の縮小と配置が行われ、サムネールがひとつのファイルにまとめられた［コンタクトシート］❻ができあがるので、任意の形式で保存します。仕事先と画像のセレクトなどについて相談するのに便利ですが、例えばプリント用の解像度で渡せば、送付先でプリントしたり、モニタ上で拡大して閲覧したりすることができます。

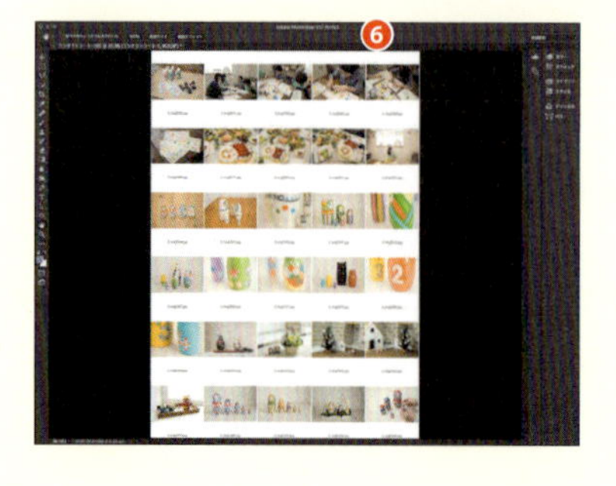

215 Bridgeで画像のチェックをする

NO.
217 Bridgeを使って一括変換する

VER.
CC / CS6 / CS5 / CS4 / CS3

単純な作業を複数ファイルで実行したい場合には、自動処理が便利ですが、Bridge でファイルをセレクトすると、さらに効率が上がります。

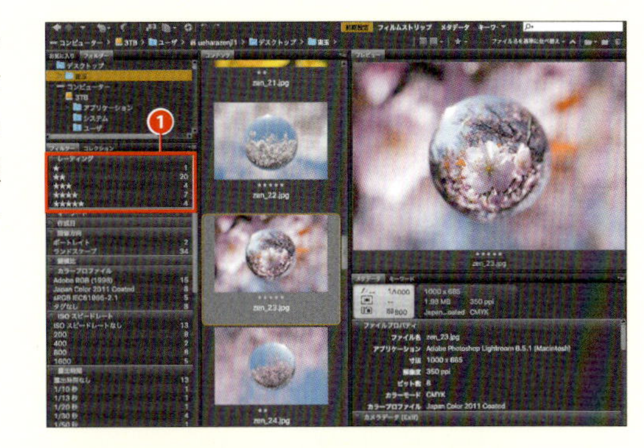

STEP 1

Adobe Bridge は単に画像を閲覧したり、セレクトしたりするためだけのアプリケーションではありません。セレクトした画像に対して一括で画像処理を行う場合などに効果的です。画像をセレクトするには、星印をつけてレーティング❶する方法や、ひとつのフォルダーに画像を集める方法などがあります。

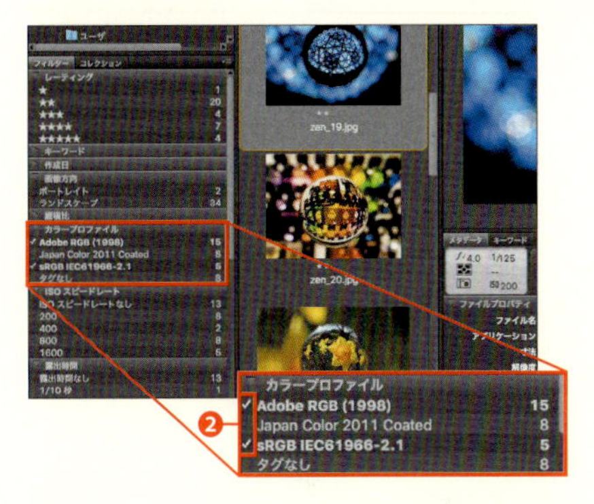

STEP 2

例えば、あるフォルダー内の RGB 画像をすべて CMYK に変換する場合を想定してみます。この場合はカラープロファイルに注目すれば、答えは簡単です。右のケースでは RGB の画像データは Adobe RGB と sRGB の 2 種です。そこでこのふたつにチェックを入れれば、RGB 画像の選択は完了です❷。

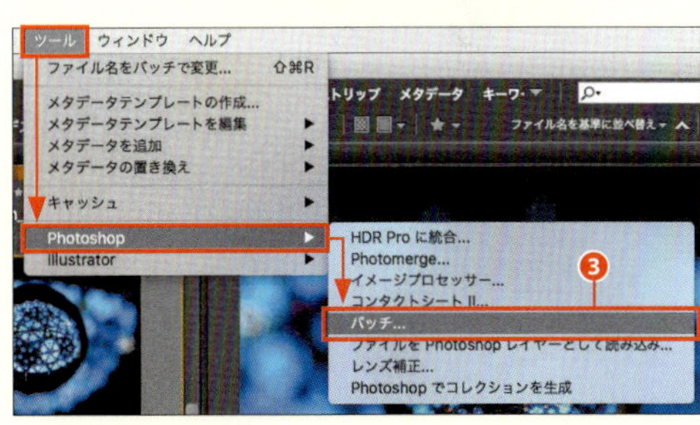

STEP 3

RGB 画像の選択ができたら、その状態で [ツール] メニューから [Photoshop] → [バッチ] ❸を選択します。するとバッチ処理のためのダイアログが開きます。

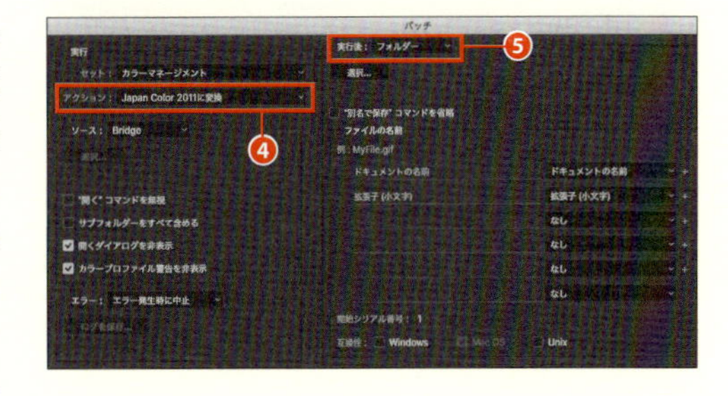

STEP 4

[バッチ] ダイアログが開いたら、アクションから処理したいメニューの選択をします。ここでは CMYK 変換を行うので、「214 変換処理をアクションに登録する」で作成したアクション [Japan Color 2011 に変換] ❹を選んでみましょう。[実行後] は [なし] [保存して閉じる] [フォルダー] の選択ができます❺。[フォルダー] とは元ファイルはそのままにして別のフォルダーに保存をすることです。ここでファイルにわかりやすい名前を設定することが可能です。

266 複数の画像にアクションを適用する (バッチ処理)

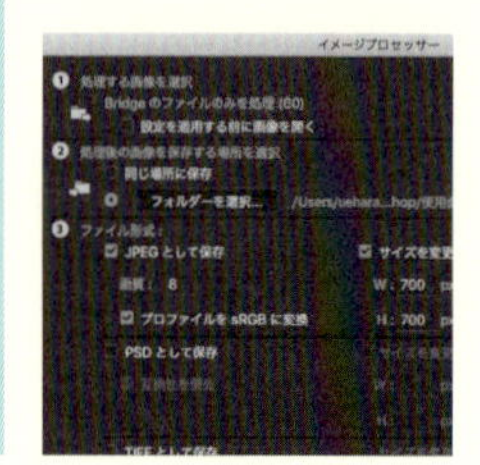

NO.
218 イメージプロセッサーでサイズの変更をする

VER.
CC / CS6 / CS5 / CS4 / CS3

Adobe Bridge から一括で画像処理を行うには、［自動処理］の［バッチ］以外にもイメージプロセッサーを利用することができます。

STEP 1

［イメージプロセッサー］ではファイル形式やサイズを変更して、まとめて書き出すことができます。JPEG、PSD、TIFF への書き出しが可能ですが、ひとつのファイルを JPEG と TIFF に同時に書き出すこともできますし、自分でつくった［アクション］をさらにプラスすることも可能です。Adobe Bridge から［イメージプロセッサー］を利用するには、まず画像ファイルを選択❶します。

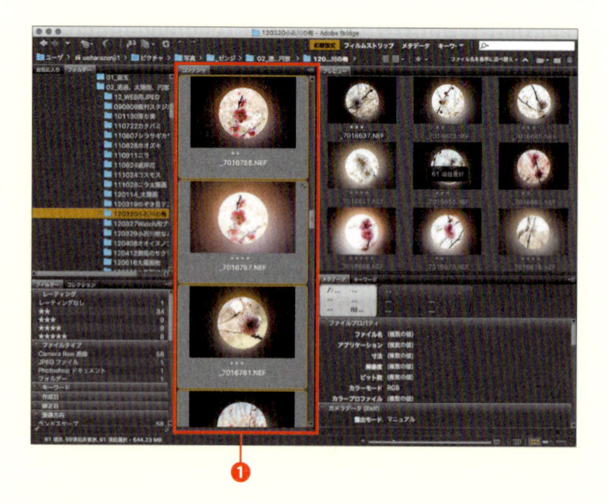

STEP 2

［イメージプロセッサー］で処理したい画像を選択した状態で、［ツール］メニューから［Photoshop］→［イメージプロセッサー］❷を選択します。

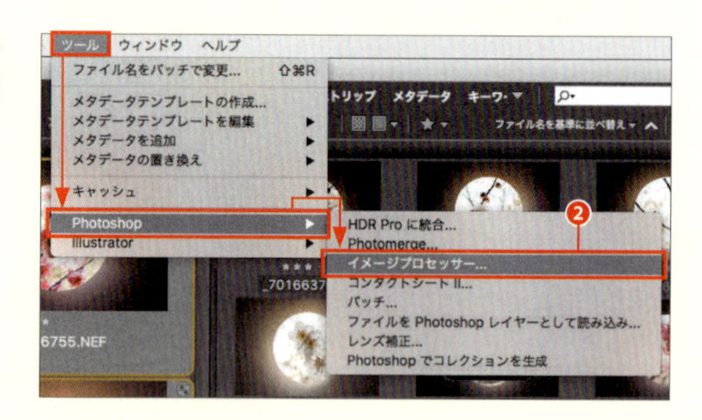

STEP 3

［イメージプロセッサー］ダイアログでは、書き出し方の設定が行えます。同時に複数の形式での書き出しができるので、本画像とサムネール画像、Web 用と印刷用、といったファイルが同時につくれます。ファイルのサイズは例えば、［W：700px ／ H：700px］❸と設定すると、縦位置の写真でも横位置の写真でも、長辺を 700px に揃えることができます。［プロファイルを sRGB に変換］❹の機能と組み合わせれば、WEB 向けの画像を簡単につくることが可能です。［環境設定］の［アクションを実行］❺では、例えばシャープネス処理をかけて、最終段階まで自動化を図ることが可能になります。

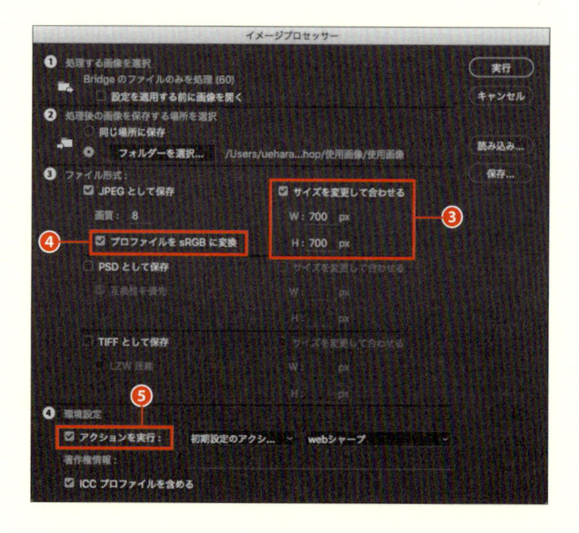

266 複数の画像にアクションを適用する（バッチ処理）

NO.
219 プリントの設定をする

VER.
CC / CS6 / CS5 / CS4 / CS3

Photoshop ではプリント時にかなり細かい設定が可能です。レイアウトや出力時のカラーのプレビューをすることもできます。

STEP 1

Photoshop でのプリントは［ファイル］メニューから［プリント］を選択し、［プリント］ダイアログで詳細な設定をしながら行います。プレビュー画面では、［プリントカラーをプレビュー］❶を使い、プリントされる色のシミュレーションができます。また､プリントされる［位置］❷や［拡大・縮小したプリントサイズ］❸は数値入力による変更もできますし、表示されている画像をドラッグすることで、刷り位置の変更も可能です。

MEMO

色域外警告にチェックを入れておくと、画像上には記録されているがプリントで再現できない色がグレーで表示されます。プリント時には近似した色で再現されるので、あまりこの色域外ということに神経質になる必要はありません。

STEP 2

Photoshop（アプリケーション）側での設定は［プリント］ダイアログにより行いますが、プリンター側での設定は［プリント設定］❹により行います。どんな用紙を使うのか、プリントスピード優先か、画質優先か、といった設定はプリンタードライバでの設定で行います。

STEP 3

［プリント］ダイアログの［トンボとページ情報］❺により、プリント時にトンボなどを入れることができるようになります。［レジストレーションマーク］［コーナートンボ］［センタートンボ］［説明］などを付加することができる、便利な機能です。

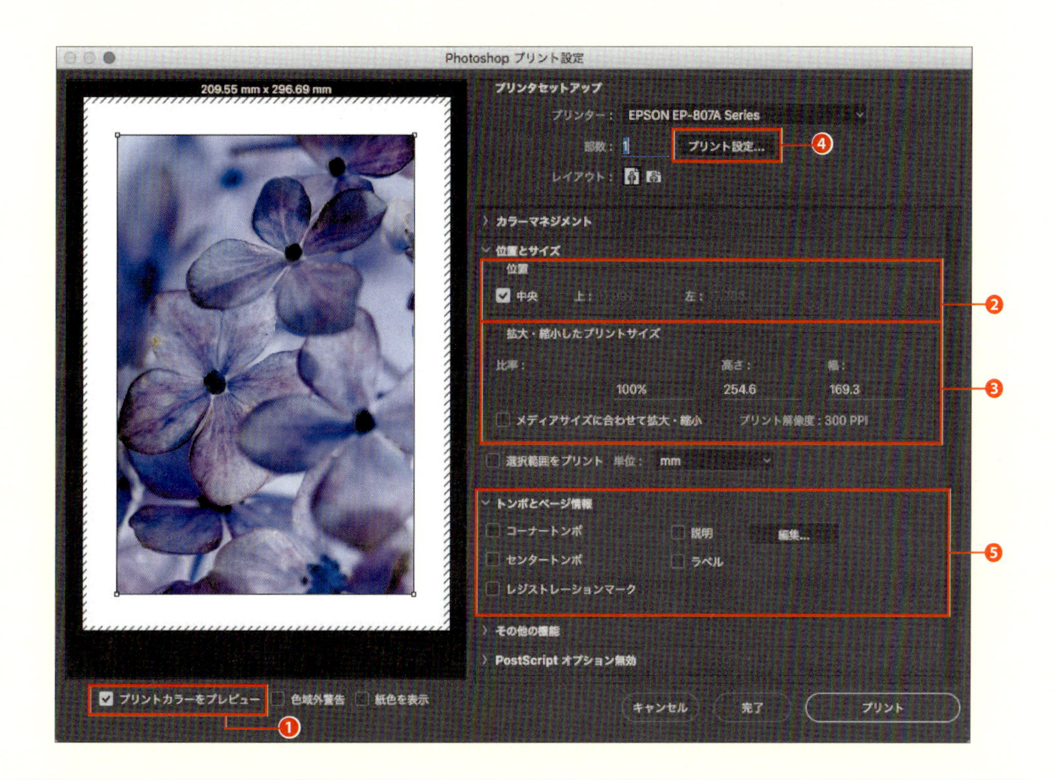

249 プリンターで忠実に再現する
250 プリント時の印刷シミュレーションを行う

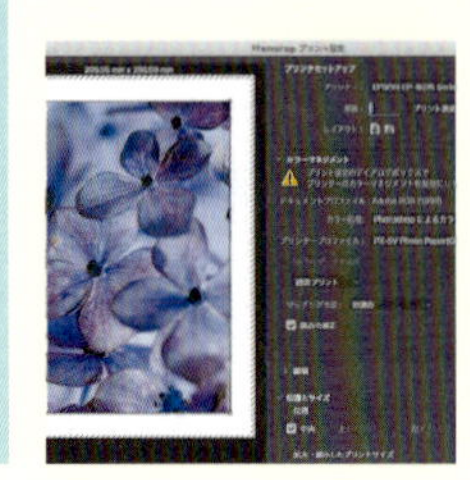

NO.
220 プリント時のカラー設定をする

VER.
CC / CS6 / CS5 / CS4 / CS3

Photoshop を使ってプリントを行う場合、さまざまな状況に対応した出力が可能です。細かく対応できる分、多少の知識が必要になります。

STEP 1
画像上の色をプリントアウトで忠実に再現したい場合、きちんと設定を確認してプリントをする必要があります。まず重要なのは、画像データに適切なプロファイルが埋め込まれていること。プロファイルが埋め込まれている場合は、ドキュメントのプロファイル❶として反映されます。プロファイルが埋め込まれていない場合は、カラー設定でのプロファイルが反映されます。

STEP 2
[Photoshop によるカラー管理] ❷とは、Photoshop 側でプリンターに合わせたカラーマネジメントの計算を行うことです。[プリンタープロファイル] ❸では、プリンターの用紙別の適切なプロファイルの設定をする必要があります。

STEP 3
[プリンターによるカラー管理] ❹を選択した場合には、Photoshop からプリンター側へは、プリンターに合わせたカラーマネジメントの計算がされずに、データが渡ります。そのままでは、正しい色での出力はできないので、プリンターの用紙に合わせた色補正の設定をプリンタードライバで行う必要があります。この設定は [プリント設定] ❺により行います。

MEMO
仕上がりのシミュレーションが目的でプリントする場合は [Photoshop によるカラー管理] がおすすめです。[プリンターによるカラー管理] の場合、プリンター側できれいに補正されるケースがあり、忠実な色再現にならない場合があるからです。

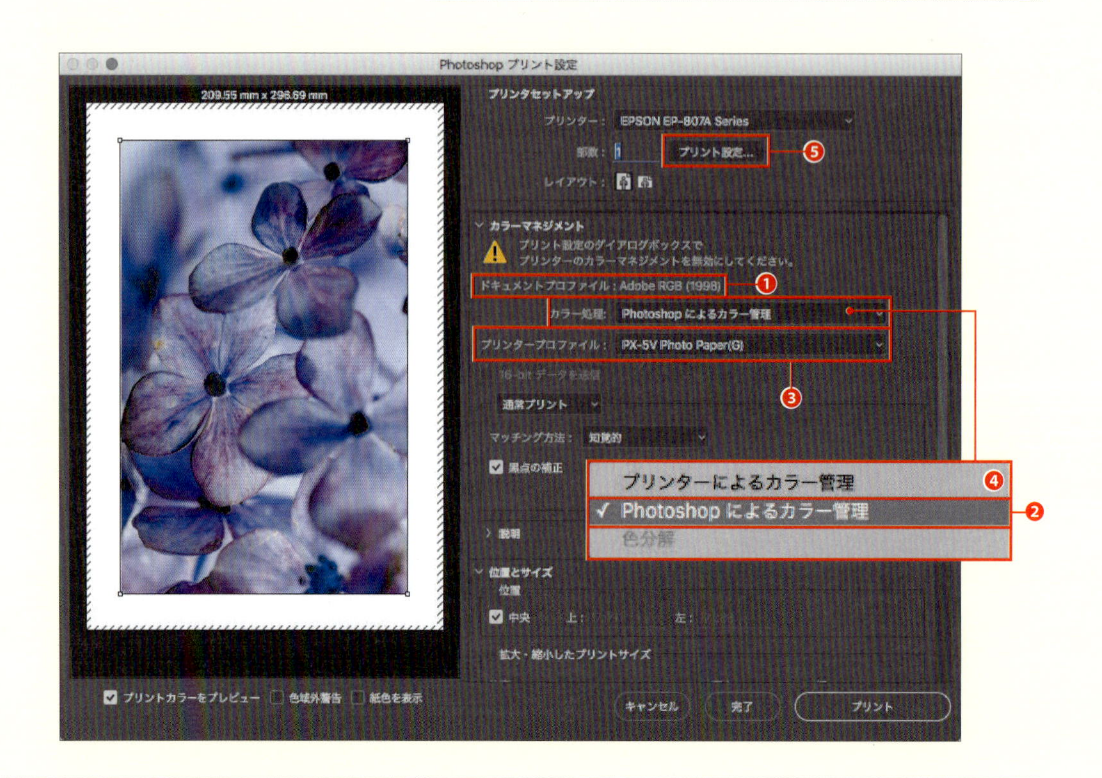

219 プリントの設定をする
250 プリント時の印刷シミュレーションを行う

NO.
221 画像にシャープネス処理をする

VER.
CC / CS6 / CS5 / CS4 / CS3

メディアに合わせたシャープネス処理は、色補正や色変換などを行ったあとの、画像処理の最後に行います。

STEP 1

シャープネス処理とは、色や明るさの異なる境界部分を際立たせて、ハッキリとシャープに見えるような処理を行うことです。ベーシックなツールとしては［フィルター］メニューの［シャープ］や［アンシャープマスク］❶があります。通常の印刷の場合は半径❷を1.2～1.5pixel程度にして、［量］❸でかかり具合を調整します。Web等解像度が低い場合には、［半径］を小さくします。

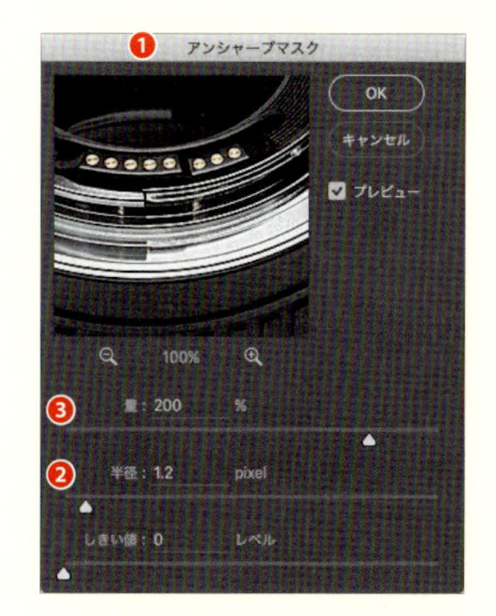

STEP 2

❹は［量］を1%に、❺は500%に設定した場合のプレビュー画像です。通常はこんなにシャープをかけることはありませんが、ここではどんな効果が得られるのかを見てください。適切な量はだいたい150%～250%程度。印刷の場合は画面での印象よりも強めにかけるのが基本ですが、最適な量はテストして決定しましょう。

輪郭をハッキリとさせるのがシャープネスの効果

STEP 3

アンシャープマスクでも十分なシャープネス処理は可能ですが、［スマートシャープ］❻ではより詳細な設定ができます。特に［ノイズを軽減］❼はシャープネス処理の際に発生しがちなノイズを軽減させる効果があります。

MEMO

シャープネス処理をほどこす際に特に注意をしなければならないのが、その順番です。シャープネス処理は色補正、色変換、リサイズなどを済ませ、最後に行います。エッジに対する強調表現を行うので、シャープネス処理のあとにさらに別の処理を加えると画質が劣化することがあります。また、レイアウトしたサイズにリサイズしたあとで行うことにより、適切なシャープネス効果が得られます。

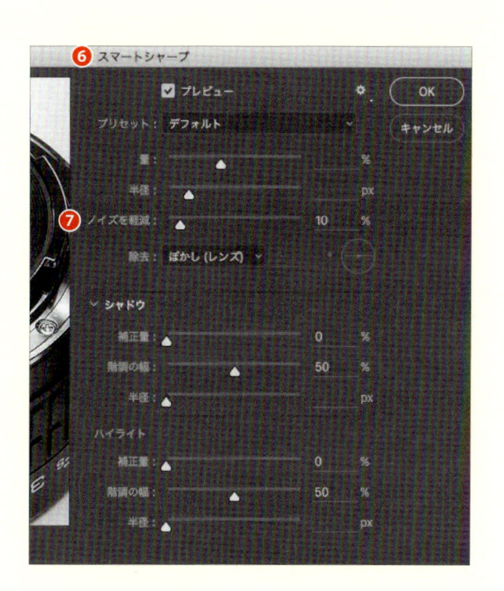

006 プレビューアイコン、拡張子の設定をする
210 PDF形式で保存する

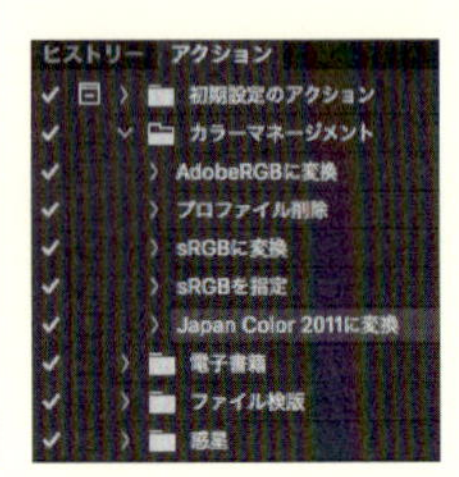

NO.

222 アクションに条件をつける

VER.
CC / CS6 / CS5 / CS4 / CS3

ドキュメントが「RGBの場合」「横位置の場合」といった違いにより、アクションを変更することができます。

STEP 1

［アクション］では工程を記録しておくことで、簡単に同じ工程を再現して作業を単純化することができます。さらにその［アクション］に対して「どのような場合にアクションを実行するのか」といった条件をつけることができます。この条件つきアクションを実行するためには、まず［アクション］パネルの［新規アクションを作成］のボタンをクリックして、任意のアクションを作成しておきます❶。

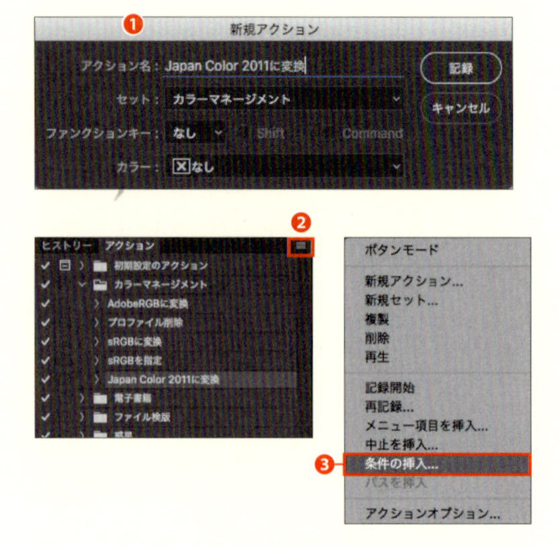

STEP 2

アクションパネル右上をクリックし❷、［条件の挿入］を選択すると❸、［条件付きアクション］のダイアログ❹が現れます。ここで例えば［現在］❺の［ドキュメントモードはRGBです］を選択。［該当する場合のアクションの実行］❻に作成した「Japan Color 2011に変換」を選択、また［該当しない場合のアクションの実行］❼を［なし］にします。この状態で［OK］をクリックすると、RGBモードの画像はCMYK（Japan Color）に変換され、元々CMYKやグレースケールの画像はそのままという条件が加わります。これはひとつのフォルダー内の画像に対してバッチ処理をすることもできますし、条件をあとから削除することも可能です。

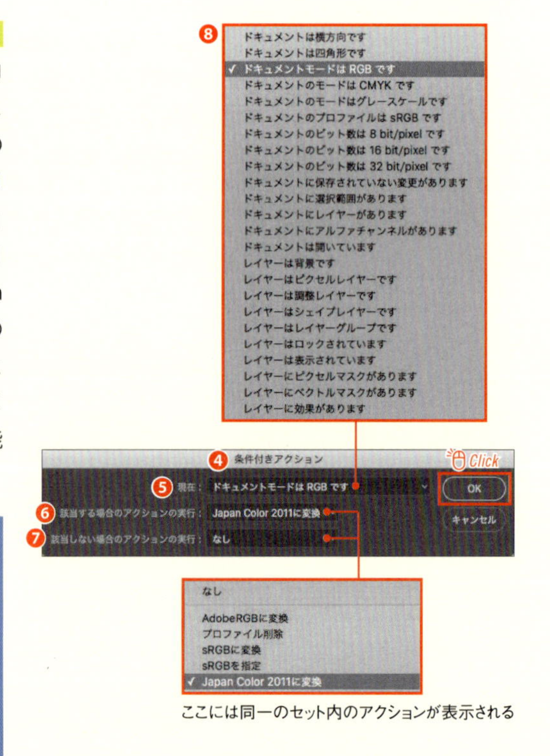

ここには同一のセット内のアクションが表示される

MEMO

❽で追加できる条件はあらかじめ決まっていて、その中からしか選択できません。しかし、うまく使いこなせれば作業はかなり便利になるはずです。例えば［ドキュメントは横方向です］の条件を使えば、横長の写真と縦長の写真で別々のサイズに変更することなどもできます。これらの条件を吟味して、自分の作業が簡略化できるか、考えてみるといいでしょう。

第9章 Web

NO.

223 Web制作用の基本設定を行う

VER.
CC / CS6 / CS5 / CS4 / CS3

作業前に Web に適切な制作環境の設定をしましょう。

STEP 1

Web 制作では pixel（px、ピクセル）が基本の単位となります。[Photoshop] メニュー（Windows では [編集] メニュー）から [環境設定] → [単位・定規] で❶、[定規] と [文字] の単位を「pixel」に変更❷して [OK] をクリックします。

S 環境設定 ▶ ⌘（Ctrl）+K

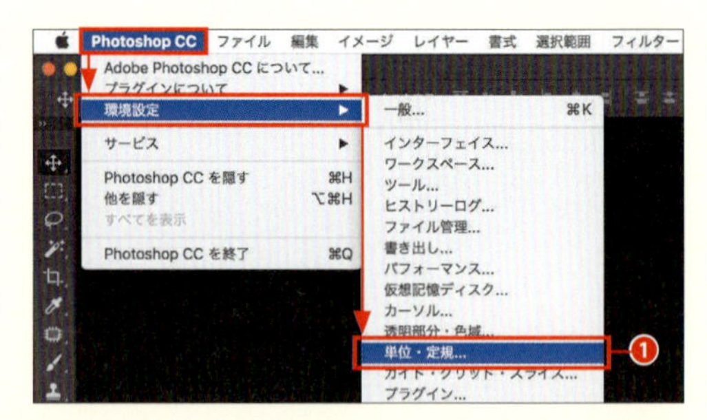

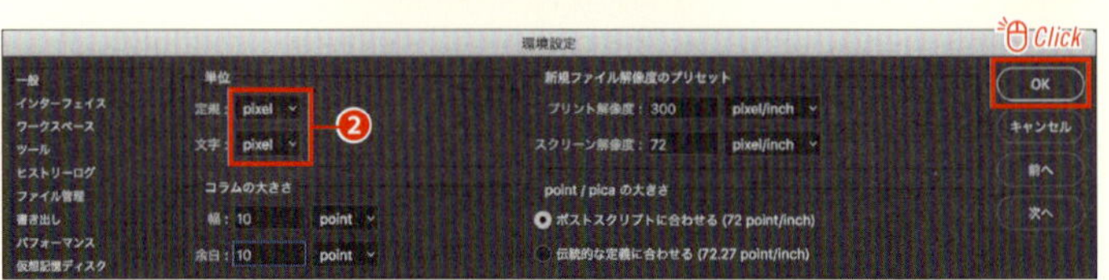

STEP 2

[Photoshop] メニュー（Windows では [編集] メニュー）から [環境設定] → [ガイド・グリッド・スライス] で、[グリッド] 項目の単位を [pixel] に設定し、[グリッド線] と [分割数] に 10 と入力し、[OK] をクリックします。
グリッドを表示すると、10pixel ごとにグリッド線が表示されるので、正確な pixel 数を把握しやすくなります❸。

> **MEMO**
>
> [グリッド線] と [分割数] の数値は、100pixel 四方の中でいくつのグリッドで縦横分割するかという項目です。グリッドについては「028　グリッドを使用する」も参照してください。

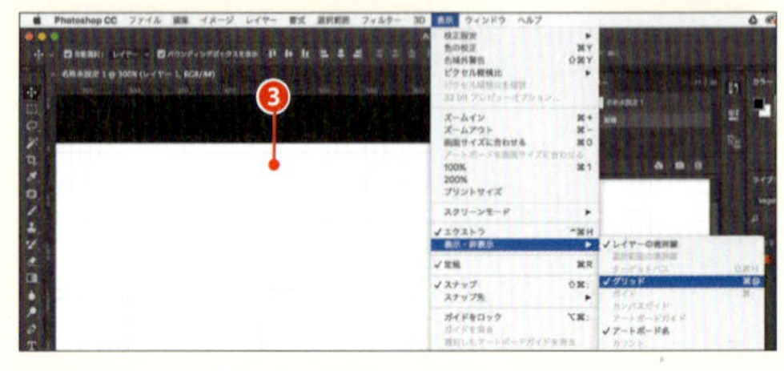

STEP 3

環境設定ができたら、[ファイル] メニューから [新規] を選択します。「Web」もしくは「モバイル」など、制作したいサイズに近いプリセットのアイコンを選択し❹、制作したい Web の縦横サイズを入力して、[OK] をクリックすると、「アートボード」の新規ドキュメントが作成されます❺。

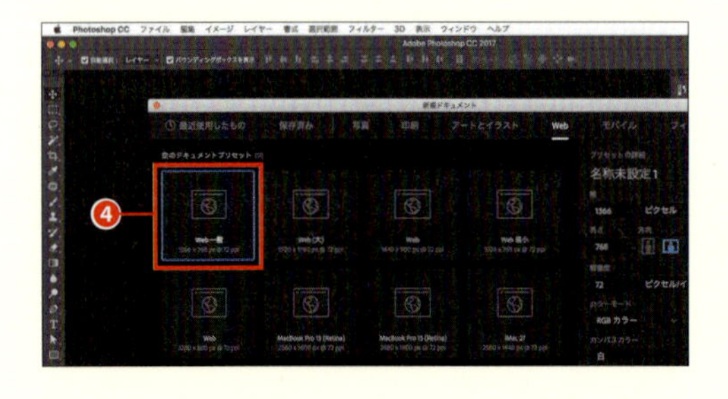

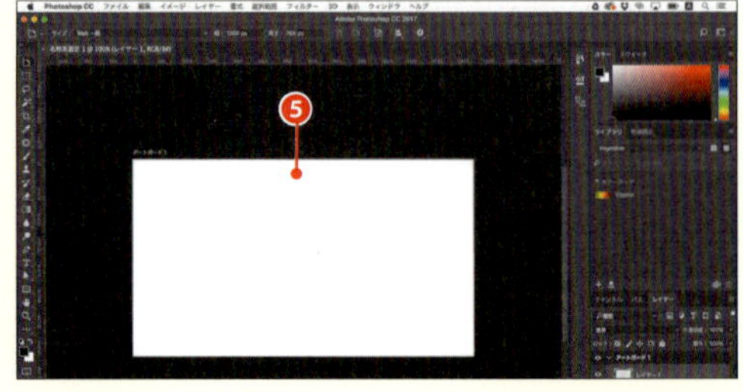

STEP 4

「Web」もしくは「モバイル」を選択すると、ひとつのPSDファイル内に複数のカンバスを持てる「アートボード」でドキュメントが作成されます。ツールパネルの［アートボード］ツールを選択した状態で、カンバスをクリックすると四辺にプラスのマークが表示されます❻。マークをクリックすると、同じサイズのアートボードが複製できます❼。［属性］パネルや、［アートボード］ツールのツールオプションで、サイズの変更も可能です。
このように、「アートボード」はPCサイトとスマートフォンサイト、トップページと下層ページ、サイズが異なる同一ビジュアルのバナーなど、バリエーションが求められるWeb制作で活用できる機能です。

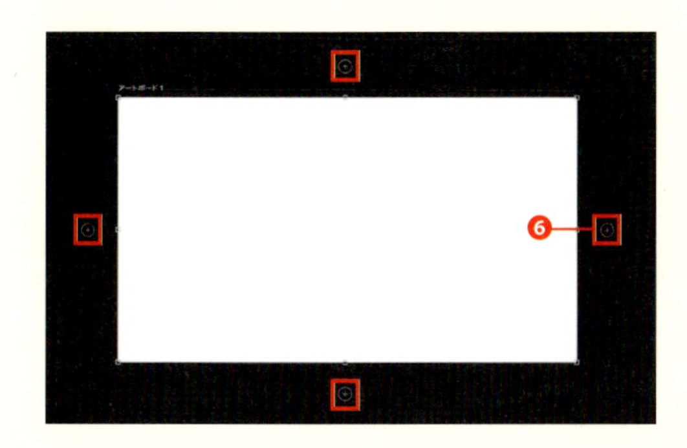

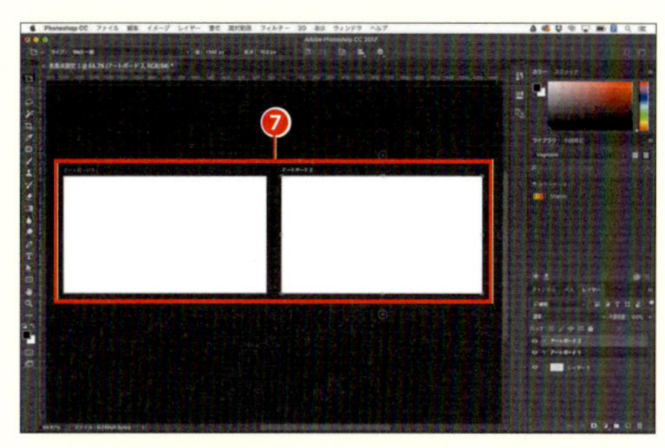

MEMO

アートボードでない通常のドキュメントとして作業を開始したい場合、STEP2の新規ドキュメントダイアログボックスで［アートボード］のチェックを外します。
途中から通常のドキュメントに変更して作業がしたい場合は、レイヤーパネル上でアートボード名を選択し ⌘（Ctrl）＋クリック（右クリック）→［アートボードをグループ解除］でアートボードを持たないドキュメントに変換可能です。

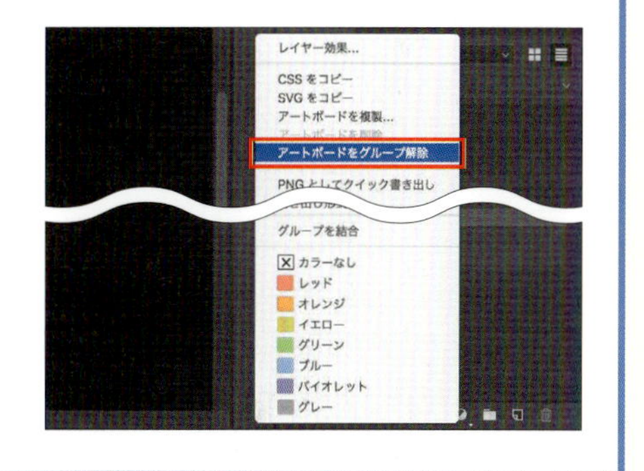

STEP 5

Web制作でPhotoshopを用いる場合、レイヤーの数が多くなるので、レイヤー名の管理が特に重要になります。［レイヤー］パネルオプションをクリックして、［パネルオプション］を開き、［コピーしたレイヤーとグループに「コピー」を追加］のチェックを外しておくと、「○○のコピー」などの煩雑なレイヤー名がつかないので、レイヤー管理が楽になります。

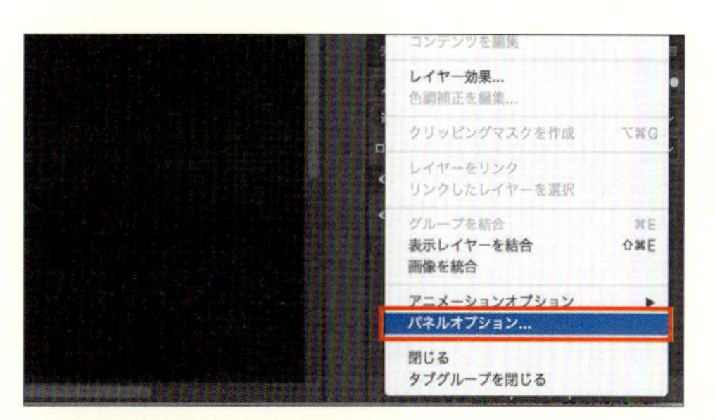

CAUTION

Web制作にPhotoshopを用いる場合、いったんデータを作成した後に頻繁に修正（更新）したり、コーディングを行ったりするため、あとから見てもわかりやすく、修正しやすいデータが求められます。
1. 作業はすべてpixelで行う
2. 作業はすべてRGBで行う
3. わかりやすい・書き出しやすいレイヤーを心がける
4. 「スマートオブジェクト」など再編集可能なファイルを心がける
5. シェイプをピクセルグリッドに揃える→「029」参照

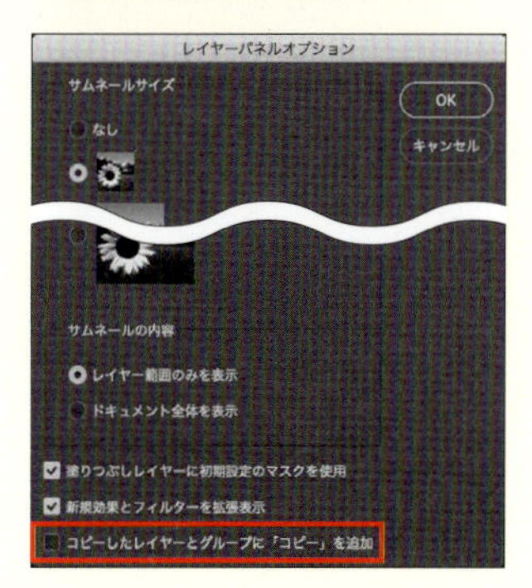

028 グリッドを使用する
029 シェイプをピクセルグリッドに揃える

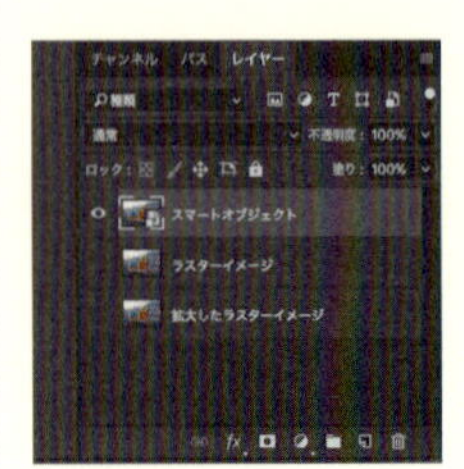

NO.

224 スマートオブジェクトを作成する

VER.
CC / CS6 / CS5 / CS4 / CS3

繰り返し作業のできる［スマートオブジェクト］の基本的な作成方法を知りましょう。

STEP 1

通常のオブジェクト（ラスターイメージ）❶を縮小すると❷、余分なピクセルが破壊されるので、もう一度元のサイズに戻しても、ぼやけた印象になってしまいます❸。

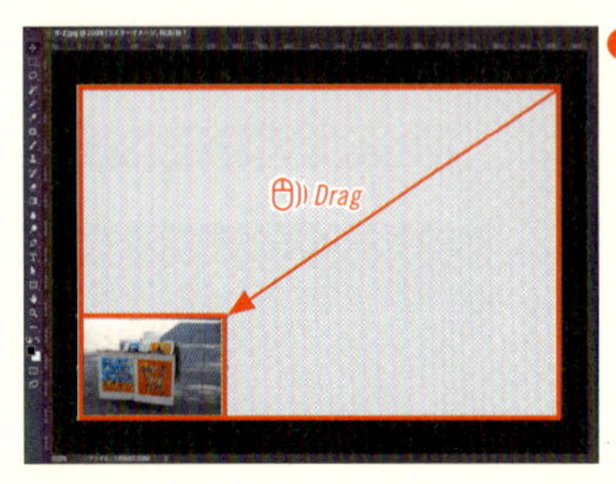

STEP 2

通常のラスターイメージのレイヤーを選択して、［レイヤー］メニューから［スマートオブジェクト］→［スマートオブジェクトに変換］を選択すると❹、レイヤーのアイコンが変化し［スマートオブジェクト］化されます❺。この［スマートオブジェクト］形式なら、縮小と拡大を繰り返しても、画質が損なわれません。

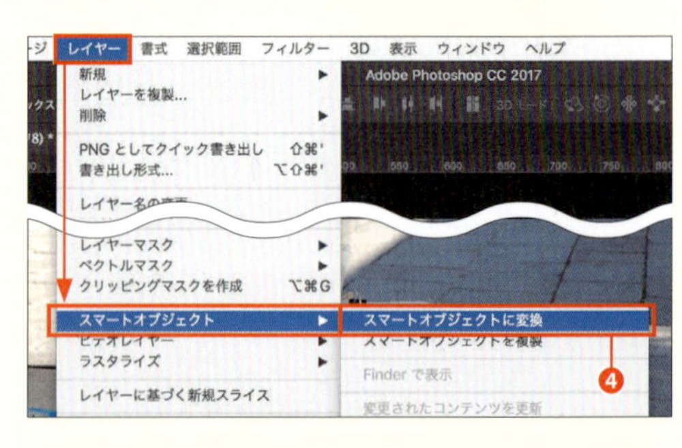

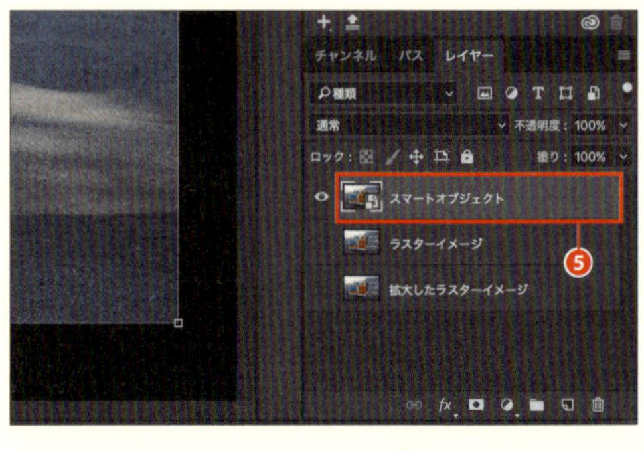

MEMO

［レイヤー］パネルでレイヤーを選択して、⌘（Ctrl）＋クリック（右クリック）→［スマートオブジェクトに変換］でも同様の操作が可能です。

MEMO

［スマートオブジェクト］については「052 画像を補正する際に気をつけること」にも記載があります。

STEP 3 ［スマートオブジェクト］を修正したいときは、［レイヤー］パネルのサムネール（スマートオブジェクトサムネール）をダブルクリックすると、スマートオブジェクトの元ファイルがPSBファイルとして別に開く❻ので、通常のPhotoshopのデータと同じように、必要な修正をします。赤い絵の色を修正し、保存してPSBデータを閉じると、スマートオブジェクト上にも修正が反映されます❼。

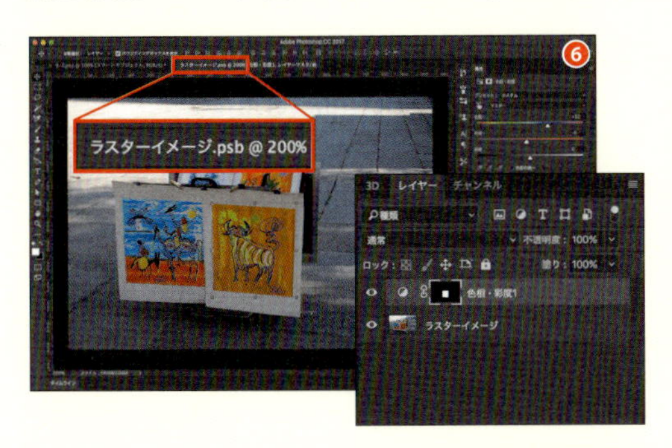

STEP 4 ドキュメントをすでに開いている状態で、［ファイル］メニューから［埋め込みを配置］を選択して❽画像を選んで［OK］をクリックすると、自動で［スマートオブジェクト］として配置されます❾。

MEMO

［リンクを配置］は「227［リンクを配置］で共通パーツを管理する」を参照してください。

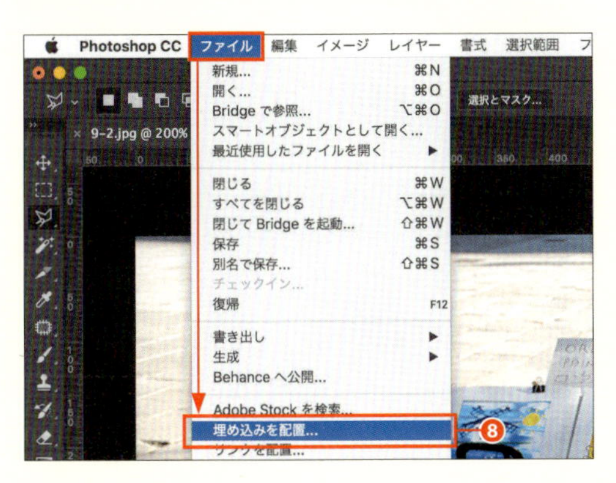

STEP 5 ［スマートオブジェクト］として配置したレイヤーを選択し、⌘（Ctrl）＋クリック（右クリック）→［レイヤーをラスタライズ］で❿、レイヤーサムネールのスマートオブジェクトの表示がなくなり、通常のオブジェクト（ラスターイメージ）へ変換されます⓫。

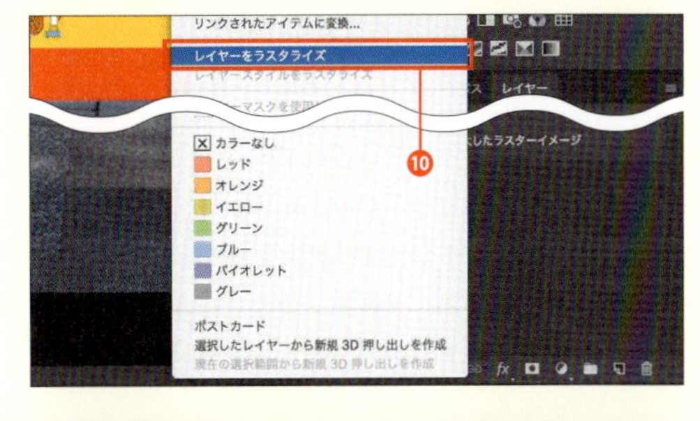

MEMO

［スマートオブジェクト］は元の画像を保持できるため、ファイルのデータサイズが大きくなりがちです。すべてを［スマートオブジェクト］として配置せず、一度［ラスタライズ］をしてから縮小するなど、不要なピクセルを破棄した上で再度［スマートオブジェクト］化すると、意図しないデータの肥大化が防げます。

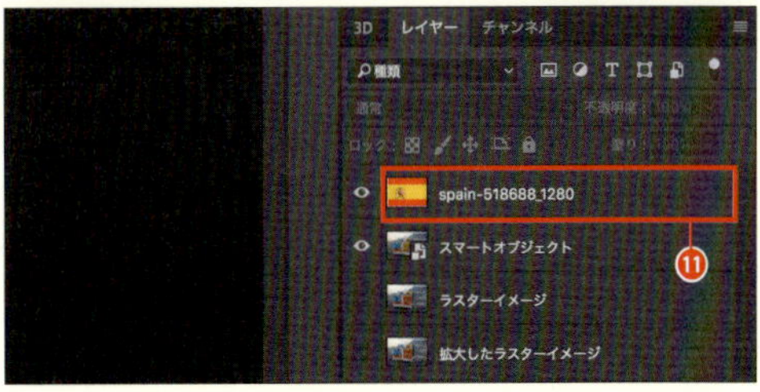

052 画像を補正する際に気をつけること
227［リンクを配置］で共通パーツを管理する

NO.
225 コピーしたスマートオブジェクトを編集する

VER.
CC / CS6 / CS5 / CS4 / CS3

コピーした「スマートオブジェクト」は、一括の変更が可能です。Illustrator との連携を例に見てみましょう。

STEP 1

Illustrator でつくった AI データの装飾❶を、Photoshop の PSD ファイルへ配置します。[ファイル] メニューから [埋め込みを配置] を選択して❷画像を選んで❸ [OK] をクリックすると、Illustrator での再編集ができる「ベクトルスマートオブジェクト」として配置されます❹。

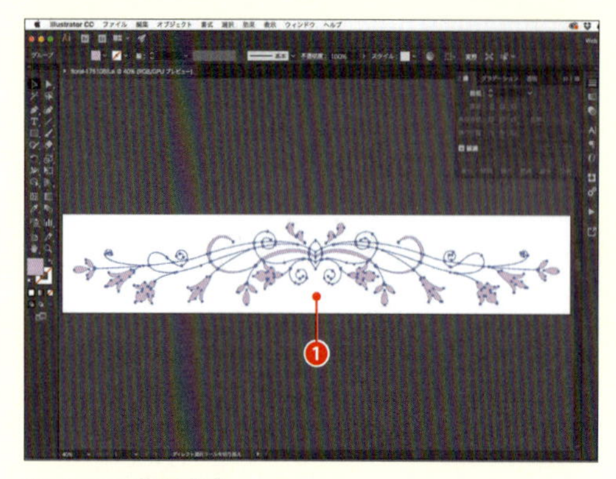

Illustrator で飾りを作成

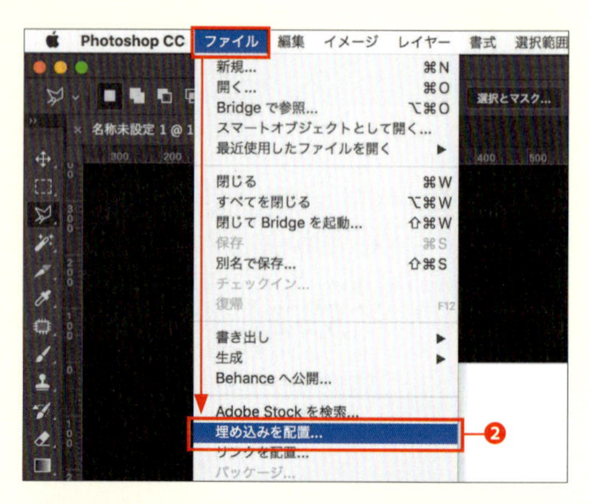

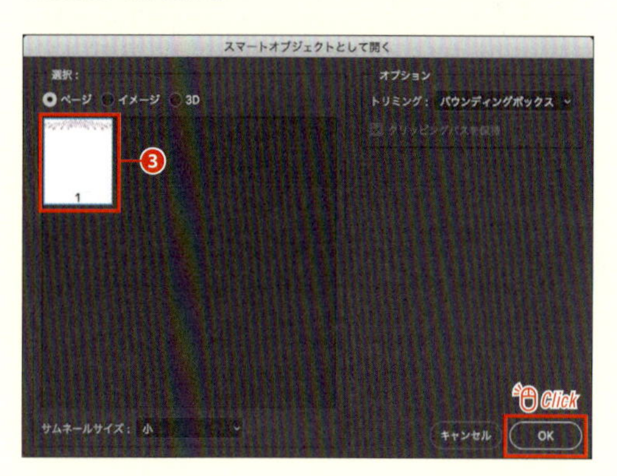

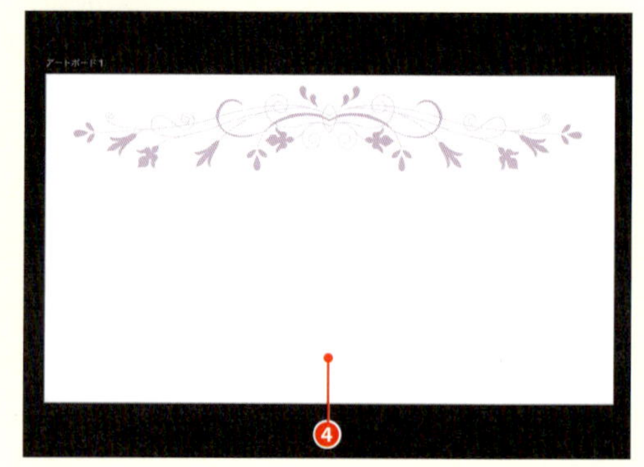

STEP 2

配置された「ベクトルスマートオブジェクト」を選択して [レイヤー] パネルの [新規レイヤーを作成] へドラッグしてレイヤーをコピーします。コピーしたレイヤーを選択して、[編集] メニューから [変形] → [180°回転] をクリック❺して、回転させ、下へレイアウトします。

S レイヤーの複製▶ ⌘(Ctrl)+J

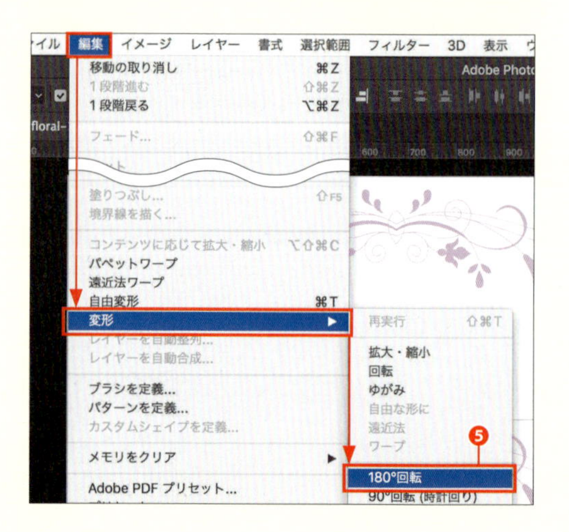

STEP 3

どちらか片方の「ベクトルスマートオブジェクト」のスマートオブジェクトサムネールをダブルクリックすると❻、Illustrator が起動します。飾りの色をゴールドのグラデーションに変えて❼［保存］し、ファイルを閉じます。

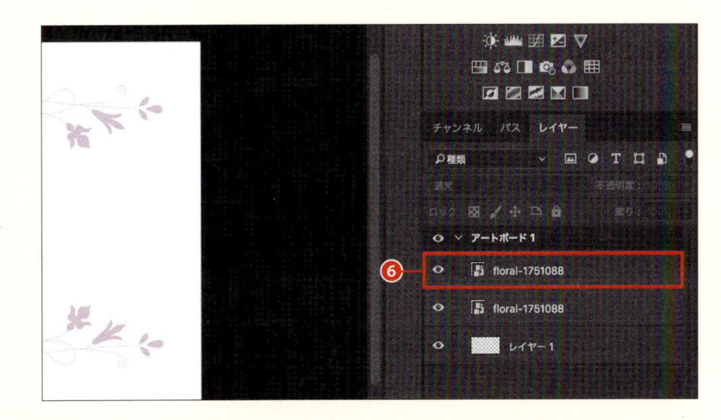

Illustrator で色を修正

MEMO

Illustrator 上で、右のダイアログが表示される場合は、［変更を破棄して Illustrator 編集機能を保持する］を選択すると、Illustrator での再編集が可能です。

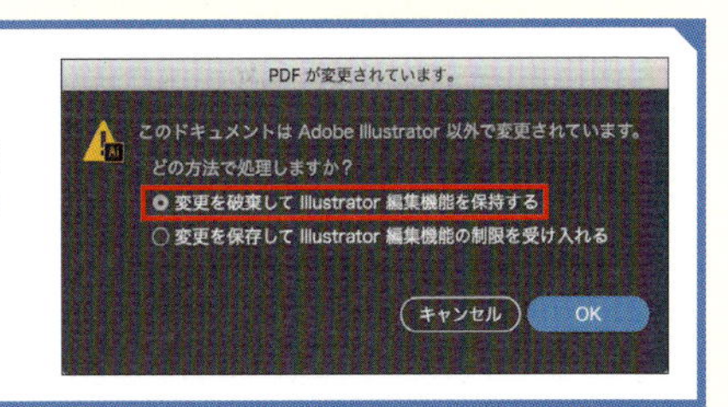

STEP 4

飾りの修正が、コピーしたすべての「ベクトルスマートオブジェクト」に反映されています。

MEMO

Illustrator を使わない通常の「スマートオブジェクト」でも同様の効果が得られます。アイコンなど、パーツが繰り返し使われる Web デザインで特に重宝するテクニックです。

NO.

226 スマートオブジェクトにフィルターをかける

VER.

CC / CS6 / CS5 / CS4 / CS3

「スマートオブジェクト」にフィルターをかけると、かけたフィルターが［レイヤー］パネルへ保存され、再編集できます。

STEP 1

「スマートオブジェクト」の写真❶にフィルターをかけます。［フィルター］メニューから［ぼかし］→［ぼかし（ガウス）］を選択し❷、ダイアログボックスの半径を200pixelにし❸、［OK］をクリックします。強めのぼかしがかかりました❹。

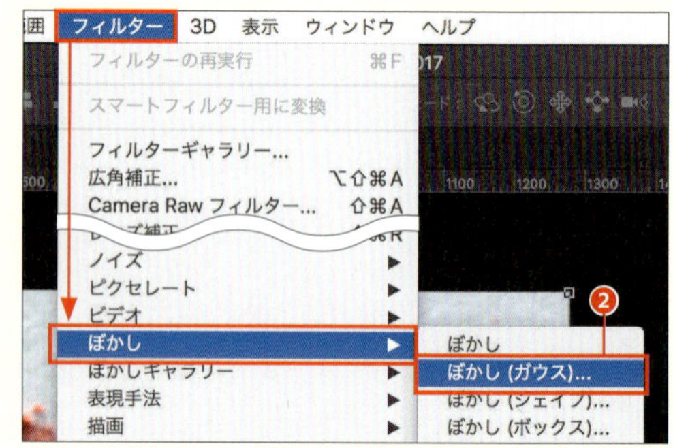

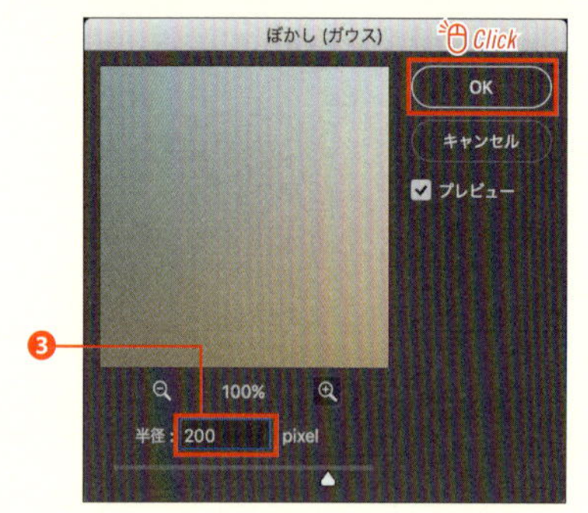

STEP 2

［レイヤー］パネルでフィルターをかけた「スマートオブジェクト」を確認すると、［スマートフィルター］が新しく追加され、［ぼかし（ガウス）］が確認できます❺。この［ぼかし（ガウス）］をダブルクリックすると、200pixelにセットされた［ぼかし（ガウス）］のダイアログが表示されます。80pixelに調整して❻［OK］をクリックします。ぼかしの編集ができました❼。

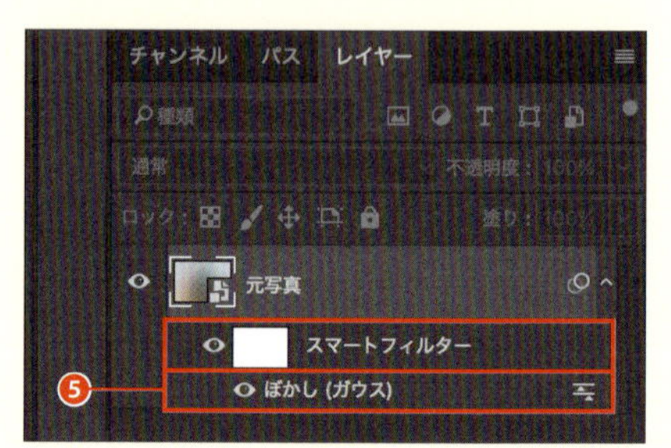

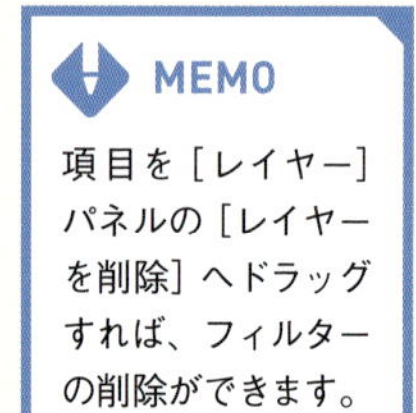

MEMO
項目を［レイヤー］パネルの［レイヤーを削除］へドラッグすれば、フィルターの削除ができます。

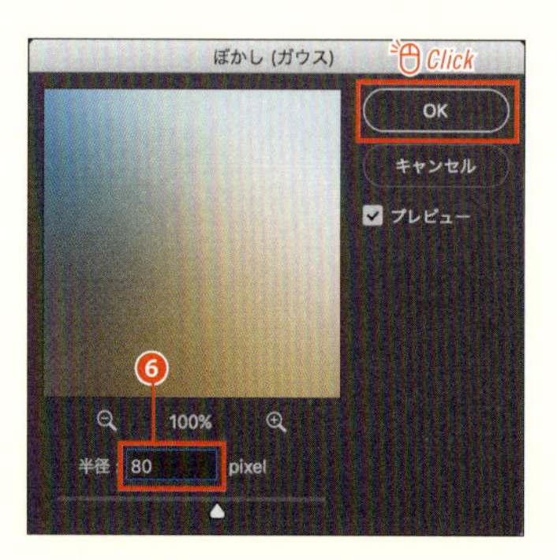

STEP 3 「スマートオブジェクト」（スマートフィルター）には複数のフィルターをかけられます。[フィルター] メニューから [ピクセレート] → [モザイク] を選択し❽、[セルの大きさ] を100平方ピクセルにし❾、[OK] をクリックします。ぼかし効果にモザイク模様が適用されました❿。

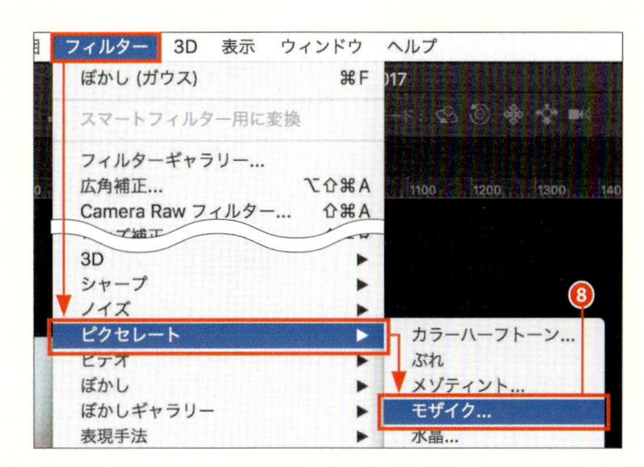

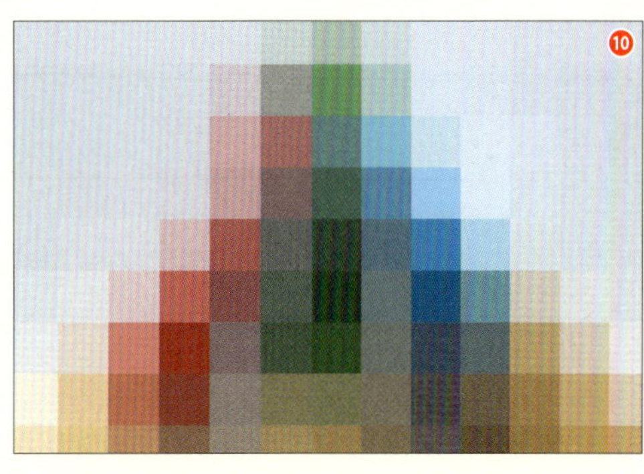

STEP 4 スマートフィルターは数値の編集や削除の他に、項目をドラッグすることでフィルターがかかる順序を入れ替えられます。⓫は［ぼかし（ガウス）］をかけた後に［モザイク］を適用した例です。⓬はその順序を入れ替えた例です。通常のレイヤーのように、表示と非表示も切り替えられるので、「スマートオブジェクト」化した画像へフィルターをかければ、あとから数値や順序、表示をコントロールでき、より精度の高い画像加工が可能になります。

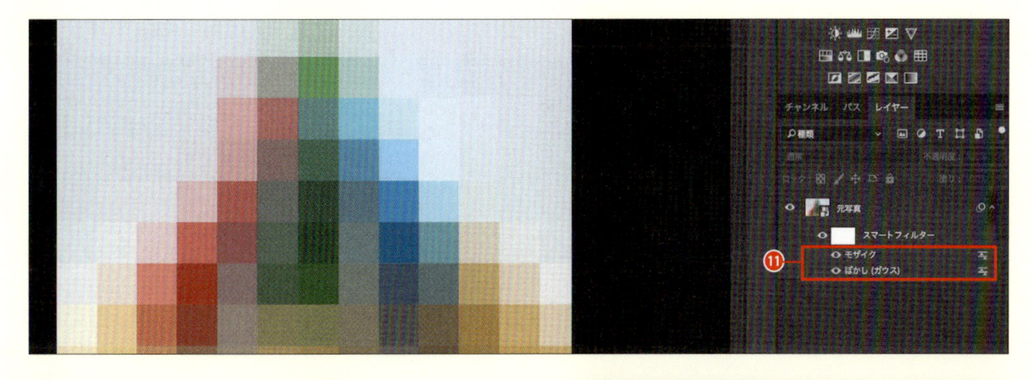

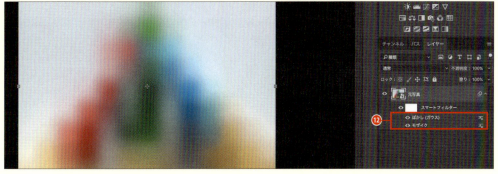

第9章 Web

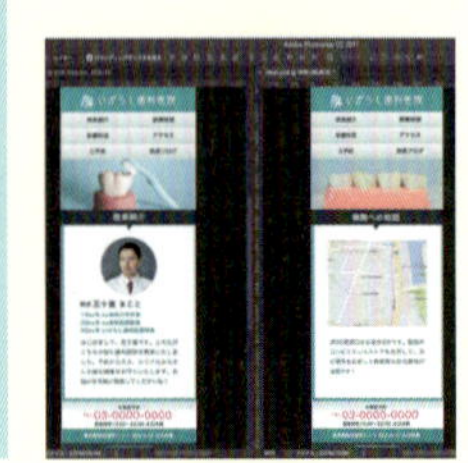

NO.
227 ［リンクを配置］で共通パーツを管理する

VER.
CC / CS6 / CS5 / CS4 / CS3

ヘッダーの PSD ファイルを Web ページの PSD ファイルへ「リンクを配置」すれば、一括で修正できます。

STEP 1

［ファイル］メニューから［新規］を選択し、ヘッダーだけを PSD ファイルで作成します❶。header.psd と名前をつけ、わかりやすい場所に保存して、閉じます。

保存場所は STEP2 以降で作成するファイルと同一のフォルダーにします。

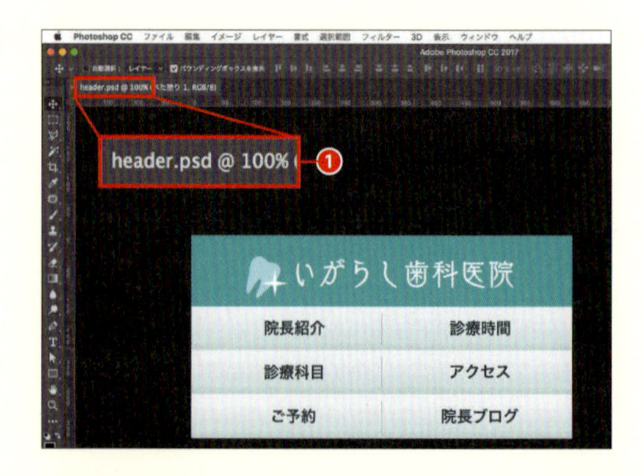

STEP 2

header.psd をいったん閉じ、［ファイル］メニューから［新規］を選択して、header 要素以外の PSD ファイルを作成します。about.psd と名前をつけて header.psd と同じ場所に保存しておきます。

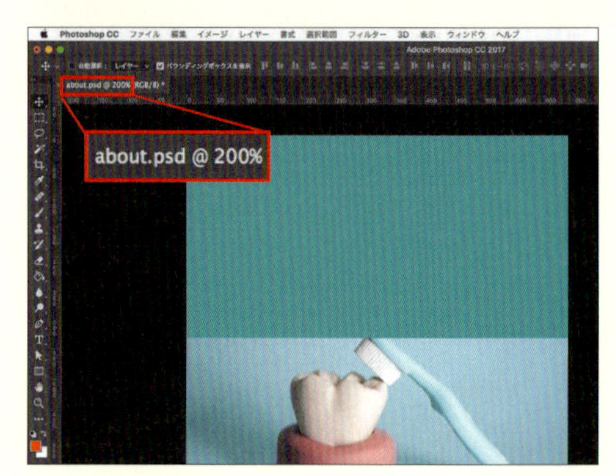

STEP 3

［ファイル］メニューから［リンクを配置］を選択❷して、STEP1 で作成した header.psd を選んで［配置］をクリックします❸。ベースの about.psd へ、共通パーツの header.psd がリンクで配置されました❹。［保存］します。

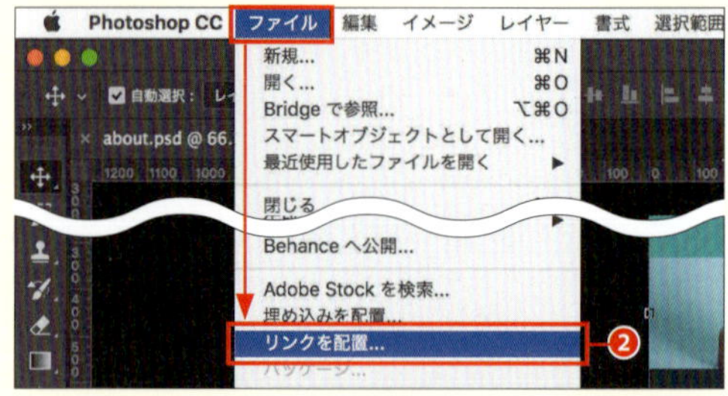

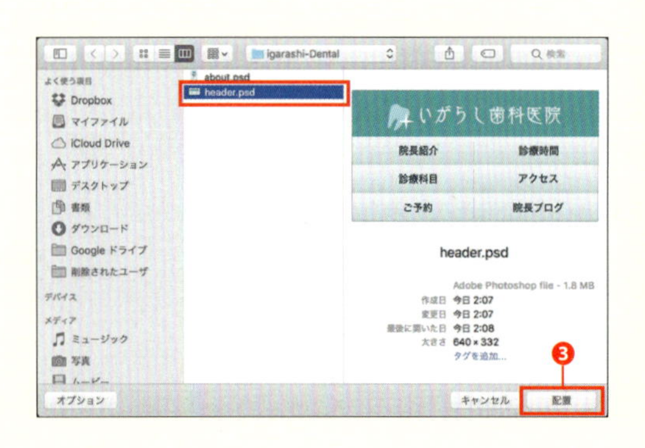

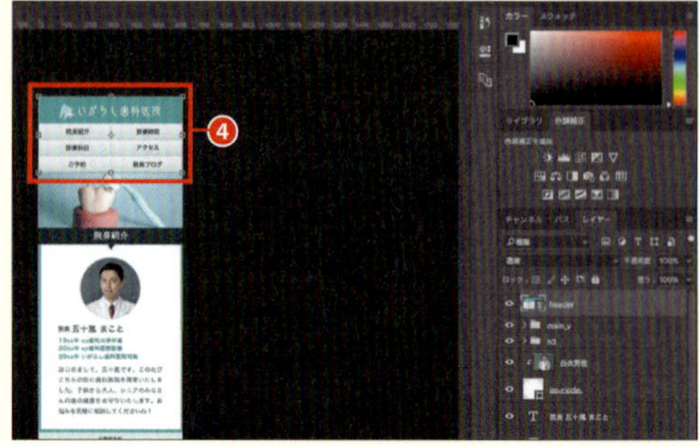

STEP 4 ［ファイル］メニューから［別名で保存］を選択して、about.psd ファイルを複製します。複製したファイルは map.psd と名前をつけて、同じ階層に一度［保存］してから、デザイン作業を進めます❺。header.psd がリンクされている Web ページがふたつできました❻。

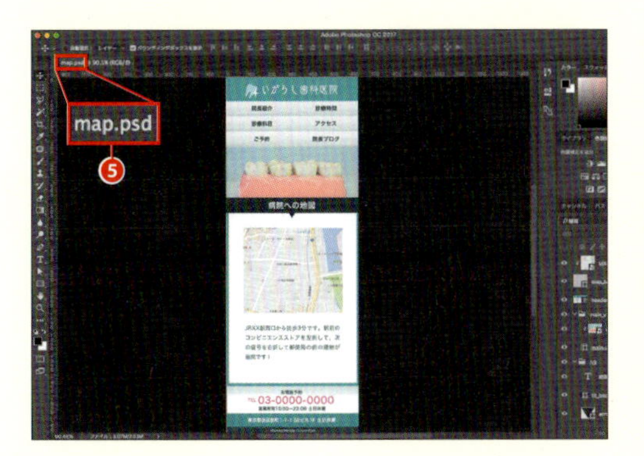

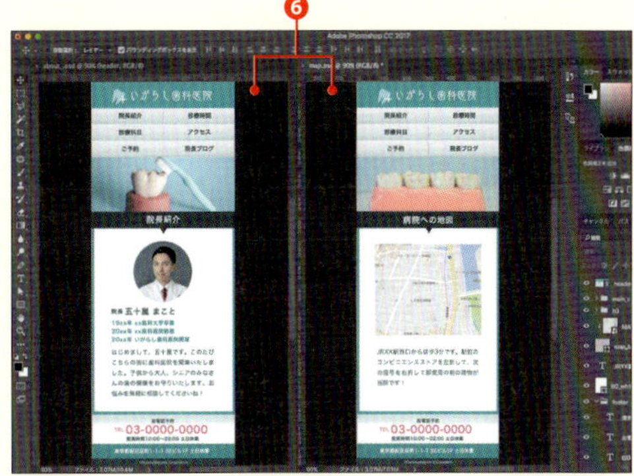

STEP 5 リンクされている header.psd のレイヤーをダブルクリックすると、「スマートオブジェクト」と同じように元の .psd ファイルが開きます❼。この header.psd を編集します。ロゴの背景色を変更して、保存して閉じると、リンク配置されている about.psd と map.psd のヘッダー部分が自動的に更新されます❽。

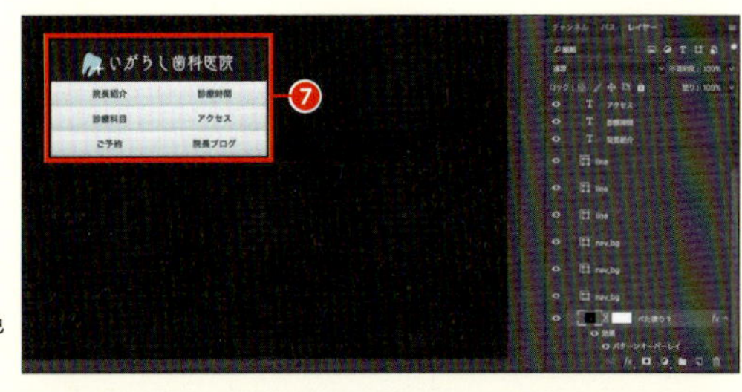

ロゴの背景色を変更

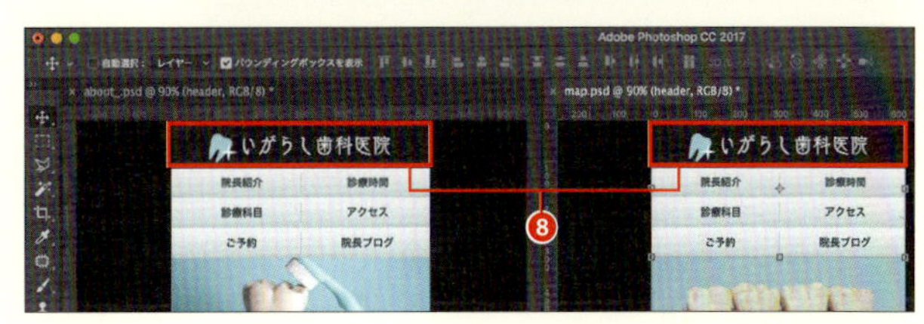

MEMO

自動で更新されない場合は、［レイヤー］パネルのアイコンを確認します。このマークになっている場合は、レイヤーを選択して ⌘（Ctrl）＋クリック（右クリック）で［変更されたすべてのコンテンツを更新］をすると、最新の PSD データに更新されます。

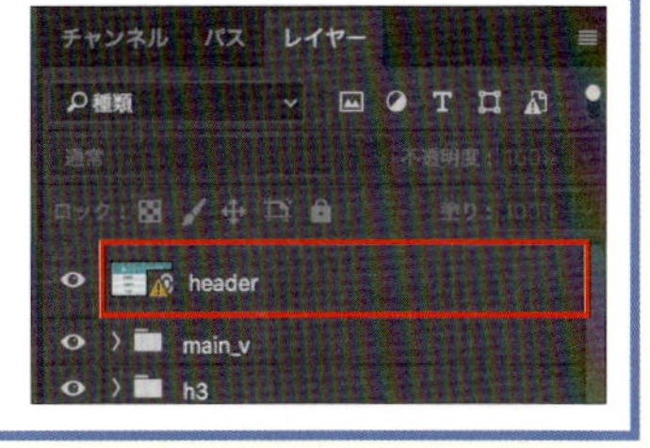

CAUTION

リンク配置されたファイルの階層の位置や名前を変更、または削除した場合は、リンク切れとなり、エラーになってしまい編集ができません。元の位置・名前に PSD ファイルを戻すか、［レイヤー］パネルメニューから［スマートオブジェクトに変換］を選択するとエラーはなくなります。「スマートオブジェクト」に変換した場合は、通常のスマートオブジェクトとなり、元のデータとのリンク関係も削除されるので注意しましょう。
［ファイル］メニューから［パッケージ］を選択すれば、リンクしている PSD をコピーしてひとつのフォルダーに集められるので、納品などに便利です。

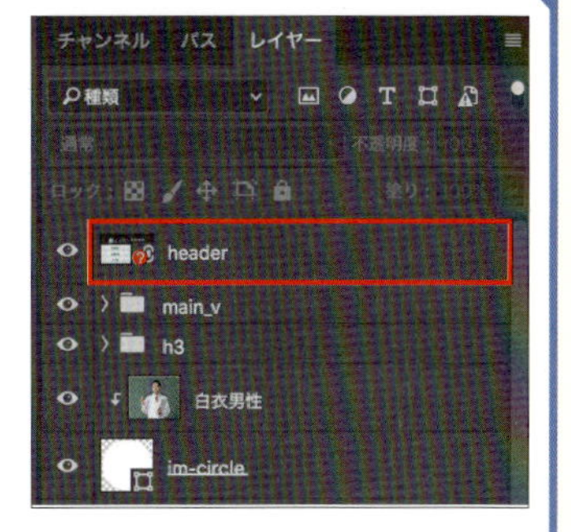

NO.
228 スライスを設定・編集する

VER.
CC / CS6 / CS5 / CS4 / CS3

決められた領域を指定して画像を切り出すことをスライスと言います。背景画像などを書き出すときに便利です。

STEP 1

［ツール］パネルで［スライス］ツールを選択します❶。任意の場所をドラッグするとスライスが作成され❷、表示が自動的にスライス表示に切り替わります。

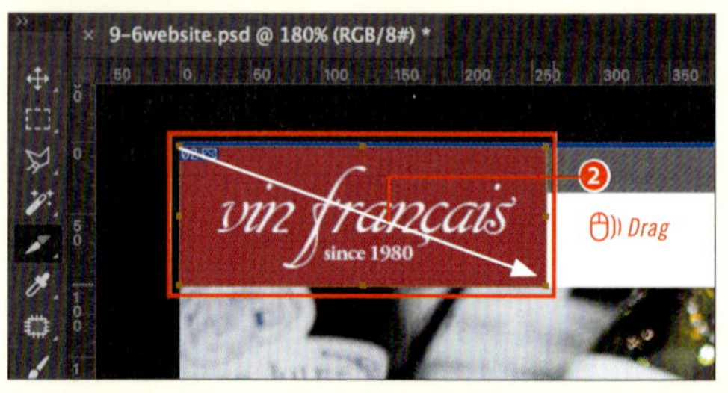

STEP 2

［ツール］パネルで［スライス選択］ツールを選択して❸、設定したスライスの形や大きさを調整できます❹。［スライス選択］ツールでスライスをダブルクリックすると、［スライスオプション］ダイアログが表示され、書き出すファイル名や数値単位でのスライスサイズの設定ができます❺。

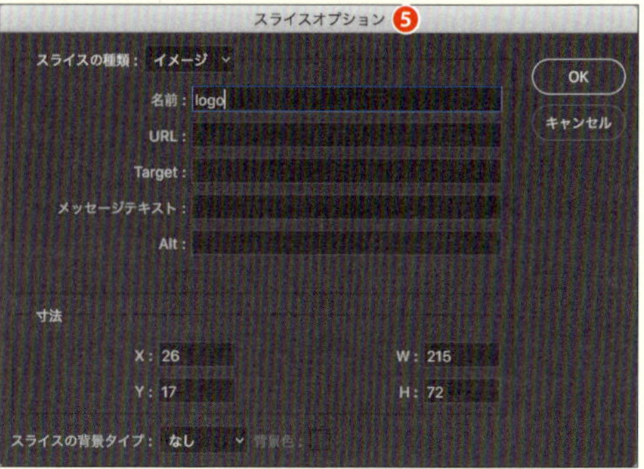

MEMO

端の揃っているスライスを、S キーを押しながらクリックしてすべて選択します。そのうちのひとつのスライスを変形すると、一緒に選択されているすべてのスライスが同じように変形します。

STEP 3

［ファイル］メニューから［書き出し］→［Web 用に保存（従来）］を選びます。［Web 用に保存］ダイアログが表示されるので、調整したい画像をクリックして、拡張子などのプリセットを調整して［保存］をクリックします。

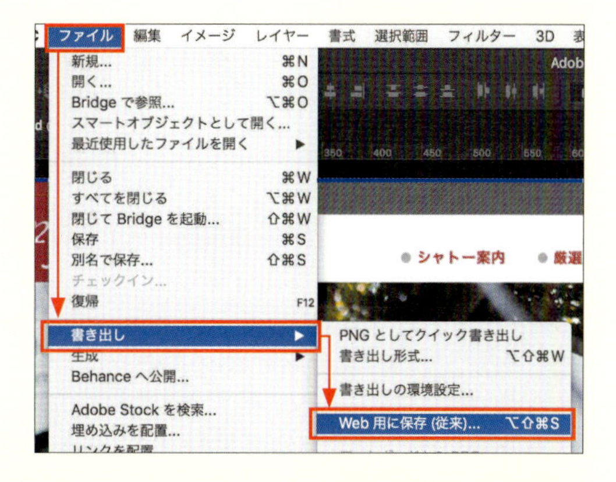

STEP 4

［最適化ファイルを別名で保存］ダイアログが開くので、［場所］を指定して、［フォーマット］に［画像のみ］を選択します。［設定］を［初期設定］にし、［スライス］を［選択したスライス］にして［保存］をクリックすると、［場所］で指定した場所に /images/ フォルダーが作成され、スライスの指定に基づいて画像が書き出されます。

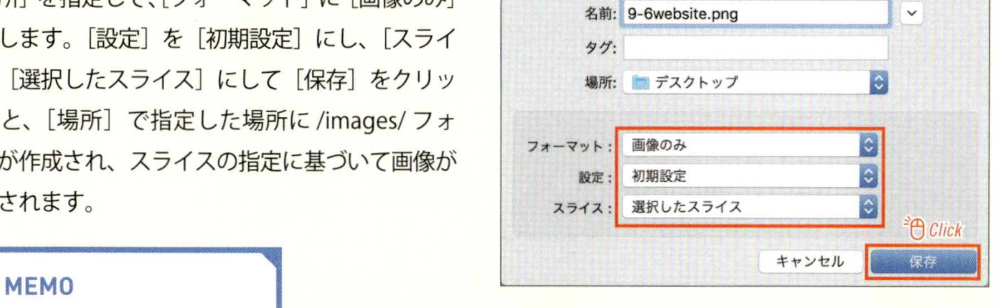

MEMO

画像ファイル名は、元の PSD ファイル名に基づくので、変更したい場合は STEP2の［スライスオプション］ダイアログであらかじめファイル名を指定しておきます。

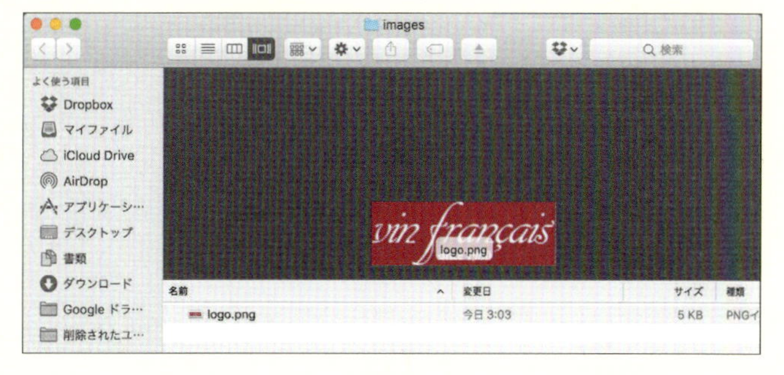

第9章 Web

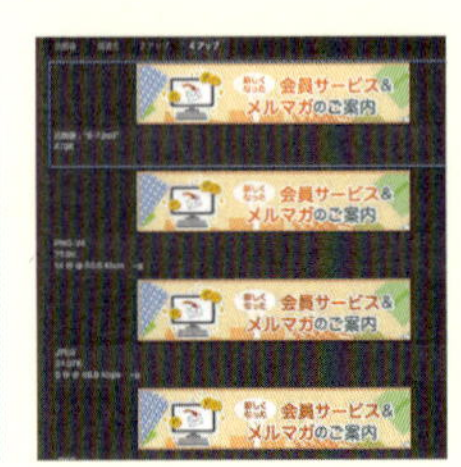

NO.

229 Webページの画像用に保存する

VER.

CC / CS6 / CS5 / CS4 / CS3

[Web 用に保存（従来の方法）] でプレビューを確認しながら保存します。

STEP 1

[ファイル] メニューから [開く] を選択し、書き出す Web デザインの PSD ファイルを開きます。[ファイル] メニューから [Web 用に保存（従来の方法）] を選択❶します。ダイアログが表示されたら画像形式を選択し、設定を行います。

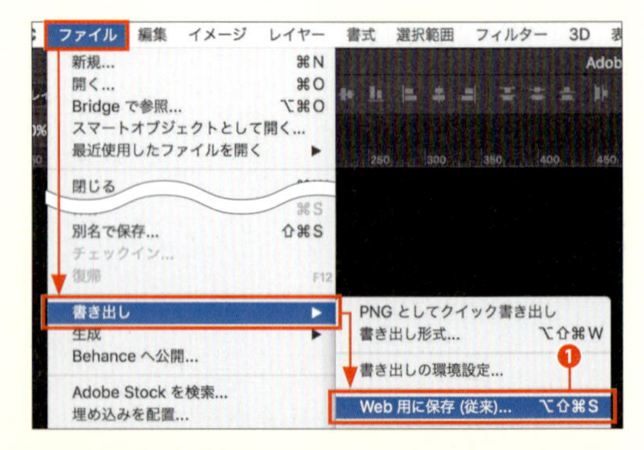

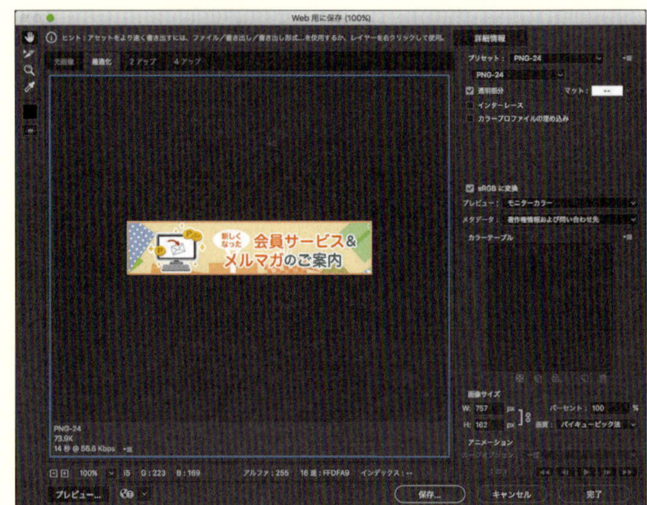

STEP 2

[2 アップ] をクリック❷すると、プレビュー表示が 2 分割されて、オリジナルの状態と画像形式を変更した状態が表示されます。下段の画像の❸には、画像形式、データサイズ、通信速度が表示されます。

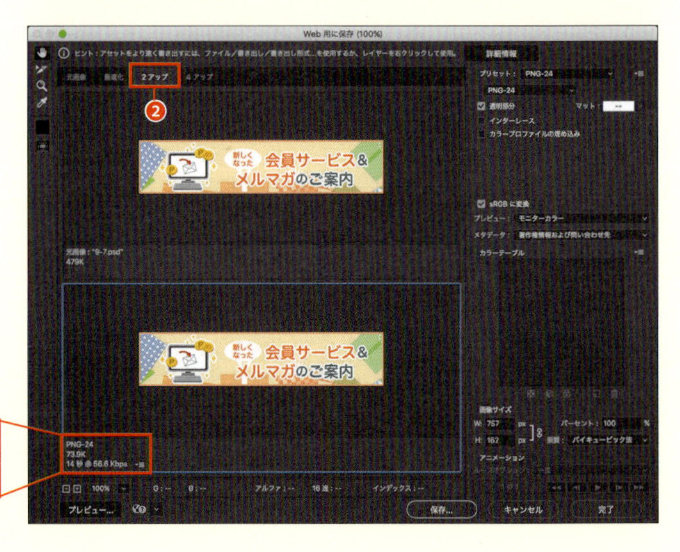

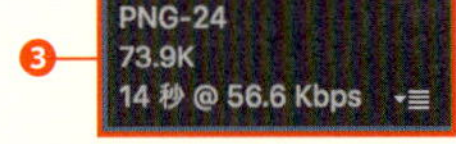

STEP 3 ［4 アップ］をクリック❹すると、プレビュー表示が 4 分割されます。プレビュー表示をクリック選択して、3 つの異なる設定を比較できます。Web 用の画像として最適な設定となるプレビュー表示をクリックで選択し、［保存］をクリックします。ダイアログで保存場所とファイル名を指定して、［OK］を選択します。

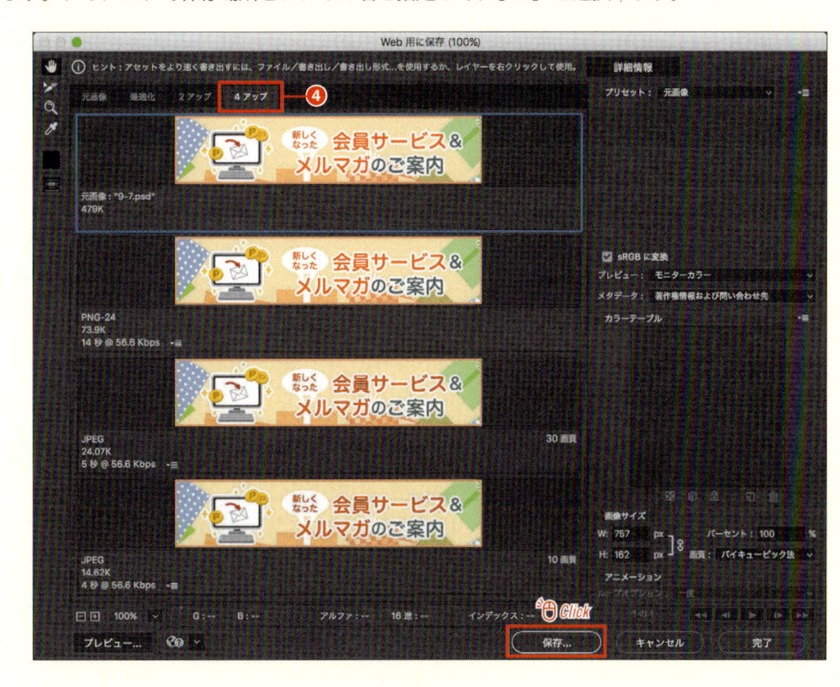

MEMO

デジタル一眼レフカメラなどは、独自のカラープロファイルを画像に埋め込むことがあります。カラープロファイルとは異なるデバイス間での色のマッチングを司る設定ファイルですが、画像の保存時にプロファイルが破棄されると、色味が変わることがあります。写真のままで見た状態と、Web へ書き出した状態で色味が変わることを避けるには、［カラープロファイルの埋め込み］をチェックします。埋め込んだ状態をプレビューするには［プレビュー］から［ドキュメントのプロファイルを使用］を選びます。

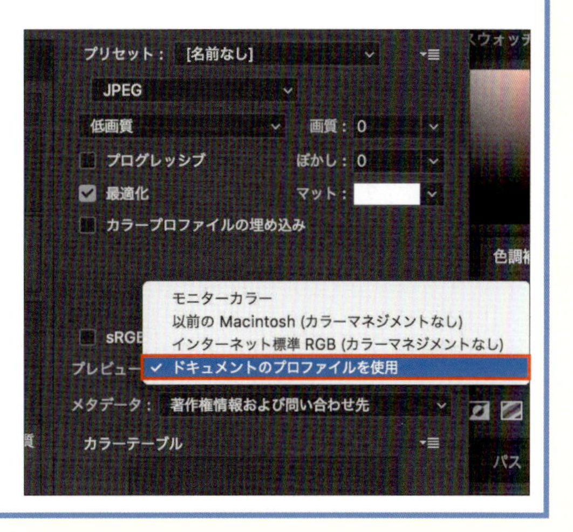

CAUTION

［Web 用に保存（従来の方法）］は、アニメ GIF、スライスごとの書き出しに便利ですが、2017年現在、「230／231／232」で紹介する機能を使った書き出し方法もあり、今後なくなる可能性があります。

230［クイック書き出し］で画像を書き出す／232［書き出し形式］ダイアログで画像を書き出す
231［アセット（生成）］を使って画像を書き出す

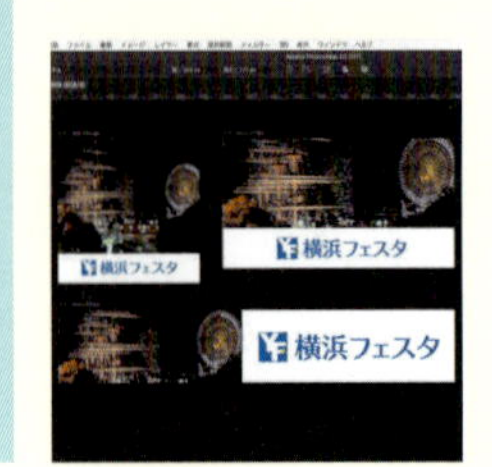

NO.
230 [クイック書き出し]で画像を書き出す

VER.
CC / CS6 / CS5 / CS4 / CS3

カンバスやアートボード単位で画像を書き出す際に便利なのが [クイック書き出し] です。

STEP 1

[ファイル] メニューから [書き出し] → [書き出しの環境設定] を選択する❶と、[環境設定] ダイアログの[書き出し]が開きます。[クイック書き出し形式] について、ファイルの拡張子や透明の保持、保存場所などを設定します。ここでは、PNG ファイルを選択❷して、[OK] をクリックします。

S 環境設定▶ ⌘(Ctrl)+K

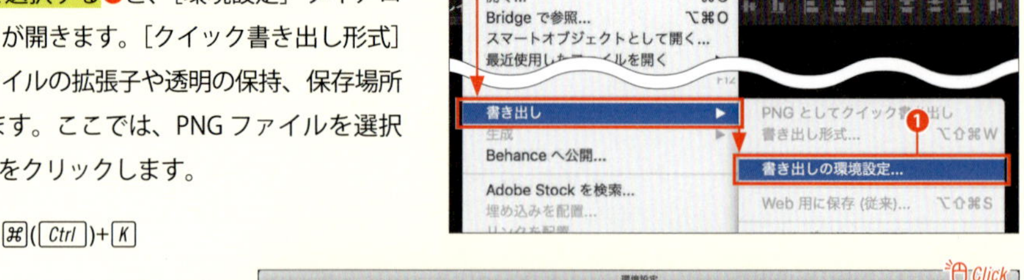

MEMO

[Photoshop] メニュー (Windows では [編集] メニュー) から [環境設定] → [書き出し] でも、同様の画面が開きます。

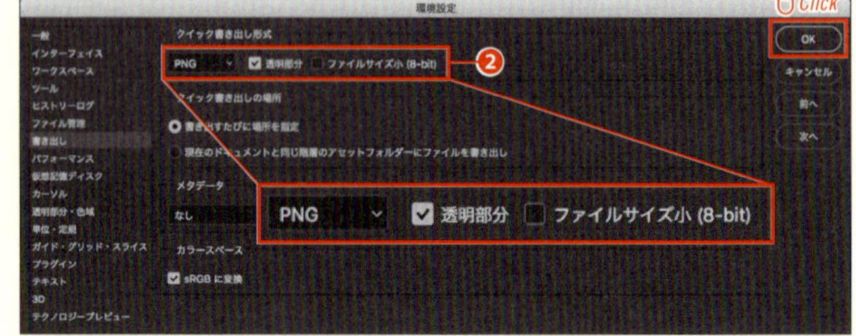

STEP 2

[ファイル] メニューから [開く] を選択し、あらかじめ制作しておいた複数のアートボードを使ったバナーの PSD ファイルを開きます。

S ファイルを開く▶ ⌘(Ctrl)+O

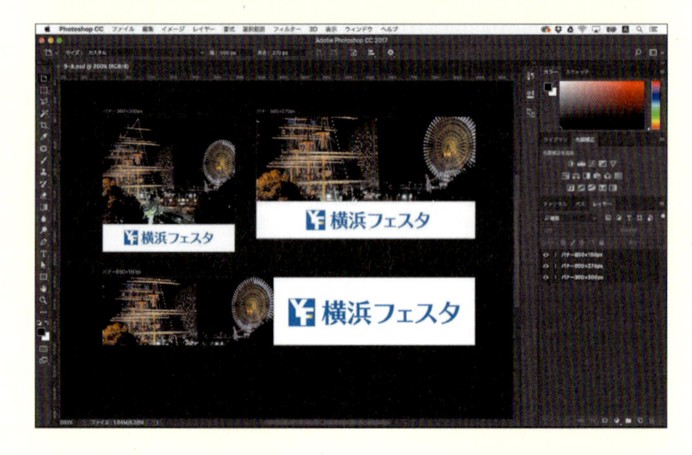

STEP 3

[ファイル] メニューから [書き出し] → [PNG としてクイック書き出し] を選択します❸。保存場所を選択して[開く]をクリックします。STEP1 で設定した[書き出し] の [環境設定] に従って、画像の保存先を指定します。

MEMO

特に指定のない場合は PSD ファイルと同じ階層に保存されます。

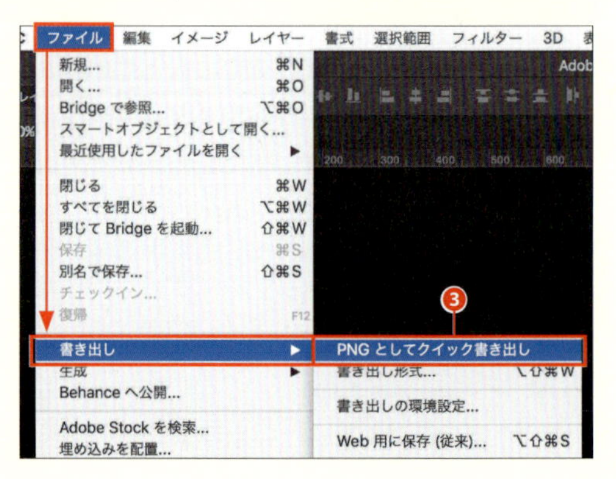

STEP 4

［レイヤー］パネルで書き出したいレイヤー（アートボード）を⌘（Ctrl）＋クリック（右クリック）で［PNGとしてクイック書き出し］を選択しても❹書き出しができます。特定のレイヤー（アートボード）だけを書き出したいときに便利な機能です。

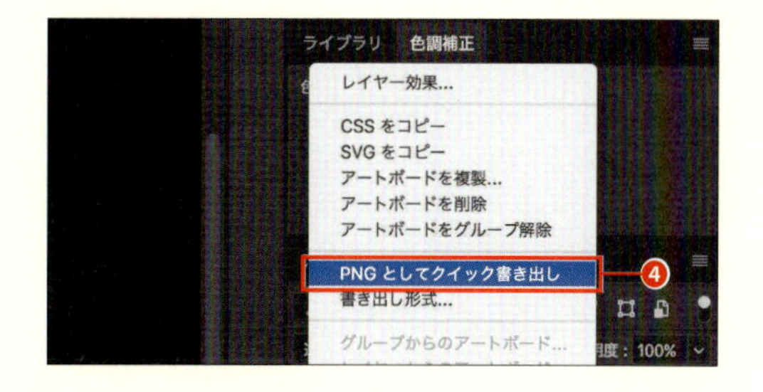

STEP 5

3つのバナーがアートボードのサイズで書き出されました。ファイル名はアートボード（アートボードがない場合はドキュメントの名前）になります。

バナー 300 × 300px

バナー 500 × 270px

バナー 850 × 150px

MEMO

■画質を落としたくないときは PNG-24（.png）

画質を落としたくないときは、PNG-24ビットを使用しましょう。可逆圧縮方式で圧縮後に品質劣化がないのが PNG-24の特徴です。その一方で、ファイルサイズが大きくなりがちなので、注意が必要です。

■色数が少ないときは PNG-8（.png）

ベクター（Illustrator）を使ったアイコンやイラスト、ロゴなどの書き出しに向いています。単色のグラデーションでは、GIF などと比べても、PNG-8での書き出しがもっとも軽くなります。フチがギザギザになってしまうので、透過を要する切り抜き画像などを書き出すときはアルファチャンネルが使える PNG-24(32) を選択するなどの工夫が必要です。

■色数が多い写真には JPEG(.jpeg,.jpg)

色数の多い画像は、1670万色を扱える JPEG が得意です。階調を損なうことなく書き出せるので、写真や、グラデーションなどを多用している画像に向いています。非可逆圧縮のフォーマットなため、圧縮すればするだけブロックノイズ、モスキートノイズなど画像の劣化を招きますが、JPEG 形式は、視覚的になるべく不都合を起こさないように圧縮できるので、写真などの圧縮に適しています。特に、同じ色が連続する広い面積に対して効率よく圧縮するため、単色のイラストなどは非常に小さなファイルサイズで保存することが可能です。一般的に80% 程度の劣化であれば、それほど視覚的に劣ることはないでしょう。

NO.
231

VER.
CC / CS6 / CS5 / CS4 / CS3

[アセット(生成)]を使って画像を書き出す

画像ファイル名をあらかじめレイヤー名と同じにしておくことで、自動で画像の書き出しを行う機能を「アセット」と言います。

STEP 1

[ファイル] メニューから [開く] を選択し、書き出すWebデザインのPSDファイルを開きます。最初にどこをHTMLとCSS (コーディング) で対応するのか、もしくは画像として書き出すかを検討します。英文のメニュー部分と、矢印、メインビジュアル、ロゴを画像として書き出します。

MEMO

Webデザインでは共通のパーツを使い回すことが多いので、その場合は、書き出す画像はひとつだけにします。

STEP 2

[ファイル] メニューから [生成] → [画像アセット] を選択します❶。デフォルトではチェックが入っていない状態なので、もう一度選択し、[画像アセット] の項目にチェックが入っているかを確認します❷。

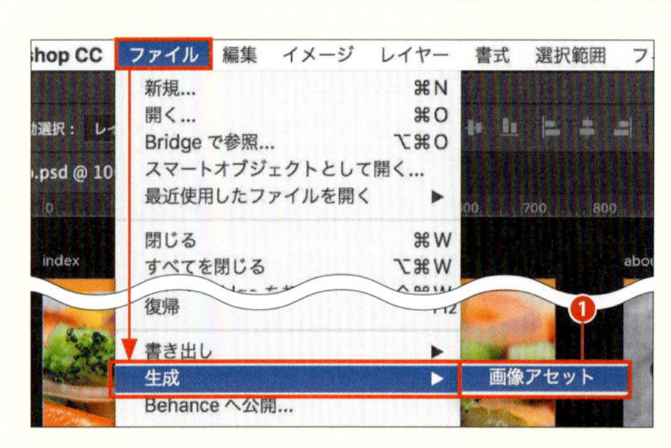

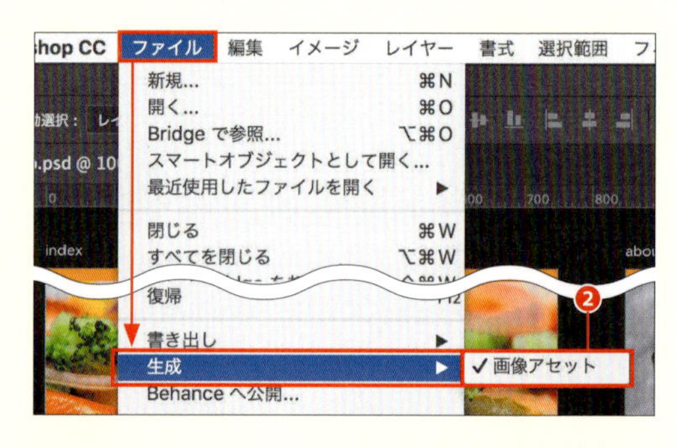

STEP 3

レイヤー名を「英数字+.(ピリオド)+拡張子」に変更します。ロゴとメニューの英数字レイヤー (テキストレイヤー) の名前をそれぞれ、「Menu.png」「About.png」「Fresco.png」としていきます❸。レイヤー名の修正が完了したら、[ファイル] メニューから [保存] で、PSDデータの修正を保存します。

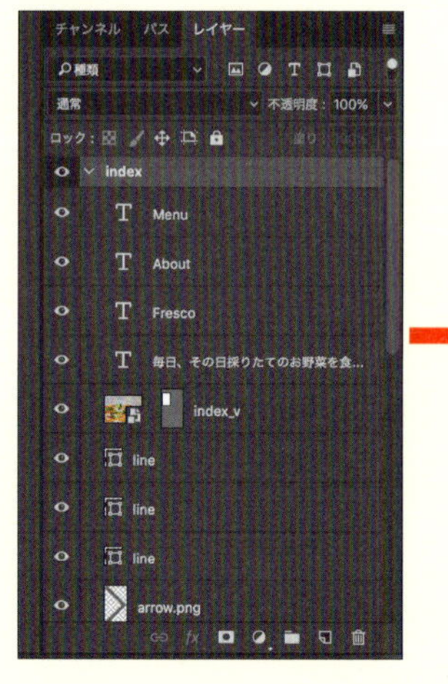

MEMO

このアセットによる書き出しは、レイヤーグループにも有効です。

PSDデータと同じ階層に、「ファイル名-assets」というフォルダーが生成されています。フォルダーの中を確認すると、PNGファイルが書き出されています❹。

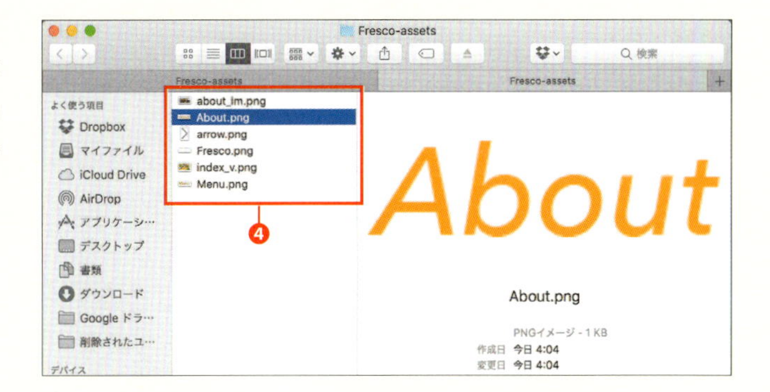

STEP 5

元のファイルへ戻り、ナビゲーションメニューの色や書体を変更します。PSDデータを保存すると、「ファイル名-assets」に書き出されているデータが自動で変更されます。一度命名したアセットに対して、手動での書き出しは不要です。一度ファイル名を命名したレイヤー名を途中で変更すると、書き出した画像ファイルの名前も自動的に更新され、旧名の画像ファイルは残りません。STEP1の［画像アセット］の項目にチェックが入っているときは常に、最新の情報が自動で差し替わります。

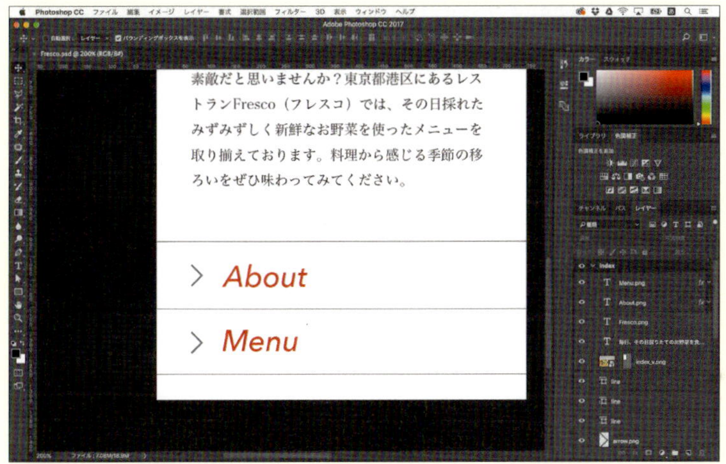

文字の色を赤に変更した

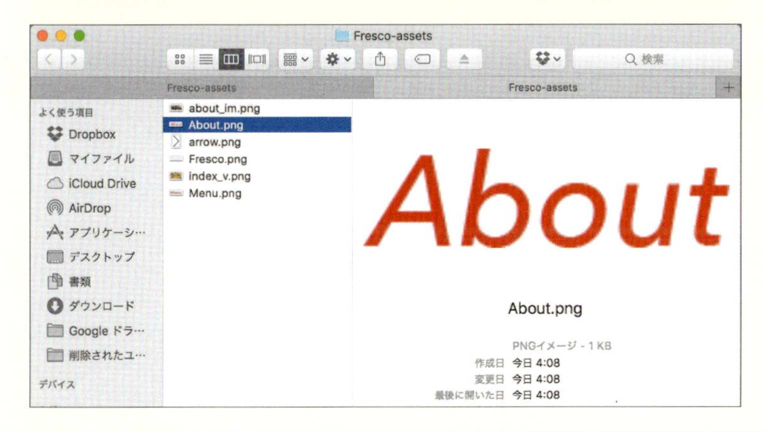

 **MEMO**

「アセット（生成）」で扱える拡張子はPNG/GIF/SVG/JPG（JPEG）です。他にも、画像の書き出し品質（画質パラメーター）や書き出しサイズ（サイズパラメーター）、名前をカンマで区切って、解像度の違う画像を同時に作成できるので、高解像度対応の画像書き出しなどで活躍します。

NO.
232 ［書き出し形式］ダイアログで画像を書き出す

VER.
CC / CS6 / CS5 / CS4 / CS3

［書き出し形式］ダイアログを使用すれば、レイヤー、レイヤーグループ、アートボードまたはドキュメント全体を柔軟に書き出せます。

STEP 1

ドキュメント全体やアートボードを書き出す場合は、［ファイル］メニューから［書き出し］→［書き出し形式］を選択し❶、ダイアログを表示します❷。

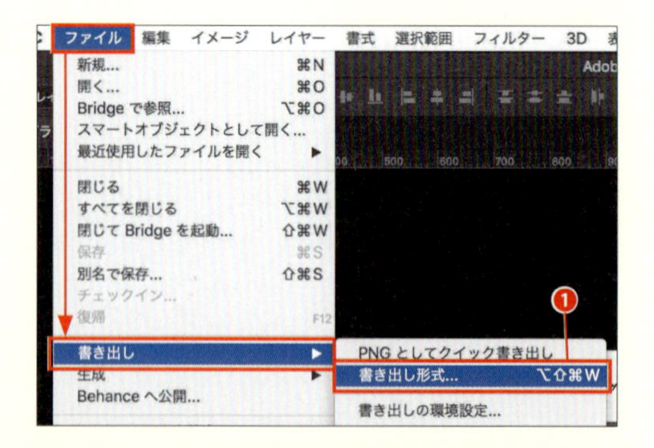

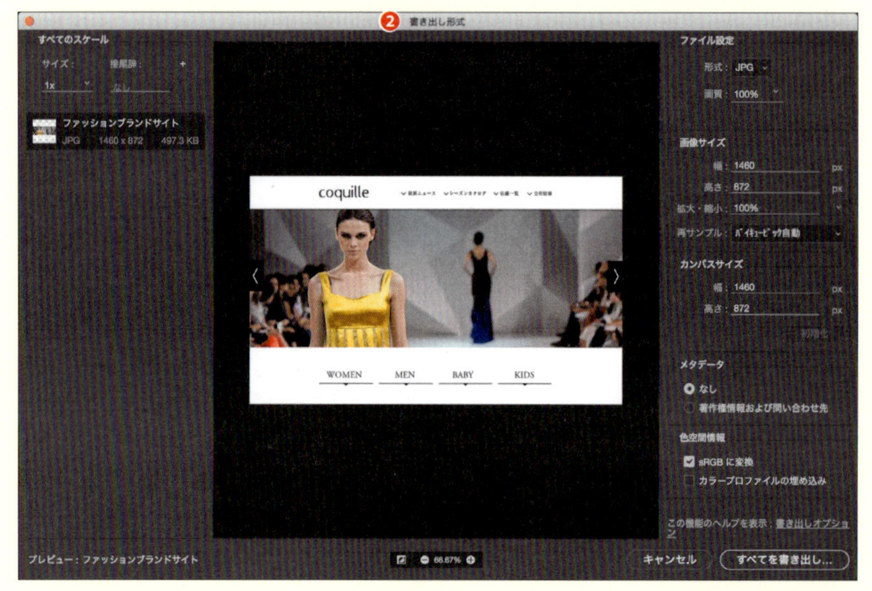

STEP 2

特定のアートボードやレイヤー、レイヤーグループを書き出す場合は、書き出すレイヤー（レイヤーグループ）を選択して、［レイヤー］パネルのオプションをクリックして、［書き出し形式］を選択し❸、ダイアログを表示します。

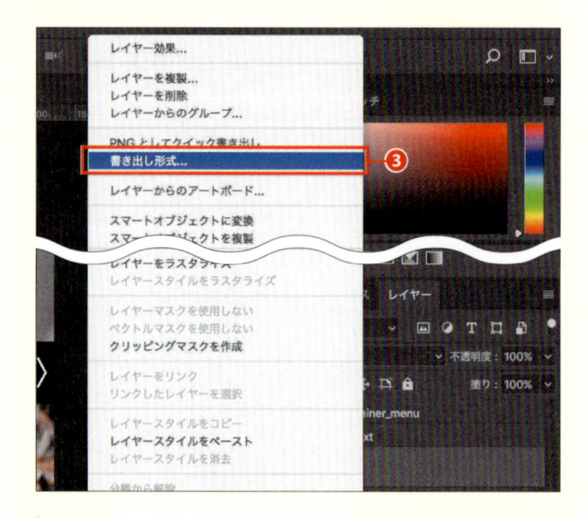

STEP 3

ダイアログを表示したら、中央のプレビューを見ながら、スケール、ファイル設定❹、画像サイズ❺、カンバスサイズ❻を選択します。必要に応じてメタデータ❼、色空間情報❽を設定します。設定が完了したら、［すべてを書き出し］ボタンをクリックします。ダイアログが開くので、画像を書き出す階層を指定して［書き出し］をクリックすると画像が書き出されます。

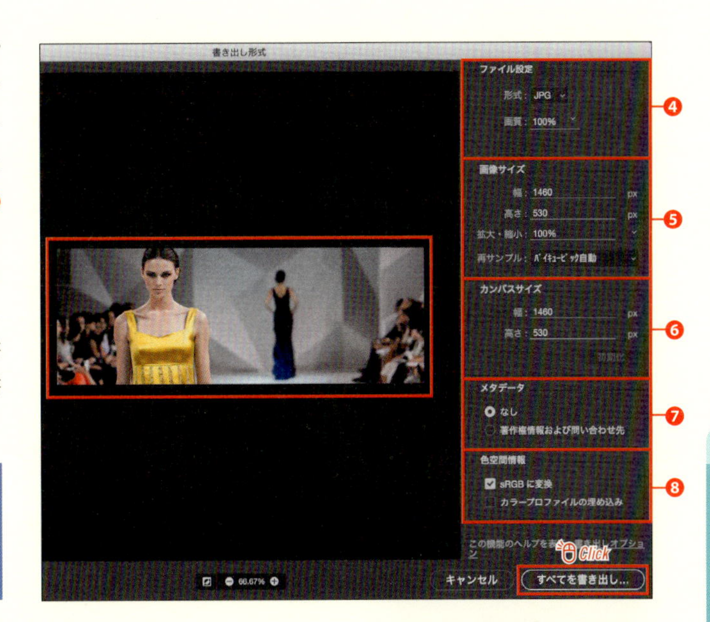

MEMO

ファイル設定の形式は PNG、JPG、GIF、または SVG を選択します。

STEP 4

画像のファイル名は、アートボード、レイヤー、レイヤーグループ名と同一になるので、各要素の命名については、その後のコーディングを見越して、わかりやすい英数字の名前を意識しましょう。

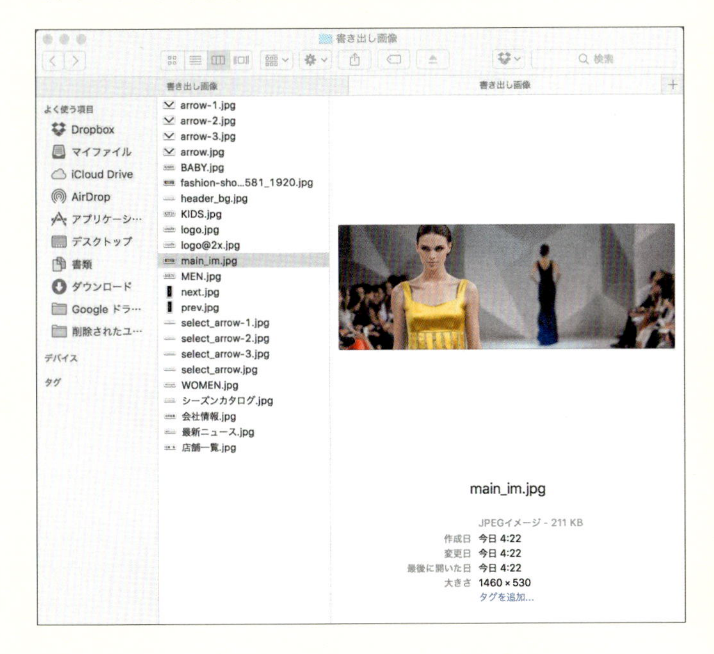

MEMO

［書き出し形式］ダイアログは［Web 用に保存（従来）］のようにパネル上で操作でき、［クイック書き出し］のようにドキュメント全体やアートボード単位での書き出しも可能、さらに［画像アセット］のように2倍解像度や接尾辞などのコントロールも可能な機能です。

MEMO

PSD ファイルに変更を加えても［画像アセット］のように、自動で画像は書き出されません。

第9章 Web

NO.
233 シェイプをCSSとして書き出す

VER.
CC / CS6 / CS5 / CS4 / CS3

「シェイプ」を CSS で再現する場合は、[CSS をコピー] が数値のヒントとして役立ちます。

STEP 1

「グラデーションのボタン」を、Photoshop で作成して、HTML と CSS のみで表現してみましょう。最初にテキストエディタなどで、タブを表現するための HTML を書きましょう❶。ボタンの <div> 要素の class 名を design にしておきます。

MEMO

CSS（Cascading Style Sheets）とは、Web ページの見栄えを細かく指定するための言語です。
作例では、エディタとして Dreamweaver CC2017 を使用しています。

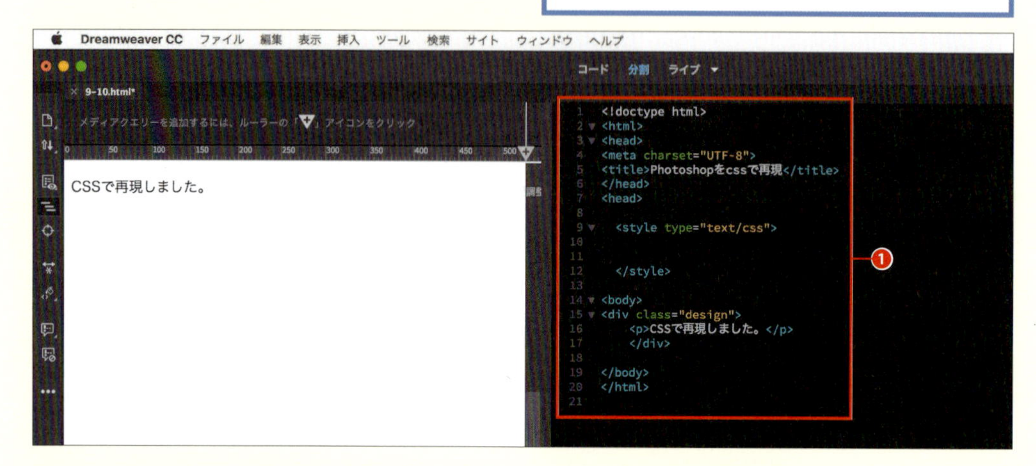

STEP 2

Photoshop で［ファイル］メニューから［新規］で Web 用の新規ファイルを作成します。［ツール］パネルで［角丸長方形］ツールを選択し、カンバス内を 1 回クリックすると、ダイアログが開くので、［幅：300px 高さ：100px］と入力します❷。［半径］のすべての角を 20px にして❸［OK］をクリックすると、角丸のライブシェイプが作成できました❹。

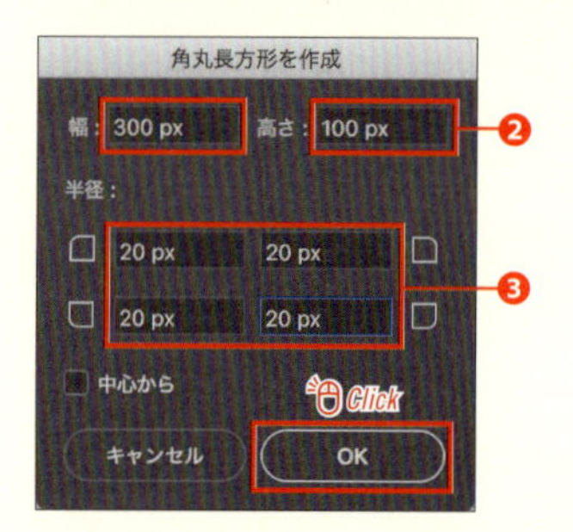

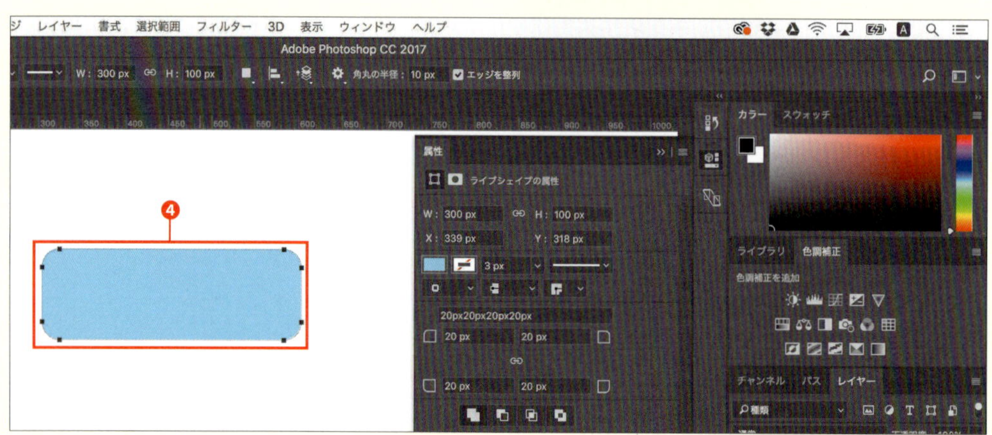

STEP 3

オプションバーの［塗り］でグラデーションを設定します❺。［属性］パネルでライブシェイプの位置を確認し、左上を起点に、X 軸、Y 軸から各 20px の位置へ変更します❻。レイヤー名を「design」にしておきます❼。

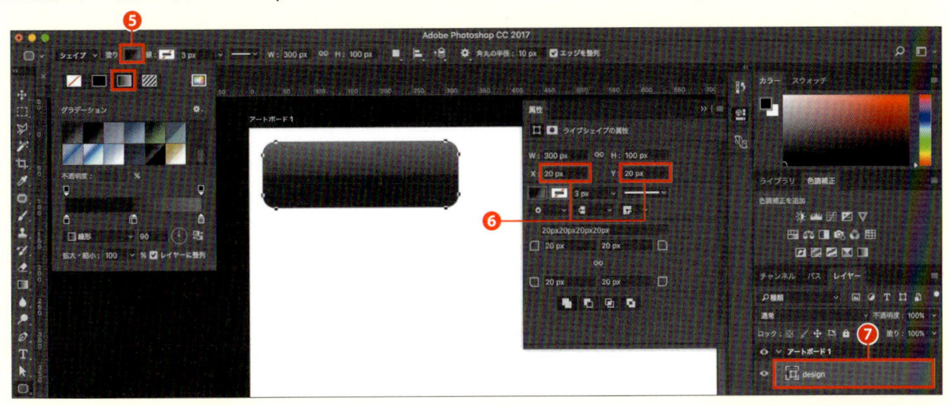

STEP 4

［レイヤー］パネルで、シェイプのレイヤーを選択して ⌘（Ctrl）＋クリック（右クリック）、またはパネルオプションから［CSS をコピー］を選択します❽。

SVG のコードとしてコピーすることも可能です。

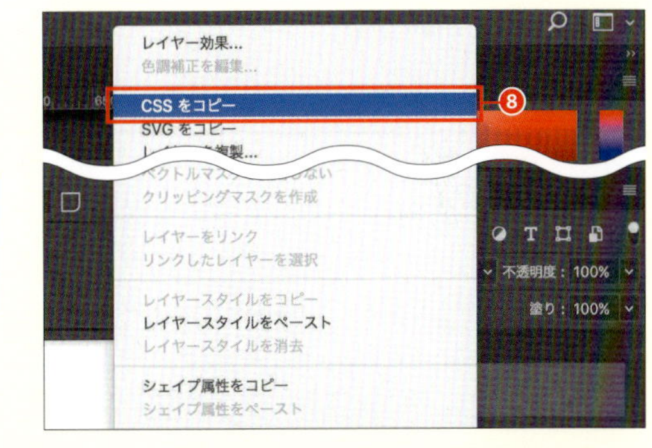

STEP 5

CSS としてエディタへ貼り付けると、レイヤー名がそのまま class 名として定義されます。ペーストしたレイヤー名（design）が STEP1 で定義した class 名（design）と紐づき、画像の書き出しをせずに HTML と CSS での表現ができました❾。文字要素を含めた <p> タグや CSS を加えて、コード上でデザインを成形できます❿。

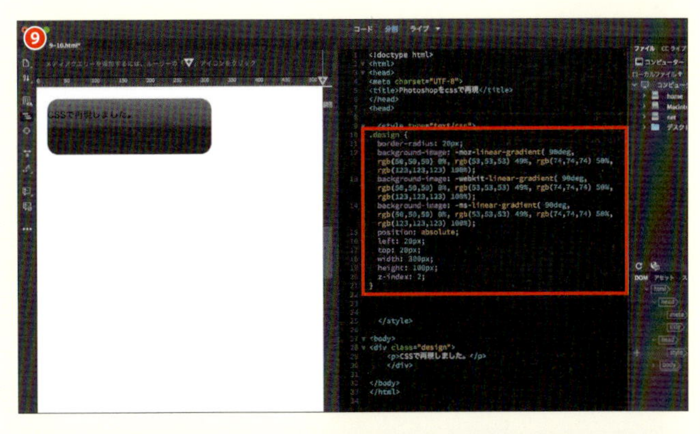

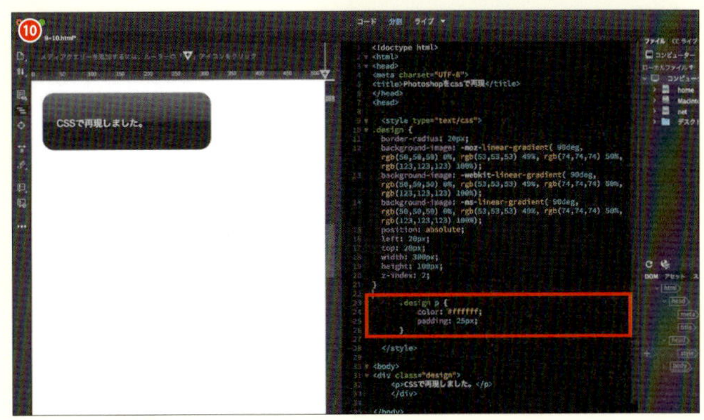

CAUTION

コードは自動生成のため、レスポンシブなどで本来相対位置で書くべき箇所でも、絶対位置での指定となるなど、実際のコードとして採用できるかについては慎重に検討する必要があります。一方で、コードによるデザイン表現の幅が広がっている現在では、CSS に苦手意識のあるデザイナーにとって、本機能は有力なヒントツールになるでしょう。

NO.

234 Device Previewパネルと iOSアプリを連携してプレビューする

VER.
CC / CS6 / CS5 / CS4 / CS3

iOS アプリを使えば、iPhone や iPad でデザインデータをリアルタイムでプレビューできます。

STEP 1

iPhone や iPad などに「Adobe Preview CC」をインストールして、起動します。

利用は無料です。2017年1月現在は iOS 版のみです。
https://itunes.apple.com/jp/app/adobe-preview-cc/id973272286

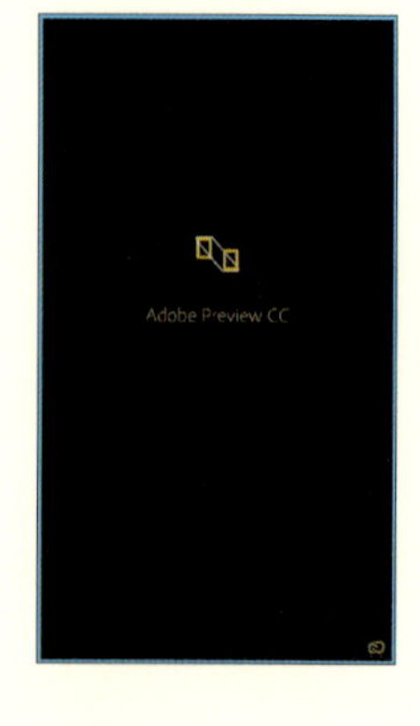

STEP 2

Photoshop で確認したいファイルを開きます。Photoshop と Adobe Preview CC の両方に Creative Cloud の同一 ID でサインインしていることを確認します。Photoshop では［ヘルプ］メニューでサインイン中のアカウント（メールアドレス）を確認できます❶。Adobe Preview では左上のアイコンをタップしてメニューを開き、［マイアカウント］からサインイン中のアカウント（メールアドレス）を確認できます❷。

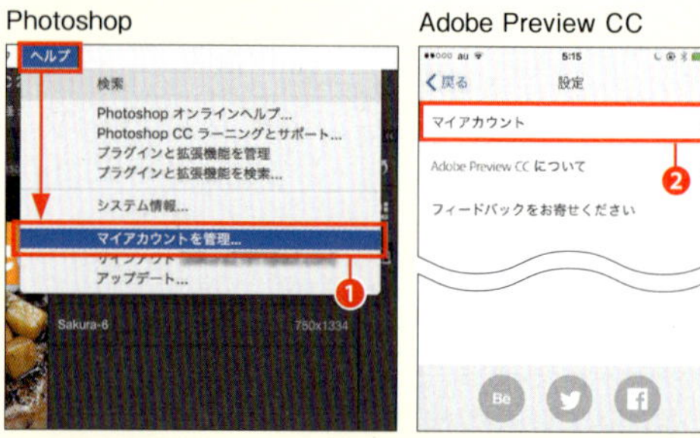

STEP 3

Photoshop の［Device Preview］パネルを開き、PC とデバイスが同一の Wi-Fi か USB でつながっていることを確認して、［デバイスを確認］ボタンをクリックします❸。STEP1 のデバイスが認識されました❹。

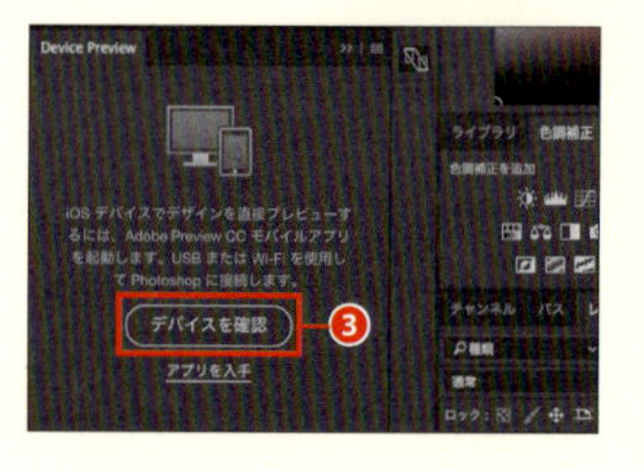

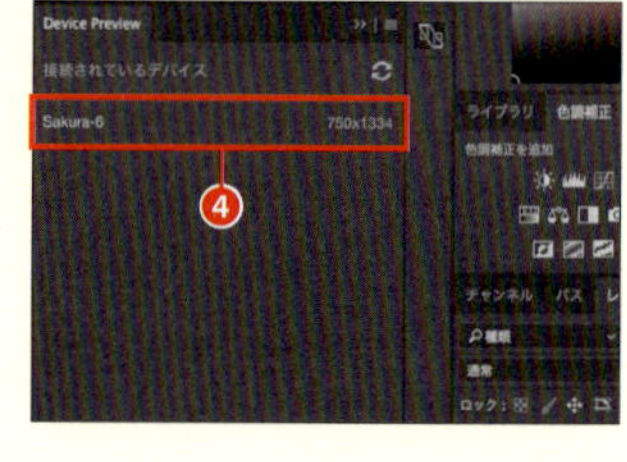

STEP 4

Photoshop 上で編集しているファイルがデバイス側でも確認できます。Photoshop 上で修正を行えば、ほぼリアルタイムでデバイス側にも修正が反映されるので、スマートフォンやタブレット向けのデザインにも便利です。

Photoshop

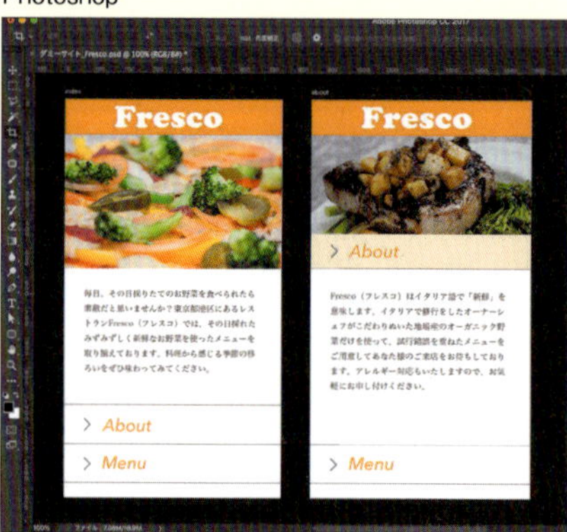

Adobe Preview CC

第10章 カラーマネジメント

NO.
235 なぜ色は合わないのかを理解する

VER.
CC / CS6 / CS5 / CS4 / CS3

ディスプレイ、プリンター、印刷物。同じ画像を表示、プリントしても同じ色になりません。いったいなぜでしょうか。

STEP 1

家電量販店の店頭に並べられたディスプレイに同じ番組が映し出されているのに、すべて色が違って見える、ということは日常的に経験することです。同様にパソコンのディスプレイに同じ画像を表示させても、ディスプレイにより色はバラバラです。この理由はカラー表示を行うためのカラーフィルターの原色の違い❶、パネルの違い、バックライトの違いなどがあり、製品間や個々のモニタの間で色の違いが生まれてきます。

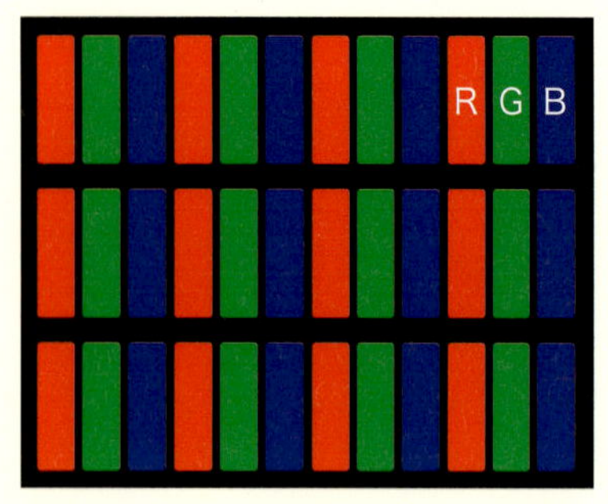

❶多くのディスプレイは RGB のフィルターにより表示されるが、カラーフィルターの原色自体が違う

STEP 2

プリンターや印刷物の場合はどうでしょう。こちらもまず、**インク自体に違い**があります。インクのメーカーはたくさんありますし、顔料インク、染料インク、UV インク、大豆インクなどさまざまな種類があります。インクジェットプリンターであれば 12 色のインクを使う製品などもあるので、当然鮮やかな色再現が可能です。また、一番大きな要因は**用紙の問題**です。アート紙、コート紙、上質紙など、紙にはさまざまな種類があり、平滑性も色も違います❷。CMYK の場合も RGB と同様、CMYK の数値だけでは、色を絶対化できません。

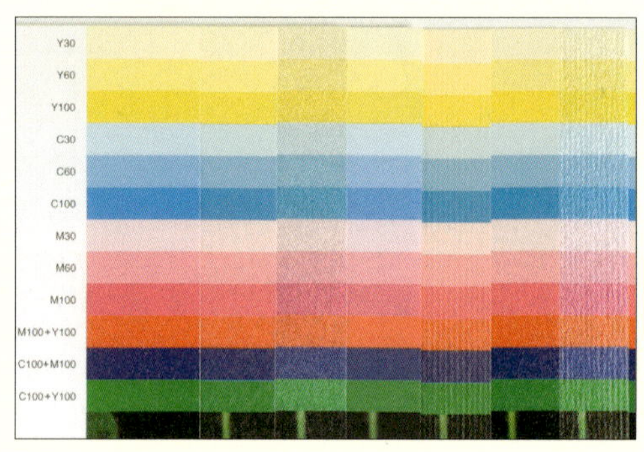

❷網パーセントが同じでも用紙により色は変わる

STEP 3

ディスプレイの色は違って当たり前、そして印刷の色も用紙や刷り方により違うのが当たり前です。しかし、それだと仕事にならないので、それぞれの色がマッチするように計算をしてくれるのがカラーマネジメントシステムです。Mac にも Windows にも標準で搭載されており、Photoshop の場合も画面表示やプリントアウト、色変換などの場面でカラーマネジメントによる計算が行われます。ただし、初期設定は一般的なワークフロー向けになっているので、厳密に合わせたい場合には、自分の仕事に合わせて意識的にカスタマイズする必要があります。

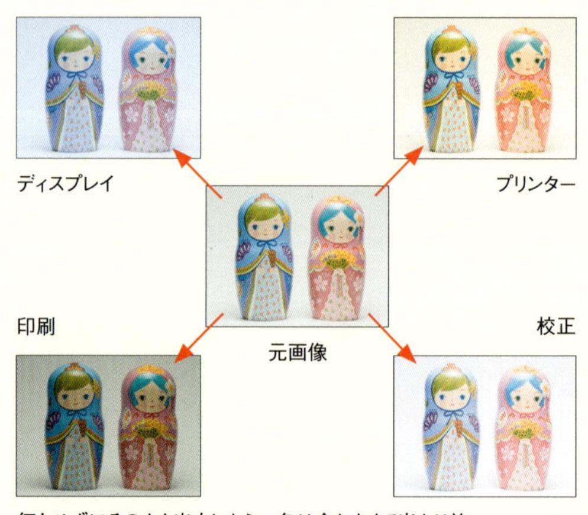

何もせずにそのまま出力したら、色は合わなくて当たり前

236 カラーマネジメントでできることとは

NO.
236 カラーマネジメントでできることとは

VER.
CC / CS6 / CS5 / CS4 / CS3

カラーマネジメントの技術では、さまざまなメディア間での色合わせが可能です。しかし、色をよくしてくれる技術ではありません。

STEP 1

Photoshopにはカラーマネジメントの機能が搭載されていて、自動的に色の計算をしてくれます。そしてその計算に使われるのがプロファイルです❶。プロファイルとは色に関する情報が書き込まれたファイルのことで、作業用スペースのカラー設定をしたり、画像に埋め込んで色を再現したりするために使います。色がおかしくなってしまう場合、このプロファイルの設定ミスが多いので注意しましょう。

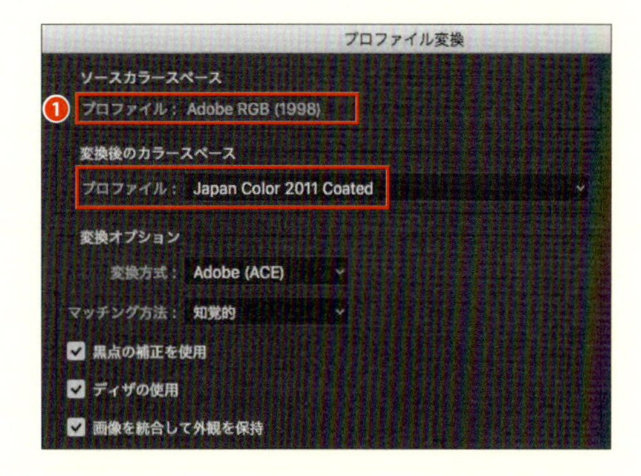

STEP 2

プロファイルにはディスプレイ用、印刷用、プリンター用、汎用的なカラースペースなどさまざまな種類があります。例えばRGBの画像データがあったとして、そこにプロファイルが埋め込まれて（セットになって）いないと正確な色はわかりません❷。RGBとは光の三原色により色を表す方法ですが、その原色自体にも種類があります。また印刷をするためにはCMYK化する必要がありますが、このCMYKにも種類があります。どんなRGBか、どんなCMYKかを表すためにはプロファイルが必要なのです。

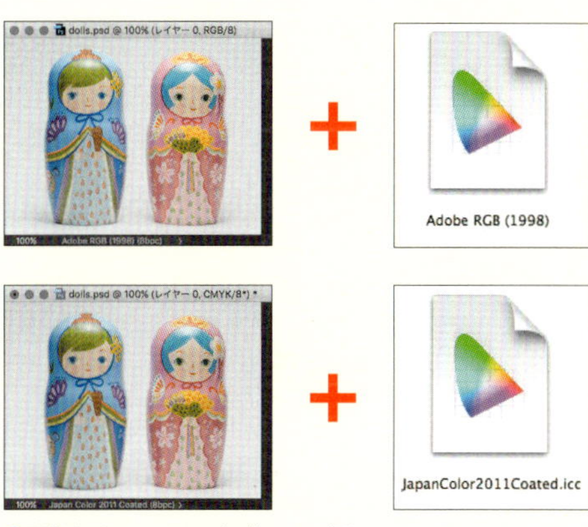

❷画像とプロファイルは必ずセットで扱う

STEP 3

右の図は［Japan Color 2011 Coated］という印刷のプロファイルの中身です。印刷のプロファイルであれば、シアン100%で刷った場合はどんな色か？　用紙の白の色はどんな色か？❸といったことが詳しく書かれています。またRGBのプロファイルであれば、やはりR、G、Bの各原色がどんな色か？　白色点の色や明るさは？といったことが書かれています。こういったプロファイルと画像をセットにすることにより、画像の色が確定します。

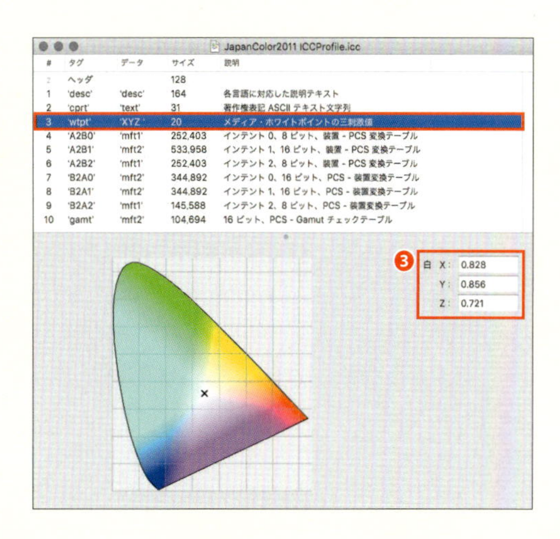

235 なぜ色は合わないのかを理解する

NO.
237 カラーマネジメントでやるべきこと

VER.
CC / CS6 / CS5 / CS4 / CS3

カラーマネジメントでは理屈を理解することも重要ですが、理解をする前に最低限やっておくべきこともあります。

STEP 1

色は合わなくて当たり前ですが、合わせるための技術は確立されています。まず、ディスプレイは買ったままで使うのではなく、キャリブレーション（色再現性のための調整）を取り、ディスプレイプロファイルを作成しましょう。またプリントアウトする際は、最低限プリント用紙の選択をしましょう。プリンターは基本的に「きれいに」プリントしてくれるので、データ本来の色を「忠実に」に再現できる設定にしたり、印刷のシミュレーションをしたりすることも重要です。

MacOS のディスプレイプロファイル設定画面。これはまだデフォルトのディスプレイプロファイルしかない状態。ここにディスプレイに合ったプロファイルをつくって設定をすることが重要

STEP 2

カラーマネジメントの運用ではプロファイルの扱い方が重要になります。プロファイルがない画像は正しい色が確定できないからです。画像データには必ずプロファイルを埋め込んで次工程に渡すこと。データを受け取った製作サイドではプロファイルの確認をして、プロファイルがない画像に関しては、前工程に確認をとるなどして、正しいプロファイルを埋め込んで流通させることが重要です。プロファイルのチェックの仕方、プロファイルの埋め込み方（指定の仕方）などを覚えておきましょう。

プロファイルが画像に埋め込まれていないと「タグのない～」という表示になる。プロファイルが埋め込まれていないと正しい色の計算はできない

STEP 3

RGB の画像データはその使用の仕方により、正しい色変換をする必要があります。例えば印刷向けに CMYK にする場合、コート紙に刷るのか、上質紙に刷るのか、印刷の方式は何かなどによって変換に使うプロファイルを変えるべきなので、「CMYK でほしい」と言われた場合には、どのプロファイルを使って変換すべきか、といったこともきちんと確認を取らなくてはいけません。

印刷用のプロファイル設定画面。[Japan Color 2001 Coated] は枚葉機を使ってコート紙に印刷をする場合のプロファイルだが、その他にもさまざまなプロファイルが用意されている

236 カラーマネジメントでできることとは

NO.
238 カラースペースの変換を行う

VER.
CC / CS6 / CS5 / CS4 / CS3

Photoshop には「プロファイル変換」という機能がついています。この機能こそがカラーマネジメントそのものとも言える技術です。

STEP 1

[編集]メニューから[プロファイル変換]を選択します。[OK]をクリックすると[ソースカラースペース]から[変換後のカラースペース]への色変換が行われます。RGB から CMYK、CMYK から RGB、RGB から別の RGB などさまざまな変換が可能です。変換の際には、見た目の色が近いものになるように色変換が行われます。ただし、まったくイコールにできないのは、それぞれのカラースペースの違いにより再現不可能な色があるからです。

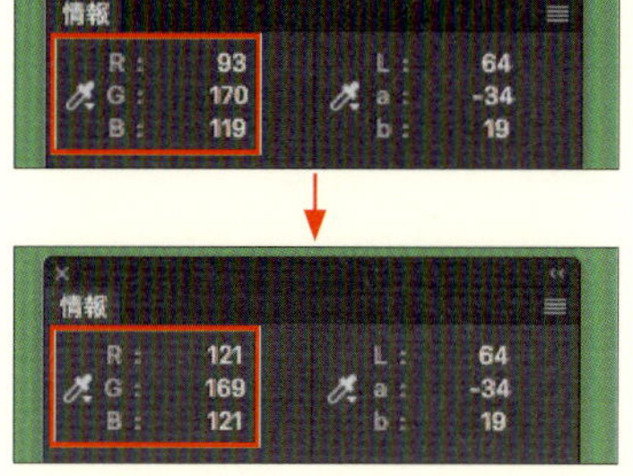

Adobe RGB に変換した場合、見た目の色（パネルの背景の緑色）は変化しないが、RGB 値が変わった

STEP 2

プロファイル変換は、カラーマネジメントそのものとも言える技術です。実際にこのプロファイル変換を試して、カラーマネジメントとは何なのかをじっくりと考えてみましょう。例えば sRGB 上の「R93 ／ G170 ／ B119」という色を Adobe RGB に変換してみます。すると RGB の数値は「R121 ／ G169 ／ B121」に変化しますが、Lab 値は「L64 ／ a-34 ／ b19」のまま変化しませんでした。これは、カラースペースを変換しても見た目の色（Lab 値）が変わらないような RGB 値を計算できたということになります。

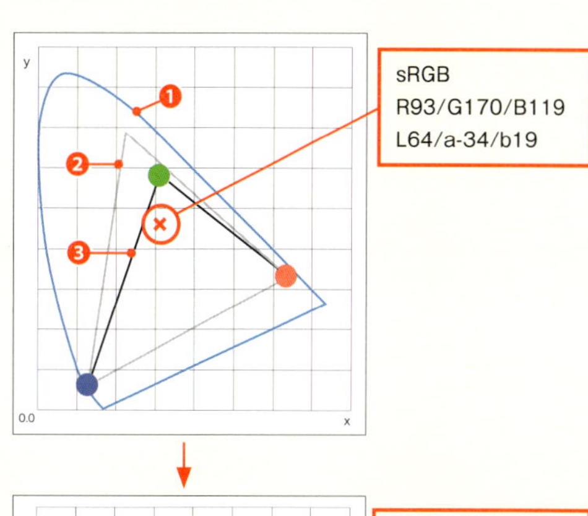

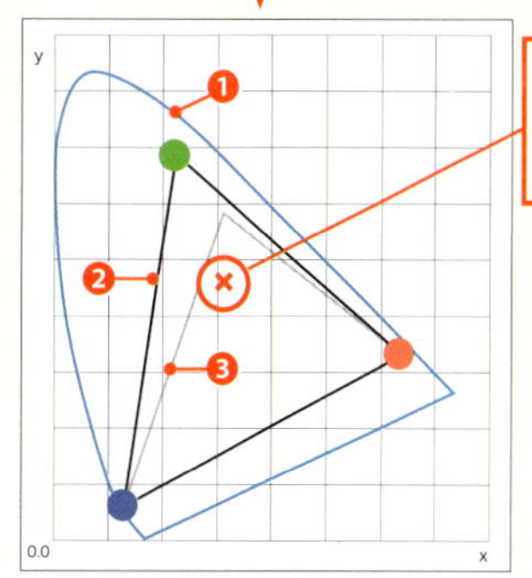

MEMO

右の図は xy 色度図と呼ばれるものです。馬蹄形の部分が人間の目に見える可視領域❶。そして大きな三角形が Adobe RGB ❷、小さな三角形が sRGB ❸で表現可能な領域を表します。Adobe RGB と sRGB では赤と青の原色は同じですが、緑は Adobe RGB のほうが鮮やかなので、全体的に Adobe RGB のほうがより鮮やかな色が表せます。sRGB から Adobe RGB に変換するということは、この RGB の定義が変わるということです。しかし、見た目の色は変わらないので、座標上の位置も変化しません。

第10章 カラーマネジメント

241 プロファイルを埋め込む

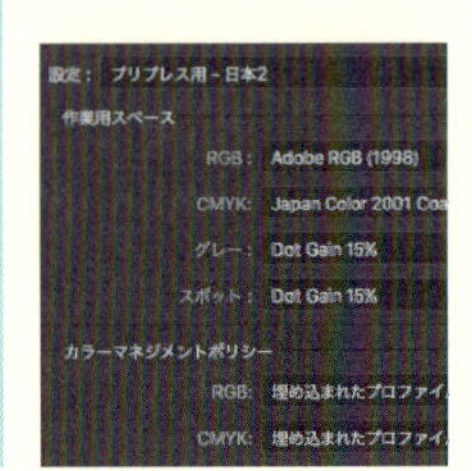

NO.

239 RGB作業用スペースを設定する

VER.
CC / CS6 / CS5 / CS4 / CS3

作業用スペースとは、Photoshop で作業を行う場合の基準となるカラースペースを決めておく設定です。

STEP 1

Photoshop を使い始める前には、最低限目的に合った［カラー設定］にしておく必要があります。［編集］メニューから［カラー設定］を選択します。印刷目的であれば［プリプレス用 - 日本 2］❶に、Web 目的であれば、［Web・インターネット用 - 日本］に切り替えておきます。

STEP 2

作業用スペースとは、Photoshop で作業を行う際の基準となるカラースペースを決めておく設定です。プロファイルが埋め込まれていない場合や、新規で書類を作成する際には、ここでの設定が参照されます。従来は個々のモニタ上の色に依存して作業を行っていましたが❷、作業用スペースの導入により、モニタに依存しない作業が可能になりました。

MEMO

RGB の基本の作業用スペースには sRGB と Adobe RGB があります。sRGB は平均的な CRT モニタの色度を参考につくられたカラースペースで、インターネットなどで簡易的に色合わせを行うための手段として広く普及しました。しかし、sRGB ではプロセスカラー印刷の色再現域のすべてをカバーできないために、それをカバーできるカラースペースとして Adobe RGB が登場しました。プロ向けのカメラであれば必ず Adobe RGB モードを備えているので、撮影は Adobe RGB で行い、そのままレタッチを行うのがベストの選択です。

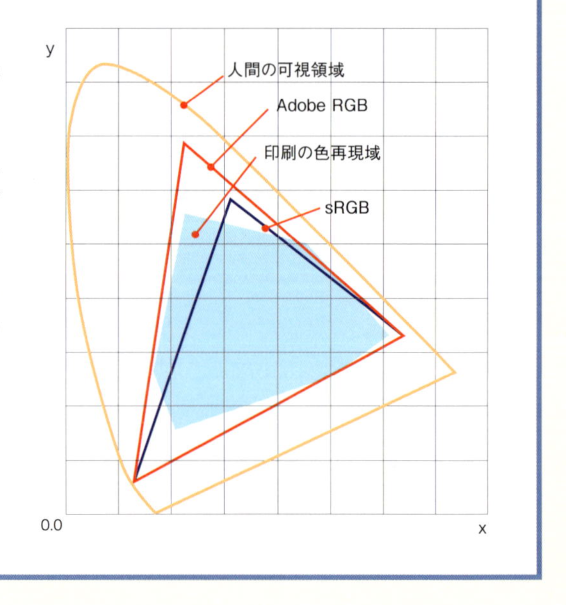

NO.
240 CMYK作業用スペースを設定する

VER.
CC / CS6 / CS5 / CS4 / CS3

CMYK作業用スペースでは基準とするCMYKのプロファイルを設定しておきます。用紙や印刷方式により、このプロファイルは異なります。

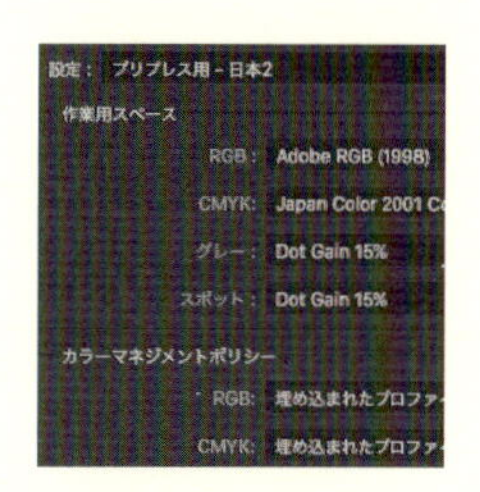

STEP 1

［編集］メニューから［カラー設定］を選択します。CMYKの作業用スペースでは、目的に合ったCMYKのプロファイルを選択するべきですが、よくわからなければ、とりあえず日本向けのデフォルト設定である［Japan Color 2001 Coated］を設定しておきましょう❶。これは、カットされた紙を印刷する枚葉機でコート紙に印刷する場合のプロファイルです。

STEP 2

上記の［カラー設定］での［作業用スペース］で設定されたCMYKプロファイルは画面上での見え方などに影響を与えますが、色変換をしなければデータに対する影響はありません。しかし、実際にCMYKに［プロファイル変換］を行う場合には、どのプロファイルを選ぶかにより、印刷での仕上がりに大きな違いが出るので、慎重にしなければなりません。どんな印刷機にどんな用紙で印刷をするのかがわからない状況でのCMYK変換は避けましょう。

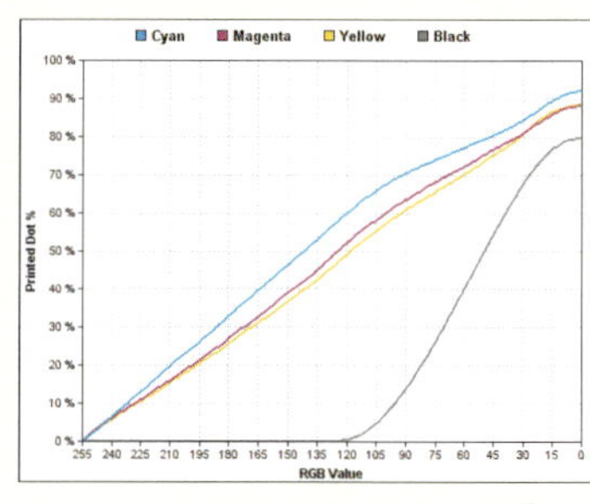

Japan Color 2001 Coatedの分版カーブ

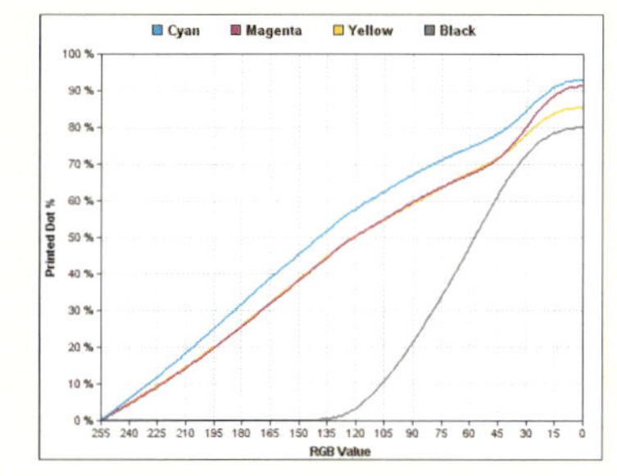

Japan Color 2011 Coatedの分版カーブ。2001年と比べ色域自体に大きな違いはないが、分版カーブは異なる

STEP 3

［Japan Color 2011 Coated］は日本の印刷の標準であるJapan Colorの2011年版に準拠したプロファイルで、Photoshop CC 2015.5からバンドルされるようになりました。2011年版はCTPによる印刷向けになるなど改良が加えられており、枚葉機でコート紙に刷る場合におすすめのプロファイルです。

CAUTION

上記のように、目的に合ったプロファイルを選択しないと画質にも影響を与えてしまいますが、Adobe製品にバンドルされているプロファイルは質が高いのでおすすめです。右は質の悪いプロファイルを使って変換してしまった例です。同じような名前のプロファイルでも、中身は全然違うケースもあるので注意が必要です。インターネットなどでフリーで入手できるようなプロファイルもありますが、怪しいプロファイルには手を出さないことが賢明です。

239 RGB作業用スペースを設定する

NO.
241 プロファイルを埋め込む

VER.
CC / CS6 / CS5 / CS4 / CS3

［プロファイルの指定］とは、画像ファイルにプロファイルをセットにすることです。「プロファイルを埋め込む」と同じ意味です。

STEP 1

［編集］メニューから［プロファイルの指定］を選択します。2番目、あるいは3番目の選択肢から自分が埋め込みたいプロファイルを選びます❶。正しいプロファイルがわからない場合には、画像をつくった人に確認をする、あるいは［プレビュー］にチェックを入れて、画面表示を見ながら推測します❷。

MEMO

RGB や CMYK の画像データでは、原色の組み合わせによって色を表します。しかし、例えば「赤」と言ってもさまざまな「赤」があるために、RGB や CMYK の値だけでは正確に色を表すことができません。つまりプロファイルによって原色の定義がされていないと、どんな色なのかは正確に確定ができないということです。そこで正しいプロファイルを指定することにより、初めて色が確定し、正確な色の計算ができるようになります。この［プロファイルの指定］と［プロファイル変換］の違いをしっかりと覚えましょう。

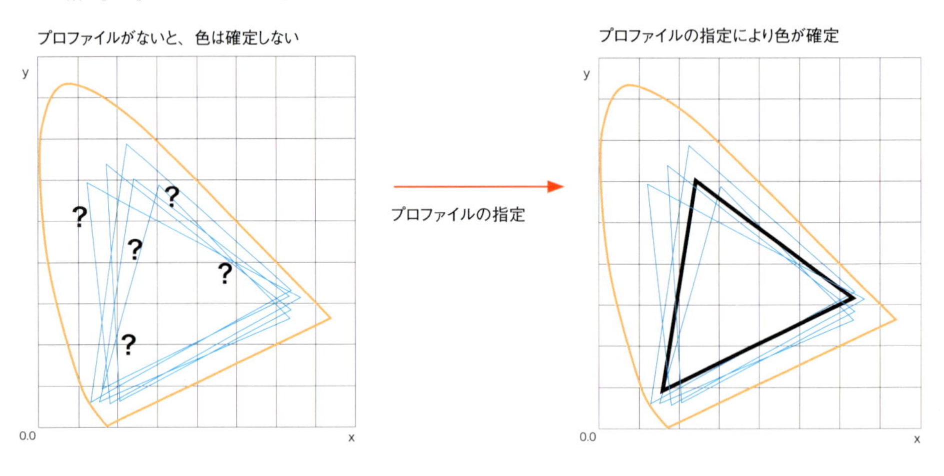

CAUTION

画像にプロファイルが埋め込まれていないと、正しい色が確定しません。つまり、画面表示やプリントアウトの色は信用できないということです。撮影した画像にプロファイルが埋め込まれていない場合には、必ずプロファイルを埋め込んで、次工程に渡します。また、レタッチやレイアウトを始める前には、プロファイルが埋め込まれているかを必ず確認し、プロファイルが埋め込まれていない場合は、正しいプロファイルを埋め込んでから、作業を開始するようにしましょう。

242 プロファイルを削除する

NO.
242 プロファイルを削除する

VER.
CC / CS6 / CS5 / CS4 / CS3

［プロファイルの指定］では、すでに画像に対して埋め込まれているプロファイルを削除する場合にも利用することが可能です。

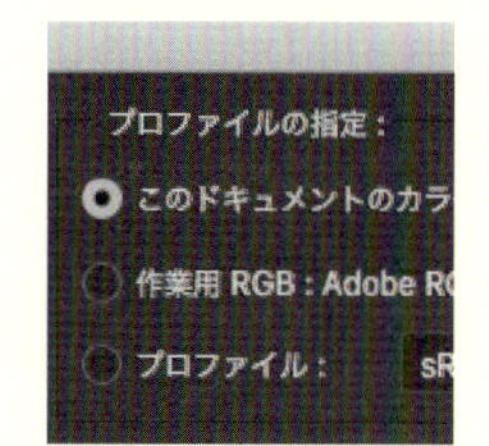

STEP 1

［編集］メニューから［プロファイルの指定］を選択します。1番上の［このドキュメントのカラーマネジメントを行わない］を選択して❶、［OK］することにより、画像ファイルからプロファイルを削除することができます。

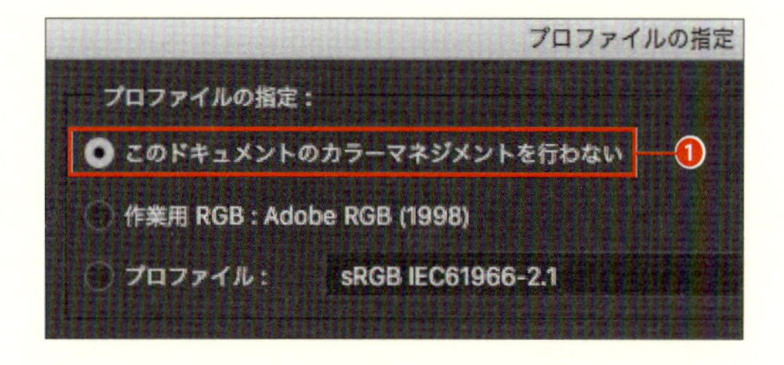

STEP 2

実際にプロファイルが削除できたかどうかの確認は、ドキュメントウィンドウ左下のファイル情報表示から行えます❷。このファイル情報では、ファイルサイズや現在の時間などを表示させておくことが可能ですが、［ドキュメントのプロファイル］を選択することにより、埋め込んであるプロファイルの表示ができます。また、まとめて確認したい場合は、Adobe Bridgeの［メタデータ］から［カラープロファイル］❸の情報を見るといいでしょう。

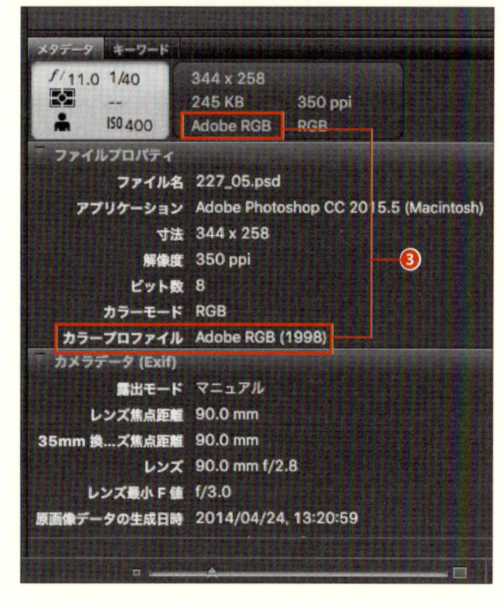

CAUTION

プロファイルは、画像の色を正確に表すために非常に重要なものなので、通常は削除するということはありません。しかし、プロファイルの削除を求められるケースもあるので、その場合はこの［プロファイルの指定］により削除しましょう。大量に削除する必要がある場合は、この工程をアクションで記録し、バッチ処理するといいでしょう（「266 複数の画像にアクションを自動適用する（バッチ処理）」を参照）。

241 プロファイルを埋め込む

NO.

243 カラーマネジメントポリシーとは

VER.
CC / CS6 / CS5 / CS4 / CS3

［カラーマネジメントポリシー］では、ファイルを展開したり、ペーストする際のプロファイルの扱いについての方針を決めておきます。

STEP 1

［編集］メニューの［カラー設定］から［カラーマネジメントポリシー］❶の設定を行います。基本は［プリプレス用 - 日本 2］あるいは、［Web・インターネット用 - 日本］など用途別の設定をしてしまえば❷、特にカスタマイズする必要はありません。

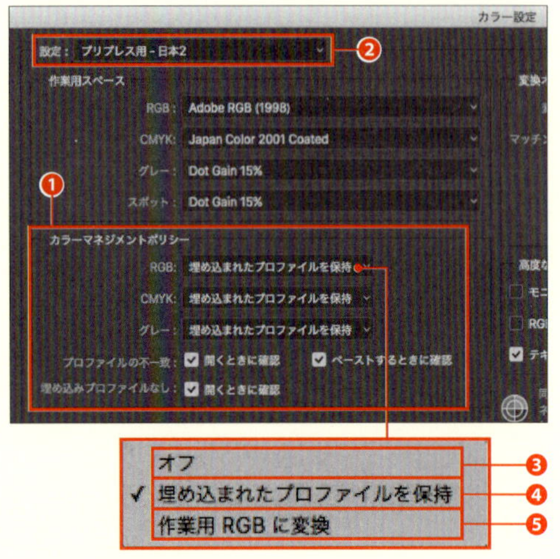

ファイルの展開時やペースト時にここでの設定が反映される

STEP 2

［カラーマネジメントポリシー］では 3 つの選択肢があります。［オフ］はカラーマネジメントオフの意味で、色の正確なコントロールができなくなってしまうため通常はおすすめできません❸。［埋め込まれたプロファイルを保持］は画像に埋め込まれたプロファイルがそのまま生かされるので、うっかり色を変更したり、ファイルを書き換えたりすることを防ぐ設定です❹。［作業用 RGB に変換］はファイルの展開時やペースト時に作業用スペースへの変換を行います❺。例えば、Adobe RGB に統一してレタッチ作業を行う場合などはこの設定を利用します。

CAUTION

画像にプロファイルが埋め込まれていない場合や、作業用スペースでの設定プロファイルと異なる場合、ファイルの展開時やペースト時にアラートにより、注意を促すことが可能です。わずらわしいものですが、ミスを起こさないためには、この設定を生かすべきでしょう。ただし、単純作業の繰り返しでミスが起こらないことがわかっているような場合には、効率を上げるためにこのアラートを切ってしまってもかまいません。

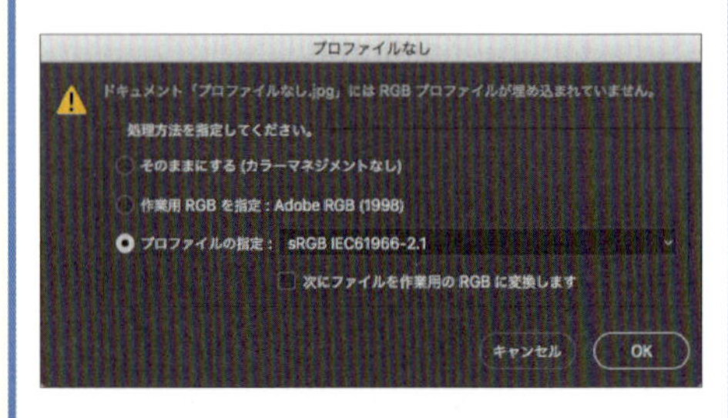

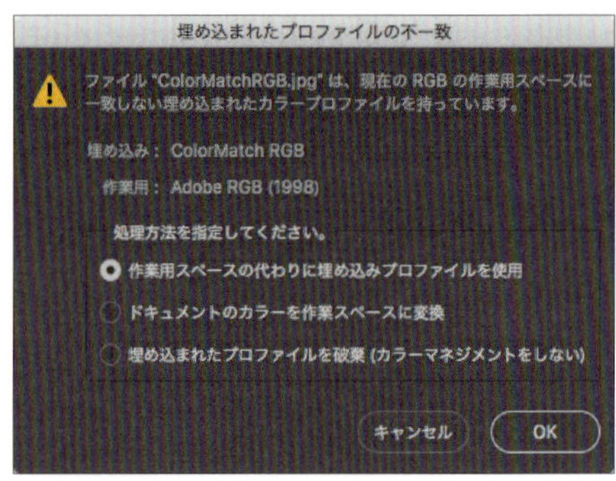

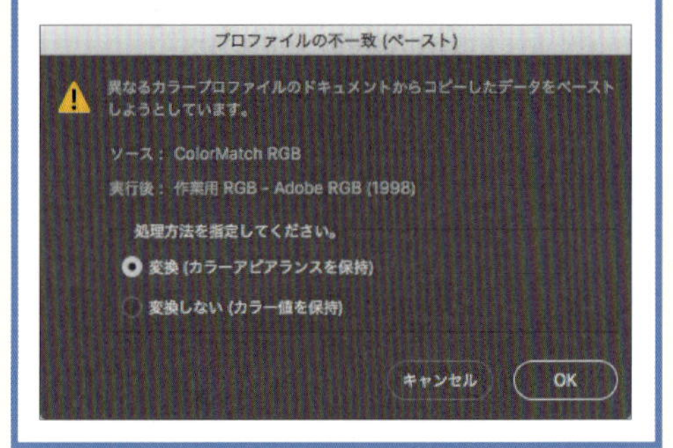

NO.
244 ［プロファイルなし］ダイアログが出た際の注意点

VER.
CC / CS6 / CS5 / CS4 / CS3

画像の色を正確に扱うためにはプロファイルは必須です。そこでプロファイルが埋め込まれていないとアラートが表示されます。

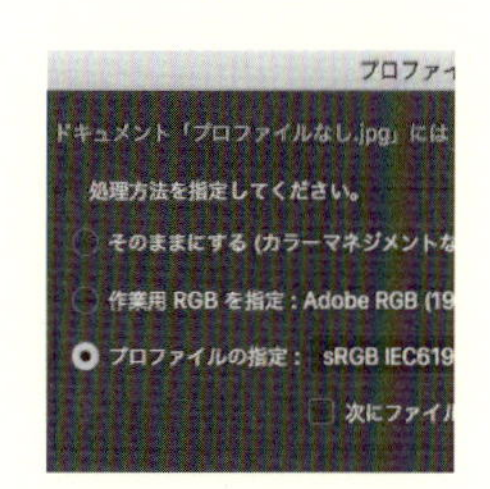

STEP 1

画像ファイルを開こうとした場合に、プロファイルが埋め込まれていないと［プロファイルなし］のアラートが表示されます。これは「今あなたが開こうとしている画像にはプロファイルが埋め込まれていません。どうしますか？」という意味です。とりあえず、よくわからないから何もせずに開きたい、という場合は［そのままにする（カラーマネジメントなし）］を選択します❶。

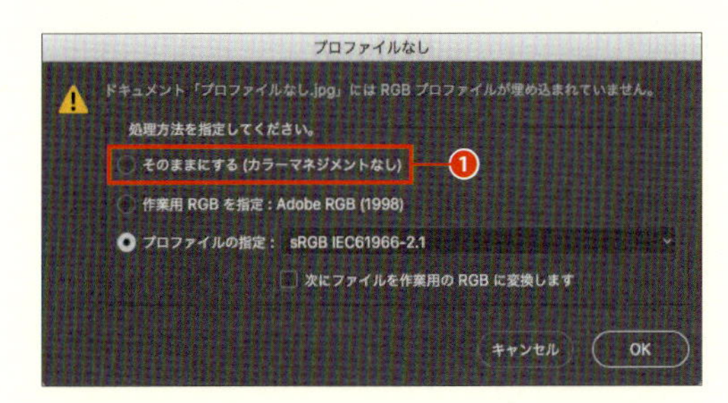

CAUTION

画像にプロファイルを埋め込まないまま作業を続けると、いろいろと不都合が起きてきます。例えば、画面表示やプロファイル変換では、作業用スペースでの設定が効いてくるので、本来のプロファイルとイコールであれば問題はありませんが、違った場合には色がおかしくなってしまいます。

STEP 2

プロファイルのない画像を［そのままにする（カラーマネジメントなし）］で開き、そのままレタッチをするような場合は、［編集］メニューから［プロファイルの指定］を選び、正しいプロファイルを埋め込みます❷。ここで間違ったプロファイルを埋め込んでしまうと、その時点で色が違ってしまうので、注意が必要です。

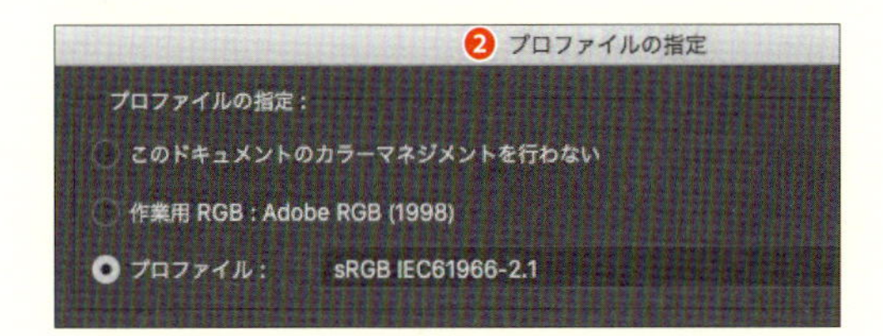

MEMO

上下の画像は同じものです。ただし埋め込まれているプロファイルが違います。つまり同じ画像であってもプロファイルが違っていれば、違う色になるということです。プロファイルの埋め込まれていない画像には正しいプロファイルの指定をしないと、その時点で色も違ってしまいます。プロファイルの有無に関しては常に注意を払うようにしましょう。

245 ［プロファイルの不一致］ダイアログが出た際の注意点

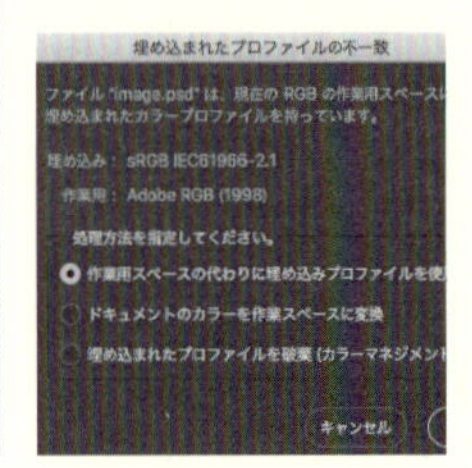

NO.
245 ［プロファイルの不一致］ダイアログが出た際の注意点

VER.
CC / CS6 / CS5 / CS4 / CS3

画像ファイルを展開する際、作業用スペースで設定されたプロファイルと異なる場合にはアラートが表示されます。

STEP 1

［プロファイルの不一致］は、展開しようとしている画像の埋め込みプロファイルと、作業用スペースで設定されたプロファイルが異なる場合に、「どうやってファイルを開きますか？」と尋ねるアラートです。一番無難な展開法は［作業用スペースの代わりに埋め込みプロファイルを使用］です❶。RGB や CMYK の値も Lab 値も変化しません。［埋め込まれたプロファイルを破棄（カラーマネジメントをしない）］では、プロファイルが削除され、色情報がなくなってしまいます。

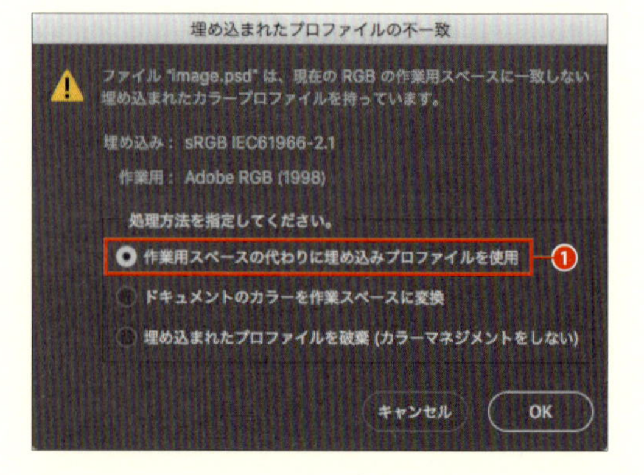

STEP 2

は、ある画像ファイル上に、別の画像をペーストしようとする際、そのふたつの画像のプロファイルが異なっているときに現れるアラートです。［変換（カラーアピアランスを保持）］とはカラーマネジメントによる変換を行うために、見た目の色が変わらないという意味です。また［変換しない（カラー値を保持）］とは RGB や CMYK の値を変えずにそのままペーストするという意味です。

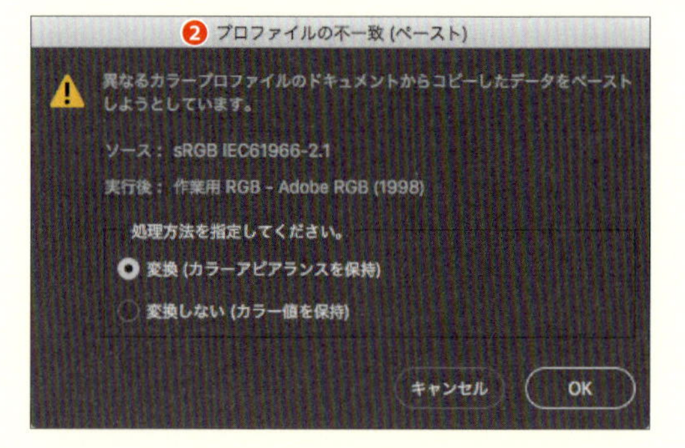

CAUTION

プロファイルの異なる画像を合成する際、基本的には、カラーマネジメントによる変換を行ってプロファイルを揃えます。この作業により、見た目の色を変えずに合成作業が行えます。ただし計算上の誤差は出てしまうので、CMYK の網点の数値で管理したい場合などは、カラーマネジメントによる色変換をしないほうがいいケースもあります。右は同じ網点数値でもプロファイルにより、色が違うということを示しています。

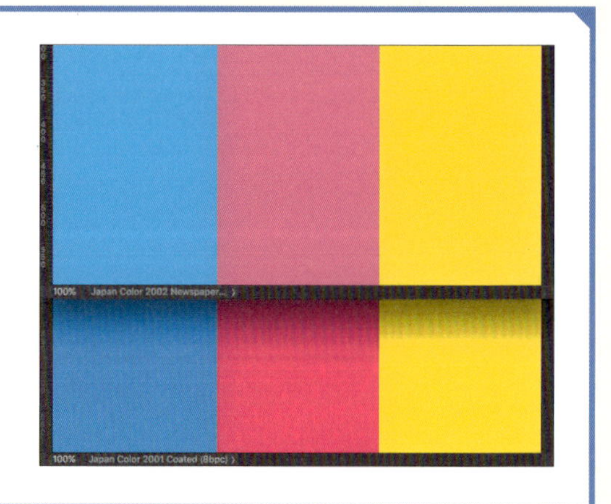

NO.
246 作業用スペースを統一する

VER.
CC / CS6 / CS5 / CS4 / CS3

作業用スペースを統一することにより、合成しやすい、ミスが起こりにくいといったメリットが生まれます。

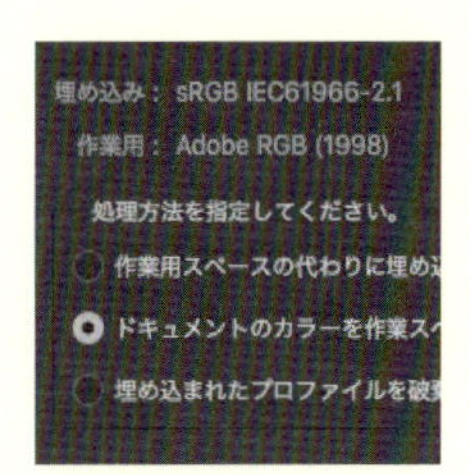

STEP 1 作業用スペースの統一とは、バラバラなプロファイルをひとつのカラースペースにまとめてしまうことです。例えば印刷目的の場合であれば、RGB 画像をすべて Adobe RGB に変換してしまえば、合成時に色がおかしくなるというミスもなくなります。[埋め込まれたプロファイルの不一致]のアラートが出た際に[ドキュメントのカラーを作業スペースに変換] を選択することにより、ファイルを展開した段階で変換が行われます❶。

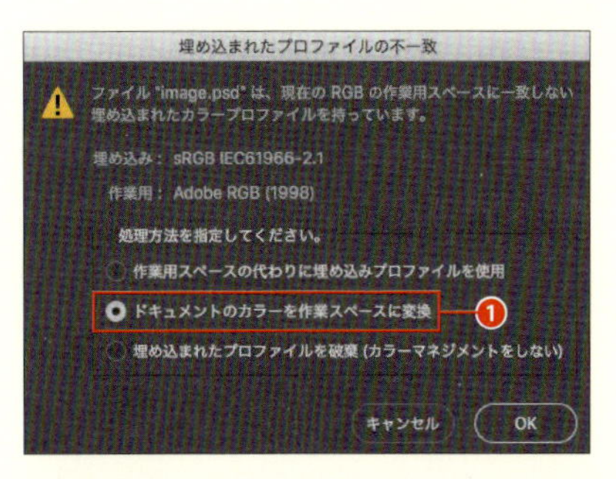

STEP 2 作業用スペースを統一する場合は、上記のように展開時に変換を行う方法がありますが、[編集] メニューの [プロファイル変換] を使い [変換後のカラースペース] で作業用スペースを選択して変換をかける方法もあります❷。また、この変換の工程をアクションで記録しておけば、バッチ処理によりまとめて統一してしまうことも可能です❸。

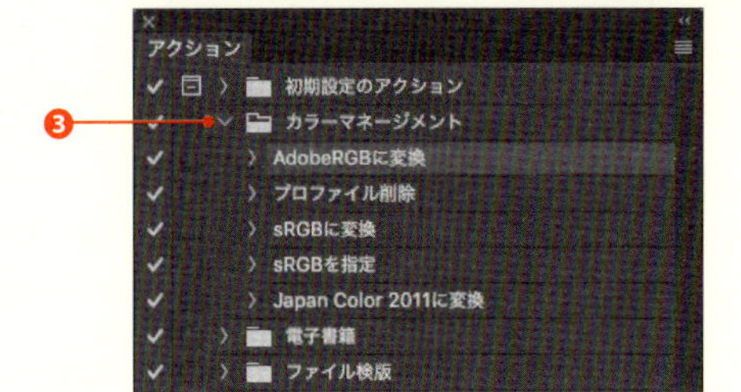

よく使う色変換やプロファイルの指定をアクションとして登録しておくと、作業効率は上がる

MEMO

作業用プロファイルに統一すれば、ファイル展開時にわずらわしいアラートが出ることからも解放され、ファイル展開時のミスも起こりにくくなります。また、例えば sRGB を Adobe RGB に変換してからレタッチをすることにより、Adobe RGB の領域を生かした色補正が可能になります。この作業により Adobe RGB ならではの鮮やかなグリーンやシアン系の色も使えるようになるということです。
また、常に Adobe RGB で作業をすることにより、RGB の数値から色を推測することも可能になります。

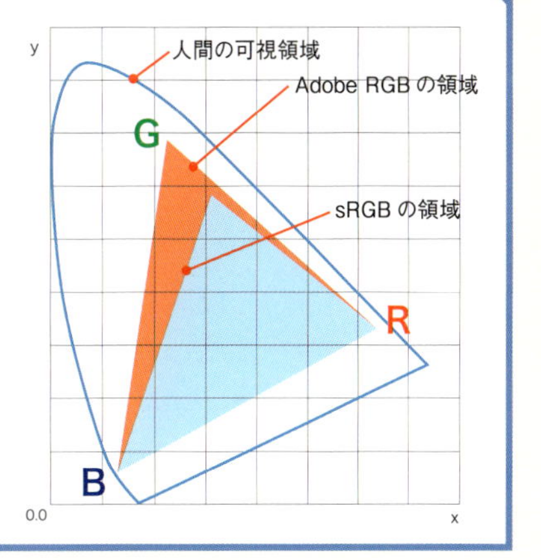

239 RGB 作業用スペースを設定する
240 CMYK 作業用スペースを設定する

NO.
247 ディスプレイのキャリブレーションを行う

VER.
CC / CS6 / CS5 / CS4 / CS3

ディスプレイを使って画像の色や階調を正確に判断するためには、ディスプレイ自身の調整をきちんと行い、安定した運用を心がける必要があります。

STEP 1

ディスプレイを信頼できる状態に調整するには、印刷、Web 等、目的に合わせて色温度やガンマ値の調整を行うキャリブレーションと、ディスプレイプロファイルを作成し、画像の色を忠実に再現することが必要です。目視で調整するツールもありますが、測定器を使った運用をおすすめします。印刷目的の場合には、色校正を確認する場合の光源に合わせ、白色点の色温度は 5000K（D50）に、Web の場合は 6500K（D65）に調整します❶。

プロファイル作成ソフト「ColorMunki Photo（エックスライト社）」のディスプレイプロファイル作成画面

STEP 2

ディスプレイ自身に明るさやコントラストなどの調整機能がついている場合には、ディスプレイの取り扱い説明書を参考に調整を済ませます。プロファイル作成ツールでは、画面に次々と映し出される色を測定することにより、ディスプレイプロファイルが作成されますが、これは、アプリケーション任せにしておけば自動的に行われます。

MEMO

ディスプレイキャリブレーションツールを使ってディスプレイプロファイルを作成した場合、プロファイルの保存時に OS に設定することができます。[システム環境設定] → [ディスプレイ] → [カラー]（[コントロールパネル] → [ディスプレイ] → [色の調整]）から設定の確認や変更が可能です。

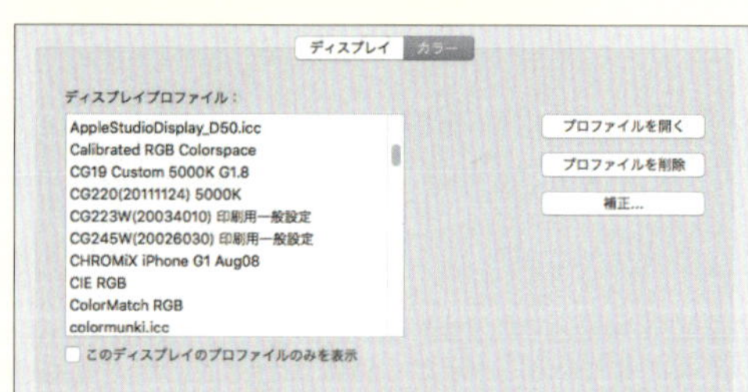

CAUTION

モニタやプリントアウトの色を正しく確認するためには、環境光の整備も重要です。印刷目的の場合なら、色温度5000K、演色性 AAA の色評価用の蛍光管がいいでしょう。このランプでは、自然光のようにさまざまな波長の光を豊かに含んでおり、色を評価するのに最適です。また LED を使用する場合も演色性の高い製品を選ぶようにしましょう。

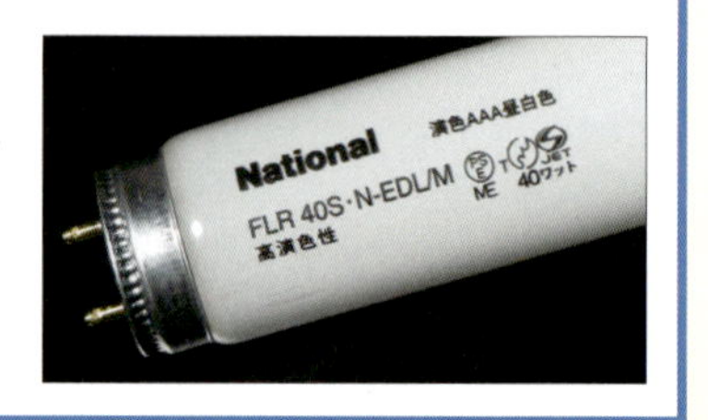

248 ディスプレイで印刷シミュレーションを行う

NO.
248 ディスプレイで印刷シミュレーションを行う

VER.
CC / CS6 / CS5 / CS4 / CS3

RGBモードで作業を進めながらも、ディスプレイ上で印刷のシミュレーションをしながら作業を行うことが可能です。

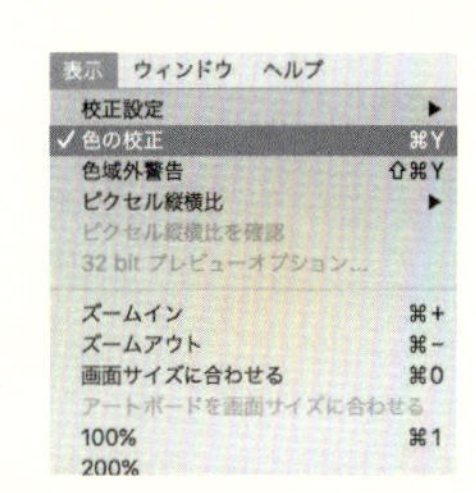

STEP 1

近年ディスプレイの色再現域は急速に広がってきています。一方、4色のインクでカラーを再現する印刷の色再現域は、そんなに広いものではありません。そこで、CMYK変換すると彩度が下がり、イメージと変わってしまうケースもありますが、RGB段階で印刷のシミュレーションを行うことも可能です。この印刷シミュレーションは［表示］メニューから［色の校正］にチェックを入れることにより可能です❶。

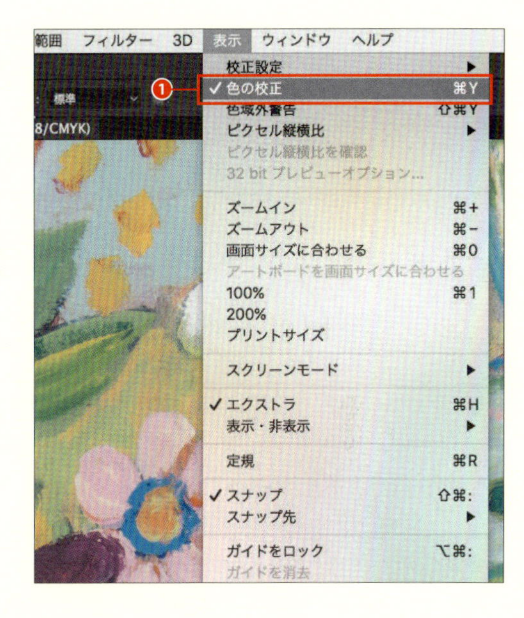

STEP 2

［色の校正］にチェックを入れると、印刷のシミュレーションができますが、［カラー設定］のCMYKの［作業用スペース］での設定が反映されます。これを他の用紙向けの設定にしたい場合には［表示］メニューから［校正設定］→［カスタム］を選択し、［校正条件のカスタマイズ］を開き、［シミュレートするデバイス］で希望のプロファイルを選択します❷。またデフォルトでは紙の色は無視されますが、［紙色をシミュレート］にチェックを入れることにより❸、「少しクリームがかっている」といった紙の色も含め、画面上でシミュレーションすることが可能です。

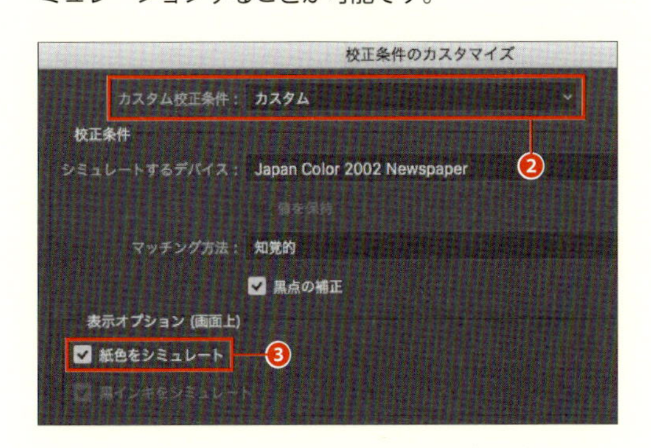

MEMO

下図の三角形はAdobe RGB対応ディスプレイの色再現域、そして水色の部分が印刷の色再現域です。単純にRGBの画像をディスプレイに表示すると、印刷の色再現域を越えた鮮やかな色も出てしまうので、いったん校正設定で印刷の色再現域に変換をかけることにより、鮮やかな色を抑え込むことが可能になります。

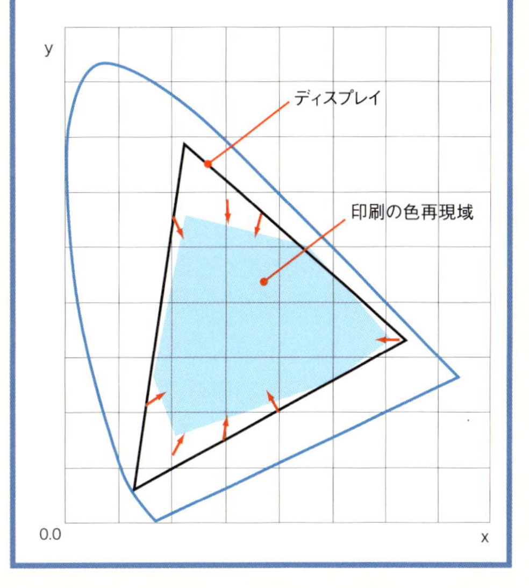

第10章 カラーマネジメント

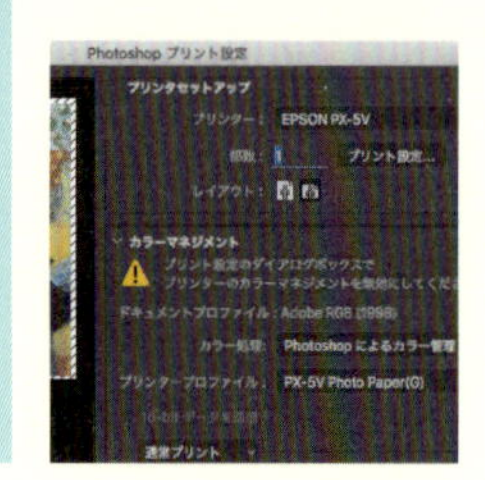

NO.

249 プリンターで忠実に再現する

VER.
CC / CS6 / CS5 / CS4 / CS3

デフォルトの状態でプリントアウトを行うと、元画像よりもきれいに出力されます。なるべく忠実にプリントするにはどうすればいいでしょうか。

STEP 1

プリンターは、色が合っていることはもちろんですが、画像をよりきれいに出力することが使命でもあります。しかし、ディスプレイの色と合わせたい場合や、印刷の色のシミュレーションを行いたい場合には、色をきれいにするという機能がじゃまになります。元画像の色をプリントで忠実に再現するためには、まず［ファイル］メニューから［プリント］を選択し、［プリント設定］ダイアログを開きます❶。

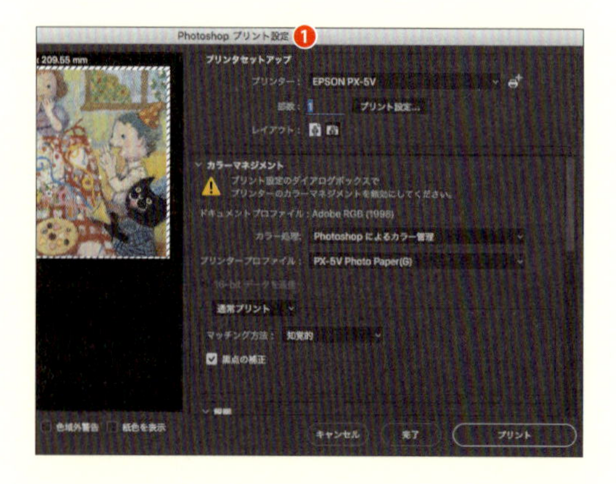

STEP 2

色を忠実に再現する方法はいくつかありますが、ここでは、アプリケーション側でカラーマネジメントする方法を紹介します。まず［カラー処理］は［Photoshop によるカラー管理］❷を選択します。［プリンタープロファイル］でプリントする用紙別のプロファイルを選択します❸。この状態で［プリント］をクリックすると、Photoshop 側でプリンターに合わせて色変換したデータがプリンター側に送られることになります。

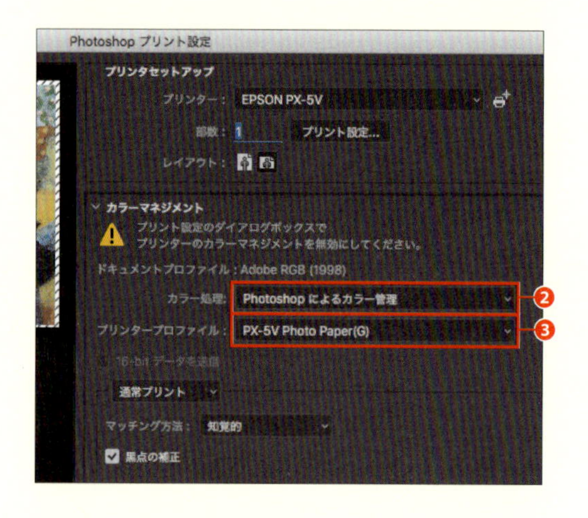

STEP 3

［プリント］をクリックすると［プリント］ダイアログが現れます。ここでは Photoshop 側から送られてきたデータをプリンター側でどのように処理するのかを設定します。Photoshop 側ではすでにカラーマネジメントの処理が行われているので、プリンター側では［オフ（色補正なし）］の設定にします❹。これは二重の補正がかかってしまうのを防ぐ意味があります。自動で［色補正なし］になっていれば、そのままプリントアウトすればいいでしょう。

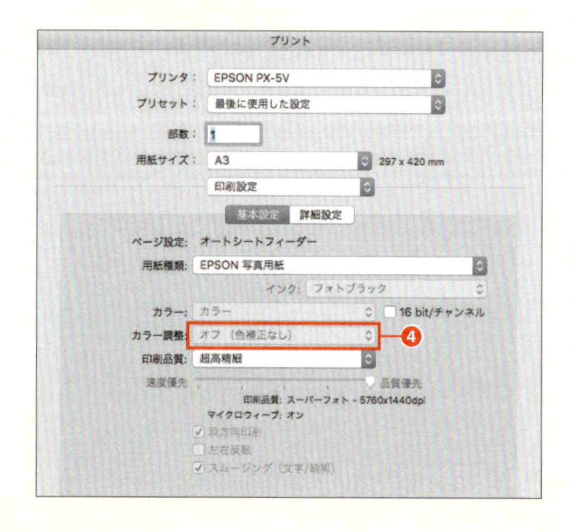

NO.

250 プリント時の印刷シミュレーションを行う

VER.
CC / CS6 / CS5 / CS4 / CS3

印刷の色見本としてプリントアウトを行う場合には、印刷で再現できないような鮮やかなプリントはトラブルの元です。

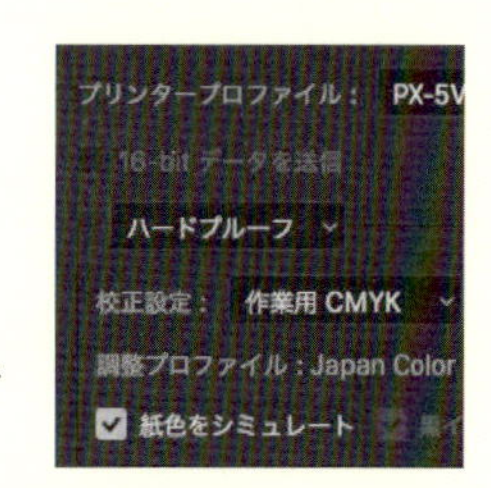

STEP 1

印刷シミュレーションを行う場合の基本は、忠実に再現する場合の設定と同様です。[ファイル] メニューから [プリント] を選択します❶。[カラー処理] では [Photoshop によるカラー管理] を❷、[プリンタープロファイル] でプリントする用紙別のプロファイルを選択します❸。プリンタードライバのダイアログで、[色補正なし] になっていることを確認します。

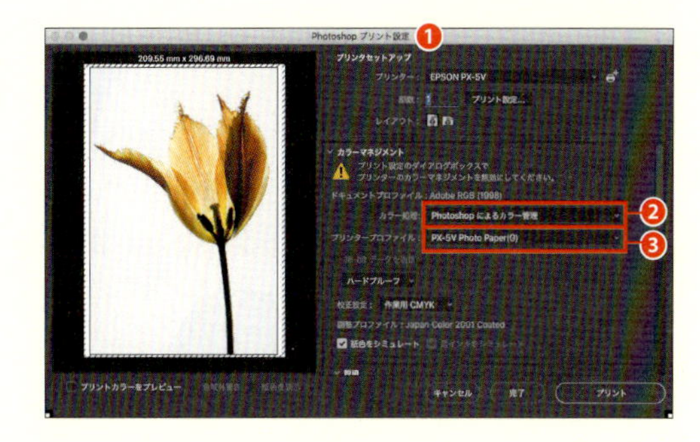

STEP 2

忠実再現の場合との設定の違いは、[カラーマネジメント] の [通常プリント] を [ハードプルーフ] に変更することです❹。デフォルトでは [カラー設定] での CMYK プロファイルの設定が効いてきますが、これを変更したい場合には、[校正設定] の [作業用 CMYK] を [カスタム設定] に変更します❺。すると [校正条件のカスタマイズ] 画面が現れるので、[シミュレートするデバイス] で任意のプロファイルを選択します。また [紙色をシミュレート] にチェックを入れる❻ことにより、白地部分に色が入り、用紙の地色も含めたプルーフを出力することができるようになります。

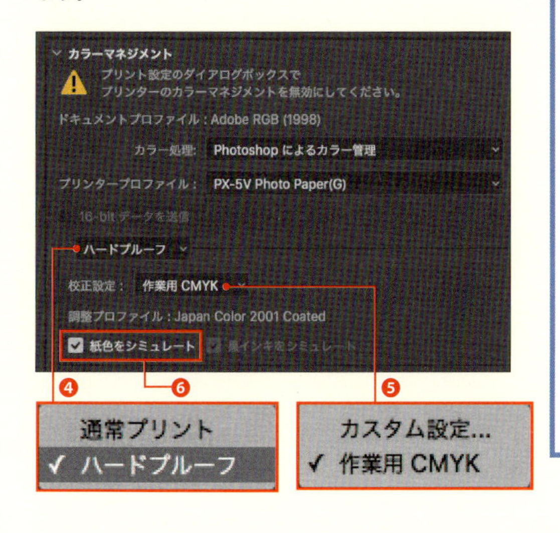

CAUTION

ディスプレイ同様、プリンターの色再現域もどんどん広がってきています。特にインクジェットプリンターでは、12色のインクを使ったものなども製品化され、かなり彩度の高い色の再現もできます。そこでそのまま色見本に使ってしまうと、4色のプロセスインクを使ったカラー印刷では再現ができず、トラブルの元になってしまいます。「インクジェットプリンターの色は鮮やかすぎるので、色見本やプルーフには向かない」という意見もありますが、色校正の設定を行えば問題ありません。

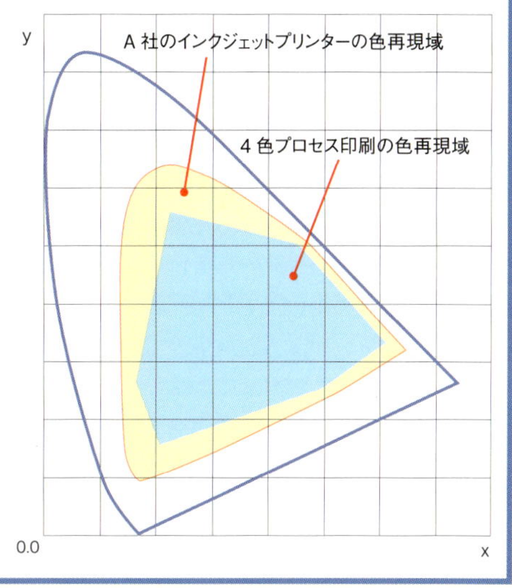

第10章 カラーマネジメント

249 プリンターで忠実に再現する

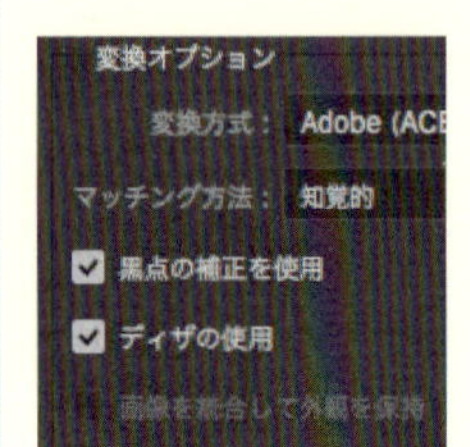

NO.

251 マッチング方法の違いを知る

VER.
CC / CS6 / CS5 / CS4 / CS3

プロファイル変換ではマッチング方法が［知覚的］［彩度］［相対的な色域を維持］［絶対的な色域を維持］から選べるようになっています。

STEP 1

［マッチング方法］❶とはカラーマネジメントによる変換方法のことで、4つの方法❷から選択できます。カラーマネジメントによる変換では、再現できない色は似た色で置き換えられますが、似た色というのはひとつではないので、どの色に置き換えるのかは無数に考えられます。それを4つのパターンで代表させ、選択できるようにしたのが［マッチング方法］です。

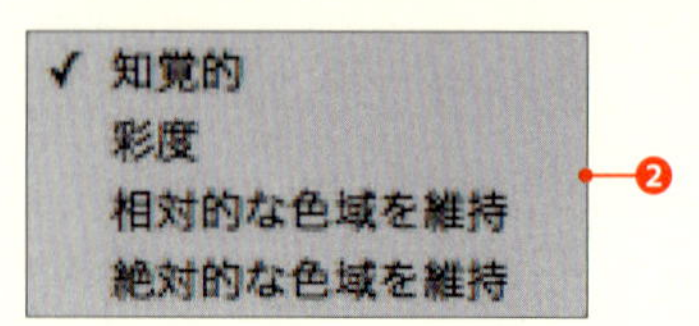

STEP 2

色をマッチさせる場合に重要なことは、RGB値やCMYK値ではなく、xy値やLab値がなるべく変わらないようにすることです。つまりxy色度図上での位置が動かなければ色は変わらないわけで、絶対的な色の一致を目指したのが［絶対的な色域を維持］です。しかし、大きなカラースペースから小さなカラースペースに変換した場合、どうしても再現できない色があるので、すべての色を絶対的に一致させることには無理があり、画質劣化にもつながります。［絶対的な色域を維持］はロゴカラーなどの単色を絶対的に合わせたい場合などに利用されます。右図のカラースペースの共通部分❸の色を合わせることは可能ですが、絶対的に合わせようとすると破綻が起きてしまいます。

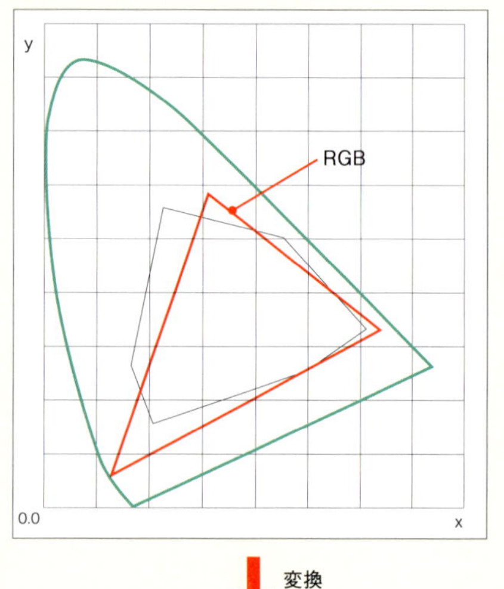

変換

STEP 3

［相対的な色域を維持］は［絶対的な色域を維持］と同様、xy値やLab値の一致を目指すものですが、もう少し融通を利かせたマッチング方法です。［絶対的な色域を維持］では、紙白や白色点も色と見なしますが、［相対的な色域を維持］ではモニタの白も紙白も「白は白」として、同一に扱われます。カラーマネジメントにおける一番ポピュラーなマッチング方法と言えます。

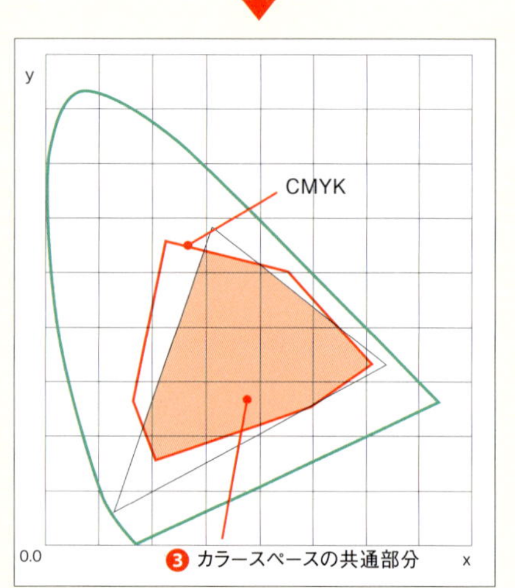

STEP 4

［知覚的］は写真の色変換に適したマッチング方法です。右の図はRGBからCMYKへ変換した際の色の動きを示しています。❹は［知覚的］、❺は［相対的な色域を維持］で変換をした場合。縦軸は明度で、上が明るく、下が暗くなります。横軸は彩度で、右が彩度が高く左が低くなります。［知覚的］は色や階調のつながりを重視するため全体に暗くなり、彩度が落ちています。一方［相対的な色域を維持］では、色はマッチしますが階調再現に問題が出る場合があります。ただし極端な違いがあるわけではないので、このふたつのマッチング方法を比較しながら使うといいでしょう。

❹ 知覚的

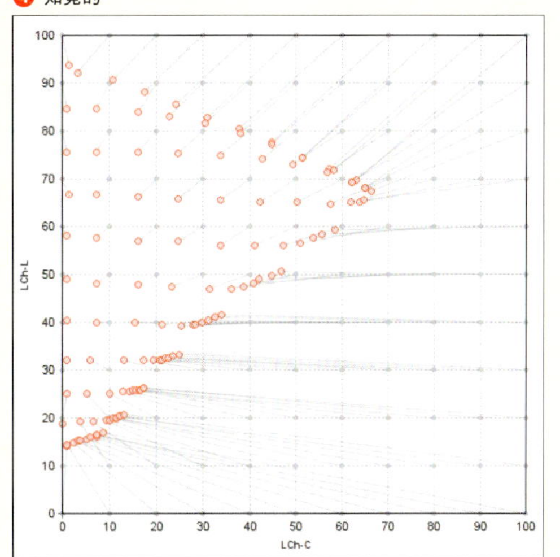

STEP 5

［彩度］は彩度を保つことを重視したマッチング方法です。そのため明度に問題が出ます。通常はDTPで使用されることはなく、イベント会場でプロジェクターに投影する場合など、なるべく鮮やかなグラフィックスを見せたい場合などに利用します。

❺ 相対的な色域を維持

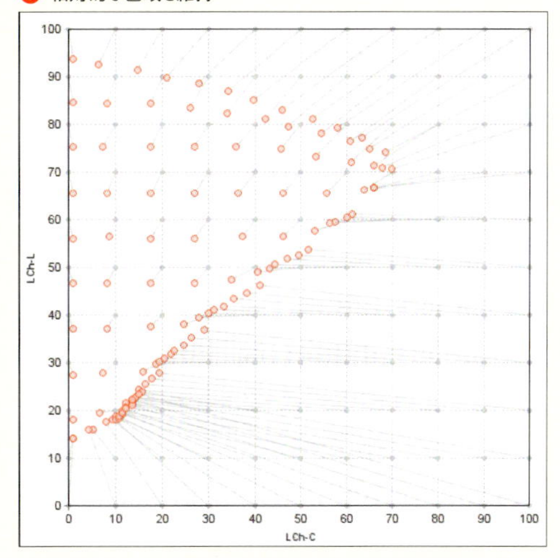

CAUTION

［変換方式］とは、カラーマネジメントの計算を行うモジュールのことで［CMM（カラーマネジメントモジュール）］とも呼ばれる非常に重要な部分です。デフォルトでは［Adobe（ACE）］や［Apple CMM］などが搭載されており、また他のアプリケーションをインストールした際に別のCMMが加わることもあります。同じプロファイルを使っても、この［変換方式］の違いにより、色の計算は微妙に変わってきます。基本はデフォルトの［Adobe（ACE）］を使うといいでしょう。

［黒点の補正を使用］にチェックを入れておくと、［相対的な色域を維持］で変換した場合のシャドウ部の描写を改善することができます。基本的にはチェックを外さずに利用しましょう。

変換オプション
変換方式： Adobe (ACE)
マッチング方法： 知覚的
黒点の補正を使用
ディザの使用

✓ Adobe (ACE)
Apple CMM

236 カラーマネジメントでできることとは
241 プロファイルを埋め込む

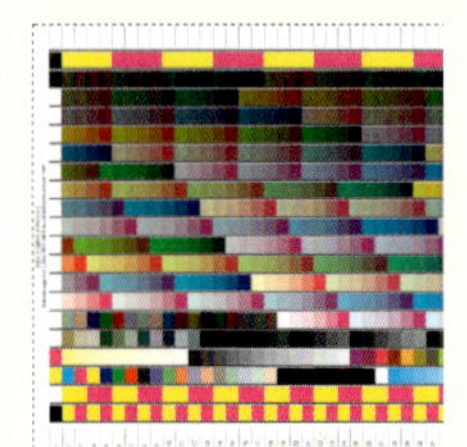

NO.

252 色が合わない場合は?

VER.
CC / CS6 / CS5 / CS4 / CS3

きちんと設定したつもりなのに合わない場合はどんな理由が考えられるでしょうか。重要なのは最終的な出力メディアに合わせて色変換ができているかです。

STEP 1

カラーマネジメントのポイントは、最終的な出力メディアに向けた色変換がきちんとできているかどうかです。例えばデジタルカメラで撮影した画像は sRGB や Adobe RGB ですが、それを枚葉機でコート紙に刷るなら Japan Color 2001 Coated や Japan Color 2011 Coated を使って変換します。あるいは Web 向けであれば sRGB に変換します。ただし、印刷向けのデータで用紙などがわからない場合は、RGB のまま入稿し、変換は後工程に任せましょう。

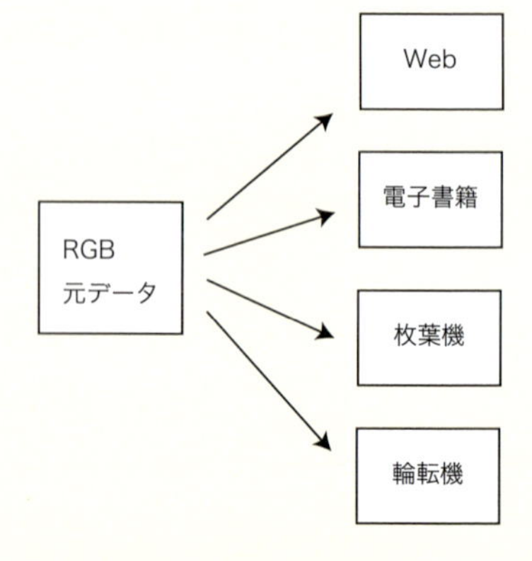

各メディアに合わせて色変換をする

STEP 2

電子書籍の場合はどのように変換するのがベストでしょうか。残念ながら電子書籍といってもさまざまなフォーマットや閲覧用のデバイスがあり、統一的なルールはないのが現状です。ただし、例えば Adobe RGB だとカラースペースが広すぎてディスプレイに表示したときに逆に彩度が低く見えてしまいます。CMYK のデータだとアプリケーションで開けなかったり、おかしな色で表示されることもあるので sRGB に統一しておくといいでしょう。

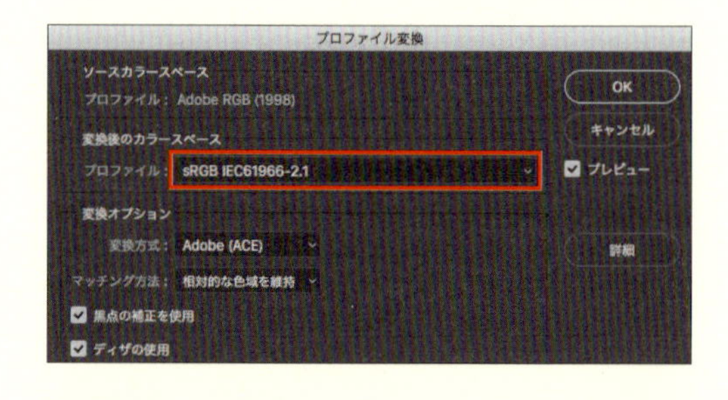

STEP 3

CMYK のプロファイルにはさまざまなものが用意されているので、用紙や印刷方式に合ったものを選択しましょう。ただし、残念ながら常にプロファイルと印刷条件が合致するとは限りません。例えば、コート紙用のプロファイルで変換をしても、軽量コート紙や微塗工紙に刷ると色は沈んでしまいます。常にこういった問題を抱えている場合は、印刷会社に相談をして専用プロファイルを作成することも可能です。専用プロファイルを用意することで、用紙に合わせた適切な変換が可能になります。

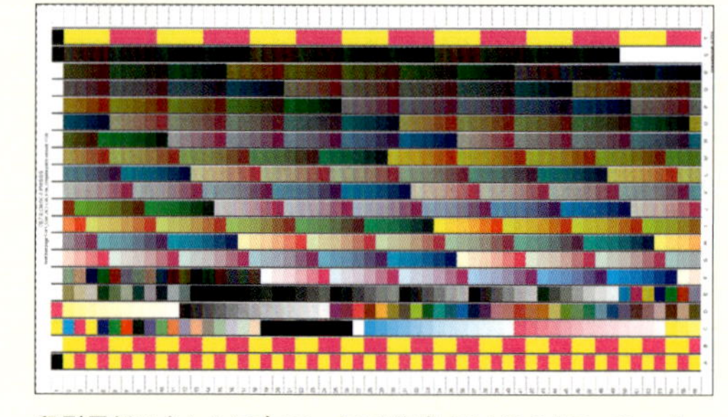

印刷用紙に合わせたプロファイルを作成するためのカラーチャート。実際に印刷機でチャートを印刷し、その色を測定することにより、専用のプロファイルをつくり上げる

235 なぜ色は合わないのかを理解する

第11章 効率化

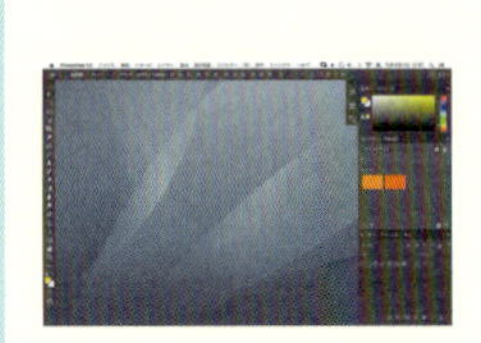

NO.
253 アプリケーションフレームなどをやめてシンプルな画面構成にする

VER.
CC / CS6 / CS5 / CS4 / CS3

Mac 版では CS6 以降、デスクトップを隠す「アプリケーションフレーム」が画面構成に採用されました。これをやめる設定を紹介します。

STEP 1
❶がアプリケーションフレームがオンの状態です。これをやめるには、［ウィンドウ］メニューから［アプリケーションフレーム］❷を選んで、チェックが外れた状態にします。

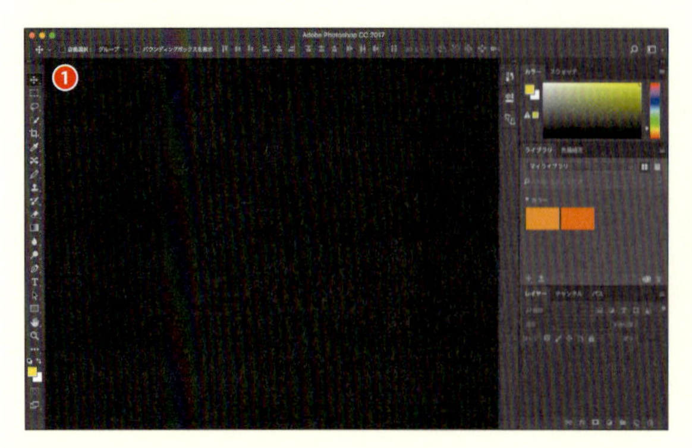

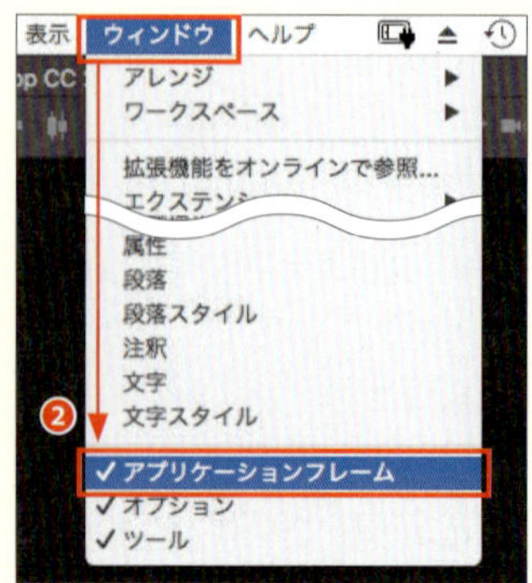

STEP 2
ホーム画面❸も、時にわずらわしく感じます。ホーム画面の表示をやめるには、［Photoshop］メニューから［環境設定］→［一般］を選び、［ホーム画面を自動表示］❹のチェックを外し、［OK］をクリックします。

STEP 3
アプリケーションフレームをオフにし、ホーム画面の表示もオフにすると、❺のような表示に切り替わります。アプリケーションフレームによってデスクトップが隠れないので、デスクトップに保存している書類などが見つけやすくなるというメリットがあります。

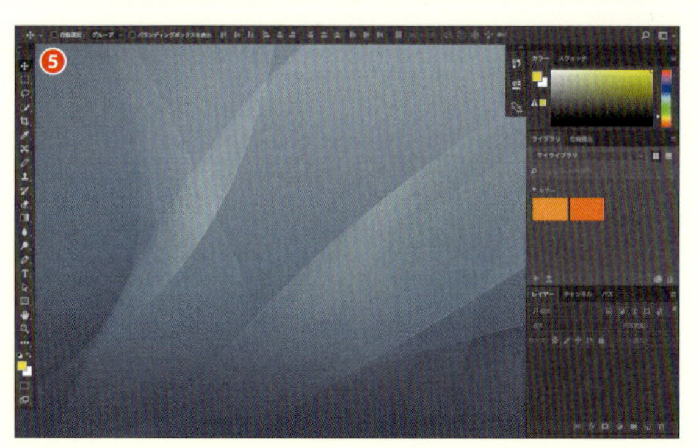

NO.
254 タブ表示をウィンドウ表示に切り替える

VER.
CC / CS6 / CS5 / CS4 / CS3

画像の表示形式には、各画像が分離したウィンドウ表示と、タブ表示とがあります。最近の初期設定はタブ表示ですが、ウィンドウ表示に切り替えることができます。

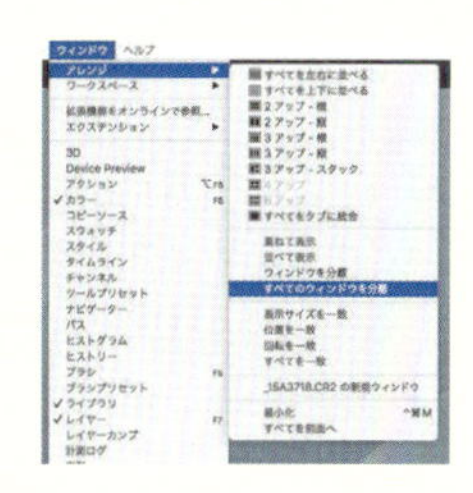

STEP 1

CS4 以降、複数の画像を開くと初期設定ではタブで表示されます❶。モニタの表示領域がコンパクトになりますが、複数の画像を同時に確認することができません。

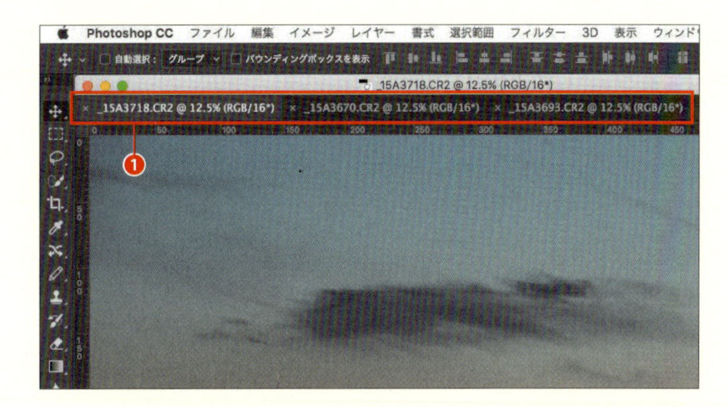

STEP 2

複数の画像を同時に表示するには、タブ表示をやめてウィンドウ表示に切り替えます。[ウィンドウ] メニューから [アレンジ] → [すべてのウィンドウを分離] (以前のバージョンでは [ウィンドウ] → [ワークスペース] → [すべてのウィンドウを分離]) ❷を選ぶと、各画像が独立したウィンドウ表示になります❸。

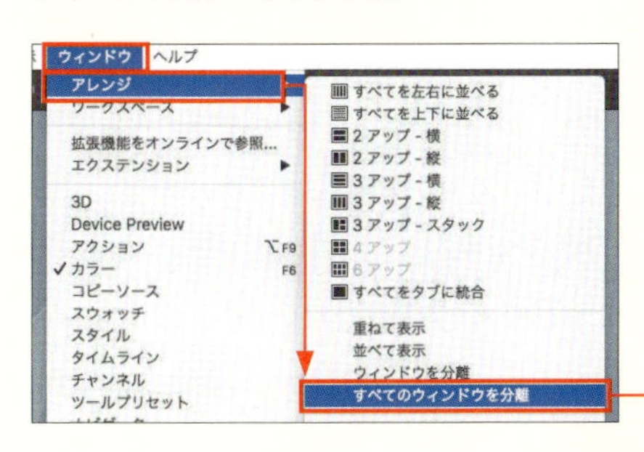

STEP 3

タブ表示が必要なければ、[Photoshop] メニューから [環境設定] → [ワークスペース] で [タブでドキュメントを開く] (以前のバージョンでは [環境設定] → [インターフェイス] で [タブでドキュメントを開く]) のチェックを外します❹。[OK] をクリックすると、タブ表示からウィンドウ表示に切り替わります。

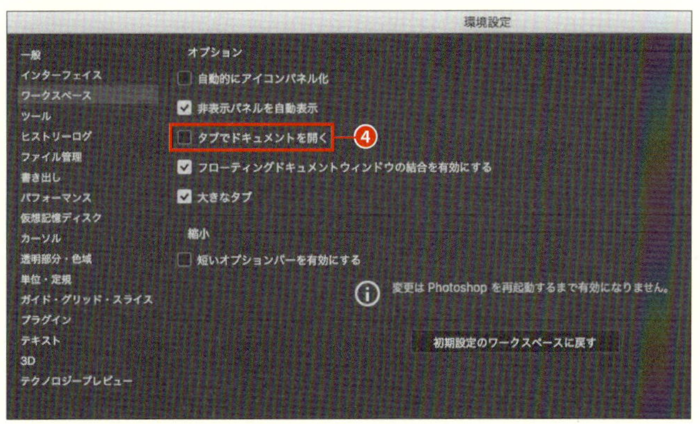

第11章 効率化

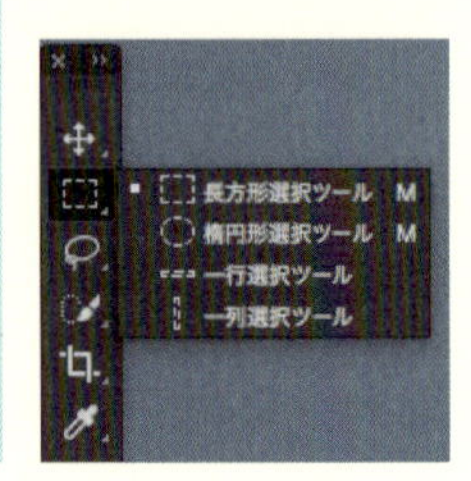

NO.

255 素早くツールを選択し、切り替える

VER.
CC / CS6 / CS5 / CS4 / CS3

ツールを選択するには、［ツール］パネルから選びますが、ショートカットキーを使ってもツールを選ぶことができます。

STEP 1

［ツール］パネルからクリックするだけでなく、ショートカットキーでも各ツールを選ぶことができます。ショートカットキーはツールにマウスを置くと現れるツールヒントで確認できます❶。また、複数のツールが収められている場合、ツールメニュー❷でも確認できます。

MEMO

ツールヒントが表示されない場合は、［Photshop］メニューから［環境設定］→［ツール］→［ツールヒントを表示］（以前のバージョンでは［環境設定］→［インターフェイス］→［ツールヒントを表示］）にチェックを入れます。

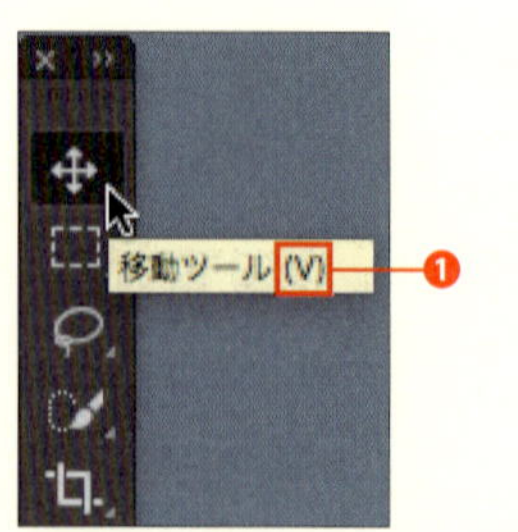

［移動］ツールのショートカットキーは V

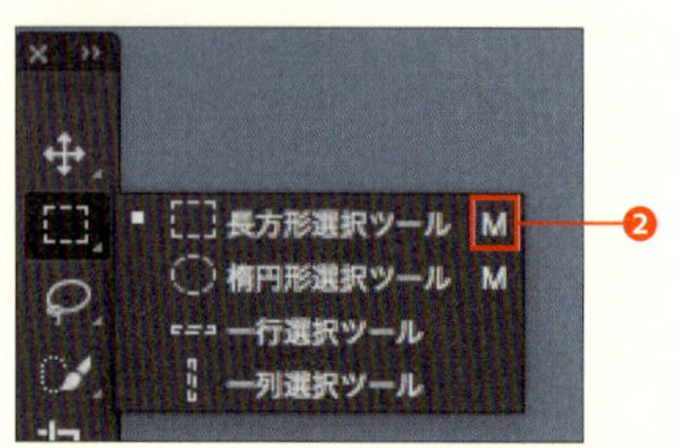

［長方形選択］ツールのショートカットキーは M

STEP 2

複数のツールが収められている場合もショートカットキーを使ってツールを切り替えることができます。例えば❸は［ブラシ］ツールでショートカットキーは B ですが、合わせて 4 つのツールがあります。これらに対しては、Shift キーを押しながら B キーを押すと、順にツールを切り替えることができます❹。

MEMO

Shift ＋ショートカットキーでツールが切り替わらない場合は、［環境設定］→［ツール］→［ツールの変更に Shift キーを使用］（以前のバージョンでは［環境設定］→［インターフェイス］→［ツールの変更に Shift キーを使用］）にチェックを入れます。

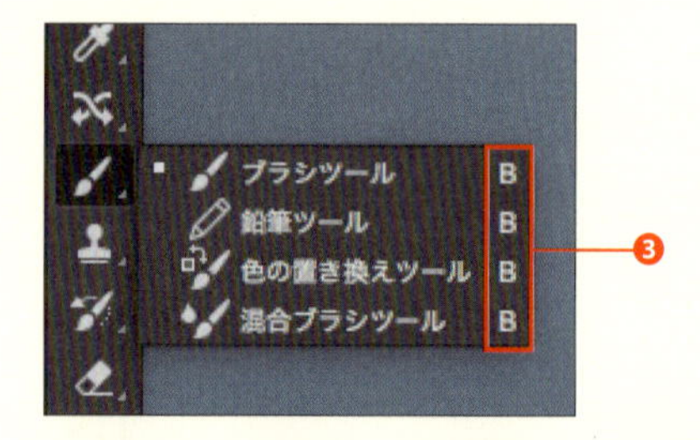

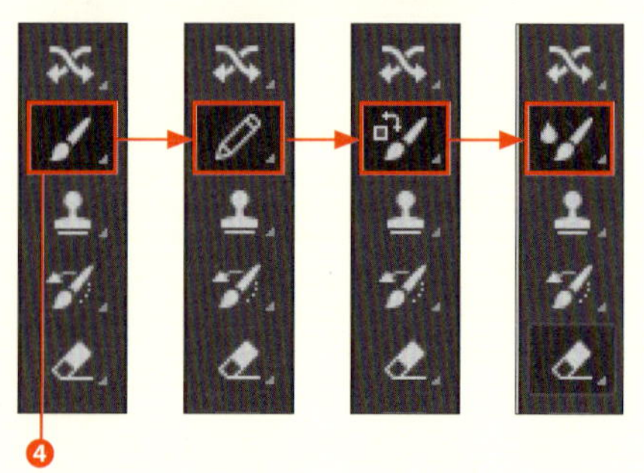

264 キーボードショートカットを登録・削除する

NO.
256 アプリケーションを素早く切り替える

VER.
CC / CS6 / CS5 / CS4 / CS3

Photoshop 以外に別のアプリケーションを起動している場合の、アプリケーションの切り替えを速くします。

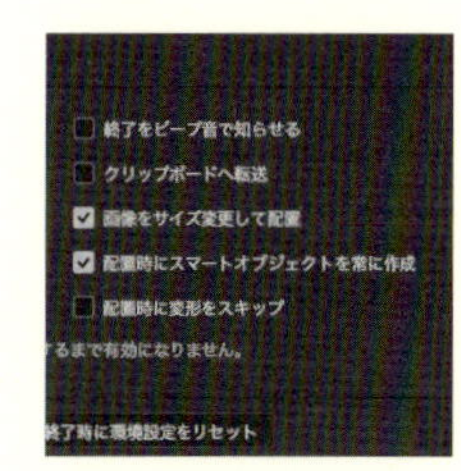

STEP 1

Photoshop 以外にも別のアプリケーションを起動して作業する場合に、アプリケーションの切り替えに時間がかかったり、容量の大きな画像❶を開いている場合に、❷のような確認画面が表示されたりすることがあります。これは Photoshop が、クリップボード（一時的な記憶場所）を利用しているためで、クリップボードに記憶するデータ容量が大きいとアプリケーション切り替えに時間がかかります。
クリップボードを利用すれば、画像をファイルとして保存せずに、コピー＆ペーストで他のアプリケーションで利用できますが、作業が止まってしまうような場合は、クリップボードの機能をオフにしておくといいでしょう。

MEMO
クリップボードとは、Mac や Windows などの OS が用意するデータを一時的に記憶するための機能です。

STEP 2

クリップボードの機能をオフにするには、[Photshop] メニューから [環境設定] → [一般] にある [クリップボードへ転送] ❸のチェックを外します。これでアプリケーション切り替えに時間がかかったり、❷の確認画面が現れたりすることがなくなります。なお、クリップボードに記憶されているデータをクリアするには、[編集] メニューから [メモリをクリア] → [すべて] ❹を選びます。

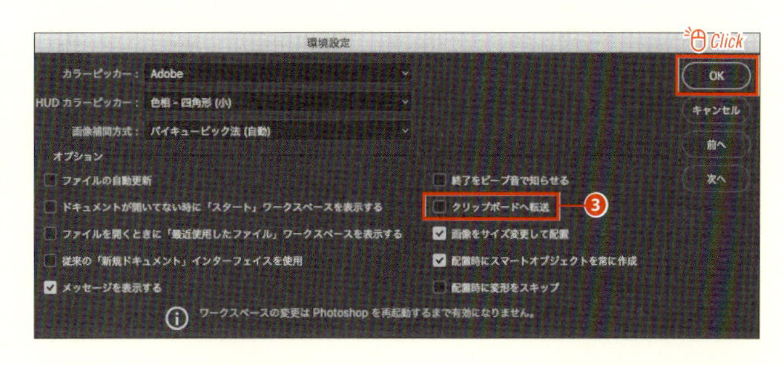

MEMO
クリップボードに転送できるデータ容量は、主にパソコンの搭載メモリ容量に依存します。搭載メモリが少ないと、アプリケーションの切り替え時に時間がかかったり、確認画面が現れたりしやすくなります。

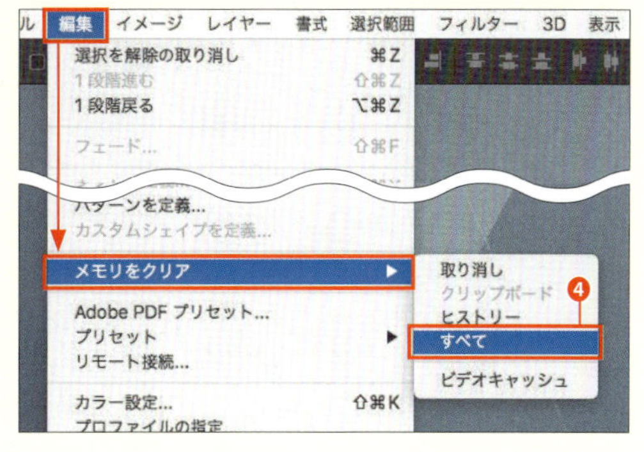

第11章 効率化

NO.

257 拡大・縮小時にウィンドウサイズを変更するかしないかを設定する

画像の拡大・縮小に合わせてウィンドウを拡大・縮小するかどうかの設定ができます。使いやすい設定にすることで、作業効率が大幅に向上します。

VER.
CC / CS6 / CS5 / CS4 / CS3

STEP 1

Photoshop では、設定や操作により拡大・縮小する際に、ウィンドウサイズはそのままで画像が拡大・縮小する場合❶と、拡大・縮小に合わせてウィンドウサイズが変わる場合❷があります。

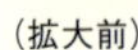

STEP 2

拡大・縮小時にウィンドウサイズを変えるかどうかは、［Photoshop］メニューから［環境設定］→［ツール］→［ズームでウィンドウのサイズを変更］❸で設定します。チェックが入っていれば、拡大・縮小に合わせてウィンドウサイズが変わります。チェックが入ってなければ、ウィンドウサイズは変わりません。

STEP 3

なお、拡大のショートカットは ⌘ （Ctrl） ＋ ＋、縮小は ⌘ （Ctrl） ＋ － ですが、この操作の際にもSTEP2の設定が反映されます。また、上記のショートカットに Option （Alt） を加えると（拡大時 Option ＋ ⌘ ＋ ＋ ／縮小時 Option ＋ ⌘ ＋ －）、環境設定とは逆の設定で拡大・縮小がなされます。

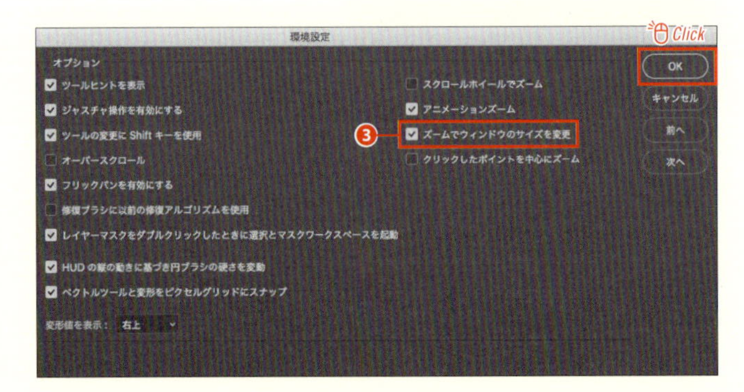

NO.
258 複数の画像の表示倍率と表示位置を揃える

VER.
CC / CS6 / CS5 / CS4 / CS3

似たような複数の画像のピントチェックなどを行う場合、表示位置と表示倍率を揃えることで、双方の画像の細部がチェックしやすくなります。

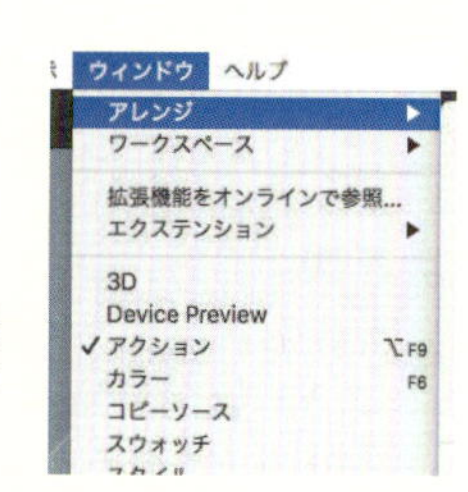

STEP 1 右のようなふたつの画像を開いているとします。

STEP 2 それぞれの画像で、別々の場所を拡大・スクロールします。このうち、❶の画像の表示倍率と表示位置になるよう、❷の画像を揃えます。

STEP 3 ❶の画像がアクティブな状態で、[ウィンドウ] メニューから [アレンジ] → [すべてを一致] ❸を選びます。すると、❶に合わせてもう一方の画像の表示位置❹と表示倍率❺が揃います。

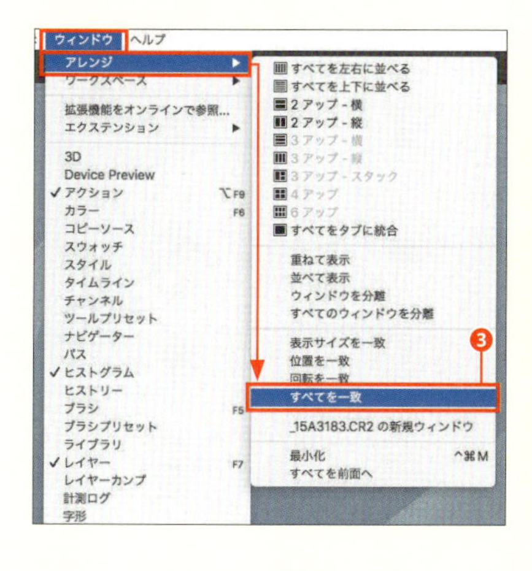

259 複数の画像を同時に拡大・縮小したり、スクロールしたりする

NO.

259 複数の画像を同時に拡大・縮小したり、スクロールしたりする

VER.
CC / CS6 / CS5 / CS4 / CS3

同時に開いている複数の画像に対し、一度の操作で画像を拡大・縮小したり、スクロールしたりすることができます。

STEP 1

まずは同時に拡大・縮小を行ってみましょう。[ツール]パネルで[ズーム]ツール❶を選択し、[オプションバー]で[全ウィンドウをズーム]❷にチェックを入れます。この状態で一方の画像をクリック❸（ここでは拡大）すると、他方も同時に拡大されます❹。

STEP 2

次にスクロールをシンクロさせます。[手のひら]ツール❺を選び、[すべてのウィンドウをスクロール]❻にチェックを入れます。一方の画像をスクロールすると、他方も同じようにスクロールされます❼。

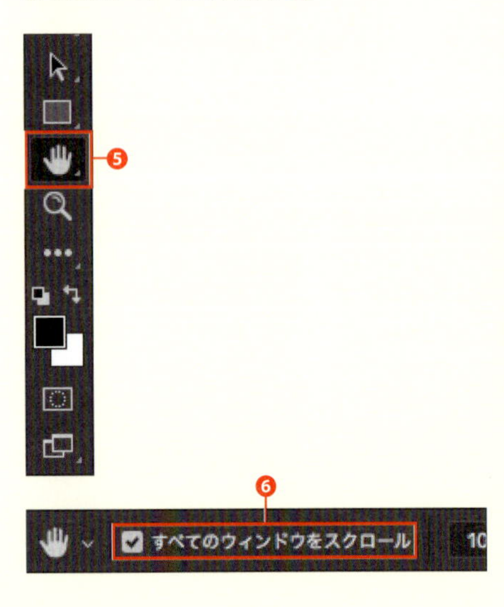

258 複数の画像の表示倍率と表示位置を揃える

NO.
260 ウィンドウサイズを超えて画像をスクロールする（オーバースクロール）

VER.
CC / CS6 / CS5 / CS4 / CS3

CC 2014.2以降では、画像をスクロールする際、ウィンドウを超えても画像をスクロールできるように設定することができます。

STEP 1

［Photoshop］メニューから［環境設定］→［ツール］→［オーバースクロール］❶にチェックを入れ、［OK］をクリックします。その後、Photoshopを再起動します。

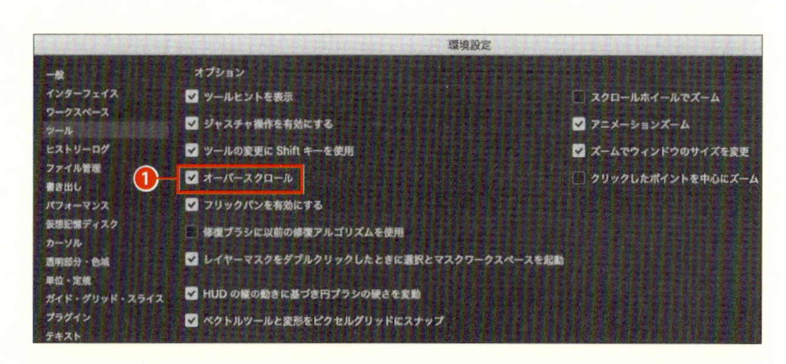

STEP 2

画像を開き❷、拡大した状態です❸。［オーバースクロール］を有効にしたことで、スクロール中にマウスがウィンドウの外にはみ出しても、スクロールを続けることが可能になります❹。

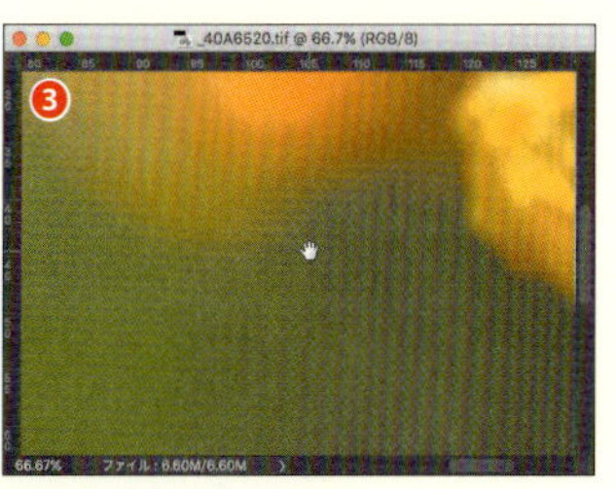

MEMO

オーバースクロールの有効時に、スクロールを続けると、ウィンドウ内に画像が表示されない範囲（図の黒地部分）が現れます。ウィンドウの端と画像の端が一致しなくなるためで、これを使いづらく感じる場合はオーバースクロールを無効にしてください。

258 複数の画像の表示倍率と表示位置を揃える
259 複数の画像を同時に拡大・縮小したり、スクロールしたりする

NO.

261 マウスの左右ドラッグで画像を拡大・縮小する（スクラブズーム）

VER.
CC / CS6 / CS5 / CS4 / CS3

マウスを左右にドラッグするだけで画像の拡大・縮小ができます。すぐに画像の表示倍率を変更したいとき、直感的に操作できます。

STEP 1

［ツール］パネルで［ズーム］ツール❶を選び、オプションバーで［スクラブズーム］❷にチェックを入れます。

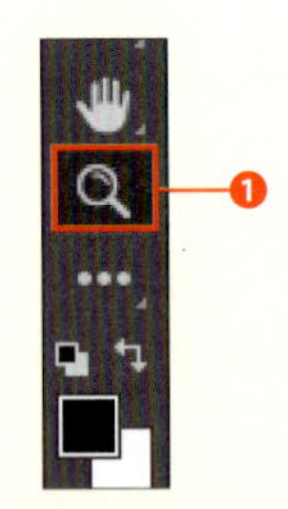

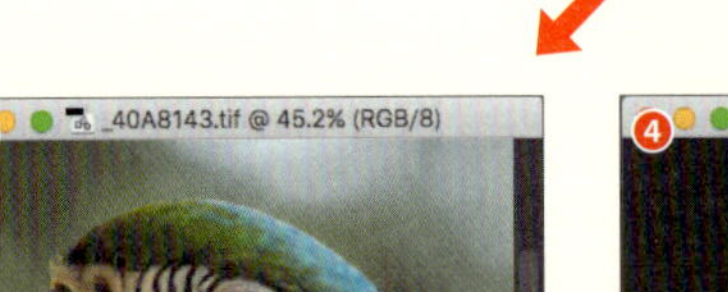

STEP 2

画像上にマウスを置きます。そのままマウスを右にドラッグすると、ドラッグした分だけ画像が拡大します❸。逆にマウスを左にドラッグすると、ドラッグした分だけ画像が縮小します❹。

MEMO

［スクラブズーム］を利用するには、［Photoshop］メニューから［環境設定］→［パフォーマンス］で［グラフィックプロセッサーを使用］にチェックが入っている必要があります。

258 複数の画像の表示倍率と表示位置を揃える
259 複数の画像を同時に拡大・縮小したり、スクロールしたりする

NO.

262 拡大表示時、スマートに表示位置を変更する(バーズアイズーム)

VER.
CC / CS6 / CS5 / CS4 / CS3

画像を拡大した状態で、一時的に画像全体を見渡しながら、拡大したい場所を選ぶことができます。

STEP 1

❶のように画像を拡大したとします。

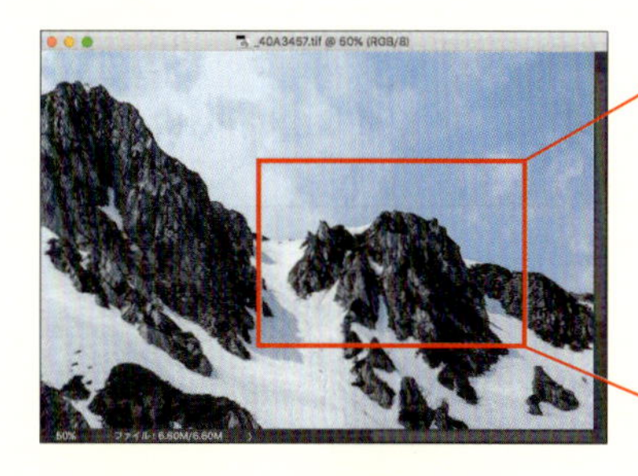

STEP 2

[ツール] パネルから [ズーム] ツール❷を選びます。

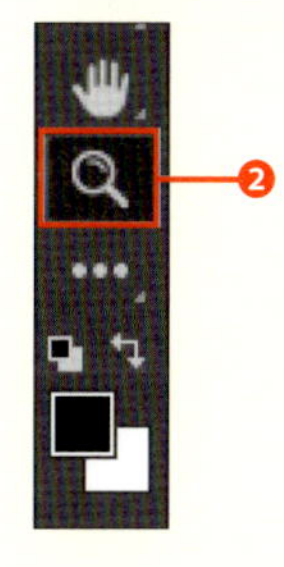

STEP 3

キーボードの H キーを押しながらマウスボタンを長押しすると、❸のように四角い枠が表示されます。この枠が拡大される範囲なので、拡大表示したい部分にドラッグしてマウスボタンを放すと、その部分が拡大表示されます。

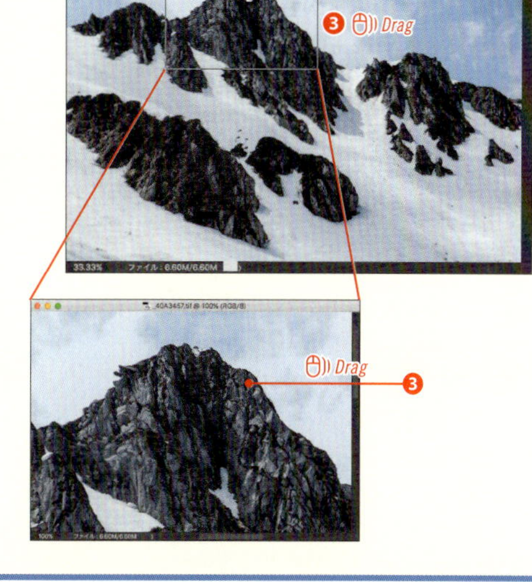

[手のひら] ツールを選んでいなくても、Space キー＋ H キーを押しながらドラッグすれば、同じ操作になります。

この機能を利用するには、[Photoshop] メニューから [環境設定] → [パフォーマンス] で [グラフィックプロセッサーを使用] にチェックが入っている必要があります。

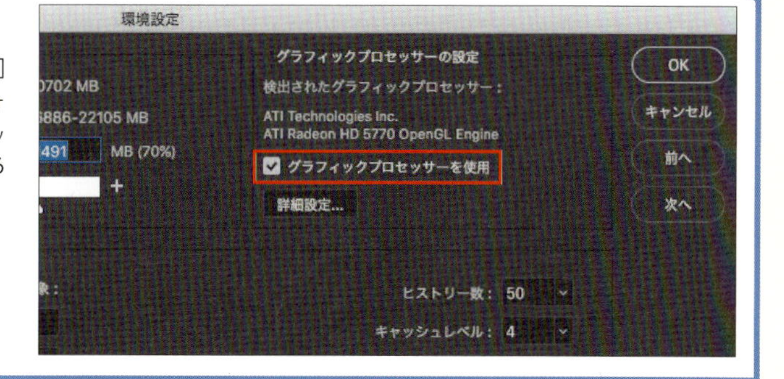

258 複数の画像の表示倍率と表示位置を揃える
259 複数の画像を同時に拡大・縮小したり、スクロールしたりする

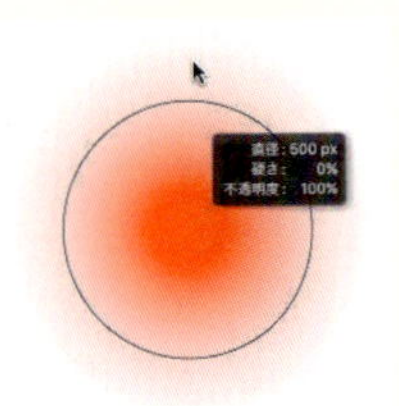

NO.
263 手元でブラシの直径と硬さを変更する

VER.
CC / CS6 / CS5 / CS4 / CS3

［ブラシ］ツールの直径と硬さはショートカットキーを利用して、手元で変更することができます。描画やマスク編集の際に便利です。

STEP 1

［ブラシ］ツールの設定を変えるショートカットは、右クリックによるメニューの表示や [ ] による直径の変更、Shift + [ ] による硬さ変更などがありますが、CS5 以降では、⌘（Ctrl）+ Option（Alt + 右クリック）しながらドラッグすることで、直径や硬さをリアルタイムに変更することができます。

［直径］を変更する場合は、⌘（Ctrl）+ Option（Alt + 右クリック）しながら左か右にドラッグします。左へのドラッグで直径の縮小❶、右へのドラッグで直径の拡大❷となります。

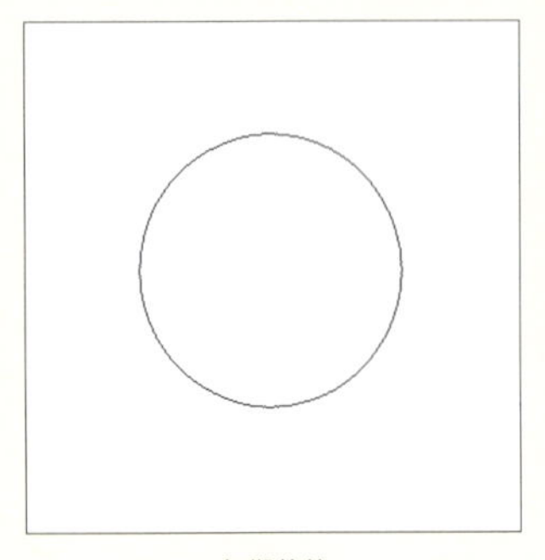

初期状態

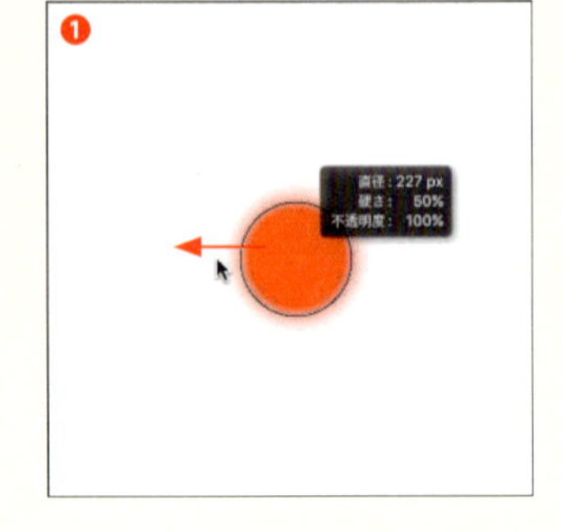

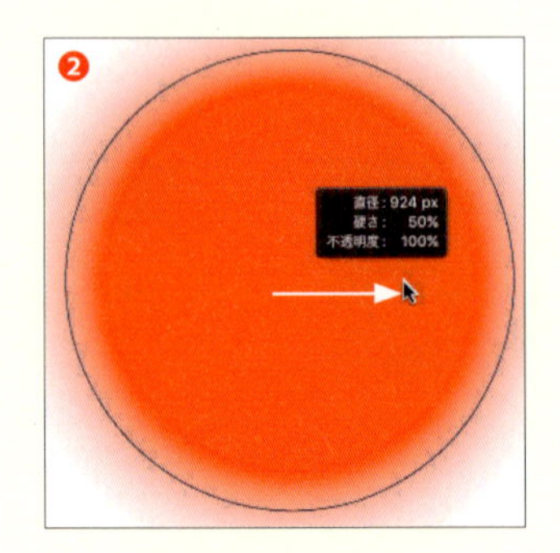

STEP 2

［硬さ］を変更する場合は、⌘（Ctrl）+ Option（Alt + 右クリック）しながら、上下にドラッグします。上にドラッグすると［硬さ］の値が小さくなってぼけ足が大きくなります❸。下にドラッグすると［硬さ］の値が大きくなってぼけ足が小さくなります❹。

MEMO

CS4 で［硬さ］を変えるには、⌘（Ctrl）+ Control（Ctrl）+ Option（Alt）+ ドラッグとなります

MEMO

ドラッグ時には［サイズ］と［硬さ］が赤色でプレビューされます。この色は、［Photoshop］メニューから［環境設定］→［カーソル］の［ブラシプレビュー］で変更できます。

MEMO

この機能を利用するには、［Photoshop］メニューから［環境設定］→［パフォーマンス］で［グラフィックプロセッサーを使用］にチェックが入っている必要があります。

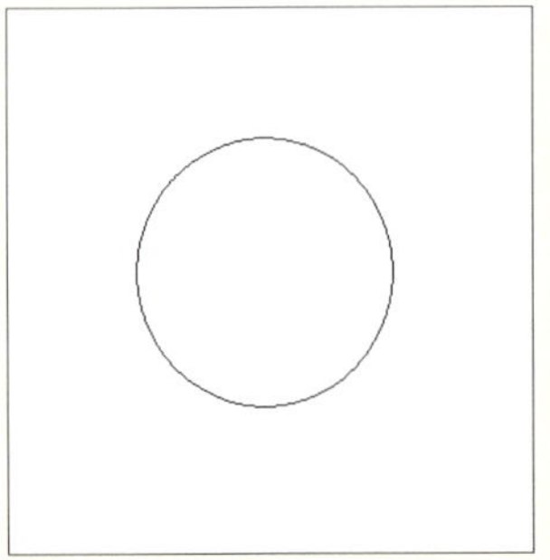

初期状態

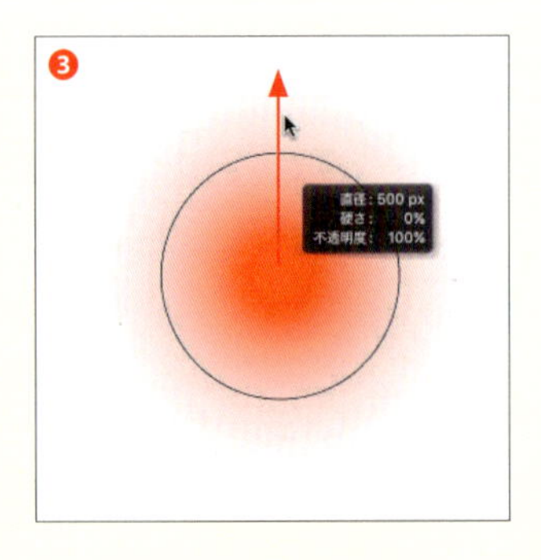

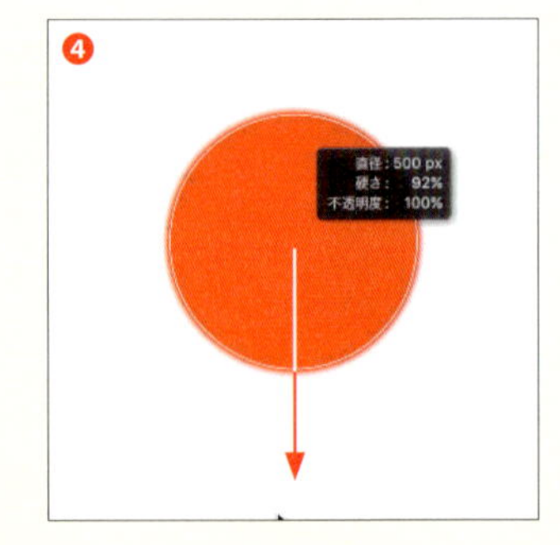

NO.
264 キーボードショートカットを登録・削除する

VER.
CC / CS6 / CS5 / CS4 / CS3

作業を効率的に進める上でキーボードショートカット（以下ショートカット）は欠かせません。ショートカットを編集すれば、より使いやすい自分だけの Photoshop になります。

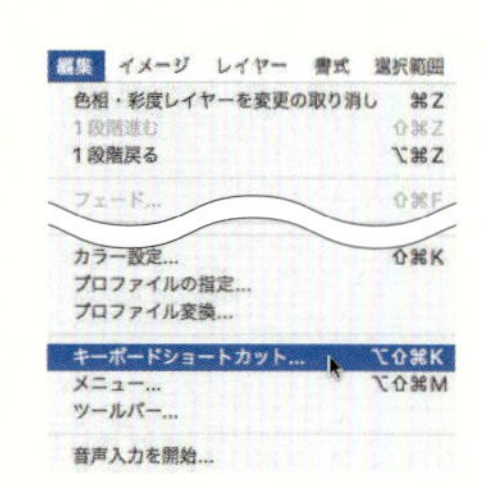

STEP 1

ここでは［レイヤー］パネルの［画像を統合］❶にショートカットを割り当てます。［表示レイヤーを結合］のショートカットが Shift ＋ ⌘ ＋ E ですが、これを利用したいので、［表示レイヤーを結合］のショートカットは削除します。

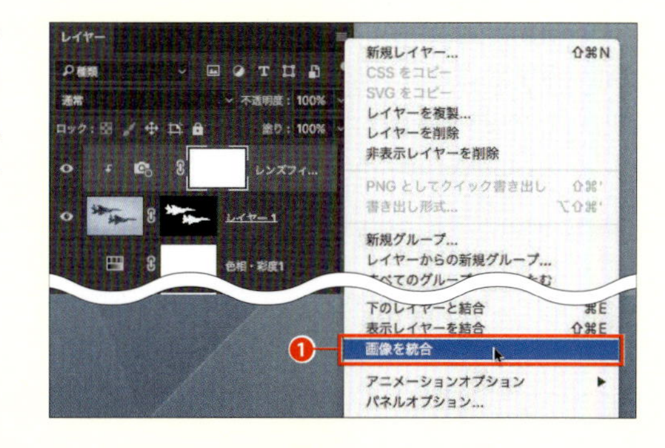

STEP 2

［編集］メニューから［キーボードショートカット］❷を選んで［キーボードショットカットとメニュー］を開きます。ショートカットの編集が［レイヤー］パネルなので［パネルメニュー］❸を選び、メニューの［レイヤー］を展開します。まず［表示レイヤーを結合］❹をクリックし、［ショートカットを削除］❺で削除します。次に［画像を統合］❻を選んで、Shift ＋ ⌘ ＋ E のキー❼を押し、［確定］❽で登録、［OK］で作業終了です。

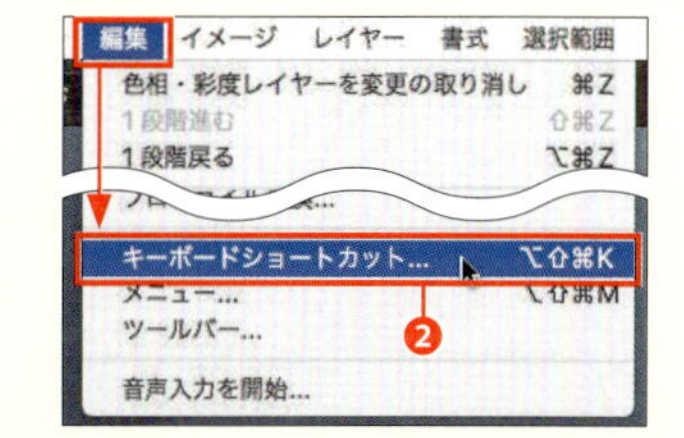

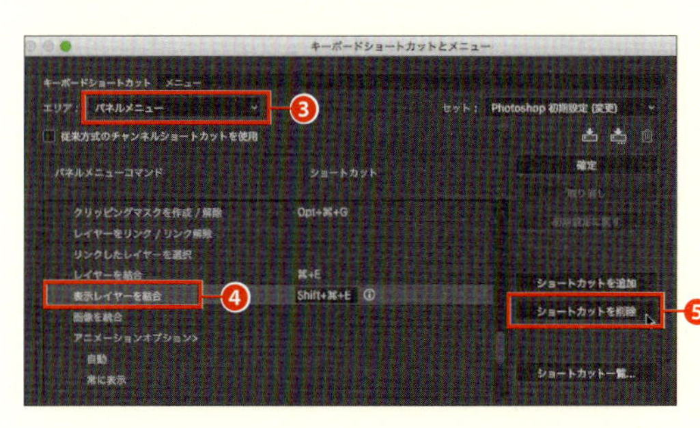

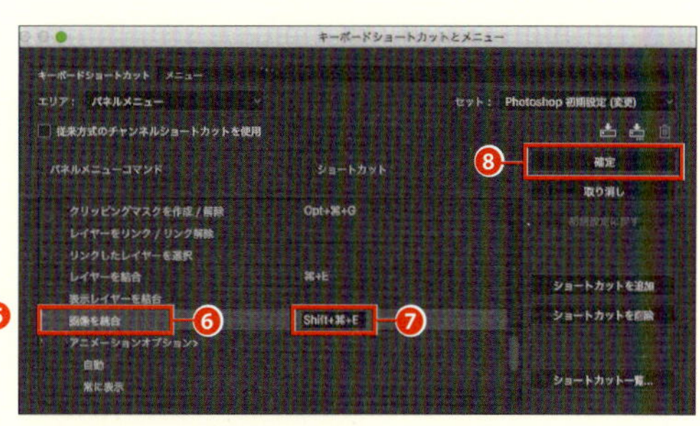

STEP 3

［レイヤー］パネルのメニューを開くと［表示レイヤーを結合］のショートカットがなくなり、［画像を統合］❿に Shift ＋ ⌘ ＋ E のショートカットが割り当てられたことが確認できます。

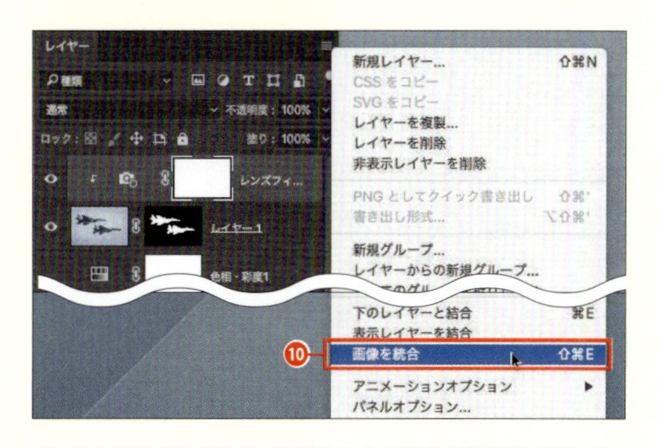

MEMO

ショートカットが競合する場合は、警告文が表示されます。

MEMO

［ショートカットを追加］では、まったく新しいショートカットを登録することができます。

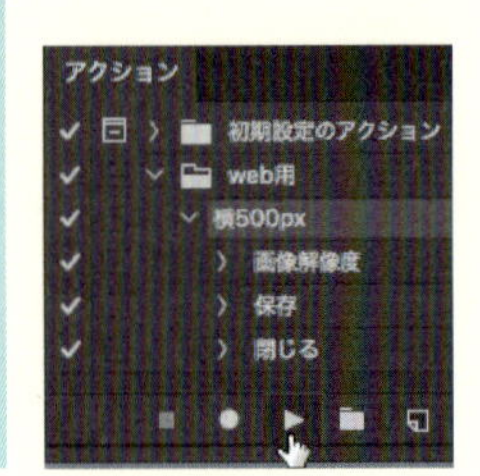

NO.

265 よく使う一連の操作を登録する（アクション）

VER.
CC / CS6 / CS5 / CS4 / CS3

同じ操作を何度も繰り返すのであれば、その一連の操作を「アクション」として登録することで、処理の自動化を図ることができます。

STEP 1

［アクション］パネルが表示されていない場合は［ウィンドウ］メニューから［アクション］❶で［アクション］パネル❷を表示します。

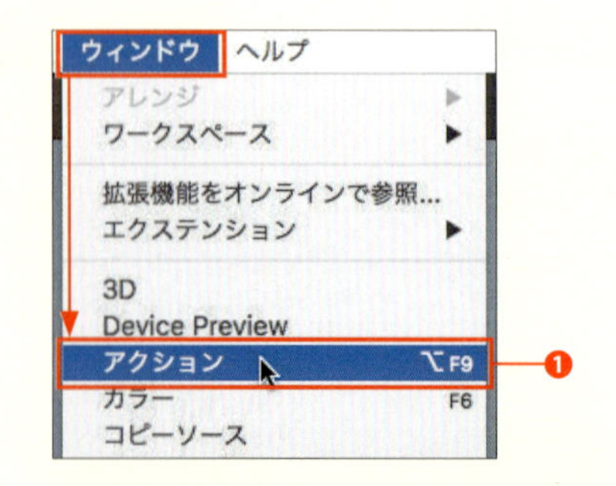

STEP 2

［新規セットを作成］ボタンをクリックします❸。［新規セット］画面が現れたら名前を入力し❹、［OK］をクリックします。

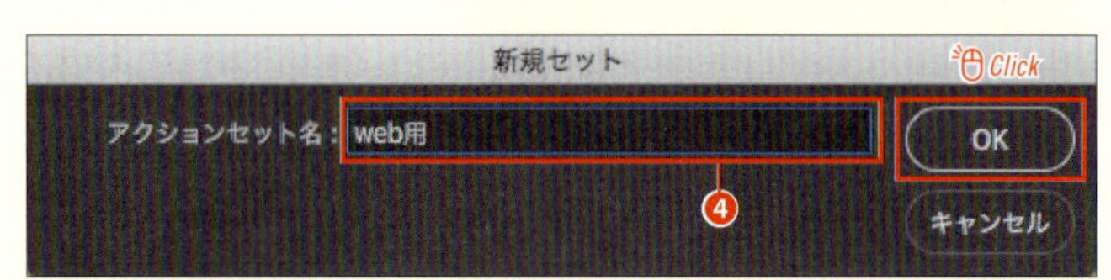

STEP 3

新たなセット（フォルダー）❺が作成されました。このように用途に応じてアクションを「セット」にまとめておくと、使い分けがしやすくなります。

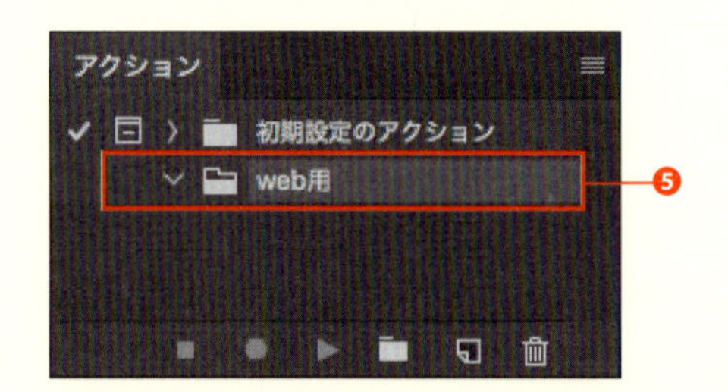

STEP 4

新たに作成したセット「web 用」をクリックして選んだのち、[新規アクションを作成] ボタン❻をクリックします。[新規アクション] 画面が現れたら [アクション名] にわかりやすい名前を入力❼して [記録] ボタン❽をクリックします。この後の操作はすべて記録されるので、間違わないように必要な操作を行います。

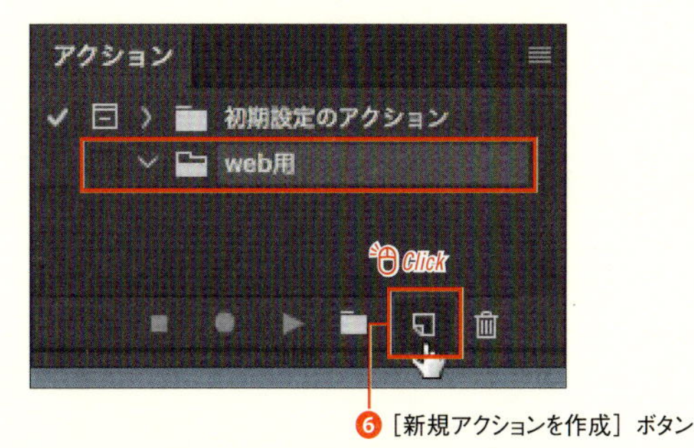

❻ [新規アクションを作成] ボタン

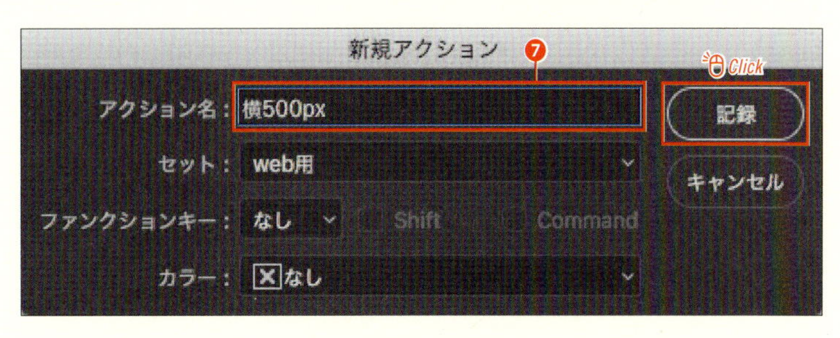

STEP 5

必要な操作を行います。ここでは、Web 用の画像をリサイズし、保存し、ウィンドウを閉じるという操作を行いました。[アクション] パネルに一連の操作が記録されます❾。記録させたい操作を終えたら [再生／記録を停止] ボタン❿をクリックして、アクションの登録を終えます。

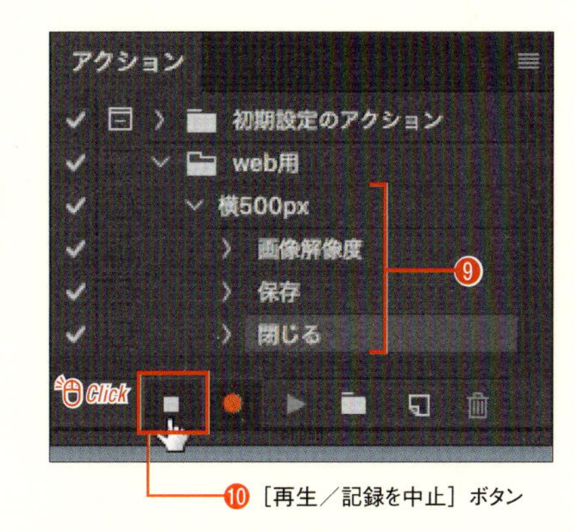

❿ [再生／記録を中止] ボタン

STEP 6

登録したアクションを画像に適用するには、アクションを選んで⓫、[選択項目を再生] ボタン⓬をクリックします。すると、登録されている一連の操作が自動的に実行されます。

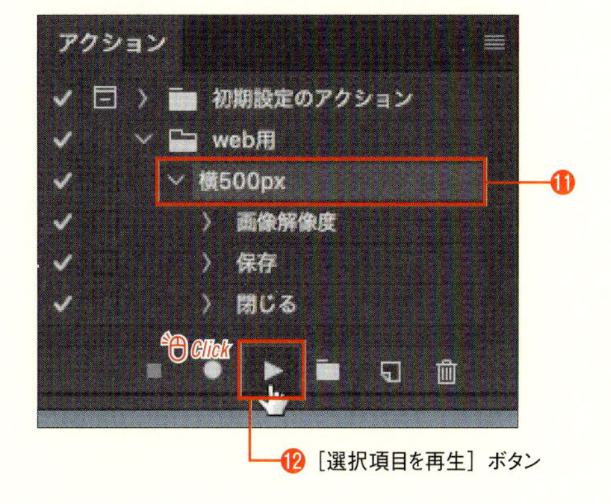

⓬ [選択項目を再生] ボタン

MEMO

頻繁に使うアクションは STEP4 で [ファンクションキー] に割り当てておくと、指定したファンクションキーを押すだけでアクションを実行することができます。

266 複数の画像にアクションを適用する（バッチ処理）
267 登録したアクションの内容を編集する

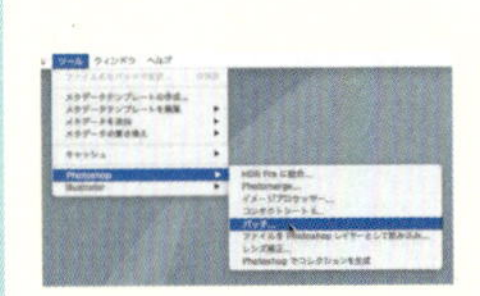

NO.

266 複数の画像にアクションを適用する（バッチ処理）

VER.
CC / CS6 / CS5 / CS4 / CS3

複数の画像に対し、登録済みのアクションを順次適用・処理することができます。このような処理を「バッチ処理」と言います。

STEP 1 バッチ処理用にあらかじめフォルダーを用意しておきます。ひとつは「元画像」を入れるフォルダー❶、もうひとつは「処理済み画像」を入れるフォルダー❷です。

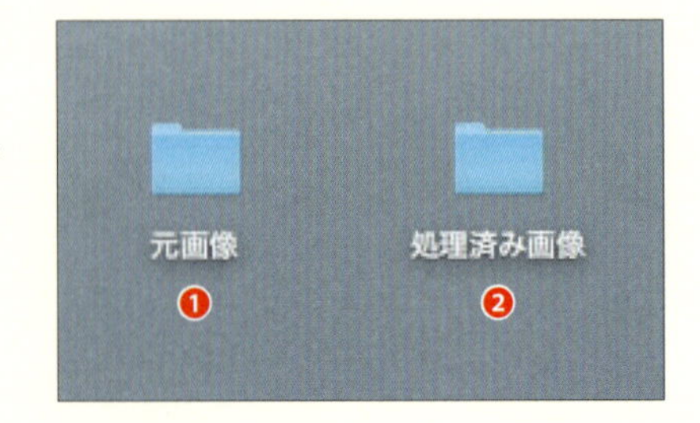

STEP 2 「元画像」フォルダーに処理したい画像を用意します。ここでは9枚の画像を用意しました❸。「処理済み画像」フォルダーには何も入っていません❹。

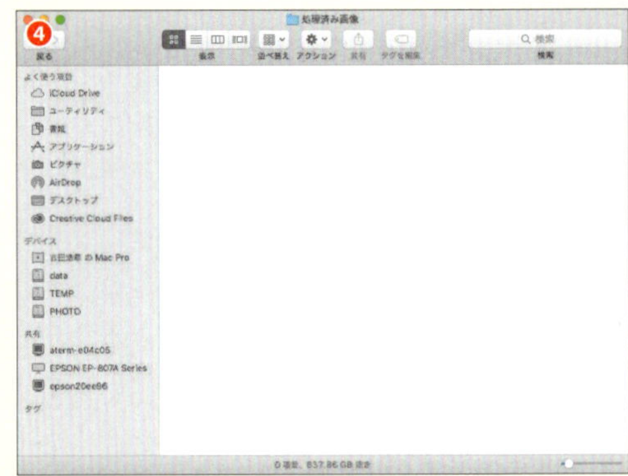

STEP 3 バッチ処理はAdobe Bridgeから呼び出します。Adobe Bridgeを起動し、「元画像」フォルダーの中から処理したい画像を選びます。ここではすべての画像を選んでいます❺。⌘（Ctrl）キーやShiftキーを使って、任意の画像だけを選んでもかまいません。

STEP 4

Adobe Bridgeで画像を選んだら、Adobe Bridgeの［ツール］メニューから［Photoshop］→［バッチ］❻を選びます。

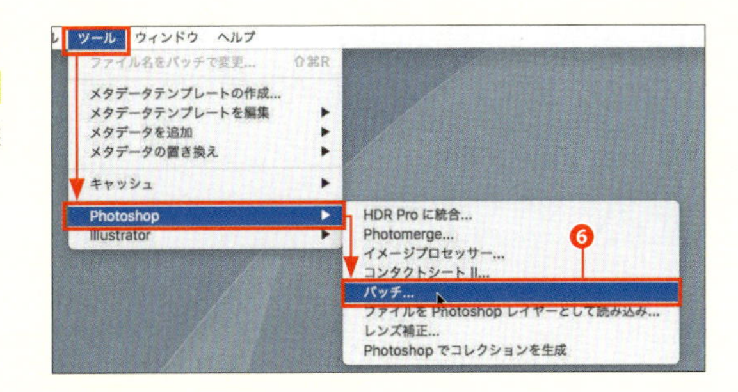

STEP 5

［バッチ］ダイアログが開きます。［セット］と［アクション］❼で実行したいアクションを選びます。［ソース］には［Bridge］を選びます❽。また［ソース］欄に各種オプションがありますが、これはPhotoshopや「バッチ」の設定と、画像の属性との関係で設定するか否かを決めます。特に［アクション］内に「開く」がある場合や、Photoshopのカラー設定と画像のカラープロファイルが異なる場合は、それぞれを正しくチェックします❾。［実行後］は［フォルダー］を選び❿、［選択］ボタンで処理画像の保存先のフォルダーを選んでおきます⓫。また指定した［アクション］内に「別名で保存」が含まれる場合でも［実行後］の［フォルダー］で選んだ保存先を優先したい場合は、［別名で保存コマンドを省略］にチェックを入れます⓬。
ここではさらに［ファイルの名前］⓭を設定して「gallery_連番」という形にしました。最後に［OK］をクリックするとバッチ処理が始まります。

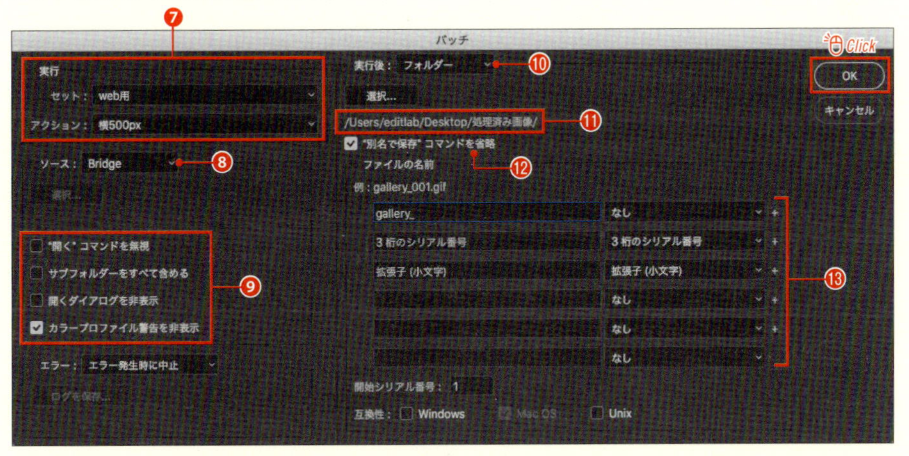

STEP 6

バッチ処理がうまくいくと、指定したフォルダー（「処理済み画像」）に処理された画像が保存されます⓮。

MEMO

バッチ処理が途中で止まることがあります。その原因のほとんどは、「開く」「別名で保存」「カラープロファイル」に関するチェックの有無が正しくないためです。アクションの内容やPhotoshopのプロファイル設定などを確認し、正しく設定を行ってください。

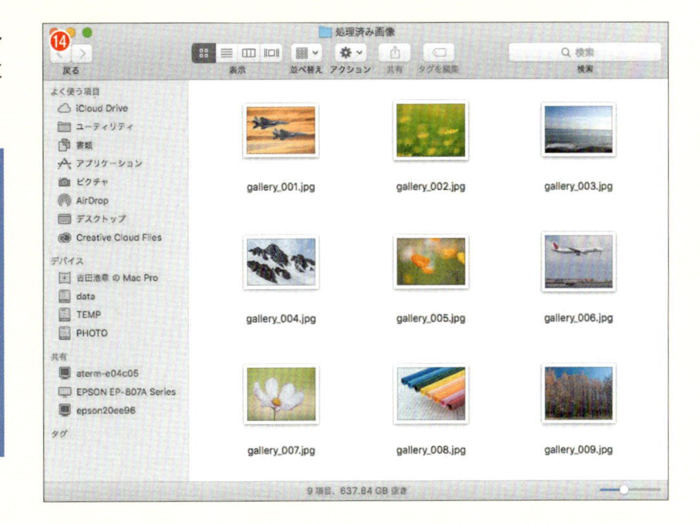

265 よく使う一連の操作を登録する（アクション）
267 登録したアクションの内容を編集する

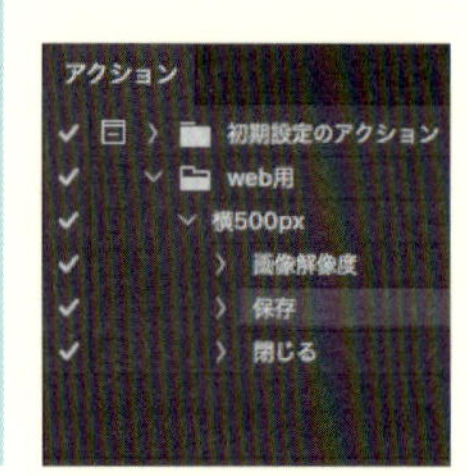

NO.
267 登録したアクションの内容を編集する

VER.
CC / CS6 / CS5 / CS4 / CS3

アクションは、いったん登録したあとでも操作内容を変更したり、削除したりすることが可能です。

STEP 1

ここでは一例として登録済みのアクションに操作を追加します。編集したいアクションとそのステップを選び❶、[記録開始] ボタン❷をクリックします。

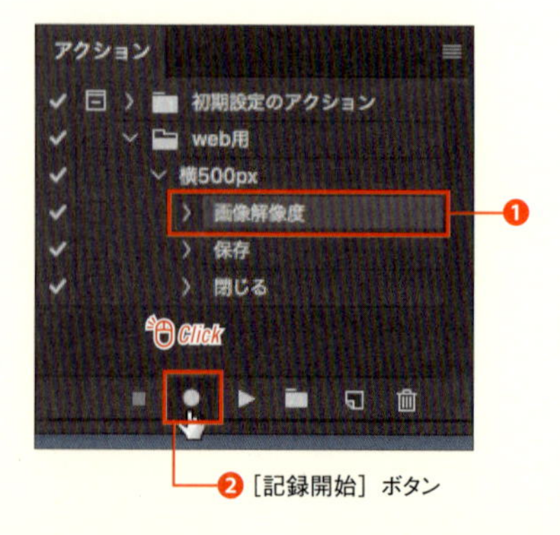

STEP 2

[記録開始] ボタンをクリックしたら、以降の操作が追加で記録されます。ここでは [調整レイヤー] で画像処理を行いました❸。追加の操作が終わったら、[再生／記録を停止] ボタン❹をクリックします。❺は操作の追加終了後の状態です。

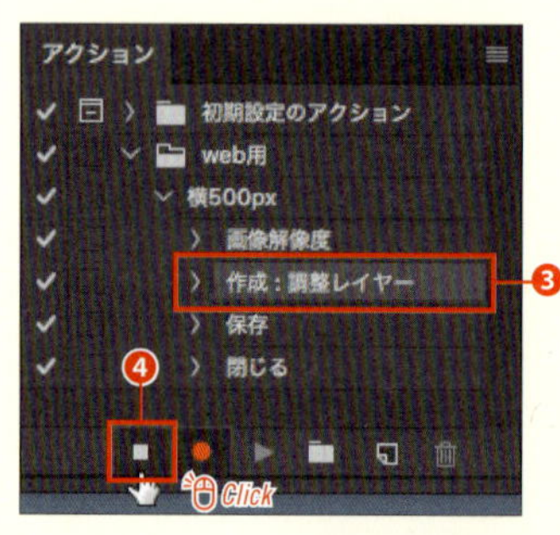

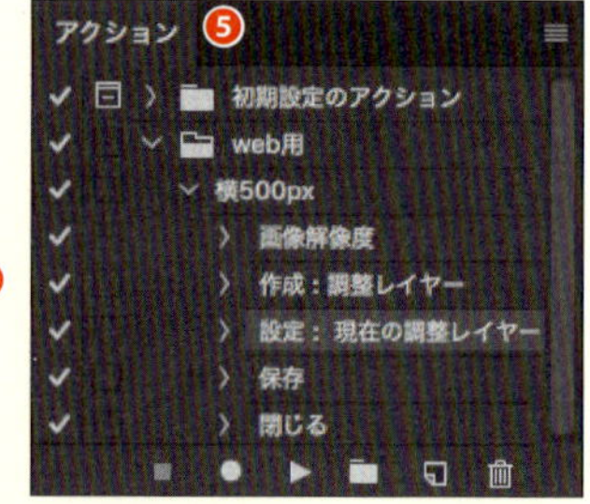

STEP 3

アクションの一部を削除することもできます。削除したい操作を選択し（⌘〈Ctrl〉＋クリックで複数の操作を同時選択も可能）❻、[削除] ボタン❼をクリックします。確認画面が現れたら [OK] すると、指定した操作内容が削除されます❽。

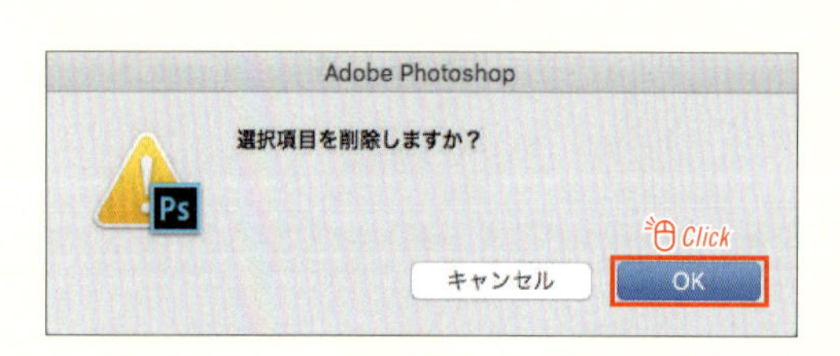

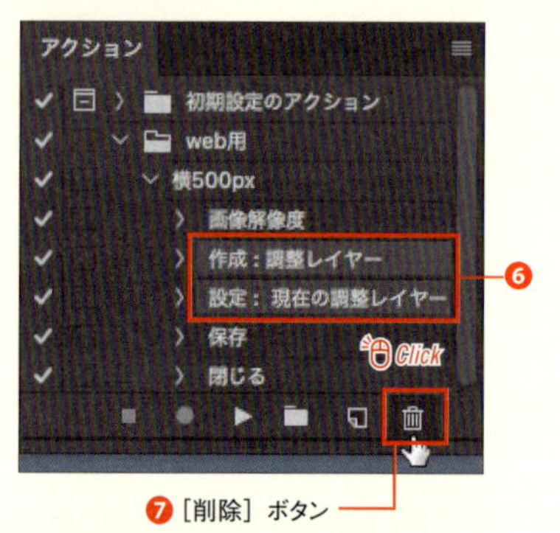

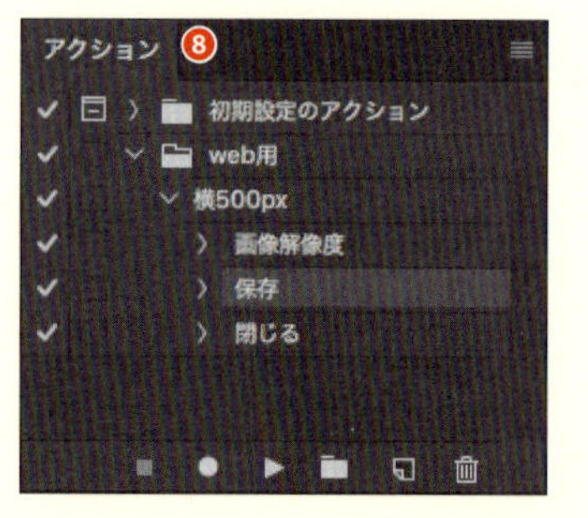

MEMO

アクション内の操作の詳細を変えることもできます。登録されているステップをダブルクリックすると、その設定画面（例えば調整レイヤーの画面）が現れるので、調整し直すと、その内容でアクションが上書きされます。

265 よく使う一連の操作を登録する（アクション）
266 複数の画像にアクションを自動適用する（バッチ処理）

NO.
268 環境設定を見直す

VER.
CC / CS6 / CS5 / CS4 / CS3

処理する内容に応じ［環境設定］の［パフォーマンス］や［仮想記憶ディスク］の設定を見直すことで、Photoshopの動作がより快適になります。

STEP 1

適宜［環境設定］の［パフォーマンス］❶を見直すことでPhotoshopの動作が快適になります。例えば［メモリの使用状況］❷で十分なメモリを割り当てておけば、Photoshopの動作が高速になります（十分な実メモリの搭載も必要です）。

［グラフィックプロセッサーを使用］❸は、高度な描画機能を利用するために、通常はチェックを入れた状態にしておくといいでしょう。

［ヒストリー＆キャッシュ］❹の左の欄では用途に応じたボタンを押すことで右の欄の項目が自動設定されます。カスタマイズも可能です。［ブラシ］ツールなど何度も描き足すような操作を行う場合は［ヒストリー数］❺の値を100などにしておくと、いくつも工程をさかのぼってやり直すことができます。逆に、数十、数百という画像をバッチ処理するような場合は、［ヒストリー数］を最低の「1」にすると処理が高速になることがあります。

［キャッシュレベル］❻は、一般的に容量の大きな画像を扱う場合は大きな値に、容量の小さな画像を扱う場合は小さな値にすると、Photoshopが快適に動作します。

［キャッシュタイルサイズ］❼は一般的には大きめの値に設定すると高速処理が期待できますが、［ブラシ］ツールなど描画系のツールを使う場合は値が小さいほうがスムーズに操作できます。

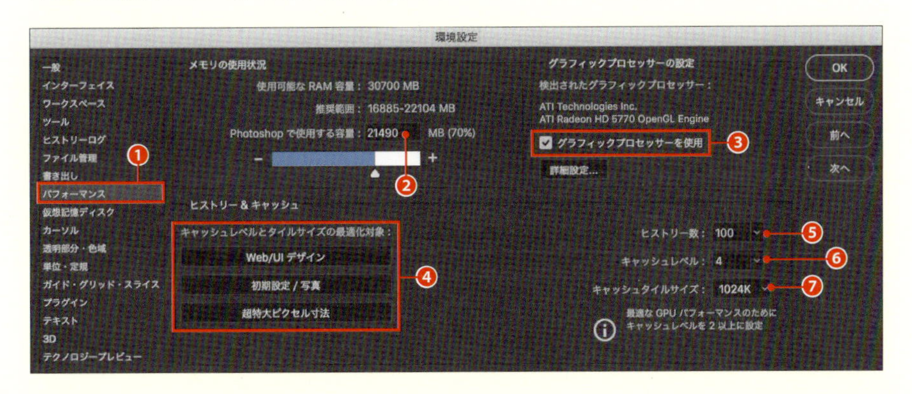

STEP 2

［仮想記憶ディスク］❽は、通常はOSあるいはPhotoshopがインストールされているディスクが割り当てられます。データサイズの大きなドキュメントを扱う場合は、外部ハードディスクを接続して割り当てるとよいでしょう❾。より高速な処理を求めるのであれば、SSDを用意し、それを起動ディスクにする、あるいは［仮想記憶ディスク］に割り当てると、処理が劇的に高速になるはずです。

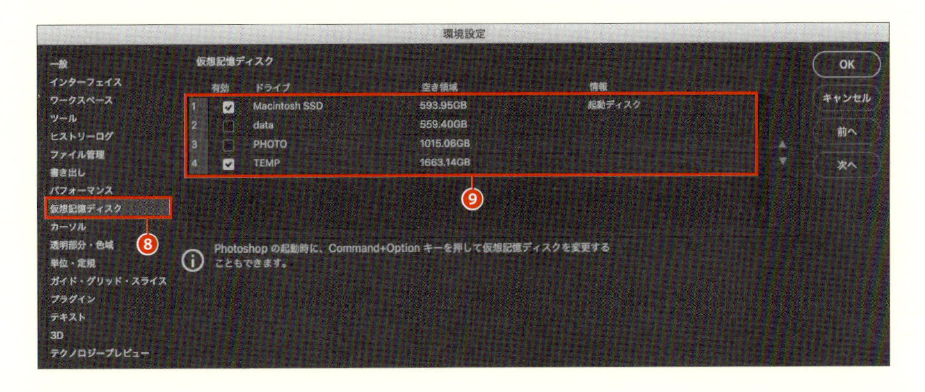

第11章 効率化

INDEX

索 引

さ

た

な

執筆者プロフィール

上原 ゼンジ

実験写真家。色評価士。「宙玉レンズ」「手ぶれ増幅装置」などを考案。実験的な写真により写真の可能性を追求している。また、カラーマネジメントに関する執筆や講演も多く行っている。著作に『改訂新版 写真の色補正・加工に強くなる ～Photoshop レタッチ&カラーマネージメント 101 の知識と技』(技術評論社)、『こんな撮り方もあったんだ! アイディア写真術』(インプレスジャパン) など多数。
http://www.zenji.info/
(第 8 章、第 10 章を担当)

加藤 才智

ka:soledesign.(カーソルデザイン) 代表。ハリウッド化粧品 AD。月刊誌『Web Designing』デザイナー。エディトリアルや広告、Web デザインからパッケージデザインなど、グラフィックデザイン全般に幅広く携わる。2016 日本パッケージデザイン大賞入賞。著書に『Photoshop 逆引きデザイン事典 [CC/CS6/CS5/CS4/CS3]』(翔泳社)、『Flash レッスンブック CC/CS6/CS5.5/CS5 対応』(ソシム) など。
http://www.kasoledesign.com/
(第 5 章、第 6 章を担当)

高橋 としゆき (Graphic Arts Unit)

1973 年生まれ、愛媛県松山市在住。景観デザイン、グラフィックデザイン、イベント企画などの会社を経て 1999 年フリーに。地元を中心に、グラフィックデザイン、ウェブデザイン、書籍執筆など、幅広い分野で活動している。プライベートサイト『ガウプラ』では、フリーフォントを配布中。
http://www.graphicartsunit.com/
Twitter:@gautt
(第 1 章、第 4 章、第 7 章を担当)

吉田 浩章

パソコン雑誌や DTP 雑誌の編集に関わったのちフリーランスのライターに。実際の DTP 作業における画像のハンドリングと、もともとの写真好きがきっかけで Photoshop にのめり込む。Photoshop、RAW 現像ソフト、デジタルカメラ、デジタルフォトなどについての記事を多く手がける。
(第 2 章、第 3 章、第 11 章を担当)

浅野 桜

自由学園最高学部卒業。印刷会社、化粧品メーカーのインハウスデザイナーを経て(株)タガス設立。制作業務を中心に、中小企業が抱える販売促進全般の問題解決にあたる。共著書に『Web デザイン必携。プロにまなぶ現場の制作ルール 84』(MdN)、『神速 Photoshop [グラフィックデザイン編]』(アスキー・メディアワークス) など。
http://tagas.co.jp/
(第 6 章、第 9 章を担当)

装丁・本文デザイン　坂本 真一郎（クオルデザイン）
カバーイラスト　フジモト・ヒデト
組版　BUCH+
編集　関根 康浩、江口 祐樹

フォトショップ
Photoshop 逆引きデザイン事典
[CC/CS6/CS5/CS4/CS3] 増補改訂版

2017年3月6日　初版第1刷発行
2021年3月5日　初版第2刷発行

著者　上原 ゼンジ、加藤 才智、高橋 としゆき、吉田 浩章、浅野 桜
発行人　佐々木 幹夫
発行所　株式会社 翔泳社（https://www.shoeisha.co.jp）
印刷・製本　大日本印刷 株式会社

ISBN978-4-7981-4992-9　Printed in Japan